中国水利水电科学研究院出版基金资助

中国历代以水代兵及其水利工程

颜元亮　著 / Yan Yuanliang

中国水利水电出版社
www.waterpub.com.cn
·北京·

内 容 提 要

本书为国内第一部从技术视角研究以水代兵的专著。本书阐述了以水代兵战争的基本概念，归纳了以水代兵战争的历史脉络，论述了历代兵书中有关以水代兵战争的理论，总结了历史上形式多样的以水代兵战争，包括水淹国土、决水灌城、淹敌驻军、决壅于半济和断绝水源等十种类型的水攻战，对每一次战争的背景、过程、结果和特点以及工程布置，在战争史上的意义等作了尽可能详细的分析和介绍。本书还研究了水利技术在各个朝代守国、守边和守城中发挥的作用以及为此所兴修的水利工程情况。为便于读者阅读和比较，增加可读性，书末还附有历代以水代兵战争大事记、世界古代史上的水攻战以及历史演义小说中对水攻战的描写等内容。

本书内容丰富新颖，资料翔实，有较强的学术性和可读性，可供研究战争史、水利史、历史地理以及历史学的相关学科的研究人员阅读参考，也可供战争史爱好者阅读。

图书在版编目（CIP）数据

中国历代以水代兵及其水利工程 / 颜元亮著. -- 北京 : 中国水利水电出版社, 2022.3
ISBN 978-7-5226-0600-2

Ⅰ. ①中… Ⅱ. ①颜… Ⅲ. ①战争史－中国－古代②水利史－中国－古代 Ⅳ. ①E291②TV-092

中国版本图书馆CIP数据核字(2022)第058299号

书　　名	**中国历代以水代兵及其水利工程** ZHONGGUO LIDAI YISHUIDAIBING JI QI SHUILI GONGCHENG
作　　者	颜元亮　著
出版发行	中国水利水电出版社 （北京市海淀区玉渊潭南路 1 号 D 座　100038） 网址：www. waterpub. com. cn E-mail：sales@mwr. gov. cn 电话：(010) 68545888（营销中心）
经　　售	北京科水图书销售有限公司 电话：(010) 68545874、63202643 全国各地新华书店和相关出版物销售网点
排　　版	中国水利水电出版社微机排版中心
印　　刷	天津嘉恒印务有限公司
规　　格	184mm×260mm　16 开本　28.5 印张　694 千字
版　　次	2022 年 3 月第 1 版　2022 年 3 月第 1 次印刷
印　　数	001—800 册
定　　价	**198.00** 元

序言

至迟在春秋战国时期水工程已经用于战争。修筑堤坝或蓄水，或制导河流，人为制造洪水灾害，以达到攻城略地的目的。这种以水代兵的战争手段历朝历代不绝于史。古代在对水的特性认知的基础上，创造出多种类型用于军事目的的水工程，是军事史和水利史的宝贵遗产。

在以农业为经济基础的中国古代，史前就拥有了筑坝开渠的工程技术。战争期间这些技术经常被用于水攻，为实现某一军事目的而修建工程，在短期内得以集中更多的人力物力，往往也可以达到较高的技术水平。战后，这类工程或为后人改建、重建，成为区域兴利除害的水利工程。最著名的如山西太原晋池、湖北襄阳白起渠等。更多以水代兵的案例或为后来工程兴建的借鉴，或留下遗迹，成了历史进程见证的纪念地。这类水利工程或水事案例，在中国历史和水利史上都应有其位置。遗憾的是，古代的以水代兵战例，包括水攻战和水守战的历史，以及所运用的工程技术都是模糊不清的。无论是历史学，还是战争史，乃至水利史，对此少有研究，即使是影响历史进程的典型案例也少有研究。

这部专著第一次把以水代兵从技术视角展开研究，书中阐述了以水代兵战争的基本概念，明晰或归纳以水代兵战争的历史脉络，论述了历代兵书中有关以水代兵战争的理论，研究了历史上形式多样的以水代兵战争，包括水淹国土、决水灌城、淹敌驻军、决壅于半济和断绝水源等类型的水攻战，对每一次战争的背景、过程、结果和特点以及工程布置，在战争史上的意义等作了尽可能详细的分析。本书还研究了水利技术在各个朝代守国、守边和守城中发挥的作用以及为此所兴修的水利工程情况。尤其难得的是，本书主体部分介绍了相当丰富的战例。这一著作填补了这方面研究的空白，具有较高的学术价值。

水与战争是历史深处的历史。本书对以水代兵的多个案例从社会学、历史学等不同视角展开剖析。对文学作品中这类案例，书中也有作者专业的解读。这些内容有助于读者更多了解水利史。本书还提出了一些新的学术观点，澄清了一些对历史上水攻战的认识的误区。书中还对某些史料记载提出了新的看法，另外还挖掘出一些关于水攻战记载的新的史料，对一些历史问题提出了见解。比如，对于水攻战的作用，古代兵书往往把它描述为一种威力巨大的军事手段，本书根据大量具体战例研究表明，古代引水灌城的战斗以失败居多，对敌军的杀伤力没有想象的大，用事实说明，发动水攻有时反而会对己方造成更大的灾害。

本书对于历史记载的一些水利活动的性质提出了自己见解。例如传说时代黄帝和共工的水利活动，作者认为这是两个部落集团之间发生战争的水攻。春秋早期楚国“夹塞两川”事件，在史学界和水利史研究方面，都没有引起足够的重视，本书根据《管子》一书中的记载，结合水利方面的知识，认为它是春秋早期一次规模很大的水攻战，是一次非常重要的历史事件，不仅对水利史研究有重要意义，对春秋时期的历史进程也有一定影响。

在新的史料发掘方面，一般认为，中国古代著名的水攻大坝——浮山堰的始筑时间是在梁天监十三年（514年）。本书依据《隋书·五行志》的记载以及相关资料认为，浮山堰始筑时间应在天监六年（507年），并对浮山堰的战略目标进行了探讨，提出了迥异于前人的结论。总之，这部著作体现了水利史研究新进展，丰富了中国史和水利史研究。成果为相关区域的地方水利史、水文化研究，为多方位的水利遗产保护等工作的开展提供了学术基础。

颜元亮是我的师弟，师从姚汉源先生、周魁一先生。他本科毕业于浙江大学水利工程专业，研究生学习期间，受到了水利史所前辈重史料、重考据、重现场调查的学术熏陶和教育，他的研究生论文《1855年黄河改道前后淤积速率的研究》十分突出地反映出他跨学科的专业优势。这部《中国历代以水代兵及其水利工程》是他十余年潜心研究的成果。受他之嘱为这书写序，有自知功力不及的惶惑，且欣喜于他的成就。或许这部著作尚有不完善、值得讨论或深入研究之处。但是，作为填补了军事水工程史空白的学术专著，谨此特定的学术价值已经具备。

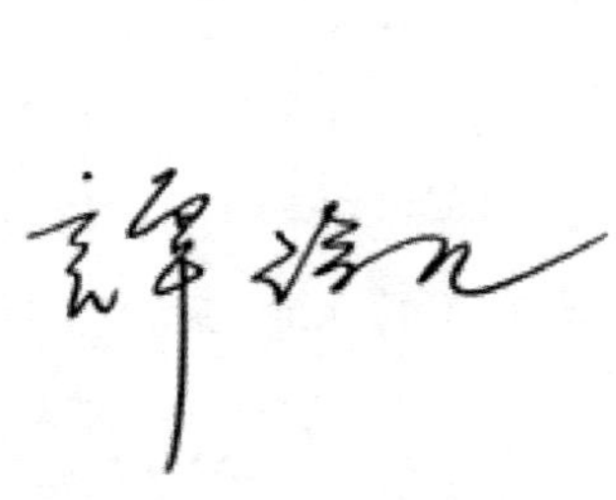

2020年8月于北京

前 言

人类濒水而居，城市临水而建。中国自传说时代起，经历了频繁的水患灾害，对洪水的力量有着深刻的认识。在长期兴修水利，防治水害的斗争中，先民们逐渐认识到水火无情的道理，启发了他们在战争中对水的利用。同时，历代以来，人们在防洪治河、农田灌溉以及开发水利方面积累了丰富的经验，形成了发达的水利工程技术，所以军事家能够将它们运用于战争，或以河流为险，御敌于国门之外，或筑高坝长渠，攻敌于大城险要。至于灌城淹军，决水阻敌，遏而止，决而流，注毒于上流，决壅于半济，形式多样，历代不辍，使战争与水结下不解之缘，成为不可分割的历史，创造出高水平的以水代兵战争水利工程，其水利成就，在某些方面，甚至超过了防洪治河，农田灌溉等民用水利工程，成为战争史和水利史研究的宝贵财富。近人将其总结为“以水代兵”四个字，确实十分准确。

很多学者已经注意到历代战争中经常发生以水代兵这一现象，并开展了一些研究工作。论著方面，目前没有研究以水代兵或水攻战的专著，只是在一些著作中有所涉及，例如：1979 年出版的《中国水利史稿（上册）》，对春秋战国时期和南北朝时期的水攻战有简要论述；朱诗鳌著《坝工技术史》一书对南北朝以前的水攻战，列有一个初步的提纲；武善彩、欧阳金芳著《图说水与战争》等。论文方面，有崔向东《论春秋战国时期的水攻》，孔玲与时德青《中国历史中的水攻研究》，金戈《古代战争与水》，钟清林《中国古代水攻理论及其应用》等，这些著述，对古代的一些水攻战作了初步的研究，研究的战例，主要集中在春秋战国和南北朝这两个时期。近些年的研究，也注意到早期的战争中以水代兵更加普遍。例如，对涿鹿之战和共工的一些传说，都可以用以水代兵来加以解释，认识到它们是早期的水攻战。作为战例，姚汉元先生曾经对著名的水攻战——晋阳之战作过一些研究，并对其工程布置作了一些介绍。此外，以水代兵的研究，则主要集中在花园口决口这一历史事件，其他的案例研究少有涉及。

虽然在史料中有大量以水代兵的记载，各方面专家对此也有一些研究，但总体来说，学术研究领域，对历代战争过程中经常发生的这一现象，还没有给予足够的重视，这方面的研究不多。史学研究忽略它，因为它牵涉很多工程问题，战争史研究忽略它，因为它历代以来不是主要的作战方式，水利史研究虽对这一方面有所关注，但它毕竟还是战争问题。由于缺乏深入的战例研究，对于水攻战的具体方式、工程布置不甚清楚。对于以水代兵的防守战没有清晰的概念和认识，因此，造成对一些史实或史料的理解有困难，一些论著和论文当遇到该类史料时，往往避而不谈，或绕开，或淡化，一些古代的水攻战被误认为是治水或其他的水利工程，一些研究文章也很值得商榷。

本书在缺少经费支持的困难情况下，断断续续，经过近十年的工作，在收集和整理大量历史资料的基础上，抽丝剥茧，去伪存真，以史实为依据，研究了中国历史上的以水代兵战争基本情况，对相关史实进行了考证，客观评价了历史上的以水代兵战争。书中介绍了自传说时代开始至1949年，历代以来发生的重要的以水代兵的战例，对每一次战争的背景、过程、结果、以水代兵的工程布置以及在战争史和水利史上的意义都做了介绍。

本书还对以水代兵的概念和理论进行了论述，认为以水代兵不仅仅是水攻战，还包括大量以水代兵的防守战，研究了以水代兵战略战术在各个朝代守国、守边和守城中发挥的作用以及为此所兴修的水利工程情况。对这些工程的兴建、沿革以及在战争中的作用和在水利史研究方面的意义做了详细的述评。本书还研究了一些间接的以水代兵行为，论述了战争中人与水的依存关系，战争和水利工程的关系。

本书在出版过程中得到学术界同仁的大力支持和帮助，中国水利史研究会会长谭徐明教授、中国水利史研究会蔡蕃研究员、水利史研究所张伟兵教授等给予大力支持，并提出中肯意见，在此致以衷心感谢，中国水利水电科学研究院防洪减灾所吕娟所长、水利史研究所李云鹏主任提供有力帮助，在此一并致谢！

由于各种原因，本书在撰写过程中，资料可能收集不全，错误之处，在所难免，希望学术界同仁批评指正。

作者

2020年11月21日

yyliang@hceis. com

目录

第1章

概　说

水为五行之一，自然界中随处可见，是人们生活中不可或缺的物质，自古以来，也是影响战争的因素之一。水对战争的影响是多方面的，水战的内容也相当丰富，能够巧妙利用水，则战争容易取胜；逆水行事，则可能导致战争失败。这种情况，在中外战争史上绝非罕见。水战一般包含两层意思：一是水军作战，利用战船在水面作战，其特点是战斗在水面进行，水并不直接参与战斗；二是以水代兵的作战，利用水作为武器，进攻和消灭敌人，或代替士兵参与战斗。本书主要研究后一种水战，即水战中的以水代兵作战。因为以水代兵的作战与水利工程有关，所以它既是战争史，也是水利史。

用水可以进攻敌人，克敌制胜，战争中也可以用水防守，以少胜多，以弱胜强。军队的饮水、驻军位置、行军涉水都要考虑水的因素，这在古代的战争中很常见，也是历代军事家必须了解的常识。中国历史悠久，历代以来发生了大量以水代兵的战争，军事家们对水的利用达到了很高的水平，创造了多种多样以水代兵的作战方式，兴建了很多相关的水利工程，并总结成为军事理论，成为军事史和水利史的宝贵财富。本章系统介绍中国历史上以水代兵战争的基本情况。

1.1　以水代兵的含义和理论

“以水代兵”是近现代形成的概念，它比较准确地概括了中国历史上经常发生的与水有关的某些战争。“以水代兵”的含义较古代的“水攻”一词更广泛，一些文献中也称其为“水战”，但实际上，它与水战的概念有所区别。《现代汉语词典》《辞源》等工具书以及军事词典对以水代兵都还没有确切的定义，因此有必要对此作进一步阐述和解释。

1.1.1　以水代兵的基本含义

“以水代兵”是指在战争中利用水来辅助作战，攻击敌人及其军事、经济设施，或保卫自身安全、减少自身伤亡的作战方式，是古代以至近现代战争中经常使用的一种作战手段。它的特点是与水有关，在战争中使用了水。水不但作为攻击敌人或阻止敌人的武器，也代替士兵发挥同样的作用。

中国历史悠久，战争频繁，以水代兵作战的方式也多种多样，根据其对水的利用方式，又可分为用水进攻和用水防守两种形式。用水攻击敌人一般称为水攻，通常是指战争中利用修建水利工程或破坏水利工程形成的水体攻击敌人的作战方式。用水辅助防守也可称为水防或水守，是战争中最原始和广泛使用的防御方式，从史前聚落的环壕，到古代城市防御体系的护城河，以及以江河设险，以江河划界等都是用水辅助防守的常用形式。

水攻又可以分为直接水攻和间接水攻，直接的水攻是指战争中用水直接攻击敌人或敌人的军事设施以及城市、农田等。例如引水灌城，决水攻击敌人军营等。间接的水攻是指在战争中，并不直接利用水体攻击敌人，而是破坏敌方人与水的依存关系，使敌军受到伤亡，从而取得战争的胜利。例如断绝敌人水源，水中投毒，半渡而击等。

在历代的以水代兵战中，水来自两个方面，其一来自自然界的水，如河流、湖泊等天然水体，战争中利用这些水体进攻敌人或加强自身防御；其二是人为的水，利用修堤、筑坝、挖渠等工程形成的水体以水代兵。人为的水又有两种情况，即修建水利工程以水代兵和破坏水利工程制造水灾。有时候是一次以水代兵事件中同时使用两种方式，既修建之，又破坏之，以达到攻击敌人的效果。有时是单独使用，只修建工程，以防御敌人，或者有时是破坏现有水利工程，以达到攻击或阻击敌人的目的。

在以水代兵事件中，“兵”的含义也有两重，第一是指兵器，以水代兵指以水作为武器，进攻敌人；第二是指士兵，以水代兵也可以指战争中用水代替士兵作战，用于战争防守，减少伤亡。二者是相辅相成，互不矛盾的两个方面。实际上，在战争中，它往往即代替武器，也代替士兵。例如，决水攻击敌人，水即作为武器杀伤敌人，也代替士兵冲锋陷阵。

以水代兵在历史上起源很早，它是最原始的作战方式之一。在历史上是连续和不间断的。在每一个朝代，每一场重大的战争中几乎都有发生，一直延续到近现代。一些重大的以水代兵事件甚至影响历史的进程。在世界各国的历史上，也不乏战例。因此，研究战争史，不能不研究以水代兵的作战史。另外一方面，以水代兵的战争修建了大规模的水利工程，也是水利工程技术进步的体现，研究水利史，也不能不研究以水代兵战争史。

此外，一些战争虽然与水有密切关系，但是并不是用水来辅助作战，因此不是以水代兵研究的范畴。例如水军作战或海战，虽然是在水面进行，但是水并不作为武器攻击敌人或用于防御，也不能代替士兵作战，战争的胜负与水本身也没有直接关系，水的作用对于作战双方基本是同等的。又如，渡水作战，水的作用既没有攻击敌人，也没有防御自身，因此，也不能认为是以水代兵的作战。还有一些水利工程，虽然是军事水利工程，为战争而修建，对战争的胜负也起一定作用，例如，为运输军粮而修建的运河等，但并不直接参与战争，因此也不属于以水代兵的研究范畴。

1.1.2 水攻战的理论和论述

中国有“水攻”的历史可以追溯到传说时代，神话传说中的很多故事可能都和人类最早的以水代兵战争有关。到了春秋战国时期，水攻作为一种重要的作战方式，被大量应用于战争，发生了许多著名的水攻战役，并且由实践上升到理论，开始在兵法上有所讲解。但由于水攻作战的复杂性，专门论述水攻战的著述尚未出现，并且在以后历代的兵书中，虽然水攻都是其内容之一，但对水攻战均没有详细的阐述，这也使得水攻战变得更加神秘，并且产生了一些误解。

1.1.2.1 《逸周书》记载最早的水攻战

先秦著作《逸周书》首先提出了水攻战的作战方法，该书包含了丰富的军事思想，有人认为它是先秦时的一部兵书，其意义不亚于《孙子兵法》。周宝宏《逸周书考释》一书认为，《逸周书》是一部“被人忽视了的先秦兵书”❶，其中有十余篇从各个方面论述战争的问题，大多是极具价值或有关军事理论的珍贵文献。牛鸿恩和邱少华也认为，《逸周书》“提出了一些攻城的方法，如穴攻、水攻、火攻、蚁附等”❷。《逸周书》最早把水攻列为攻城的一种基本方法，说明先秦时期水攻的普遍性。虽然《逸周书》的成书年代有不同说法，但所记大多为周代的事情，其中很大一部分反映周人伐商的战争状况，因此可以理解为其战术已在商末周初的战争中使用，其反映的水攻方法和史实比《孙子兵法》更早。

1.1.2.2 《孙子兵法》关于水攻战的论述

《孙子兵法》是我国古代经典兵书，被誉为“兵学圣典”。书中对于行军作战的各个方面均有论述，而且还有关于火攻的专篇，但是相对于火攻的水攻，却没有专篇，且论述甚少，只是在火攻篇中顺带提到了水攻：“故以火佐攻者明，以水佐攻者强。水可以绝，不可以夺。”❸ 虽然只有寥寥数语，但可以说是对水攻战的经典论述，历代兵家对此多有研究和诠释。三国著名军事家曹操首先对此作了注解：“水佐者，但可以绝敌道，分敌军，不可以夺敌蓄积。”以后历代的注解，其含义大体类似。唐代杜牧也认为：“水可以绝敌粮道，绝敌救援，绝敌奔逸，绝敌冲击，不可以水夺险要蓄积也。”❹ 所以“绝”是分割敌军，如果用于攻城，能够隔绝城内外敌军的联系；如果用于冲击行进中的敌军，可以使其首尾不顾；如果用于淹灌敌人军营，可以使敌人陷入混乱。但是由于洪水的破坏性，水攻难以从敌人手中夺取战利品。也有学者认为，“夺”是彻底打垮敌人，宋代张预认为：“水止能隔绝敌军，使前后不相及，取其一时之胜，然不若火能焚夺敌之积聚，使之灭亡。”❺就是说，只能取得暂时的或局部的胜利，从以后历代水攻战的情况看，似有一定道理，所以“夺”应当理解为夺取更为恰当。也有人认为“绝”是以水灌城，唐代赵蕤《长短经》说：“孙子曰‘水可以绝’，谓灌城也。”❻ 但没有具体讲解为什么可以这么理解。这些是关于“绝”和“夺”比较全面的解释。一些学者认为，“绝”有“阻隔”之义，故此处可训为“据守”，“以水攻击敌人，威力太大（难以控制）。江河可以作为天然屏障加以据守，绝不能决开水道，实施水攻。”❼ 也可以算一种说法。但是，考察其原文含义，应该没有不能实施水攻的意思。

关于“强”，一般认为，水攻战威力强大，可以破城淹军，大量杀伤敌人。唐代杜佑认为：“水以为冲，故强。”南宋张预认为：水能分敌之军，彼势分则我势强。大意是说，

---

❶ 周宝宏. 逸周书考释·前言. 北京：社会科学文献出版社，2000：14.

❷ 牛鸿恩，邱少华. 先秦经史军事论译注. 北京：军事科学出版社，1987.

❸ 郭化若. 孙子译注·火攻. 上海：上海古籍出版社，1984：206.

❹ （春秋）孙武撰.（三国）曹操等注. 杨石安校理. 十一家注孙子·卷下·火攻篇. 北京：中华书局，2012：250.

❺ 杨丙安校理. 十一家注孙子. 北京：中华书局，2012：259.

❻ （唐）赵蕤，《长短经·水火》。

❼ 于泳波. “水可以绝，不可以夺”新解. 军事历史，2016（3）：40-43.

水能冲淹敌军，或分割敌军。唐李筌撰《太白阴经·水攻具》认为："经曰'以水佐攻者强'，水因地而成势，为源高于城，本大于末，可以遏而止，可以决而流，故晋水可以灌安邑，汾水可以浸平阳，可以漂城、灌军、浸营、败将也。"❶ 这种说法的假设前提是，水源高于城，洪水能产生强大的破坏力。现代学者也有持类似看法，陈启天《孙子兵法校释》曰："水势浩荡而强猛，可使敌军无由抵御。"❷

这些说法都强调了水攻战强大的一面。"强"是相对的，从历代以水灌城的结果看，失败者居多，而成功的不多，就可以说明这一点。一般的城市在最初选址时，就有防洪要求，真正水源高于城的情况很少，引水灌城，需要人为抬高水位。所谓漂城、灌军、浸营，在实战中很难做到。孙武（约公元前545—前470年）所生活的年代，人们对洪水的防御能力还很低，战国以后，由于城市防洪能力的加强，洪水攻破城市的概率大大下降。以水攻战大量淹杀敌人的战例更少，反而是造成老百姓大量死亡的战例经常可见。

以后历代战争的实践表明，《孙子兵法》中把水攻作为作战中辅助进攻的手段，即"佐攻"，体现了作者对水攻作战的深刻理解，和对当时水攻战情况的高度总结，是十分正确的。因为，发动水攻战必须具备一定的外部条件，并不是在每一次战斗中都能使用，单纯依靠水攻取得战争胜利是十分困难的，而作为辅助进攻的手段，往往能起到扭转战局的作用，这是水攻战真正"强"的所在。

《孙子兵法·虚实篇》还以水的运动来比喻用兵之道，写道："夫兵形象水，水之行，避高而趋下；兵之形，避实而击虚；水因地而制流，兵因敌而制胜。故兵无常势，水无常形。"兵指的是用兵，用兵的方法正如水的性态一样，水流动时避开高处流向低处，用兵取胜的关键是避开设防严密、实力强大的敌人而攻击其薄弱环节。水流按照地势来决定流向，打仗要根据敌情来采取制胜的方略。所以用兵作战没有一成不变的模式，正如流水没有固定的形状和去向。战场上风云变幻，正好比大江大河中的水一样，每一时刻都是不一样的形态。兵行诡道，犹如水一样，见缝就钻。这些论述虽然不是直接讨论水攻或者水守的问题，但是反映了《孙子兵法》对于用水作战的了解。

《吴子》也是战国时期著名兵书，对水攻也有所论述。《吴子·论将》说："居军下湿，水无所通，霖雨数至，可灌而沈。"就是说，如果敌人的驻军在地势低洼的地方，附近又有水源，没有泄水的出路，而又在雨季的话，具备这些条件，可以考虑采用水攻。这是第一次论述到水攻驻军。历史上不乏因驻军位置不当，而遭受水攻的战例。《吴子·料敌》还说"涉水半渡可击"，其半渡可击的思想与《孙子兵法》大体相同，也为后代许多战例所证实。

1.1.2.3 《太白阴经》和《武经总要》对水攻战的论述

战国以后的兵书对水攻一般也作为一种战术来讨论，唐李筌《太白阴经》是古代一部重要的兵书，该书"战具篇"认为，决水攻城，最重要的是水源，即水源要高于城，所以水攻战首先要测量水源的高下。该书对如何发动水攻并没有论述，只是详细记载了用于水准测量的"照版"如何制造和使用。

---

❶ 《太白阴经·水攻具》。

❷ 陈启天. 孙子兵法校释. 北京：中华书局，1947：164.

水平，槽长二尺四寸，两头中间凿为三池，池横阔一寸八分，纵阔一寸，深一寸三分，池间相去一尺四寸，中间有通水渠，阔三分，深一寸三分，池各置浮木，木阔狭微小，於池空三分，上建立齿，高八分，阔一寸七分，厚一分。槽下为转关脚，高下与眼等，以水注之，三地浮木齐起，眇目视之，三齿齐平，以为天下准。或十步，或一里，乃至十数里，目力所及，随置照版、度竿，亦以白绳计其尺寸，则高下丈尺分寸可知也。

照版形如方扇，长四尺，下二尺，黑上二尺，白阔三尺，柄长一尺，大可握度，竿长二丈，刻作二百寸二千分，每寸内刻小分，其分随向远近高下立竿，以照版映之，眇目视之，三浮木齿及照版黑映齐平，则召主板人，以度竿上分寸为高下，递相往来，尺寸相乘，则水源高下，可以分寸度也。

“照版”的作用是确定水源的高低，只要有合适水源，水攻的其他问题容易解决。而水源最重要的就是要对城市有一定的高差，所以水准测量成为引水灌城最重要的一个环节。

《武经总要》是北宋官修的一部大型综合性兵书，也是我国第一部官修兵书。它对于军事组织、军事制度，用兵选将、步骑训练、行军宿营、古今阵法、战略战术、军事地理、历代用兵实例等各个方面都有所论述。该书也认为，只要占据地形之利，水攻战具有强大的威力：“夫水攻者，所以绝敌之道，沉敌之城，漂敌之庐舍，坏敌之积聚。百万之众，可使为鱼；害之轻者，犹使缘木而居，县釜而炊。”❶ 该书列举了一些成功的水攻战例，其观点与《太白阴经》类似，但进一步提出了一些水攻的方法，在水源条件具备的情况下：“可以遏而止，可以决而流，或引而绝路，或堰以灌城，或注毒于上流，或决壅于半济，其道非一。”水攻的方式多种多样：“遏而止”是筑堰或筑堤挡水，抬高水位，或使水流按一定的方向流动，攻击敌人；“决而流”则是决开堤防或堰坝等水利工程，用水流攻击敌人；“引而绝路”是引水冲断敌人的前进或后退道路；“堰以灌城”是筑堰引水灌城；“注毒于上流”是在敌人可能经过的河流上游投毒，破坏敌人的饮水水源；“决壅于半济”是预先在敌人要渡过的河流上游筑坝，当敌人渡河到一半时，决开上游的堤坝，水淹正在渡河的敌军。

该书认为，无论哪一种方式的水攻，都必须先确定水源的高低，“须先设水平，测度高下，始可用之也”❷。有一定高度的水源是先决条件。所以该书也没有论述如何进行水攻战，而只是照抄了《太白阴经》一书测量工具“水平”和“照版”的制作和使用方法。

难能可贵的是，《武经总要》注意到引水攻城失败的战例，使用水攻也有值得注意的地方，使用不当则可能招致严重后果：“若平陆引水，劳力费工，利害相半，智伯以水攻而亡，此又水攻者之宜戒也。”该书已经注意到以水灌城的优势与劣势，“平陆引水”是指水源与攻击目标没有高差，引水灌城需要投入大量的劳动力，耽误很长时间，期间可能引起战局的变化，智伯的水攻战以失败告终，就是这种情况，应当引以为戒，后代引水灌城也有类似战例。

1.1.2.4 《虎钤经》对水战的论述

许洞（976—1015）《虎钤经》是宋代著名兵书，其中《水利》篇阐述了善用水的四个

---

❶❷ 《武经总要·前集·卷十一·水攻》。

方面："兵法曰：以水佐攻者强。善用水者，其道有四：一曰因、二曰逆、三曰贼、四曰绝。"❶ 对这四种方法，该书都作了详细解释：

（1）"因"，是因水之用，顺应水势进退。又有两种情况，第一种情况是"或敌绝中流而栅，我得上游，因风之利，可以鼓棹纵火，顺流冲之，栅绝而过，风转则止"。意思是说，如果敌人在下游河流中间设置木栅障碍，我在上游，可以因风势，辅以火攻，用桨划船，顺流而下冲破障碍，如果风势不顺，则应停止；第二种情况是"又若敌在下，士马逆流，我得上游，可以攻之"。即敌人如果是逆流而上，而我在上游，则是进攻的好时机，可以对敌发起攻击。

（2）"逆"，即"逆水之用也，则为崇堤以障其下，注溢于内，然后引之以灌"。"逆水"是在河流下游筑大坝蓄水，然后开渠引水以灌敌军或敌军城池。这种方法实际历史上发生的次数不多。南北朝时修筑的浮山堰和寒山堰是比较典型的这种水攻战例。

（3）"贼"，即"贼水之用也，敌所以赖水也，当潜以水攻，审地理，阴为畎浍，导之他处，竭敌所赖，所谓贼也"。这种方法在两种情况下使用：第一种情况是断绝敌人的水源，把敌人的水源引向他处，以使其失去依赖。实战中有可能是通过挖沟泄水，或破坏敌人的引水堤坝、渠道等工程，切断敌人的饮用水源，以使敌军陷入困境；第二种情况是破坏敌人水防工事，当敌方凭借壕沟、河流、渠道或湖泊等水体设险防守时，可以偷挖沟渠排水，以使敌人失去险阻，利于进攻，包括泄掉护城河的水，或切断护城河水源，使护城河失去作用。

军队的饮用水水源是历代兵家十分重视的问题，兵书《武经总要》则把断绝敌人水源，然后攻击总结为"饥渴可击"。同时强调保障军队饮用水的重要性：侦查时，"令候骑前持五色旗，见……河桥揭白，水泉揭黑……以告大将"，确保将帅及时了解当地水源状况。行军时，"凡军至处乏水，则视沙碛中有野马黄牛路踪，寻其所至，当有水；凡野外鸟兽所集或水鸟聚处，并当有水；凡地生葭苇菰蒲并有蚁壤处，其下皆有伏泉也"。即通过观察自然物候寻获水源。下营时，"择地为先……不居无水及死水，恐渴饮致病"，是否有可靠安全的水源，成为安营扎寨需要考虑的最主要因素之一。

《孙膑兵法》也说："军食泛水者，死水也，可击也。"当敌人没有足够水源而食用污水或死水时，敌人处于缺水状态，可以攻击。攻击敌人水源往往能起到一般攻击难以达到的效果，瓦解敌人军心，使其丧失战斗力，不战而胜。《墨子》则主张守城时要将城外水井"尽窒之，无令可得汲也"。这些都是历代兵书中对军队饮用水问题的认识和论述。历史上因饮用水源被切断而导致失败的战例，比比皆是。

（4）"绝"，即"绝水之用也，或以薪木土石，实舟沈之于上，别为长渠泄之；或为沙囊于上流以壅其水，欲水行则以决囊"。所谓"绝"就是筑坝挡水，这里介绍了简单易行的两种筑坝方法，如果我军要过河，则筑坝开渠，把水引向别处，以利行军；如果敌军要过河，则决坝以淹半渡之敌。注意这里介绍的两种情况的筑坝材料是不一样的，沉船筑坝，坚实可靠，是为了保障我军渡河，而沙囊筑坝，则很容易推倒使其垮坝，是为了随时淹灌敌军。

---

❶ 《虎钤经·卷六·水利第四十九》。

这四种用水的方法，其实只是代表了水攻战的部分情况，真实的水攻战，比这还要复杂得多。许洞还总结说“用水之道，有其地非所用而必用，反为所害，顺则善矣”❶。了解水情，顺应水势，水能为我所用，反之则受其害。《虎钤经》又载水攻的方法，首要进行测量，作为是否可以用水攻的依据，测量的方法基本转述《太白阴经》的内容。

宋代以后，由于实际发生水攻战，尤其是引水灌城的战例越来越少。以水代兵作战的方式发生了转变，兵书中少见关于水攻的论述或水战的论述。

1.1.3 墨子的“备水”思想和以水防守理论

以水代兵的另一种情况是用水来辅助防守，军事上的以水设防是伴随着人类对水的利用而出现的，早期的水利工程往往具有防御性质。《左传》说：“国之大事，在祀与戎。”战争并非总在发生，常规的防守是国家大事。冷兵器时代，防守中以水代兵非常有效，也是常用的手段。一般国力或军事力量较弱的一方往往会采用以水代兵来加强防守。

1.1.3.1 “备水”思想和防御城市水攻

春秋战国时期，由于水攻战比较普遍，针对水攻的防守理论也应运而生，防水攻的理论以墨子的《备水》为代表。《备水》篇主要阐述防备城市水攻的战术。墨子军事思想以防御自卫为核心，其主要内容，一是非攻，二是救守。非攻即反对攻伐、掠夺的不义之战。墨子认为，当时进行的战争均属掠夺性非正义战争。在《非攻》诸篇中，他反复申诉非攻之大义，认为战争是凶事。救守，就是支持防守诛讨的正义之战。因为他的军事思想主要不是进攻，“是以讲求备御之法”，他的著作主要论述作为弱小国家如何积极防御的问题。这些研究防御作战的论述，集中在《备城门》以下十一篇，形成了一个以城池防守为核心的防御理论体系。所以讲究战争防御，往往以墨子为鼻祖。

《墨子》一书论述了守城防水攻的战术，这些思想主要体现在《备水》《备城门》等篇。为防备以水灌城，《墨子·备水》主要讨论如何防止和破解敌人对城市的水攻。重点讲了两个问题：第一是城内凿渠，第二是城外决堤。关于城内凿渠，《备水》篇说：“备水谨度四旁高下。城中地偏下，令耳（渠、瓦）其内，及下地，地深穿之，令漏泉。”❷就是说备水首先要认真审度地势，如果城市的地势低，就应当在城内开渠泄水，一直通达地势最低的地方（下地），再挖深井，使水从地下泄走，形成所谓的“漏泉”，类似于现代的城市下水道。在什么情况下和何时应该挖渠呢？当敌人壅水灌城，采用水攻时，“置则瓦井中，视外水深丈以上，凿城内水（耳）（渠）。”“则瓦”的作用是观测地下水的水位，当外面灌城的水深达到一丈以上，地下水位会明显升高，这时应当凿渠泄水。

关于城外决堤，《备水》篇说：“并船以为十临，临三十人，人擅弩，计（什）四有方，必善以船为轒辒。二十船为一队，选材士有力者三十人共船，亓（其）二十人，擅有方，剑甲鞮瞀，十人，人擅苗（矛）。”两只船并在一起为一“临”，共组成十“临”。每一“临”配备勇武力大的士兵三十人，人人都擅长弓弩，其中十分之四人持“有方”。因为用于灌城的堤防被控制在敌人一边，而且隔河与城墙相望，所以决堤先要善于用船作为向敌

❶ 《虎钤经·卷六·水利第四十九》。

❷ 新编诸子集成，吴毓江撰，孙启治点校《墨子校注》（下），中华书局，1993年，第835页。

军发起冲锋的“轒辒”。每二十只船组成一队，每三十人共一条大船，其中二十人擅长使用“有方”。自身要做好防护，十人穿戴盔甲，擅长使矛。

关于“有方”，有不同的说法，一般认为是戟，或者类似兵器。而岑仲勉认为是“锄”，即挖土工具，以利于决堤[1]，应该是比较符合实际情况的。后代的兵书《武经总要》《太白阴经》等，也有类似论述，当提到城外决堤这一情况时，去决堤的士兵除了携带弓、弩等兵器外，还应当携带“锹、钁”这样的挖土工具，与《备水》中提到的“有方”是类似的。

船上的兵力应该是远战和近战相结合的力量配备。每一次决堤人数为十“临”，共三百人。墨子认为，决堤的危险性很大，必须有视死如归的决心，因此将参与决堤战士的父母和妻子扣为人质，“先养材士，为异舍食其父母妻子以为质，视水可决，以临轒辒，决外堤，城上为射，疾佐之”。另外，城上要射箭以掩护去决堤的船只。

《墨子·备水》提到了如何破解敌人水攻的问题，是关于如何防御敌方水攻战最早的论述。但是，《墨子·备水》多散佚，可能有些重要方面没有论述到，所说到的两个问题在实战中并不实用。例如，对于城内如何泄水，一般遭受水攻的城市，都处于被围困之中，要想把水泄到城外，实际是很困难的，没有低处可以泄水，无论是明沟还是暗沟，都没有作用，地下水位还是会上升。例如晋阳之战，晋阳被围困时，地下水位升高，不得不“悬釜而炊”。对于“决外堤”，即反决堤，《备水》所说的战法在实战中也很难实现，首先，被围困的城市一般物资匮乏，是否有船，很成问题。以明末被洪水围困的开封为例，开封在当时可谓是很大的城市，最后也只造了一只船备用，其他中小城市在被围困的情况下要想造船更加困难；第二，即使有船，如何出去，是个问题，四面被围，船只如何去到河里，在古代也是难题，后来的兵书中注意到了这些问题。

从墨子以后中国两千多年的水攻战的历史看，尚未有采用这种战术成功的战例。晋阳之战是历史上少有的反决堤成功战例，但是，它反决堤成功是因为里应外合，杀了守堤的军士，而不是守城的军队强攻所致，更没有使用战船。十六国时期（301—460年），北凉沮渠蒙逊率兵二万攻敦煌，围绕敦煌城三面筑堤，引水灌敦煌城，守城的西凉主李恂派勇士一千人，以木板搭成浮桥，想暗中决堤，遭到北凉军的反击，最后失败。东汉时零陵太守陈球，曾利用地势反决水淹灌叛军。这些是历史上少有的记载反决堤的战例，都没有使用战船。历史上唯一的一次记载有使用小船去决外堤，是明代官军水灌宁夏时，守城的哱拜叛军采取了偷袭堤防的战术，出动小船企图挖堤泄水，被擒斩十六人，以失败告终。

实际上，古人已经注意到《墨子》关于守城战术的理论性强而实用性差，如《神机制敌太白阴经·守城具》就说：“禽滑厘问墨翟守城之具，墨翟答以六十六事，皆繁冗不便于用，……古法非不妙，然非今之用也。”墨子所说的守城六十六事，都太死板，不具操作性。战场上的情况千变万化，很难依照一定的数量和方式配备人力物力，而且对付敌人的水攻，也不仅这两个方面。

有鉴于此，唐杜佑撰《通典》，对《备水》的战术作了进一步研究，除了泄水和决堤外，更加重视城墙和城门的防守：“城若卑地下，敌人壅水灌城，速筑墙壅诸门及陷穴处，

---

[1] 王震. 古兵器“有方”考证. 内蒙古社会科学（汉文版），2009（1）.

更于城内促团周匝，视水高中而阔筑墙。墙外取土，高一丈，以上城立。立后于城内取土，而薄筑之。”首先是堵塞城门和城墙的塌陷处以及容易塌陷的地方。而“阔筑墙”似乎是于城墙内再筑一道堤防挡水，形成双重保护。新筑堤应当下阔、上薄，因为敌军以水灌城，水深达到一丈，已经很高了，水位再往上涨，也高不很多，所以一丈是一个通常的水深，阔筑堤最少要达到一丈，往上可以薄一些；对于城内的泄水问题，《通典》说：“如有泄水之处，即十步为一井，井内潜通引泄漏。”与《备水》不同的是，《通典》特意说明了城内可能无处泄水的情况，指出城内必须有泄水之处，才挖渠凿井。

关于如何“决外堤”，《通典》载：“城中速造舡一二十只，简募解舟楫者，载以弓弩、锹、镢，每舡载三十人，自暗门衔枚而出，潜往斫营，决彼堤堰，觉即急走，城上鼓噪，急出兵助之。”其说法与墨子的《备水》大同小异，士兵的武器，除了弓弩外，还有锹、镢，突出了决堤的意义。又增加了使战船“自暗门衔枚而出”的说法。实际上，要使战船“自暗门衔枚而出”也几乎不可能。一般被水攻围困的城市，人出入尚且困难，不可能还留有暗门供战船出入。

宋许洞《虎钤经》把防止水攻，称为“反浸”，内容说法与《通典》基本相同：“我城若居卑下之地，敌人拥水灌城，速筑墙，壅诸门及陷处。更于城内促为周匝，视水高下狭阔，筑墙，外取土高一丈以上。城立，于墙外取土而薄筑之。精兵备守，不得容杂色人。如有泄水之处，则十步为一井，井内潜通引泄漏。城中速造船一二十只，募解舟楫者，载以弓弩、锹、镢，每三十人自暗门穴衔枚而出，决其堤堰。敌觉，即急于城上鼓噪，以精锐急出助之。”

《武经总要》的叙述略微详细一些：“凡贼诸攻不利，必引水灌城，我则壅塞诸门，察视城穴之处，悉加傅筑；城内促围，望外水高下，别筑阔桥墙，外取土，可深一丈。兵队备城如故。”其堵塞城门，加高培厚城墙的说法与《通典》的叙述基本相同。但是，明确提出要另外阔筑桥、墙，可能是类似于黄河防洪的月堤。

关于城内泄水，《武经总要》认为应当：“周视地势，有可泄水处，十数步开一井，井内各相通，以泄流之。”沿袭了《通典》的说法，也增加了“有可泄水处”的条件。

对于如何“决外堤”，《武经总要》的说法是：“若水已入城，则于新筑墙外，作船二十只，选勇士，每船三十人，质其父母妻子，各授弓、弩、短兵、锹、镢，遣暝夜从门衔枚并出，决贼堤堰，破贼营寨。”其主要内容，与《通典》类似，但增加了“若水已入城”的条件，所谓入城，应当是指外城被破坏，或者城墙局部倒塌的情况，如果内城都已经被淹，则该城已经被攻克，无所谓反击。新筑墙，就是筑的内城墙，所以这里指的是外城墙被破坏，退守第二道新筑城墙的情况。在水已经入城，这种非常危急的情况下，应当组织兵力去破坏敌人的堤堰。因为《通典》所说，从“暗门出”似乎有悖常理，所以这里只说“从门衔枚并出”，但事实上，这种说法在实战中也未见有战例。

后代兵书关于如何防止水攻并没有系统的论述，这可能是由于水攻战不经常发生的缘故。

应当指出的是，护城河对于抵抗水攻战，并无作用。一些文章认为城壕可以抵抗水攻[1]，甚至有城壕抗水攻的说法，“中国古代水攻理论及其应用”一文认为：“在坚固的城

[1] 崔向东．论春秋战国时期的水攻．《北京大学学报》（哲学社会科学版），2012（9）：84．

垣周围构筑一道护城壕（亦称护城河），也是抗水攻的一个重要方面。”❶ 这种说法值得商榷。护城河的作用主要是防止敌人靠近城墙，爬墙攻城。但当敌人采用水攻时，无论是引水灌城，还是壅水灌城，城壕都没有抵抗水攻的作用。如果是引水围城，城壕还有相反作用，帮助敌人围城，城池防守理论主要是指城墙对水攻有抵抗作用。

1.1.3.2 城池防守以水代兵

城池防守中的护城河是最早用于军事防御的战斗工事，它起源于史前聚落的环壕，比城墙更早出现。城池防守的理论和方法很早就有论述，在城池防守中，一般都强调护城河的作用，早期的护城河，常被称为“沟”或“渠”。《周礼·地官·大司徒》：“而辨其邦国都鄙之数，制其畿疆而沟封之。”郑玄注：“沟，穿地为阻固也。”《逸周书》中也有周文王时“土守其城沟”的说法，其中“沟”即护城河。可见在商末周初，对于城池的防守中护城河的作用已经上升到军事理论的高度。《逸周书·大明武解》还说：“城郭沟渠，高厚是量。”潘振云：“城，内城。郭，外城。沟，所以荡水者。渠，池也。量，度也。言高厚则深可知，敌人不得而乘之也。”清代学者陈逢衡云：“城固而渠深者，以守则固，以攻则难，故当先量。”朱佑曾云：“量其形势以定谋。”❷ 与“城郭”相提并论的沟渠无疑是早期的护城河，“城郭”要达到一定的高度，“沟渠”要达到一定的深度，才能有效防止敌人的进攻。实际上，夏商时期一些都邑的护城河已经相当宽阔，常人难以逾越。在此明确提出要对沟渠进行度量，满足一定的宽度和深度，以使敌人不能逾越。

春秋战国时期，战争频繁，城池防守理论有了进一步发展。《墨子·备城门》载：“凡守围城之法，厚以高，壕池深以广。”壕池就是护城河，“壕池”要深，要广，这是城池防守的基本条件。对于如何在城外开挖壕沟，《备城门》还说：“（塞）〔穿〕外堑，去格七尺，为县梁，城（陕）〔狭〕不可堑者勿堑。”于城外挖壕沟，离“杜格”（栅栏）七尺远，沟上作吊桥，地势狭窄不能作壕沟处可以不挖，并且要清除城外离开护城河百步内的墙垣，树木等，以利于观察敌情。《墨子·迎敌祠》又说“凡守城之法，县师受事，出葆，循沟防，筑荐通涂，修城”，所谓沟防，即河沟和城防，河沟可以是城外的护城河或者渠道、河流等，可以阻挡敌人的进攻，充分利用这些水利设施，它们和修缮城墙，阻塞道路一样在守城中是非常重要的。

《管子》也对“沟防”相当重视：“若夫城郭之厚薄，沟壑之浅深，门闾之尊卑，宜修而不修者，上必几之守备之伍。”❸ 平时要注意对城壕的维护，护城河深浅、城郭建筑的厚薄以及门楼的高低，宜修而未修的，朝廷必须向守备的军队进行稽查。《管子》还提出了深防沟的问题：“所筑城郭，修墙闭，绝通道，阨阙，深防沟，以益人之地守者，何所也?”沟防的说法与《墨子》的说法一样，广义一点说，指河沟和城防，狭义的理解即指护城河，其作用是用于防守，加深防沟与建筑城郭，修筑墙垣，设置路障，安设门楼一样重要，是有益于守卫国土的。

成书于西汉早期的《淮南子·兵略训》说：“晚世之兵，君虽无道，莫不设渠堑，傅

---

❶ 《中国科技史料》2000 年第 2 期，第 130 页。

❷ 黄怀信等撰，李学勤审定《逸周书汇校集注》，上海古籍出版社，1995 年，第 133 页。

❸ 《管子·问》。

堞而守。”书中所说的晚世，大约是指距离西汉较近的春秋战国时期。所谓“渠堑”，就是壕沟，所以，先秦时期，护城河与城墙相结合的城池防守方法已经在战争中广泛应用。

《武经总要》论述守城之道认为，“外水高而城内低，土脉疏而池隍浅”是防守失败的原因之一，充分认识到，水环境对于城市防守的重要意义。“外水高”容易被敌人水攻，“池隍浅”则防守能力不足。而“城隍修”是防守成功的首要条件。“得太山之下，广川之上，高不近旱而水用足，下不近水而沟防省，因天财，就地利，土坚水流，险阻可恃，兼此刑势，守则有余。”阐述了城池防守过程中，与城外的护城河，天然河流以及水源的关系。如果城市靠近河流，有水险可恃，这样的城市易守难攻。

《太白阴经》也认为浚隍和深开濠堑是方便实用的守城战术。一般来说，护城河越宽广，攻城就越困难，越有利于防守。但是，由于开挖护城河工程量巨大，人力物力所限，或者由于地形等各种因素限制，因此对护城河的宽度和深度要有一个合理的范围。

《通典·兵五·守拒法附》记载城壕的深度和宽度：“城壕，面阔二丈，深一丈，底阔一丈。”《虎钤经·城壕》的说法类似。但是实际各城市的护城河情况要复杂得多，与地形地貌情况有很大关系。《通典》和其他兵书还记载了挖壕的人工算法：

“以面阔加底积数大半之，得数一丈五尺，以深一丈乘之，凿壕一尺，得数一十五丈。每一人功，日出三丈，计功五人；一步五尺，计功二十五人；十步，计功二百五十人；百步，计功二千五百人；一里，计功七（万）〔千〕五百人。以此为率，则百里可知。”

《虎钤经·城壕第五十七》，也有类似记载：

“以面阔二丈加底阔一丈，积数大半得之，得数一丈五尺。以深一丈乘之，凿壕一丈，得数一十五丈。每工日出三丈，计工五人。一步五尺，计工二十五人。十步，计工二百五十人。百步，计工二千五百人。三百六十步，计工九千人。率一里，则百里可知也。”门外筑瓮城，城外凿壕，去大城约三十步，上施钓桥。这个工作量在古代是十分巨大的。

宋代守城的方法有了很大进步，提出了一城两壕和两壕三城的守城方法。宋陈规著《守城录》卷一《守城机要》载：“当於外壕里修筑高厚羊马墙，与大城两头相副，即是一壕两城。更于大城里开掘深阔里壕，上又筑月城，即是两壕三城。使攻城者皆是能者，亦无可攻之理。大抵城与壕水，一重难攻於一重。至若里城里壕，则必不可犯。”这里说到两种情况，第一种情况是“一壕两城”，即“外壕—羊马墙—大城”；如果还觉得不可靠，在大城里再挖一道壕沟，再修一重城墙，这就是“两壕三城”的防守格局。“壕”与“城”相互配合，一高一低，形成“大壕—羊马墙—城墙—里壕—里城墙”这样层层设防的局面，“一重难攻于一重”，使城池的防守固若金汤。

两壕三城，是城池防守的新发展。关于里城和里壕如何修筑，文中又说到“修筑里城，只于里壕垠上，增筑高二丈以上，上设护险墙。下临里壕，须阔五丈、深二丈以上，”“又于大城里城脚下作深阔里壕，里壕上向里度地五七丈，可作来往路外，筑里城”，挖掘里壕的土，就用来修筑里城，“宜便于城里脚下取土，惟深阔里壕”，使里壕又深又阔，里城又高又厚，对于城门的设计，更是独具匠心，“对旧城门，更不作门，却于新筑城下缘里壕入三二里地新城上开门，使人入得大城，直行不得，须于里壕垠上新城脚下缭绕行三二里，方始入门。若此，则假使敌善填壕，止不过填得里壕。若由门入城，须行新城脚下里壕垠上。新城上人直下临敌，何物不可施用？正是敌人死地，必不敢入。”

1.1.3.3 行军和驻军的备水

水攻战除了城市水攻外，还可以对行进中的敌军和敌人的驻军营地发动水攻，因此，“备水”的另外一层含义是在行军和驻军过程中防备敌人的水攻，这一点在《孙子兵法》中有所讲述。《孙子兵法》提出了在江河湖泊附近，或多水地区作战三条原则：

第一，绝水必远水。渡河作战，必须远离江河水体驻扎或布阵。对此，唐杜牧注解：“水流就下，不可于卑下处军也。恐敌人开决灌浸我也。”贾林注曰：“水流之地，可以溉吾军，可以流毒药。”曹操和李筌都解释为避免敌方以水灌军和投毒于上游而被杀伤。都是说，在行军和驻营时注意选择有利地形，行军中遇到河流，要在离水稍远的高处驻扎，这样的好处很多，一方面是防止自然洪水的袭击，历史上不乏因驻军在水边而遭受水淹，遭到攻击而失败的战例，如三国时于禁屯兵于汉水边，时逢大雨，汉水泛涨，于禁遭受水淹，又受到关羽攻击而失败（见4.2.5节）。另一方面，防备敌人决水淹灌我军或水中投毒等水攻手段，历史上因驻军在水边而遭受水攻的战例也有不少，如五代时的清口之战，庞师古屯军于淮河边的低洼之地清口，杨行密壅水灌其军营，并乘水进攻，大败庞师古军（见6.3.5节）。另外，张预注解说：“凡行军过水欲舍止者，必去水稍远。一则引敌使渡，一则进退无疑。郭淮远水为阵，刘备悟之而不渡，是也。”[1] 驻军离水稍远，还可以引诱敌人渡河，然后趁机进攻，而且可以避免背水作战，进退自如。

第二，客绝水而来，勿迎之于水内，令半济而击之，利。欲战者，无附于水而迎客。敌人渡水而来，不要与其在水中决战，而应当等到敌人渡河到一半时，发动攻击。这时敌人没有形成阵势，首尾难顾，攻击最为有利。这条作战原则被历史上许多战例所证实[2]。如果要与敌人交战，不要靠近水边迎敌，“迎”与“逆”通。离水远一点布阵，引诱敌人渡河，然后半渡而击。

第三，视生处高，无迎水流，此处水上之军也。在江河地带扎营，也要选择向阳又较高的地方，切不可在敌人下游驻扎或布阵，这是在江河多水地带对军队的处置方法。

孙膑也强调“绝水”“逆流”，往往不胜。军队处于河流下游或低湿之地易遭攻击，“患兵者地也，困敌者险也。故曰，三里沮洳将患军”[3]，周围若有大片的多水沼泽地带，将成为军队的隐患。“溪、川、泽、斥”，皆为败地，行军、驻军时容易遭到水攻，不易取胜。

宋代著名兵书《虎钤经》也说到行军时要防止敌人的水攻，若遇到河流或者涉水过河时要注意，“若将有所涉也，水流而或盈或减者，勿涉，必有壅囊之机”，如果河流出现高于或低于正常水位，要注意上游可能有人在修筑堤坝，谨慎过河。“水止而为陂，为沮洳限于路者，勿涉，必有泽淖之陷”，“水在敌要地而无甲兵防之者，未可即涉。先令轻兵搜验山谷崎岸，虑有伏焉”。《武经总要》又载：“凡军行渡水，上流有浮沫至者，须待其定，测水不涨，则渡。盖虑半渡水涨，或虏人壅遏上流，欲绝吾军也。”渡水时水中有漂浮物，

---

[1] 熊武一、周家法主编.《军事大辞海·下》：长城出版社，2000年5月：第2354页。郭淮与刘备战事，参看本书6.4.4。

[2] 参看本书第六章第四节。

[3] 《孙膑兵法·威王问》。

说明洪水将至，或者上游有人筑坝挡水，发动水攻，这些都是实战经验的总结。

许洞更进一步把夺取上流水利作为兵家部署行军、驻营诸事的重中之重，强调一定要占据水流的上游，这样好处很多。他指出："欲夺敌之力者，先夺其水。得之上流者，美莫大焉。"许洞还要求统兵将领在行军涉河时，必须认真观察附近地形及水流形势，以防止敌人进行水攻。

春秋战国时期的军事家在战争实践中总结出一套防御水攻之法。不仅仅是防水，以攻为守也是备水思想的一部分。行军和驻军的备水除了防备人为的水攻外，防范自然界的洪水也很重要。春秋战国时期的军事家就明确提出在行军和驻营时，要注意了解周围的地形和河流状况。《孙子兵法·军争》载："不知山林、险阻、沮泽之形者，不能行军。"就是说在不了解自然地形地貌的情况下，要避免行军，要预防自然洪水暴发冲淹军队。《孙子兵法·行军》又载："凡军好高而恶下，贵阳而贱阴……丘陵堤防，必处其阳，而右备之。"驻军和行军都要往高处和视野开阔的地方走，如果屯军在地势较低潮湿的地方，排水不畅，水流不通，暴雨和洪水接踵而至，军队可能受到洪水淹灌而致受损。历史上，因驻军位置不当，遭受水淹而致败绩或不战自败的例子很多。唐开元八年（720 年）夏发往抗击契丹的援卒万余人，屯兵于谷水旁，夜间山洪暴发，万余士兵全部丧命。

《战国策》记载了一个战例：齐、韩、魏共攻燕，燕使太子请救于楚，楚王使景阳为将率兵救援。"暮舍，使左右司马各营壁地。已，植表。景阳怒曰：'女所营者，水皆至灭表，此焉可以舍。'乃令徙。明日大雨，山水大出，所营者，水皆灭表，军吏乃服。"所谓壁地，是指狭窄的山谷地形，景阳准确地判断了这里的地形不宜驻军，命令军队移驻它处。果然，第二日大雨，山洪暴发，该地所立的木桩都被淹没，由于转移及时，避免了一场灾难。《武经总要》也记载了这样一个例子："唐裴行俭讨突厥，军至单于都护府之北际，晓营壕堑既周，遽令移就崇冈。众谓已就安堵，不可劳扰，行俭不从，促徙之。比夜，风雨暴至，前设营所水深丈余。将吏惊服，问行俭何以知之，行俭曰：'自今第如我节制，毋问我所以知也。'"裴行俭也是注意到军队扎营的地方地势低洼，果断转移。

《武经总要》还总结了下营择地的方法，要有"四备"，即"左有草泽，右有流泉，背山险，向平易，通达樵木"，"大约军之所居，就高去下，向阳背阴，养生处实，无以水、火为虑。居山在阳，居水避卑……不居水冲，恐有涨溢，或彼决壅。不居无水及死水，恐渴饮致病；不居无出路，谓四面地溢，恐被围难解，及粮运阻绝"。大约是说，下营择地，要居高向阳，一方面避免被自然的洪水冲击、包围，同时考虑被敌人决水攻击，还要有安全卫生的饮用水水源。

宋代许洞《虎钤经》认为屯军时饮用水源非常重要，并作了详细描述："顿军之地，水流而清澈者，食之上也；水流而黄浊有沙者，食之次也；流之黑者，食之下也（水黄黑，以胶投之，可以得清）。设或水停而不流者，勿食；水流而上源在敌者，勿食。水流而中有黑脉不定毒流者，勿食，食者死。水多粪草者，勿食，食者病。水上有人、狗、彘之尸者，勿食。如无水可食，当于其侧穿井以汲。吏士营必以水，暂憩必以水。"没有水源的地方，如何找水，"无水之地，择地有黄羊粪者必有水。砂卤甘润者，下有水。细草蒙茸，与无水处不同者，亦如之"。

明刘基《百战奇略·泽战》说："凡出军行师，或遇沮泽、圮毁之地，宜倍道兼行速过，不可稽留也。若不得已，与不能出其地，道远日暮，宿师于其中，必就地形之环龟，都中高四下为圆营，四面受敌。”大凡行军作战，当遇到沼泽地域或被水冲毁的坍塌地区时，应当加速前进，尽快通过，不可停留于此。倘若万不得已，或因路途遥远，或因夜幕降临，而无法走出此地，那么，宿营时必须选择四周低而中间高的“环龟”之地，并根据此地形特点布列成圆阵，以便于四面迎击敌人的进攻。此种宿营布阵的好处，“一则防水潦之厄，一则备四周之寇”。即可以防止洪水不期而至，也可以防备敌人突然围攻。

1.1.3.4 天然水域的利用

江、河、湖泊等天然水域如利用得当，可以起到很好的以水代兵的作用。历史上当出现国家分裂或南北对峙时，大都以江河为界，取其易守难攻的优势。

载舟覆舟，天下之险莫过于水。南宋华岳撰《翠微北征录》认为，两军相遇，必须据利以抗之，据山、据水和据林。关于据水，“谓三军遇敌，进无可依，退无可保，即于近便有水，不拘浅深，急据为险，静以待敌。敌渡，则候其半涉而击其济薄之师；敌逼，则誓众以死而激其背水之战”。对于河流的利用是多方面的，一是据为险要，使自己在防守中处于有利地位；二是诱敌渡河，待其半渡而击之；三是可以用来激励军心，当敌军逼近时，激励将士背水一战。

该书还认为，两军相遇，要使我军处于顺水的有利位置。“必使吾军先占上游，则贼自堕于下流。故顺水行舟，顺流济兵，而利害之势已分；拒水为营，背水为阵，而难易之形已判。自上而下，在我有摧枯折朽之易；自下而上，在彼有登高涉险之难”。顺水的要点是先占河流的上游，这样进可攻，退可守，自上而下，容易取胜。

利用天然河流守国、守城和守边，是常用的防守方式。黄河、淮河、长江、汉水等河流历史上都曾经作为天险，可以阻敌百万雄师，汉水与淮水“二水之险，百万之师莫越也”。每当南北分裂或军阀割据时，莫不以江河为天险设防。

1.2 中国历代以水代兵概况

中国有五千年的战争史，其中很多战争与以水代兵有关，作战方式也多种多样。本节以历代以水代兵战的研究为基础，对中国历史上的以水代兵战争概况作简要阐述。

1.2.1 以水代兵战的主要方式

根据战争的具体情况，水战中的以水代兵战争可以分为进攻和防守两个方面，用水进攻敌人，称为“水攻”，一般水攻是一种战术上的进攻。而用水来辅助防守，在历代战争中更加普遍，可以称为水防或水守。它可以是战术上的防守，也可以是战略上的防守。

1.2.1.1 水攻战的方式

水攻战的方式多种多样，正如《武经总要》一书所说“其道非一”。根据战争的需要，地形条件，水源条件，洪水作用方式和作用对象等具体情况确定，整理历代水攻战的发生情况，大体可以分为以下十种作战方式。

(1) 水淹敌方国土。这种水攻方式起源很早，早期的水攻战中，经常使用。早期的中原地区，国土小，人口少，农业是一国的经济支柱，水淹敌方国土，对其经济是重大打击。水淹敌方的土地可以是筑坝，也可以是修堤。如公元前 658 年前后楚国进攻宋国，“夹塞两川”，水淹宋国土地达四百里；也可以是决河，又如公元前 359 年楚国引黄河水，“以水长垣之外”等。或者修堤，即所谓的“曲为堤防”，在自己国土一边修筑堤防，把河流导向对方领土。这些水攻战本身没有明确的进攻目标，只是破坏对方的农业和经济或者居民区，传说时代的一些洪水和战争大体属于这一类。一直到近现代，随着人类对洪水控制能力的增强，洪水的破坏力增大，这一方法仍然被使用。

（2）水攻城市。在历史文献中，往往被称为“决水灌城”，是历代水攻战的主要方式。必须指出的是，“决水灌城”中的决，并非仅仅指决开堤防。“决”的含义多种多样，一些水攻战例含有筑坝、修堤、挖渠等工程，往往也称为“决水灌城”。“决水灌城”也有多种形式，根据地形和水源条件以及战场的具体情况，可以分为以下几种类型：

1）引水灌城。如图 1－1 所示，大多为有坝引水，一般由三项主体工程组成：一是在河流上游筑坝，抬高水位。一般来说，天然河流的水位低于城市，这是由最初城市选址时的防洪要求决定的，而灌城的水位不但要高于城市地面，而且要高于城墙，所以筑坝一般来说是必要的；二是开挖引水渠道，引水至城墙外；三是修筑围城的堤防，在围城的堤防和城墙间形成灌城的水体，利用水体淹垮城墙。或者引入战船，从战船上攻击守城的敌人。这种方式是古代最主要的水攻城市的形式。如春秋末期智伯水灌晋阳，西凉永建二年（421 年），沮渠蒙逊水灌敦煌；太清二年（548 年）东魏高岳堰洧水灌长社等，都是比较典型的引水灌城之战。

引水灌城时围堤和城墙之间形成较宽阔的水体，对城墙形成压力。开始时围堤低于城墙，城墙的压力较小，当围堤逐渐加高时，灌城的水位上升，城墙遭受的水压力逐渐增加，这时守城的一方必定会对城墙进行加固加高，以抵抗水压力。这样就形成了城外加固、加高围堤和城内加固、加高城墙的对抗。如果城墙始终高于围堤，洪水就不能漫过城墙灌入城内，所谓“城不浸者三版”，就是这种情况。引水攻城时这种情况比较普遍。这时城内的地下水位会升高，造成城内积水或潮湿，生存条件转为恶劣，从而瓦解守城敌军的军心。

引水灌城时，灌城的水体很难漫过城墙，灌入城内，一方面是对方的城墙也在加高加固，另一方面是如果要抬高灌城的水位，除了要加高围堤以外，还要抬高水源的水位，这就必须又要加高引水坝的坝高，而由于自然条件的限制，往往难以做到。另外筑堤或者筑坝到一定高度后，自己的堤坝也有溃决的危险。历史上就发生过这种情况，如 1209 年，蒙古军第三次侵西夏，成吉思汗筑围堤水灌中兴城，由于蒙古人对水利工程技术不熟悉，引水围城后，不但没有使中兴城被灌，反而是自己的堤防先行溃决，不得不撤军。有时由于对水源水位的测量不准确，水源的水位不够高，灌城的水位也难以达到有效的高度。

引水灌城时最理想的状态是水漫城墙，城墙垮塌，但历史上很少发生水漫城墙的战例。最严重的情况是使部分城墙垮塌。因为古代的城墙大都是夯土修筑，经长时间浸泡后，基础和墙体松动，造成部分城墙倒塌的情况也是有的。

理论上，引水灌城时需要四面筑堤，但实际上，一些城市依山而建，或者一面是河流，没有城墙，一般只需要两面或三面起堤。

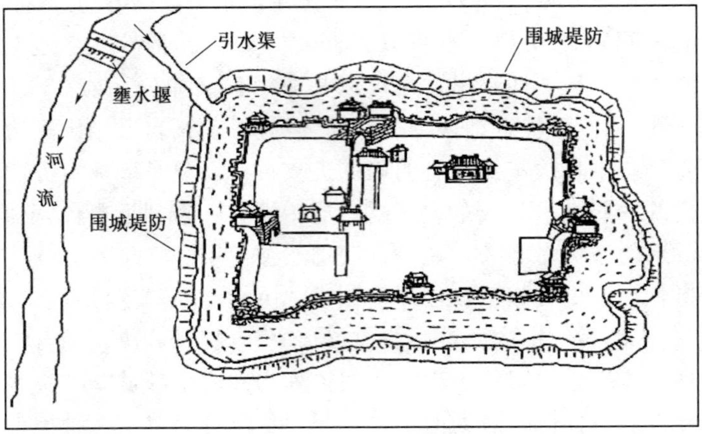

图 1-1 典型的引水灌城示意图

2）引水灌城。引水灌城的工程浩大，而且受到诸多条件的限制，引水围城相对比较简单，在被围困的城市周围挖掘壕沟，引水灌入，可能也有筑坝以及开挖引水渠道工程，但因为没有抬高水位的要求，工程相对比较简单。其主要目的在隔绝城内外的联系，以达到长期围困的目的，例如三国时曹操引水围邺城，唐朝的九节度水围邺城等都是典型战例。这在古代也都被称为决水灌城。

3）壅水灌城。壅水灌城是一种比较独特的水攻方式，如果在城市的上游没有合适的筑坝地点，或者上游被敌军占领，就选择在城市的河流下游筑坝抬高水位，以回水淹灌城市。例如南北朝时梁武帝筑浮山堰壅淮水灌寿阳，是典型战例。泗水和汴水流域的水攻战常采用这一类的方法，如 547 年萧渊明在泗水筑寒山堰灌彭城；577 年，南陈将吴明彻又在泗水作吕梁堰，水灌北周彭城；784 年，淄青节度使李希烈反壅汴水灌宁陵城；891 年，丁会于州东筑堰，壅汴水灌宿州等，均属于这一类的水攻。这种形式的攻城方法，历史上的战例也不少，工程浩大，效果有限，但相对于引水灌城，无须修筑围堤，也有其简单易行的一面。一些城市由于地形险要，依河流而建，或河流穿城而过，河流下游筑坝壅水后，城内的水位升高，使得城市无法居住，东晋十六国时，石虎、慕容恪和刘裕进攻广固，都采取塞五龙口的方式，就是这一类的水攻。

4）决堤灌城。决河堤直接以河水冲击城市，这种形式是人们最容易想到的水攻方式，也是人们通常理解的决水灌城的方式，但在实战中非常罕见。因为绝大多数城市本身具有防洪要求，城市最初的选址就在自然洪水难以到达的地方，地势一般都高于附近的河流。所以一般理解上的决开堤防，以洪水冲击城墙，毁灭城市，实际很难做到。只有黄河两岸的一些城市，因为黄河是悬河，河道高于两岸城市，可能用这种方式攻城。历史上开封两次被淹类似于这一类的水攻。但也不完全是直接决开堤防，而是除了决开堤防外，还有引河把水导向开封。

实际上，要实现决堤灌城，例如决堤攻击黄河下游，或长江的荆江河段等地上河两岸的城市，还需要满足以下条件：①战争状态下，该城市为两军争夺的战略要地；②久攻不克；③战争期间正好是在汛期。非汛期，河水没有漫滩的话，决开堤防也不一定能产生大洪水。明末李自成掘堤黄河大堤，水淹开封没有成功❶，1938 年国民党军在赵口掘黄河大堤，没有成功，都是例子。而战争中同时满足这些条件的可能性是很小的。对于其他河流边上的城市，要实施决水灌城，除了要满足这些条件外，还必须是河流的水位高于城市，这种可能性就更小。

（3）决水或壅水阻敌。水淹正在行进中的敌人，或者决水破坏其进军路线，可以达到军事目的。壅水阻敌是筑堤或筑坝，抬高水位，形成大范围的水体，以阻止敌军。决水阻敌则是破坏现有水利工程，造成泛滥的洪水，阻止敌军前进或逃跑。它们可以是打援，也可以是在撤退过程中决水阻击追兵。决水阻敌，还可以是阻止敌人逃跑，切断敌人归路。

壅水阻敌的战例历史上也不少，如：250 年，孙权作堂邑涂塘；252 年，诸葛恪筑东兴堤；272 年，陆抗令江陵督张咸“作大堰遏水”；1877 年，白彦虎壅开都河，以阻清军追兵等。

决水阻敌的战例，如：622 年，洺水之战，李世民在洺水上筑堰，并决堰，切断了刘黑闼的归路，使刘黑闼军大量被歼灭；759 年，唐防河招讨使李铣决开黄河；782 年，朱滔等决永济渠入王莽故河；918 年，河阳节度使谢彦章于杨刘决河；923 年，后梁于滑州和酸枣决河，1128 年，东京留守杜充决黄河阻止金兵；1131 年，叛军邵青决太平州附近河水；1206 年，宋军“开禧北伐”连遭败绩，金军大举反攻，真州（今江苏仪征）被金军占领，宋军不能抵挡，于是决巨胜塘、陈公塘等塘，阻止金兵。1869 年，回军在金积堡，决渠水阻挡清军，1940 年，傅作义在收复五原战斗中，在五原东北的乌拉壕，挖渠放水，淹没南北两条大路，使日军机械化部队失去快速反应能力，难以增援五原；1938 年，国民党军在黄河花园口决口，阻止日军西进等。

（4）绝敌水源。断绝敌驻军水源或断绝敌城市水源，可以称为间接的以水代兵。这类战争在历史上经常发生，战例也很多，兵书上称为“饥渴可击”。著名的战例如西汉时耿恭疏勒城被匈奴军断绝水源，凿井解围；三国时张郃切断水源，马谡失街亭；北宋元丰五年（1082 年），永乐城被西夏军围困，断绝水源最后失守等。绝敌水源也可能是抢占水源，在西北缺水地区作战，首先抢占水源地，能够取得战争的主动权。

（5）水中投毒。间接的以水代兵行为，在敌人的饮用水中投毒以达到消灭敌人的目的。公元前 559 年，晋国率诸侯国伐秦，秦人毒泾上流，师人多死。

（6）半渡可击。也属于间接的以水代兵作战，利用了水可以阻滞敌人行动的特点。“半渡可击”在古代是军事常识。《吴子·料敌》说：“涉水半渡可击。”刘基著《百战奇略》对于靠近水边作战作了进一步解释说：“若近水为战，须去水稍远，一则诱敌使渡，一则示敌无疑。我欲必战，勿近水迎敌，恐其不得渡。我欲不战，则拒水阻之，使敌不能济。若敌率兵渡水来战，可于水边伺其半济而击之，则利。”❷ 不但说明了“半渡可击”的道理，也阐明了水边作战的基本原则。历史上半渡而击的战例很多。

（7）决壅于半济。与半渡而击不同的是，决壅于半济是决水以攻击正在渡河的敌军，也可称为“半渡而淹”。韩信在潍水之战中，决坝冲淹正在渡河的龙且军，使其军队被分

---

❶ 参看本书第 8 章第 2 节有关内容。

❷《百战奇略·第七卷·水战》：三秦出版社，2013 年。

割围迁，是“半渡而淹”成功的典型战例。“半渡而淹”需要有高超的指挥艺术，以及对当地河流水文条件，地形条件的了解，古代成功的战例不多，大多发生在山区。如唐朝末年裘甫水淹唐军。熙宁九年（1076年），茂州（今四川茂县北）的吐蕃人水淹宋将王庆军等。洺水之战，李世民试图淹刘黑闼军于半渡，但没有成功，后来，战斗过程中，李世民命令决堰，水淹逃跑的刘黑闼军。“半渡而击”和“半渡而淹”的战术，往往同时使用，打击敌人的效果更好。

（8）乘水进攻。当敌人遭遇自然水灾时，乘势进攻，这时敌军处于混乱之际，战斗力很差，三国时期关羽水攻于禁，是成功战例。或顺水进攻，我在上游，敌军在下游，或敌军逆流而上，即“因”。

（9）淹敌驻军。水淹已经驻防的敌人军营。当敌军驻扎在地势较低，又靠近水边时，引水或决堤水淹其军营，就是《吴子·论将》说的：“居军下湿，水无所通，霖雨数至，可灌而沈。”五代时的清口之战（896年），杨行密壅淮上流，水灌庞师古军营是典型的战例。另外，近代僧格林沁在连镇和冯官屯水淹太平天国北伐军是先围困再水淹，是另一种形式的水淹军营。水淹敌军后方，是淹敌驻军的一种特殊形式。其他战例如：1081年，西夏军决七级渠引黄河水淹屯驻于灵州城外宋军营；1131年，守将郭伟则决姑溪水灌其军营，邵青降；1220年，金兵在汶水上游筑堰，决堰灌宋军营；1753年，霍集占决黑水灌清营；1869年，清军利用渠水反灌回营等。

（10）决水淹敌。决坝或决堤水淹进攻的敌军，是大多数人理解的水攻战的主要方式。此战法也有两种情况，一种是直接决现有的堤坝，攻击敌人。如1921年吴佩孚决长江堤防，水淹湘军；另一种是先筑坝，再决坝，如公元480年，垣崇祖先筑堰，然后决小史埭，水淹攻寿春北魏军。

以上是十种常见的水攻作战方式，但是由于水攻作战的复杂性，仍然有一些未能概括。需要说明的是，有时是一次战争中采用多种水攻方式。例如1642年水淹开封，既有李自成决河灌城的举动，也有明朝官军决河水淹李自成军，致使李自成军被淹死万余人的行动。战斗的双方都采用水攻战，这种情况在历史上曾经多次发生过。

1.2.1.2 历代以水代兵战情况的初步统计

中国历史上与以水代兵有关的战争非常多，准确统计和界定，确实非常困难。根据可考的资料，初步统计历代以水代兵事件，从传说时代起，至1949年解放战争结束，共发生有记载的重大的以水代兵事件约179起，包括一些理论、记载和建议、盟约等，见附录一。

在各种形式的水攻战中，决水灌城的战斗发生最多。从传说中的共工氏“振滔洪水，以薄空桑”，疑似决水攻城，至1864年刘岳昭水灌绥阳，最后一次水攻城市，共发生约66次，其中失败37次，成功26次，不详3次。一些城市遭到破坏，难以恢复。以下城市多次遭到水攻：

晋阳：公元前454年，晋阳之战；公元969年，赵匡胤壅汾、晋二水，水灌晋阳。

徐州：公元前512年，吴国灭徐；公元527年，成景俊谋断泗水以灌彭城；公元547年，萧渊明引清水以灌彭城；公元577年，南陈吴明彻作吕梁堰，水灌北周彭城（今徐州）。

开封：公元前225年，王贲伐魏，引河、沟灌大梁；1642年，李自成和明朝官军先后破坏黄河大堤，造成水淹开封的大灾难。

兴平：公元前205年，汉王刘邦水灌废丘；公元882年，黄巢军水灌兴平。

青州：公元323年，后赵大将石虎讨伐曹嶷于广固，塞五龙口，以回水淹广固；公元356年，前燕慕容恪攻段龛于广固，再塞五龙口；公元409年，刘武帝伐慕容超于广固，第三次塞五龙口，终于使广固城废弃；另外，1361年，元军水灌红巾军益都（也是今山东青州）。

寿县：公元514年，梁武帝截断淮水筑浮山堰，以回水淹寿阳；公元573年，南陈吴明彻遏肥水灌北齐寿阳内城；1274年，宋将夏贵水灌元朝正阳城（今安徽寿县）。

银川：1209年，成吉思汗水灌中兴（今银川）；1592年，明朝官军水灌宁夏（银川）。

邺城：公元204年，曹操决漳水灌邺；公元384年，后燕慕容垂攻前秦苻丕，引漳水灌邺。

还有一些城市是连续遭受水攻。如，灵州，分别于公元534年和公元536年连续遭受水攻，一次成功，一次失败；江陵，于公元568年和公元570年遭受水攻，均失败；镇州，于公元921年和公元922年遭受水攻，都以失败告终。它们都是同一场战争中连续遭受水攻。

造成灾害损失最大的是人为决开黄河，从战国时期，楚师出河水，水淹长垣之外，至1938年花园口决口，造成较大损失的人为决黄河事件13起，军事上的作用有限，造成的灾难却非常严重。大规模水淹土地事件6～7起，修建了中国古代最高的大坝；决水淹军约5次，包括中国历史上第一次大型战争——涿鹿之战；水淹敌军驻军或军营8次，除了1753年，霍集占决黑水灌清营失败外，大都取得了成功；决水或壅水阻敌约17次，包括1128年和1938年等几次重大的黄河决口事件；影响比较大的切断水源战斗11次，还有很多次小规模这种战斗；半渡而淹6次，以及难以准确统计的半渡而击的战例。

1.2.1.3 水守战的方式

实际上，以水代兵的防守战，远多于以水代兵的进攻战。与水攻不同，防守是一种常态，有些直接与战争有关，有些事件暂时与战争无关或长期未处于战争状态，但是它们都与以水代兵有关。

水守战大致可分为水利设防和天然水防两大类，具体方式如下：

（1）环壕和护城河。原始聚落的环壕和后来城市的护城河都是用于军事防御的设施，对于阻止敌人偷袭和进攻非常有效，在城市防守中起重要作用。护城河的修建在古代极为普遍，是以水守城的主要方式，有的城市在战争时甚至修建多重护城河。

（2）兴建水利工程用于防守。通过兴建大型水利工程，形成大范围的水体，阻止敌人的进攻。最早用于防守的水利工程是堤防，周文王时“障水以御寇”就是修建堤防，保卫国家安全，这在古代非常有效。此后，在抵抗强敌入侵时，兴建水库或者大规模水体，用于守城，守国或者守边，这些方法也经常被采用。如三国时东吴的实力没有曹魏强大，实行以水守国的方针，在濡须水上修建东兴堤，即阻断了曹魏军从濡须水出长江，进攻东吴的道路，又把水军上移至巢湖，充分发挥东吴水军的优势，使魏军在巢湖未能再前进一步，有效巩固了东吴政权。北宋在河北兴建塘泺工程，成为防御辽军的水长城，对维持北宋时期将近一百年的宋辽和平局面起到了重要作用。另外，还有五代至南宋时期的荆州三海等都是作用显著的以水代兵军事水利工程。

使黄河改道，是一项大型的水利工程。利用黄河改道为军事目的服务，也是古代以水守国思想的体现。汉武帝时就有齐人延年提出“河决胡中”之策，以防御匈奴。北宋时三次挽河东流，是这一思想的具体实施。后来金人也有使黄河改道抵御蒙古人的设想。与单纯的决堤使黄河泛滥不同，人为使黄河改道，由于要实施巨大的水利工程，一般很难实现。

（3）破坏水利工程达到以水代兵的目的。破坏现有的水利工程，达到以水代兵的目的。如以决河、决堤、决渠等形成洪水阻止敌军行动。一般来说，是一种被动的防守。如1128年杜充决开黄河大堤，阻止金兵南下。宋金的水柜战，利用破坏运河的济运水柜，作为防守力量。清朝同治年间，回军决秦渠水淹清军等。1938年，国民党军掘开花园口黄河大堤，阻止日军西进，是一次严重的破坏水利工程事件，造成惨绝人寰的大灾难。

（4）以自然界的水体如河流、湖泊为防御屏障。这种情况在古代，以至近现代都很常见。如春秋战国时的各诸侯国往往以河流为界。历史上当军阀割据、国家分裂时期，也大多以河流为边界，便于防守。所谓楚河汉界，就是楚、汉以鸿沟为界。“鸿沟而西者为汉，鸿沟而东者为楚”，鸿沟是当时著名的运河。南北分裂时期，则往往以淮河或长江为界，如三国时期、南北朝时期和南宋时期。界河实际也是一种利用天然水险，以水代兵的防御手段。

1.2.2 实施水攻战的条件

水攻战之所以在历史上并没有频繁发生，是因为发动水攻战，需要一定的条件。根据古代兵书的总结和历代水攻战发生的情况来看，实施水攻战，往往在两种情况下容易发生：第一种情况是“诸攻不利”时。就是说，水攻一般不会作为攻城的首选，但是，当各种攻城方法都受挫时，会想到采用水攻。第二种情况是城市“居卑下之地”。这样的地形条件，不利于防洪，适合于决水灌城。

除此以外，一般来说，实施灌城还需要具备以下基本条件：

（1）水源条件。这是能够实施决水灌城的前提。被攻击的城市附近必须有合适的水源，我国的水攻战大多发生在淮河流域，就因为这一区域水源丰富，靠近城市，引水方便。引水灌城的水源地必须高于城市的地面，否则难以起到灌城的效果。但水源地一般距离城市有一定距离，目测或估算很难确定其高差，应当水准测量，因此测量水源与城市间的高差，以确定其是否可用于灌城，是成败的关键。如果可用，应当于何处筑坝。地形要适合引水，距离不能太远，能够开渠。一些兵书中，当论述到水攻时，并不讨论灌城的工程布置形式，只是说如何进行水准测量，如何制造测量仪器，可见水源对于灌城的重要性。正如《太白阴经》所说“水因地而成势，为源高于城”，才可以灌城、漂军。历史上有些水攻战例，因为对水源的高差测量不准确，或估算错误，导致筑坝后不能引水，或引水后难以达到灌城的高度而使战斗失败。

一般的城市虽然都选址在河流边上，但是都有城市防洪要求，其居住区都是在洪水难以淹到的地方，所以一般城市都不适合用水攻。其他形式的水攻战如决水阻敌，灌敌军营等，也都要有合适的水源条件。

(2) 一定的水利工程技术。一般水攻城市，需要修建一些水利工程，如筑坝、修引水渠和围城的堤防等，事先对水源要进行测量，这些都需要有一些水利工程技术人员，否则很容易使水攻失败。13 世纪初的蒙古骑兵作战，可谓天下无敌，蒙古军也曾多次运用水攻战术，但由于不懂水利工程技术，水攻战多以失败告终。如 1209 年，成吉思汗率大军围攻西夏中兴府（今宁夏银川）时，曾采用水攻办法，趁天降大雨、河水暴涨之机，遏引黄河水，筑围堤灌城。但由于技术经验不过关，没有把城墙淹塌，自己的围堤反而先溃决，自己的军队被淹，不得不解围退兵。

(3) 军事优势。一般水攻不会作为攻城的首选，在其他进攻方式难以奏效时，才考虑采用水攻，进攻方对于防守方一般具有一定的军事优势，才有可能在城的外围从容实施这样浩大的工程。施工时，还可能受到敌军的干扰，所以军事优势也是非常重要的。《孙子兵法》把水攻战确定为“佐攻”的战术，是非常正确的。

(4) 充足的人力和时间。一般的引水灌城或壅水灌城，需要筑堰或修坝，开挖引水渠，建造围堤等一系列工程，需要大量的劳动力和较长时间的施工，所以充足的人力、物力和时间，对于发动水攻战，是非常必要的。发动其他形式的水攻战，也要有相应的条件。

但凡事都有例外，水攻战术运用得当，也可以发挥以少胜多、以弱胜强优势，如战国时白起引水灌鄢，唐代时裘甫水淹唐军等。

1.2.3 水攻战的优势和劣势

自从《孙子兵法》提出“以水佐攻者强”著名论断后，历代兵书大体持相同观点。一些演义小说对此加以渲染夸大，使人们对水攻战的作用产生一些片面认识。认为水攻战都能产生巨大的破坏力，或认为水攻战无不胜。如一些兵书就认为，决水灌城，百万之众，可使为鱼。可以攻城略地，可以漂城、淹军。由于缺少对具体战例的研究和统计，这一思想产生了很大的影响。

应当说，以水代兵，确实可以产生巨大的破坏作用，冷兵器时代，洪水产生的破坏力是人类难以做到的。但是，这种破坏作用是灾难性的和盲目的，不一定能达到预定的军事目的。实际上，从历代水攻城市的结果看，成功的不到一半，侥幸成功的也付出了巨大代价，对敌军的攻击力，远没有想象的强大。水攻战的弱点也十分明显，进攻的时间长，消耗的人力物力巨大。而战场上的情况瞬息万变，期间可能产生不利水攻一方的局势变化，使战场的情况发生逆转，这种情况在历史上并不少见。从历史上发生的水攻城市的战例看，短的三个月，长的一年多。一般来说，在此过程中，军队也要承担一部分任务，在有的工程中甚至承担大部分工作，很容易造成军队的疲惫和松懈，战斗力下降，使军事力量上的优势转为劣势。当敌人的援兵赶到，或遭到敌人的突袭时，容易遭到失败。另外，长时间的围困，也容易使自己内部军心动摇，产生分裂，这样的战例在历史上也不少。

晋阳之战历时三个年头，就军事实力而言，智伯联军占有明显优势，但由于长期围困，久攻不克，导致内部分裂，最后以失败告终。北周大象二年（580 年），北周益州总管王谦举兵叛乱，反对杨坚，遣其将达奚惎、高阿那肱、乙弗虔等率众十万攻利州（今四川广元），堰江水灌城。城中战士不过两千，攻城和守城的兵力，相差达五十倍。守城总管豆卢绩，拒守四十天，然后出奇兵击败达奚惎，可谓是力量对比最悬殊，以少胜多的战争。十六国时，刘曜决千金堨，水灌金墉城，一百余日而未能攻克，最终被赶来的石勒击败被俘；唐代时九节度水围邺城，唐军对安庆绪叛军有巨大的军事优势，安庆绪的守军只有几万人，而唐军号称六十万，由于长期围困，挖壕三重，大量消耗人力，军心疲惫，最后被史思明援军打败，也是力量悬殊，最后失败的水攻战。这样的战例还有不少，都说明，水攻是一种不能轻易采用的方法。所以南北朝以后，引水攻城的战例越来越少。正如《武经总要》所总结“若平陆引水，劳力费工，利害相半，智伯以水攻而亡，此又水攻者之宜戒也”。

水攻的优点是用水去消灭敌人，不会造成进攻一方直接的人员伤亡。这是为什么一些攻城战在久攻不克，人员伤亡较大的情况下改用水攻战的原因。水攻战的另外一个优势是气势大，使敌方内外隔绝，对敌方造成巨大的心理压力，这往往造成敌方内部的分裂。如曹操水灌下邳，没有淹垮下邳城，但是造成吕布内部分裂，从而取得胜利。

1.2.4 历代以水代兵事件的地域和时代特点

历代战争中都有以水代兵的作战，从传说时代我国最早的战争——黄帝与蚩尤的大战，到春秋争霸，战国称雄，秦的统一战争，直至近现代，虽然以水代兵不是主要的作战方式，但是由于我国幅员辽阔，江河众多，实施以水代兵的条件容易得到满足，因此作为辅助的作战方式，历次战争中多有发生。

水攻是冷兵器时代常见于战争的进攻战术，是“以水代兵”的主要形式之一。一般表现为人为引水淹敌或引水攻城等多种方式。一般来说，越是早期的战争，以水代兵战的地位越重要。史前的聚落环壕是防御敌人的主要手段，以后在相当长的一段时期内，国都的防御都以护城河为主，或者把城建在靠近河流的地方，把河流等天然水域作为御敌屏障。传说时期的部族之间的争斗，也有很多水攻作战的影子，例如共工氏的战争，大都与水有关。早期作战的武器比较简单，人们对洪水的防御能力较弱，水攻的威胁大，破坏性强，水攻的优势比较能体现出来，往往具有战略上的意义，能够灭亡一个国家，或者威胁一个国家的存亡，而不仅仅是取得一次战役的胜利。如，春秋时，吴灭徐之战，战国时秦灭魏之战，都是如此。《管子·度地》论五害时说：“水，一害也；旱，一害也；风、雾、雹、霜，一害也；厉，一害也；虫，一害也。此谓五害。五害之属，水最为大。”可见早期历史上，水灾的威胁最大，人为的水灾，破坏更大。秦汉以后，随着战争规模的扩大，武器的进步，虽然以水代兵战争造成的破坏和损失越来越大，但是水攻在一场战争中对整个战局的影响逐渐减小，它往往只是一种辅助作战的手段。

早期的水攻战，一般是修筑简单的堤坝，以破坏敌方的农业生产或居住地为主，间或有水淹敌军。随着水利技术的进步，人们利用洪水的能力也在增强，水攻战的规模越来越大。春秋战国时期，出现了第一次水攻战高潮，如春秋时期的“夹塞两川”的水攻战，其筑坝的高度和淹没范围都达到前所未有的程度。而且，水攻战逐渐转向比较复杂的城市水攻，以晋阳之战为代表，水攻城市的各项技术都已经成熟，引水灌城的各种水利设施也已经具备。另外，黄河的系统堤防逐渐形成，地上河初具雏形，利用黄河的以水代兵事件频繁发生。水攻战的理论有所论述，《孙子兵法》中提出了“以水佐攻者强”的思想，为历代军事家所推崇和接受。以墨子为代表的防止水攻的备水理论和技术也已出现。两汉至三国时期，水攻战仍然不断发生，潍水之战表现了高超的水攻艺术，曹操指挥的三场水攻战都取得了成功。东吴采取以水防守的战略，成功阻击了曹魏的多次大规模进攻，使三国鼎立成为可能。

南北朝出现了第二次水攻战高潮，这一时期，战争频繁，南北争战的焦点在黄、淮地区，这一带河流众多，城市密集，很适合发动水攻。这一时期，城市的防洪能力虽有所提高，但还没有达到足以防止洪水淹浸的程度，城墙一般还是泥土夯筑。所以引水灌城的战例比较多，南梁时期，出现了历史上最大的水攻工程——浮山堰，迷信水攻战的皇帝——梁武帝，南陈时，则出现了以擅长水攻，动辄“迮水为堰”的水攻专家程文季，以及多次发动水攻的将军吴明彻等。

南北朝以后，水攻战的特点发生了变化，随着城市防洪能力的提高，城市水攻战有所减少，但仍然时有发生。隋代和唐代，水攻战呈现多样化的特点，五代时期，决开黄河成为以水代兵的主要方式。

宋朝对北方的少数民族战争采取守势，它的以水代兵也以防守为主。并且在国家的防守战略上占据主导地位。无论是守边、守国还是守城，都会想到用水来辅助作战。为了防御北方少数民族的骑兵，宋代创造了多种多样以水设险的防守方式，如河北塘泺，是天然湖泊、河流与水利工程结合的防御战线，它与黄河构成了北宋防御辽军的双重保险。南宋既失黄河天险，又决开黄河，使其改道，阻止金兵南下。在南方继承了以水设险的战术，在江淮间实施处处蓄水，遍地开花的“潴水限敌”战略，在城市防守中也尽量发挥以水代兵的作用。水守，在防御金兵、蒙古兵的强大攻势时，起到了重要作用。南宋在以水守城战术上也有很大进步，创造了“两壕三城”的守城方法。

明清以至近现代时期，河流防洪能力有了很大的提高，黄河、长江等大江大河已经形成高大的堤防，财产和人口密度增加，以水代兵，黄河决口造成的灾害损失越来越大，明末崇祯年间的黄河决口以及1938年黄河花园口决口，都造成了严重的灾害，其损失严重程度超过了一般的自然决口。民国年间，吴佩孚掘开长江堤防，在历史上也是绝无仅有的，这说明，现代战争虽然武器先进了，但是以水代兵的作战仍然不可忽视，其作用和副作用是其他武器难以替代的。近代甚至出现了僧格林沁用人力戽水，水灌太平军的事件，以水代兵的方式发生了变化，人为破坏或修建水利工程在以水代兵战争中的作用越来越重要。

从历代水攻战发生的区域来看，全国各地都有发生，西北至新疆、宁夏、甘肃，西南至云南、贵州、四川，东南至浙江、江苏，但以黄河与淮河流域最为频繁，黄河的地上河为发动水攻提供了方便，黄淮地区，历来是兵家征战的战场，尤其是淮河流域，南北分裂时期是相互争夺地区，而且河流众多，水利工程技术发达，这些都为水攻战创造了条件，因此，淮河流域的河流也是被用于水攻最多的地方，如汴水和泗水都曾经多次被用于水攻作战；黄河流域，从战国开始，到1938年，除了11次比较重大的人为决河事件外，还有一些是引黄河水用于水攻战，如在宁夏，决引黄灌渠，作为水攻的水源。海河流域的漳水、滹沱河、洺水等河流也曾多次发生以水代兵的战争。贯通南北的大运河，则经常作为阻击敌人的屏障。

1.3 以水代兵的其他问题

以水代兵既是战争问题，也是水利问题，还牵涉到战争中的一些其他问题。中国古代有，近现代有，未来也不可避免。世界历史上也常有发生。多方位研究，使我们对以水代兵战争有更好的了解。

1.3.1 以水代兵与人为水灾

以水代兵是历史上产生人为水灾的主要方式，无论是水淹国土，水攻城市，还是决堤、溃坝，都会造成重大的财产损失和人员伤亡。传说时代的共工氏在战争中以水代兵，制造水灾而成为恶神，可见战争造成的水灾对早期人类的影响是深远的。虽然早期的人为水灾缺少记载，但对农业生产的破坏显而易见。春秋时期楚国“夹塞两川”，水淹宋的国土达到四百里，对宋国的农业生产产生了巨大影响，迫使宋国不得不向齐国求援。战国时期楚国引黄河水淹长垣之外，也是类似的水攻战。

水攻战对城市的破坏十分严重。春秋晚期，吴国军队就用水攻战，消灭了有一千多年历史的徐国，其都城被水攻完全破坏。战国时，秦将白起攻楚，水灌鄢城，造成鄢城被毁，死者达几十万人，这一数据虽然有待考证，但是造成人员和财产的重大损失是可以确定的。古代以水代兵，决开黄河，对城市的破坏尤为严重，以开封最为典型。历朝历代，开封的兴衰与黄河有密切关系。战国时，开封为魏都大梁。于魏惠王十年（公元前 360 年）开挖鸿沟，从荥阳以下引黄河水经大梁，沟通淮河和济水。经过二十多年的建设，完成了鸿沟水系工程，发展了航运和灌溉事业。由于这项工程使魏国的耕地面积迅速扩大，逐渐富强起来。当时城高七仞，城区东西长五公里，居民三十多万人，商业繁荣，被誉为富甲海内的名都。秦王政二十二年（公元前 225 年），秦伐魏，围大梁，久攻不下，引河、沟水灌大梁，魏都大梁城被彻底摧毁。明末李自成军攻打开封，李自成军与明朝军队先后掘开黄河堤防，终因汛期到来黄河决口，开封城被洪水吞没，死亡人数在三十万以上。一些城市在历代以水代兵战争中遭到洪水严重破坏或被迫废弃。例如：公元前 512 年，吴国水攻灭徐；公元前 279 年，秦国白起引水灌鄢，鄢城废；公元前 205 年，刘邦水灌废丘，废丘遭到严重破坏，更名槐里；398 年，沮渠蒙逊水攻西郡，城溃；十六国时期，广固城三次遭受水攻，该城最后不得不废弃；535 年，娄昭水灌瑕丘，瑕丘废；549 年，东魏军水灌长社，长社城几乎崩溃。此外，战国后期和明朝末年，开封城两次遭受水攻，都造成严重破坏。汉景帝三年（公元前 154 年）汉军平七国之乱，引水灌邯郸城，邯郸城墙被淹塌，河水从东面流入邯郸城。随着人口和财产密度的增加，溃坝、决堤造成的灾害有逐渐加重的趋势。南朝时浮山堰溃决造成十余万人死亡。历次人为黄河决口，都会造成巨大的损失。1938 年黄河花园口决口，造成死亡人数达到八十九万。

1.3.2 以水代兵与水军作战

水攻与水军作战虽有明显区别，但又有密切联系。一些文章把水攻战称为水战，也有一些文章把水军作战称为水战。这两种作战都与水有密切关系，经常同时使用。水攻战，常借助水军的力量，加强进攻。如决水灌城时，利用战船辅助进攻，能起到很好的作用和效果。韦睿水灌合肥，梁军利用高大的战船“斗舰”直抵城下，经水位抬升后，战船与城墙一样高，“四面临之，城溃”，守军没有了居高临下的优势，南梁军水攻与水军相结合，使敌人军心崩溃，很快攻占了合肥。549年，东魏慕容绍宗水灌长社，使用水军助战，使大船开抵城墙边上，令弓箭手向城内射箭。太建二年（570年）七月，南陈司空章昭达，统兵五万、船舰二千艘，围攻西梁主于江陵，决龙川宁朔堤，引水灌江陵。太建十年（578年），南陈将领吴明彻水攻北周徐州，吴明彻列船舰于城下以图攻取。公元969年，赵匡胤水攻太原，为了配合水攻战，在汾河上造船。明万历二十年（1592年），明军水灌宁夏平定哱拜叛乱，官军也是大规模调动船筏攻城。这些都是水军配合水攻作战的战例。

水战能力较强的国家一般以水代兵的能力也比较强。如春秋时期的吴国，公元前506年，吴国伍子胥与孙武率军长途奔袭楚国之战，也是采取水军和水攻相结合的方法。吴国以水师见长，水军用于运军运粮，水攻则攻破楚都郢。以水军进行防守的情况比较普遍，如三国时期的东吴，既有强大的水军，又修筑东兴堤，使东吴的以水守国获得成功。

1.3.3 以水代兵与城市防洪

决水灌城与城市防洪是相互对立的两个方面。为什么对大多数城市不能使用水攻战术，而只能对少部分城市使用，而且要付出很高的人力、物力代价，这是由城市的防洪因素决定的。一般来说，城市在最初选址时就已经考虑了防洪问题。人们在选择居住点时，总是在靠近水源，而洪水难以到达的地方，而每年的汛期和洪水水情都告诉人们，哪些地方适合居住，是对洪水安全的地方。

先秦的学术著作《管子》就已经对城市选址的防洪问题作了论述：“凡立国都，非于大山之下，必于广川之上。高毋近旱，而水用足；下毋近水，而沟防省。”就是说，城址要高于河流，高的地方，有水可用，低的地方，也不要离水太近，以保证城市的防洪要求。所以一般来说，城市都建筑在高于河流的地方。而水攻战则要求“为源水高于城”，所以一般人理解的决堤灌城，即直接决开堤防以水灌城，对于绝大部分城市而言，是难以做到的，只有黄河两岸的一些城市，由于悬河的存在，使得决水灌城有了可能，城市的自然选址使得水攻难度增加。

水攻战，客观上也促进了城墙技术的进步和城市防洪能力的提高。春秋战国时期是水攻战的高发期，也是在这一时期，筑城技术有了很大进步，晋阳之战，晋阳城的城墙被淹达三个年头而没有倒塌，足见其防洪能力的强大，也有一些城市在水攻战中被破坏，如鄢城、大梁等。

筑城技术的进步，使得水攻城市越来越困难。根据筑城史的研究，春秋战国及以前，都是夯土筑城，秦汉时开始在夯土中增加木骨。城墙是城市防洪的主要屏障，随着修筑城墙技术的进步，如夯筑技术提高，筑墙材料的改进，城墙防御洪水能力逐步加强，以水灌城越来越困难。东晋十六国时期，夯土城技术达到高峰，同时出现了土城包砖砌壁的做法，是筑城技术的一大进步。使城市防洪能力得到很大提高。《水经注·获水》记载：东晋义熙十二年（416年）“霖雨骤澍，汳水（即汴水）暴长，城遂崩坏。冠军将军，彭城刘公之子也，登更筑之，悉以砖垒，宏壮坚峻，楼橹赫奕，南北所无。”由于城市防洪的要求，砖砌城墙开始出现。但也可以看出，这时候仍然以土筑城墙为主，砖砌城墙只是个例。历史上邺城经常遭受水攻，较早使用了砖墙技术。三国时曹操曾经引漳围邺，《水经注·漳水》中称，十六国时后赵石虎都于邺城，大肆修筑邺城，其城“饰表以砖”，砖砌于城墙的外面，邺城的防洪能力因此比较高。石虎迁都邺城，在公元 335 年、公元 384 年，慕容垂引漳水灌邺，水攻战持续数月，由于邺城的城墙十分坚固，最后以失败告终。宋代的《营造法式》对如何修筑城墙的地基、墙身等都有具体规定。

护城河是城市防御的重要手段，修建护城河的主要目的是提高城市防御能力，客观上对城市的防洪排涝也起一定作用。

1.3.4 以水代兵与水利工程

在以水代兵的战争中，水利工程的作用是非常重要的，因此“以水代兵”史既是战争史，也是水利史。如果我们只研究其战争的史实，而忽略水利工程的作用，则我们很难全面了解这些战争的进程和意义，或者我们只研究其在水利史上的作用，而没有把这种工程放到战争的背景下去考察，一些工程方面的史实则难以澄清。二者相结合的研究，使我们对历史上以水代兵战争有了更全面的了解。

无论是水攻战，或水守战，大都需要修建水利工程，有时是破坏水利工程。因此，以水代兵战争与水利工程技术密不可分。一方面战争促使兴建大规模水利工程。如筑堤起源很早，堤防不仅作为防洪工程，而且还作为战争时的防御工事，这种情况在先秦时表现尤其普遍。传说时代的共工氏，就曾经大规模筑堤、筑坝攻击其他氏族部落，这是我国大规模筑堤的起源。周文王提出要“障水以御寇”，把筑堤障水和保卫国土结合起来，春秋战国时更是把堤防作为保卫国家的长城，出现了以堤为防的“长城堤”。筑坝技术的发展也与水战有关，历史上曾经出现过的一些高坝，大都与战争有关。早期的堤和坝没有严格区分，传说时代的黄帝曾经筑坝蓄水，水攻蚩尤，出现了最早的水利工程。共工氏也曾经筑坝壅水，水攻其他氏族部落，这应该是筑坝技术的起源。至春秋时期楚国水攻宋国，“夹塞两川”，筑坝规模相当可观，筑坝技术已经达到一个比较高的水平。南北朝时期水攻战达到高潮，梁武帝为防止北魏的军事骚扰，同时为进攻寿春和徐、扬一带，在淮河上拦河筑坝，修建了我国古代最高的大坝——浮山堰，这一工程规模宏大，在大坝的勘测、选址、布局规划、合龙技术以及工程水文和工程地质方面都有新的突破，使古代的筑坝技术达到了一个高峰。

频繁的以水代兵战，需要修建渠道引水围城或引水灌城，这些渠道工程，一些湮没了，一些战后成为灌溉或供水工程，最著名的如湖北宜城的白渠，其长度达到百里，战后两千多年，一直发挥良好的灌溉效益。山西的智伯渠，是我国最早的有坝引水工程，战后，人们利用水攻时所建工程，加固大坝，整理并扩建渠道，不仅发挥灌溉作用，并成为当时晋阳城的供水工程，至今仍为山西著名的灌渠之一。

一些水利工程成为军事争夺的目标或战场，如三国时吴国为破坏魏国在淮南的屯田，于赤乌四年（241 年）四月派大将全琮率数万众攻淮南的水利工程芍陂，与魏将王凌展开激烈战斗，争夺芍陂堤坝的控制权。三国时东吴在濡须水上兴建东兴堤，有效阻止了魏军东进，利于水军作战，建兴元年（252年），吴将诸葛恪再次大规模修筑东兴大堤，魏军派出七万大军来进攻，爆发了东兴之役。清朝同治年间，陕甘一带爆发了大规模的回民起义，马化龙部回族起义军依托黄河东岸的秦、汉二渠，决渠、挖壕、筑墙，抗击清朝官军，双方爆发了决渠与反决渠，争夺制水权的战斗，灌溉渠道成为战争的工具。

一些水利工程本身是为战争或为军事防守的目的而修建，这些工程的起源很早，如早期的聚落环壕，是为了部落间的争斗而修建的防御性工程，它们实际也是最早期的水利工程。一些环壕和天然河流相通，有的环壕需要引水，都需要修建一些水利工程，并且有简单的规划。这些环壕后来逐渐发展成为护城河，成为城市水利重要组成部分。至于北宋为防御契丹人修建的河北塘泺，在治理黄河时为把黄河作为天险而执意挽河东流，从五代开始不断扩建的荆州三海，都是为战争或国防修建的大型水利工程。这些工程的规模都很大，超过一般的水利工程，但是持续的时间比较短。

水攻的技术与水利技术的发展有密切关系，正如英国科技史学者李约瑟（Joseph Needham）所言："从中国历史上出现水攻这一事实，就足以证明中国水利技术发展之早，并取得了伟大的成就。"❶ 事实上，这是一个相辅相成的关系，水利技术的进步，使得它能够运用于战争，而军事和战争的需要，也在一定程度上推动了水利技术的进步，这从早期的一些用于水攻的工程而后演变为著名的水利工程的事实可以得到印证。另外，中国历史上是农业大国，水利在农业和国民经济中占有重要地位，由于战争和军事上的需要，修建了一些水利和运输工程，也在客观上促进了后代水利工程的进步和交通运输业的发展。

战争对水利工程的破坏经常发生的，一些水攻战就是通过破坏水利工程实现的，如历代战争中，决开黄河大堤成为以水代兵的重要手段。黄河大堤一般都是历经百年，一些河段甚至历经几百年甚至上千年才建成的大型防洪工程，破坏后造成的后果十分严重。历代水攻战中的决坝事件也常有发生，如宋金时期的水柜战，就是通过破坏运河边的蓄水水库而实现的。战争中有时还通过破坏运河河道，使敌人的后勤运输或军队前进受到阻滞。如453年，刘劭决破冈渎运道上的破冈埭、柏冈埭和方山埭以阻挡讨伐他的刘诞所部东军；1206年，宋军决巨胜、成公、雷塘渚积水以阻金兵等。

参考文献

[1] 钟清林，黎沛虹，邹辉霞．中国古代水攻理论及其应用［J］．中国科技史料，2000（2）：128-135.

[2] 孔玲，时德青．中国历史中的水攻研究［J］．水利发展研究，2006（2）：56-60.

[3] 王震．墨家军事学说及其对中国军事史发展的影响［D］．济南：山东大学，2009.

[4] 武善采，欧阳金芳．图说水与战争［M］．北京：中国水利水电出版社，2015.

[5] 史党社．《墨子》城守诸篇研究［M］．北京：中华书局，2011.

[6] 朱诗鳌．漫话以水代兵［J］．百科知识，2011（21）：63-64.

❶ 李约瑟在对作者的一封信中谈到了他的这一观点，转引自朱诗《鳌坝工技术史》第390页，北京：水利电力出版社，1995。

[7] 钟清林，黎沛虹，邹辉霞. 中国古代水攻理论及其应用［J］. 中国科技史料，2000（2）：128－135.
[8] 金戈. 中国古代战争与水（一）［J］. 海河水利，2004（1）：68－70.
[9] 金戈. 中国古代战争与水（二）［J］. 海河水利，2004（2）：66－70.
[10] 李零. 兵以诈立——我读《孙子》增订典藏本［M］. 北京：中华书局，2012.
[11] 扈光珉. 孙子的“水战”思想及实践［C］//山东孙子研究会2012年度年会材料汇编. 2012.
[12] 赵国华，刘项，刘国建. 孙子兵法辞典［M］. 武汉：湖北人民出版社，1995.
[13] 张敏. 论水灾在南北朝对峙及战争中的作用［J］. 鄂州大学学报，2004（3）：38－41.
[14] 钟少异. 中国古代军事工程技术史（上古至五代）［M］. 太原：山西教育出版社，2008.
[15] 吴庆洲. 中国古代城市防洪研究［M］. 北京：中国建筑工业出版社，1995.
[16] 中国水利水电科学研究院. 中国水利史稿（上）［M］. 北京：水利电力出版社，1979.
[17] 绥君. 南北朝水攻战与城市防洪［J］. 黑龙江水利，1992（3）：33－34.
[18] 林宏. 聊聊水利与战争［J］. 水利天地，1993（5）.
[19] 韩宝平，许爱芹，孙晓菲. “以水代兵”对黄河流域区域经济及环境的影响［J］. 中国矿业大学学报（社会科学版），2004（2）：65－68.

第2章

史前至西周时期——以水代兵的起源

这一时期的以水代兵战争大约可分为两个阶段，夏代以前的传说时代和夏、商至西周时期。根据神话传说大概可知，前一阶段人类从使用水，治理水害到兴水利，修建原始的水利工程，发展到在氏族部落战争中使用水，产生了最早的以水代兵战争。后一阶段，虽然文字记载简略，史料缺乏，国家相对统一，但是在朝代更迭以及一些诸侯争夺领土的战争中，仍然有水攻战发生，在国家和城市的防守方面，以水代兵更加普遍。

2.1　传说时代的以水代兵战争

人类濒水而居，在长期与水害的斗争中，逐渐认识到水火无情的道理。一方面，人们通过对水性的认识而利用水，兴水利；另一方面，又将其应用于战争，制造水灾。远古传说时代，大洪水事件非常普遍，那时人们对洪水的防御能力很弱，人们经常遭受洪水袭击，造成灾难，在和大洪水的斗争中，人们逐渐认识到水可以作为攻击敌人的武器。远古的神话中有很多关于战争的传说，而战争和洪水往往同时出现，这些传说中的洪水可能有一部分是由于战争引起的人为水灾。《吕氏春秋·荡兵》就说："兵所自来者久矣，黄炎故用水火矣。"可见自黄帝和炎帝开始，在原始部落的战争中，水、火常用作战争武器。历史记载，共工氏的多次战争也都与水有关，这些记载虽然具有传说的性质，但多少向我们透露出远古部族已经懂得利用水来辅助作战，以水代兵的战争由来已久。

2.1.1　涿鹿之战中的水攻

涿鹿之战发生于公元前3000年左右[1]，是我国历史上有记载的第一次大型战争，也是影响中国历史文明进程的重大历史转折之战。这次大战，炎黄族由于掌握了先进的水利技术，以水攻战方式打败了军事实力优于自己的蚩尤族，取得最后胜利，奠定了炎黄族在中原的统治地位，是先进文化和文明技术的胜利。作为神话传说，后世对涿鹿之战的过程，有不同的理解，郭丽娜《近百年来涿鹿之战研究综述》一文认为："今天，对于涿鹿之战的具体经过究竟如何，已不得而知。"[2] 本小节从研究古代水利的角度，对这次战争

---

[1] 涿鹿之战发生的时间有不同说法，本文依据金宇飞《涿鹿之战的考古学研究》一文，载《重庆文理学院学报》社会科学版，2011年7月，第4页。

[2] 载《高校社科动态》2017年第1期。

的过程和意义，以及战后的传说，作一点探讨。

2.1.1.1 黄帝与蚩尤的洪水战

黄帝与蚩尤的战争进程颇为艰难和曲折，蚩尤为九黎族首领，九黎是一个善战的部族，其兵器精良。《史记·五帝本纪》《正义》引《龙鱼河图》："蚩尤兄弟八十一人，并兽身人语，铜头铁额，食砂石子，造五兵，造立兵仗刀戟大弩，威振天下。"又据记载，蚩尤曾经在葛卢之山和雍狐之山冶炼金属，制作兵器，并曾兼并了多家诸侯❶，因此其战斗力很强。蚩尤首先与炎帝族发生了冲突，用武力击败了炎帝族。《逸周书·尝麦解》记载："蚩尤乃逐帝，争于涿鹿之河（或作阿），九隅无遗。"炎帝的土地丧失殆尽，转而向黄帝求援。而黄帝则尚在石器时代，以石木为兵器。《周易·系辞下传》："黄帝、尧、舜……弦木为弧，剡木为矢，孤矢之利，以威天下。"从两个氏族联盟使用的兵器看，虽各有优势，但实战能力，黄帝所率领的华夏族不及蚩尤的黎苗族，因此在作战的初期，黄帝族并未取得优势。《太平御览》卷一引《黄帝玄女战法》说"黄帝与蚩尤九战不胜"，可见蚩尤率领其氏族对黄帝作战，在初期曾取得一定胜利，但是，关键的一战，黄帝取得了胜利。

黄帝是如何打败蚩尤的，它所反映的史实是什么？是研究这场战争的关键。涿鹿之战的主要过程载于《山海经·大荒北经》："蚩尤作兵伐黄帝，黄帝乃令应龙攻之冀州之野，应龙蓄水。蚩尤请风伯雨师，纵大风雨。黄帝乃下天女曰魃，雨止，遂杀蚩尤。"战争的过程是蚩尤首先兴兵讨伐黄帝，在冀州之野演变为一场洪水大战，交战的双方都用水来攻击对方，战争的胜负取决于对洪水的掌控能力。黄帝一方的应龙准备了水，用的是地面的水。而蚩尤一方用的是空中的水，蚩尤请来"风伯"和"雨师"，希望天降大风雨，淹垮对方，被黄帝请来旱神"魃"，制止了暴风雨。

一般认为，涿鹿之战期间确实有一场洪水灾害，但是对于这场洪灾是如何产生的，是自然的还是人为的，洪水如何作用于战争，它所反映的史实是什么，却有不同的理解。一种观点认为，作为黄帝一方，黄帝利用了天时和地利，体现了高超的指挥技巧，"黄帝懂得运用战场因素和颇具神话色彩的风雨雷电等天时因素，同时黄帝看重战场地理地形因素，遵循自然规律，实施正确的政治军事措施，将天时地利和人和巧妙地联系起来"。❷这种想象虽然可以解释传说中的一些现象，看似合理，其言下之意是蚩尤战败的原因是由于交战时蚩尤一方遭遇了突发性的洪水灾害和旱灾，黄帝一方抓住机会，侥幸获胜。这种可能性只是理论上存在，中国自有记载以来的战争表明，交战时一方遭遇自然洪水而失败的战例尚未出现。

另外一种观点则提出，影响涿鹿之战结果的因素是气候变化，杨东升认为："涿鹿之战时确实发生过一场洪灾，而后又是一场旱灾，正是这次洪灾和旱灾导致强大的蚩尤部族涿鹿战败。发生在距今约 5300 年的重大降温事件所引发的洪灾和旱灾，应是导致蚩尤涿

---

❶ 《管子·地数》载："葛卢之山发而出水，金从之，蚩尤受而制之，以为剑铠矛戟，是岁相兼者诸侯九；雍狐之山发而水出，金从之，蚩尤受而制之，以为雍狐之戟芮戈，是岁相兼者诸侯十二。"李山译注，中华书局，2009，第 335 页。

❷ 冯石岗，王静涛. 涿鹿之战军事文化价值研究. 张家口职业技术学院学报，2016（6）：42.

鹿战败的主要原因。蚩尤涿鹿战败，当败于灾而非于战。”❶ 又说“5.3Ka.B.P（距今5300年）的降温事件所引发的洪灾和旱灾，是导致蚩尤部族战败的主要原因”。❷ 气候变化是缓慢和大范围的事件，从时间跨度来说，至少几十年乃至上百年，上千年。而一场战争持续的时间并不长，黄帝与蚩尤的战争已经进行了多年，涿鹿之战是最后的决战，准确说是一次大的战役，不可能持续很长时间。气候学上的降温影响对交战双方的影响应该是同等的，即使他们生活在不同地区，交战时总是在同一战场，气温变化不可能作用于一方而不作用于另一方。而降温即引发洪灾又引发旱灾，同时作用于一方而不作用于另一方，这种偶然性大概也只能是猜测而已。

黄帝打败蚩尤一战的最主要情节是“应龙蓄水”，是人为的水灾，而非自然灾害。这一传说的史实根据应当是黄帝族采用水攻战最后打败了蚩尤族。水攻的过程是筑堰蓄水，然后以决堰的洪水进攻蚩尤。黄帝在战争中用水攻，在史书中也有明确记载，《吕氏春秋·荡兵》就说：“兵所自来者久矣，黄炎故用水火矣。”战争的历史非常悠久，黄帝在战争中用水攻，炎帝在战争中用火攻，这样的历史同样悠久，这在上古传说中被普遍认同。而涿鹿之战是黄帝用水攻的一次具体战例。黄帝族用水攻战胜蚩尤，是一种军事思想上的胜利，在作战的武器劣于对手时，转变作战思想，采用以水代兵的方式战胜对手，体现了华夏族在文化和智慧上的优势。黄帝令应龙蓄水后，没有了下文，因为水攻战决水淹敌的同时，也是制造水害，黄帝在传说中作为正面人物出现，是一个高大上的形象，所以没有交代是否放水，但他蓄水用于战争足以说明水攻的事实。

这则故事曲折地向我们反映出在传说时代用水作为战争武器攻击对方的普遍性，原始社会水是战争的利器，黄帝对蚩尤的决定性一战，就是黄帝筑堰蓄水战胜蚩尤。虽然传说中战争的双方都使用了水攻，但是可以看出，黄帝一方采用水攻是主动和有准备的，在实战上是可行的，是某种史实的反映。而蚩尤纵大风雨一说，则近乎荒诞，是战争巫术，是蚩尤作为战败一方被妖魔化的结果。这种情况在历史上并不鲜见，胜利者总是以正面人物出现，而失败者往往变成鬼怪，并被赋予一些神鬼功能，这样反衬胜利者的伟大。史传蚩尤“兽身人语，铜头铁额”❸，“人身牛蹄，四目六手”，“食铁石”❹，完全是鬼怪形象，并能够“变幻多方，征召风雨，吹烟喷雾”❺，这些传说并没有史实依据，不足为信。

至于黄帝是如何使用洪水进行水攻的，由于在军队的战斗力方面，黄帝族并不占据优势，于是充分利用天时地利条件，采取诱敌深入的战术，将其引诱到河谷之中，筑堰蓄水，然后决堰，发动水攻，达到以弱胜强的目的。《史记·五帝本纪》：“《索隐》案：皇甫谧云‘黄帝使应龙杀蚩尤于凶黎之谷’。”《山海经·大荒北经》说：“大荒东北隅中，有山（应作‘丘’）名曰凶犁（黎）土丘。”郝懿行注解：“《史记·五帝纪》《索隐》引皇甫谧

❶ 杨东升. 涿鹿之战，蚩尤当败于灾而非于战——蚩尤涿鹿战败的历史地理学考察. 原生态民族文化学刊，2013（4）：96.

❷ 杨东升. 从历史地理学考察分析涿鹿之战蚩尤战败的原因. 西南民族大学学报（人文社会科学版），2013（10）：55.

❸ 《太平御览》卷七九引《龙鱼河图》。

❹ 任昉《述异记》。

❺ 《广博物志》卷九引《玄女法》。

云‘黄帝使应龙杀蚩尤于凶黎之谷’。”黄帝战败蚩尤的地方正是在称为凶黎的河谷地带，这样的地形有利于筑堰蓄水。又“《集解》服虔曰：‘涿鹿，山名，在涿郡。’张晏曰：‘涿鹿在上谷’”。涿鹿大战的战场史上有多处不同的说法，但大都与山水、河流有关。或者在山区，或者河流出口，利于筑堰蓄水，水攻作战。陈建宪认为：“黄帝族亦很善于动脑筋，他们发轫于渭水、黄河之滨，对水的特征比较了解，就采用水攻的方法，这大约就是神话中‘应龙畜水’的真相”[1]。“这则神话曲折地反映出，远古部族间的战争已采用水攻的方式。”[2] 涿鹿之战是一场决定中原统治权的战斗，在华夏文明形成的历史上具有深远影响。在这次战争中由于最后使用筑堰蓄水的水攻战术取得了成功，对于堰堤一类治水工程的崇拜逐渐形成，应龙的传说大概源于此。

传说黄帝时已经能够筑城，《史记·封禅书》：“黄帝时为五城十二楼。”《淮南子·原道训》说：“黄帝始立城邑以居。”宋高承《事物纪原》引《轩辕本纪》说：“黄帝筑城邑，造五城。”又说：“帝既杀蚩尤，因之筑城阙。”新石器时代，有大量城址发现，也说明距今 5000 年左右的黄帝时期，具有筑城能力。筑城与筑坝是类似的，筑城的史实也证明黄帝时代筑坝蓄水，用于水攻是有可能的。

2.1.1.2 汉代画像石和苗族《蚩尤神话》中关于水攻的描述

汉代画像石是我国汉代重要的历史文化载体，它题材丰富，多表现了古圣先贤、历史故事、神话传说等。其中武梁祠后石室所见画像之黄帝蚩尤战图（图 2-1），描述了涿鹿之战应龙擒杀蚩尤的故事。根据此图，应龙战败蚩尤采用水攻战的意思表现得十分明显。刘铭恕《武梁祠后石室所见黄帝蚩尤战图考》[3] 一文研究该画像认为：“右（左）端如桥衡形之龙，吾人深信其即为戳杀蚩尤者之应龙之原身。居龙下面俯伏者，殆又为怪兽蚩尤之人形化的形貌，实为应龙杀蚩尤之写实图。又如伏居于龙脊，以手泻缸作灌注状者，盖

图 2-1 武梁祠后石室所见画像之黄帝蚩尤战图

---

[1] 神祇与英雄——中国古代神话的母题. 北京：三联书店，1994：196.
[2] 金戈. 古代战争与水. 海河水利，2004 (1).
[3] 载《中国文化研究汇刊》第二卷，1942 年 9 月，第 341 页。

以龙为水中物、云中物，而今即降于地上，乃不能不有水潦以助其活动，《大荒北经》所谓，黄帝令应龙攻蚩尤于冀州之野，应龙蓄水云云者，即此之谓。”“图中锥杀蚩尤者，为应龙精灵之人间形貌，被杀者为蚩尤人间化的形象。”这段文字基本阐明了该图像的含义：应龙以水灌注方式擒杀蚩尤。以水缸作灌注状，持水缸者倒水的形象是制造洪水意思的表达，即“应龙蓄水”，配以持兵器刺杀蚩尤的形象，正是战争中采用水攻而擒杀蚩尤的生动反映。为什么龙身下又要有人形的应龙刺杀人形的蚩尤，这是艺术的需要，拟人化的表现手法。该文认为：“龙终不能执锥杀人，若强加以丹青镌刻之功，亦失于艺术之道，故又于应龙以人间形貌，于蚩尤亦以人间形貌，特置之龙身之下，作杀戮之状，如是以来，则居于龙身下之人物故事，亦皆有识其真谛之可能矣。”

该文又认为该图右端“执罐与缸者之二人，实与伏于龙身施水者，为同一种任务之使徒。……是斯二人者，其为应龙之水神，雨师无疑。至所持之器皿，亦正象征其行雨敷水之职能也”。即后面二神，也是为帮助应龙水攻蚩尤的，其任务是提供水源。所以该画像的主要内容意在表现应龙以水攻战胜蚩尤的场景。至于右下端则是云雨形状，风雨中有三人形，应该是所谓的风伯、雨师，以及旱神魃等。如果说，把“黄帝使应龙蓄水”解释为黄帝筑堰蓄水，采用水攻，打败了蚩尤，还只是一种猜测的话，那么，该图画则非常形象地说明了这一猜测是正确的。

苗族《蚩尤神话》是涿鹿之战的另外一个版本，从不同角度记载了涿鹿之战的过程，其中主要情节也是关于洪水和水攻的描述：“瓢泼大雨从天而降，洪水涌向阿吾八十一寨，黄龙兵乘洪水前来，蚩尤目睹洪水涌进苗兵阵地，毫不慌忙，沉着应战。黄龙公的兵将走到哪里，雷雨大作，田土被淹。汹涌的洪水不断涌来，淹没了阿吾八十一寨，苗兵及男女老少都被洪水淹没。九帅七十一将踩水与黄赤龙公及其兵将搏斗，蚩尤踩水与雷老五厮杀。”❶ 在这里黄帝与应龙的形象合而为一，成为驾驭洪水的神将，蚩尤与其苗兵则在洪水中与黄龙战斗，其神话的水攻战实质与《山海经》所述基本相同。

2.1.1.3 应龙为堤堰一类治水工程的化身

《武梁祠后石室所见黄帝蚩尤战图考》一文所说左端如桥衡形应龙原身，其形状与现代水利水电工程中普遍应用的拱坝坝型十分相似，古代作为蓄水工程的堰和陂等也常有类似形状，所以它应当为蓄水工程中堰的形状，而非桥衡。

据姚汉源先生研究，应龙的“应”或为“堰”的转音，“应龙”或可解释为“堰垄”，是蓄水工程❷。正是《大荒北经》所说用于蓄水攻击蚩尤的工程。又据姚汉源研究认为：“应龙合音（急读如今之拼音）则为雍。《周礼·秋官·司寇》有官名雍氏，职掌是‘沟渎浍池之禁春令为阱擭沟渎之利于民者，秋令塞阱杜擭。禁山之为苑、泽之沈者’……雍即壅塞之意。”雍氏是掌管水利的官员，其来源与早期的筑堰修堤等工程有关。应龙与堤堰一类的水利工程有很深的渊源关系。《广雅·释鱼》说“有翼曰应龙”，指堤、堰两侧有边坡似羽翼。一般的水利工程都有边坡，曲折蜿蜒则似龙形。黄帝使应龙蓄水，其含义为黄

❶ 吴晓东．苗族《蚩尤神话》与涿鹿之战．民族文学研究，1998（4）：20.

❷ 姚汉源．黄河水利史研究·附录·先秦时期有关山西水利的神化传说和记载．郑州：黄河水利出版社，2003：557.

帝筑堰蓄水。又《广雅》："堰，潜堰也，潜筑土以壅水也。"所以堰是蓄水工程，龙本身是一种想象，并非实有其物，而应龙则是古人对堤、堰、坝等一类水利工程的崇拜和想象，后来逐渐被神话，超越了自然界的实物形象。

由于应龙是水利工程的化身，能够蓄水灌溉，所以具有解除旱情的功能，涿鹿之战，是应龙传说的开始，此后，应龙的故事仍在继续。《山海经·大荒东经》："应龙处南极，杀蚩尤与夸父，不得复上，故下数旱。"它所反映的史实可能是：涿鹿之战虽然胜利了，华夏族统治了中原。但是战争导致水利工程破坏，或失修，或被用于水攻，所以应龙受伤，不能上天，上天降下旱灾。

原始社会人们的生产能力十分低下，战后旱灾对农业生产、生活产生了严重影响，于是需要修复水利工程。《山海经·大荒东经》又载："旱而为应龙之状，乃得大雨。"为应龙之状，是修建堤堰一类的工程，解除旱情。现实世界里，呼风唤雨是不可能的，"得大雨"只是人们对水的一种渴望，现实是通过修建水利工程来实现解除旱情，后来转变为祈雨。《山海经·大荒北经》的记述类似，从另一个角度阐述了这一情况，修复水利工程的意思说得更明确："魃不得复上，所居不雨，叔言之帝，后置之赤水之北。叔均乃为田祖。魃时亡之。所欲逐之者，令曰：'神北行！'先除水道，决通沟渎。"人们把战后产生的旱灾归咎于旱魔魃的存在，魃所居住的地方，干旱横行。于是驱逐旱魔至赤水之北，以精通农耕（方耕）的叔均主持生产，首先要做的就是疏通水道，修复水渠、沟洫等灌溉设施。《山海经·大荒北经》又载"应龙已杀蚩尤，又杀夸父，乃去南方处之，故南方多雨"。涿鹿之战后，随着中原的统一，筑堰技术向南方传播，对于南方的抗旱，起到了很大的作用。这些传说，应龙为水利工程化身的意思表达已经比较明确。

黄帝以后，应龙又出现在禹治水的事迹中，应龙是治水工程如堤、堰的化身，就更加清楚了。《太平广记》载："禹治水，应龙以尾画地，导决水之所出。"辅佐禹治水，是应龙的主要功绩之一，考其史实，自然与治水有关。原始社会时期，河水漫流，没有系统堤防，只能修一些简单的堤坝阻挡洪水，将洪水导向远处，减轻洪水的危害，这种导流堤坝有时比较长，在大地上留下长长的痕迹，即类似于应龙"以尾划地"，实际是一项治河工程，故此和禹的治水事迹相提并论。《楚辞·天问》："应龙何画？河海何历？"意为堤堰设在哪里？河海经过哪里？紧接着又问："鮌何所营？禹何所存？"把应龙和治河的鲧、禹放在一起发问，实际也是肯定了应龙画地是治水工程。鲧和禹的治水无非是修堤、筑堰和疏导河流，应龙画地，又导决水，应是类似的工程。但禹和鲧传说中都是治水人物，应龙非人，所以只能其本身是某种治水工程的化身。

《艺文类聚·卷八》又载："鲍昭石帆铭曰：应龙剖流，息石横波，下潔地轴，上獨星罗。"所谓剖流，是非常形象的说法，把水一分为二，只有水工建筑物有此功能。一些石堤或石堰，往往以天然石块如鹅卵石等为材料堆砌，石堰修筑在水中，可以溢流，如与河流成一角度修筑，起导流作用，又类似分水，即是"剖流"，如果横向修筑，抬高水位，用于取水，则石堰横卧于波浪之中，岿然不动，用"息石横波"形容，非常恰当。当时这种堤堰已经有相当的规模，在古人看来，已经有上天入地的感觉。应龙的传说大都与水或河流有关，正所谓"河出应龙，乃弘周易"。《艺文类聚·卷九十八》又载"应龙游于华泽"，反映了应龙水的属性。

应龙属土，后来演变为土龙。晋郭璞对应龙的解释是："今之土龙，本此气应自然冥感，非人所能为者。"《淮南子》曰"土龙致雨"，注曰"汤遭旱作土龙以象云"，是商代在祈雨时做土龙。《淮南子·说林训》又载："圣人者，随时而举事，因资而立功，涔则具擢对，旱则修土龙。"有了旱情修土龙，很显然，土龙是用来抗旱的水利工程。用土龙祈雨，一直到宋代都有这种方式。是能够抗旱的神，即应龙后又称土龙，也是堤、堰一类水利工程的化身。现代的浮山堰遗址，当地人仍然称其为土龙，所以堰—应龙—土龙这样的演变无论在传说、记载以及现实中都能找到根据。

应龙又名黄龙，曾经出现在苗族的神话故事中。诸葛亮《黄陵庙记》："黄龙助禹开江治水，九载而功成，信不诬也。"应龙帮助禹治水，同样也是反映禹疏导河流、修堤筑堰的史实，而非真正有一个应龙去帮助禹治水。《山海经·海内经》载："鲧复（腹）生禹。"郭璞注引《归藏·启筮》："鲧死，三年不腐，剖之以吴刀，化为黄龙。"是说鲧化为黄龙，既应龙。所以按照这一说法，应龙来自于鲧，与鲧有很深的渊源关系，而鲧是治水先驱，应龙自然也是治水的化身。《拾遗记》卷二："禹尽力沟洫，导川夷岳，黄龙曳尾于前，玄龟负青泥于后"。应龙不仅出现在治河工程中，同时也出现在农业灌溉工程中。事实上，无论是防洪治河还是农田水利，修堤筑堰等一些水利工程都是必不可少的。

2.1.2 共工以水代兵战争史实

黄帝以后更出现了共工这样专业的治水氏族。关于共工的传说很多，归纳起来，不外乎两个方面，一是战争，二是与水有关的活动。共工掌握了治水技术，又长期处于战争状态，因此其利用掌握的治水技术来为战争服务，也就是不足为怪。

2.1.2.1 共工的战争与水害

传说共工之时，很多氏族、部落由西、由东向中原发展，相互间有很多联系，部落联盟便产生了，由此产生了推选首领的问题。从炎帝、黄帝时开始，已在争夺地盘，有了战争。到父系氏族社会末期，部落联盟首领的特权已比较突出，争夺首领的战争时有发生。传说中的共工，先后与伏羲、帝喾、女娲、神农、颛顼、祝融、高辛、舜、禹等都发生过争斗。有学者认为，它是黄帝与炎帝战争的继续。

《路史·太昊纪》载："太昊氏衰，共工为始作乱，振滔洪水，以祸天下。"《路史·女皇氏》又载："女皇氏役其神力以与共工氏较，灭共工氏而迁之"。《淮南子·原道训》说共工与帝喾争。《周书·史记》说共工亡于唐氏。《书经·尧典》说舜流共工于幽州。《荀子·议兵》说禹伐共工。这些记载都说明在禹治水以前的整个传说时代，共工与其他部落间的战争没有间断，延续达千年之久。《韩非子·五蠹》则说："共工之战，铁铦短者及乎敌，铠甲不坚者伤乎体。"描述了当时共工和其他氏族部落进行激烈战斗的情形。

共工传说的另一方面是为水害，如《淮南子·兵略训》载："夫兵者，所以禁暴讨乱也。炎帝为火灾，故黄帝禽之；共工为水害，故颛顼诛之。"这种传说和记载很多，共工大多表现为负面形象。对于共工为何总是制造水灾，为水害，共工是如何制造水灾的，一些学者对此困惑不解。目前普遍的观点认为，共工由于治水时采用了不当的方法而造成水灾。从治水的出发点去解释共工的水害，难免对一些史料难以理解，甚至产生曲解。如果我们从另一个角度去看问题，可以看到共工的水害是在战争中以水代兵，制造水灾，是一种主观上的行为，至少在传说和记载中是如此。这样对一些史料和传说记载，更容易理解一些。至于共工的治水业绩，以及治水方法，并没有正面的传说和记载，只能从侧面去了解。在早期的战争中，以水代兵是一种常用的手段，但胜利者以水代兵成为英雄行为，如黄帝使应龙蓄水，而失败者以水代兵则成为罪行，如共工。

对于共工在战争中以水代兵，采用水攻，古人早有论述。《吕氏春秋·荡兵》云："兵所自来者久矣，……共工故次作难矣。"共工在战争中制造水灾由来已久。《路史·共工水害》也说："智伯曰：吾乃今知水可以亡人之国，观其决汾以灌晋阳，其不没者三板。厥后或决绛以灌安邑，或堰肥以灌合肥，咸祖其事。及梁武帝作浮山堰堰淮以灌寿阳，寿阳之都一皆为鱼。共工之事不过于此矣，由此观之，共工之水害从可知矣。隳高堙埤，以乱天下，其欲不亡得乎。"《路史》成书于南宋，这时历史上一些著名的水攻战已经发生过，如晋阳之战智伯水灌晋阳，韦睿水灌合肥以及梁武帝作浮山堰水攻寿阳等。作者罗泌认为，共工的行为与这些水攻战没有什么区别，都是以水代兵的战争，共工才是制造战争水灾的鼻祖。所以，关于共工的传说，应当从战争和为水害两个方面去理解。

2.1.2.2 壅防百川，堕高堙庳，以害天下

《国语·周语下》载，周灵王二十二年（公元前 550 年），王城北面的谷水上涨，由城西向南流而合于洛水，两水相互顶托，将危及王宫。周灵王将欲壅谷水使其北出，太子晋谏曰："不可。晋闻古之长者，不堕山，不崇薮，不防川，不窦泽。……昔共工弃此道也，虞于湛乐，淫失其身，欲壅防百川，堕高堙庳，以害天下。皇天弗福，庶民弗助，祸乱并兴，共工用灭。"韦昭注："堕，毁也"，"防，障也"，"堙，塞也"，"高，谓山陵"，"庳，谓池泽"。

这一记载中，关于"堕高堙庳"，常被用来指为共工治水的方法，是把高处山上的土搬运到河岸边，修筑土石堤埂，形成简单的堤防，以阻挡洪水。共工因为采用这种方法治水不当，未能起到防洪的效果，因而危害天下，成为一大罪行。这种观点认为："共工所采取的大概都是'壅防百川，堕高堙庳'的老法子。就是说把高地铲平，把低地填高，筑起土围子来阻挡洪水，保障自己的安全。"❶《中国古史的传说时代》一书也持相同观点："共工却是'欲壅防百川，堕高堙庳，以害天下'，这就是说他想防治水流，就是把高地方铲平，把低地方填高，这样的工作后人解释为筑堤防是对的。"❷ 其他一些史书也有类似论述。

还有一种说法，则是把"壅防百川，堕高堙庳"解释为挖山筑坝，建水库。例如，有学者认为"可以看出，共工当时用的就是'壅防'之法"，"共工是挖山上的土，使流下来堵住河流，……将两个山陵之间的一条河采用筑堤防的办法堵住，使水位升高后改道流向其它地方，两山之间积水成湖，人们可以进行渔猎"。因此得出结论说："共工治水即是堕'湿山''幕山'此东西二山高处之土，堵塞山口，使寒暑之水改道。这就是共工治水的障壅之法。这既是我国筑堤之始，也是后来水库之始。虽然共工筑堤坝工程的具体情况已无

---

❶ 杨国宜. 共工传说史实探源（中华书局编《文史》第三辑）. 北京：中华书局，1963：63.

❷ 徐旭生. 中国古史的传说时代. 南宁：广西师范大学出版社，2003：168.

法知道，但从上面有关记载来看，这个结论是不会有什么问题的。”❶ 这种说法，与防洪说又有区别。这一说法，它把“堕高堙庳”与“怒触不周山”两个典故联系起来。“壅防百川，堕高堙庳”是一种泛泛而指的方法，并非具体指在何处去实施“堕高堙庳”，正如“壅防百川”并不具体指“壅防”哪一条河川，而是长期，在很多河流上实施了筑堤工程。而湿山和幕山，一般认为和“怒触不周山”的传说有关，是某些具体史实的反映。共工的传说历经上千年，其故事从伏羲氏一直到禹，不同的故事反映不同的史实，应该还是有所区别的。

以上说法都认为，共工“壅防百川，堕高堙庳”主观上是为了造福人类，而客观上造成危害天下的结果，这与原文要表达的意思不符，值得商榷。正常的理解，筑堤是把低处培高，古人称为“崇堤”。相反，把高处铲平，低地填高，不应当是筑堤行为，其作用正好相反，是破坏堤防。

其实，该文中，共工“壅防百川”，“以害天下”是太子晋要说的重点，因为他要对周灵王指出壅水的有害之处，而“堕高堙庳”则是对前半句的补充。那么，“壅防百川”又如何解释？显然它不是一种积极的防洪治河措施。一般来说，“壅”是指筑坝或筑堰一类的建筑物，作用是抬高水位。那时的防洪或者河流治理，还没有达到这么高的水平，要普遍筑堤来治理河流。

那么，共工（图 2-2）欲“壅防百川，堕高堙庳”，其作用是什么呢？

“防”是堤，《说文》：“防，堤也。”作为动词则是指筑堤。“壅防”泛指修筑一些挡水建筑物。“壅防百川”就是在河流上修建这样一些挡水建筑物，或抬高水位，或把水引向别处，淹灌别人的居住地或农田。这是一种类似战争的行为，用于部族间的争斗。因为是一些临时性的工程，或简易工程，修建相对简单。

图 2-2　共工手持兵器脚踏风云图

❶ 赵逵夫．从《天问》看共工、鲧、禹治水及其对中华文明的贡献．社会科学战线，2001（1）：8．

到了战国时期，这样的水攻方法还在使用，这就是“壅防百川，各以自利”[1]，也是通过修筑堤防或堰、坝一类建筑物，把洪水引向别国一边，以邻为壑，从而使自己一边免遭水灾。“川壅而溃，伤人必多”，古人早就明白这样的道理。所以“壅防百川”，实际上是早期以水代兵战争的一种手段，并非防洪，也非治水。共工用这种方法是制造洪水和水灾，用于部落之间的战争，但是，最后失败了，所以说他是“以害天下”，导致灭亡。这样前文太子晋所说，古之长者“不堕山，不崇薮，不防川，不窦泽”，就很容易理解了，是说古人不决开高地和湖泽，不修筑堤防和堰坝危害他人，并不是说不修筑堤防用于防洪治河。“长者”指有德之人，不做危害他人的事情，与共工的无德形成对比。

如果我们明白“壅防百川”是一种以水代兵的手段，那么把“堕高堙庳”解释为一种治水方法，显然就不对了。“堕高堙庳”的说法相当笼统，可解释的含义很广泛，所以必须结合上下文来看，它与“壅防百川”要表达的意思是一样的。该段文字前面确实说的是防洪的事情，但是太子晋重点说的是壅水的坏处，太子晋为什么要阻止灵王壅水北流，因为壅水北流就是修筑堤防把河流导向北面，可能导致其他地方遭受水灾，所以他举共工“壅防百川”危害他人的例子。原文说得很清楚，共工用这种方法是“以害天下”，是一种主观上，有意识地用洪水来危害天下的行为，而不是客观上的失误，不是由于防洪措施不当而导致的失败。

与“壅防百川”一样，“堕高堙庳”也是一种用于部落间争斗的水利行为。韦昭注“堕，毁也”，是一种故意的破坏行为。而“堕高”则是泛指挖开高处，制造水灾，包括决堤、决堰等行为。共工所处的是石器时代，不可能有开挖山陵的能力，而且运输能力极低，也不可能挖远处的山陵搬运到近处的河岸去筑堤，筑堤只能是就近取土。所以韦昭注“高，谓山陵”，“庳”谓池泽的说法都难以成立。“高”应当泛指一些高于平地的地方，堤防总是高于平地，要制造洪水，决堤是最方便的方法，所以“堕高”是泛指挖开地势较高的地方，制造洪水，其中包括决开堤防。后代这一用法仍然存在，汉崔寔《政论》：“是故先王之御世也，必明法度以闭民欲，崇堤防以御水害。法度替而民散乱，堤防堕而水泛溢。”“堕”用于形容堤防被破坏，洪水泛滥的情景。《逸周书·大明武解》讲到水攻战时，有“堕城湮溪”的说法，其含意义类似。《晏子春秋》直接有“堕堤”的说法：“景公欲堕东门之堤，晏子谓不可变古。”其内容是说晏子嫌堤防太高，想要把它铲低一些。《汉书·韩安国传》：“故接兵覆众，伐国堕城，常坐而役敌国，此圣人之兵也。”颜师古注：“堕，毁也”，无论“堕堤”还是“堕城”，都是破坏的意思，所以“堕高”似指有意识的挖开高处，包括破坏堤防这样一些行为。“堙庳”则有可能指修筑一些简单的堤坝，但此处所指不应当是防洪措施，而是把洪水导向农田或者居住区，制造水灾，所以是“以害天下”。正如《路史》所指出的那样，“堕高堙庳”与智伯水攻晋阳、梁武帝修浮山堰是一类的事情。

早期人类的生活环境与现在有很大不同，那时河流没有归槽，四处漫流，洪水泛滥，到处是沼泽和湖泊，人们濒水而居，很容易受到洪水的冲击。所以修筑一些简单的堤防或堰、坝等水工建筑物就能够使水流改变流向，或抬高水位，而危害邻近的部落居住区和农

---

[1] 《汉书·志·沟洫志》：“盖堤防之作，近起战国，壅防百川，各以自利。”

业耕地，一旦发生战争，很容易想到采用水攻作战。这是生活在黄河中下游中原地区的华夏族遭遇到的特有现象。共工与各部族间的战争很多，经常采用这种方法来辅助作战，导致一些无辜的水灾，所以广受诟病。禹治水后，中原地区基本统一，这种现象逐渐减少。到了春秋战国时期，这种现象又逐渐增多，齐国和魏国都去河二十五里筑堤，把水导向对方的国土，并且出现了不要随意筑堤的盟约。一直到秦始皇统一中国，“决通川防”，把这些以邻为壑的堤防拆除，这种现象才从历史上基本消失。

《国语》这段文字所说的都是共工的邪恶行为，完全是恶神的形象，罪大恶极，用洪水制造祸乱，导致灭亡。如果他是带领人民修筑土石堤埂，积极防洪，做有利于天下的事情，何以变得如此邪恶？对于该段文字的白话译文应当是：共工“还准备堵塞百川，坠毁高处的堤坝，壅堵低处的水流，为害天下。”[1] 如果我们认为这个翻译基本反映了原文的含义，那么从此翻译中很难体会到其中有防洪治水的意思。

2.1.2.3 怒触不周山

共工最著名的一次战争，即为共工与颛顼（或者祝融、高辛）的争帝位之战。这次战争是继涿鹿之战后发生在原始社会的又一次大战。据《淮南子·天文训》载：“昔者共工与颛顼争为帝，怒而触不周山，天柱折，地维绝。天倾西北，故日月星辰移焉；地不满东南，故水潦尘埃归焉。”与《列子·汤问》所载同。此战又传为共工与高辛之战，《淮南子·原道训》篇载云：“昔共工之力，触不周之山，使地东南倾。与高辛争为帝，遂潜于渊，宗族残灭，继嗣绝祀。”各种文献所记载的情节基本相同。另外，司马贞《史记·补三皇本纪》云：“诸侯有共工，任智以强，霸而不王。以水乘木，乃与祝融战，不胜而怒，乃头触不周山，天柱折，地维绝。”《雕玉集·壮力》则载：“共工，神农时诸侯也，而与神农争定天下，共工大怒，以头触不周山。”《路史·太昊纪》载为与女娲之争。

共工怒触不周山是流传很广的一则神话，被演绎成很多故事，而且被极度夸大和幻想化。对于这一神话传说反映了怎样的现实，历来有不同的理解。其一，这是一次重大的灾难，造成天塌地陷的后果，这次灾难在人们的心理上留下了深刻的印象，所以历代相传，多处史书记载基本相同；其二，这次灾难是由于共工与其他部落联盟争夺帝位引起的，这次战争延续的时间可能比较长，战争进行了多次。共工分别与颛顼、祝融、高辛等战斗，怒触不周山是战争引起的人为灾难；其三，“怒触不周山”的记载虽然略有不同，与共工争帝位的有高辛、颛顼和祝融的不同说法，但推倒的都是不周山，说明有一定的史实依据，共工长期与其他部落联盟在不周山一带发生战争，展开争夺；其四，共工的战争都没有离开过水，与颛顼战，“水潦尘埃归焉”；与高辛战，“潜于渊”；与祝融战，“以水乘木”，使用了水军。战争中使用的是水，最后也归结于水。因此基本可以肯定，“怒触不周山”造成的不仅是水灾，而且是战争引起的人为大水灾。

共工在与颛顼的征战中“怒触不周山”，其情节应当是由以水代兵的水攻史实演化而来。《淮南子·兵略训》明确说“颛顼尝与共工争矣”，“共工为水害，颛顼诛之”，说明在颛顼与共工的战争中，共工确实制造了水灾。《史记·律书》又载“颛顼有共工之陈，以

---

[1] 查一些已经出版的《国语译注》书籍，大部分不选译这一段。薛安勤、王连生《国语译注》翻译为：“他想堵塞天下的河流，毁掉高的而填低的，结果为害了天下。”（吉林文史出版社，1991，第115页）意思类似。

平水害”，也肯定了在颛顼与共工的战争中，颛顼平定了共工制造的水灾。颛顼为什么能够平定共工的水灾，就因为颛顼也掌握了共工的治水方法，也能够修筑堤坝。

共工由于长期主持治水，在不周山一带修筑了一些堤防和水坝。考虑到不周山无论在哪里，附近都有水与之共生，而共工又是一个善用水的部族，这就为共工制造水灾提供了方便。当与颛顼发生争夺帝位的战争时，以水代兵，掘开堤防或者堵塞河流，形成大范围的洪水是有可能的。因此，怒触不周山是由于战争形成的大水灾，是我国最早的以水代兵的战例之一。

古人对于“触”字的用法比较多，《易·系辞》：“触类而长之，天下之能事毕矣。”虞翻注：“触，动也。”李白《公无渡河》：“黄河西来决昆仑，咆哮万里触龙门。”是黄河水冲击龙门的意思，其用法与“怒触不周山”基本相同。《水经注·卷二十九》引伍子胥的话说：“东南地卑，万流所凑，涛湖泛决，触地成川。”“触”指洪水冲击大地，形成河川。唐代诗人胡曾有咏不周山诗一首：

共工争帝力穷秋，因此捐生触不周。
遂使世间多感客，至今哀怨水东流。

认为共工怒触不周山造成了“水东流”的结果。所以古代确有“触”字指洪水冲击的用法，共工“怒触不周山”就是共工制造了冲击不周山的大洪水，这样的理解应该是比较合理的。

对于“怒触不周山”是一次人为的水攻战制造的洪水，不少学者都有研究。何光岳《〈天问〉“康回冯怒”的历史地理》一文认为，“这次的洪水，不但危害了颛顼、帝喾，亦使共工本族居于山下平川的农耕族人亦一同遭殃，几乎两败俱伤，将近种族绝灭的地步，可见这次斗争是非常激烈而残酷的，也可算是世界上最早的用大型水攻方法来为战争服务。”❶ 又有学者认为，共工的子孙驱使人民去筑堤坝、蓄雪水，和颛顼之孙祝融氏相斗，没有斗胜，便把不周山的堤掘开，洪水夹带着泥石直冲而下，来势凶猛。好像天崩地裂，“怒而触不周之山，实际上是由掘开不周山之间的堤防的情节演化而来”，“共工成为水神的另一个原因是因为他在战争中使用水攻，制造水灾。而且其死后仍然归于水，潜于渊，所以被尊为水神”❷。这样的推理，虽然从具体的情节上不一定准确，但基本史实应当是没有问题的。

怒触不周山为何造成如此严重的灾难，以至于有“天柱折，地维绝。天倾西北，故日月星辰移焉”的描述，这里可能有把后来的天然大水灾附会其中的因素。在各种自然灾害中，远古人类对于洪水的恐惧最为严重。《管子·度地》中就曾经说过：“水，一害也，旱，一害也，风、雾、雹、霜，谓一害也，厉，一害也，虫，一害也，此为五害。五害之属，水为最大。”《尚书·虞书·尧典》记载说，在鲧和禹治水之前，“汤汤洪水方割，荡荡怀山襄陵，浩浩滔天。下民其咨”，禹也形容当时的水灾“洪水滔天，浩浩怀山襄陵，下民昏垫”，说明当时人民对于洪水泛滥的无奈，老百姓时刻处于洪水的威胁之下，因此对洪水的描述也相当夸张。

---

❶ 何光岳.《天问》“康回冯怒”的历史地理. 中州学刊，1988（5）.

❷ 赵逵夫. 从《天问》看共工鲧、禹治水及其对中华文明的贡献. 社会科学战线，2001（1）：83.

自然界的洪水十分凶猛，有从天而降的感觉。我国的地势西高东低，大江大河基本上由西往东流，黄淮间的河流也是由西北往东南流的居多，泛滥的洪水也大约也是这样的流向。西北地势高，洪水从西北而来似从天而降，水天相连，气势磅礴，当洪水铺天盖地向东南方向奔流而去时，由于参照物的作用，产生了日月星辰向相反方向，即向西北移动的错觉，因此说“天倾西北，故日月星辰移焉”。这种现象可能与天文学并没有什么关系。东南地势低，洪水往东南流，浩浩荡荡，似填充了低地，而且永远也填不满。所以用“地不满东南”来解释是十分形象的。上古时期，人们对地理的认识十分有限，不知道洪水究竟流向何处，而“水潦尘埃归焉”，认为洪水最后均归于东南方向。这些实际上都是对大水灾的描述。到了郦道元写《水经注》对此有进一步的认识。在说到长江入海口时，也指出了我国东南地势低的特点是“东南地卑，万流所凑”，与“地不满东南，水潦尘埃归焉”的说法是基本相同的。剥去神话的外衣，传说中对水灾的描述，则是人们在相当长的一个时期内对洪水认识的反映。

共工在不周山一带以水代兵，制造水灾，可能不止一次，而是多次。加上自然界的水灾，形成了怒触不周山，天塌地陷的传说。由于上古之时人们对自然界的了解甚少，认为天是由柱子撑着的，地是由绳子系着的，这种重大的自然界的变化就和天地的变化联系起来。另外，不周山一带是一个人口稠密的地区，《吕氏春秋·本味》云：“饭之美者，玄山之禾，不周之粟。”不周山一带以产粟出名，应该是土地肥沃，农业发达，人口居住比较密集的地方，怒触不周山的洪水不仅摧毁对方的居住地，而且破坏对方的土地和农业，造成的灾难尤其严重，也容易流传下来。因此后来传说中，大水灾造成天塌地陷的想象是完全合理的。

类似的神话传说还有女娲补天。《淮南子·览冥训》：“往古之时，四极废，九州裂，天不兼覆，地不周载；火爁炎而不灭，水浩洋而不息。”女娲补天的措施之一就是“断鳌足以立四极”，补天后则“四极正，淫水涸，冀州平”。所谓四极，与天柱、地维的说法类似，都是古人对天地关系的一种想象，而这种想象又往往与大洪水联系在一起。女娲补天则是人们抗洪中堵截洪水，堵口一类史实的反映。

2.1.2.4 振滔洪水，以薄空桑

共工还在空桑附近制造了水灾，《淮南子·本经训》云：“舜之时，共工振滔洪水，以薄空桑。”空桑又作“穷桑”，郝懿行注《山海经》说，古空桑有三：一车莘、虢间；二在赵、代间；三在兖地（今山东西部鲁国故地）。《帝王世纪》载：“黄帝自穷桑登帝位，后徙曲阜，少昊邑于穷桑，以登帝位，都曲阜，颛顼始穷桑，徙商丘。穷桑在鲁北，或云穷桑即曲阜也。”[1]。因此黄帝以来，空桑一带，多次作为都城，是政治和经济中心，有繁华的城邑都市，人口居住密集的地区。

共工长期与黄帝集团征战，争夺部落联盟的领导权，以空桑为攻击对象是可以理解的。共工曾经与颛顼争帝位，战争非常激烈，而颛顼的都城最初在空桑，共工制造了滔天的洪水，淹没了空桑附近的地区，是战争的需要。古鲁地主要有汶、泗二水，古汶水源于今莱芜市，汇嬴汶、牟汶、北汶、石汶、柴汶五支流而西南入于古济水；古泗水源于今泗

[1] 徐宗元．帝王世纪辑存．北京：中华书局，1964：13.

水县，南入于古淮河，这一带河流众多，掘开河流，或者是堵截河流以形成洪水灾害是完全有可能的。

《路史·卷十一·共工氏传》又载："空桑，莘、陕之间，于女娲之都为近，故共工决水灌之，欲以止之，犹后世智伯、梁武所为者。智伯曰，吾乃今知水可以亡人之国，不知共工之所为也。"按此说法，共工振滔洪水，实际是在女娲之都附近筑堰，制造水灾，水淹空桑，是一次以水代兵的水攻战，与后代的智伯水灌晋阳，梁武帝筑堰水灌寿阳是性质相同的战争。智伯以为自己水灌晋阳，创造了水攻战的历史，殊不知共工才是水攻战的鼻祖。

2.1.3　共工的治水经验和成就

共工在上古时，是一个地位非常高的氏族，与水的关系很深，传说也很多，甚至被封为水神，但是关于共工的治水方法和治水业绩，正面提到的却很少。由于共工在争夺帝位的战争中被打败，按照中国历史成王败寇的规律，共工治水的成功经验没有被正式流传下来，共工的形象被妖魔化，成为制造水害的恶神。

共工所处的时代，农业有所发展，人们对土地的需求逐步加大，与水争地的矛盾日益突出，对防洪的要求就提高了，不仅要保护聚落的安全，还要保护农田不受洪水灾害，遇到大洪水时，简单的堤埂难以抵挡，而由于生产力水平的限制，修筑高大的堤防有困难，还由于当时的黄河下游，洪水四处漫溢，没有归于河道，防洪筑堤各自为阵，筑堤的能力也非常有限，因此难以奏效，共工的防洪措施不可能很成功也是可以理解的。但共工治水的丰富经验，为其以后在争夺部落联盟首领的战争中使用水攻，制造水灾奠定了基础。也使其在几千年中恶名流播，成为恶人的化身。

我们可以从共工与水利有关的活动中，了解共工治水的方法和成就。关于共工与水的关系，大致有以下几个方面：

第一，共工所处的环境，是一个洪水泛滥的地方，虽然共工活动的区域，有不同的说法。但是，《管子·揆度》载："共工之王，水处什之七，陆处什之三。"上古之时，由于河流没有归于固定的河道，四处散漫，共工活动的地方河流、湖泊多而陆地少，所以经常遭受水患，共工因此长期与水患作斗争。

第二，共工是一个以治水闻名的部族，治水历史悠久。《左传·昭公十七年》载："共工以水纪，故为水师而水名。"正是由于有了治水的经验，所以能为"水师"，而且以"水名"。据考证，"共工"原为治水官职的名称，东汉学者郑玄注解《书·尧典》中"共工方鸠孱功"之句时，曾对这种官职加以考证："共工，水官名。其人名氏未闻，先祖居此官，故以官为氏也。"共工不但是上古时期的水官名，而且后来成为了这一氏族的名称，可能是因为共工长期担任治水官职。由此推测，共工早期的治水应该是非常成功的。

第三，共工的治水业绩虽没有正式流传，共工的治水能力和技术，可以从他善于以水代兵作战得到佐证。共工曾经壅防百川，堕高堙庳和振滔洪水，说明其对水利技术运用的娴熟，修筑一般的堤防已经没有问题。怒触不周山，形成大洪水的传说也证明其筑坝能力达到一定的水平。可以说，共工把修堤和筑坝能力提高到一个新的高度。

第四，共工治水能力体现在多方面。由于战争失败，共工成为恶神，关于其治水事迹以及治水方法，史上并无记载。但是，共工长期治水，积累了丰富的经验，掌握了治水的技术，其治水的经验一直受到推崇和肯定。通过其后代四岳帮助禹治水，可以了解其治水方法。《国语·周语下》说到伯禹治水之事云："共工从孙四岳佐之，高高下下，疏川导滞。"帝尧商议治水之事时，共工的后代四岳仍然被推荐辅佐禹治水，四岳的治水方法，就是共工的方法。"高高下下，疏川导滞"，说明共工治水时采用了各种各样的措施，从筑堤、筑坝到疏通河道等都有丰富经验，先后帮助禹治水做过很多工作，从"高高下下"的治水方法看，共工可能有简单的测量高差能力。后来禹治水采用"疏导"的方法，可能有很大一部分是从共工那里学来的，或者说，禹治水成功，很大程度上是由于共工长期治水经验积累的结果。

共工的后代也善于治水，除了其从孙"四岳"协助大禹治水取得成功，受到虞舜的褒奖，得封爵侯伯，赐予姓氏外，其后裔句龙也因平治水土取得成功，赢得后世的尊崇。《左传昭公二十九年》："共工有子曰句龙，为后土。"《国语·鲁语》："共工之霸九州也，其子曰后土，能平九土，故祀以为社。"杜注云："共工在太皞后，神农前，以水名官者。其子句龙，能平水土，故死而见祀。"平治水土，其中包含了筑堤治水等工作，故治水与平土相互为用，共工与后土句龙相互配合，父子共成治水平土之功。

共工的后代又有术器，也善于治水。《山海经·海内经》载："共工生术器，术器首方颠，是复土穰，以处江水。"据研究，"'复土穰'是指在沼泽水域中建人工土台，解决的是住的问题"。[1]"《山海经》言术器复土穰以处江水，复，即《诗》'陶复陶穴'之复，则就平地增高之也，此盖古代治水诚有之事，抑亦其恒用之法。"[2]术器能够修筑高台，躲避水患，在治水方面也是有所成就的。

共工是如何筑坝的，也有一些线索。《尚书·尧典》记载，驩兜推荐共工治水时曾说："都，共工方鸠僝功。"闻一多先生解读为：僝当读为栫（jiàn）。《说文》：以柴木壅水[3]。即共工的"壅防百川"，除了用土以外，柴、木也是当时修堤筑坝的主要材料。用柴木和土修筑堤坝，即类似于后来黄河上的埽工，这种技术可能在共工的时候已经发明。

第五，共工治水，已经不是单纯的水利活动，而是与政治、军事相结合的行动。共工在治水过程中树立了威望，逐渐强大起来，成为一方的霸主。《国语·鲁语》说："共工之伯九有也。"霸有九州，势力相当强大，甚至可以"乘天势以隘制天下"。[4]所谓"天势"，就是共工独具的治水能力，具备了和颛顼等部族争夺部落联盟领导权的实力。高诱注《淮南子·原道训》说："共工，以水行霸于伏羲、神农间者也。"非常形象地说明，共工利用治水的优势，称霸于各部落之间。其治水的历史不仅仅是制造水害那么简单，它也有造福于人民的一方面。

共工既然善于治水，为什么几千年来却恶名远播，成为恶人的化身？共工的罪名据说有六项之多[5]。如说共工"作乱"，"自贤"，发动战争，制造水害等。"恶神"神话的叙述

---

[1] 扎拉嘎．展开4000年前折叠的历史——共工传说与良渚文化平行关系研究．北京：中央民族大学出版社，2009：128.

[2] 吕思勉．吕思勉读史札记．上海：上海古籍出版社，1982：75－76.

[3] 闻一多．神话研究．成都：巴蜀书社，2002.

[4] 《管子·揆度》。

[5] 颜建真．论中国古代神话中的失败者被妖魔化的表现及其原因——以蚩尤共工刑天鲧为例．中国海洋大学学报（社会科学版），2010（3）.

体现了中国文化特有的一种历史倾向，那就是其中蕴涵的成败史观。“成败史观实际上并不是一种真理史观，也不是一种道德史观，而是一种生存史观。它已深入沉淀到我国传统文化的深层，形成为我国史论主流，特点就是以维护生存为尺度判断英雄，其典型格言就是‘识时务者为俊杰’，‘胜者王侯败者寇’，这是我国传统文化的一大特征，也是沉淀于我们民族心理深层的一大病疾。”❶ 正是这种史观成为后来对“恶神”人物形象进行评价的重要尺度。抛开这种成败史观，客观看待共工治水，并不是因为治水失败，共工治水应该说是成功的，否则后来舜治水时，人们不会推荐共工。共工的失败最主要是在政治斗争方面，这才是他成为招致洪水以祸天下恶神的根本原因。

共工和禹都是治水的人物，共工世代治水，其治水的历史和传说从伏羲、神农一直到舜、禹时期，达千年之久，可以说是一个很专业的治水氏族。而禹的治水经历只有十三年，谁在历史上对治水的贡献多，其实是很容易看清楚的。但是因为禹后来被尊为帝，而帝王是至高无上的，其治水自然也是无比成功。其他人的治水业绩不能和禹帝相提并论，所以鲧和共工的治水都被贬低。实际上，后来关于禹的很多治水功绩，可能都是早期共工治水成功的事迹附会到禹的头上。

共工所处的时期大约为我国良渚文化时期，良渚大坝的发现，说明这一时期水利技术已经相当发达，筑堤、筑坝技术日趋成熟。这些水利成就的基础，应该就是以共工为代表的治水氏族长期与水患作斗争的经验积累。

2.2 史前防御体系中对水的利用

上古传说有很多用水进攻的例子，考古发现证实，史前人类用水来辅助防守很普遍，甚至可以说是主要的防守方式，这就是史前的环壕。史前人类为了保护聚落安全，一般都在聚落周围挖掘防御性的环壕，然后注入水，形成壕沟它应当是早期的带有军事防御性质的工程，也是护城河的雏形。环壕的存在延长了外敌进攻的时间和距离，加大了外敌进攻的难度，可以很好地防御外敌的入侵，还可以防御大型猛兽的袭击。一些环壕是干沟，干沟的防御效果大大低于有水的壕沟，所以绝大部分环壕应当有水，尤其是宽而浅的环壕，必须是有水的工程。在城墙还没有出现之前，环壕是聚落防御的主体，在城墙出现后的相当长一段时间内，它仍然是防御的主体。

由于环壕需要水源，所以它经常和天然河流相通，这也是为什么早期人类需要濒水而居的原因之一。挖掘环壕是一项早期的水利工程，需要很多的人力和物力，因此环壕的宽窄、深度也体现了聚落的实力，当然也和当时的战争形势有关。

2.2.1 以环壕设防的聚落

聚落环壕的起源很早，它是早期护城河的雏形。原始聚落采用环壕为防御措施非常普遍。根据考古资料，距今约 8500～7500 年前的八十档遗址，发现了围壕和围墙，围壕在围墙外侧，底宽约 3.5 米，沟底距墙顶高 2 米，这是长江流域发现的年代最早的具有防护

---

❶ 薛宗正. 失败英雄崇拜与成败史观——论我国传统文化心态的二律背反. 新疆社会经济，2000 (3).

屏障的聚落址。环壕内侧有围墙与之并行环绕于遗址中心区周围，而环壕则是护城壕的直接前身。如果引水为池，壕沟的防御性能可以得到加强和充分利用。位于长城以北地区的兴隆洼聚落址，是我国发掘面积最大、年代较早的一处原始聚落遗址。距今 7000～8000 年，直径 166～183 米，外围环绕椭圆形壕沟，沟宽 1.5～2 米，深 0.55～1 米。这样的宽度和深度，使得成人很难轻易逾越，在一定程度上达到了防御敌人的目的。西安东郊半坡村落址（图 2－3），距今约 6000 年，村落居住区位于中部，东、北、南三面挖设大壕沟环绕，深 5～6 米、宽 6～8 米，其中一条自西北向东南与河流相通，环壕还有用作瞭望的哨所，作为对外的防御设施，军事用途明显。西南部则以临河作为天然屏障。半坡遗址还出现了双重环壕结构，内壕内的房屋数量约是外壕的一半，是保护的重点，内环壕出入口也设有哨所，表明内外界限明确。

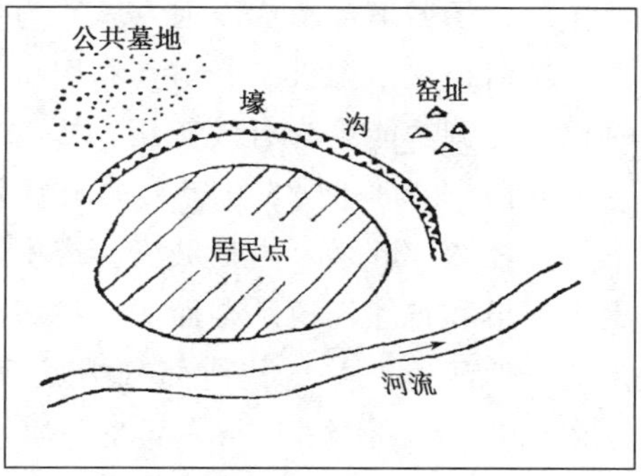

图 2－3 半坡环壕图

郑州西山城遗址，位于河南省郑州市北郊 23 公里处的邙岭余脉，始建于距今 5300～5200 年，到距今 4800 年左右废弃。其使用年代在仰韶文化晚期。在已发现的城墙外侧保留着一条壕沟，宽 5～7.5 米，深约 4 米，这条壕沟无疑是与城墙相互配合的防御设施。

安徽蒙城尉迟寺遗址为原始社会中晚期遗存，距今 4500～5000 年，整个村落呈现为由 3 排平行主体房屋组成的“丰”字形格局，表明这个村落在建设前有过统一规划，外围有大型的环形壕沟，宽 20 余米、深约 4 米，南北长 230 米，东西宽 200 米，形成封闭的防御系统屏障（图 2－4）。

图 2－4 安徽蒙城尉迟寺聚落环壕复原图（见书后彩图）

孟庄城址年代约距今 4300 年，属于龙山文化中期，是黄河中游地区发现的面积最大的距今 4000 年前的城址。它位于辉县孟庄镇东部坡地上，北依太行山，南临黄河故道，城墙外侧有一周护城河，河底距地表深 5.7 米。

龙山文化时期，中原地区处于邦国林立、战乱频仍的时代，各人类群团不相统属，筑城以自守。挖掘环壕，设置水险来自卫很普遍。河南地区已发现十余处龙山时代设防聚落，城墙与环壕的组合是设防聚落的主要防御设施。此外，新密市古城寨城址的龙山晚期环壕规模很大，简报称宽34～90米，深4.5米见软泥不到底。禹州市瓦店遗址的西北台地发现龙山晚期环壕，口宽约30米，底宽约18米，残深2～3米。

这一情况在湖南、湖北类似，“两湖地区史前城址的护城河（壕沟）几成必具，且护城河作用大于城垣，形成以河（壕）为主，墙河配合的双重设防工程特点”。“两湖史前城址的护城河往往是把人工开凿与利用相邻的自然河道沟壑结合起来，这不仅减轻工作量，同时也使防御功能更为有效实用”。[1] 城头山遗址位于湖南省西北部，它的屈家岭文化时期（公元前3300—前2600年）护城河宽度23～42米，深度达到1～1.5米。城址平面近圆形，直径约325米，由护城河、夯土城墙、城门、城内夯土台址和道路等组成。护城河以人工河道和自然河道结合而成，护城河在遗址东南部一段利用了从遗址边上流过的澹水支流的自然河道，并与其他部分护城河衔接。现保存的西南至北门一段护城河，长460米，宽约35米，深约4米，至今仍河水盈岸。城垣现存高度距护城河水面为5.7～6.3米。城门缺口四个，东西、南北相对应。值得注意的是，北门内有一圆形大堰，并通过北门水道与护城河相通。[2] 这可能是早期的一个有坝引水工程，把北门的天然河水引入护城河。对于城头山遗址屈家岭文化时期的护城河，一般认为是用于军事防御目的。[3]

丁公遗址位于山东省邹平县苑城乡丁公村东，城墙外有宽20余米的壕沟，壕沟底部距城内地面的深度超过3米。丁公城址发现于1991年，平面略呈方形，城内南北长为350米，东西宽约310米，面积约10万平方米。城墙宽约20米，残高约为1.5～2米。城墙外侧有宽20余米、深3米的巨型城壕。

淮阳平粮台城址，城墙的建筑在龙山文化早期，墙外挖有护城河。平粮台城址的门卫房更是环壕出入口处哨所建筑（如姜寨）的变体。所以我们认为城墙是环壕的发展演变形式，两者都有河与墙或栅栏存在，但前者主要目的在于建墙（经夯实处理），而后者则主要在于挖沟设防。

海岱地区古城址普遍具有宽阔的城壕，选址时考虑自然水系河流的屏蔽作用。大汶口文化晚期鲁东南区丹土城有城垣墙体，其壕宽约10米、深约2.5米；丹土龙山早期城壕宽约20米、深约3米；丹土龙山中期城建于早期城的壕沟位置上，城壕宽约28米、深约3米。

龙山文化时期的教场铺城，位于山东省茌平县乐平铺镇，城壕开口最宽约13.35米、现存最深处约1.7米；丁公城位于山东省邹平县苑城乡丁公村与石羊村之间，城垣宽约20米、残高约1.5米，墙体系夯筑、堆筑结合而成，城壕与城墙相连，宽约30米，最深处距当时地面约3米；两城镇城位于山东省日照市东港区两城镇，存小、中、大三重环壕，大环壕含环壕面积可达66.87万平方米。环壕宽度，一般在15～20米之间，这样的

---

[1] 任式南．中国史前城址考察．考古，1998（1）．

[2] 朱乃诚，黄石林．中国重要考古发现（第一章，第八节）．北京：商务印书馆，1998．

[3] 赵亚锋．浅析城头山遗址屈家岭文化时期城墙与护城河的修建．湖南考古辑刊，第11集．

宽度如果没有水，其防御作用就很低，所以当时应当是有水的城濠。而且两城镇城北有潮白河及其支流两城河，东距黄海约 6 公里，南有潮白河的支流金银河，大环壕西侧另有一条宽约 100 米自然河道（或冲沟），可以说四面都有水系屏障，整个防御体系以水防为主。尉迟寺城位于安徽省蒙城县许町镇毕集村东，环壕平面呈南北—东西向椭圆形，南北长为 230～240 米、东西宽约 220 米。壕宽 25～30 米、深约 4.5 米。环壕基本闭合，惟西南部有 1 处宽约 20 米的豁口，可能为城门所在。

其他地区古城修建环壕或护城河的情况也很普遍，说明史前时期，人类对利用水来辅助防守是很重视的，这也是早期水利工程的起源。

一般认为，早期环壕的功能多种多样，具有防洪，排水以及躲避野兽袭击等作用。但是，以后环壕逐渐与城墙结合，演变为护城河，宽度和深度都在增加，从这一结果来看，它的主要作用还是防止外敌入侵，是适应当时战争形式的需要而产生的。当史前人类还没有发明远距离攻击的兵器，筑城的技术和能力还没有达到有效防御敌人进攻的程度时，以水代兵的壕沟就最有效的防守方式，起到了保卫统治者的功效。作为防洪要求，不一定要普遍修建环壕，因为一些聚落有防洪要求，一些聚落则不一定有这种要求，而战争的威胁普遍存在。所以聚落周围，都要修建环壕。“城墙与环壕的组合是龙山时代的传统防御设施，往往出现于中国广域王权国家的军事前沿地区。”❶ 说明它作为军事防御设施是主要的。

2.2.2 对天然水体的利用

为加强聚落和城市的防御能力，史前城址还充分考虑了对天然水体的利用，一些环壕和天然河流沟通，以获得水源。一些城址则依河流而建，使河流成为防御敌人的天然屏障。

海岱地区的先民在城市营建地的选择上体现了较强的对敌防御意识，有效利用自然屏障包括高山、沟壑、河流、湖泊等，充分利用山川河流的阻隔作用在城市外围构建起一道天然的防御圈层，对天然河流的利用是最主要和最有效的。如大汶口文化晚期的丹土城，北有丹土河，东向 15 公里为黄海，两城河流经遗址的西、北两面。尧王城城北有傅疃河、奎山，东向 5 公里为黄海，南有竹子河、天台山；尉迟寺城南向 2 公里即为北淝河；垓下城周边有沱河、浍河、澥河等淮河支流；龙山文化时期的景阳冈城南向 4 公里为黄河；城子崖城北有黄河，西有巨野河；桐林城东有红水河，南有沂河；防故城东为方城河，城北华泉泉水东流与城东侧的方城河相连，构成护城河，城西的诸满古河实际上也起到护城河的作用；两城镇城北有潮白河及其支流两城河，东距黄海约 6 公里，南有潮白河的支流金银河。

2.2.3 良渚水城

从环壕到护城河，史前人类的防御方式，有了明显的进步。水城则是这种防御方式的进一步发展。考古资料证实，“良渚古城略呈圆角长方形，南北长约 1910 米，南北宽约 1770 米，……城墙内外均有护城河，水路为主要交通方式，共有 8 座水城门，每面城墙

❶ 李宏飞. 二里头文化设防聚落的环壕传统. 中国国家博物馆馆刊，2011（6）：1-8.

各两座。”[1] 城内有“工”字形的干线水网，与河道相通。八个水城门将城内“工”字形干线水网、内外城河与古城外围的自然水域构成了一个极为复杂的水上交通体系。

良渚人为什么要建水城，不仅在城墙内外有护城河，而且一些水路还作为宫城的护城河，这与整个水城的建设作用是一致的，主要是作为防御工事，交通应是其次。由多重护城河构成的水城多见于南方的城市防御方式，城内城外都有护城河，这是后来称为一城两壕的守城方法，在当时是很先进的，也是南方多水地区特有的以水为主的防御方式。春秋时的淹城与此类似，城与河相互嵌套，构成严密的防御网。

良渚古城从内往外依次为宫城、王城、郭城，从布局上看，莫角山宫殿区位于良渚古城的中心，这样的规划符合中国古代都城的建设理念，其重要性是显而易见的。最里面的是宫城，受到最严密的保护。这表明原始部落出现了阶级分化，贵族、国王等成为防护的重点，作为都城或王城的防守尤其重要。在宫城外围再修护城河，这种理念古代一直存在，一直到明清时，紫禁城外还修建了宽阔的护城河，用于保护宫城的安全。在有效的城墙还没有出现之前，环壕与护城河是城市防守的主要方式，因为护城河的开挖比修筑城墙相对容易得多。

无独有偶，在距离良渚不远的浙江玉架山，也发现一条保存基本完整、四千多年前的“护城河”，来防御外来入侵，其所“保护”的文明聚落规模较小，但比较完整。环壕聚落平面大体呈方形。“护城河”边长 134～155 米、宽 3～15 米、最深不超过 1.3 米，中间包含了大型堆筑土台、“砂土面”、墓葬、居住址和灰坑等遗迹，其往北延伸的部分被推测是与百米之外另两处遗址相接的水路通道。据研究，该聚落延续了七八百年时间，年代从良渚文化早中期延续到晚期。作为一般的聚落周围都要修建护城河，作为都城或王城这种等级的居住区修建更为庞大的护城河应是可以理解的。

2.2.4 人类早期的水利活动与华夏文明起源

应龙蓄水，可以说是我国最早的见于记载的水利工程，虽然它是以水攻战的形式出现，但是战后人们关于应龙的传说，证明它不但能在战争中显示威力，战后也是能够给人们解除旱情，带来雨水的神，由此可以推论，堤、堰等水利工程当时在农业生产中已经普遍应用。由于水利工程在人们生产生活中的重要性，掌握治水技术的部族，农业发展，水灾减少，其实力不断增强，逐渐产生了对治水的崇拜，使一些水利工程的形象成为部族的图腾，通过神话传说后成为应龙的形象。

黄帝用水攻战胜蚩尤也表明，当时黄帝族能够筑堰蓄水，掌握了一定的水利工程技术。由于生存的需要，人类在原始社会时期就已经学会修建水利工程，应龙千年的说法，则透露出这些工程可能出现在在更远古的时代，比我们想象的可能还要早一些。早期的工程虽然非常简单，但是具备了水利工程的基本功能。由于水利活动在他们的生活中占有重要地位，逐渐形成对治水的崇拜，成为华夏文化的一个重要组成部分，对于华夏族的文明形成具有非常重要的意义。

与此相对应的是，近年在良渚古城外围考古发现了巨大的水利系统，良渚文化距今约

[1] 刘斌，王宁远．2006—2013 年良渚古城考古的主要收获．东南文化，2014（2）：31.

4300～5300年[1]，与涿鹿之战的年代有一定的重合，涿鹿之战的时间大约相当于良渚文化的早期。这一水利系统中的山前长堤，长度达到5公里，其中谷口高坝“包括6条坝体，可分为东西两组，各自封堵一个山谷，形成水库”[2]。如此巨大的工程，如用于水攻作战，足以形成强大的战斗力。虽然良渚古城的大坝与中原的水利技术有何联系尚难定论，但应龙杀蚩尤，又杀夸父，乃去南方处之，故南方多雨，这一传说，似有中原的水利技术推广到南方的可能。同样，南方具有的水利技术与中原的文明程度是不可分割的一体，所以涿鹿之战黄帝筑坝蓄水采用水攻从技术上说，是完全可能的。

黄帝以后又有共工以擅长治水著称，对水利技术也十分精通，成为一个强大的部族，并一度成为九州的霸主，具备了争夺天下统治权的实力。曾经“欲壅防百川，堕高堙庳，以害天下”[3]。另外，众所周知的禹通过治水成功掌握了政权，都说明治水能力成为衡量一个部族实力的标志，在一定程度上对奠定华夏族在中原的统治地位起到决定性的作用。华夏族是伴随着治水能力的提高而成长的，治水是华夏早期文明起源的主要推动力之一。

2.3 夏、商、周时期的环壕设防和以水代兵记载

夏、商、周是统一的奴隶制国家，这几个朝代都很重视治水和水利建设，设有水官。该时期国家防御体系的核心是构建起以王畿为中心的畿内防御体系。在这一过程中，均有效利用了高山、大河作为天然屏障，而且掌管水利的诸侯，势力日益壮大，说明治水在当时政治、经济生活中的作用十分显著。商代末年，周人已经能够很好地利用水来设防城市和国家。这一时期，由于资料记载十分有限，没有以水代兵战争的具体战例，虽然朝代更换过程有一些战争，诸侯国之间也有战争，但是用水作战的详细情况，很难确知。从有限的资料推测，这一时期水攻战应该发生不少，先秦史书《逸周书》中就把决水灌城作为一种主要的作战方式加以论述，对水攻战已经有一定的经验总结。如果没有较多的战例为基础，不可能上升到理论的高度。

相对于水攻战而言，以水防守更加普遍，依靠濠沟或濠沟与天然河流相结合作为聚落或城邑的防御屏障成为常用的方法，也是国防的一个主要措施。

值得注意的一个现象是，商代至西周的都城，属于中国古代都城发展史上的最初阶段。它们往往没有城墙，或仅宫城有墙，宫殿、宗庙、贵族和平民住地、各种手工业区都分散存在。既然没有城墙，依靠什么防守呢，是否不设防呢，答案是否定的，它们的设防主要靠水，既然不用土守，就用水守，充分发挥水的防御功能，包括挖掘濠沟和利用自然界的水，它的好处是简单易行，节省大量人力物力。夏、商、周三代的都城都将城址选择在河流的沿岸，或距河流不远，以后的都城选址也大体如此。这样做的原因一方面是为了解决城市供水和水路交通问题。另一个重要原因就是从军事防御的角度而言，于河流附近立都，可以凭恃这些天然的屏障来加强都城的守卫能力，在战争年代尤其如此。

---

[1][2] 王宁远. 良渚古城及外围水利系统的遗址调查与发掘. 遗产与保护研究，2016（5）：102－105.

[3] 《国语·周语》。

2.3.1 夏代的聚落环壕设防

一般认为，二里头文化反映了夏时期的国家形态，设防聚落以环壕为主要的防御设施，遍布于二里头文化的分布区。“一般存在宽度为 5 米左右和 10 米左右或以上两种环壕。宽度在 5 米左右的窄环壕是二里头时代特色的防御设施，一般存在于聚落内部，是社会上层与其他社会阶层直接的居住界限。宽度在 10 米左右或以上的宽环壕则是龙山时代遗留的旧传统，一般存在于聚落外部。环壕是二里头时代特色的聚落防御设施。”[1] 也是二里头文化设防聚落的主要防御设施，相对和平稳定的社会秩序应是当时居民多选择开挖环壕而少筑造城墙的原因。

属于二里头文化早期的河南新密市新砦遗址（图 2-5）被认为是夏代早期都城，发现内、中、外三条环壕，该聚落南以双洎河为自然屏障，西有武定河，东有圣寿溪河，三面环水，仅北面是平地，以外环壕围绕，外壕以人工与自然冲沟相结合，东西长 1500 米，南北宽 6～14 米，深 3～4 米。聚落四面都有防御的水体。除了外壕，西、北、东三面还设有内壕，这些环壕当时应当都是有水的，是典型的以水设防的聚落。[2]

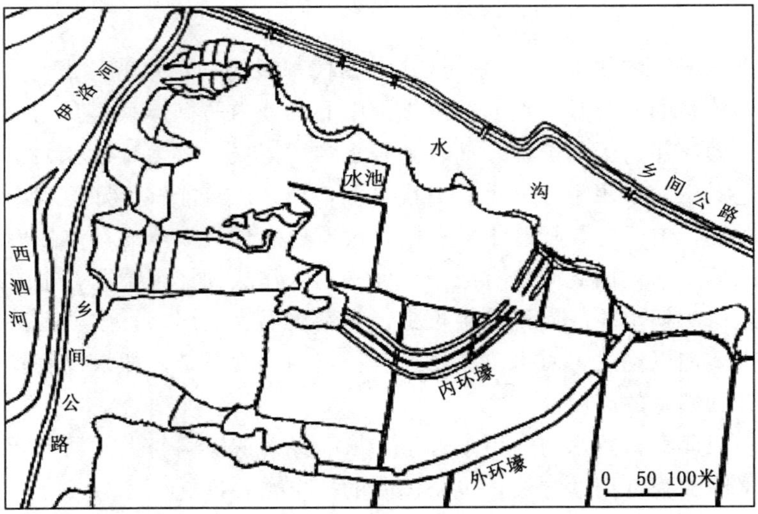

图 2-5 河南新密市新砦遗址的内、中、外环壕

河南巩义市花地嘴遗址（图 2-6）发现了 4 条环壕，其中内侧有 3 条较窄的环壕，相距很近，这种重壕一定是为了加强防守，在这附近可能发生过战争。外侧的 1 条环壕较宽，剖面为梯形，表面勘探宽度约 12 米，深 5～6 米。经过勘探得知，四条环壕与外界的连接通道均在东南部位，并且都处在同一条近西北至东南向的直线上，可能是通向某一河流或者水源地。

山西夏县东下冯遗址，据认为曾经是夏启建都的地方，它的第 3 期环壕在遗址中区的西半部，共有内外两圈，平面呈“回”字形。内环壕上宽下窄，沟壁整齐，沟底平坦，口

[1] 李宏飞. 二里头文化设防聚落的环壕传统. 中国国家博物馆馆刊，2011 (6).

[2] 马世之. 新砦遗址与夏代早期都城. 中原文物，2004 (4).

宽 4.9～5.6 米，底宽 2.6～3.5 米，深 2～2.9 米。外环壕情况基本相同，上宽下窄，口宽 2.9～3.9 米，底宽 1.8～2.7 米，深 2～3 米；河南驻马店市杨庄遗址的第 3 期环壕平面略呈半圆形，推测整个环壕的平面大致应为圆形，已知部分的长度约 87.5 米，剖面呈不规则倒梯形，口部最宽处约 5.5 米，底部宽 1～2 米，深 1～2 米；山西垣曲县古城南关遗址在二里头文化晚期时是一处环壕聚落，遗址北部有双层壕沟，南壕横断面呈倒梯形，最宽处 6.8 米，最深处 6.5 米，北壕底部较平，宽 2～3 米，深 1～4 米；河南登封市南洼遗址已探明内外两条二里头文化时期环壕，都与遗址西岸的河流相通，形成合围的态势。内环壕宽 5.6 米，外环壕宽约 10 米，深 3.2～4.3 米；河南平顶山市蒲城店遗址二里头文化城址的环壕外侧窄而深，宽 9.1 米，残深 3.65 米；河南新郑市望京楼二里头刘七城址的环壕，根据解剖情况推测宽约 11 米，深约 3 米。

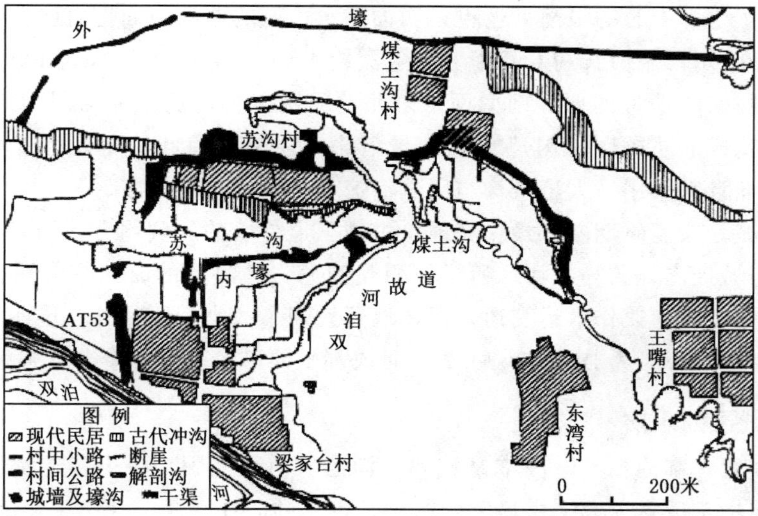

图 2-6 花地嘴遗址多重环壕

2.3.2 商代古城的环壕设防

商代曾多次迁都，其都城的设防都很重视对水体的利用。以水设防是主要的防守方式。一些商代的城址，则没有发现城墙，其防御主要依赖于壕沟或天然河流。垣曲商城是商代前期的重要城址，所处位置为依山傍水的制高点，二水交汇的三角地带高台上，在这一台地下有黄河及其支流，允河、亳清河三面环绕，易守难攻，是天然屏障。西部是丘陵起伏的山地，修筑有城墙，城墙外侧则是二里冈文化时期开挖的宽环壕，距城墙约 8.5 米，上口宽 10.45 米，底宽 5.65 米，深 3.55 米。[1] 偃师商城，位于河南省偃师县城西，为商汤灭夏后所都，它的设防也是四面环水。北依邙山，南临洛水，四面有比较完整的城墙，在东、西、北三面城墙外侧，有护城壕沟。壕沟与城墙基础相距约 8 米，宽度在 20 米以上，沟的深度约在 6 米以上。大城的东北隅，还发现有古河道与城壕相通，应当是当时城壕的水源，这种城壕相当于护城河，与天然水域配合，环绕商城，有极强的防御性，

[1] 佟伟华. 商代前期垣曲盆地的统治中心——垣曲商城. 中国国家博物馆馆刊，1998 (1).

应是出于军事目的而有计划设置的。

郑州商城建于公元前1500年左右，平面呈矩形，四周有城墙，城墙外四周挖有宽40余米，深5～6米的壕沟，应当是与城墙相互配合的防御性护城河。宫殿区西北部边缘也发现一条大壕沟，呈东西向分布，已探明长80余米，形制为口部稍大于底部的斜壁平底状，为宫殿区的防御设施。

商代中期的盘龙城遗址，位于湖北省黄陂县叶店乡盘龙湖畔。城址营建于公元前15世纪，城外有宽约1.4米、深约4米的城壕。在城南壕沟底部有桥桩柱穴，可知当时是架桥通过壕沟的。这座城址的面积较小，城内仅有宫殿基址，实属宫城性质。

殷墟是商代后期的王都，位于河南省安阳市小屯村及其周围村庄。都城附近地势平坦，洹河贯城而过，其建都初期的洹北城，在聚落周围挖建了圈围面积达4.7平方公里的方形环壕，以小屯为中心的洹南大邑也是四面靠水，城的西南两面挖有防御性壕沟，大沟南北全长约1100米，东西长约650米。一般宽约10米，最宽处在20米以上，深约5米，恰好环绕在宫殿宗庙遗址的西、南两面，东北两面则以古老的洹河为屏障。“由此推测，此沟当是人工挖成的防御性壕沟。”[1] 无论是洹北城还是洹南城，商人对于城邑的设防是非常重视的，而且都采用了人工濠沟与天然河流相结合的水守措施。

三星堆古城是殷商时期南方最大城池，古城三道外墙的外侧均有壕沟，宽15～20米，深2～3米，与城址内外的马牧河、鸭子河相互沟通，马牧河的流向带有明显的人工利用痕迹，有可能是护城河兼作水运交通，西城墙还发现了“水门”一处，说明了古蜀王国的水防体系是非常完善的，[2] 同时也说明在当时成都平原已经有了一个非常强盛的王国。

2.3.3 西周城邑的水防

《周礼・夏官・掌固》：“掌固掌修城郭、沟池、树渠之固，……若造都邑，则治其固与其守法。”建造都邑首先要考虑稳固的防御，可靠的防守方法。什么是稳固的防御方法，《周礼・地官・司徒》又载：“凡造都鄙，制其地域而封沟之”。注云：“封，起土界也，土在沟上谓之封，封上树木以为国也。”一般认为，封沟是起画疆界的意思，但是另外还有一层意思可能就是用沟把都鄙封闭起来，使都邑四面环水，形成封闭的居住区域。这种思路与史前聚落的环壕是一脉相承的，是有效的防御措施。《周礼・夏官・掌固》：“若造都邑，则治其固，与其守法。凡国都之竟有沟树之固，郊亦如之。民皆有职焉，若有山川，则因之。”郑玄注：“沟，穿地为阻固也。”贾公彦疏：“谓于疆界之上设沟，沟为封树，以为阻固也。”“沟树之固”的说法表明挖沟植树不仅仅是划分疆界，更重要的是巩固边防，实际在造都鄙的过程中，往往选择天然河流或湖泊交汇处，使得多面靠水，减少开挖壕沟的工作量，又增加安全感。《说文解字注》释“邑”从“口”，其含义为“封域”，应为壕沟或封域的象形。即都邑外围有城墙或壕沟。

无论是守国还是守城，在大规模筑城土守还比较困难的年代，水守是基本思路。《周礼・地官・司徒》载：“大司徒之职，掌建邦之土地之图与其人民之数，……而辨其邦国、

---

[1] 中国社会科学院考古研究所. 殷墟的发现与研究. 北京：科学出版社，1994：44，78.

[2] 陈显丹. 浅析三星堆古城布局//夏商周方国文明国际学术研讨会论文集. 北京：科学出版社，2015.

都鄙之数，制其畿疆而沟封之。”郑玄注：“千里曰畿，疆犹界也。”贾公彦疏：“王畿内千里，中置王城，面有五百里。其邦国都鄙亦皆有畿界也。”畿疆千里，其“沟封”就是以天然河流为界，进行防守。而且要四面环水，才能称为“沟封”。在一些重要河段也修筑堤防或以堤防作为防御工事。帝王或天子居住的都城，诸侯国的国都是防守的重点，一般也选址在多面靠水的地方，没有水的一面，则挖掘壕沟，形成四面环水的防守格局。

大量的考古研究证实，这一时期，都城的设防以“沟防”为主，或挖掘宽大的环壕，或依山靠水，以水设防。四面环水，是这一时期许多居住区，聚落或城邑的设防特色。

水守的好处很多，可以减少修筑城墙的工程，而利用天然河道，又可以减少开挖护城河的工程，这些工程对于尚处于石器或铜器时代的先民来说，是非常困难的。其他的需求如取水，交通等也容易得到满足。成都平原先秦时期的九座城址（宝墩古城、郫县古城、芒城古城、鱼凫古城、双河古城、紫竹古城、盐店古城、高山古城和三星堆古城）中“绝大多数城址在城墙附近发现有壕沟”，“从龙山时代至西周初期，壕沟一直是伴随着城墙存在的”。[1] 一种观点认为，二里头至西周时代，大都无城是主流，二里头都邑就是这一现象最早的典范。

周原曾是周人灭商前的都城，终西周王朝则一直是周人祖庙之所在，也是王朝诸多贵族的重要聚居地，它的选址充分考虑了利用天然水体作为防御屏障，“它的北边是岐山山麓，东边是贺家沟、齐家沟，西边是祁家沟，南边是三沟汇聚的三岔河。一面背水三面环水。这正是作堑的绝佳地形”。即“因自然山水地形地貌加以堑修（挖掘）而成的河沟台地堑城”，考古工作一直没有发现城垣的迹象。

西周王朝的都城—丰京和镐京，情形类似，丰京地处西安市西南沣河两岸，总面积达10余平方公里。丰京外围三面靠河，南面是耸峙的秦岭，“丰京遗址范围东至沣河西滩地，西至古灵沼河，北至郿坞岭北缘，南至冯村南至新旺村南一线，总面积约8.62平方公里。新发现的面积广大的自然水面或沼泽地构成了天然的屏障”。[2] 至于镐京外围，“南有洨水，东界滈水，西至丰水，丰水在马王村出折向东流，构成镐京的北界。三水……形成了护卫镐京外围的天然界河和堑沟”[3]，因此丰京和镐京的外围基本是四面环水，完全符合“沟封”的设防思想。而且，丰镐遗址范围内，未发现夯土城垣或围壕等防御设施，这说明天然水体是防御敌人入侵的主要依靠。

西周东都洛邑的选址也是在涧水东、瀍水西。《尚书·洛诰》载周公营建洛邑前曾卜地相风水：“我乃卜涧水东，瀍水西，惟洛食；我又卜瀍水东，亦惟洛食。”实际它的位置在涧、瀍、洛之间，三面靠水，利于防守，安全可靠，所以称为吉利。

琉璃河西周城址，位于北京市房山区琉璃河镇北1.5公里。东西长3.5公里，南北宽1.5公里。西周时期燕国都城，城外侧有壕沟。

在城外设沟，以加强城市防守的方法，在周文王时就作为一种制度固定下来。《逸周

---

[1] 冉宏林，雷雨．浅析成都平原先秦时期城址特征的变迁//夏商周方国文明国际学术研讨会论文集．北京：科学出版社，2015.

[2] 许宏．大都无城．北京：三联书店，2016：148.

[3] 卢连成．西周丰镐两京考．中国历史地理论丛，1988（3）.

书·成开解》："在昔文考，躬修五典，勉兹九功，敬人畏天，教以六则四守……四守：一、政尽人材，材尽致死；二、土守其城沟；三、障水以御寇；四、大有沙炭之政。"关于"土守其城沟"，陈逢衡云："守其城勿以坠，守其沟勿以填，守在国也。"❶ 城是城墙，沟既护城河，指对城市的防守。周初的城墙大部分还是用土夯筑，所以是土守，护城河不能湮废，或被填埋，需要疏浚，都是土木之功，对城市防守尤其重要。守城即是守国，所以说"守在国也"。《逸周书·文政解》也论述到对于城沟的防守："九守：一仁守以均，二知守以等，三固守以典，四信守维假，五城沟守立……"关于"城沟守立"陈逢衡云"不越畔也"。❷ 以城和沟作为防守的根本，不越边界，是当时国防的基本理念。

关于"障水以御寇"，陈逢衡云："障水，壅水也，寇至则决而灌之，守在边也。"❸ 该注解，详细推敲，略感牵强。障水的含义是筑堤或者筑坝，是挡水，不一定是壅水灌敌。其目的重在防守。后来的战争实践表明，壅水而灌敌寇，是一件相当困难的事情，要有合适的地形，充足的准备，包括对敌情的了解，信息的传递，水利工程技术等，作为通用的方法很难推行。"障水以御寇"是一项普遍修筑水利工程的法令，它的含义是在边界河流修筑堤防，防止敌人渡河进攻，类似于后来的"长城堤"，所以"守在边"的说法是合理的。早期的河流，常作为诸侯国的边界，河流和堤防往往成为双方争夺的焦点。因此筑堤障水，既是防洪，也是有效的御寇方法。另外，障水也可能泛指水利工程，例如引水入护城河等，即在国家的边界修建水利工程，御敌于国门之外，也是一种防守措施。

2.3.4 文献记载的早期水攻战

文献记载也可以看出夏代一些以水代兵事件的端倪。《竹书纪年》载，夏帝芒的时期，"殷王子亥宾于有易而淫焉，有易之君绵臣杀而放之。是故殷主甲微假师于河伯，以伐有易，灭之，遂杀其君绵臣也"。《山海经·大荒东经》注引《竹书》："殷王子亥宾于有易而淫焉，有易之君绵臣杀而放之。是故殷主甲微假师于河伯，以伐有易，灭之，遂杀其君绵臣也。"也就是说，殷侯伐有易，动用的是"河伯之师"，或者说"假师于河伯"，借用河伯的战斗力。《水经注·洛水》引《竹书纪年》说："洛伯用与河伯冯夷斗，盖洛水之神也。"洛伯为洛神，则河伯当为河神。为什么洛伯总与河伯斗，二水相斗，在古代常见记载，洛水是黄河的一大支流，汛期两水相互顶托，致使水流不畅，造成洪水灾害，逐渐演变为洛伯与河伯两河神相斗。河神实际是河流洪水的化身，河伯代表了黄河洪水，所谓"假师于河伯"，就是殷主甲微借用洪水的力量，讨伐有易，杀有易君绵臣，其方法很可能就是利用黄河洪水发动水攻，打败了有易❹。虽然关于夏的记载都非常简略，这样的解释还是合理的。关于河伯的传说还有不少，大部分是主宰河流的水神，或主管河流祭祀的诸侯，其中隐约透露出人为洪水的信息。

商是善于治水的诸侯国，其祖先冥，曾为夏代水官。夏帝少康（十一年）使商侯冥治

---

❶ 黄怀信，等. 逸周书汇校集注. 上海：上海古籍出版社，1995：535.

❷ 黄怀信《逸周书汇校集注》卷四第 408 页。

❸ 黄怀信《逸周书汇校集注》卷四第 535 页。

❹ 另一种说法认为，河伯为何伯族，是居住于河洛一带的氏族部落。参见：李进宁. 河伯神话流变考释. 四川师范大学学报（社会科学版），2015（11）.

河，而冥死于治河。《鲁语》及《祭法》："冥勤其官。"郑氏《祭法》注："冥，契六世之孙也，其官玄冥，水官也。"商侯以水官命名，说明商人长期掌管夏朝的治水事业，商人因善于治水而在各诸侯中逐渐强大起来。

商人最后打败夏桀，推翻夏王朝，也依靠一个精通水利的军事家伊尹。《管子·地数篇》说："伊尹善通移轻重、开阖、决塞，通于高下徐疾之策。"说明伊尹也善于治水，通晓水利，对于疏导河流、筑堤筑坝、堵塞决口等水利工程很熟悉，对于洪水有很强的掌控能力。同时伊尹也是著名军事家，是商汤的重要助手，辅佐商汤打败夏桀。既是军事家，却又以通晓水利见于记载，尤其是说他"通于高下徐疾之策"，对于决水，壅水都很精通，因此战争中采用水攻，或者用水来防守，都是很有可能的，类似共工长期掌管治水，而战争中也常用水攻。

商朝末年，各地诸侯纷纷叛离。在各诸侯国中，周的势力逐渐强大，周文王时，一方面积极积蓄力量，准备与商对抗，殷商武丁以后的晚期，表面上文王仍然小心翼翼以服殷，但甲骨文中已屡见伐周的记载。另一方面周又通过战争，征服周围的小部落，在文王和武王时期，周的势力扩张，战争不断，以水代兵的事件不断发生。虽然没有具体战例，但是通过《逸周书》的记载可以看出，在周文王和周武王时期，战争中用水进攻和防守，已经比较普遍。

《逸周书·大明武解》介绍攻城的方法："城高难平，湮之以土，开之以走路，俄传器橹。因风行火，障水水下……旁隧外权，堕城湮溪。"对于"障水水下"的注解，潘振云："障水，曲为堤防，壅泉激水也。"陈逢衡云："水攻之法，先设水平，测其高下，可以遏而止，可以决而流，可以漂城灌军，沈营杀将。"唐大沛云："随风用火攻，决水灌敌军以攻。"《先秦经史军事论译注》一书的注解是："拦阻河水，用水下灌敌城，即水攻法。"❶

该篇介绍了攻城的各种方法，水攻是其中一种，并且两次提到攻城用水攻：

其一是"障水水下"。关于"障水水下"各家的注解都是水攻。但对"障水"的理解，各有不同。潘振所注解的"曲为堤防"是春秋战国或者更早时期一种水攻方法，因为早期的河流大都处于漫流状态，系统堤防没有形成，在河流的一方筑堤，把水导向对岸，以淹没对方的土地或城市，战国以后，随着主要河流堤防的形成，这种水攻方法已经基本不用。陈逢衡和唐大沛的注解只是泛泛而谈水攻战。实际该篇所说的是水攻城市的方法，"障水"的含义比较广泛，可能是筑坝引水，或者还要修筑围城的堤防，也可能是在河流的下游筑坝壅水，根据地形和水源情况采取不同措施，有一套比较复杂的工程。"障水水下"与后代所说的"决水灌城"的含义是类似的，包含了各种情况下以水灌城的工程方法。而"水下"，应是指障水后，洪水从高处而下，起到灌城的作用。

其二是"旁隧外权"。孙诒让云："此权当读为灌，谓以水灌城。《墨子·备城门》篇云：'今之世常所以攻者：临、钩、冲、梯、堙、水、穴、突、空洞、蚁傅、轒辒、轩车。'此旁遂既彼之穴，外灌即彼之水，湮溪既彼之堙也。"按此解释，"旁隧外权"即是挖地道穴攻和引水灌城水攻，再次把水攻作为一个重要的破城手段提出来，而且是当攻城遇到困难时采用水攻。

---

❶ 牛鸿恩. 先秦经史军事论译注. 北京：军事科学出版社，1987：51.

攻城时遇有护城河阻挡怎么办?《大明武解》又说，可以“堕城湮溪”。对此，陈逢衡云：“堕城，攻其瑕也；湮溪，平其险也”。卢文弨云：“此湮自与下湮溪皆填塞之义，亦与‘堙’通用。”湮，填塞的意思。与城相连的溪，实际就是护城河，或者起护城河作用的天然溪流。遇到这样的水险，用土填塞是最好的办法。

可以认为，这一时期，筑坝引水，水攻城市的方法已经基本形成。表明在商代后期，以水攻城的方法，在战争中已经被广泛采用。

该篇据陈逢衡推断：“此篇于攻城陷敌之法尤为精备，其作于伐崇，伐密时乎?”周文王时，曾先后征服了犬戎、密须（在今甘肃安定县），并打败了耆国（耆一作黎），后来又伐邗、伐崇侯虎，进行过广泛的战争，积累了丰富的作战经验。《逸周书·世俘解》总结武王的战功：“武王遂征四方，凡憝国九十有九国，馘磨亿有十万七千七百七十有九，俘人三亿万有二百三十。凡服国六百五十有二。”如此频繁的战争，其中一些战争采用水攻作战，也是完全有可能的。另据研究，文王时的周族已经有了金属工具，社会经济有了进步，修建一些复杂的水工建筑，也具备了这样的能力。

商周时期，一般的城墙大都是用土夯筑，其防洪能力相对比较弱，水攻的方法比较能够奏效。另外，那时黄河中下游一带，河流湖泊众多，引水方便，也为水攻战提供了有利条件。

除了对城市的进攻，早期的以水代兵战争，还重视对农业生产的破坏。夏、商、周时期的国家经济，农业是主要部门，为战争提供粮食，而且也为纺织业提供原料，因此，农业的兴衰关系国力的强弱和国家的安危，往往也是战争攻击目标。例如，共工“壅防百川”在很大程度上是水淹敌方的国土，达到削弱敌方经济和军事实力的目的。

《逸周书》中战机的“天时”观念主要体现在对农业生产时机的利用上，如《武称解》主张：“春违其农，秋伐其穑，夏取其麦，冬寒其衣服。春秋欲舒，冬夏欲亟，武之时也。”既言“武之时”，则应谓攻伐之时机。“违其农”，使其不得耕作；“伐其穑”，使其不得收敛；“取其麦”，使其不得收藏。上三者具备，则必使其冬寒而无衣。

农业生产与一年四季均密切相关，随敌方春秋冬夏生产情况而攻伐之，此谓“武之时”。这种以农业生产为战机的主张还见于《大武解》，如其云：“四时：一、春违其农，二、夏食其谷，三、秋取其割，四、冬冻其葆。三兴：一、政以和时，二、伐乱以治，三、伐饥以饱。凡此七者，伐之机也。”孔晁云：“机，要也。以此要成其伐也。”掌握适当时机，破坏其农业生产，是战争中需要掌握的方法，水攻战成为破坏敌方农业生产的方法之一。

参 考 文 献

[1] 徐旭生. 中国古史的传说时代 [M]. 南宁：广西师范大学出版社，2003.
[2] 朱大可. 华夏上古神系 [M]. 北京：东方出版社，2014.
[3] 武汉水利电力学院，水利水电科学研究院. 中国水利史稿（上） [M]. 北京：水利电力出版社，1979.
[4] 周魁一. 先秦传说中大禹治水及其含义的初步解释·水利的历史阅读 [M]. 北京：中国水利水电出版社，2008：288-297.

[5] 周魁一. 中国科学技术史·水利卷 [M]. 北京：科学出版社，2002.
[6] 郭涛. 中国古代水利科学技术史 [M]. 北京：中国建筑工业出版社，2012.
[7] 毛振培，谭徐明. 中国古代防洪工程技术史 [M]. 太原：山西教育出版社，2017.
[8] 周书灿. 虞夏之际族群流徙混融的考古学研究 [J]. 贵州师范大学学报（社会科学版），2008（5）：2-7.
[9] 沈楠. 共工及其文献资料研究 [D]. 长春：东北师范大学，2007.
[10] 张启成. 颛顼神话新探 [J]. 贵州文史丛刊，2004（4）：19-21.
[11] 华觉明. 中国古代金属技术——铜和铁造就的文明 [M]. 郑州：大象出版社，1999.
[12] 李传江. 共工与鲧之关系新释 [J]. 兰台世界，2008（4）.
[13] 王三义. 试析洪水神话的世界性及其认识价值 [J]. 辽宁大学学报（哲学社会科学版），2006（1）：96-101.
[14] 王连龙.《逸周书》研究 [M]. 北京：社会科学文献出版社，2010.
[15] 杨栋. 共工非鲧考——兼及与禹之关系 [J]. 古籍整理研究学刊，2009（6）：81-83.
[16] 于文哲. 尚书虞舜神话溯源 [J]. 学术交流，2011（3）：175-179.
[17] 齐昀. 从上古洪水神话看女娲补天的文化内涵 [J]. 青海师范大学学报（哲学社会科学版），2004（6）：70-74.
[18] 刘俊男. 上古洪水来源及禹治洪水考 [J]. 船山学刊，2001（1）：190-193.
[19] 裴安平. 中国史前的聚落围沟 [J]. 东南文化，2004（6）：21-31.
[20] 卢可可. 中国史前城址的区域与类型研究 [J]. 中国历史地理论丛，1998（3）：9-30.
[21] 谌中和. 洪水、古城与中国文明的起源——兼与王巍先生商榷 [J]. 湖南师范大学（社会科学报），2011（3）：111-114.
[22] 钱耀鹏. 关于半坡遗址的环壕与哨所——半坡聚落形态考察之一 [J]. 考古，1998（2）：45-52.
[23] 钱耀鹏. 关于环壕聚落的几个问题 [J]. 文物，1997（8）：57-69.
[24] 严文明. 中国环壕聚落的演变 [J].《国学研究》第二卷，1994.
[25] 郭荣臻，曹凌子. 海岱地区史前城防体系的考古学观察 [J]. 临沂大学学报，2017（6）：17-33.
[26] 郭荣臻. 河南史前筑城技术略论 [J]. 文物春秋，2018（5）：3-10.
[27] 张国硕. 夏国家军事防御体系研究 [J]. 中原文物，2008（4）：40-49.
[28] 张国硕. 殷商国家军事防御体系研究 [J]. 郑州大学学报（哲学社会科学版），2005（6）：158-162.
[29] 徐昭峰，申颖. 试论夏商西周畿内防御体系的构建 [J]. 中原文化研究，2019（4）.
[30] 罗琨，张永山. 中国军事通史　第一卷：夏商西周军事史 [M]. 北京：军事科学出版社，1998.
[31] 张应桥. 试论夏商城市水利设施及其功能 [J]. 华夏考古，2006（1）：41-47.
[32] 詹子庆. 走近夏代文明 [M]. 长春：东北师范大学出版社，2015.

第 3 章

春秋战国时期——以水代兵战的第一次高潮

《孙子兵法·计》开篇即言："兵者，国之大事也。死生之地，存亡之道，不可不察也。"春秋战国（公元前 770 年—前 221 年）是中国历史上的大分裂时期，这一时期，各诸侯国争霸称雄，战争频繁，先后出现春秋五霸和战国七雄。在这些大国兼并小国的战争，大国间的争霸战争以及后来秦的统一战争过程中，以水代兵事件层出不穷，水攻战成为常用的进攻方法之一。❶

这一时期，水利技术也取得了长足的进步，先秦的水利工程，都江堰、郑国渠和秦初灵渠相继建成，成为我国古代水利工程的杰出代表。筑坝、修堤技术日臻成熟，战国中期，黄河的系统堤防已经初步形成。筑堤方法在理论上有所总结，《管子》《考工记》等著作都有对修筑堤防的论述，对堤防的边坡，横断面设计已经有很科学的认识和描述，与修堤筑坝关系密切的土力学知识也有涉及。在修渠方面，对如何进行渠道的设计和规划也有较详细的讨论。水利测量技术，水文技术都有进展。这些技术和知识，都使得发动大规模水攻战成为可能。

3.1 楚国的水攻战

春秋早期楚被视为荆蛮而不得与诸侯会盟，后来励精图治，筚路蓝缕，以启山林，实力逐渐增强。尤其是楚国注重兴修水利，具有较高的水利工程技术水平，这使楚国有能力在战争中使用水攻战术。楚国的水攻战以制造水灾，淹没对方的土地、房屋为主，而不是以攻击城市为目标，这也是早期水攻战的特点。

3.1.1 "夹塞两川"

"夹塞两川"发生在公元前 659—前 656 年❷，它是楚国为了争霸中原而对宋国发动的

❶ 《墨子·备城门》载："今之世常所以攻者：临、钩、冲、梯、堙、水、穴、突、空洞、蚁傅、轒辒、轩车，敢问守此十二者奈何？"

❷ 关于"夹塞两川"发生的时间，一些文章认为是在公元前 685 年，如：朱诗鳌《坝工技术史》第 391 页"中国古代利用水攻的战例"表格第一条（中国水利水电出版社，1995）。孔玲，时德青《中国历史中的水攻研究》一文："公元前 685 年，楚国侵犯宋、郑两国。"（《水利发展研究》2006 年第 2 期，第 57 页）。催向东《论春秋战国时期的水攻战》："公元前 685 年，楚攻宋。"（《北京大学学报哲学社会科学版》2012 年第 5 期，第 82 页）等。这一说法有误，前 685 年，齐桓公刚继位，是管仲为相第一年，齐和鲁国有战争，齐和楚国没有战争，也没有楚攻宋的事情发生。"夹塞两川"应当发生在召陵之盟的前几年，公元前 659—前 656 年，期间楚国进攻宋、郑两国，齐桓公出兵，以及齐国拆除水坝都发生在这一时段。

一次大规模的水攻战，对春秋时期的历史进程具有重要影响。在水利史以及筑坝史上，也具有十分重要的意义。对于这次水攻战，目前研究很少，没有引起足够的重视，迄今没有专门的研究文章，魏昌著《楚国史》一书以及蔡靖泉《召陵之盟及其历史意义》[1]一文甚至没有提到这一事件。

3.1.1.1　“夹塞两川”的历史背景及过程

楚国自楚武王和楚文王时，就积极向外扩张，不断攻灭周围的一些小国，北上争霸。到楚成王（公元前671年—前626年在位）时，随着实力的增强，楚国野心越来越大，甚至要与齐国争霸中原，欲吞并宋、郑这样的大国。楚国不断向郑国和宋国发动战争，分别在成王十三年（公元前659年）、十四年（公元前658年）冬和十五年（公元前657年）春，连续出兵攻打郑国，十四年冬还囚禁郑国的大夫聃伯，对郑国攻城略地。对宋国则采取大规模水攻战的方式，拦河筑坝，水攻宋国的土地，以破坏宋国的农业经济。这些事件就是《管子·霸形》中提到的“楚欲吞并宋、郑”。

关于楚成王对郑国和宋国的进攻，《春秋左传》中只记载了楚国对郑国的连年征战争情况。而对宋国，由于没有直接发兵进攻，只是采取水攻，在《左传》中并没有记载。但这次水攻战的情况在《管子》一书中有详细记述。《管子·霸形》多次提到这一事件：“此其后，楚人攻宋、郑。烧焫熯焚郑地，使城坏者不得复筑也，屋之烧者不得复葺也；令其人有丧雌雄，居室如鸟鼠处穴。要宋田，夹塞两川，使水不得东流，东山之西，水深灭垝，四百里而后可田也。楚欲吞宋、郑而畏齐，日思人众兵强能害己者，必齐也。”文中“此其后”指齐桓公安顿邢国和卫国国君，并且携带虎皮、豹皮和花锦出使各诸侯国，齐国的命令开始通行天下以后。狄人伐邢在公元前661年，狄人伐卫则在公元前660年十二月，那么齐桓公救邢、卫，应当在公元前659年。楚人伐宋、郑，正是在此之后，这与《左传》记载的公元前659年、公元前658年和公元前657年楚国连续进攻郑国的记载是完全吻合的。也就是说，楚国要吞并宋国和郑国，于公元前659年，同时进攻这两个国家。夺取郑的城池，而水攻宋的国土农田。因此，楚国“夹塞两川”筑坝的工程应当始于公元前659年。

楚国进攻宋、郑两国，想要争霸中原，但是害怕强大的齐国出来干涉，担心齐国为宋国和郑国撑腰，因此向齐国示好，贿赂齐国的官员，齐桓公左右的官员都说楚国的好话，齐桓公也认为楚国与人为善，问管仲何不也与楚国结交。管仲看穿了楚国的阴谋，对齐桓公说：“不可。楚人攻宋、郑，烧焫熯焚郑地，使城坏者不得复筑也，屋之烧者不得复葺也；令人有丧雌雄，居室如鸟鼠处穴。要宋田，夹塞两川，使水不得东流，东山之西，水深灭垝，四百里而后可田也。楚欲吞宋、郑，思人众兵强而能害己者，必齐也。是欲以文克齐，而以武取宋、郑也；楚取宋、郑而不知禁，是失宋、郑也。禁之，则是又不信于楚也。知失于内，兵困于外，非善举也。”这是管仲第二次提到这一事件，也是管仲与齐桓公第二次讨论这一事件。管仲指出了这是楚国想要以武力夺取宋、郑而以计谋攻克齐国。如果不加以禁止，将要失去宋国和郑国。

齐国在刚刚认为自己可以号令于天下诸侯的时候，楚国却跳出来向郑国和宋国发动进

[1] 《管子学刊》2008年第2期。

攻。针对楚国北上中原争霸的咄咄逼人态势，管仲认为必须兴兵“南存宋、郑”，就是不能让楚国夺取宋国和郑国。宋国和郑国都是中原大国，且地处中原腹地，地理位置十分重要，楚国如果吞并了郑国和宋国，实力将得到极大的加强，齐国就会失去霸主地位，因此必须打压楚国北上中原争霸的势头。管仲提出的策略是先礼后兵。首先兴兵保存宋国和郑国，但是不和楚国开战，而是就“郑城”和“宋水”问题，向楚国提出要求，楚国如果同意，则策略成功，表示楚国屈服；楚国如果不同意，则以武力解决。齐桓公十分赞同这一解决方案。所谓“郑城”问题，就是恢复被楚国攻取的郑国城市，而“宋水”问题，就是拆除“夹塞两川”工程中的大坝。

结果是齐国军队与楚王相遇于召陵，齐国提出了“郑城”和“宋水”问题，并且提出了“毋贮粟，毋曲堤，无擅废嫡子，无置妾以为妻”盟约。楚国不同意，于是齐军退七十里，对于“郑城”问题，命令军队在郑国的南边筑城，立了百代城。并指明：从此处往北到黄河，由郑国自己建立城郭。楚国没有敢于破坏这些城郭。对于“宋水”问题，“东发宋田，夹两川，使水复东流，而楚不敢塞也”。就是往东恢复了宋国的田地，拆除了大坝，保留两岸的堤防，楚国不敢再堵塞河流，河水又恢复了东流，“宋水”问题得以解决。这是《管子·霸形》第三次提到这一事件。足见《管子》一书对这一问题的重视，也说明“夹塞两川”这一事件在齐桓公时期的重要性。

在这次齐、楚相争中，楚国不仅被迫接受了郑国城市被恢复，“夹塞两川”大坝被拆除的事实，而且还被迫接受了召陵之盟的盟约。

3.1.1.2　“夹塞两川”的水利成就

“夹塞两川”是一次规模很大的水攻战。该史料的重要之处在于：第一，时间早，筑坝时间约在公元前659—前656年；第二，记载详细，不仅有定性的描述，如地点、河流，更有定量的说明，这在古代文献，尤其是上古文献记载中是极为罕见和珍贵的；第三，工程的规模大，这次筑坝回水淹没达到四百里，只比一千多年后南北朝时期淮河上的浮山堰淹没距离略少一些。

“夹塞两川”是一个什么样的工程，有一些文章提到这一事件时，认为这是筑堤壅水，还有一些文章认为是楚军在睢、汴二水修筑堤防，改变水的流向。[1]

“夹塞两川”不是简单的筑堤工程，也不是一般的筑坝工程。《管子校注》注曰：“楚人又遮取宋田，夹两川筑堤而壅塞之，故水不得东流。两川，盖睢、汴也”。[2] 所谓“筑堤而壅塞之”应该是两项工程，既筑堤又筑坝。

从水利工程的功能区分，堤、坝的作用是不一样的，堤的作用是约束水流，修建在河流两岸，与“夹”的作用相符。所以“夹”应当是在河流两岸修堤。如校注所说“夹两川筑堤”。《管子·度地》中还有一处用到“夹”字：“大者为之堤，小者为之防。夹水四周，禾稼不伤。”既在水的四周修筑堤防，把水阻挡于四周堤防之外，以保护庄稼，“夹”的意思也是修筑堤防。以此类推，“夹两川”即在河流的两岸修筑堤防，与“夹水四周”的说

---

[1] 如崔向东《论春秋战国时期的水攻战》：“公元前685年，楚攻宋，……楚军在睢、汴二水修筑堤防，改变水的流向，淹没宋国四百里，迫使宋国投降。”《北京大学学报·哲学社会科学版》2012年第5期第82页。

[2] 黎翔凤.《管子校注》卷九《霸形》. 北京：中华书局，2004：459.

法同理。坝的作用是抬高水位，修建在河道内，与“塞”的含义一致。所以“夹塞两川”应当是两种工程并举，既筑堤约束水流，也筑坝壅塞。以筑坝为主，抬高水位，即所谓的“塞”，同时在河的两岸修筑堤防，即所谓的“夹”，使抬高水位后回水能够淹的更远，又避免淹到自己的土地。仅靠筑堤没有抬高水位的作用，不会有“壅塞”河流的效果，或者说作用很有限。因此，“夹塞两川”的工程类似于现代修建水库工程，但因为它的作用是淹灌上游土地，制造洪水，所以两岸还要筑堤。

对比《管子·霸形》所载这一事件前后文字变化，可以看出这一工程的一些情况：大坝拆除前，“要宋田，夹塞两川，使水不得东流”。大坝拆除后，“东发宋田，夹两川，使水复东流，而楚不敢塞也”。原文从“夹塞两川”变成了“夹两川”。拆除了水坝，水复东流，楚国不敢再筑坝了，但两岸的堤防没有拆除，这段前后文记载的变化从另一方面印证了“塞”是筑坝，而“夹”则是修堤。

关于这次筑坝的河流，即“两川”，《管子校注》认为“两川，盖睢、汴也”。《中国水利史稿》认为，“大约是在睢水上筑坝”❶，没有提到汴水。《淮河水利简史》则认为，“楚成王熊恽，在兴兵攻打郑、宋两国时，不仅放火烧了郑国的城镇，更在宋国境内的睢水、丹水（汴水）上筑坝挡水”，❷ 认为“两川”是睢水和丹水（汴水）。睢水和丹水是宋国境内两条重要的河流，其上游都在宋的都城商丘附近。而且宋国境内本身就经常发生大水灾，如周庄王十四年（公元前683年）秋“宋大水”，周敬王四十三年（公元前477年）：“宋大水，丹水壅不流。”❸ 因此在这两条河流上筑坝，都比较容易形成水灾。可能正是这个原因，使得楚国想到水攻宋国，可见，当时楚国人对这一带的水文地理比较了解。

这一工程规模宏大，回水淹没达到四百里，使“水不得东流”，完全截断了河流，制造了大规模的水灾，淹灌了宋国大量的土地。即使古人的记载不很准确，或者有些夸张，但是淹没达到百里以上这个量级应该是可信的。

能够造成大范围淹没的另一个原因是睢水和丹水都位于黄、淮之间的平原地带，地势平坦，河流的坡降很缓。以在睢水上筑坝为例，可以做一个粗略的推算，战国时期的一里约为现在的0.7里，400里约为280里，既140公里。根据有关资料，现在濉河的比降约为1/10000，按此推算，假设古今的河道比降没有大的变化，筑坝后抬高的水位必须达到14米，回水才可以淹到当时的四百里。濉河的水深4～5米，以最大水深5米计，加上大坝超高1米，最大坝高应当达到20米左右，这在当时应该是史无前例的高坝了。

更为重要的是，截断河流筑坝，这是历史上有记载的第一次，它比一般的筑堤工程，要困难得多，需要的水利技术，也复杂得多。从规划到水文、地质、测量、土工，都要有一定的基础。从“水不得东流”的结果看，拦河筑坝相当成功。睢水和丹水都不是小河，合龙相当困难，需要较多的筑坝经验和较高的技术。合龙后水位将不断上升，当时都是土坝，没有溢洪道，如何保持大坝在不断升高的水压力下不会垮掉，依据目前的资料，还很难判断。不过，这些困难，楚国人都克服了。

---

❶ 武汉水利电力学院，水利水电科学研究院．中国水利史稿（上册）．北京：水利电力出版社，1979：49.

❷ 《淮河水利简史》第45页，水利水电出版社，1990年8月。

❸ 《竹书纪年》。

从原文记载看，筑坝后，上游水位升高了很多，“水深灭垝”，提供了很重要，也很确切的信息，在早期的关于水灾的记载中，极为罕见。据黎凤祥《管子校注》引《尔雅释宫》说：“‘垝谓之坫’，累土所筑之堤，黄梅称垝。”则垝也可能指堤防，但是堤防如果被淹没的话，回水很难达到那么远的距离。所以此处之“垝”，泛指房屋、垣墙或高处，就是说，水深的地方可以没墙，当时的房屋虽然不会很高，有可能3～4米，这是“东山之西”的水深，当然这不是最深的地方，而是回水淹没的某一地点，或一片地区。越靠近坝址，水越深，以此来看，坝前水深达到十多米是有可能的，当时一定淹没了大量村庄和房屋。

东山在何地？历史上称为东山的地方不止一个，但是考虑到它必须靠近睢水或者丹水。《水经注·济水》提到有一处叫东山的地方：“周王闻之，遣使至楚，令伐之，偃王爱民不斗，遂为楚败，北走彭城武原县东山，百姓随之者以万数，因名其山为徐山。”《汉书·地理志》：“吕、武原，莽曰和乐亭”，属徐州。《邳州志》记载：“武原城去今城（邳城镇）十五里，汉县，属楚国。”❶ 由此，东山即徐山，在汉代的武原县境内，为古徐国曾经的所在地，离丹水（汴水）比较近。因此，可以推断，丹水是这次筑坝的两川之一。筑坝的地点虽没有明确交代，应当离“东山”不远。一百多年后，古徐国为吴国所灭，也是采用水攻，可见这里的地理和水文条件适合采用水攻，楚国人在此筑坝不是偶然的。

“夹塞两川”体现了楚人高水平的水利工程技术。那么楚国当时有可能兴建这样的高坝吗？按当时的施工能力，要在睢水和汴水上同时修筑高坝，有很大的困难。但楚是南方的大国，为春秋五霸之一，农业和经济都比较发达，尤其是它有兴修水利的传统，后来孙叔敖作令尹，又领导建设了沮漳河下游的水利工程。战国后期，又有著名的芍陂的修建。《水经注·肥水》云：“陂周百二十许里……陂有五门，吐纳川流。”规模相当大。这些都说明，楚国在水利工程方面是很有经验的，这些经验的积累，与早期兴修过较大型的水利工程有直接的关系。

另一方面，铁制工具广泛使用，大大提高了工程建设的能力。根据考古资料，中华人民共和国成立以前，楚文物就大量出土，其中铁器的出土尤其引人注目。中华人民共和国成立以后，在全国22个省（自治区、直辖市）内，春秋战国时期铁器出土的总数已达千余件。其中属于春秋时期十余件，都是具有较高水平的锻铁和铸铁器具，主要见于湖南和江苏，即当时的吴楚地区。春秋战国时代的铁具，亦以楚地出土的为最多，仅湖南、湖北、江苏、浙江、安徽五省就有30件，包括锄，锸、耙、镬、铲、镰等，比其他各省都要多。车、马、船等运输工具当时也已经大量使用，提高了运输能力，为大型水利工程的兴建提供了保障。楚国的车有筚路（柴车）、安车、楼车、辎乘、巢车等，楚人车辆的构造已相当精巧。船作为运输工具，也已经大量使用。由此看来，楚国在各方面都具备了兴建较大型水利工程的能力。

“夹塞两川”在筑坝工程史上是一个重要的成就，应该说它是可以考证出来的最早的比较高的坝，其意义不亚于后来的浮山堰，它在技术上是成功的，而且维持了较长时间，没有被冲垮，也基本上达到了水攻宋国的效果。

---

❶ 《邳州志》卷十九，清咸丰董用威、马轶群修，鲁一同纂，光绪二十一年刻本。

3.1.1.3 “夹塞两川”与召陵之盟

楚人“夹塞两川”，工程浩大，并非一年半载能够完成。召陵之盟的前几年已经动工，这和楚国连续进攻郑国的步调是一致的。宋国早已觉察到楚国水攻的威胁，就在召陵之盟的前两年，宋公与齐侯频繁盟会。显然，宋国是在寻求齐国的帮助，而齐国的目的则在抑制楚国的扩张。僖公二年（公元前658年），“齐侯、宋公、江人、黄人盟于贯（泽）”[1]；第二年（公元前657年），“齐侯、宋公、江人、黄人盟于阳谷”。阳谷之会的主要议题是“谋伐楚”[2]，贯泽之会也应该离不开这个议题，商讨对付楚国的办法，为正式伐楚做舆论准备。

齐、宋等国连续两年会盟商议伐楚的事情，主要的原因就是楚国的“夹塞两川”工程对宋国造成了巨大威胁。宋国的大量土地被洪水淹没，因此寻求齐国的帮助，而楚国北上争霸的势头咄咄逼人，这也是齐国不愿意看到的。共同的利益使得齐、宋、江、黄等国联合起来，一起对付楚国。在阳谷之会上，首次提出不许在河流上修建大坝或堤防的条文，即“无障谷”。齐、宋以及江、黄等小国都不是善于用水攻的国家，之所以要提出这样的盟约，显然是针对楚国“夹塞两川”工程的。其时江、黄也受到楚国的威胁，公元前648年，楚人灭黄。可以肯定，楚国“夹塞两川”的工程，在召陵之盟的前一二年，即楚成王十四、十五年，已经修建达到一定规模，引起了宋、齐等国的不安。

齐国的打算是先礼后兵，首先向楚国提出其攻打郑国城池和水攻宋国的问题，“楚若许，则是我以文令也；楚若不许，则遂以武令焉。”[3] 公元前656年（楚成王十六年）春，齐桓公亲率齐、鲁、宋、陈、卫、郑、许、曹等八国军队南下攻楚。他们打败了楚的盟国蔡国后，挥师进入楚境。楚成王也不示弱，亦率大军迎战，迫使齐等八国军队退驻召陵（今河南郾城东）。齐桓公在召陵，提出了盟约四条，即“毋贮粟，毋曲堤，无擅废嫡子，无置妾以为妻”。要求楚国按这四条盟约内容执行。具体的要求就是修复郑国的城池和拆除宋国的大坝，但是遭到楚国的拒绝。

对于召陵之盟，《左传》的记载和《管子》的说法略有不同。目前史学界普遍的观点是，根据《左传》记载，齐、楚双方形成对峙局面后，同时也在寻找妥协的办法。这年夏，楚成王派使者屈完到齐等国军队驻处进行试探，质问齐国伐楚的原因，管仲代齐桓公回答说：“昔召康公命我先君太公，曰：‘五侯九伯，汝实征之，以夹辅周室。’”表面上，齐国打着“夹辅周室”的旗号来说明此次行动的合法性。在对楚使者申明楚之罪状时，说：“尔贡苞茅不入，王祭不供，无以缩酒，寡人是征。昭王南征而不复，寡人是问。”齐桓公又试图以军威压服楚国，当屈完来时，即陈八国之军，“与屈完乘而观之”，并恐吓道：“以此众战，谁能御之？以此攻城，何城不克？”屈完毫不示弱，针锋相对地答道：“楚国方城以为城，汉水以为池，虽众，无所用之。”齐桓公权衡得失，只得与屈完盟于召陵。[4]“召陵之盟”是齐、楚双方经武力对峙之后达成妥协的产物。

---

[1] 《春秋左传·僖公二年》。

[2] 《左传·僖公三年》：“秋，会于阳谷，谋伐楚也”。

[3] 《管子·霸形》。

[4] 《左传·僖公四年》。

但是根据《管子》的记载，齐侯“与楚王遇于召陵之上，而令于遇上曰：毋贮粟，毋曲堤，无擅废嫡子，无置妾以为妻。”盟约的内容是齐国和宋国等国早就商定好的，只做了一点小的改动，把“无障谷”改为“毋曲堤”，区别在于“无障谷”只针对“夹塞两川”的工程，而“毋曲堤”的含义更广泛一些。盟约以“令”的形式强迫楚国接受，并没有商量的余地。虽然楚国表示不接受，齐国还是拆除了水坝，楚国无可奈何，被迫接受盟约。楚国在这次事件中遭遇了重大挫折。

楚人攻宋、郑，尤其是攻宋“夹塞两川”，在楚国和齐国历史上都是非常重要的事件，它是导致齐国出兵伐楚的直接原因。以前的研究未能注意到这一重大事件，对齐国伐楚的原因感到困惑不解。一些研究根据《左传》记载，认为齐国出兵攻打楚的盟国蔡国是由于蔡姬事件激怒了齐桓公所致，齐桓公不能仅仅因为这一点小事就发兵攻打蔡国，况且它联合其他七国，组成八国联军，也需师出有名。用这一点小事作为借口，很难动员其他七个国家也和它一起伐楚。蔡靖泉《召陵之盟及其历史意义》一文也有此困惑，该文认为，齐桓公指责楚国的两个罪名，其一是小题大做，其二是捕风捉影，显然不是伐楚的真正原因。“古今学者多有为此解说，或以为齐国自有侵伐诸侯的不义失德之处，故管仲有所顾忌而不问楚人侵扰诸夏之罪；或以为管仲故意拼凑这两个罪名以显示齐国代行王政的合法性……皆似乎未能圆通。”

之所以未能很好地解释这个问题，是因为没有了解齐国伐楚的真正原因。齐桓公指责楚国的两个罪名，只是为齐国出兵寻找一个借口。实际上，齐国伐楚是在上一年的“阳谷之会”上已经协商好的事情。齐侯、宋公、江人、黄人参加了会盟，所以“阳谷之会”的议题是“谋伐楚”，起因主要是楚国对宋国的大规模水攻，即“夹塞两川”工程。宋国是齐的盟国，根据《管子》的记载，楚国进攻宋国实际上也是动了齐国的奶酪，况且楚国又进攻郑国，其争霸中原的势头逼人。正如管仲所说：“楚欲吞宋、郑，思人众兵强而能害己者，必齐也。是欲以文克齐，而以武取宋、郑也。”为了抑制楚国的发展和争霸，也为了维护齐国的霸主地位，齐国不能坐视不管。所以齐桓公“兴兵而南存宋、郑”。[1]这是齐国伐楚的真正原因，也是齐国“尊王攘夷”国策的具体实施，齐国一直视楚国为蛮夷加以打压。

透过现象看本质，齐国为什么伐楚，也可以从最后盟约的内容上看出来。盟约的内容表明双方关心的问题，也是战争最后需要解决的实质性问题。召陵之盟的主要内容几乎与前一年阳谷之会的内容一样，这不是偶然的，而是齐、宋等国早就商定好强加于楚国的。召陵之盟的内容共四条：“毋贮粟，毋曲堤，无擅废嫡子，无置妾以为妻。”其中三条都是无关他国的内政问题，是关乎礼法或宗法方面的事情。只有“毋曲堤”一条与国际争端有关，是这次盟约的关键问题。齐国提出这一条的目的是制止楚国的水攻战，最直接的意义就是要楚国拆除“夹塞两川”的工程。《管子·霸形》中说，齐国把“郑城”和“宋水”两件事提出来，就郑国的城池问题和宋国的水灾问题与楚王商讨，但是都遭到楚国的拒绝。因此齐国必须采取强制措施，即动用武力。这是齐国伐楚的直接原因。

当然，从最后盟约的内容也可以看出来，齐国提出的“郑城”和“宋水”两个问题

[1] 《管子·霸形》。

中，“宋水”问题是主要的，以后多次在盟约中得到体现，因为对于各国来说，这是一个需要解决的新问题，这也反映了春秋以来，因筑堤、筑坝而产生的水攻战越来越多，危害越来越大，各国之间有禁止随意筑堤的要求，而“夹塞两川”事件，为解决这一问题提供了契机，于是以齐国为首提出了禁止随意筑堤的盟约，一方面顺应了各国的要求，另一方面又打压了楚国争霸中原的野心。

实际上，齐国采取了软硬兼施的两手政策，一方面与楚国结盟，满足其“以属诸夏”而“观中国之政的”愿望。另一方面则采取强硬手段，命令在郑国的南面筑城，立了百代城，并警告楚国不得破坏由郑国自己建立城郭。同时拆除了楚国修建的水坝，使水复东流，恢复了宋国的田地。就是管子说的“东发宋田，夹两川，使水复东流，而楚不敢塞也”。[1] 在以齐国为首的八国联军武力威胁下，楚国虽然表面强硬，也不敢轻举妄动，只能接受召陵之盟的条款，默认了大坝被拆除的事实。齐、楚的武力对峙表面看似得以和平解决，避免了一场大战，实际是楚国的屈服，其标志性事件就是“夹塞两川”的大坝被拆除。

楚国在这次战争中遭遇了严重挫败，第一，水攻宋国的大坝被拆除，楚国在中原各国面前颜面尽失，丢掉了威信；第二，被迫接受了所谓的召陵之盟，虽然这些条款称为盟约，但实际上是前一年阳谷之会上齐、宋等国早就拟定好的，楚国不同意也得同意；第三，楚国仍然没有取得与中原各国对话的权利，仍然不具有与华夏诸国同等会盟的地位，葵丘之会仍然没有被邀请参加，而且葵丘之会上重申了召陵之盟的内容，实际是齐国对楚国的进一步打压。

相反，齐国这次出兵，虽然没有直接与楚国交战，但实际上等于帮助宋国和郑国打退了齐国的进攻，有效抑制了楚国争霸中原的势头。齐国在这次战争中则大大提高了威信，使其表面尊王，实际攘夷，即打压楚国的国策基本得到实现，齐桓公的声望达到高峰。从另一方面看，也等于楚国承认了齐在中原的霸主地位。

3.1.1.4 “夹塞两川”与水利盟约

从召陵之盟以及前后几次盟约可以看出，楚国修建大坝，水攻宋国这件事情，对齐国和中原各国是一次震动，召陵之盟后没过几年，即鲁僖公九年（公元前 651 年），齐国又在葵丘（今河南兰考、民权县境）会盟诸侯，楚国没有出席葵丘之会，会上齐国再次提出“无曲防”的盟约，并且搬出周天子发号施令，说这是“壹明天子之禁，”[2] 大有“挟天子以令诸侯”的架势。周襄王也派代表参加，表面上看，这是桓公尊王的表现，诸侯也得尊王，实际是使盟约合法化。

葵丘盟约的含义是再一次对楚国提出警告，同时也对其他各国使用水攻战有所约束。以齐国为首的中原各国连续三次提出无障谷、毋曲堤和无曲防的水利盟约，说明这次“夹塞两川”工程影响巨大，造成的水灾严重，后来晋国为中原霸主，还没有忘记此事，公元前 562 年，在亳城（今河南偃师）会盟上，有订立有类似的盟约，即“毋壅利”。这一事件也说明，当时不仅楚国筑坝壅水，水淹别国，其他国家可能也有筑坝或筑堤发动水攻的

---

[1] 《管子·霸形》。

[2] 《春秋·谷梁传》。

情况。春秋早期，水攻战比较普遍。

这三次水利盟约的内容看似雷同，实际还是有所区别。“无障谷”是不许在河流的峡谷地带修建大坝，因为“阳谷之会”的主要议题是“谋伐楚”，所以当时提出这一条是针对楚国“夹塞两川”的大坝而言。“毋曲堤”的含义相对广泛一些，因为堤当时也可以泛指壅水工程。“无曲防”则比较准确地表达了限制各国发动水攻战，以水代兵的意图。防的含义即可以指堤，也可以指堰、坝一类工程，这样就不仅仅是针对楚国，而是对各国都有限制。后来的“毋壅利”则战争的含义相对淡化，主要是指水利工程而言。

只是，这次水利盟约的内容并没有得到遵守，水攻战仍然在继续。

3.1.2 孙叔敖决期思之水，而灌雩娄之野

西汉刘安著《淮南子·人间训》载：“孙叔敖决期思之水，而灌雩娄之野，庄王知其可以为令尹。”对于此记载，目前学术界大多数观点认为这是一项灌溉工程，孙叔敖兴建了我国最早的渠系工程——期思雩娄灌区，形成长藤结瓜式的灌溉系统，是我国最早见于史书记载的大型灌溉工程，在水利史上具有里程碑意义，孙叔敖因为兴修水利而被任命为楚国的令尹。对此，本文认为，这一观点受到孙叔敖是一个水利家这种惯性思维的影响，因而产生“灌雩娄之野”是灌溉工程的理解。其实无论从哪一方面考察，把这一记载理解为灌溉工程都很牵强，而作为一项以水代兵的水攻军事工程，则比较容易解。

3.1.2.1 灌区说的困惑

关于孙叔敖兴建期思雩娄灌区的说法，虽然广被接受，但也不断遭到质疑，其根本的原因是，现代人经过实地考察发现，古之期思在雩娄的下游，其地势比雩娄低，因此用期思的水去灌溉雩娄是不可能的。北魏郦道元的《水经注》记载：“决水出庐江雩娄县南大别山，北过其县东，又北过安丰县东，又北入于淮。”[1] 自古以来，决水（即期思水）由南向北流是没有问题的，这一带的地势是南高北低。河南省水利局水利发展史资料组于1975 年写的题为《关于“孙叔傲决期思之水灌溉雩娄之野”问题的探讨》提出了这样的问题：“期思在白露河入淮河的尾闾三角地带，而雩娄在灌河的中游，史、灌河间，两地地势高差好几十米，《淮南子》上说‘决期思之水灌溉雩娄之野’从下游引水，灌中游地带，怎么可能呢……”[2]

一些文章也提出了相同的观点，认为：“固始县的地势是南高北低，南部是大别山地，中部为丘陵，北部是平原和洼地，南北总体落差有数十米。期思就位于平原和洼地处，它北临淮河，距离河南省海平面最低的固始三河尖乡大约三十公里。雩娄位于地势较高的山地丘陵地区。自有历史记载以来，固始一带的史河、灌河都是从南往北流淌，最后入淮河。”因此，“‘孙叔敖当时引期思地方的陂塘之水，灌溉其南面的雩娄一带的田野’是不可能的。孙叔敖更不可能修筑一条悬河让下游的水倒流回去灌溉上游的田野”。[3]

这些质疑，是对灌区说非常有力的反驳，为了能说明期思雩娄灌区的合理性，一些专家又对此进行了多方面的考证和解释。石泉先生曾经作过精细的论证，并提出五点结论，

---

[1] 《水经注·卷三十二·决水》。

[2] 刘玉堂. 楚国水利研究. 武汉：湖北教育出版社，2012：194.

[3] 吴长城，等.“孙叔敖决期思之水而灌雩娄之野”刍议. 农业考古，2009.

其重点是“关于期思，过去一般说法都认为就是现在固始县西北七十里的期思集，则已在史灌河流域以西的白鹭河下游。今按，这一期思，当亦是晋以后的县城，则晋以前之古期思城当在杜预时代的期思县东北，这正在当今史灌河边”。又认为“灌河或亦古期思之水的一部分，从而‘期思之水’也可能就是今史灌河水系之古称，而雩娄之野则在雩娄以北，很可能包含今史河及灌河两岸（至少是史河两岸）的平野”。[1] 石泉论点的中心意思是：《淮南子》所说之期思位于现在期思集东北的史灌河边，“期思之水”包含整个史灌河水系，而不是原来认为的决水（史河），期思之水甚至还可能发源于雩娄之南的山区，其潜台词是“决期思之水”可以是史灌河的任何一处，因为期思陂已经没有遗迹，所以说不清楚究竟在何处，从而把期思陂的位置模糊化和不确定化，而雩娄之野在雩娄之北，因此，“决期思之水，灌雩娄之野”就有了可能。经过这样的论证，试图把雩娄之野和期思陂的地理位置颠倒过来，使期思陂在南而雩娄之野在北，这样期思陂在高处而雩娄之野低处，就可以灌溉了。

石泉《古代荆楚地理新探》一书又进一步考证了这一问题：“这就足以使我们进一步确认：古‘期思之水’必是今之史河-史灌河；古期思县就在水旁，水得‘期思’之名，当亦由此。其灌‘雩娄之野’的引水口（渠首），从地形上看，当在今固始县东南境的山区与平原交界处的黎集（在史河东岸）附近石嘴头。”

刘玉堂《楚国水利研究》的观点与其类似，认为史河与灌河“此二水皆在故期思县境内，称之为‘期思之水’符合史实。固始县以南、西南以及东北系河流冲积平原，称为‘雩娄之野’也无不妥。因此，从调查的情况看，固始县东南黎集一带是引史河水入陂，再由陂灌溉史、灌河流域原野之田最为合适的所在”。又说“在今河南固始县灌河、史河的中游地带引水灌溉这一地区沿河两岸的农田，在地理条件上是没有问题的。”这一说法是把“雩娄之野”和期思陂都挪到了史、灌河的中游。

经过这样的论证，问题似乎有了一些进展，但仔细推敲，这种解释非常勉强，离原文的意思渐行渐远，问题仍然没有解决。虽然期思陂在固始县东南黎集一带的考证基本是可信的，问题是，如果期思陂在黎集，雩娄之野当在何地？按石泉所论“雩娄之野则在雩娄以北”。当然这个说法也没有问题，问题是往北到什么地方，往北超过期思陂，则是期思境，非雩娄之野，往北不超过期思陂，则地势比期思陂高，灌溉不到，岂不自相矛盾？

因为期思之水要灌雩娄之野，期思陂必须在雩娄的上游，即雩娄之野在期思陂的北边，无论期思陂在史灌河的中游什么地方，期思陂的北面，即史河的中下游，都应当是期思县境，是期思之野，而非雩娄之野。换句话说，如果期思陂在黎集，则当时黎集应属期思县。因为期思陂本身应当在期思县境内，否则不叫期思陂，那么期思陂能够灌溉到的地方，其地势必然比期思陂低，也就是说，应当是从黎集往期思方向的地方，当然是期思境内，是“期思之野”，怎么可能成为雩娄之野？所以即使期思陂在史河中游的某一处，也不可能灌溉雩娄之野。雩娄之野虽在雩娄的北面，应当在离雩娄不远的史河上游地区。把“固始县以南、西南以及东北”一带称为“雩娄之野”其实是不妥的，已经把“雩娄之野”的范围扩大到期思境内了。

---

[1] 刘玉堂《楚国水利研究》。

鉴于灌溉论难以自圆其说的困惑，吴长城等《“孙叔敖决期思之水而灌雩娄之野”刍议》一文又提出另外一种解释，认为孙叔敖“决期思之水”和“灌雩娄之野”是两个工程，“东汉崔寔说的‘孙叔敖作期思陂’应该是孙叔敖在期思一带修的防洪大堤。期思陂的‘陂’应该理解为‘堤岸’”。这样的说法，背离了最初原文记载的含义，《淮南子》记载的是“决期思之水”，原文的“决”一般是指制造洪水，很难和防洪工程联系起来，说它是防洪工程，缺少足够的证据。另外，把“作陂”说成是修防洪大堤，也太过牵强。陂指小型的坝、堰或者池塘、水库等，是蓄水工程，《说文解字》：“陂，一曰池也”，没有堤防的意思，《国语·周语》中有“陂障九泽”的说法，即使与障连用，也是指的蓄水工程。春秋战国时，堤防一般称为“堤”或者“防”，《管子·度地》说：“大者为之堤，小者为之防。”把“陂”说成防洪堤防难以说得通。

关于“灌雩娄之野”，该文认为“孙叔敖还（引史、灌河中上游之水）灌溉雩娄一带的田野”，“雩娄之野，据史料记载，它位于固始县东南地区。从《历代芍陂变迁略图》的记载来看，它就是史河和东边的淠河之间的区域。也就是固始县东南的黎集镇、石佛镇、张广庙乡、泉河乡、安徽霍邱县的龙潭等乡镇，它的范围大致相当于今梅山水库灌区中干渠所灌地区”，“孙叔敖引史河上游的水，沿着起伏的丘陵蜿蜒而下，灌溉几乎所有的农田”。应该说，这只是推测而已，没有文献记载可以佐证。如果这是史实，那在当时确实是一个巨大的工程。从后代这一带灌溉工程比较发达的情况看，当时可能确有一些工程，但那是以后修的工程，或者孙叔敖为相以后的工程，与“灌雩娄之野”应该没有关系。“灌雩娄之野”是孙叔敖为相之前做的一个工程。

“决期思之水，而灌雩娄之野”不是修建灌溉工程的另外一个理由是，孙叔敖到期思是去避祸的。孙叔敖之父蔿贾在与若敖氏的权利斗争中被杀，孙叔敖扶其母亲举家到楚之边鄙期思避祸，直到若敖氏被灭。对此，戴吉强《孙叔敖史事考疑》一文认为：“若是举家到期思避祸，躲之犹恐不及，还敢去轰轰烈烈地公开修造水利工程·何况时间又不长。”这种质疑应该说还是有一定道理的。以孙叔敖当时在期思避难的身份和很短的时间，不可能完成这么大工程。该文还认为，“期思地确有孙叔敖父祖封邑的话，他的活动范围也只能在期思他的封邑内，不可能跑到期思的南邻——史河上游的雩娄去做水利工程。”

但是该文又认为：“他兴建的水利工程大概也只能在他家的封邑之内，笔者揣测，‘灌雩娄之野’可能是他任令尹后，所做芍陂工程的一部分，而不是任令尹前所为。”[1] 这也勉强是一种说法。但是仍然没有摆脱灌溉工程的思维。可能还有一些其他的说法，但是，作为灌溉工程，各种解释都非常勉强，有些解释则含糊其辞，避重就轻，不提最初的原文，而大谈灌区后来如何发展，其实那些已经和孙叔敖没有什么关系了。

3.1.2.2 《淮南子·人间训》原文以及有关记载释疑

“决期思之水，而灌雩娄之野”是一项什么样的工程，我们还应当从最初《淮南子·人间训》记载的原文去理解。首先，原文中没有说明它是一项灌溉工程，也没有说明有作陂的事情。徐义生《关于楚相孙叔敖的期思陂和芍陂》[2] 一文就认为：“若从文义上讲，

---

[1] 戴吉强．孙叔敖史事考疑．黄河科技大学学报，2013（1）．

[2] 载《安徽大学学报》社会科学版，1979年第4期。

这里记的‘决水灌野’实在很难肯定是陂塘灌溉的水利设施。”

这一工程究竟什么作用，考察原文的含义，“决”往往与洪水相关，《人间训》还有两处用到决字，一处是“水决九江而渐荆州，虽起三军之众，弗能救也”。此处暂不讨论九江和荆州是什么地方，就“决”字而言，明显是指九江洪水向荆州泛滥。《人间训》原文中还有一处决和灌并用的情况，该文在谈到晋阳之战时说：“智伯率韩、魏二国伐赵，围晋阳，决晋水而灌之。”其文法与“决期思之水，而灌雩娄之野”十分相似，而晋阳之战是一次著名的水攻战。另外，《淮南子》中还有多次用到“决”字的地方，都是与洪水有关，很难与修建灌溉工程联系起来。

之所以认为“决期思之水，而灌雩娄之野”是兴建灌溉工程，与该文中使用了“灌”字有很大关系。“灌”被理解为灌溉，在此处是误解。

其实，“灌”在早期的用法中，不仅仅指灌溉，而用于指水攻或者洪水泛滥的情况十分普遍，例如智伯说的那句引来杀身之祸的著名的话：“汾水可以灌安邑，绛水可以灌平阳。”[1]“灌”都是水攻的意思。又如赵肃侯十八年（公元前332年），齐国和魏国攻赵，“赵人决河水以灌齐、魏之师，齐、魏之师乃去”。[2]“决”和“灌”联用，指用河水攻击齐国和魏国的军队。“灌”指洪水泛滥的情况也很普遍，《汉书·沟洫志》载：“后三岁，河果决于馆陶及东郡金堤，……凡灌四郡三十二县。”决与灌并用，指河决以后，洪水泛滥于四郡三十二县，不是指灌溉四郡三十二县。又载：“遣大司农非调调均钱谷河决所灌之郡。”指对遭河水泛滥的郡县实施救济。类似的句子，应该还可以找出很多。决和灌一起使用，一般都是指洪水泛滥，罕有用来指灌溉工程的。另外，历史上，引水灌城的战例也很多，如“二十二年（公元前225年），王贲攻魏，引河、沟水灌大梁，大梁城坏”。[3]“灌”指水攻。

关于“野”，《尔雅》：“邑外谓之郊，郊外谓之牧，牧外谓之野。”《说文》：“邑外谓之郊，郊外谓之野。”泛指城市以外稍远的地方，不一定指农田。这与“灌”和“决”的用法相互关联。如果是灌溉，应当是“而灌雩娄之田”或“而溉雩娄之田”，比较合理。

再看原文的上下文：“孙叔敖决期思之水，而灌雩娄之野，庄王知其可以为令尹也。子发辩击剧而劳佚齐，楚国知其可以为兵主也。”

从叙事结构上研究，《淮南子·人间训》“全卷四十八则寓言中，共出现了十六组相对独立的寓言故事，每组含有两个意义相近或相反的寓言故事，两两相互对照”。[4]“《淮南子》中有不少复合寓言，两个故事紧密勾连相得益彰”。[5]这两个故事，它们是一组相近的故事，后一个明确与军事有关，那么前一个故事也应当与军事有关，而不是有关农业灌溉。古文的记载比较简单，研究其含义不应脱离原文，但目前流行的说法是根据后来河南固始一带灌溉工程比较发达来倒推孙叔敖在此修建了灌区，从而认定“孙叔敖决期思之水，而灌雩娄之野”是一个灌溉工程，这是舍本求末的研究方法。

---

[1] 《史记·魏世家》。

[2] 《资治通鉴》卷二。

[3] 《史记·秦始皇本纪》。

[4] 袁演. 先秦两汉寓言“故事群”的叙事结构. 江西科技师范大学学报，2013（4）.

[5] 陈蒲清. 中国古代寓言史. 长沙：湖南教育出版社，1983.

公元前358年，楚国又发生了另外一场水攻战，“楚师出河水，以水长垣之外”。[1] 其说法与孙叔敖“决期思之水，而灌雩娄之野”何其相似。对比这两句话，前半句，前者用了“出河水”，后者用了“决期思之水”，这其实没有什么区别，不会有理解上的争议；后半句，其差别仅仅在于前者用了“水”字，而后者用了“灌”字。“长垣”对“雩娄”，“之外”对“之野”。如果理解了“灌”并非指灌溉，而是指洪水泛滥。那么，这两句话都是指的水攻战，就很容易解释了。相反，如果把对这次水攻战的描述改为“楚师决河水，以灌长垣之外”，这在古文的意思表达上也是可以的，文法上也行得通，但后人很可能把它理解为在“长垣之外”修灌溉工程。

值得注意的是，古代关于“决水”发动水攻战的记载并非仅仅指决开堤防，如前文提到的晋阳之战，“围晋阳，决晋水而灌之”。实际水攻晋阳是筑堰修渠，引水灌城。“决”的含意包含了修渠、筑堰等一系列工程。又如《史记·高祖本纪》：“秦军复振，守濮阳，环水。”对于“环水”，《集解》文颖曰：“决水以自环守为固也。”张晏曰：“依河水以自环绕作垒。”决水是所谓的环绕作垒。所以“决期思之水”实际有筑陂、修堤或修渠的工程是可能的，但这不能改变“灌雩娄之野”是水攻战的性质，筑陂并不一定就是灌溉工程，水攻战中修陂筑堰是常见的。

事实上，历代关于期思陂的其他记载都是如何表述的呢？有关资料分析如下：

作为期思陂是灌溉工程的最主要依据是东汉时段光立在期思城孙叔敖庙前的《楚相孙叔敖碑》，其碑文说他：

“及其为相，……宣导川谷，波障源泉，溉灌坺泽，堤防湖浦，以为池沼。”[2]

这段文字说明孙叔敖修建了很多水利工程，大部分讲期思陂的文章都引用了这段文字，并因此认为“决期思之水，而灌雩娄之野”也是灌溉工程，这种推理是不成立的。

第一，这段文字说明的是孙叔敖为相以后的事情，而决期思之水发生在他为相以前，故此这段碑文与“决期思之水”的事情没有太大联系；第二，碑文虽然说他为水利事业做出了很大贡献，但是并没有提到决期思之水的事情，不能由此推论出“决期思之水”也一定是灌溉工程；第三，段光立碑时距离孙叔敖时代已经有七百多年，碑文只是泛泛的褒奖之词，“从‘楚相孙叔敖碑’的碑文看，在两汉时期，汝南郡固始县的陂塘水利已发展得相当可观，它推崇孙叔敖却是封建社会里一种‘慎终追远’的表示，由于事隔七百五十余年，很难作为孙叔敖修建期思陂的确证。从春秋时期楚国在淮南的历史情况来考察，则孙叔傲的修建期思陂作为灌溉雩娄之野的水利工程的传说，还很难凭信”。[3]这样的评论还是有一定道理的。

期思陂的说法，最早见于唐马总辑《意林》，该文载：“孙叔敖作期思陂而荆之土田赡。”[4] 该文所说的并非《淮南子》原文，有可能加上了作者本人的理解，其含义确有期思陂是灌溉工程的意思，但那应该是后来的期思陂了。

---

[1] 《水经注·河水》卷五引《竹书纪年》。

[2] 《全后汉文》卷九十九。

[3] 徐义生. 关于楚相孙叔傲的期思陂和芍陂. 安徽大学学报（社会科学版）：1979（4）.

[4] 《读史方舆纪要》卷二十一。

北宋编纂的《太平御览·地部·三十七》说："《淮南子》曰：'楚相作期思之陂，灌雩娄之野。'《舆地志》、崔寔《月令》云，孙叔敖作期思陂，即此是也。故汉王景为庐江太守，重修起之，境内丰给。"这处记载也被广为引用，作为孙叔敖修建了期思—雩娄灌区的证据。值得注意的是，该文在引用《淮南子》的原文时，说的是"楚相作期思之陂"，而不是"孙叔敖决期思之水"，明显是指孙叔敖为相以后的事情。这一改动并非偶然，而是后人一直都认为，孙叔敖修期思陂灌溉工程是他为相以后的事情。

图 3-1　古期思—雩娄与现代梨集镇位置图

这些记载，当引用《淮南子·人间训》原文时，都没有明确说明"决期思之水"是一个灌溉工程，只是说期思陂是一个灌溉工程。有些文章据此认为孙叔敖"决期思之水"就是修建的灌溉工程，其实不然，"决期思之水"和作为灌溉工程的期思陂是两回事，一个在孙叔敖为相前，一个在孙叔敖为相后。当然，"决期思之水"也有筑陂修堤的工程，这些工程是后来作为灌溉工程的期思陂的前身。在古文的记载中，这两者往往混淆，以至造成后人理解上的混乱。

3.1.2.3　"决期思之水，而灌雩娄之野"是一场水攻战

作为灌溉工程的主要困惑是，灌溉下游的用水，如何能够倒灌上游的地区，这在古代是难以实现的。如果我们换一种思路，这种困惑正好可以从水攻战得到很好的解释。事实上，关于期思陂位置的考证，石泉在《古代荆楚地理新探》中的分析和考证是正确的，它应当在史河中游某一处，黎集镇或者什么地方，关于"雩娄之野"的分析，也基本合理，当在雩娄之北，决水（史河）的中上游地区。水攻战正是在决水的中游筑坝，以回水淹灌中上游一带的地方。河水倒灌，正是这次水攻战的要害所在。使我们原来所困惑的问题能够得到很好的解释。

根据现代资料，史河的河道比降在这一段约为 0.3‰，如果古今河道比降变化不大的话，只要修筑六七米高的大坝，其上游的回水可以达到 20 公里以上，期思陂所在之黎集距离雩娄（大约相当于现在叶集）的直线距离只有大约 16 公里。所以期思陂形成的回水淹灌到雩娄是没有问题的。而当时的楚国，完全有能力修建这样的大坝。这样很好地解释了为什么在下游筑陂，而会倒灌上游的"雩娄之野"。

期思、雩娄的战争应当从孙叔敖任令尹前一段时间说起，孙叔敖任令尹的时间在学界有不同说法，一般认为应当在庄王九年至十四年之间。因为"决期思之水"是在他任令尹之前，原则上说，庄王十四年（公元前 600 年）之前的六七年之内甚至更早一些，"决期思之水”发生都是有可能的。

雩娄一带是一个不太平的地方，远离楚的政治中心，统治力量比较薄弱。

楚庄王十三年（公元前601年），“楚为众舒叛，故伐舒蓼，灭之。楚子疆之，及滑汭。盟吴、越而还。”[1] 这次叛乱，规模不小，舒国与雩娄相距不远，战事波及雩娄一带是完全有可能的。最初可能是因为舒国的叛军攻占了雩娄，继而想攻占期思。而期思只有很少的军队，难以抵挡叛军的进攻，情况危急。孙叔敖当时正在“期思之鄙”，他是本地人，具有一定名望，又是楚国贵族出身，于是挺身而出，动员民众，筑坝壅水，淹灌雩娄之野，使叛军难以通行，成功阻击了叛军，保卫了期思的安全。以后楚国派来了正规的军队，伐灭舒蓼，这场叛乱得以平息，这种可能性最大，不然很难解释正在隐居避难的孙叔敖何以突然能够领导民众修建一个大型的水利工程。

第二种可能，即雩娄是楚国与吴国、越国交界的边界地区，三国交界，情况就比较复杂，与吴国和越国不时有摩擦。吴国和越国趁楚国内乱时，攻占雩娄再进攻期思，也是有可能的。所以这次楚国灭舒蓼后，与吴越划定了疆界，并且举行了会盟，稳定了边疆。以后在鲁襄公二十六年（公元前547年，楚康王十四年）还有记载说“楚子、秦人侵吴，及雩娄，闻吴有备而还”。[2] 楚人侵吴，以雩娄为前沿阵地，吴人犯楚，也会先攻雩娄，再攻期思。雩娄一带，是楚国和吴国争夺的焦点地区。吴楚交战，战争波及到期思一带，也是有可能的。

另外，鲁文公五年（公元前622年），楚公子燮灭蓼设蓼邑属楚。后又分蓼邑设雩娄邑（邑治在今固始县陈淋镇附近）和鸡父邑（邑治在今金寨县开顺镇）。所以雩娄是蓼的余部所居住的地方，是新设立的邑，统治并不稳固。雩娄的蓼人发动叛乱，进攻期思，也是有可能的。

楚庄王九年（公元前605年），楚国发生了若敖氏的叛乱，武装囚杀蔿贾，并以烝野为基地，发动针对王室的进攻。虽然若敖氏叛乱的根据地是在蒸野（今河南新野），若敖氏的势力是否会扩大到雩娄一带，蓼人乘机发动叛乱，进攻期思，也不一定。雩娄一带也可能有若敖氏的势力，而孙叔傲辅佐令尹虞丘用水攻平定了叛乱，立了战功，这种情况也不能排除。

总之，这一时期，楚国的外患内乱不断，雩娄一带局势动荡，“决期思之水，而灌雩娄之野”是一场阻击来自雩娄方向的进攻的战斗。由于这次战斗不是一场大战，而孙叔敖并没有率领正规军队作战，很难从现有史料的记载中确定这次战斗的具体情况。孙叔敖成功领导了这次战斗，展示了他的军事和水利才能，也使他从此走上了兴修水利的道路。

孙叔敖是一位水利家，对楚国的水利事业曾经做出贡献，同时孙叔敖还是一位军事家。治军有方。《左传·宣公十二年》载：“蔿敖为宰，择楚国之令典，军行，右辕，左追蓐，前茅虑无，中权，后劲，百官象物而动，军政不戒而备，能用典矣。”说明其为相以后，大力整顿军队，依法治军，卓有成效。在邲之战中，他采取先发制人的战术，辅助庄王指挥了这场战斗，刚一出动战车，他即鼓动楚军勇猛冲击，一鼓作气，迅速逼近晋军，

[1] 《左传·宣公八年》。

[2] 《左传·襄公二十六年》。

使其措手不及，仓皇溃散，逃归黄河以北。他指挥军队说："进之。宁我薄人，无人薄我。《诗》云：'元戎十乘，以先启行。'先人也。《军志》曰：'先人有夺人之心'。薄之也。遂疾进师，车驰卒奔，乘晋军。"❶ 正是因为孙叔敖在军事方面有一定的才能，又擅长水利工程，因此在战争中使用水攻能够得心应手。

楚国任用孙叔敖为令尹，一定有其军事方面的考虑。在各国争霸的春秋时期，楚国不断对外发动战争，开疆拓土。尤其是楚庄王，成为春秋五霸之一，其武力就是外交，是其在中原各国压制下生存的手段。因此，作为国家重臣的令尹，军事才能是非常重要的。楚庄王任用孙叔敖，除了他的出身是楚国的名门望族外，主要看中的是他在"决期思之水，而灌雩娄之野"中表现出来的军事上的组织和指挥能力，后来在邲之战中的表现，说明孙叔敖确是一位优秀的军事家。仅凭修建一个水利工程，很难使虞丘向楚庄王推荐，而代自己为相。

春秋战国时期，水攻战比较普遍，尤其是楚国，水利工程技术发达，这使楚有能力在战争中使用水攻战术。例如，约公元前 656 年，楚成王时就曾经"夹塞两川"❷，对宋国发动大规模水攻；公元前 358 年，又有"楚师出河水，以水长垣之外者也"的记载。后来楚的国都，更是被秦国用水攻攻破。因此，孙叔敖当时领导并组织一场水攻战，也并不意外。

3.1.2.4 "攻寇"说的由来及有关问题

关于"决期思之水，而灌雩娄之野"是水攻战的说法，古人和近人都有研究。《大清一统志・凤阳府二・祠庙》"孙叔敖庙"条下说："（孙叔敖庙）在寿州南，《寰宇记》：在安丰县东北二里，催寔云，孙叔敖作期思陂以攻寇，历代遂于坛上立庙。"因为《大清一统志》引用的是《太平寰宇记》的话，而《太平寰宇记》成书于北宋，其年代早于《大清一统志》很多，所以应当以《太平寰宇记》原文为准。查《太平寰宇记・卷一百二十九・淮南道七》寿州安丰县，"楚相孙叔敖庙在县东北二里，崔实云，楚孙叔敖作期思陂，以功冠历代，遂于坛上立庙"。对比以上文字，除了断句上有些差别外，最大的不同是《大清一统志》将"功冠"二字改为"攻寇"，在原文表达的意思上有极大的差异。

出现这种情况有几种可能：一是《大清一统志》的作者有意修改，加上作者本人的意思，这种可能性不大，既然作者注明是引用，篡改原文是不太可能的；二是误抄，由于"功冠"二字与"攻寇"，从外形看极其相近，因此误抄的可能性是存在的，并因此引起断句上的变化，但是以《大清一统志》的作者的水平，这种低级错误，似乎也不太可能；三是有可能作者看到了其他版本的《太平寰宇记》，上面确实是"攻寇"，而非"功冠"。

由于以上的不确定性，本文没有把《大清一统志》的记载作为立论的根据。但是由此也可以看出，《大清一统志》的作者，也认为孙叔敖"决期思之水"以攻寇是合理的。

但是，这一"攻寇"的说法还是对现代人的研究产生了一定的影响。

徐义生《关于楚相孙叔敖的期思陂和芍陂》一文就提到，"早在东汉崔寔《四民月令》

---

❶ 《左传・宣公十二年》。

❷ 《管子・霸形》载："楚人攻宋、郑……要宋田，夹塞两川，使水不得东流。东山之西，水深灭垝，四百里而后可田也"。这是一次规模很大的水攻战。

里，就有‘孙叔敖作期思陂以攻寇’的记载，这还残留在清廖鸿荃等编纂的《嘉庆重修一统志》里。”徐文把《大清一统志》记载的“攻寇”作为主要依据，来说明孙叔敖“决期思之水，而灌雩娄之野”是一次水攻战，而不是灌溉工程，当然有一定的道理，但是由于原文出处的不确定性，其说服力则大打折扣。其实，从其他方面，同样可以论证《淮南子·人间训》记载的孙叔敖“决期思之水，而灌雩娄之野”是一场水攻战。

现代的一些文章也作了“攻寇”的引用，如刘玉堂《楚国水利研究》引用了这一段文字：“期思陂是我国历史上淮水流域最早的水利引灌工程。首先提到这个工程的是《淮南子·人间训》，……尔后东汉崔寔在《四民月令》中也说‘孙叔敖作期思陂以攻寇。’”[1]因为该书认定期思陂是一个灌溉工程，对此处期思陂作用为“攻寇”的记载是对是错，有何根据，未作任何解释和说明，一笔带过，似乎视而未见。另外，《中国经济史辞典》是这样描述这一工程的：“东汉崔寔《政论》：‘孙叔敖作期思陂以攻寇。’……期思陂即决引史河之水蓄为陂塘，引溉史、灌二河之间的地区。”且不说其原文引用对与错，即使是正确的，前文引用的文献清楚而确定地说明期思陂作用是攻寇，而后文结论却是用于灌溉，岂不自相矛盾？其原因是作者先入为主的惯性思维。

3.1.2.5 期思陂可能是水攻战后修建的水利工程

那么我们应当怎样理解历来关于孙叔敖修期思陂的说法？这个问题应当区别看待，如果说“孙叔敖决期思之水，而灌雩娄之野”就是修建的灌溉工程，如上所述，很难自圆其说。这和孙叔敖修期思陂，甚至说兴建了期思—雩娄灌区是两回事，不能混为一谈。一个是在他为相之前，一个是在他为相之后。

实际上，如果说孙叔敖修建了期思陂灌溉工程，也可能有其事，那应当是这次水攻战以后的事情。孙叔敖为令尹之前“决期思之水”修建的是一个战时的临时工程，是否叫期思陂，不得而知。孙叔敖为相以后，可能以这些工程为基础，加以改造和扩建，形成了期思陂灌溉工程。但是灌溉的地方不是“雩娄之野”，而是期思一带的地方。即主要在史河下游地区。后经过历代不断修建，形成了所谓的“百里不求天灌区”，灌溉史河东岸、泉河西岸之间的土地。

水攻战中的工程在战后转变为农业灌溉工程，这在春秋战国时期不乏其例，最著名的例子就是智伯渠，智伯水灌晋阳，“城不没者三版”，为了引水灌城，他筑堰修渠。后人“踵其遗迹”，利用原有的堰和渠道，经过整修后，成为著名的灌溉工程。白起渠也是利用原来秦将白起水攻楚都郢时留下的渠道，后来发展成一个大灌区。

正如孙叔敖碑记述的那样，孙叔敖的主要水利业绩是在他为相以后，其中可能就包括把期思陂改造为一个引水灌溉工程。作为水攻战的大坝，淹灌的是坝的上游地区，目的是制造泛滥的洪水，其工程以大坝为主，而引水灌溉工程则是灌溉陂的下游地区，必须有大量的渠系配套工程，孙叔敖在期思的避难时间很短，是没有能力完成这些工程的，这一地区水利灌溉工程，应当是这次水攻战后开始修筑，后代逐渐完善的结果。水攻战一般都会动用大量的人力物力，影响大，所以一般会被记载下来，这就是“决期思之水，而灌雩娄之野”。但是随着时间的推移，战争的事情逐渐被淡忘，而水利工程却不断完善，继续造

[1] 刘玉堂. 楚国水利研究. 武汉：湖北教育出版社，2012：193.

福人民，所以人们对孙叔敖的纪念，逐渐变成以水利工程为主。

3.1.3 楚师出河水，以水长垣之外

这是魏国有记载的第一次遭受水攻，《水经注·河水》引《竹书纪年》说："梁惠成王十二年（公元前358年），楚师出河水，以水长垣之外者也"。楚师的这次水攻，是黄河历史上有记载到第一次以水代兵战争。

3.1.3.1 楚师出河水的原因分析

楚国这次发动水攻战，目的有两种可能：一是以水围困长垣，目的是水攻长垣，夺取长垣；二是水淹"长垣以外"的地区，造成一定的水灾。根据目前的史料记载，未见楚国有攻取长垣的举动。所以应该是后一种目的，长垣地在濮水、济水之间，长垣之外包括首垣、户牖、平丘等地。长垣在今河南长垣县东北，决河的地点大约在白马（今河南滑县东）。周馥《治水述要·卷一》认为："决水之地近西山，在白马、宿胥间也，楚师决河当在此。"

此次水攻战有一个难以解释的问题，既楚国的疆域在韩国和魏国的南面，楚师要到达黄河边上去掘堤需要借道韩国或者魏国的领土，楚师是如何能够在魏国境内掘开黄河淹魏国的土地，水淹长垣之外的意义是什么？按理，楚师如果要伐魏，首先应当攻击靠近边境的城市，而不是深入到魏国的领土上去打一场不痛不痒的战役，这可能要从各国间错综复杂的关系和领土争端去解释。

这次水攻不是由于楚国的战争引起，而是由于韩国和魏国之间的领土争端产生，对"长垣之外"的这块领土韩国和魏国早有争议，水淹长垣的第二年，韩国就派遣使者到魏国，索要这些地方。《古本竹书纪年》载："（魏惠成王）十三年，郑厘侯（即韩昭候）使许息来致地：平丘（本卫地，后归魏，今长垣县西南）、户牖（本卫地，后归魏、今河南兰考县东北）、首垣（本卫地，后归魏，今河南长垣县东北）诸邑及郑驰地。我取枳道，与郑鹿。"[1] 韩国索要的正是这块地方，平丘、户牖、首垣，所谓"长垣之外"这一带。因此没有理由不相信这次水攻和韩国觊觎这块领土有关。交换的结果，韩国得到了这些城邑。魏国则得到了"鹿"，"鹿"既"鹿鸣城"，城内有渡口，称鹿鸣津，又称白马济。《水经注·河水》对此有详细说明："及郑驰地，我取枳道与郑鹿，即是城也。今城内有故台，尚谓之鹿鸣台，又谓之鹿鸣城。王玄谟自滑台走鹿鸣者也。济取名焉，故亦曰鹿鸣津，又曰白马济。津之东南，有白马城，卫文公东徙渡河，都之，故济取名焉。"这一情况说明，水淹"长垣之外"时，白马津在韩国控制之下，与楚国无关，韩国人可以决定是否对魏国发动水攻，但是韩国人对水攻战并不擅长，而楚国人却精通水利，在国内兴修了很多水利工程，还对宋国发动过"夹塞两川"的水攻，在这方面颇有经验，唯一可以解释的是，韩国和楚国结成联盟，让楚师通过韩国到达黄河边上去完成这次水攻的任务。这一时期，韩、魏两国的争端不断，《古本竹书纪年·魏纪》载："（魏惠成王）五年，公子景贾帅师伐郑，韩明（既韩朋）战于阳，我师败逋。""（魏惠成王）九年，王会郑厘侯（既韩昭侯）于巫沙（今河南荥阳县北）。"说明韩魏之间的恩怨不断。韩是小国，在强大的魏国威胁

[1] 李民，杨择令，等. 古本竹书纪年译注. 郑州：中州古籍出版社，1989：166.

下，南面与楚通好是可能的。

另外有一种说法认为，韩国索地事，发生在（魏惠成王）十一年，既这次水淹“长垣之外”的前一年。朱右曾辑录《汲冢纪年存真》以及王国维的《古本竹书纪年辑校》都作“惠成王十一年”。那么情况略有不同，水灾淹的是韩国的土地，应当是楚与魏之间的联盟，这种可能性较小。

无论何种情况，这次战役楚国没有取得成果，可能是楚国介入韩、魏两国的领土争端。实际上，各种原文记载也都没有说这次战役是一次楚国讨伐魏国（或韩国）的战争。楚国出兵的目的不过是借此削弱魏国（或者韩国）的实力。

如果论楚、韩、魏三国的关系，楚国与魏国交恶已久。魏国的都城大梁，夺自楚国，《史记·楚世家》：“悼王十一年三晋伐楚，败我大梁、榆关。”按悼王十一年即公元前391年，此时楚国的势力已经向北扩张到大梁一带，韩、赵、魏三国才联合起来遏止楚国的北进。此年，大梁才落入魏国的手中❶。所以，楚师水攻魏国土地的可能性较大。

3.1.3.2 决口还是引水

对于这次水灾是决口还是引水，各种文献有不同看法，《水经注·河水》载：“河水旧于白马县南泆，通濮、济，黄沟，故苏代说燕曰：决白马之口，魏无黄、济阳；《竹书纪年》，梁惠成王十二年，楚师出河水，以水长垣之外者也。金堤即建，故渠水断，尚谓之白马渎。”按郦道元的说法，当时应当是在河水在白马县南溢，淹了长垣之外的濮、济，黄沟一带，洪水所走的就是白马渎。《中国水利史稿》据此认为，当时黄河下游已经有系统堤防，“出河水”是一次决堤。当时楚国曾决开黄河南岸大堤。能够借助河水攻城淹军，这说明“战国初年黄河两岸已有较为高大连贯的堤防了”❷。

但是，谭其骧在《西汉以前的黄河下游河道》一文中，得出的结论正好相反，认为当时没有河堤。该文说：“根据《水经·河水注》讲到前358年时，河水有一条决流从汉白马县（故城今滑县东南）南通濮、济、黄沟，后来‘金堤既建，故渠水断’，则前358年时尚无河堤。又据《史记·赵世家》，前322年齐魏伐赵，赵决河水灌之，齐魏因而罢兵，则其时当已有堤。可见齐、魏、赵之间亦即河北平原的堤防之作，约当起于战国中叶，前四世纪四十年代左右。”并且得出结论说“在前四世纪四十年代左右，齐与赵、魏各在当时的河道即《汉志》河的东西两岸修筑了绵亘数百里的堤防，此后《禹贡》《山经》河即断流，专走《汉志》河，一直沿袭到汉代。”❸

哪一种情况更接近于实际，按堤防的形成有一个过程，从最初的民埝到大堤需要一个相当长的时期，如1855年黄河铜瓦厢改道后，这一过程大约有三十年，战国时期当需要更长时间。如果说“出河水”时一点堤防都没有，似不大可能，否则后来的大堤没有那样快形成，白马一带既然是一个津渡所在，人口一定不少，又靠近黄河，修堤挡水是很正常的。又《水经注》中用“泆”，即“溢”来形容这次过程也说明是有堤防的。但是，《竹书纪年》中用“出河水”而不是“决河水”来描述，则洪水的过程不像是大的决口。“出河

---

❶ 参见杨宽《战国史》。

❷ 《中国水利史稿（上）》第53页，水利电力出版社，1979年。

❸ 《长水粹编》原载《历史地理》创刊号，上海人民出版社1981年11月版。

水”可以理解为放出河水，当时应当有一些低矮的堤防，相当于后来的民埝，而且可能地上河已经开始形成。决开这些小的堤防，引水至“长垣之外”，造成一定的水灾，引水的路线就是白马渎，《水经注》中也称之为“渠”，从这一点也可以看出，当时应当是一个类似引水的工程，不应当是高大堤防的决口，否则称白马渎为“渠”就很难解释。但又不是完全人工的引水工程，主要是河流自然冲刷形成的河道。到了苏代的时期[1]，又过去大约七十多年，系统堤防已经形成，地上河也有一定的高度，所以苏代说“决白马之口”是很自然的。

这次水灾对魏国造成一定影响。《水经注·济水》转引《竹书纪年》载：“梁惠成王（即魏惠王）三十年，城济阳。”是水淹长垣以后十多年，即公元前341年，重修济阳城，可能与这次人为水灾有关。

3.2 伍子胥与吴国的水战

伍子胥（公元前559—前484年）是春秋末期著名的军事家，善于使用水军和水攻战，在水利方面也颇有成就。本为楚国人，因父兄皆被楚平王杀害，逃往吴国。吴王僚十二年（公元前515年），公子光派专诸刺杀吴王僚，夺取吴国王位。“乃召伍员以为行人，而与谋国事。”[2] 伍子胥从此成为吴国重臣，吴国军事的实际领导人，组织策划了吴国的几次重大军事行动。在伍子胥参与领导的军事行动中，几乎都有水战的内容，包括水军和水攻作战。甚至在水守方面，伍子胥也很有建树，在理论上，著有《水战兵法》一书。可以说，伍子胥是历史上水战的集大成者。

3.2.1 吴灭徐之战

鲁昭公二十七年（公元前515年）春，吴伐楚。公子掩余和公子烛庸率吴师主力与楚主力相持于潜邑（今安徽霍山县东北），吴师后路被楚师切断，进退两难。正在这时，吴国发生宫廷政变，吴公子光弑君即位，是为吴王阖闾，伍子胥参与国政。公子掩余奔徐，公子烛庸奔钟吾（今江苏宿迁市）。

公元前512年，吴王阖闾要求徐国引渡公子掩余，钟吾国引渡公子烛庸，二公子无奈，向楚国请求避难。阖闾因徐国和钟吾国纵令二公子奔楚，一举攻灭了这两国。吴国先灭了钟吾，然后以水攻伐徐。《春秋左传·昭公三十年》：“冬十二月，吴子执钟吾子。遂伐徐，防山以水之，己卯，灭徐。”杜注曰：“防壅山水以灌徐。”就是在地势较高的地方筑坝拦蓄山水，壅水灌城。但是具体的形式已经很难考证。“防”可以指坝，也可以指堤。杨伯峻认为“此盖利用堤防以山水攻城最早记载”[3]，应该说是水攻城市的最早记载。有学者认为“这是在地势较高的地方筑坝拦蓄山水，然后决堤防泄水灌城”。[4] 这是从文字描述去推测，从以后历代决水灌城的战例看，这种战例极其罕见，实施也很困难。

---

[1] 苏代为苏秦之弟，苏秦卒于公元前284年，苏代说燕是苏秦去世以后的事。

[2] 《史记》卷六十六《伍子胥列传》。

[3] 杨伯峻. 春秋左传注·昭公三十年. 北京：中华书局，1981：1508.

[4] 崔向东《论春秋战国时期的水攻》。

这里应当澄清“防”是什么？是坝还是堤，这里应当是坝，“防壅山水”是筑坝拦截山水。至于是否有修堤或者修建渠道的配套工程，文中没有详细记录。“山水”是哪一条水，没有说明，应该不是很小的河流，但是“山水”的记述，又不应当是济水这样的大河。《水经注》中提到这一事件时，是在“济水”这一段：“济水又南，迳彭城县之故城东北隅，不东过也，获水自西注之，城北枕水湄。济水又南，迳彭城县故城东，不迳其北也，盖《经》误证。又东南过徐县北。《地理志》曰：临淮郡，汉武帝元狩五年置，治徐县。王莽更之曰淮平，县曰徐调，故徐国也。”《春秋左传·昭公三十年》：“冬十二月，吴子执钟吾子。遂伐徐，防山以水之。己卯，灭徐。”其水源很可能是济水的支流。

又据《水经注》记载：“县（下邳，今睢宁古邳镇）为沂泗之会也，又有武原水注之，水出彭城武原县西北，会注陂南，迳其城西，王莽之和乐亭也。县东有徐庙山，山因徐徙，即以名之也。山上有石室，徐庙也。武原水又南合武水，谓之泇水，南迳刚亭城，又南至下邳入泗，谓之武原水口也。又有桐水出西北东海容丘县，东南至下邳入泗。”又据《邳州志》：“武原城去今城（邳城镇）十五里，汉县，属楚国。”《水经注·济水》还记载说，徐偃王曾经为楚国所败，带领百姓数万人，来到武原县的东山下，东山因此改名为徐山。所以当时这一带，有山，有水。壅水攻城的条件基本具备，而其位置也与《水经注》记载吻合。其水攻方法是在下游筑坝，以回水淹徐国。公元前656年，楚国“夹塞两川”水攻宋国，其筑坝的地点，也在徐山附近。造成“东山（即徐山）之西，水深灭埯”的效果，所以这次吴灭徐之战，应该是采用同样的方法。

另外一种意见认为，徐国古都在盱眙县淮河南岸，《光绪盱眙县志稿》引顾炎武《天下郡国利病书》：“春秋，吴伐徐，防山以水之。今故城，昔徐城也，去淮水可三四十里。淮北无山，下流至清河亦无山。阖闾虽强，未如梁武，梁武不能因浮山堰上流以灌寿阳，阖闾讵逼城下流势，可因以防水，自城东南抵东北堤岸绵亘，地形皆高，似是防山遗迹。按陡山即斗山，去淮水可三四十里。”又根据《太平御览·第四十八卷》：“斗山周回二十里，在县西南，与都梁山相连，枕淮水险峻，名曰斗山。”只有这里，才能符合吴国“防山以水之”的要求。[1] 该文作者又认为，顾炎武和《太平御览》中所说的斗山应该就是现在的洪山，徐国在被吴国用水攻的方法灭亡于洪山脚下。这一说法的问题是吴国水攻战的水引自哪里？壅淮河水不太可能，其他河流未见提到。

古徐国建于大禹治水之后，是淮河流域的一个古国，历经夏、商、周几个朝代，历史上曾经辉煌过，到春秋末期虽然已经是一个小国，但还复兴过，据考证，徐偃王在位的时间大致在公元前689年到前671年之间，作为春秋时的国君，在位时徐国达到最鼎盛时期。至此为吴所灭。对于徐国最后的都城，学术界有不同说法，一种意见根据考古资料和有关记载认为，古徐国的国都位于今邳州戴庄乡的梁王城和鹅鸭城，而鹅鸭城可能是徐国最后的国都。鹅鸭城位于戴庄乡胡山窝村两山之间，三面环山，仅西南和东边有两缺口，南面为白滩湖。“东面有泇西河自东北向西南流过，目前仍可看到部分残存城墙遗迹，部分城墙现存残高3～4米，宽10余米，城为边长500米的方形，该城址地势比较低洼”[2]。

---

[1] 赵东升．徐国史迹钩沉．东南文化，2006（1）．

[2] 孔令远．春秋时期徐国都城遗址的发现与研究．东南文化，2003（11）．

遗址出土的文物，有被水溶蚀的明显痕迹，这些特征符合徐国被水攻所灭的记载。

吴国水攻徐国的战争，伍子胥参与策划指挥的可能性很大。虽然没有直接的记载说明伍子胥指挥了这次水攻战，但是，伍子胥善于水战，又参与吴国国事，是辅佐阖闾的得力助手，阖闾即位元年，就“举伍子胥为行人而与谋事”[1]，不久又受命为执政。尤其在军事方面，是主要参谋。水攻徐国之战，是阖闾登基后第一次大型战争，伍子胥没有不参与的道理。

3.2.2 水灌纪南

春秋战国时，楚国曾经两次被水攻攻陷。楚国所处的地方，河流和湖泊众多，引水攻城比较方便。第一次遭受水攻在公元前 506 年。吴国在公元前 512 年灭掉徐国后，着手进行伐楚的准备。《左传·定公四年》载：“冬，蔡侯、吴子、唐侯伐楚，舍舟于淮汭，自豫章与楚夹汉。”公元前 506 年冬（十一月）庚午，两军决战于柏举（一说今麻城，一说应在今安陆县一带），楚师大败，退到雍澨（今湖北京山县）被吴师追上，溃散，吴师进逼郢都。吴都到楚都，路途遥远，吴师最大的困难在于补给，利在速战，如果楚国死守郢都而吴军不能攻克，吴军将处于进退两难，相当不利的境地。至于吴师是如何攻破郢都的，《左传》和《史记》都没有详细记载，十一月十八日，柏举决战，十一月二十七日，楚王逃出郢都，前后不过十天[2]。

对于吴军是如何能够在短时间内攻克楚都，其战法在后来的史料中才披露出来，吴国采用了和上次灭徐的同样的方法——水攻。刘宋盛宏之《荆州记》载：“昭王十年，吴通漳水灌纪南，入赤湖，进灌郢城，遂破楚。”这一记载说明，吴军决漳水灌纪南城，再灌郢城，郢城附近有赤湖。至于洪水是如何灌城的，古代灌城的方式多种多样，从吴军入城后的举动以及攻克时间较短的过程看，没有修建大规模的工程，对于郢都基本没有什么破坏。吴师攻破郢都后，自吴王而下，分别住进楚王的宫室和令尹、司马等官员的府第。可见城市基本完好，有可能是决漳河水围城后，楚王弃城而去。

对于吴军所灌之纪南城和郢城，有不同说法，根据地形以及考古资料，一些学者认为，郢城很可能是位于湖北当阳的季家湖古城，而不是现在的纪南城。

季家湖古城周围的地形适合水攻，据考古勘察，地理形势分析，其形状略呈长方形，南北长约 1500 米，东西宽约 1100 米，“遗址四周地势明显低洼，北边原有古河道，已淤塞，西边为左家冲冲地，东邻季家湖，从踏勘情况分析，季家湖原为沮漳河故道，从地形来看，季家湖古城的东、西、北三面，当年很可能利用冲地河流作为古城的护城河”。[3]古河道有可能是当时攻城时的洪水通道。所谓冲地，也可能与当时决水冲击攻城有关。因为城址的四周地势低洼，水源丰富，由伍子胥和孙武率领的吴军又善于用水攻，决水灌城是很自然的想法。

袁纯富《楚文王始都郢在当阳季家湖古城》[4]一文也认为，水灌郢城这条史料也可说

---

[1] 《史记·吴太伯世家》。

[2] 《中国古典名译著丛书·左传译文》沈玉成译，中华书局 1981 年版，第 524 页。

[3] 文必贵. 楚郢都刍议. 江汉考古，1982（2).

[4] 《荆州师专学报 哲学社会科学版》1990 年第 2 期。

明早期楚的郢都不在江陵纪南城，而在今当阳县季家湖古城。据实地勘察，季家湖古城北面属沮，是漳水冲积平原。在古城的北面即今窑湾公社附近，有一地名倒口，沮漳水溃口即可冲击古城，而古城垣的北面也发现有明显的水冲痕迹。因此，该文认为，《荆州记》所云吴在楚昭王时"吴通漳水灌纪南"，显然是指沮漳水进灌季家湖古城。若是吴引漳水灌江陵纪南城，那么从这一带的地形看，是说不过去的。因为江陵纪南城西北，皆属丘陵地段，且无水路可通（即使山间涧地，其地势亦高于漳水河床）。据此可以认为，吴军通漳水灌纪南城，应当是在郢城的北面决开漳水，冲击郢城。另外，李兆华《楚国始都郢浅探》❶ 一文也认为，真正的楚始都郢在哪里呢，"应在今纪南城西北不远的沮漳水中下游一带，可能就是早年发现的季家湖古城址"。是适合于水攻的地带。

这一结论和史料记载有所不同，季家湖楚城与江陵距离至少几十公里，都离漳水不远。根据史料记载，大多认为江陵西北的纪南城是吴国入楚时水灌纪南的地方，有子胥渎为证。

《水经注·沔水》："江陵西北有纪南城，楚文王自丹阳徙此，平王城之，班固言：楚之郢都也。城西南有赤坂冈，冈下有渎水，东北流入城，名曰子胥渎，盖吴师入郢所开也，谓之西京湖。"子胥渎很可能就是吴军水灌纪南的引水渠道，从地势较高的赤坂冈下开渠引水至郢城，符合引水灌城的一般规律。《水经注·沔水》还有一处提到子胥渎："扬水又东入华容县，……又有子胥渎，盖入郢所开也，水东入离湖，湖在县东七十五里。"再次强调子胥渎是吴军入郢所开的渠道。根据当时的实际情况，子胥渎应该没有很复杂的渠首工程，因为吴军攻破郢都前后只有十天时间，大规模筑堤灌城几乎不可能，只能是简单的引水围城。楚军由于经过柏举之战的大败，又被吴军连续追击，害怕被吴军用水困死在郢城，所以很快就弃城逃跑。

《荆州记》记载吴军灌纪南，进灌郢城，似乎纪南与郢城是两个地方。从水攻战的角度看，这几乎是不可能的，要做到水攻一个地方，再用同样的水源水攻另外一个城市，要做巨大的工程，没有经年累月的施工，难以做到，实际上，中国历史上还没有发生过这样的水攻战役。水灌纪南只有短短的十天时间，所以纪南和郢只能是一个地方。从"进灌郢城"的描述看，郢城更像是纪南城的内城，或者纪南城与郢城只是老城与新城的区别。

之所以会认为纪南与郢城是两个地方，是由于纪南城更名引起的。据《史记·索隐》："楚郢都，今江陵县北纪南城是，平王更城郢，今江陵东北故郢城是。"楚平王更城郢，就是更名，把纪南城改为郢城。（楚平王，公元前528—前516年在位）当时正是吴军攻破郢城前的不长时间，可能两个名称并用，有人习惯用纪南，有人习惯用郢，这样《荆州记》所记载的又灌纪南，又灌郢城的说法，就容易理解了，它们实际上指的是同一地方，使用了不同的行文而已，与《水经注》的记载并不矛盾。《荆州记》所说的赤湖，可能就是《水经注》记载的离湖。

由伍子胥和孙武共同指挥的这次长途奔袭破楚之战，体现了高超的军事指挥艺术。充分发挥了吴军善于水战的特点，是水军作战与水攻作战相结合的典范。在战争的初期，训练水军，吴军以舟师推进，溯淮水西进，开凿胥溪，用运河沟通天然水系，便于大规模运

---

❶ 《荆楚学刊》2015年12月。

送兵力和后勤补给物资。吴师以水军走胥溪北上，又利用此运河对楚军实施骚扰和“疲楚”战术，成为骚扰楚军时进退有余的水路。追击楚军到清发水时，楚军列阵等待，准备与吴军背水一战。吴军没有立即出击，而是等到楚军撤退，渡河到一半时发起攻击，楚军溺死被俘者甚多，大败而逃。吴军又在攻破郢都时，采用水攻，给楚军造成巨大心理压力，迫使楚昭王仓皇出逃。

3.2.3 伍子胥与吴国水利

伍子胥不但是著名的军事家，在水利方面也卓有成就。吴军攻楚，以舟师水军见长，为了运输军粮和军队，于公元前506年开凿了胥溪河，“由荆溪上游向西开挖运河，凿通东坝一带岗阜，形成一条连接东西水道的人工运河”，❶ 沟通了太湖与长江水系，“自是，河流相通，东南连两浙，西入大江，舟行无阻矣”。❷ 也就是我们现在所说的芜太运河。谭其骧认为胥溪河是我国最早的运河。柏举大捷之后，芜太运河为吴国的农业生产和水上交通发挥了巨大作用。现代钻探研究表明，伍子胥所开胥溪河，可能是大部分利用了天然河道，加以沟通后形成运河，“在春秋吴国开挖运胥溪运河之前，该处就存在规模较大的天然河流”。

柏举之战后，吴军继续向楚都郢进军，又开凿了“子胥渎”。有人认为子胥渎的前身当为孙叔敖所开的“云梦通渠”，伍子胥入楚，只是对该河道进行了疏浚，作为水灌郢城的引水渠道。伍子胥还修建了阖闾城，设水门八，外有护城河包围，内有水道相连，水门沟通内外河流。在当时也是一项规模巨大的水利工程。

3.2.4 伍子胥的水战理论

伍子胥不仅在实际的战斗中成功使用水攻战术，而且在理论上加以总结。据《太平御览·兵部四十六·水战》引《越绝书》记载说，伍子胥曾经著有《水战兵法》一书，也是中国历史上唯一的一部专门论述水战的兵书，可惜大部分已经失传。根据目前看到的残留很少的一部分内容来看，主要是水军战法。如《太平御览·兵部·水战》中保留了一则佚文：“《越绝书》曰：‘伍子胥《水战兵法》：大翼一艘，广丈六尺，长十二丈，容战士二十六人，擢（手）五十人，舳舻（手）三人，操长钩、矛、长斧各四，吏、仆射长各一人，凡九十一人。当用长钩、矛、长斧各四，弩各三十二，矢三千三百，甲兜鍪各三十二。”《武经总要》卷十一《水战》载：“吴楚杨越之间，俗习水战，故吴人以舟楫为舆马，以巨海为平道，是其所长。春秋时，吴以舟师伐楚；又越军、吴军舟战于江，伍子胥对阖闾，以船军之教北陆军之法，大翼者，当陆军之车；小翼者，当轻车；突冒者，当冲车；楼船者，当行楼车；桥船者，当轻足骠骑（大翼以下，皆船名）。”虽然没有明言出自伍子胥《水战兵法》，但从内容上看，也可能出自该书。

但是因为该书的绝大部分内容已佚，不排除该书有论述水攻战法的可能。伍子胥在吴国期间，多次率领军队出征，都与水攻或水军有关，其灭徐之战，攻破楚都郢之战，都采用了水攻，还修建过子胥渎，这些都是他一生中参与的最主要的战斗，尤其是长途奔袭楚

❶ 朱诚，等. 对江苏胥溪河成因及其开发利用的新探讨. 地理学报，2005（7）.

❷ 顾炎武《天下郡国利病书》第十四卷。

都郢的战斗，最后采用水灌纪南的办法才得以破楚，完成他复仇的心愿，因此他的著作《水战兵法》中不写水攻战的内容是很难想象的。

与伍子胥同时期的孙武所著《孙子兵法》一书中，专有火攻一篇，却没有水攻篇，只是在火攻篇中顺便带了一两句，而且《孙子兵法》中关于水军的战法也涉及不多，只有行军和驻军的一些注意事项，孙武也是破郢之战的主要指挥人员，对于水攻和水军的战法应该是比较了解的，为什么不写水攻篇，也不写水军战法？其原因可能就是伍子胥写了《水战兵法》一书，对于水军和水攻的战法已经有详细的介绍，为了不重复起见，《孙子兵法》中就不写这一部分，甚至孙武把他的水战思想也归到《水战兵法》一书中，也不是没有可能。据《史记》等书记载，孙武是因伍子胥举荐而成为吴王阖闾的客卿，伍子胥对孙武有举荐之恩，后来又属同僚，都是很有天才的军事家，伍子胥有水战方面的经验和理论，由他写水战兵法，孙武自然应该支持，这种推论应该是有道理的。

当然，根据《史记》记载，《孙子兵法》十三篇应该成书于孙武出仕之前，但是为什么后来没有继续写或者补充水战内容？伍子胥和吴王阖闾都是看了孙武写的兵书后，才认识到孙武的军事天才。也有可能伍子胥看了孙武写的兵书缺少水战内容，而他又擅长水战，所以后来写了《水战兵法》一书，那么孙武就不再重复了。将来如果有可能考古发现水战兵法的全部或大部分内容，当可以证实这一推断。

为什么《孙子兵法》广泛流传，《水战兵法》却很早就失传。可能与水战在历史上不是经常发生有关。

3.3 划时代的水攻战役：晋阳之战

晋阳之战发生在周贞定王十四年至十六年（公元前 455—前 453 年），这场战争直接导致了赵、魏、韩三家分晋，将中国历史由春秋时期推进到了战国时代。此役标志着中国奴隶制社会的结束和封建制社会制度的开始，具有划时代的历史意义。这次战役以水攻为主，智伯的水攻，采用了水攻战的各种措施，包括筑坝引水、筑堤围城等。而赵襄子的反攻，也采用了先决堤，水淹智伯军，然后再进攻的战术。战争过程变化曲折，惊心动魄。虽然整个战役历时长达三个年头，但胜负的转换只在一夜之间，是一次经典的水攻战役，充分说明了水攻战的复杂性和艰巨性，成为历史上水攻城市的典型范例，对后世的以水代兵战争有深刻影响。《史记》《战国策》《国语》及先秦诸子各书中，对这场战争多有记载，说明这场战争在历史上的影响之大。

3.3.1 晋阳之战的历史背景

春秋后期的晋国，随着生产力的不断提高，封建生产关系也日趋发展。执政的智、赵、魏、韩、中行、范六卿是封建政治势力的代表。他们在其领地内开辟大量私田，实行新田制，以利于铁农具的使用，大大提高了生产效率。在此基础上，他们废除了旧的奴隶制税制诸法，实行按亩征收实物的新税制，极大地调动了劳动者的生产积极性。他们还废除了旧的采邑制，实行了新的郡县制。诸卿势力日益强大，晋公室日益衰弱。

晋阳之战的主要人物智伯（公元前 506—前 453 年），名瑶。其父智宣子申，晋国卿士，其祖父智文子跞（公元前548—前493年），晋国正卿，祖上长期执掌晋国政权。公元前475年，智瑶接替赵鞅为正卿，登上了执政宝座。对于智瑶的人品道德，历史上有所谓“五长一短”之说，在晋宗室立继承人时就有争议。认为智瑶虽然有仪态不凡、箭术高超、技艺出众、巧文善辩、坚毅果决的五大优势，唯独没有仁德之心，常借势欺人，用残酷不仁的思想行事。《国语·晋语》也记载其人“美鬓长大，射御足力，伎艺毕给，巧文辩惠，强毅果敢”，多次率军出征，作战勇敢。但在为人方面却刚愎自用，而且“甚不仁”。他在伐郑时辱赵襄子，在蓝台宴饮韩、魏之君时，又“戏韩康子而侮段规”。韩康子是韩氏宗主，而段规为韩氏之相。智伯的所作所为，对三家均有得罪。当时智氏就有族人智果指出，智瑶“以其五贤陵人，而以不仁行之，其谁能待之，若果立瑶也，智宗必灭。”❶ 当然，这些都是因为晋阳之战失败后，后人对他的评论。

智瑶执政后，还是很有作为的。他力图匡扶晋国霸权，继续晋国的争霸行动。公元前472年，智瑶率领军队在犁丘大败齐国上卿高无丕。公元前468年，智瑶出兵讨伐郑国。公元前464年，智瑶与赵无恤再次出兵，攻打郑国。晋出公十七年（公元前458年），赵、智、魏、韩四卿联合击败晋国另外两个卿族中行氏、范氏，尽分其领地。晋出公欲阻止四卿专权，结齐、鲁为盟共伐四卿。四卿先发制人，联合进攻出公，出公难以招架，仓皇出逃，死于亡齐途中。由此晋国六卿贵族只剩智氏、赵氏、韩氏、魏氏四家，晋国已由六卿执政变为四卿执政。四卿中，又以智氏的势力最大，智氏欲废晋自立，恐赵、魏、韩三卿不服，遂立新君哀公，自掌朝政。从此“晋国政皆决智伯。晋哀公不得有所制”。❷ 智氏势力凌驾于赵、韩、魏三家之上，雄心勃勃，赵、韩、魏三家遂成为智氏打击的对象。

智伯借口与南方越国争霸，对赵、韩、魏三家以“食果去皮”之计，要求三家各献地百里，以此来削弱他们的实力。韩康子、魏桓子惧其以武力相加，被迫各送一万户之邑。《战国策》载：智伯“使人请地于韩，韩康子欲勿与，段规谏曰：‘不可。夫智伯之为人也，好利而骜复，来謦地不与，必加兵于韩矣。君其与之。与之彼狃，又将请地于他国，他国不听，必乡之以兵。然则韩可以免于患难，而待事之变。’康子曰：‘善。’使使者致万家之邑一于智伯。知伯说，又使人请地于魏，魏宣子欲勿与。赵葭谏曰：‘彼请地于韩，韩与之。请地于魏，魏弗与，则是魏内自强，而外怒知伯也。然则其错兵于魏必矣！不如与之。’宣子曰：‘诺。’因使人致万家之邑一于知伯”。韩氏和魏氏虽然表面上答应了智伯的索地要求，但是因此产生了尖锐的矛盾，为以后的分裂埋下了隐患。

智伯又向赵氏索地，“又使人之赵，请蔡、皋狼之地，赵襄子弗与。知伯因阴结韩、魏，将以伐赵。”在韩、赵、魏三家中，又以赵氏的实力比较强大，与智氏的矛盾也最尖锐。当智氏掌握政权时，赵氏也在扩张势力，不断兼并土地，如公元前458年，赵简子刚死，赵襄子穿着孝服，北登夏屋山，骗代王赴宴，席间“阴令宰人各以枓击杀代王及从官，遂兴兵平代地”。❸ 此后不久，“赵襄子攻翟而胜之，取尤人、终人”❹，赵氏的实力也

---

❶ 《资治通鉴·周纪一》。

❷ 《史记·晋世家》。

❸ 《古本竹书纪年》。

❹ 《史记·赵世家》。

在不断增强。晋四卿间的势力均衡逐渐破坏，实际上，智、赵两家成为争夺晋国政权的主要力量。因此，智伯的索地要求，遭到赵氏的断然拒绝。智伯于是联合韩、魏，共同伐赵，并约定灭赵后，三分其地，战争由此爆发。韩、魏虽然与智伯联合，但都是害怕智伯的战争威胁，被裹挟参与，实则静观其变，三家联盟并不巩固。

3.3.2 晋阳之战的过程

晋阳之战可以分为三个阶段：

战役的第一阶段，公元前 455 年，智伯挟韩、魏伐赵，赵襄子退守晋阳。《战国策·赵策》载："三国之兵乘晋阳城，遂战。三月不能拔，因舒军而围之，决晋水而灌之。"似乎是围困三个月以后，实施的水攻。但围困多久以后实施水攻，没有说。《史记·赵世家》载："三国攻晋阳，岁余，引汾水灌其城。"水攻晋阳是在围困晋阳一年多以后。哪一个记载更准确，从可靠性来看，《史记》的记载说得更清楚，更明确，而《战国策》的说法有点含糊，故以《史记》为准，这一阶段大约一年多。

战役的第二阶段，由于久攻不克，智伯实施水攻。修堤筑坝，挖渠引水，大水围困晋阳，"城不浸者三版。城中悬釜而炊，易子而食"。《史记·魏世家》载：智伯"率韩、魏之兵以围赵襄子于晋阳，决晋水以灌晋阳之城，不浸者三版"。由于城外大水浸泡，虽然有城墙阻挡，洪水不能直接入城。但是，导致城内地下水位升高，甚至通过地下水渗入城内，城内到处都很潮湿，一些地方甚至有水。晋阳被围困已经到了第三个年头，情况十分危急。"城中巢居而处，悬釜而炊，财食将尽，士卒病羸。"❶ 人们不得不爬到树上居住，把锅悬挂起来做饭，粮食也快吃完了，士兵们很多生病。但是，仍然困守晋阳，战争处于相持阶段。

战役第三阶段，赵襄子发动反攻。智伯水围晋阳，久攻不克，在两军相持的关键时刻，智伯内部发生了分裂。一日，智伯与魏桓子、韩康子一起查看水情，智伯的一番话引来了杀身之祸。《史记·魏世家》载："智伯行水，魏桓子御，韩康子为参乘。智伯曰：'吾始不知水之可以亡人之国也，乃今知之。汾水可以灌安邑，绛水可以灌平阳。'"智伯认为攻破晋阳，灭亡赵氏已近在眼前，胜券在握，所以非常得意地说，水可以亡人之国。但是他又无意中说出了他的下一个目标是用汾水灌安邑和用绛水灌平阳。安邑和平阳分别为魏和韩的都邑，这就等于说他的下一个目标是以同样的方法，水攻灭魏再水攻灭韩，至此虎狼之心已显露无遗。韩、魏两家对此心知肚明，内部的分裂已经很难避免。

正在这时，赵襄子秘密派出使者张孟谈与韩、魏联络，并陈说利害关系，说明唇亡则齿寒的道理，赵氏如果灭亡了，韩、魏两家跟着也要灭亡。韩、魏两家对智伯早就不满，在赵氏的游说下，慨然应允，结成同盟，共同对付智伯，并制定了反决堤灌智伯军的计划。

对于韩、魏两家将要反叛的情况，智伯谋臣郄疵有所察觉，他对智伯说："韩、魏之君必反矣。"智伯不以为然，没有及时采取措施。甚至赵襄子派出的使者张孟谈在辕门外遇见了智伯的人智过，智过立即把这一异常情况向智伯作了汇报，并向智伯提出韩、魏两

❶ 《战国策·赵策》。

家可能情况有变，不可不防，智伯仍然没有采取对应行动，智过失望而去。而赵襄子了解到这一情况后，为防止夜长梦多，决定当天晚上立即采取行动。《战国策·赵策》载："张孟谈闻之，入见襄子曰：'臣遇知过于辕门之外，其视有疑臣之心，入见知伯，出更其姓。今暮不击，必后之矣。'襄子曰：'诺'。使张孟谈见韩、魏之君曰：'夜期杀守堤之吏，而决水灌智伯军。'智伯军救水而乱，韩、魏翼而击之，襄子将卒犯其前，大败智伯军而禽智伯。"赵襄子在韩、魏两家的配合下，杀了城外守堤的军兵，决城外的围堤，反灌智伯军，造成智伯军救水大乱。三家联合趁乱攻击，取得了最后的胜利。《史记·周本纪》载："周贞定王十六年（前453年），三晋灭智伯，分有其地。"

3.3.3 水灌晋阳的水利措施

以上分析可知，实施水攻晋阳发生在战役的第二阶段，应当是在公元前454年，即围困晋阳一年多以后。关于如何水灌晋阳，后来，郦道元在《水经注》中有比较详细的追述："晋水出晋阳县悬瓮山……昔智伯遏晋水以灌晋阳，其川上溯，后人踵其遗迹蓄以为沼"，"沼水分为二派，北渎即智氏故渠也。昔者战国襄子保晋阳，智氏防山以水之，城不没者三版"。

按照这一记载，姚汉源先生认为："这次水攻晋阳是筑堤引晋水，晋水两岸应有一段堤防，环城四面有堤防蓄水，引晋水应有人工渠道和拦河堰坝。"[1] 因此，水灌晋阳的工程措施由三大部分组成：

第一部分是"遏晋水"或者"防山"的堤坝，既在晋水上筑坝抬高水位，它是引水能否成功的关键，筑坝的地点没有记载，应该是经过考察后确定的，晋水的源头悬瓮山，距离晋阳不过十里左右，坝址应该在此范围之内，筑坝后，形成了"其川上溯"的效果。对于水源以及坝址的选择相当科学，据现代学者勘察，"晋水源头高出晋阳古城30余米"[2]，引水灌城有足够的高差。

春秋末叶之晋阳城，建在晋、汾交汇处的三角洲高阜处。所以，水灌晋阳，引晋水和引汾水都有可能，造成后世对水灌晋阳到底是引晋水还是引汾水的疑问。唐《元和郡县图志》："《史记》云：'智伯攻襄子於晋阳，引汾水灌其城，城不浸者三版。'《春秋后语》云：'智伯攻晋阳，决晋水灌之，城中悬釜而炊。'今按城东有汾水南流，城西又有晋水入城，而《史记》云引汾水，《后语》云决晋水，二家不同，未详孰是。"实际上，晋阳之战的历史事实在许多古文献中都有记载，《战国策》《淮南子》以及《水经注》等记载，都是引晋水，而且记载都很详细。唯有《史记·赵世家》说是引汾水，但《史记·魏世家》又说是引晋水，所以《史记》本身就前后矛盾，不足为信。根据现代的勘察资料，"当时的晋阳位于汾水以西，至少高出汾河水面10米以上，根本无法灌城"[3]，水灌晋阳只能是引晋水。

第二部分是引水渠道，即后来的"智氏故渠"，大约有十里，它是后来著名的智伯渠的前身。《水经注·汾水》说："其渎乘高，东北注入晋阳城，以周园溉……东南出城流，注于汾水也。"《史记·正义》则在晋水下解说"其渎乘高，西注入晋阳城，以周灌溉，东

---

[1] 姚汉源，《黄河水利史研究》附录"先秦时期有关山西水利的神话传说和记载"，第563页。

[2][3] 康玉庆，靳禾生. 晋四卿晋阳之战. 太原大学学报，2000（2）.

南出城注于汾阳也。”就是从高处引水，水从城东北（或说从西）注入晋阳城内，又从东南流出城外。根据考察，当时晋阳城的地理环境，城市地面东西落差达35米，被淹部分主要应在东部，西部应无大碍。晋阳没有被攻破的事实也说明，不大可能全城都遭水淹[1]。

第三部分是晋阳城周围的堤坝工程，具体如何布置没有记载，但是从“以周城溉”[2]的描述推断，应当是围绕晋阳城周围筑堤，将引来的晋水注入围堤内，这些堤防后来成为赵襄子能够决堤反灌智伯的工具。姚汉源先生的研究认为，围城的堤防高度至少有10米以上，城外水深在10米左右，[3] 达到与城墙相当的水平。长度也相当可观，现在尚难以确定当时围城是几面筑堤，因为晋阳的城墙大约长4500米，宽2700米。即使两面围城，筑堤的长度也大于7.2公里，规模相当可观。

水灌晋阳的工程措施是比较完善的，坝址的选择以及渠线的布置都相当科学，所以后人能够“踵其遗迹”把它开辟为一项灌溉工程，并且历久不衰。如果抛开战争的胜负，不以成败论英雄，水灌晋阳的工程是成功的，智伯渠成为水利史上最早的有坝引水工程。智伯其人，颇有雄心，曾经率兵攻打齐国和郑国，都获得了胜利，著名的史学家司马光在《资治通鉴》中对他的评价是：“智伯之亡也，才胜德也。”

面对强大的敌人和无情的水攻，晋阳城能够坚守三年，主要有三方面原因：

第一，事先有充分的准备。《战国策·卷十八》载，赵襄子获悉智伯要来索地，认为“寡人弗与焉，其移兵寡人必矣”，所谓知己知彼，百战不殆，赵襄子已经做好了战争准备。因此他到晋阳“行城郭，案府库，视仓廪”，又把家臣张孟谈召来商议说：“吾城郭之完，府库足用，仓廪实矣，无矢奈何?”说明当时晋阳城内城郭完备，粮食充足，只是缺少弓箭。张孟谈建议：“臣闻董子之治晋阳也，公宫之垣，皆以狄蒿苦楚墙之，其高至丈余，君发而用之，”把宫殿的墙拆掉，有了足够的造箭的材料，但是还缺少铜，张孟谈又建议：“臣闻董子之治晋阳也，公宫之室，皆以炼铜为柱质，请发而用之，则有余铜矣。”赵襄子利用宫墙的材料和殿内铜柱，造成大量的箭，有了足够的武器装备。于是“号令以定，备守以具”。

第二，民心归附，战争的初期，手下的人曾建议赵襄子退守长子或邯郸，赵襄子认为长子虽近，也有城墙高厚的优势，邯郸粮食储备充足，但是最重要的是民心，晋阳民心归附，所以退守晋阳，“其晋阳乎！先主之所属也，尹铎之所宽也，民必和矣”。[4] 后来晋阳被长期围困，而军民能够团结一心，“民无叛意”是取胜的重要原因之一。

第三，晋阳城池广大，城墙高大坚固，具有很强的防洪能力。根据记载，晋阳城由赵襄子家臣董安于所建，规模相当宏大。《元和郡县志》载，太原“府城，故老传，晋并州刺史刘琨筑。今按城高四丈，周回二十七里。城中又有三城，其一曰大明城，即古晋阳城也”。[5]

---

[1] 参看常一民“水灌晋阳的前因后果”太原日报2010-12-13。

[2] 另说“以周灌溉”“以周园溉”，按引水攻城的性质和工程布置，应当是“以周城溉”。

[3] 姚汉源《黄河水利史研究》附录“先秦时期有关山西水利的神话传说和记载”，第563页。

[4] 《国语·晋语九》。

[5] 《左传》载，晋阳城“董安于所筑……周回四里。”以前都认为春秋时的晋阳城周回四里。而据现代学者考察研究后认为，它实际是晋阳城中的内——宫城。

20世纪60年代初，文物考古学家对晋阳古城又做过勘察，认为董安于所构筑的春秋晋阳城—晋四卿晋阳之战古战场，南北4500米、东西2700米，亦即《元和志》所谓“周回二十七里”之晋阳城。[1] 赵襄子所守晋阳城的规模相当于当时各国都城，能够储备足够的人力物力。董安于筑晋阳城时，充分考虑了战争的需要，宫城的高度都达到丈余，外城墙的高度可想应当更高。后来晋并州刺史刘琨在此城墙基础上所筑晋阳，城高四丈。修筑城墙的材料，应当是经过精心考虑和设计的，这从宫城的建筑选材上可以看到。后来大水淹到“不浸者三版”仍然屹立不倒，而且经受住长时间的浸泡。说明当时城市的防洪能力已经达到很高的水平，对历史上城市防洪的研究，很有借鉴意义。

3.3.4 晋阳之战的历史意义

晋阳之战在古代战争史上占有重要地位。

这场战争在诸多史籍中有记载，说明史学家对它的重视。《资治通鉴》记载中国一千多年历史，开篇讲的第一件事就是晋阳之战。军事史上，它是第一次有详细记载的引水灌城的战斗，规模大，时间长，工程布置齐全，是典型的水攻城市之战，对后代的水攻战有深刻的影响。此后的两千多年内，虽然也发生过很多类似的引水攻城的战争，其影响力没有超过晋阳之战。而且，由于引水灌城是古代水攻战的主要方式，所以晋阳之战在兵书中往往成为研究古代水攻的代表性战例，不乏研究和评论，在军事史上具有很高的研究价值。另外，由于晋阳之战持续时间长，过程变化曲折，故事性强，往往成为文学写作的素材，被改编为各种形式的文学作品，如古典小说中，关于水战的描写，常以晋阳之战为原型。

晋阳之战又称“四卿之战”，发生在中国由奴隶制社会向封建制社会转变的大变革时期，反映了这个时代的特点，卿大夫作为时代的主角登上历史舞台，而且直接导致了三家分晋局面的形成。三家分晋后，赵以晋阳为都，占据了晋国北部；韩以平阳（今山西临汾）为都，占据晋国的中部；魏以安邑（今山西夏县）为都，据有晋国的南部。晋作为春秋五霸之一灭亡了，它标志着一个时代的结束。战国七雄由此形成，战国时代开始。因此，晋阳之战在中国古代史上具有划时代的历史意义。

作为水攻战役，晋阳之战修建了大规模的水利工程，为水利史留下了丰厚的遗产。战后，人们利用智伯水攻时所建工程，加固大坝，整理并扩建渠道，形成一个有坝取水的引水工程，灌溉下游田地。原来堰下游河道，成为多余水量的排泄通道。它是我国最早的有坝引水工程。根据《水经注》记载：“昔智伯遏晋水灌晋阳，城不没者三版，後人踵其遗迹，盖以为沼。沼水分为二派，其北渎即智氏故渠也，其渎乘高东北注入晋阳城，以周灌溉，东南出城注入汾水。其南渎，于石塘下伏流，东南出晋阳城南，又东南入於汾。”《元和郡县图志》载：“今按晋水初泉出处，砌石为塘，自塘东分为三派：其北一派名智伯渠，东北流入州城中，出城入汾水；其次派东流经晋泽南，又东流入汾水，此二派即郦道元所言分为二派者也，其南派，隋开皇四年开，东南流入汾水。”

改建后的工程，有南、北两条引水渠道，其北渠为智伯渠。隋开皇四年（584年），

---

[1] 靳生禾，谢鸿喜. 晋阳古战场考察报告. 山西大学学报（哲学社会科学版），2007（5）.

对这一灌区进行了扩建，开南河、中河。智伯渠还是古晋阳城的主要供水来源。唐贞观十三年（639 年），并州长史李勣筑城于汾水之东，城中井水苦涩，不可饮用，于是从晋水北派智伯渠开渠，并跨汾水架设渡槽，引水入东城，这条支渠名晋渠。晋渠的路线，据唐《元和郡县图志》记载："晋渠在晋阳县西一里西自晋阳县界流入。"由古晋阳城西城墙的水门入西城，出西城跨汾水入东城，余水出东城，又西注入汾水。晋渠的作用主要是城市供水，多余的水则用于下游灌溉。

由于晋阳在军事上的特殊重要性，这条由智伯渠派生出来的晋渠，以后两次被用于战争。唐建中四年（783 年）魏博招讨使马燧守晋阳，再次架渡槽跨汾河引晋水入晋阳城东，在城外蓄水为湖泊，巩固了城防，还节省了守城士兵万余人，水源应该也是来自智伯渠，其引水路线，应该就是原晋渠。宋开宝二年（969 年），赵匡胤征北汉，攻太原，决晋祠水灌城，第三次架设渡槽引晋水跨汾河，与汾水并用，水灌太原，是为智伯渠第三次用于战争。宋代重修引晋工程，灌溉稻田，并建多处水力碾磨。明、清两代，共修 4 条干渠，叫北渠、中渠、南渠和陆堡渠，并有分水灌溉制度。至今，仍为山西著名的灌渠之一。

3.3.5 关于"汾水灌安邑，绛水灌平阳"

智伯在水灌晋阳即将取得成功时，说出了他不应该说的话，他通过水灌晋阳认识到水攻战的巨大威力，可以亡人之国，并且打算在灭赵之后，同样用水攻的方法灭掉韩和魏，而且当着韩康子和魏桓子，说出了"汾水可以灌安邑，绛水可以灌平阳"的话，导致韩、魏两家倒戈，为自己引来了杀身之祸。

这一说法是智伯水攻战思想的发挥和延续，但是却因为他最后水灌晋阳的失败，未能实施。如果他水灌晋阳取得成功，是否会继续用水攻的方法去灭掉韩和魏，还很难说。虽然没有完成，不过这一说法引起了后代关于是否可以用汾水灌安邑和用绛水灌平阳的讨论。

一般认为，这一说法从地理上看不可行，北魏郦道元在《水经注·浍水》早就提出质疑："余睹智氏之谈矣，汾水灌安邑，或亦有之，绛水灌平阳，未识所由也。"按山西地势，北高南下，汾水南流入黄河，如果汾水灌安邑，势必要跨过涑水，在当时的条件下，非常困难。平阳在绛水北约百余里，绛水西南流入浍水后入汾，至于引绛水灌平阳，则必由汾水倒流百余里，或者开山凿渠，也几乎不可能。

有鉴于此，后代有人认为可能是记载的错误，实际的情况应该是汾水可以灌平阳，绛水可以灌安邑。《梁书·韦睿传》引韦睿的话说："吾闻'汾水可以灌平阳，绛水可以灌安邑'即此是也。"于是决定水攻合肥。平阳在在汾水旁，《水经注·汾水》："汾水，……又南过平阳县东。"所以汾水灌平阳，如果采取一些水利措施，是完全有可能的。

但是，绛水灌安邑，仍然不可行。姚汉源先生研究后认为，绛水可能为盐水之误，"古安邑城南有盐水，……水自夏县南中条山，又名巫咸河，后又名姚暹渠，以水入盐池太多，即不能成盐，筑堰障水，导水自盐池北入五姓湖，会涑水。颇疑'盐水'或'监水'之误，音可通绛，即绛水。"[1] 所以灌安邑，可以引盐水。

智伯说这番话时，可能是一时兴起，也可能经过一些考虑，但是不一定经过仔细的地

[1] 姚汉源. 黄河水利史研究. 郑州：黄河水利出版社，2003：564.

理考察，不过凭感觉而已，如果要真正的实施水灌安邑或平阳，必定要到实地考察。最重要的是，这一情况透露出，春秋时期，水攻战术使用的普遍性，在有可能的情况下，都会想到用水攻，也反映出这一时期水利技术的进步，各诸侯国对自己使用水利技术发动水攻战满怀信心。

3.4 魏国的水灾梦魇

春秋战国时期，各主要诸侯国都有发动水攻的战例，只有魏国由于处于黄河下游，黄河贯穿魏国全境，遭受的水攻次数最多，对外发动水攻战却没有一次。尤其是战国后期，黄河的系统堤防已经形成，地上河有一定的高度，魏国的城市又大都靠近黄河，地势平坦，极易遭受水攻，最后亡国于秦的水攻。所以魏国对筑堤防洪非常重视，著名的筑堤专家白圭就出在魏国。

3.4.1 魏国遭受水攻的地理形势

魏国易遭水攻，可以从苏代的一番话中得到很好的诠释。《史记·苏秦列传》中有一段苏代与燕王的对话："秦正告魏曰：'决荥口，魏无大梁；决白马之口，魏无黄、济阳；决宿胥之口，魏无虚、顿丘。陆攻则击河内，水攻则灭大梁。'魏氏以为然，故事秦。"荥口、白马口以及宿胥口均是黄河的重要津渡，随便决一口，都能对魏国的城市造成严重水灾，所以秦威胁要对魏国发动全面水攻。

苏代的话，深刻分析了魏国的地理要害。也许是基于以前被水淹过的事实，魏国认为这种可能性确实存在。苏代，苏秦之族弟，战国时纵横家，主张合纵抗秦。说这番话的时候，"以水长垣之外"的事情已经发生过，其本意是对燕王说明秦国对各国带来的威胁，阻止燕王到秦国去。后来秦国果然决黄河水淹大梁，魏国灭亡，证明苏代的话不谬。主张连横的张仪也对说秦王："举赵则韩必亡，韩亡则荆、魏不能独立，荆、魏不能独立，则是一举而坏韩、蠹魏、挟荆，以东弱齐、燕，决白马之口以流魏氏。"[1] 对于灭魏的方法，也是主张在白马决口，水攻魏国。

魏国还分别于公元前332年和公元前281年两次遭受赵国的水攻。齐国也曾经筑堤去河二十五里，使魏国遭受黄河洪水，魏国不得不也筑堤去河二十五里，以保护本国的土地不受水淹。

用水攻灭魏国似乎是当时军事家和战略家的共识。尤其是战国中期以后，黄河的系统堤防逐渐形成，地上河日益明显，而魏国的主要城市和国土都在黄河下游，受黄河洪水的威胁日益严重，决水灌城的可能性也越来越大。不幸的是，这一事件最后还是发生了，魏国未能阻止秦国的水攻。

3.4.2 魏救山，塞集胥口

《古本竹书纪年》载：魏襄（哀）王十七年（公元前302年）"魏救山，塞集胥口"[2]，

---

[1] 《战国策·秦一》（公元前225年）《战国策》卷十八赵一。

[2] 李民，杨择令，等. 古本竹书纪年译注. 郑州：中州古籍出版社，1989：211.

“集胥口”当为“宿胥口（今河南滑县西南）”。《史记·苏秦列传》在“决宿胥之口”下注解：《集解》徐广曰：“《纪年》云：‘魏救山，塞集胥口。’《索隐》按：纪年作“胥”，盖亦津之名，今其地不知所在也。《正义》：淇水出卫州淇县界之淇口，东至黎阳入河。《魏志》云：“武帝于清淇口东因宿胥故渎开白沟，道清、淇二水入焉。”故“塞集胥口”应当是“塞宿胥口”，是黄河的又一次决口。

这时候，黄河的连贯堤防已经形成。“救”是救灾，或者是发救兵，可能是魏国遭受的又一次水攻战。这次水攻，虽然未见有更详细的史料，但是苏代曾经说过：“决宿胥之口，魏无虚、顿丘。”当时的军事家应该都知道，对魏国的战争最好是决黄河水攻，这一推理，应该还是比较符合逻辑的。“山”是某一地名，或某一人名。

也有人认为，赵肃侯十八年（公元前 332 年），齐、魏联合攻赵，赵决河水淹灌齐、魏军，“集胥口”有可能是那时候留下的决口。但如果是那时留下的决口，为何要救，很难说得通。

另外一种说法认为，“山”，或为“中山”，赵武灵王实行胡服骑射后，连续几年对中山国发动进攻，分别在二十年、二十一年、二十三年和二十五年进攻中山国，夺取了大片土地，中山国有可能向魏国求救，魏国进兵至宿胥口，堵塞决口，遥为呼应。但这种可能性不大，因魏和中山国距离还是比较远。

3.4.3 王贲水灌大梁

如前所述，魏国是一个很容易遭受黄河水攻的国家，随着黄河两岸系统堤防的形成，地上河越来越高，尤其是魏都大梁，直接在黄河洪水威胁之下，终于在公元前 225 年遭受毁灭性水攻。

3.4.3.1 水灌大梁前的战争形势

秦对魏的大梁觊觎已久，多次进攻大梁。如秦昭王十三年（公元前 294 年），“秦拔我安城，兵到大梁，去。”[1] 秦昭王三十二年（公元前 275 年），秦军再次攻到大梁城下，“穰侯为相国，将兵攻魏，走芒卯，入北宅，遂围大梁”。梁大夫须贾对穰侯说：“臣闻魏氏悉其百县胜甲以上戍大梁，臣以为不下三十万，以三十万之众守梁七仞之城。臣以为汤、武复生，不易攻也。”[2] 大梁的防守相当坚固，秦兵于是解围而去。

秦军虽然多次兵临大梁城下，都无功而返，但是并没有采取水攻。一是因为大梁城墙高厚，易守难攻，常规的攻城方法，很难取胜。据须贾说，大梁城墙高七仞，至少五丈以上，城市的防洪能力很强。二是水灌大梁，决荥口，必须经过垣雍，此时垣雍还在韩国控制之下，因此秦国要水攻大梁，条件尚不具备。

大约在魏安厘王十一年（公元前 266 年），秦伐韩，请魏国一起行动。“魏王以秦救之故，欲亲秦而伐韩，以求故地。”因为韩、魏两国一直有土地争端，魏试图与秦国一起攻韩，以夺回以前被韩国占领的土地。魏无忌认为不可，他为魏王分析形势说，秦国野心很大，唇亡则齿寒，韩国亡则魏国危，劝魏王不要与秦国一起攻打韩国，并指出垣雍的重要

[1] 《史记·魏世家》，又载：“安厘王元年，秦拔我两城。二年，又拔我二城，军大梁下。”

[2] 司马迁. 史记·穰侯列传. 北京：中华书局，1963：2326.

性。魏无忌对魏王说："夫韩亡之后，兵出之日，非魏无攻已。秦固有怀、茅、邢丘，城垝津以临河内，河内共、汲必危；有郑地，得垣雍，决荧泽水灌大梁，大梁必亡。"❶《集解》徐广曰："垣雍城在卷县，卷县属魏也。言韩亡之后，秦有郑地，得垣雍城，从荥泽决沟，历雍，灌大梁是也。"魏无忌（？—前 243 年），即信陵君，魏国著名的军事家、政治家，曾在军事上两度击败秦军。他的这一番分析非常重要，说出了魏国在军事防御方面的软肋。如果让秦国得到黄河沿岸城市，魏国将非常危险，尤其是垣雍。秦国如果得垣雍，决荥口而水灌大梁是必然的。决水攻大梁的路线，就是从荥口决河，然后过垣雍，到大梁。

《战国策·魏三》记载大致相同，"秦有郑地，得垣雍，决荧泽，而水大梁，大梁必亡矣"。《正义》云，"言韩亡后，秦有郑地，得垣雍城，从荥泽决沟，历雍灌大梁也。大事记云，始皇灭魏，果用此策"。垣雍是一个军事要地，它控制着荥口，这里是决河水灌大梁的最佳地点。所以当时的军事家都强调垣雍在水灌大梁中的重要性，从现代地图上看，从荥口到大梁，确实是一条最短的行洪路线。

秦国的攻势难以阻挡，很快得到了垣雍。秦昭王四十八年（公元前 259 年）十月，"韩献垣雍"。❷ 秦王政十七年（公元前 230 年）灭韩后，大梁城完全处于秦军的攻击之下。引水淹灌大梁的路线也在秦军的掌控之中，水淹大梁已是水到渠成。《史记·秦始皇本纪》："二十二年（公元前 225 年），王贲攻魏. 引河、沟水灌大梁，大梁城坏，其王请降，尽取其地。"《资治通鉴·卷七》：始皇帝二十二年（公元前 225 年），"王贲伐魏，引河、沟以灌大梁。三月，城坏。魏王假降，杀之，遂灭魏"。《史记·魏世家》：魏王假三年，"秦灌大梁，虏王假，遂灭魏以为郡县"。魏国亡。

3.4.3.2 水灌大梁的路线和形式

这次水灌大梁的记载相当简略，主要是记载在《史记》《资治通鉴》等书中，《水经注》没有作进一步的解释。其要点只有十一个字：引河、沟水灌大梁，大梁城坏。

对于水灌大梁是如何引水，如何灌城的，目前研究不多。刘顺安的观点是"在大梁城四周及鸿沟开挖的沟渠处两岸修筑大堤，使水面升高，并达到一定高度。最后，注水于大堤和城墙之间，来达到灌城之目的"。❸ 这一观点认为，水灌大梁是采取的一般引水灌城的方式，在城的四周修筑围堤，然后引水灌入，利用水压力达到破坏城墙的目的。它只是一种推测，并无文献记载为证。确实，历史上很多引水攻城战，采取了这种方式。但是对于大梁城却不太适用，因为大梁城太大，如果围绕城的四周筑堤，那样工程量极大，而且，大梁城墙比较高厚，本身的防洪能力很强，所以要靠静水把它淹垮，可能性很小。历史上，引水灌城的战例不少，但是，真正能够把城墙淹垮的，没有几次，而且都是小城。

吴朋飞等认为，"秦军当利用渠水与阴沟水交叉口向东南方向的南部修筑大坝，将河沟水引向大梁城西城墙的西南角（有一个偏角，不同时期的开封城一直呈东北—西南偏向 10°～15°），冲开城墙后灌入大梁城内，使得'城坏'人亡。"又说，"王贲灌大梁的引水

❶ 《史记·魏世家》。

❷ 《史记·秦始皇本纪》。

❸ 刘顺安. 战国魏都大梁. 北京：光明日报出版社，2006.

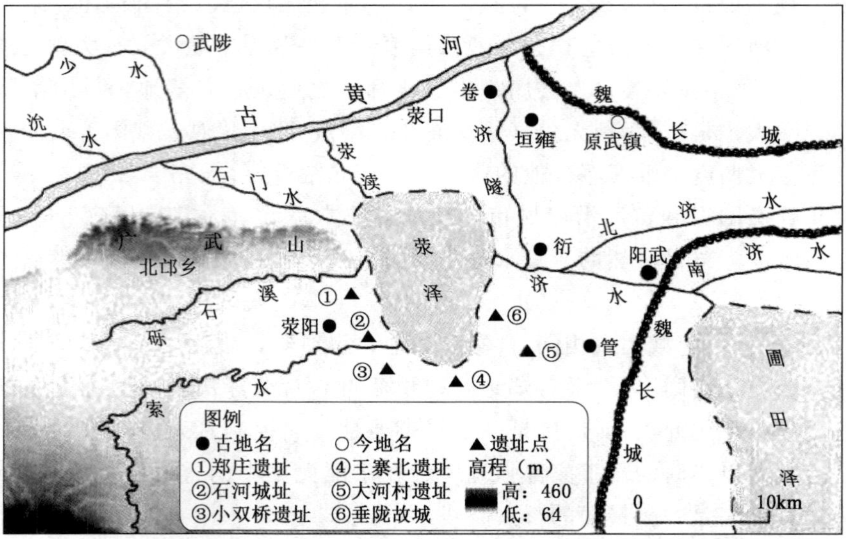

图 3-2　战国时期鸿沟渠首段（引自《鸿沟引水口与渠首段经流考辨》一文）

地点为阴沟水汇入大沟的交叉口附近，约略即今开封西郊刘坟、野场附近；筑坝方式是从该引水口向东南流向的河道的两侧筑坝，直冲大梁城西南角，冲坏城墙灌入导致城坏人亡，并非围绕大梁城筑坝一周，按照当时的战争形势和工程量，都非易事”。❶ 这一说法也认为，绕城筑堤的方法，不太容易。肯定了是用洪水来淹灌城墙。但是，洪水来自何处，怎样形成，该文认为，“阴沟水流入大沟的水口地点比较关键，若在此处截流，横筑一道土坝，将西来的大沟水和西北来的阴沟水拦截在此蓄高，再向东南方向开口，这样水量和流速都有保证”。人工筑坝，然后决坝，形成洪水。这样的推测虽有一定道理，但在实际工程中很难做到，因为这一带不是河谷地形，尤其在两河交汇的地方，地势平坦，很难筑坝，单靠在河道两侧筑堤，并不能形成有效的洪水。

还有一种类似观点，“由于战国之前的黄河泛滥多从西北方向而来，沿途泥沙堆积导致开封地势呈现出西北高，东南低的特点。秦军可能利用了这种地势特点，首先在大梁城西鸿沟和阴沟的交汇处，修筑拦水坝切断鸿沟东流之水，以保证积蓄足够的水量。然后在大梁城西南、南和东南三面修筑大堤，再扒开西侧蓄水堤，使洪水围困大梁城。经过三个月的长期浸泡，冲毁大梁西南城墙，洪水顺势向东南方向流动。城内洪水因受南城墙和东城墙阻挡，堆积越来越多，才漫流到城内地势较高的地方，终将大梁城淹没毁坏”。❷ 基本上也认为是筑坝蓄水，筑堤围城的方法，只是三面起堤围城，工程量可以减少一些。与四面筑堤围堤的道理一样，利用筑围堤来淹塌大梁城，实际是很困难的，因为大梁城的防洪能力很强，而且修筑围堤，史料也没有记载，只是推测而已。另外，这种三面堤防在战争状态下，是很难修筑完成的。不可能修成闭合的蓄水状态。因为靠近城墙的部分，一定会受到守城军队的攻击，阻挠筑堤。历史上，一般的围堤，距离城墙至少一百二十步。在

❶ 吴朋飞，徐纪安，马建华．“引河沟灌大梁”初探．中原文物，2016（1）：54-61．

❷ 马建华，谷蕾，吴朋飞．开封古城黄泛地层洪水记录及洪灾度反演．北京：科学出版社，2016：126．

守城军兵攻击不到的范围内，才可能修筑完成。历史上两面筑堤或者三面筑堤围城的情况也有，但是要与天然的地形相结合。

大梁城为什么有比较强的防洪能力？可以从军事防御和自然洪水防御两方面考虑。魏国灭亡之前，秦军曾经两次攻到大梁城下，所以魏国一定会很重视大梁城的防守，那时的城墙就很高厚，又经过半个世纪的建设，防御能力将得到更大的加强。从防御洪水方面考虑，大梁城靠近黄河，附近的河流水系比较多，自然洪水灾害经常发生，大梁城必须要有一定的防洪能力。而且，那一时期的军事家，有多人说过，要用黄河洪水消灭魏国，魏国自然知道这个道理，加强防洪措施是必然的。在大梁的北面修筑长城，就是基于这方面的考虑。魏国还非常重视修堤筑坝，著名的筑堤专家白圭自称功绩超过禹，可见魏国的防洪技术超过其他国家。所以，要用一般的洪水摧垮大梁城墙，是很困难的。人力形成的洪水，更难达到摧毁城墙的目的。

基于这方面的原因，要摧毁大梁城，必须是冲击力很强的洪水。

王贲水灌大梁是决黄河洪水直接冲击城墙，导致城墙倒塌，洪水入城。在水攻战的历史上，只有黄河两岸的城市有可能采用这种方式的水攻。而且只有黄河汛期的洪水，具有这样的力量，能够攻破大梁的城墙。历史记载非常简略，并非是缺漏，而是确实工程比较简单，主要是引水工程。历史记载“引河、沟水”，“河”是黄河无疑，“沟”可能是阴沟水，而不是鸿沟，只是作为辅助的水源，当时这一带的河流都称为沟。它不仅作为灌城的水源，而且作为引黄河水的行洪通道。

关于阴沟水，郦道元《水经注·阴沟水、汳水、获水》载：“阴沟水出河南阳武县蒗渠，阴沟首受大河于卷县，故渎东南迳卷县故城南，又东迳蒙城北。……故渎东分为二，世谓之阴沟水。俱东绝济隧，右渎东南迳阳武城北，东南绝长城，迳安亭北，又东北会左渎。左渎又东绝长城，迳垣雍城南。又东迳开光亭南，又东迳清阳亭南，又东合右渎，又东南迳封丘县，绝济渎，东南至大梁，合蒗（荡）渠。”阴沟水也属鸿沟水系，这条行洪路线，最符合水灌大梁的要求。而且它经过垣雍城南，符合当时人说的，历垣雍水灌大梁的说法。

这次水攻利用了大梁城西北高、东南低的地势（至今开封的地势仍如此），从大梁西北的荥口决黄河。然后，夺阴沟水为行洪通道，历垣壅，到大梁附近，与大沟汇合，直冲大梁，以荥泽和圃田泽水为辅助水源。这条路线，是苏代、张仪等人早就设计好的，实际水攻大梁的引水路线与当初设想的基本一致。《禹贡锥指》卷十五：“秦始皇二十二年（公元前 225 年）王贲断故渠引水东南出以灌大梁谓之梁沟世遂目故渠曰阴沟而以梁沟为蒗荡渠。阴沟东南至大梁城，合蒗荡渠其东导者为汳水汉志作卞水。”

决口的地点，就是战争发生以前，多次提到的“荥口”。为什么不直接利用鸿沟入黄河的汇合处作为洪水的入口，鸿沟既通到黄河，又到达大梁，这样不是更可以减少工程吗？实际上，这样难以形成有冲击力的洪水。因为鸿沟是航运工程，《史记·河渠书》载：“荥阳下引河，东为鸿沟，以通宋、郑、蔡、卫与济、汝会。”它的入河口一定是选择在河势平缓的地方，而且航道水势必须平稳，所以不适合作为洪水通道。而“荥口”应该是一处河势险要的地方，悬河较高，水流湍急，适合决口。

虽然是决黄河水，以天然河道作为行洪通道，仍然有一些导流的工程要做，如筑堤，

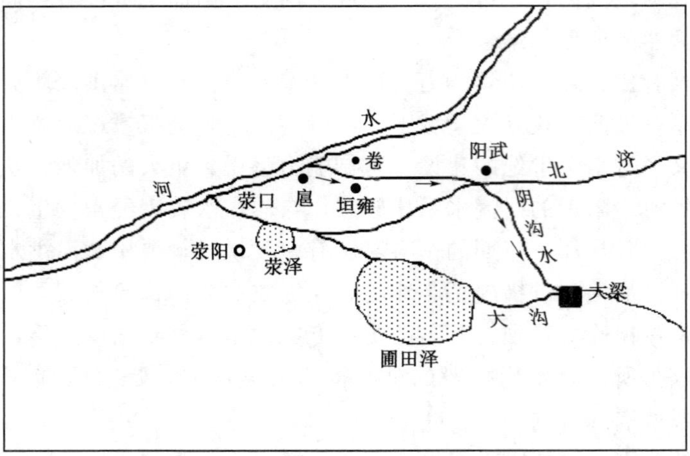

图 3-3　王贲水灌大梁洪水行进路线示意图

挖沟等。具体工程应当根据地形而定，应该都是一些引水工程，之所以水灌大梁要三个月，可能是要等到汛期到来。明末李自成想要掘开黄河，水淹开封，结果没有成功，就是因为黄河未到涨水的汛期，水量不够。

需要说明的是，决荥口和决荥泽是两条不同的行洪路线。苏代所言之荥口，与白马口、宿胥口均为黄河上的重要津渡，荥口并非荥泽之口。决荥口是引黄河水。决荥泽是引荥泽水，对攻城的作用相差很多，荥泽实际上相当于当时黄河的一块天然滞洪区，它的水源靠黄河水补给，所以，如果决荥泽，它的路线是从荥泽到圃田泽再到大梁，水量和高差有限。而决荥口是引黄河水，水量大，又有悬河的高差，对大梁的破坏力就比较大了。

3.4.3.3　大梁的水系和水利

大梁附近有丰富的水系，《水经注·河水》："（河水）又东过荥阳县北，蒗荡渠出焉。"蒗荡渠即鸿沟。魏惠王六年（公元前 364 年）魏国迁都大梁，后不久就开始开凿运河。把汴水、济水和河水等沟通起来。梁惠王十年（公元前 360 年），"入河水于圃田，又为大沟而引圃水"，沟通了黄河与圃田泽之间的水道，因为沟通黄河与圃田泽必须通过荥泽，这样把黄河、荥泽、圃田都联系起来。又开凿一条大沟，把圃田泽和大梁联系起来。

梁惠成王三十一年（公元前 339 年），"为大沟于北郛，以行圃田之水"，郛是外城，北郛是大梁城的北郭，就是在北面的外城外再挖一条大沟，这一工程相当于大沟的东延工程。可能有加强大梁城北面防守的意思，同时兼有航运与防洪的作用。所以大梁的外围这一带，河水—鸿沟—圃田泽—大梁城北面之外围，基本是河水相通的，水源充足。对农业航运和城市防守都有好处。

水系建设极大地促进了大梁城周边农业的发展，使农田得到灌溉、土壤得到改良。最为重要的是，鸿沟水系的建设，沟通了黄、淮水系。《史记·河渠书》载："自是之后，荥阳下引河东南为鸿沟，以通宋、郑、陈、蔡、曹、卫，与济、汝、淮、泗会。"构成了一个以大梁为中心的四通八达的水运网。但是，鸿沟却不是水攻大梁的最佳路线。

另外，魏国对原先认定的水攻路线有所防范，采取了积极的防御措施。如修筑长城于大梁城的西边，长城从卷"经阳武到密"[1]，就有拱卫大梁，防范秦军决荥泽之水以灌大梁的目的。这也是王贲一开始并未用水攻，而魏王假也不担心敌人用水攻的原因。但是因为后来大梁的外围被秦军占领，这种防洪措施就基本不起作用了。

王贲水灌大梁城，使大梁城遭受到空前的浩劫，繁华的名都，顿时变成一片残瓦破砖的废墟。大梁城经过了魏国六代君王的苦心经营，在当时已成为具有相当规模的中原都市；当时城内居民约 50 万人，大致相当于魏国当时总人口的 25%；其城址面积和规模，在以后的 1100 多年间，开封也始终未能赶上大梁城，直到北宋建都东京城—开封时，才突破了大梁城原有之规模。这次水攻也使得当时鸿沟水利灌溉系统全被破坏，河流湮塞改道。到西汉末年王莽时期，决口仍未堵塞，当时大司空掾王横言治河事说："又秦攻魏，决河灌其都，决处遂大，不可复补。"[2] 说明当时的决口在逐渐扩大。

《河南通志·河防考二》载曰："《水经注》：阴沟本蒗荡渠，在浚仪县北，自王贲断故渠，引水东南出以灌大梁，谓之梁沟。于是水出县南而不迳其北。"一到"夏水洪泛"时，则由"是渎津通故渠"，造成水系紊乱，开封附近积涝不能宣泄，形成一片泽国，芦苇丛生，残破不堪。司马迁曾考察过大梁废墟，大梁废墟中人都认为魏亡国是不用信陵君，以致国家削弱，最终灭亡。司马迁以为不然，认为秦平海内是大势所趋，"魏虽得阿衡之佐，曷益乎？"[3] 个别人的才智难以挽救魏国灭亡的命运。

3.5 "引水围鄗"、胡服骑射以及赵国的水攻战

战国时期，赵国处于四面受敌的地理位置，分别与秦、韩、魏、中山、齐等国为界，又与东胡、楼烦等少数民族为邻，正如武灵王所说："今吾国东有河、薄洛之水，与齐、中山同之，而无舟楫之用；自常山以至代、上党，东有燕、东胡之境，西有楼烦、秦、韩之边，而无骑射之备。"因此必须富国强兵才能生存。针对这种情况，赵国实行了水战和陆战相结合的方针，东面发展水师，也包括以水代兵，招募善于水战，通晓水利的人才，即所谓"求水居之民"，守住黄河以及薄洛水一线。西面变服骑射，以对付燕、秦、韩等国以及东胡、楼烦等少数民族。就是武灵王所说的"故寡人且聚舟楫之用，求水居之民，以守河、薄洛之水；变服骑射，以备燕、东胡、楼烦、秦、韩之边。"赵国的水攻具有以攻为守的特点。

3.5.1 中山国"引水围鄗"

中山国是赵的邻国，也是赵国的心头之患。中山成公（公元前 370—前 328 年）时代发生了一件大事，对中山国和赵国均有深远的影响，这就是"引水围鄗"，成为赵武灵王实行胡服骑射军事变革的主要动力之一，对于这次战争的过程史料记载非常简略，《史记·赵世家》载，赵武灵王十九年（公元前 307 年），就为何要实行胡服骑射时，武灵王对公子成说："先时中山负齐之强兵，侵暴吾地，系累吾民，引水围鄗，微社稷之神灵，

[1] 《后汉书·郡国志·河南郡下》。

[2] 《汉书·沟洫志》。

[3] 《资治通鉴》卷七。

则鄗几于不守也。先王丑之，而怨未能报也。今骑射之备，近可以便上党之形，而远可以报中山之怨。”先王指赵肃侯（公元前349—前326年在位），在位时，发生了中山国“引水围鄗”事件，赵肃侯被困于鄗邑，鄗邑差一点被中山国攻破。先王对这件事引以为耻，至今未能报仇。因此需要变革图强。对于一些人不理解变革，赵武灵王非常坚决地说：“虽驱世以笑我，胡地中山，吾必有之。”《战国策·赵策二》记载略同。

赵武灵王的追述透露出了关于这次“引水围鄗”之战的几个线索：①这次战争齐国也出兵了；②这次事件发生在“先王”，即赵肃侯时期；③中山国采用了决水围城的水攻战术；④鄗邑几不得守，但最后还是守住了鄗，中山国与齐国的军队最后退走。

对于这次战争发生的年代，没有详细记载。考赵肃侯时，赵国与齐国之间的战争有两次：一次是公元前344年（周显王二十五年，赵肃侯六年），赵“攻齐，拔高唐（今山东高唐东北）”。赵国打了胜仗，中山国不可能“负齐之强兵”而“引水围鄗”。另一次是十二年后的赵肃侯十八年（公元前332年）的齐、魏联合攻赵之战。这年齐国与魏国共同伐赵，被赵国决黄河水攻击退，其史实与赵武灵王的追述基本相符。因此，一般认为，“引水围鄗”事件也发生在这一年，这年赵国同时面对两场以水代兵的战争，结果用一场水攻为另一场被水围困的战争解了围。齐、魏进兵赵国后，中山国军趁机决槐水围鄗邑，这年七月，槐水暴涨，中山国引水围鄗一个多月，迫使赵军龟缩在鄗城之中，这就是赵武灵王所说的中山国“负齐之强”。但是后来赵国军队决河水击退了齐、魏军后，中山国军队也解除了对鄗的围困。[1]

鄗邑（今河北省柏乡县北固城店，或高邑东）原为中山国属地，后被赵国强占，它位于古槐水北岸。《读史方舆纪要·卷十四》：“鄗，县（柏乡）北二十二里。春秋时晋邑。”“又赵武灵曰：中山侵掠吾地，引水围鄗，是也。”鄗附近的水源有：“野河县西北五里，一名槐水，源出赞皇县西黄沙岭下”；“午河，县西十里。源出临城县西北诸山”，是槐水的支流；“又新沟河，在县北二十五里故城镇南，自高邑县流入”。水源相当丰富。按此位置，离鄗最近的水源是新沟河，较大的水源是槐水，因此这次引水围鄗的水源可能是槐水。

鄗邑地当南北之冲，也是赵和中山国争夺的战略要地。中山得鄗，即可沿槐水设防，以制止赵国入侵；失鄗，则赵以鄗为根据地，长驱北进可以威胁中山国的安全，中山亡国之前，赵和中山在鄗展开了多次争夺战。“引水围鄗”是中山国复国以来主动发起的第一次战争，显示了中山国的实力。激化了赵与中山国的矛盾，从此赵国下决心灭中山国。

“引水围鄗”事件发生后，赵国在武灵王三年（公元前323年）曾经“城鄗”，修筑鄗城，加强对中山国的防御，可能是担心再次遭到中山国的水攻。鄗城后来又被中山占领，前305年，赵武灵王伐中山，才又收复鄗城。因此，赵武灵王把赵肃侯遭遇的这次“引水围鄗”事件视为赵国的耻辱，在公元前307年决定实行胡服骑射，最后灭亡了中山国。

3.5.2 赵国决河水淹齐、魏之师

中山国“引水围鄗”的同一年，赵国发生了另外一场水攻战。这一年，魏国与齐国在

[1] 一些文章认为，前324年，中山以远交近攻之策，结于齐，“负齐之强以侵赵，赵建鄗城以拒之，中山引水围鄗，取之”。但该文出自何处？未知。

秦国的胁迫下，共同起兵伐赵，结果被赵国决开黄河堤防，水淹齐、魏军队，齐、魏不得不撤兵。《资治通鉴·卷二》："秦惠王使犀首欺齐、魏，与共伐赵，以败从约。赵肃侯让苏秦，苏秦恐，请使燕，必报齐。苏秦去赵而从约皆解。赵人决河水以灌齐、魏之师，齐、魏之师乃去。"秦惠王唆使齐、魏出兵的目的是借此破坏各国盟约，苏秦是主张合纵抗秦的主要战略家，他一离开赵国，合纵的盟约自然瓦解。对于秦国来说，齐、魏攻赵的胜负结果并不重要，重要的是两国出兵了，秦惠王达到了瓦解盟约的目的。《史记·赵世家》记载这一史实："（赵肃侯）十八年，齐、魏伐我，我决河水灌之，兵去。"这一史实在《史记·田敬仲完世家》也有记载："（齐宣王）十一年，与魏伐赵，赵决河水灌齐、魏，兵罢。"决河的地点均没有记载。这次决河的作用，可能是造成河水漫流，阻断了齐、魏军前进的道路，也有可能是水淹了齐、魏的军营。

赵国的这次决开黄河堤防，可以说是一次自卫反击战，也是实施了赵国东面以水防守的战略。齐国和魏国伐赵的意愿并不强烈，是被秦国胁迫出兵的，因此赵国决开黄河堤防，齐国和魏国顺势撤兵，造成的水灾和损失没有记载。

3.5.3 赵惠文王决河水伐魏

赵惠文王十八年（公元前281年），赵国再次对魏国发动水攻。《史记·赵世家》：赵惠文王"十八年，秦拔我石城。王再之卫东阳，决河水，伐魏氏，大潦。漳水出"。《正义》：据《括地志》云："东阳故城在贝州历亭县界。"并加按语："东阳先属卫，今属赵。河历贝州南，东北流，过河南岸即魏地也。故言王再之卫东阳，伐魏氏也。"因为东阳曾经是卫地，所以说"卫东阳"。魏地在河南，淹魏地应当是决开黄河南岸的堤防，一方面保卫东阳，另一方面打击了魏国。《战国策·齐三》说秦国"兼魏之河南，绝赵之东阳，则赵、魏亦危矣"。可以看出，"河南"即河之南岸，是魏国的战略要地，东阳，是赵国的战略要地。所以这次决黄河水，就是淹黄河南岸的魏国土地，既是对魏国的进攻，又是对东阳的防守。

又《韩非子·内储说上》载："应侯谓秦王曰：'弛上党在一而已，以临东阳，则邯郸口中虱也。'"意思是以守上党之兵临东阳，则邯郸危如口中虱。因此，东阳是拱卫赵国首都邯郸的屏障，赵国自然以全力防守。但是，"王氏曰：自汉以前，东阳大抵为晋太行山东地，非有城邑也。楚汉之间，始置东阳县"❶。当时东阳一带应当没有城邑，赵惠文王亲临这里，决河水，造成魏国洪水泛滥，即"大涝"的结果，似乎有以攻为守的意思。因为赵国没有强大的水军，"无舟楫之用"，所以守住黄河以及薄洛水一线，采用决河的方式最为有效。

据研究，卫之东阳，以地望考，既汉之东郡东武阳县，地在今山东莘县之南。《史记·赵世家》载，赵悼襄王五年（公元前240年）"庆舍将东阳河外师"，赵魏以河北为内，河南为外，所以东阳在黄河南岸，故赵得以"决河水，伐魏氏"，❷ 似有一定道理。

赵国分别在公元前332年和公元前281年两次决黄河以淹魏地。说明这时候黄河的地

❶ 《读史方舆纪要》。

❷ 田昌五. 谈桂陵之战及其相诸关问题. 文史哲，1991（3）：5.

上河已经有一定高度，连贯堤防初步形成。

3.6 秦国的水攻战

秦国在统一战争中，发动了两场著名的水攻战役，这两次水攻战都取得了成功。这与秦国的军事水利背景有一定关系。

3.6.1 秦国的军事水利传统

秦国历来重视军事水利建设，并且把它与富国强兵联系起来。秦国经过商鞅变法后，国势日益强盛，逐渐具备了打败中原各国，统一中国的实力。商鞅变法中非常重要的一条就是奖励耕战，发展农业，增强国家的经济实力。为此，必须兴修水利，以改善农业生产的基本条件。秦统一前，兴建了历史上最著名的都江堰和郑国渠两大水利工程，对秦的统一事业发挥了重要作用。秦统一后，为进军岭南，又修建了灵渠。

都江堰的兴建起源于秦国由蜀地攻楚的战略设想。

战国中期，中国正处于诸雄对峙，激烈兼并的大动荡之中，北方霸主秦国为统一天下，采纳了司马错“得蜀则得楚，楚亡则天下并矣”的军事主张，打算利用蜀地富饶，又与楚国水路相通的有利条件，以蜀为跳板继续攻楚。司马错认为“其国富饶，得其金银布帛足供军用。水通于楚，有巴之劲卒，浮大舶船以东向楚，楚地可得”。[1] 可见，秦国确实有由蜀地攻楚的战略规划，秦惠文王命司马错于公元前316年举兵灭蜀。

依据由蜀地顺水路而下攻楚的战略计划，公元前280年，司马错在成都集结了十万兵马，一万艘战船，从岷江上游出发，顺水路进入长江进攻楚国，“又使司马错发陇西，因蜀攻楚黔中，拔之”。[2] 取得了楚国的黔中之地。但是，由蜀攻楚的战略规划并未取得更大的进展。

实际上，秦国攻楚，并非只有从成都顺岷江而下入长江这一条路。就在司马错沿岷江攻楚的第二年，由大将白起率领的另一路大军由汉水南下伐楚，爆发了鄢郢之战，秦军攻克了楚都郢，并在郢地设置南郡。白起入楚，也是由于孤军深入，后勤供应不上，未能最后灭楚。公元前277年，秦将张若率军西进，又攻克了楚国巫郡和江南部分地区，设置了秦黔中郡。但是，楚国不甘心失败，公元前276年，楚顷襄王聚集东部军队十余万人，向西攻取，收复了原楚黔中旧城邑15座，重新建立黔中郡，抵御秦国。这几次战争，虽然楚的实力被大大削弱，但楚国是南方大国，困兽犹斗，秦国灭楚的计划短期内仍难完成，秦国打算积蓄力量，作长期灭楚的准备。从都江堰兴建的时间看，或与此计划有一定关系。

公元前272年，秦国人李冰奉秦昭王之命担任蜀郡守，着手规划使岷江水流经成都的方案。开辟一条由岷江入成都平原的航道。经过考察和研究，制定了详细的工程计划，在岷江上建一个分水工程，把岷江水一分为二，分为内江和外江，外江水仍然流入岷江，内江水流入成都平原。历经十四年，都江堰水利工程终于在公元前256年完成，实现了航

---

[1] 《华阳国志·蜀志》。

[2] 《史记·秦本纪第五》。

运、灌溉、防洪的综合利用。它由百丈堤、都江鱼嘴、金刚堤、飞沙堰、人字堤和宝瓶口等部分组成，体现了当时很高的水利工程技术水平。都江堰修成后，蜀地的粮食产量大大提高，成都平原“水旱从人，不知饥馑，时无荒年，天下谓之天府也”,❶ 成为灭楚，统一全国的战略基地。

公元前 223 年，秦国最终灭楚。虽然后来由于战争形势的变化，在最后灭楚的战争中，都江堰并没有发挥直接作用，但是为秦的统一战争提供了物质帮助。军事水利工程转变为民用工程，在先秦时期经常发生。

秦国另外一项重要的水利工程郑国渠的修建，也与秦国的统一战争密切相关。

战国后期，秦的势力与日俱增，经济实力也越来越强大，已经占领了巴蜀、汉中广大地区。秦庄襄王元年（公元前 249 年），东周公闻秦连丧昭襄、孝文两王，派遣宾客到各诸侯国游说，企图再建南北合纵，共同抗秦。秦国得知后，命吕不韦率军灭东周，合纵抗秦之策受到沉重打击。庄襄王二年（公元前 248 年），秦攻赵，占领赵国 37 座城邑，赵国西北门户洞开。庄襄王三年（公元前 247 年），秦又攻取河东地区，设置了太原、上党二郡。东方诸国均感受到来自秦国的威胁，而韩国首当其冲，成为秦国进攻的第一个目标。

韩国在中原各国中，属于小国，在秦国即将大兵压境的形势下，韩国既没有能力独自抵挡秦国的进攻，又难以联合其他各国一起抗秦，于是想到削弱秦国的实力，以使秦国没有能力东伐。韩桓王采取了一个非军事手段的“下策”，就是“疲秦”之计。他派遣著名的水利工程人员郑国入秦，游说秦国在泾水和洛水（北洛水，渭水支流）间，开凿一条长达 300 里的大型灌溉渠道，表面上对秦王说是发展秦国农业，真实目的是要耗竭秦国实力。因为修建水利工程需要动用大量人力物力，韩国认为，秦国修渠会因此国力衰弱，而无力东伐。《史记·河渠书》载：“而韩闻秦之好兴事，欲罢之，毋令东伐，乃使水工郑国间说秦，令凿泾水自中山西邸瓠口为渠，并北山东注洛三百余里，欲以溉田。中作而觉，秦欲杀郑国。郑国曰：‘始臣为间，然渠成亦秦之利也。’秦以为然，卒使就渠。渠就，用注填阏之水，溉泽卤之地四万余顷，收皆亩一钟。于是关中为沃野，无凶年，秦以富强，卒并诸侯，因命曰郑国渠。”秦国虽然后来发现了韩国的阴谋，但是在郑国的劝说下，仍然坚持修建了郑国渠。按照司马迁的说法，郑国渠修建成功后，关中的土地得以灌溉，农业获得了极大的发展。郑国渠的修建，不但没有使秦国衰弱，反而使秦国更加富强，加快了兼并六国的步伐。

从以后秦国的战争进程看，韩国的担心不无道理，郑国渠的事件被秦国发现后，秦王曾下逐客令，经李斯上书，收回逐客令。李斯因此建议，先攻韩国。《史记·秦始皇本纪》载：“李斯因说秦王，请先取韩以恐他国，於是使斯下韩。韩王患之，与韩非谋弱秦。”韩国成为秦国进攻的首要目标，并非偶然，韩国地处中原的中轴线上，秦国兼并六国的方针就是远交近攻，中央突破，由近及远，逐个歼灭。事实上，最后韩国成为六国中首先被秦攻灭的国家。

韩非是著名的思想家和哲学家，出身于韩国宗室，一心想挽救韩国。虽然史料记载，韩王与韩非“谋弱秦”发生在郑国入秦之后，但是一种思想的形成总要经过一段时间的酝酿，韩国的“疲秦”之计，很可能源自于韩非的“弱秦”思想。因为他不是军人，对军事

❶ 《华阳国志·蜀志》。

不一定精通，所以策划出这种非军事手段也是自然的。

秦统一中原六国后，为征服岭南，又开凿了著名的军事水利工程灵渠。

秦国有修建军事水利工程的传统和技术，所以在发动水攻战方面，也是得心应手。

3.6.2 迁延之役：秦国投毒泾河

周灵王十三年（公元前 559 年），晋悼公率齐、鲁、宋、郑、卫等十二个诸侯国之师伐秦，以报栎之役战败之耻。其时，各诸侯国因连年发兵助晋征战，多有厌战之意。诸侯联军勉强渡过泾水，驻扎在泾水西岸，被秦人投毒于河水。“夏，诸塞之大夫从晋侯伐秦……济泾而次。秦人毒泾上流，师人多死。”[1] 秦国士卒在泾水上游放置毒物，诸侯军队死伤惨重。士气受到严重打击。当联军深入秦境抵达泾水沿岸的时候，晋师统帅荀偃号令“鸡鸣而驾，塞井夷灶，唯余马首是瞻”。可是他治军未久而未能服众，晋下军主帅栾黡鉴于联军士卒厌战，料难取胜，不听号令，率兵返晋。荀偃只得下令全军撤退。

北周庾信《哀江南赋》序：“水毒秦泾，山高赵陉。十里五里，长亭短亭。”水毒秦泾成为比喻历尽跋涉苦难的成语。

3.6.3 鄢郢之战：白起引水灌鄢

白起引水灌鄢是秦国发动的两场水攻战之一，也是历史上一次著名的水攻战役。历史记载比较简略，有待研究的问题也比较多。

3.6.3.1 白起攻楚

战国时，秦与楚同为七雄之一，都有称霸中原的野心，时战时和，恩怨不断。公元前 281 年，楚国意欲实行合纵抗秦。楚襄王派出使者到各诸侯国，约定合纵，讨伐秦国。秦国闻讯，决定先发制人出兵攻打楚国。公元前 280 年，秦国大将司马错率军从陇西出兵，攻取了楚国的黔中郡，楚襄王被迫割让上庸（今湖北省竹山县东南）和汉江以北的土地给秦国。为了全力对付楚国，秦昭襄王二十八年（公元前 279 年），秦与赵在渑池会盟，息兵言和，解除后顾之忧，同时命大良造白起率军大举攻楚。

楚国政治腐败，国势日衰，又有一部兵力随庄蹻远征入滇，守备薄弱。秦军士气高昂，作战勇猛，史载其士卒，“以军中为家，将帅为父母，不约而亲，不谋而信，一心同功，死不旋踵”。[2] 白起分析了两军形势后，采取直捣楚国统治中心地区的战略方针。沿汉水南下，同时掠取汉水流域丰饶的粮草补给军需，很快攻取汉水流域要地邓（今湖北襄樊北），推进至鄢城（今宜城东南）下。鄢是楚的别都，地理位置十分重要。鄢失则郢危，楚军在鄢集结了重兵，秦军遭到入楚以来最顽强的抵抗，屡攻不克，而秦孤军深入，不宜持久，遂改为水攻。在城西百里的夷水（古代又称鄢水，即今蛮河）上以小竹包石，拦河筑坝，开渠引水灌城。

3.6.3.2 历史记载和有关问题

对于这次秦国攻取鄢之战，史籍有不少记载：

《史记·秦本纪》：“（秦昭襄王）二十八年（公元前 279 年），大良造白起攻楚，取鄢、

---

[1] 《左传·襄公十四年》。

[2] 《战国策·中山策·昭王既息民缮兵》。

邓，赦罪人迁之。”

《水经注·沔水中》的记载较为详细：“夷水又东注于沔。昔白起攻楚，引西山长谷水，即是水也。旧堨去城百许里，水从城西，灌城东入，注为渊，今熨斗陂是也。水溃城东北角，百姓随水流死于城东者数十万，城东皆臭，因名其陂为臭池。”

《资治通鉴·周纪四·赧王中》：“三十六年（公元前 279 年），秦白起伐楚，取鄢、邓、西陵。”“三十七年（公元前 278 年）秦大良造白起伐楚，拔郢，烧夷陵。楚襄王兵散，遂不复战，东北徙都于陈。秦以郢为南郡，封白起为武安君。”

《韩愈文集·外集·卷四·记宜城驿》：“此驿置在古宜城内，驿东北有井，传是昭王井，有灵异，至今人莫汲。驿前水，传是白起堰西山下涧，灌此城坏。楚人多死，流城东陂，臭闻远近，因号其陂‘臭陂’。”

《元和志》：“长渠在义清县东南二十六里，派引蛮水。昔白起攻楚，引西山谷水两道，争灌鄢城，一道使沔北入，一道使沔南入，遂拔之。”“故宜城，在县南九里。本楚鄢县，秦昭王使白起伐楚，引蛮水灌鄢城，拔之，遂取鄢，即此城也。至汉惠帝三年，改名宜城。”

《环宇记》：“宜城县西三十里有白公湍。”

《大清一统志》：“《南雍州记》云秦将白起伐楚之日涉此水而济因号白公湍。”

对于这次水攻战，以下几点值得关注：

（1）水源：引西山长谷水，或称谷水，既夷水，现称蛮河，也可能有两道水。另一道水可能是以后称为木里沟的渠道。《水经注·沔水》：“沔水又南，得木里水会。楚时，于宜城东，穿渠上口，去城三里。汉南郡太守王宠又凿之，引蛮水灌田，谓之木里沟，径宜城东而东北入于沔，谓之木里水口也。”

（2）有坝引水，坝址“去城百许里”，今湖北南漳县武安镇。

（3）开百里长渠引水。

（4）水从城西流入城内内，在城东冲刷形成熨斗陂，城的东北角溃塌，洪水穿城而过，西面流入，东面流出。

（5）造成数十万人死亡。

其中一些问题值得研究：

其一，这次水攻战，创造了引水攻城渠道的长度之最，号称百里长渠，西起现湖北省南漳县武安谢家台，东至宜城郑集赤湖村，蜿蜒 49.25 公里。整个工程，从勘测施工，筑坝，开挖渠道，到完成灌城必要的配套设施，时间不会超过一年，即秦昭襄王二十八年，因为第二年秦军攻拔郢都。白起率领参战的人数，不过数万。《史记·平原君虞卿列传》：“白起，小竖子耳，率数万之众，兴师以与楚战，一战而举鄢郢。”《战国策·中山策》：“楚地方五千里，持戟百万。君前率数万之众入楚，拔鄢郢。”以如此少的兵力，在短时间内，而且是在战争状态下和敌方国土上，要完成如此大规模的工程，包括渠线的勘测、规划，高差的测量等，几乎是不可能的。白起渠应该是利用了一些原有的灌溉渠道，通过在渠首筑堰，增加水量以及沟通一些局部渠段加以延长扩建后形成的。一些研究认为，原有的渠道有可能是当年孙叔敖引沮、漳水灌云梦泽的工程[1]，似有一定道理。

[1] 参看《长渠志》第 54 页。

其二，这次水攻战，造成数十万人死亡，是一个很大的疑问。据研究，东周时期楚国都城纪南城的人口约为27.6万～33.1万人。[1] 除了黄河决口外，历史上再没有比这次水攻战造成了更大的灾难。明末开封黄河决口，造成死亡约30万人；1938年黄河花园口决口，死亡89万人。公元516年淮河浮山堰溃决，死亡也只有10多万人。而且，白起渠的流量根本没法和黄河、淮河相比，它所造成的破坏力和黄河决口造成的破坏力不在一个数量等级。造成数十万人的死亡几乎是不可能的。这次水攻是一次普通的引水灌城，虽然城被水冲破，水从城中流过，也不可能全城被淹，如果城内有数十万人，也不可能全部淹毙。从历代引水灌城的战例看，死亡在万人以上的已经极为罕见。所以，死亡数十万可能是整个鄢郢之战的伤亡数，并非仅仅是引水灌城这一个战役。或者是城内有数十万人，并非都被淹死。

3.6.3.3 引水灌城的方式研究

这次引水灌城规模不小，它是如何灌城的，缺少记载。为什么会有如此大的破坏力，一直是一个谜，目前对此研究也很少。按照一般的水攻城市的方法，修筑围堤，淹塌城墙，但这次没有资料记载曾经修筑围堤，如果采用围堤灌城，造成这么大灾难的可能性不大。

根据记载推测，这次引水灌城是一次比较独特的灌城形式，是由于鄢城的设防情况和地理条件决定的。

由于鄢城外围西面地势较高，平时没有水灾，所以对洪水没有设防，也没有城墙，城是依山而建，对水攻，更是完全没有防范，因为附近没有水源。但是，没有想到秦军会从百里外去引水。洪水是从西山较高的地方直接冲入城内。从记载看，水由城西冲入，没有遇到阻挡，没有记载城西的城墙遭到破坏，反而是洪水穿城以后，东北角城墙被冲垮。这种情况就说明，城西没有城墙，人为的山洪直接灌入城内，在城内冲出一个大坑，洪水造成大量人员死亡就可以理解了（图3-4）。

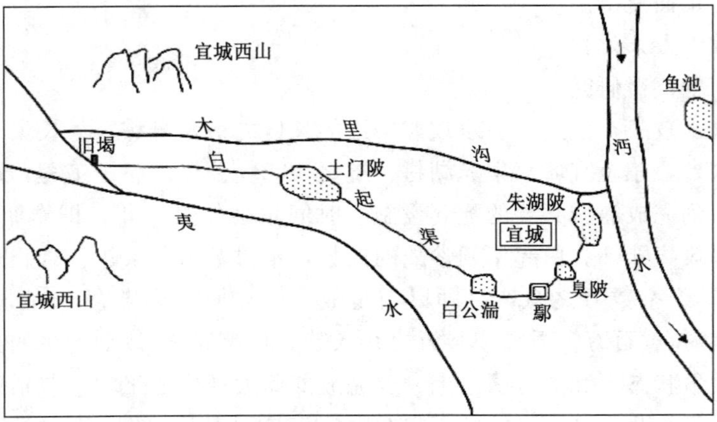

图3-4 白起引西山谷水灌鄢示意图

[1] 蒋刚. 东周时期主要列国都城人口问题研究. 文物春秋，2006（6）：6-13.

《寰宇记》说，城西三十里，有一处地方叫白公湍。既然与白起有关，那么就与这次引水灌城有关，它的作用是什么，传说是白起涉水之处，事情不会这么简单，它的作用应当是在此处把水位蓄高，造成湍急洪水，用于淹城，它应当是一个堰坝一类的建筑，而且类似于这样的堰坝不止一处，在更靠近鄢城的地方可能还有。决开这些“湍”将造成连续溃坝的效果，所以，对鄢城的破坏力如此巨大。《中国古代军事工程技术史》一书也认为：“灌城之水共有两道，一道从北面（即城之西北）灌城，一道从南面（即城之东南）灌城，可能在长渠的末端，还建有分水灌城的专门工程。”[1]

这次引水灌城的成功之处，在水战史上，有两点非常独特，值得研究。其一是突然袭击，灌城的洪水来的非常突然，城内完全没有准备，洪水之大，完全出乎守城楚军的预料。所以洪水非常快就从城西灌入，造成巨大伤亡。一般的水攻战，都是兴师动众，双方你来我往，互相攻防。而这次的水攻战是在比较隐秘的状态下施工的。

这就能解释为什么秦军要从百里外去引水。一般情况下，如果没有合适水源，就会放弃采用水攻，或者不会想到用水攻。但白起的做法恰恰相反，因为附近没有水源，所以该城市对防洪没有设防，敌人想不到会遭受水攻。到远处去引水，其施工过程不会引起敌人的注意，在百里外的武安筑堰，敌人不会发觉，以免守城的楚军出来干扰施工，这也是工程得以顺利完成的原因。这两方面都造成了水攻的突然性，达到出其不意的效果。第二点独特之处是，这次水攻利用了该城西面高的有利地形，鄢城的西面是山地，其防守是依山设险，没有设防。从高处而下的洪水，造成了一次人为的山洪，破坏力非常巨大。

这次水攻战也是一次以少胜多的战役，一般的引水攻城的战争，进攻一方都有比较大的军事优势。但是，这次引水灌鄢的战斗是个例外，白起率领的秦军只有几万人，而楚军有几十万。出其不意的水攻战消灭了楚军大量有生力量，也使楚军的士气受到极大的打击。《史记·平原君虞卿列传》和《战国策·中山策》中都特意强调了，秦军只有几万人，面对楚国“持戟百万”的大军时，仍然能够攻拔郢都的事实。巧用水攻应该说是白起能够取得成功的关键一步。体现了白起能够灵活运用水攻战术，高超的指挥技巧。这可能和秦国传统的军事水利背景有一定关系。

3.6.3.4 白起渠的灌溉作用

这次水攻战造成鄢城被严重破坏，而为水攻战修建的白起渠后来演变为著名的灌溉工程。《水经注·沔水》记载，渠道东注为土门陂和新陂，入城北积为熨斗陂，东北出积为臭陂，臭陂以下有朱湖陂，都可灌田。朱湖陂以下入木里沟（见图 3-4），“白起渠灌田三千顷，膏良肥美，更为沃壤也”。白起立碣的方法，“以竹篠石，葺土而为碣”，即以小竹包石，以土填实缝隙。唐《元和郡县图志》称白起渠为长渠。后人因其渠道，连结陂池，形成陂渠串联式灌溉工程。由于具有良好的灌溉效益，历史上对长渠进行过多次的维修和扩建，第一次是唐代大历四年（769 年），梁崇义任山南东道节度使，驻守襄阳时，主持修复了长渠渠首武安堰。第二次是北宋仁宗至和二年（1055 年），宜城县令孙永（字曼叔）主持修治工程，整修堤堰，疏浚了整个长渠，并制定一套蓄水、放水、用水管理制度，恢复了原有的 3000 顷灌溉效益。第三次是南宋绍兴三十二年（1162 年），参知政事，

---

[1] 钟少异．中国古代军事工程技术史（上古至五代）．太原：山西教育出版社，2008：303.

督视湖北、京西路军马汪澈建言修复长渠，实行军事屯田。工程于隆兴元年（1163 年）动工，修复长渠和木渠，共用工 2 万个，费 10 余万，设 38 屯从事屯垦。以后乾道九年（1173 年）和淳熙十年（1183 年）又对长渠和木渠进行了局部整修。两宋对长渠和木渠的不断维修，使灌溉效益有了保障，襄宜平原成为著名的粮仓。第四次是元朝统一中国后大德六年（1302 年），由李英奉旨重修武安、灵溪二堰。数月功成，灌溉效益得以延续，明初仍发挥灌溉作用。明代中后期以至清代，久废不治，渠道湮塞，逐渐失去灌溉效益。

1939 年，第三十三集团军总司令张自忠将军驻防宜城县，电请湖北省政府复修。1942 年，长渠复修工程破土动工，施工跨时 5 年，终因时局动荡未能修成。1952 年 1 月，宜城、南漳两县投入 4 万劳力，动工修复。1953 年 5 月 1 日，长渠修复工程完工，也历时一年多。

3.6.4 水攻大梁灭魏

秦国发动的另外一场水攻战就是水灌大梁。据《史记·秦始皇本纪》记载，公元前 225 年，“王贲攻魏．引河、沟水灌大梁，大梁城坏，其王请降，尽取其地”。这次引黄河水灌魏的都城大梁，造成大梁城被严重破坏，魏王投降，魏国亡（详见本书 3.4.3 水灌大梁）。

3.7 春秋战国时期城市的以水为防

春秋战国时期，战争频繁，各国都十分重视城池的防守，尤其是都城的防守。在各种防守措施中，水防是最重要的方法之一。

3.7.1 天然水防和水利设防

在战争频繁的春秋战国时期，城市的修建，都选择在靠近天然河流的地方，河流边上或两河交汇处，尽量多面靠水，除了供水、航运等需求外，军事防御是一个非常重要的因素，都城的修建，尤其如此。郑樵《通志》说：“建邦设都，皆凭险阻。山川者，天之险也；城池者，人之阻也；城池必以山川为固。……所以设险之大者莫如大河……故中原依大河为固。”这里指出了河流等自然屏障在建邦设都时，防御上的重要性。春秋战国时期所有都城几乎都有河流环绕，城垣依河流走势建造，或者以天然河流作为防御屏障。有的河流甚至从城中穿过。例如秦都雍城东有纸坊河，南有雍水，秦都咸阳，北有泾河，渭河从都城中穿过，栎阳都城，东面河北面为石川河；燕下都位于北易水和中易水之间，西城垣外有河渠遗迹，东垣外有城壕环绕，这些渠、壕和易水构成城垣外的防护设施；晋都新田位于汾、浍二水行将汇合处；中山国都城灵寿为太行山脉群山环抱，南临滹沱河；魏国都城安邑，青龙河从城中流过。

天然河流往往与护城河相结合，形成四面环水的防御方式。在没有天然河流防护的一面，开挖护城河，护城河往往和天然河流或湖泊相通，获取水源。四面环水，说明军事防御是大多城址选择在河流边，或者河流交汇处的主要原因。因为无论是防洪，航运还是供水，都没有必要四面环水。

开挖护城河守城的方法得到越来越广泛的运用，并上升到理论高度。《墨子·备城门》

说："凡守围城之法，厚以高，壕池深以广。"壕池就是护城河，护城河越深越宽，敌人进攻的难度就越大。一些城市还设置了双重护城河，即两城两河，南方多水地区甚至出现了象淹城这样三城三河的城市。一些城市，极为重视护城河的防御作用。

国与国之间也常以河流为边界，诸国"以河为境"。如齐与赵、赵与魏、韩与魏、魏与秦都曾以黄河为界。苏秦游说各国时，分析了各国所处的地理形势，说"燕南有滹沱、易水，地方二千余里"，赵国"地方二千余里，……南有河、漳，东有清河"。赵武灵王说："吾国东有河、薄洛之水，与齐、中山同之。"即赵国的东面与齐国以黄河为界，以薄洛水与中山国为界。韩国则"东有宛、穰、洧水"；魏国"南有鸿沟、……东有淮颍、北有河外、卷、衍、酸枣"，"齐有清济、浊河可以为固，长城、巨防足以为塞"❶。楚国"汉水以为池"。这些共有的边境河流地段，便成为相互防御的重要屏障，而国内的大小河流，也常常用于攻防。

3.7.2 郑韩故城和韩国的水防

郑韩故城是东周时期著名都城之一，郑、韩两国在此为都，长达五百四十年。它的选址，充分考虑了其周围地区天然水域的防护作用。

郑韩故城选址在双洎河（古洧水）与黄水河（古溱水）的交汇之地（图 3－5）。《水经注·洧水》载："今洧水自郑城西北入而东南流，径郑城南城之南门内。"周围地区存在众多的河流、沼泽。故城附近除了溱水、洧水外，还有溟水、郐水等河流。从大的地理环境看，故城北有黄河，南有颍水、汝水，西有伊水、洛水，东有济水，东北有圃田泽、荥泽等。这些河流、沼泽构成了郑韩故城的自然屏障，加强了都城地区的军事防御能力。

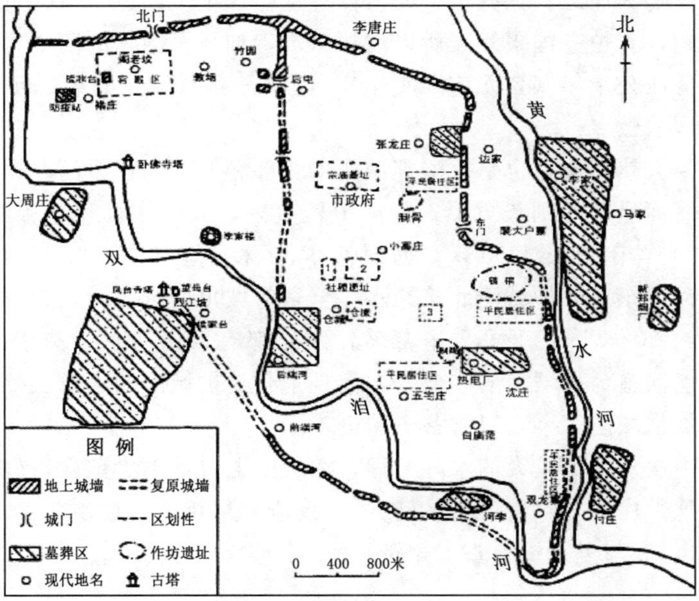

图 3－5　建于双洎河（古洧水）与黄水河（古溱水）交汇处的郑韩故城

❶ 《史记·苏秦列传》。

韩都分为东城和西城，西城为宫城，内有宫殿区，东西宽约 650 米，南北长约 750 米，东西两侧发现宫墙和壕沟，壕沟宽 15 米左右，深 5～8 米，西城北墙外发现有宽 50 米左右的护城河。[1] 在宫殿区和宗庙区周围，韩人都夯筑墙体，并挖掘壕沟，竭力加以保护。

韩国的宜阳故城地处豫西潜山丘陵区，洛水和宜水交汇处的宜水北岸。阳翟故城北临颍河，西依禁沟河，即位于两水交汇之东部一带，无水处则挖城壕，使何濠相通，形成环城水系。

齐临淄大城的北墙和南墙外都挖有护城河，北壕东通淄河，西接系水，南壕东与淄河相通，西面则与小城东墙南部的城壕相接，城壕宽 25～30 米；小城四面也有护城河，南墙和西墙外的护城河较窄，宽 13 米左右，西护城河与古系水相接。

3.7.3 鲁国浚洙和鲁国故城的水利设防

春秋时，洙水是鲁国防御齐国的重要屏障。齐国强大，鲁国相对弱小。公元前 685 年，齐国的公子纠和公子小白争夺王位，鲁国护送公子纠回国即位，并派兵阻止公子小白回国。但是公子小白抢先一步回国即位，是为齐桓公。鲁国和齐国因此结仇。小白即位后马上发兵攻打鲁国，在乾时（今桓台）大战，鲁军败走。齐国的鲍叔牙又给鲁侯写了一封信，要求鲁国杀了公子纠，并把公子纠的老师召忽、管仲送到齐国。

公子纠事件发生后，鲁国为了防备齐国报复，加强了洙水的防守。于庄公九年（公元前 685 年）疏浚加深洙水河道。《春秋公羊传·庄公》载："冬，浚洙。洙者何？水也。浚之者何？深之也。曷为深之？畏齐也。曷为畏齐也？辞役子纠也。"这一记载说得很明白，鲁国拒绝杀公子纠，害怕齐国报复，所以浚深洙水，加强了国家的防守。事实证明，这次浚洙是正确的。鲁庄公十年（公元前 684 年），也就是鲁国浚洙的第二年，齐国伐鲁，爆发长勺之战，齐国战败。

洙水即是一条天然河流，也是鲁国都城曲阜北部和西部的护城河。据考古研究，春秋时鲁国都城曲阜平面呈不规则长方形，除南垣较直外，其他三面均呈弧形。东垣长 2531 米，北垣长 3560 米，南垣长 3250 米，西垣长 2430 米，垣基宽一般 40 米，"其西、北两面以洙水为护城河，东垣外护城河北接洙水，至东南城角处折向西，为南垣外护城河，西入洙水，河道宽约 30 米"[2]。可见鲁国都城，四周都有水道防护，洙水是曲阜的重要屏障，不仅以其天然河道为护城河的一部分，而且是其他护城河的水源。此次浚洙行动，就是深挖护城河，加强城防工事，以防备齐国进攻。

此次浚洙是一次规模比较大的水利工程，在历史上留下不少记载，《水经注》就提到："北为洙渎。《春秋》庄公九年，《经》书：冬，浚洙。京相璠、杜预并言：洙水在鲁城北，浚深之，为齐备也。"与考古资料基本相符。

---

[1] 蔡全法．郑韩故城与郑文化考古的主要收获//河南博物院编．群雄逐鹿两周列国文物瑰宝．郑州：大象出版社，2003：202.

[2] 徐卫民．春秋战国时秦与各国都城的比较研究//秦始皇兵马俑博物馆编．秦俑秦文化研究——秦俑学第五届学术讨论会论文集．西安：陕西人民出版社，2000.

3.7.4 齐都临淄和齐国平阴的水防

齐国都城临淄四面环水，其水防体系考虑得非常周密和完善。它的东、北面是辽阔的原野，距渤海仅百余里，大海是天然屏障，另外还有护城河。西依系水，东临淄水，两面有天然河道防护。根据考古资料，“北垣和南垣外有护城河，宽 25～30 米，深约 3 米”，所以临淄城是四面环水。

临淄大城内还有小城，小城四周城垣外也有护城河，其北垣与东垣外护城河宽约 25 米，西垣与南垣外护城河宽约 13 米，❶ 所以临淄是双重护城河。

齐国的平阴城，居古济水之阴，其城防有门，门外挖壕池宽一里。据《水经注》记载，“其水引济，故渎尚存”。护城壕池可以容水、泄水，形成保护城墙的一道屏障。《左传·襄公十八年》：“齐侯御诸平阴，堑防门而守之，广里。”杜预注：“平阴在卢县东北，其城南有防门，于门外作堑，横行广一里。”在这里，“城”即春秋时的平阴城，“堑防门”是在挖掘引水口，引济水到平阴城外。这实际是一个用于防御敌人的水利工程，也既早期的护城河，可能由于当时条件所限，挖掘的深度不够，引入的水流散漫，故此“横行广一里”，护城河面相当宽阔。❷

3.7.5 吴国的水利设防

中原地区两城两河的防守方式比较普遍，对于一般的城市，已经相当完善。江南江河众多的地区更是出现了淹城这样三城三河的军事城堡。淹城大约兴建于春秋晚期的吴王阖闾时期，并且可能与伍子胥善于水战的特点有关（详见 3.2 节），其主要目的是军事防御。即可抵御西边楚国的进攻，又可防御东面越国进犯。它是两城两河防御体系的发展，也是水防体系高度发展的个案，是吴国推崇水战的产物。

据调查，淹城遗址东西长 850 米，南北宽 750 米，和《孟子》中“三里之城，七里之廓”的记载相吻。从里向外是子城、子城河、内城、内城河、外城、外城河，三城三河相套。子城河周长约 800 米，宽约 30～40 米，深达 4 米；内城河宽 50～70 米，平均深度 4～5 米；外城河宽 50～60 米，最宽处达 80 米❸。另外，据考古钻探研究，护城河之间“原来并无陆路相通，过往全靠船只摆渡，各城口置水门守护，真可谓高墙壁垒，壕堑深阔，固若金汤”，仅挖护城河一项，据估算，土方量就达到 70 余万立方米❹，这在当时是一项巨大的工程。淹城是一座军事城堡，环环相套的护城河是最主要的防御手段。重重设防都是凭水据守，可见当时用水来防御敌人的方法，在战争中已经运用得相当成熟。

淹城布局为王都建制，同时特别具有军事防御性能，这也是吴国城市建筑的显著特点。伍子胥认为：“凡欲安君治民，兴霸成王，从近制远者，必先立城郭，设守备，实仓廪，治兵库。斯则其术也。”❺ 所以他十分重视修筑城池和城堡。

---

❶ 徐卫民．春秋战国时秦与各国都城的比较研究//秦始皇兵马俑博物馆编．秦俑秦文化研究——秦俑学第五届学术讨论会论文集．西安：陕西人民出版社，2000．

❷ 另有说法认为，广里为地名，今附近有广里村，并非河面宽度。

❸ 彭适凡，李本明．三城三河相套的古城典型——江苏武进春秋淹城个案探析．考古与文物，2005（2）：43－51．

❹ 肖梦龙．淹城吴都考．东南文化，1996（2）：117－121．

❺《吴越春秋·阖闾内传》。

淹城附近城还有留城和胥城，其作用也是军事防御性质的城堡。

吴王阖闾执政期间（公元前 514—前 496 年），伍子胥奉命建阖闾城，“吴子阖庐命伍员筑大城，周回四十二里三十步，水陆门八”。与淹城一样，其建设具有强烈的军事含义，是伍子胥辅佐阖闾兴霸称王思想的贯彻和继续。吴国自寿梦继位后，国势日益强大，寿梦开始称王，至吴王阖闾时，在伍子胥与孙武辅佐下，攻取了楚都郢。阖闾十年（公元前 505 年）春，越国闻知吴王在楚国，国内空虚，举兵伐吴。吴国筑阖闾城，正是在这种战争背景下开始的。

该城规模宏大，曾为吴国都城。具有八处水门，是其建筑特点，城内外分布着广泛的水系。根据考古调查，阖闾城也有大城和小城。小城有东西两城，城外也有环壕，“卫星航片较直观地反映了阖闾城遗址的东、西小城之外有长方形的环壕，环壕的转角近似直角，显然为人工开凿”。[❶] 大城外有护城河和河流环绕，东有直湖港，宽为 30～40 米，南面为古村河，宽约 10 米，西为护城河，宽 6～10 米，北临大河，宽为 30～40 米。三面靠水，一面修护城河。引间江入阖闾大城和东西小城，通过水门衔接，形成城外环壕与城内水系相互沟通的水防系统。这种水防系统非常符合伍子胥善于水战的特点。水防体系主要是城濠和胥山湾，引间江进入阖闾大城及东西小城，形成城濠和城内水系，出城后流入太湖。城濠本身可以阻止敌人进攻，又可以作为水军通道，在胥山湾建立水军基地。水军可以通过城濠和水门出入城。

3.7.6 楚都纪南城的水利设防

楚国的防守方针是：“方城以为城，汉水以为池。”[❷]

纪南城为楚郢故都。楚都纪南城经考古研究证实，它的设防对水的利用相当充分，也是两城两河形制。里城即宫城的北垣与南垣、东垣均有护城河，西面靠近天然河道新桥河。[❸] 大城城垣外有绕城一周的低洼地带，即当年护城河的遗迹。经勘探，护城河距离城垣外坡一般在 20～40 米，一般宽度 40～80 米，护城河环绕城垣，和城垣的形状基本一致，一些河段和古河道相连，至城西南角与新桥河古河道相连，汇入新桥河古河道，河道变宽可达 80～100 米。显然，当时的护城河利用了天然河道。与护城河相通的有朱河、新桥河、龙桥河三条古河道，流经城中，[❹] 并且设有水门两处。

纪南城坐落于长江边，且高出江边 10 米左右，可以有效防范长江洪水。西面的漳水，有八岭山阻隔，也淹不到纪南城，不用担心敌人的水攻。但城内有三条水道通过，利于交通和供水。

3.7.7 以水御敌的秦都城雍

东周时期，秦国在雍城定都 294 年，自公元前 677 年至公元前 383 年。在此期间，有大约 200 年雍城没有城墙。在列国纷争的年代，它的防守几乎完全依靠天然河流。是典型

❶ 张敏．阖闾城遗址的考古调查及其保护设想．江汉考古，2008（4）：102－108.

❷ 《左传·僖公四年》。

❸ 郭德维．楚都纪南城复原研究．北京：文物出版社，1998：58.

❹ 湖北省博物馆．楚都纪南城的勘察与发掘（上）．考古学报，1982（3）.

的以水御敌的城市。

考古调查发现初期雍城分别以四周的雍水河、纸坊河、塔寺河，以及凤凰泉河环围。天然河流成为雍城的护城河。由于当时的河水丰沛，河谷纵深，自然河流便成为“以水御敌于城外”的主要城防设施[1]。大河的环绕，阻止了敌军进攻的马蹄，使其成为一个封闭状态，形成自然的防御体系。城内布局都是顺河而建，沿河而居（图 3-6）。

战国时期，列国形势突变，战争形势更加严峻。“悼公二年（公元前 487 年），城雍。”秦国在原“以水御敌”基础上再构筑城墙，加上因筑墙取土所形成的沟壕，增加了多重防御屏障。此外，还在西墙外侧开挖城壕，以弥补该河段因河水较浅，河宽不足而产生的防御性不足的问题。《史记·六国年表》记载，秦灵公八年（公元前 417 年）“城堑河濒”，是这一情况的具体反映。“城”指城墙，“堑”是护城河，即以水围城，将临水的河谷挖深，使河岸陡直，使河岸增高以加强城防。考古学家通过对雍城城址及其周边地理环境考察发现，城内布局顺应了当时自然环境的制约。雍城西北高、东南低，北部雍山一带的水流汇入白起河等多条河流后穿城而过，使当时的雍城成为“水”中之城。[2]

图 3-6　秦雍城堰复原因（见书后彩图）

秦代重视以水御敌，还体现其他的都城和城市上。礼县大堡子山、圆顶子山、秦西犬

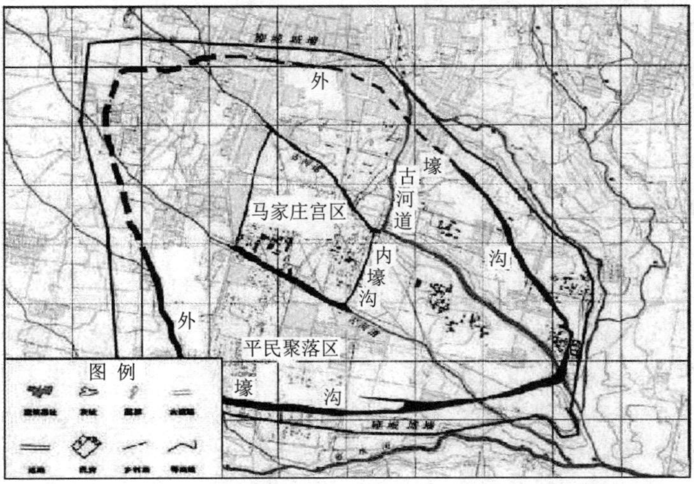

图 3-7　秦雍城城址二、三期的双重环壕

[1] 田亚岐. 秦都雍城布局研究. 考古与文物，2013（5）：63-66.

[2] 光明日报，陕西秦雍城“微观”考古新发现“城堑河濒”实景，2013 年 1 月 8 日第 9 版。

丘城负山带河的防御体系也遵循这一传统。广西秦城遗址是秦始皇修建灵渠、统一岭南的屯兵遗址、军事要塞，其中七里圩村南大溶江边的“王城”，被视为秦兵营地指挥部，它的防卫最为严密。四周有城墙，城墙外有城壕。“经钻探，城濠环绕城墙一周，距离城墙约5（米），宽10～20米，濠内淤泥为灰色夹石块沙土。”“濠深2.5米左右。护城濠在城东北变开阔，折向东南与大溶江相通。”❶ 高大的城墙、宽而深的城壕以及角楼、马面、单城门的设置等，无不透着军事防御的气息。

里耶秦代古城遗址区位于湖南省龙山县里耶镇，该遗址最初于1996年经土木工程施工偶然发现，2002年进行了部分抢救性发掘，根据出土记录信息确认，古城修建于战国末年，楚国和秦朝相继使用，毁于秦末。护城河宽度达到20米，深度6～6.5米。❷

3.8 堤防之作及在早期战争中的作用

筑堤的技术起源很早，它的主要作用是防洪。因为早期人类濒水而居，他们生活的环境，与水的关系密切，洪水经常为害人类。早期人类一方面筑堤防洪，同时也筑堤制造水灾，堤防经常在战争中被使用。堤防可以作为防御工事，发展为城墙，也可以用作壅水，或改变水的流向，发展为筑坝，用于进攻敌人。各国“壅防百川，各以自利”，水攻战术被普遍运用，一些堤防甚至演变为长城。

3.8.1 史前筑堤的起源

堤防的起源，应该与人类防洪的历史一样早。最初堤防应当出现在聚落周围，它是水利工程的最早形式，代表了早期的水利技术和水利文明。当灌溉和航运等工程还没有出现时，当时人类还处于渔猎时代，农业和灌溉还没有出现，人们首先要保护居住区的安全，在聚落周围挖掘环壕。挖掘环壕的土堆积在两侧形成最早的堤防。外侧可以抵挡周围的洪水，内侧可以增强环壕的防御作用，抵抗敌人或野兽的侵袭。

早期的修堤筑坝能力，可以从挖掘环壕能力去推测。挖壕的工作与筑堤是类似的，早期的堤防遗存下来的很少，因为它是地上建筑物，很难被保存下来，或者即使保存下来也很难被发现。考古发掘中，壕沟的发现很多，它可以间接说明早期人类的修堤能力。因为挖沟和筑堤往往是伴生的，所以能够挖多深的壕，相应修多高的堤，应当是没有问题的。如果这一推论成立的话，则早期人类修堤防洪的能力，比我们现在了解到的应当高得多。

史前有很多传说都和修堤、筑坝有关，说明我们的祖先很早就已经掌握筑堤技术。

传说涿鹿之战中，黄帝与蚩尤大战，黄帝“命应龙畜水”，水攻蚩尤，最后打败蚩尤。涿鹿之战后，应龙的传说延续不断，也大都与治水有关，显示它是堰、堤等水利工程的化身，是想象中的堤堰等水利工程。这些传说表明，早在5000年前，中华民族的始祖黄帝就已经具有修筑堤坝的能力。❸

---

❶ 广西壮族自治区文物工作队，兴安县博物馆．广西兴安县秦城遗址七里圩王城城址的勘探与发掘．考古，1998（11）：34－47.

❷ 何满朝，等．里耶地下秦代古护城河空间位低损探查．工程地质学报，2006（5）：662－664.

❸ 参看本书2.1.1节。

鲧是历史上筑堤治水的代表人物之一，传说鲧善于筑堤“障”洪水，他治水的方法也是“障”洪水。《国语·鲁语》说：“鲧障洪水而殛死。”“障”就是筑堤挡水，但是由于洪水太大，而当时使用的是石器和木器等简单工具，所筑的堤防难以抵挡洪水，鲧治水失败了。但是鲧为后人积累了丰富的筑堤经验，筑堤治水的方法后代仍然沿用。《山海经·海内经》载：“鲧窃帝之息壤以堙洪水。”据说息壤是一种会自己生长的土壤。用息壤来堙洪水，就是想象土壤自己生长成土堆来阻挡洪水，是早期人类对于能够大规模筑堤，抵挡洪水的心愿的反映。因为原始人类工具简单，取土困难，所以想象能有自己能生长的土壤来防御洪水，能自动生成防洪堤坝。鲧取得了息壤，相当于拥有筑堤的神秘力量，说明鲧的筑坝能力已经比较高，善于修筑堤坝是应该被肯定的。一些研究表明，鲧并非由于治水失败而被殛死，而是另有原因。❶

如果说，“应龙蓄水”和鲧“障洪水”只是筑坝个例的话，共工“壅防百川”则反映了那一时期人们能够普遍筑坝的史实。当人类告别了刀耕火种时代，农业发展到一定程度的时候，由于农田灌溉的需要，开垦的土地大多靠近水边，需要筑堤防洪，这时候连贯的堤防就出现了，同时筑堤为害他人的事情也出现了。早期的洪水传说如共工，曾经想“壅防百川，堕高堙庳，以害天下”，就是共工在战争中利用掌握的筑堤技术，在许多河流上都修建一些挡水建筑物，或修堤、或筑堰抬高水位，把水引向别处，淹灌别人的居住地或农田。❷

共工活动的地方，河流、湖泊多而陆地少，所以经常遭受水患。《管子·揆度》载：“共工之王，水处什之七，陆处什之三。”共工长期与水患作斗争，掌握了修筑堤防的技术。为了部族的利益和争夺领导权，共工与各部族间的战争很多，经常采用筑堤或筑坝的方法来辅助作战，修筑堤防或堰、坝等水工建筑物，使水流改变流向，或抬高水位，危害邻近的部落居住区和农业耕地，导致一些无辜的水灾，所以广受诟病，成为恶神，这应该说是共工“壅防百川，堕高堙庳，以害天下”的真正原因。

共工还是一个以治水闻名的部族，治水历史悠久。据考证，“共工”原为治水官职的名称。东汉学者郑玄注解《书·尧典》中“共工方鸠僝功”之句时，曾对这种官职加以考证：“共工，水官名。其人名氏未闻，先祖居此官，故以官为氏也。”共工不但是上古时期的水官名，而且后来成为了这一氏族的名称，可能是因为共工长期担任治水官职。由此推测，共工早期的治水应该是非常成功的。对于该文中的僝，闻一多先生解读为：僝当读为栫（jiàn），《说文》：以柴木壅水。❸ 即共工的“壅防百川”，除了用土以外，柴、木也是当时修堤筑坝的主要材料。用柴木和土修筑堤坝，即类似于后来黄河上的埽工，这种技术可能在共工的时候已经发明。

共工的治水业绩虽没有正式流传，共工的筑坝能力和技术，可以从他早期治水的成功以及善于以水代兵作战得到佐证。共工试图壅防百川，振滔洪水，说明其对水利技术运用的娴熟，修筑一般的堤防已经没有问题。怒触不周山，形成大洪水的传说也证明其筑坝能

---

❶ 李仲立．替鲧翻案：文史研究，2002（1）：54－55.

❷ 参看本书 2.1.2 节。

❸ 闻一多．神话研究．成都：巴蜀书社，2002.

力达到一定的水平。

《左传》中记载了一个治水能手台骀，“台骀能业其官，宣汾、洮，障大泽，以处大原”。宣即疏导，障即修筑堤防，“宣”“障”并用，台骀在汾水一带治水取得了成功，也反映了原始社会后期的人们已经掌握一些修筑堤防的技术。后来鲧用“障洪水”的方法治理黄河，尝试在黄河岸边修筑堤防，修筑堤防的技术有了一定的进步，规模也有所扩大，它的作用不仅仅是保护一些农田，同时还保护人们的生活居住区，对修筑堤防提出了更高的要求。禹治水称“九泽既陂”，也是修筑堤防挡水。

史前时期，城与防几乎没有区别，筑城与筑堤方法基本相同，筑城是人们筑堤能力的反映，筑城的技术由筑堤演变而来。相传“鲧作城”，又是筑城的发明者，说明鲧善于土木之工。《吕氏春秋·君守》篇说：“夏鲧作城。”据《太平御览》引《吴越春秋》说：“鲧筑城以卫君，造郭以居人，此城郭之始也。”[1] 鲧作的“城”或者“郭”，就是把生活和居住区保护起来的类似于堤防的工程，修筑的道理与筑堤基本相同，但是作用除了防洪外，还要能够防御敌人的进攻。鲧所以能够作城，与他修筑堤防的技术基础是分不开的。实际鲧所做的是同一件事情，就是土木工程。

根据考古资料，仰韶文化晚期的郑州西山城址，已经采用比较成熟的版筑法筑城，这种筑城方法比筑堤复杂得多。龙山文化时期，曾经出现过一次大规模筑城运动，仅发现于长江和黄河流域的史前城址逾100座。其中一部分城址发现有城垣建筑，其筑城方法有技术相对简单实用的堆筑法，就是在地面上逐层堆土；夯筑法，利用夯具逐层堆土夯打密实，例如属于龙山文化晚期的河南平顶山蒲城店城址，“城垣底宽14.5米，残高2.3～4.35米，顶宽约7.05米。建筑方式为：逐层堆土夯打，然后堆筑拍打出内外护城坡，外护坡自内向外逐渐加宽。”[2] 北方地区石块砌筑法；技术比较复杂的版筑法等。版筑法以山东阳谷景阳冈城址为例，城墙底部宽19～20.5米，顶部宽10.5米，残高2～3米不等。淮阳平粮台遗址，现存城墙顶部的宽度8～10米，下部宽约13米，残高3米多。一般外坡陡直，内坡平缓。与后来城墙有所不同的是，史前时期的城垣与堤防更为接近。为了防御的需要，城垣一般修筑成外坡比较陡一些，内坡面平缓，其基本形式与堤防是一样的，如黄河中下游史前城址的城墙“从墙基到墙顶的宽度一般是逐渐收缩，也就是说其剖面近似于梯形，城墙外侧比较垂直或为陡坡，内侧呈斜坡状”。[3] 而且工程量也不小，长度达到几百米甚至上千米。城垣的建筑虽然与堤防有一些区别，但土木工程的性质是一样的，这些城垣实际具有防洪和防御敌人进攻的双重作用。城垣的建筑水平表明了当时人们修建土木工程的技术和能力。可以这么认为，仰韶文化晚期，中原地区的史前人类已经具有修筑小规模堤防的能力，龙山文化时期，大规模的筑城运动表明，这时期的原始人类已经具备了修筑一定规模堤防的能力。

上述对传说的分析和考古史实的考察可以看出，我国筑堤技术的起源很早，从传说时期的黄帝筑坝、应龙与堤坝的关系，到共工的筑坝与战争史，台骀障大泽，以处大原，鲧

[1] 《太平御览》居处部·卷二十一。

[2] 郭荣臻．简论黄河流域新石器时代的城垣建筑技术．史志学刊，2017（4）：1-13.

[3] 胡岩涛．黄河中下游史前城防遗存及其特征研究．青海民族大学学报（社会科学版），2017（7）：26-33.

的筑堤与筑城，禹治水陂障九泽。从汾水流域到黄河流域，都有筑坝的传说，长江流域也有大量龙山文化城墙发现，它们与筑堤是非常类似的。原始人类已经积累了相当丰富的水利技术和经验，掌握了一定的筑坝技术，具备了修筑一定规模堤坝的能力，这些堤坝分布在中原地区或南方都有可能，良渚堤坝的考古发现进一步证实了这一推论。与传说中的堤坝，我们无法知道其具体形态不同，良渚堤坝实证了史前人类的筑坝能力和筑坝技术。

良渚的堤坝系统，值得注意的是规模大，体量大，坝体宽厚，具备了比较高的筑坝技术。构成堤坝系统即有山前长堤，长达5公里，也有谷口高坝，厚度达到100米。这样大的工程量可能不在短时期内完成，而是需要几代人的工作，这可能是断面显示草裹泥具有明显分区现象的原因。良渚堤坝的坝基处理工艺令人赞叹，鲤鱼山坝址，原地面为青色粉砂土，防渗性差，坝基不稳定，采用挖槽填入淤泥，起到防渗作用的措施，其防渗原理与现在的黏土心墙坝一样。筑坝材料，采用草裹泥技术，既容易堆筑，也容易取土。这些技术都或多或少与传说的筑堤方法以及考古资料有类似的地方。

有学者经过多方考证和研究认为，良渚文明与共工文化有很大的关系，共工的活动区域，包含了良渚文化所在的地区。广义的"共工活动地区可能包括从湖北到浙江的整个长江中下游"。狭义的共工活动区域，"也就是《禹贡》中的扬州，现在的长江下游地区，或者良渚文化所在的环太湖区域"。共工的活动地区，文化特征与良渚文化存在对应关系。共工名称"是可以与良渚文化联系在一起的：良渚文化先民既可以与治水联系在一起，在当时又的确是在工艺方面超过了中原的旱地农业先民"。❶ 如果这一理论成立的话，共工"壅防百川"以及筑坝与战争的传说与良渚堤坝就可能存在某种联系，因为共工正是善于治水、善于筑坝的氏族，良渚堤坝与共工的修堤筑坝传统也相吻合。

3.8.2 商周筑堤的发展

对于堤防的认识随着社会的进步而发展，筑堤技术也不断进步。鲧"障洪水"虽然在当时没有取得成功，但是修筑堤防作为防洪的主要手段仍然被沿用。到了商代，筑堤已经比较普遍。据甲骨文相关内容，商代有治河筑堤见诸记载。卜辞见有：

"口卯卜，争，贞王乞正河新圩。允正。十一月。"❷

"庚戌卜，争，贞王乞正河新圩。允正。十月。"❸

"正河"，即"治河"，圩就是堤，"新圩"应当是新修筑一段堤防。所以"正河新圩"也就是筑堤治理河水。《史记·孔子世家索引》："筑堤而捍水曰圩。"另外，卜辞还有"贞作沺"，"'作沺'即筑堤蓄水之事"。❹ 商代筑堤治河，在生产活动中已经比较常见。卜辞还有"方商"之词，如："辛卯贞：于今月令方商"（《人》二三六三）。"丁巳卜，贞："王令并方商?"（《甲》七二七）。"方商"，就是筑堤防水以卫商都，方读为防。

商末周初时期，筑堤防洪是国家大事，并且作为军事防御的重要手段。《逸周书·成

---

❶ 扎拉嘎．展开4000年前折叠的历史——共工传说与良渚文化平行关系研究．北京：中央民族大学出版社，2009：93.

❷ 《甲骨文合集》一六二四二。

❸ 《甲骨文合集》一六二四三。

❹ 温少峰，袁庭栋．殷墟卜辞研究——科学技术篇．成都：四川社会科学出版社，1983：205.

开解》载：成王元年（公元前1042年），周公大力开导成王并告诉所当实行的事，其中四守是："一、政尽人材，材尽致死；二、土守其城沟；三、障水以御寇；四、大有沙炭之政。"这里的"障水"就是修筑堤坝，以防御外寇。周文王（公元前1152—前1056年）是西周奠基者，周初的统治者重视兴修水利，把修筑堤坝作为国家防御敌人的重要措施，而且作为制度确定下来，为后世遵守的法则。修筑堤防的技术已经比较成熟。虽然没有理论上的总结，但是，实践上，修筑一般的堤防已经没有问题。

在周朝的几百年间，堤防作为防洪工程是很受重视的。《逸周书·月令解》还记载："是月也，命司空曰：时雨将降，下水上腾，循行国邑，周视原野，修利堤防，道达沟渎，开通道路，无有障塞。""是月"指季春三月，"司空"是掌管水利和土木建设的官员，该法令要求官员在春季里，要做好有关防汛的准备工作。全国上下要做好防汛检查，要到实地去查看，堤防要修筑完好，排水的沟渎应当通畅，道路要开通，利于防汛。《逸周书·月令解》还说："是月也，……命百官始收敛完堤防，谨壅塞，以并未水潦，修宫室，坿墙垣，补城郭。"是月指孟秋七月，也是要求各主管官员，在汛期到来之间，要把堤防整修完毕，排水渠道要畅通。《吕氏春秋》和《礼记》中也有类似记载。"《月令》以政令为核心，将阴阳五行，物候，星象历法等内容紧密联系为一体，体现出王朝'法令'特色，并以此为国家实施农业生产，保持国家稳定与发展提供保障。"❶ 这些法令可称为是我国最早颁布的防洪法，比金代泰和二年（1202年）的《河防令》要早二千多年。这些法令说明，修筑堤防在当时周人的生产生活中已经占据非常重要的地位。

《国语·周语下》又载："防民之口，甚于防川，川壅而溃，伤人必多。"这里的"防"就是堤防，在人们的认识上，决堤是一件相当严重的事情，说明在一些河流上已经修建了比较高大的堤防。

东周时期，筑堤的技术更加完善。《管子》一书中记载的筑堤技术包括如何取土、堤防的尺寸、边坡，以及如何在堤防上种树等知识，不是针对一般的低矮的土堤而言，而是修筑高大的堤防所必须的技术。《管子·度地》论述堤防时说："大者为之堤，小者为之防，夹水四道（周），禾稼不伤。岁埤增之，树以荆棘，以固其地，杂之以柏杨，以备决水。"管仲（公元前725—前645年）生活在春秋的早期，《管子》一书虽然成书于战国至秦汉时期，但反映了管仲时期，即春秋早期的思想和知识。《管子》第一次解释了堤和防的区别，防的出现比较早，例如在传说时代，一般称为防，一些筑坝行为也称为"防"。《说文》："防，堤也。"段玉裁注云："《周礼·稻人》：'以防止水。'注云：'偃豬者，畜流水之陂也。防者，豬旁堤也。'引申为凡备御之称。""豬"同"潴"，意为水聚积的地方，因此，"防"为积水旁的土埂一类的障水设施。堤的出现更晚一些，修建在大河两岸的称为堤。堤是专称，单指修建于河道两岸的挡水建筑物，黄河上一般都称为堤，防和堤的区别其实也不是绝对的。

《晏子春秋·内篇》记载了一个关于堤防的故事："景公欲堕东门之堤，晏子谓不可变古：景公登东门防，民单服，然后上。公曰：'此大伤牛马蹄矣，夫何不下六尺哉？'晏子对曰：'昔者吾先君桓公，明君也，而管仲，贤相也。夫以贤相佐明君，而东门防全也。

❶ 汤勤福.《月令》祛疑——兼论政令、农书分离趋势. 学术月刊，2016（10）：135.

古者不为，殆有为也。蚤岁溜水至，入广门，即下六尺耳，乡者防下六尺，则无齐矣。夫古之重变古常，此之谓也。’”这个故事传递了一些关于堤防的信息：齐国都城的东门外有高大的防洪堤防，以至于牛马上去都很困难。堤防减少六尺，洪水就会漫过堤防，齐国的都城就会被淹没。堤防是管仲时所筑，由此我们知道，管仲不仅有筑堤的理论知识，而且有筑堤防洪的实践。春秋早期，已经修建高大的堤防用于城市防洪，减轻城市的洪涝灾害。

先秦时期，堤坝工程不仅用于防洪减灾，更是被经常用于军事和战争。

3.8.3 筑堤在战争中的作用之一：筑堤壅水，以邻为壑

伴随着堤防在保护人们的生产生活中，作用越来越显著，它也在战争中逐渐被使用，其目的是淹没别国的土地，或者筑坝拦截水资源，危害下游国家。早期的洪水传说如共工“壅防百川”，在战争中利用掌握的筑堤技术，制造水灾，“以害天下”。春秋战国时期，各诸侯国众多，国土面积都不大，一条河流可能流过两国或多国，在共享水资源的同时，与水有关的争端也不断产生。

齐桓公时，楚国侵略宋、郑两个小国，就曾在河中修筑堤坝筑坝，淹灌至上游数百里的地区。当时齐国是霸主，曾出兵胁迫楚国并拆除拦河坝。

《战国策·东周》载：“东周欲为稻，西周不下水，东周患之。”苏子去游说西周君：“君之谋过矣！今不下水，所以富东周也。今其民皆种麦，无他种矣。君若欲害之，不若一为下水，以病其所种。下水，东周必复种稻，种稻而复夺之。若是，则东周之民可令一仰西周，而受命于君矣。”可见处于河流上游的西周控制了水资源，拦截河流，可以决定对下游是放水还是不放水，以危害下游。这是最早的关于争夺水资源问题的记载。

在本国一方修筑堤坝，以使河流改变流向，转向淹没它国土地。春秋时期，黄河下游连贯的堤防尚未形成，河流处于四处漫流或者分支和分汊很多的状态，为防止河水泛滥，各国多在自己一方修筑堤防，把河流导向对方，同时修筑堤防还可以增强地理形势之险要，防御外侵。由于可以利用堤防害敌利己，所以春秋时期各国之间为避免“以水代兵”，消除内部矛盾，多次制订禁止随意修筑堤防或者在河流上筑坝的盟约。齐国是大国，齐桓公是这一盟约的积极倡导者。

《春秋·公羊传》载，僖公三年（公元前 657 年）：“秋，齐侯、宋公、江人、黄人会于阳谷。此大会也，曷为末言尔？桓公曰：无障谷，无贮粟，无易树子，无以妾为妻。”“无障谷”是禁止在河流上筑坝，截断下游邻国的水源，上游国家筑坝，下游国家便要断绝水源；反之，下游国家筑坝壅水，上游国家便要遭受水灾。第二年（公元前 656 年），齐桓公又与楚王在召陵（今河南郾城东）会盟，订立盟约。其中有“毋曲堤”一条，并且拆除了楚国修筑的用于壅水淹没宋国的拦河坝。虽然这些盟约主要是针对楚国“夹塞两川”工程，但可能其他国家也有类似行为。

又过了五年，公元前 651 年，齐桓公与各诸侯国在葵丘会盟，再次订立盟约，共有“五命”，据《孟子·告子下》记载，盟约中有“无曲防”一条：“五霸，桓公为盛。葵丘之会诸侯，……五命曰：‘无曲防，无遏籴，无有封而不告’”。《春秋谷梁传》还说到，这是“壹明天子之禁”，即重申天子的禁令，可见在更早一些的西周时代已有这种法令。

朱熹注曰："无曲防，不得曲为堤防。壅泉激水，以专小利，病邻国也。"一些诸侯国修筑堤防有不规矩的行为，使水流改变流向，危害邻国土地。唐刘禹锡《汴州刺史厅壁记》："凡曲防、苛禁、不情、乖体者，悉划之，一出乎令典。"明归有光《王天下有三重》："则夫圣人之法，岂曰区区于后世繁文靡饰、过制曲防……而不由夫道者乎?"多次订立盟约是否有作用呢，孟子说，虽然葵丘会盟上有五"命"，既五条禁令，"今之诸侯皆犯此五禁"❶ 各诸侯国并未遵守条约。利用筑堤来危害它国的事情仍然时有发生。

到了战国时期，这一情况越来越严重，西汉时期的治黄专家贾让对这一情况进行了具体描述，《汉书·沟洫志》载："盖堤防之作，近起战国，雍防百川，各以自利。齐与赵、魏，以河为竟。赵、魏濒山，齐地卑下，作堤去河二十五里。河水东抵齐堤，则西泛赵、魏，赵、魏亦为堤去河二十五里。"堤防之作，起源很早，只是战国时期发展得规模比较大，尤其是黄河系统堤防的形成，用于战争的情况越来越多，各国对此都很重视。春秋时齐桓公是"无曲防"的积极倡导者，战国时齐国反而首先修筑了黄河大堤，后来赵国和魏国也不得不修筑了黄河堤防。《路史·卷三十三》对此评论说："战国之时齐、赵、魏皆以河为界，赵、魏濒山而齐卑下，齐人作堤去河二十五里，河水东抵齐堤则西播于赵、魏，于是赵、魏亦为堤去河二十五里，使其水东泆于齐。夫为齐利则赵、魏蒙其害，为赵、魏之利则齐蒙害。违天害物，真所谓以邻为壑者也。"现代一些史学家也认为，"战国之际，齐、赵、魏等以自利，纷作堤防。大水时至淹没，则更筑堤防以自救，以致壅塞日甚"。❷ 筑堤以自利，也导致水灾增多，黄河治理变得困难。

由于经常修筑堤防，魏国出了一个修筑堤防的专家白圭，名丹。他的筑堤技术得到大家的认可，他自认为治水功绩超过禹。《孟子·告子下》载，白圭曰："丹之治水也，愈于禹。"对此，朱熹注解说："当时诸侯有小水，白圭为之筑堤，壅而注之它国。"说明白圭筑堤的主要目的不是防洪，而是壅水，把洪水引向它国。所以白圭的说法遭到孟子的反驳，孟子说："子过矣。禹之治水，水之道也，顺水之性也，是故禹以四海为壑。今吾子以邻国为壑。壑，受水处也。水逆行，谓之洚水。洚水者，洪水也。仁人之所恶也，吾子过矣。"朱熹注解说："水逆行者，下流壅塞，故水逆流，今乃壅水以害人，则与洪水之灾无异矣。"❸ 孟子的反驳和朱熹的注解都是说，禹治水，把水疏导到大海，是除水害。而白圭治水，是把水引向邻国，以邻为壑，制造洪水，有本质的区别。说明当时利用堤防危害别国的事情确实常有发生，甚至人们在认识上，也认为修筑堤防是在危害别人。

从春秋中期开始，周天子就发布禁令，禁止随意修筑堤防，各诸侯国又反复订立"无曲防"盟约。到战国时，反而是黄河的系统堤防逐渐形成，一方面是战国时期人口增加，农业和城市发展，与水争地，确有防洪需求的结果。另一方面，也与这一时期，国家分裂，战争频繁，各国间利用堤防以水代兵有一定关系。

3.8.4 堤防在战争中的作用之二：筑防以为长城

把堤防作为军事防御工事守国、守边的历史非常悠久。如前所述，周文王（公元前

❶ 《孟子·告子下》。

❷ 钱穆《水利与水害》(上篇：论北方黄河)。

❸ (宋) 朱熹. 四书章句集注(下). 上海：上海古籍出版社，2006：434.

1152—前1056年）时，就曾经“障水以御寇”，修筑堤防，抵御各诸侯国侵略。春秋战国时，诸侯割据，各国之间的边界并不十分明确，各诸侯国多以河流作为天然地理边界。在边境河流修筑的堤防，除了防洪作用外，同时还具有边界防御作用。这种情况在春秋战国时非常普遍。因防守需要，在一些重要地段，将靠近边境的大河堤防加以扩建，把水利工程改造成军事防御工程，同时具备防水堤和防御长城的双重功能。“盖防是堵塞之谓，故筑堤以御水谓之防，筑堤以御寇亦谓之防也。”❶ 所以堤有御水和御寇两种作用，当在河流边修筑时，它们是一体的。

作为在军事方面的应用，堤防是长城的起源之一，修筑长城的技术部分是从修筑堤防的工程技术发展来的。周文王时“障水以御寇”，应当是最早的长城堤。《中国大百科全书·考古学》中就提到：“长城这种军事防御工程，是从修筑堤防的工程技术发展来的。……秦堑洛长城即是扩建北洛河的堤防。齐长城、魏西长城、赵南长城也都是连接和扩建堤防而成。”这种情况尤其在平原地区是如此。当然，一些长城沿山脊修筑，就不一定是堤防，但往往也会和堤防连接，堤防成为长城的一部分。长城的修筑技术和堤防的建筑技术密不可分，研究长城的专家也指出：“长城是从修筑堤坊的工程技术发展来的。……各国都在国境上把原有的大河堤防加以扩建或利用险要地形，建筑大规模的防御工程，其中较长的就称为长城，……秦的堑洛长城即是扩建北洛的堤防。齐长城、魏长城，也都是连接和扩建堤防而成的。故昔人也有称长城为‘堤’或‘长垣’”❷ 修筑堤防一般用土作材料，修筑长城则有时候用土，有时候用石块，它们都是土木工程。

齐国的长城，沿济水呈西南东北向，《水经注·汶水》引《竹书纪年》说：“梁惠成王二十年（公元前350年），齐筑防以为长城。”为什么要说“筑防以为长城”，而不直接说“筑长城”，说明了“防”和长城的关系。《说文》：“防，堤也。”“筑防以为长城”就是用堤防来代替长城。《清华简·系年》一书中整理者也指出，齐长城最初应是在济水防护堤坝的基础上进一步加固改建而成，张维华等历史学家研究认为，“齐长城之建，其先乃因于济水之防”，“春秋之初，齐人必于临济之地，有筑防用以障水之事矣。此防既成，因居形势之要冲，其后则渐增修而成为军事上防守之地，则又为必然之事”。“乃因障水而起，其后又为障外患而增修之。”❸ 齐的长城修建较早，是利用原有的堤防连结山脉陆续扩建而成的。齐长城原由西边之堤防扩建而成，因而称为“长城巨防”。可见，防起于治水，但亦用于军事上的防御，具有双重功能。

齐国平阴城南有防，齐人在平阴城外筑防以障水。《左传·襄公十八年》记载：“晋侯伐齐，齐侯御诸平阴，堑防门而守之，广里。”杜预注：“平阴在卢县东北，其城南有防门，于门外作堑，横行广一里”。“防”是堤防，《水经注·济水》：“平阴城南有长城，东至海，西至济，河道所由，名防门，去平阴三里，齐侯堑防门，即此也。其水引济，故渎尚存。”所谓“堑防门”是在堤防上修建一个引水口，引济水到平阴城外护城河，或者形

---

❶ 陈逢衡《竹书纪年集证》卷四六，清浥露轩刻本，第17页。

❷ 张增午. 豫北长城遗址的探索. 中国长城博物馆，2009（2）.

❸ 张维华. 中国长城建制考（上）. 北京：中华书局，1979：21-22.

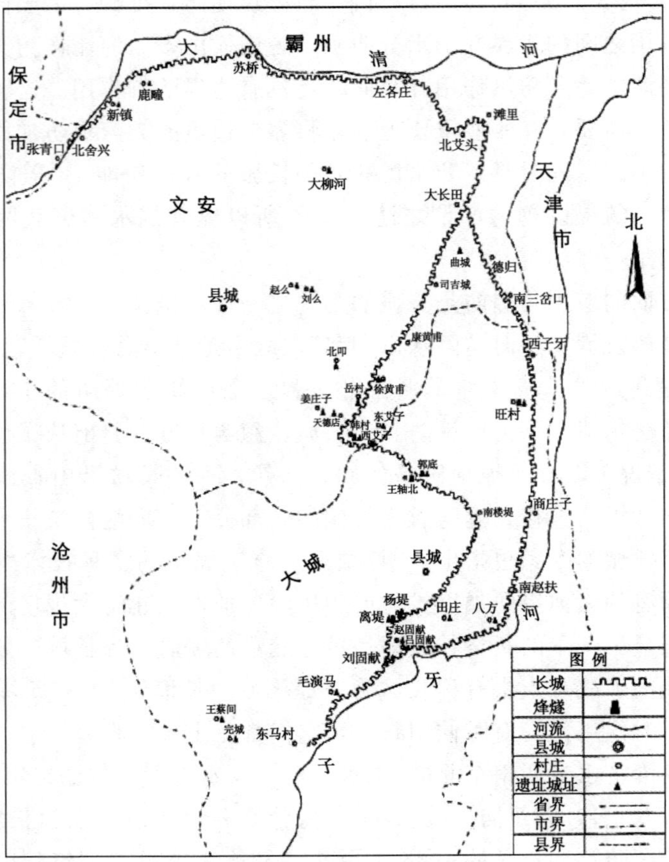

图 3－8 廊坊市文安、大城战国燕南长城位置走向图

成一定宽阔的水面，加强平阴城的防守，应该不是扩建堤防。❶ 但可说明春秋时期平阴城南的济水有堤防，而且还被称为长城。

楚国的长城也称方城，楚国的屈完称为“方城以为城，汉水以为池”。楚的长城沿山修筑，蜿蜒曲折，在平原河网地区则与堤防相连，又称“连堤”，在溮水和沘水都修筑堤防，沿河岸筑堤为城，以河为池。《吕氏春秋・下贤》载，魏文侯“南胜荆于连堤”，魏国攻破了楚国的连堤。

秦国早期修的长城又叫“堑洛长城”，其工程有可能包含扩建北洛的堤防。秦厉公十六年（当楚惠王二十八年）“堑河旁”❷，秦灵公八年（当楚简王十五年）“城堑河濒”❸，秦简公六年（公元前 409 年）“堑洛”❸，都有可能是利用河岸，或堤防为“城”。

长城与堤防的结合，又以燕国的“长城堤”比较典型。《史记・张仪列传》中提到“易水长城”：“驱赵而攻燕，则易水长城，非王有也”。是燕国沿易水修筑的堤防扩建而成，为燕国南长城的一部分，当时燕、赵间以易水为界，《读史方舆纪要・卷十二・北直

❶ 杨宽．战国史（所谓堑防门，“就是扩建堤防为防御工程”）．上海：上海人民出版社，1980：297.

❷ 《史记・秦本纪》。

❸ 《史记・六国年表》。

三》："三台城，在县（容城县）西南。《城冢记》：燕赵分易水为界，筑三台并置城于此。"所以沿易水把堤防扩建为长城是很自然的。燕国南长城从今河北易县西南筑起，经汾门（今河北徐水西北），沿南易水和滱水（今大清河）向东南，经徐水、雄县至大城县西南。

据本世纪初对河北文安、大城两县战国燕南长城遗迹的实地调查结果，长城与大清河，子牙河大堤在很多地段是重合的，而且被形象地称为"长城堤"："根据田野踏查并结合大清河南岸地貌，长城依大清河而东北走向，经新镇等村西，在鹿疃村西北转为东西走向，到苏桥村西北，大清河南堤与长城重合至左各庄村。长城到左各庄村东龙潭湾再沿东淀西南缘、文安洼东北缘一线高地向东南，经张管营堤、南陶管营、滩里村西南、赵家营等村，在大长田村东南端分为东西两支。东支长城南偏东走向，沿子牙河与文安洼间高地，……在南赵扶村西南与子牙河大堤相接，自此子牙河大堤与长城重合，……东、西两支长城在此汇合，走向西偏南，并与子牙河大堤重合，经东迷堤、西迷堤、王演马、刘演马等村南，在毛演马村西南转为南偏西走向，至东马村，长城遗迹消失。据《日下旧闻考》、清代《大城县志》载，沿河千里长堤，一名长城堤，又名护城堤。"❶ 秦统一后，长城的防御功能丧失，防水功能依然，长城经历了防水—御敌—防水的演变过程。在历史上，其用作防御功能的时间虽短，地位却很重要，又因防水功能沿用时间长，就有了流传至今的双重称谓"长城堤"。

赵国的长城也部分由堤防演变而来，《史记·赵世家》："我先王因世之变，以长南藩之地，属阻漳、滏之险，立长城。"赵国的南长城由漳水、滏水的堤防连接扩建而成，从今河北武安西南起，沿漳水经今磁县到今肥乡县南。其西首当起武安故城南太行山下，缘漳而东南行，约至番吾之西南，逾滏而东，经武城梁期之南，复缘漳水东北行。

魏长城依靠洛水的堤防建立，《史记·秦本纪》载："孝公元年，……魏筑长城，自郑滨洛以北，有上郡。"是魏沿着洛水修筑长城，南端起于郑，越渭水和洛水，经历今大荔、澄城、洛川等县，沿洛水东岸的堤防北上。魏国的长垣城，"县有防垣，故县氏之"。"防垣"即防御水灾的堤防。同时城墙要修的坚固，"城郭之完……公宫之垣，皆以狄（荻）蒿苫楚墙之其坚则箘簬之劲不能过也"。否则"土疏地下，灌溉可泛"，则城不可守。沿城墙四周开挖"沟防"，即护城壕池。此外，中山国在槐水筑堤❷，也与修筑防御性的堤防有关。

3.8.5 堤防在战争中的作用之三：决堤放水

对于决开堤坝，在军事战争中的重要作用，古代军事家早有认识。《孙子·形篇》云："胜者之战，民也；若决积水于千仞之溪者，形也。"❸ 胜利者的作战，就像从千仞高处决开溪中的积水，势不可挡，表现了强大的军事力量。对此，曹操注解说："决水千仞，其高势疾也。"决堤在于利用水在高处的"势"。杜牧注解说："夫积水在千仞之溪，不可测量，如我之守，不见形也，及决水下，湍泝奔注，如我之攻，不可御也。"其他各家注解大体相同，认为，决水具有很强大的战斗力。

---

❶ 廊坊市文物管理处．廊坊市战国燕南长城调查报告．文物春秋，2001（2）：28－29.

❷ 段连勤．北狄族与中山国．石家庄：河北人民出版社，1982：126，135.

❸ 《孙子十家注》诸子集成本，上海书店，1986年，第64页。

《孙子十家注·遗说》说："当吾之攻也，若迅雷惊电，坏山决塘，作势于盛强有余之极，而使敌不知其所守矣，所谓动于九天之上者是也，此有余不足之义也。"❶ 古人认为，决堤、决坝、决塘，这样的水攻战术，具有快速，强大的战斗力，使敌人不知如何防守。

决堤放水，淹灌敌军，或敌方领土，或阻止敌军前进，这种战争方式，从上古时代，一直到近现代，都不乏战例。传说时代，共工怒触不周山，是最早的决堤战例。战国时期，筑堤的技术已经比较成熟，筑堤防洪在很多河流上普遍实行，黄河连贯系统的堤防初步形成，决堤放水淹敌的战列逐渐增多。例如：楚国决黄河水淹长垣之外，赵国先决河水以灌齐、魏之师，后又决河水，伐魏氏。唐宋以至明清时期，黄河多次人为决口，用于战争。如宋朝杜充在开封附近决开黄河，阻止金兵。明末，农民起义军李自成和明朝官军先后决开黄河大堤等以水代兵事件，都造成了巨大的灾难。到了近现代，则有吴佩孚决长江堤防，水淹湘军。1938年，国民党军决开黄河花园口大堤，阻止日军西进等以水代兵的战争行为。从结果来看，除了传说时代，大部分决堤事件，对局部战争，起到一定作用，但是对整体战局的影响是有限的。

从远古至今，这一古老战术，一直被使用。随着筑堤技术的进步，对防洪要求的提高，河流两岸的堤防越筑越高，决堤造成的破坏力也越来越大，造成的灾难也越来越严重。尤其是近现代高坝的出现，决堤或者决坝，造成的损失，将会是巨大的。

参考文献

[1] 李民，杨择令，等．古本竹书纪年译注［M］．郑州：中州古籍出版社，1990.

[2] 魏昌．楚国史［M］．武汉：武汉出版社，2002.

[3] 杨宽．战国史料编年辑证［M］．上海：上海人民出版社，2016.

[4] 童书业．春秋史［M］．郑州：河南人民出版社，2016.

[5] 张曦宇．水絮春秋（上、下）［M］．长沙：湖南人民出版社，2011.

[6] 陈伟．古徐国故城新探［J］．东南文化，1995（1）：41-43.

[7] 牛建强．战国时期魏都迁梁年代考辨［J］．史学月刊，2003（11）：22-30.

[8] 李合群．战国魏都大梁考辨［J］．太原大学学报，2001（9）：9-11.

[9] 朱黎明．开封城墙防御体系研究［D］．郑州：河南大学，2011.

[10] 陈恩典，徐辉国，陈泽润．徐文化遗迹辑考［J］．江苏地方志，2010（6）：60-62.

[11] 伊弘兵．纪南城与楚郢都［J］．考古，2010（9）：55-65.

[12] 李露露．柏举之战：兵圣孙武出奇制胜［N］．中国国防报，2017-05-12：021版.

[13] 劭鸿．张家山汉墓古竹书《盖庐》与《伍子胥兵法》［J］．南昌大学学报（人社版），2002（2）：86-88.

[14] （宋）司马光．《资治通鉴》卷一《周纪一》.

[15] 张德一，张继清．晋阳古城城垣考［J］．沧桑，1994（3）：59-62.

[16] 冯小红．赵氏减负政策与晋阳之战［J］．河北大学学报（哲学社会科学版），2010（4）：101-103.

[17] 白国红．晋阳之战新探［J］．山西师大学报（社会科学版），2008（1）：40-42.

[18] 谢元璐，张领．晋阳古城勘察记［J］．文物，1962（1）：55-58.

❶ 《孙子十家注》诸子集成本，上海书店，1986年，第251页。

[19] 马率磊．浅析晋阳之战中的战术和战争思想——从赵氏家族的视角看［J］．邯郸学院学报，2014（2）．
[20] 庄禾．晋阳之战与三家分晋［J］．先锋队，2009（17）．
[21] 葛奇峰．战国魏大梁城平面布局新探［J］．中原文物，2012（4）：27－33．
[22] 河北省博物馆．战国中山国史话［M］．北京：地质出版社，1997．
[23] 白晓燕，李建丽．试论中山国与周边国家的关系［J］．文物春秋，2007（5）：31－34．
[24] 张岗．赵武灵王胡服骑射与中山国灭亡的几个问题［C］//河北省历史学会第三届年会史学论文集．郑州：河北省历史学会，1983：44－56．
[25] 宋涟圭，张建华．赵国历史上的水战［J］．邯郸职业技术学院学报，2008（4）．
[26] 沈长云．赵国史稿［M］．北京：中华书局，2000．
[27] 武汉水利水电学院，中国水利水电科学研究院．中国水利史稿（上册）［M］．北京：水利电力出版社，1979．
[28] 姚汉源．中国水利史纲要［M］．北京：水利电力出版社，1987．
[29] 李红有．秦国统一天下过程中水利工程建设及其作用探析［J］．水利发展研究，2005（4）：57－60．
[30] 卢勇．水利勃兴与大国崛起：春秋战国时期军事水利的发展与启示［J］．江海学刊，2017（6）：173－180．
[31] 谭徐明．都江堰史［M］．北京：中国水利水电出版社，2009．
[32] 谭徐明，中国国家灌溉排水委员会．中国灌溉与防洪史［M］．北京：中国水利水电出版社，2005．
[33] 蒋超．郑国渠［M］．西安：陕西科学技术出版社，2017．
[34] 袁朝．楚都鄢郢考［J］．中原文物，1991（2）：87－89．
[35] 朱黎明．开封城墙防御体系研究［D］．郑州：河南大学，2011．
[36] 陈钦龙．郑韩故城的军事防御功能探析［J］．洛阳理工学院学报（社会科学版），2009（4）：62－65．
[37] 鲍颖建，张英．论郑韩故城周邻河泽的自然防御功能［J］．华北水利水电学院学报（社科版），2012（8）：24－27．
[38] 梁建波．赵都邯郸和郑韩故城比较研究［D］．石家庄：河北师范大学，2014．
[39] 徐昭峰．试论夏商西周畿内防御体系的构建［J］．中原文化研究，2019（4）．
[40] 许宏．大都无城：中国古都的动态解读［J］．北京："生活·读书·新知"三联书店，2016．
[41] 乔登云．赵都邯郸故城考古新发现与探索［J］．邯郸学院学报，2017（3）．
[42] 陈民镇．齐长城新研——从清华简《系年》看齐长城的若干问题［J］．中国史研究，2013（3）．
[43] 罗恭．从清华简《系年》看齐长城的修建［J］．文史知识，2012（7）．
[44] 春雷．秦简公"堑洛"考［J］．考古与文物，2012（5）：67－71．
[45] 张华松．从兵学的角度看齐长城［J］．泰山学院学报，2005（7）：18－21．
[46] 王元林．战国纵横家的军事地理思想［J］．唐都学刊，1999（3）：56－60．
[47] 周魁一．水利的历史阅读［M］．北京：中国水利水电出版社，2008：279－286．
[48] 侯卫东．荥泽的范围形成与消失［J］．历史地理，2012，26：285－291．
[49] 王德甫，王超，王朝栋，等．禹荥泽——古黄河的一块天然滞洪区［J］．湖泊科学，2012，24（2）：320－326．
[50] 肖冉，何凡能，刘浩龙．鸿沟引水口与渠首段经流考辨［J］．地理学报，2017（4）：711－722．
[51] 任会斌．"济水之防"与齐长城［J］．南方文物，2018（4）：167－170．

第 4 章

秦汉及三国时期——以水代兵战争的继续

秦灭六国，实现短暂统一以后，水攻战争延续不断，秦末大规模的楚汉战争，汉景帝时平定七国之乱以及汉武帝对周边少数民族的战争，都曾发生过水攻战役。西汉末年的刘秀虽然不喜欢用水攻战，但是在东汉初的统一战争的过程中，还是有水攻战役发生。迄至东汉末年至三国时期，以曹操为代表的水攻，以东吴为代表的以水守国，把以水代兵战争又推向一个新的阶段。

4.1 秦汉时期的以水代兵战争

4.1.1 秦军引黄河水守濮阳

秦二世二年（公元前 208 年），项梁立楚怀王之孙熊心为楚王，定都盱眙，命刘邦、项羽攻城阳，全国的反秦起义进入了一个新阶段。刘邦、项羽攻克城阳后，进军到濮阳东面，又破秦军。秦军集结兵力退守濮阳，引黄河水绕城作为屏障，有效阻止了楚军的进攻。

《史记·高祖本纪》载："秦军复振，守濮阳，环水。楚军去而攻定陶。"对于"环水"，《集解》文颖曰："决水以自环守为固也。"张晏曰："依河水以自环绕作垒。"《正义》按："二说皆通。其濮阳县北临黄河，言秦军北阻黄河，南凿沟引黄河水环绕作壁垒为固，楚军乃去。"秦军利用靠近黄河边的有利条件，凿渠引黄河水，在濮阳城四周形成一道水险防线，使濮阳城的防守像壁垒一样稳固。项梁率领的楚军对此无可奈何，只能转攻定陶。

引黄河水守城有很大的风险，决河引水很容易引发洪水灾害，必须做一些工程来控制流量。另外，引水渠道很可能成为下次涨水时的洪水通道，这些都需要一定的水利工程技术。这一事件也说明当时黄河在濮阳境内的悬河还不严重，应该是略高于地面的情况，所以秦军可以自决黄河去引水。仅仅过了 76 年，黄河的淤积就非常严重，至公元前 132 年，河决濮阳瓠子堤，其位置也在濮阳境内，多次堵口未能成功，悬河已经相当高。

4.1.2 汉王水灌废丘

秦二世三年（公元前 207 年），项羽在巨鹿之战中消灭了秦军主力，确立了在诸侯中的霸主地位。第二年，引兵入咸阳，诛杀了已归降的秦王子婴，秦灭亡。项羽自立为西楚霸王，分封天下，立沛公刘邦为汉王，统治巴、蜀和汉中地区，都南郑。分封原秦朝的降将章邯为雍王，都废丘，统治咸阳以西地区。

汉王元年（公元前206年），刘邦出兵攻击雍地，击败章邯。章邯败走废丘，刘邦遂围困废丘，但是没有攻破该城。《汉书·高帝纪》："（元年）五月，汉王引兵从故道出袭雍。雍王邯迎击汉陈仓，雍兵败，还走。战好畤，又大败，走废丘。汉王遂定雍地。东如咸阳，引兵围雍王废丘，而遣诸将略地。"刘邦久攻废丘，不下。汉王二年（公元前205年），刘邦继续东进略地，塞王欣、翟王翳、河南王申阳相继投降。但是，四月彭城一仗，刘邦被项羽打得大败，仅与数十骑突围逃跑。在这种不利形势下，刘邦退回关中重新集结军队，对章邯再次发动进攻，引水灌废丘，攻破该城。"六月，汉王还栎阳。壬午，立太子，赦罪人。令诸侯子在关中者皆集栎阳为卫。引水灌废丘，废丘降，章邯自杀，雍地定。"[1]。这一仗，刘邦引水灌城，水攻章邯，取得成功，平定雍地，占领了八十余县，置河上、渭南、中地、陇西、上郡。从此刘邦的势力日益壮大。

这一事件在诸多史料中都有记载：

《史记·高祖本纪》："汉王之败彭城而西，行使人求家室，家室亦亡，不相得。败后乃独得孝惠，六月，立为太子，大赦罪人。令太子守栎阳，诸侯子在关中者皆集栎阳卫。引水灌废丘，废丘降，章邯自杀。更名废丘为槐里。"

《汉书·贾邹枚路传》："高皇帝烧栈道，水章邯，兵不留行，收弊民之倦，东驰函谷，西楚大破。水攻则章邯以亡其城，陆击则荆王以失其地。"描述了刘邦水陆并进，攻城略地的情形。

《汉书·邹阳传》："水攻则章邯以亡其城，陆击则荆王以失其地。"

《水经注·卷十九》："章邯为雍王，都废邱，居槐里，名曰汉祖。北定三秦（雍王、塞王、翟王，号曰三秦），引水灌城，遂灭章邯。三年，改曰槐里，王莽更名槐治也。世谓之为大槐里。"

废丘，在今中国陕西兴平市境内。《汉书·地理志》："槐里，周曰犬丘，懿王都之。秦更名废丘，高祖三年更名。"这次水灌废丘战役后，废丘改名槐里。刘邦的重要将领樊哙实施了这次水攻战。《汉书·樊郦滕灌傅靳周传》说，樊哙"迁为将军，攻赵贯，下郿、槐里、柳中、咸阳，灌废丘，最。"史书认为樊哙水灌废丘之战，功劳最大。

水灌废丘的战争过程和工程措施，史书均没有详细记载，但通过后来史料可以看出，水灌废丘时在城的四周修筑了围城的堤防。西汉末年，赵明、霍鸿等在关中起义，王莽派官军镇压，赵明曾凭借槐里的环堤进行抵抗。《汉书·翟方进传》有"赵明依阻槐里环堤"的记载。《水经注疏》就《水经注》引这段话，颜师古注解说："槐里县界其中有环曲之堤，而明依之以自固也。东有漏（或作涌）水，出南山赤谷。"说明槐里县确有环城的堤防。

《水经注》对槐里的环堤进行了更进一步的解释："晋太康中，始平郡治也。其城递带防陆，旧渠尚存，即《汉书》所谓槐里环堤者也。"到了晋太康（280—289年）年间，槐里环堤仍然存在。《水经注》用"递带防陆"来描述这一景象。"防"是堤防，"陆"是没有水的地方，所谓"递带防陆"，就是沿着城市的外围断续分布着大小不等的堤防，这些堤防并不在水边，而是和陆地相连，说明这些堤防不是用于防洪的。显然是战争留下的痕

[1] 《汉书·高帝纪》。

迹，所谓“旧渠”，就是当时引水灌城的渠道。

槐里为什么会有环城的堤防？它应该就是汉王刘邦水淹废丘时所修筑的堤防。一般水攻城市时都要在城外修筑围城的大堤，注水入堤内，类似智伯水灌晋阳时的“以周城溉”。而防洪的堤防只修在靠水的一面既可，不是环城修筑。所以槐里的环堤不是用来防洪的。而且这次水灌废丘修筑的堤防，规模不小，历经将近 500 年仍然清晰可辨，成为槐里城外的一大景观和古迹。

颜师古在注解槐里环堤时，还提到漏（或作涌）水，源出南山赤谷，离环堤很近，而且是从山上流下来的，作为灌城的水源，应该很合适。槐里周围，还有其他河流，《水经注》：“渭水又东迳槐里县故城南。县，古犬邱邑也，周懿王都之，秦以为废邱，亦曰舒邱，中平元年，灵帝封左中郎将皇甫嵩为侯国。县南对渭水，（会贞按：上叙渭水迳县故城南，是南对渭水矣。）北背通渠。（会贞按：此指成国故渠，后叙故渠迳槐里县北，是北背通渠也。）这些河流也有可能作为水灌废丘的水源。

水灌废丘是楚汉战争中的一场转折性大战，对于汉军扭转整个楚汉战争的局势，具有重要意义。《史记·樊郦滕灌列传》《集解》在评论此战时，引张晏的话说“最，功第一也。”《索隐》也认为“以水灌废丘，城陷，其功最上也。”当刘邦在彭城大败时，“诸侯见楚强汉败，还皆去汉复为楚。”水灌废丘一战，彻底平定三秦，重振汉军的军威，更重要的是，解除了汉军的后顾之忧，为以后垓下决战的胜利奠定了基础。

虽然刘邦的军队取得了胜利，但是废丘经过水攻战后，基本被摧毁，留下了一片废墟。

著名军事家韩信有咏废丘诗一首：

白昼青虫飞满天，日落西山红似血。
夜来月外仍有月，风雨飘摇下废丘。

诗中描写了废丘战场的悲凉景象，漫天飞虫的破败，日落西山，残阳似血，说明了战争流血的残酷。韩信很有可能策划或指挥了这次水灌废丘之战，所以有“风雨飘摇下废丘”的感慨。

唐代著名咏史诗人胡曾（约 840—?）也有咏废丘山的诗一首：

此水虽非禹凿开，废丘山下重萦回。
莫言只解东流去，曾使章邯自杀来。

诗人胡曾爱好游历，应该是考察过水灌废丘的古战场，并且对这一史实非常了解。诗中主要描述了废丘山下的一条水道，围绕着废丘山缓缓向东流过去。这条水道就是曾经使章邯自杀的那条水道，又是人工开凿的，所以应当就是当年水灌废丘的引水渠道，唐朝时仍然存在，当时应是一处名胜古迹，有文人墨客去凭吊游玩。

水灌废丘的遗迹，至少保留了一千多年。

唐末中和二年（882 年），黄巢攻唐将齐克俭于兴平，此地第二次遭受水攻（参看后 6.3.1 节）。

关于废丘究竟在何处，一般认为，大致在今天的陕西省兴平市南佐村一带。2019 年，最新的考古发现认为，陕西西咸新区东马坊遗址，该遗址为战国中期至西汉时期的高等级建筑遗存，或为秦汉之际文献所载的项羽所封雍王章邯的都城废丘，发现了遗址的环壕遗存。确定在一号建筑西面向西 320 米处有一条南北向填满淤泥的壕沟，北面向北 347 米、东面向东 497 米处均发现大面积淤泥。大面积淤泥显示该遗址周围曾经有水面存在，从东马坊遗址看，四周围绕宽阔水面，遗址中心仅比周围高不到 1 米，所在区域南高北低，由南向北有 2 米左右的高差。遗址向南约 930 米是古沣河河道，从沣河引水很容易实现灌城。❶

这一说法需要作进一步研究。大面积淤泥当然很像灌城的结果，但并不一定只有灌城会产生这种结果，城外如果有宽阔的水面用于城市防守，也会产生这种结果。环壕则基本和灌城无关，主要是用于城市防守的。而且兴平历史上曾经两次遭受水攻，这一因素也应当考虑。

4.1.3 韩信潍水之战的水攻艺术

汉高祖四年（公元前 203 年）十月，韩信袭破齐田广军，占领齐都临淄（今山东淄博东北），进军至潍水（今山东潍河），田广败走高密（今山东高密西南），向项羽求救。项羽派将军龙且率军救援。十一月，楚齐联军与汉军对峙于潍水两岸。当时，龙且军号称二十万，韩信兵数万，龙且在兵力上占绝对优势❷。韩信鉴于敌众已寡，交战前，派人乘夜用大批沙袋在潍水上游筑坝，抬高水位，此时，山东半岛已进入冬季，潍水正是枯水期，再加上游被沙包筑坝挡水，下游河床几近干涸。韩信命一部分兵力渡河进攻，随后又佯败退回西岸，以引诱楚军渡河追击。

韩信是著名军事家，一定知道半渡而击的道理，之所以敢于渡河去诱敌，又能够顺利渡河退回，是因为上游筑坝，河床变浅，对于渡河不构成威胁。龙且的一部分人马能够顺利渡河追击，也是这个原因，但是龙且没有问为什么河床会变浅，而是以为汉军怯弱，大意地率军渡河追击。待其渡过一半时，韩信命人决坝放水，大水直泻而下，立即将正在渡河的楚军冲散，将楚军分割在潍水两岸。当齐楚联军慌乱之际，早已埋伏好的灌婴，率骑兵趁势冲杀过来，佯败的步卒随后也回头重新投入战斗，于是大破齐楚联军，斩杀龙且。❸ 东岸联军不战自溃，汉军乘胜追击，俘田广，平定齐地。汉军在北方战场取得决定性的胜利，直接威胁项羽统治中心，为转入反攻奠定了基础。

对于潍水之战，《史记》和《汉书》都有详细记载。

《史记·淮阴侯列传》载："齐王广、龙且并军与信战，未合。""与信夹潍水陈。韩信乃夜令人为万余囊，满盛沙，壅水上流，引军半渡，击龙且。佯不胜，还走。龙且果喜曰：'固知信怯也。'遂追信渡水。信使人决壅囊，水大至。龙且军大半不得渡，即急击，杀龙且。龙且水东军散走，齐王广亡去。"《汉书·韩彭英卢吴传》记载基本相同。

《史记·高祖本纪》："项羽闻韩信已举河北兵破齐、赵，且欲击楚，则使龙且、周兰往击之。韩信与战，骑将灌婴击，大破楚军，杀龙且。"

《汉书·高帝纪上》："十一月，韩信与灌婴击破楚军，杀楚将龙且，追至城阳，虏齐王广。"没有提到用水攻，而是突出了灌婴骑兵在这次战斗中的作用。实际灌婴骑兵攻击

---

❶ 中国考古网. 秦末汉初雍王之都废丘究竟在何处. 文物鉴定与鉴赏，2019（1）：75.

❷ 目前有一些研究认为，潍水之战时，楚汉兵力相当。

❸ 聂传平，牟晓忠. 论潍水之战对楚汉战争进程的影响. 德州学院学报，2011（2）.

只是整个战役的一部分。

《水经注·潍水》云："昔韩信与楚将龙且夹潍水而阵于此。信夜令为万余囊，盛沙以遏潍水，引军击且，伪退，且追北，信决水，水大至，且军半不得渡，遂斩龙且于是水。"

这次战役是"半渡而击"和"半渡而淹"相结合的成功战例。其中敌人渡河进行到一半时，决水淹敌，既是"半渡而淹"，是成功的关键。

实施"半渡而淹"，需要有比较专业的水利工程技术和良好的军种配合以及统一的指挥，这几方面韩信都成功做到了。

第一，要在短时间内成功筑坝，而不被敌人发现，韩信选择在晚上施工，只用比较短的时间，一个晚上或几个晚上，简易的坝就筑成了。

第二，筑好的坝，能够挡水，但又不能太坚固。这种坝，不是设计意义上的水坝，而是简单地把水堵住，抬高水位，是否漏水，是否安全都不重要。使用袋装的沙囊为筑坝材料，正是高明之处，虽然筑坝时不太容易，但是有易决的特点，能够在短时间内决坝，形成洪水。相信韩信军中一定有通晓水利工程的人才，在材料使用上，确有良苦用心。

第三，筑坝的地点，不能离战场太近，否则容易被发现，也不能太远，太远则决坝后水流时间过长，难以控制，也难以形成有威胁的洪水。最佳的战术是在离战场稍远的地方筑坝，然后把敌人引向离坝很近的下游，这样，从诱敌渡河，传递决坝信息，决坝以水淹敌，一气呵成，能够形成有效攻击。实际上韩信正是使用了这一战术，由于龙且的大意，韩信成功引诱敌人渡河，渡河的地点虽然没有记载，但一定是在离筑坝地点不远的下游，韩信之所以要去引诱敌人渡河，而不是等待敌人自己渡河时，再去决水淹敌，也正是基于这一点考虑。

第四，诱敌渡河的时间，选择在清晨，这一点虽在史书中没有明确记载，但明代著名军事家刘基在《百战奇谋》中认为是"旦渡击且"[1] 是十分有道理的，清晨时，敌人尚在朦胧之际，不容易发现我军的决坝计划。

第五，决水的时间控制恰当，攻击敌人，而不能伤及自己的军兵。决水的信号是如何传递的，没有记载，古代信息传递的方式有烽火，快马，特殊的声音如钟声、鼓声等，如果不是太远，完全没有问题。

由以上分析可知，潍水之战中的水攻战术是经过精心设计的，从筑坝的时间、地点到筑坝材料都有巧妙安排，成功的关键是引诱敌人到合适的地点渡河，所以韩信设计了佯败战术，在清晨天尚未完全放亮时发起攻击，整个战斗围绕决水淹敌的战术布置展开，使敌人完全进入设计好的圈套之中。等待部分敌兵渡河后，决坝放水，使敌军陷入混乱，埋伏在附近的强大的灌婴骑兵乘机向敌军发起攻击，将敌军击溃。

这次战斗中，决水淹敌的作用并非要用水消灭敌人，而是分割敌军，打乱敌人的阵脚，使其失去战斗力。史料记载也未提到有龙且的军兵被溺毙。实际上，韩信仅仅用了一个（或几个）晚上筑坝，只是简单地把水堵住，抬高水位，决坝后不可能形成很大的洪水，但是当时正在冬季，不大的水深就可以阻止敌人渡河。这是这一战役成功的关键，充分体现了韩信高超的指挥艺术。

---

[1] 《百战奇谋·水战》"信夜使人囊沙壅水上流，旦渡击且，佯败走。"

正是因为以水淹半渡之敌有以上一些难点和问题，需要具备多方面的条件，所以有人怀疑潍水之战水攻的真实性。实际上，只要条件具备，精心布置，指挥得当，是完全可以做到的。因为其难度，后代类似的成功战例很少。

唐赵蕤《长短经》对这次战斗的水攻作战，作了独到的评论："此反半渡之势"，即反用"半渡而击"的生动战例。明刘基著《百战奇谋》把这一战役列为水战成功的典范。

李兴斌《韩信用兵艺术浅探》[1] 一文也认为，韩信用兵有谋虑细密，胜而后战的特点，潍水之战就是一个很好的战列："这一战中，他以沙囊壅水，'引军半渡'而击、佯败、水攻、分割歼敌，一气呵成，其用计之工巧，用意之填密，随处可见。"作战的各个细节考虑非常周密，因为使用佯败诱敌过河的战术，安排不当就很可能淹了自己的军队，决坝时机的掌握也是非常重要的。

潍水之战，韩信不但消灭了楚军大量有生力量，而且使楚军陷入汉军及其盟军的战略包围之中，对楚汉实力对比的转变，和战争进程都产生了重大影响。此战后，刘邦、项羽根据局势的转变调整战争策略，战局开始出现有利于刘邦的根本性转变。

现山东诸城市城北约 25 公里处的潍河上游古县村（汉石泉县治所）东侧的潍河上有韩信坝旧址，传说是当年韩信筑坝的地方。潍河在这里形成一咽喉地带。河水穿过峡谷，进入冲积平原，河床复又变宽，水流渐缓，枯水时节，徒步可涉，符合筑坝壅水的条件。《水经注》：潍水"又东北，水有故堰，旧凿石竖柱，断潍水，广六十许步，掘东岸，激通长渠，东北径高密县故城南"。这是一个有坝引水灌溉工程。其位置在韩信筑坝的上游一些。

又清乾隆《诸城县志》载，潍水上有上中下三坝，皆称为韩信坝。应该是误传，其中只有上坝可能是在潍水之战的坝址。韩信所筑之坝，是一个简易坝，而且当时就溃决了，也没有形成很大的洪水，只有一个坝址，而且很可能不会有遗迹。

这次水攻战，韩信筑坝，使用了装满沙子的囊。囊是袋子，用粗纤维织成。建武八年（公元 32 年），岑彭水灌西城，也曾用缣囊盛土筑堤。说明汉代时这种技术已经比较成熟，应当是从防洪工程学来，用于军事工程的。

4.1.4 栾布、郦寄水灌邯郸

汉景帝时，由于晁错的削藩策引起一些诸侯王们的不满，景帝三年（公元前 154 年）吴王刘濞、楚王刘戊、赵王刘遂、济南王刘辟光、淄川王刘贤、胶西王刘昂、胶东王刘雄渠等七个藩王联合发动叛乱，史称"七国之乱"。他们以"诛晁错，清君侧"为借口，欲夺景帝帝位。景帝在众臣的压力下被迫腰斩了晁错，而"七国之乱"并没有因此而停止，吴王还自立为皇帝。景帝无奈之下，只得派太尉周亚夫等大将前往镇压。《史记·吴王濞列传》载："七国反书闻天子，天子乃遣太尉条侯周亚夫将三十六将军往击吴、楚；遣曲周侯郦寄击赵，将军栾布击齐，大将军窦婴屯荥阳监齐、赵兵。"开始了平定"七国之乱"的战争。

平定"七国之乱"，汉景帝一共派出周亚夫、郦寄和栾布三路大军，其它两路大军只

---

[1] 载《军事历史研究》1988 年 7 月。

用了三个月的时间，很快取得了胜利，只有曲周侯郦寄击赵的一路军队遭到顽强抵抗。赵王遂凭借邯郸城坚固的城防与汉军对抗达七个月之久，直到栾布平定齐王之后，到来增援，并引水灌城，才打破邯郸。关于平赵的有关记载：

《汉书·高五王传》："汉使曲周侯郦寄击之，赵王城守邯郸，相距七月。吴、楚败，匈奴闻之，亦不肯入边。栾布自破齐还，并兵引水灌赵城。城坏，王遂自杀，国除。"

《史记·吴王濞列传》："郦将军围赵十月而下之，赵王自杀。"

《史记·樊郦滕灌列传》："孝景前三年，吴、楚、齐、赵反，上以寄为将军，围赵城，十月不能下[1]。得俞侯栾布自平齐来，乃下赵城，灭赵，王自杀，除国。"

《汉书·荆燕吴传》："郦将军攻赵，十月而下之，赵王自杀。"

《汉书·樊郦滕灌傅靳周传》："孝景时，吴、楚、齐、赵反，上以寄为将军，围赵城，七月不能下，栾布自平齐来，乃灭赵。"

从这些记载可以看出，灭赵一共用了十个月时间，其中郦寄攻赵，相持七个月，栾布到来增援后，引水灌邯郸城，用了三个月。一般引水灌城，需要有勘察水源，规划渠线，做简单的测量，修筑工程等措施，水淹城墙也需要一定的时间，所以三个月时间是合理的，各处史书的记载并不矛盾。

《水经注》中对引水灌邯郸有比较详细的记载："拘涧水又东，又有牛首水入焉，水出邯郸县西堵山，东流分为二水，洪湍双逝，澄映两川。汉景帝时，七国悖逆，命曲周侯郦寄攻赵，围邯郸，相捍七月，引牛首拘水灌城，城坏，王自杀，其水东入邯郸城，径温明殿南。"

牛首水是拘涧水的支流，《寰宇记》："牛首水在邯郸县西北三十里。"离城相当远，灌城的水源应当是两水汇合以后的河水。这次灌城，邯郸城墙被淹塌，河水由东面灌入邯郸城，造成城墙淹塌。由此可以推测，这次水攻，应该也是修筑了围城的堤防。因为灌城的水源在城的西面，而淹塌的城墙在东面，如果没有围城的堤防，很难想象何以水在西面而东面的城墙淹塌。

根据考古资料，证实了东面城墙缺失这一情况。邯郸城区东部地势低洼，战汉文化层一般被淤埋在现地表6米以下，特别是东垣及其以东地区，城垣基底以下多为黑色污泥，说明战汉时期为大面积洼地。而且，旧城北垣东段至今未能发现，即与此次水攻毁城史实有关。至于新城东延至旧城外，可能也是基于东部地势低洼，为保护旧城东垣而修筑[2]。

4.1.5 齐人延年"河出胡中"，以防匈奴之策

利用黄河防御北方少数民族侵略的想法早在汉代就有已经产生。

《汉书·沟洫志》载：是时方事匈奴，兴功利，言便宜者甚众。齐人延年上书言："河出昆仑，经中国，注渤海，是其地势西北高而东南下也。可案图书，观地形，令水工准高下，开大河上领，出之胡中，东注之海。如此，关东长无水灾，北边不忧匈奴，可以省堤防备塞，士卒转输，胡寇侵盗，覆军杀将，暴骨原野之患。天下常备匈奴而不忧百越者，

[1] 《水经注疏》：会贞按："史记·郦商传"称，十月不能下，十乃七之误。

[2] 乔登云，乐庆森．赵都邯郸故城考古发现与研究．邯郸学院学报，2005 (1).

以其水绝壤断也。此功一成，万世大利。”

这是一个大胆但不切实际的想法。齐人延年提出“河出胡中”之策，是在汉武帝末年，大约太始二年（公元前95年）“赵中大夫白公复穿渠”事后。当时汉朝廷对匈奴的大规模战事虽然已经结束，匈奴远遁漠北，但是匈奴的隐患仍然没有完全消除，黄河下游也水灾频繁，汉朝廷对这一建议，还是非常重视的。这一设想的基本出发点是，利用黄河可以阻挡匈奴的侵扰，就像南方的百越不侵扰中原，是因为有山川的阻挡一样。如果人为使黄河在上游改道，穿过所谓“胡中”地区，则可以达到“关东长无水灾，北边不忧匈奴”的目的。其行河路线，齐延年只是一个模糊的说法，现代学者研究后认为，大概是开凿北河（磴口至包头间黄河）北岸的阴山山脉，由北河导黄河水出阴山北麓的漠南地区，东流入渤海。❶ 由于工程浩大，实际实施，非当时人力、物力和技术力量所能达到。汉武帝以河流是神禹所定，不能更改为由，对这一建议，予以否定。

利用黄河决口或者改道以阻止敌军的战术思想，后代一直延续，并在实践中加以运用。

4.1.6 隗嚣水灌略阳、治元多水灌显美

西汉末年，地方豪强在反对王莽的大旗下各自割据一方，隗嚣政权成为西北地区最大的割据势力，其人政治态度变化无常，成为光武帝统一道路上的一大障碍。

建武八年（公元32年）春，光武帝派来歙率两千多人，伐山开路，从番须、回中直达略阳（今甘肃秦安陇城镇），杀隗嚣守将金梁，袭取了略阳城，出于隗嚣意外。略阳虽是小城，却是隗嚣的心腹之地。为了夺回略阳，隗嚣率领主要的精锐部队几万人包围略阳城。开山筑堤，引水灌城，企图用水攻的办法夺回略阳，史载其“斩山筑堤，激水灌城”。用尽各种办法。来歙和将士拼死坚守，箭用光了，就拆房子锯木头作为兵器。隗嚣用所有精锐部队攻城，从春天一直到秋天，隗嚣始终未能夺回略阳。正当隗嚣水攻略阳时，光武帝刘秀大举征发关东兵，亲自率兵到陇地，赶来增援。隗嚣闻知光武率部前来，溃散逃走，略阳解围。

《后汉书·卷十五》载：“八年春，歙袭略阳，合二千余人，伐山开道，从番须、回中径至略阳，斩嚣守将金梁，因保其城。嚣大惊曰：‘何其神也!’乃悉兵数万人围略阳，斩山筑堤，激水灌城。歙与将士固死坚守，矢尽，乃发屋断木以为兵。嚣尽锐攻之，自春至秋，其士卒疲弊，帝乃大发关东兵，自将上陇，嚣众溃走，围解。”

隗嚣水攻略阳，显然是一次不成功的作战，从春天到秋天，有几个月的时间，组织一次有效的水攻，时间是足够的。由于记载这次水攻的史料非常少，其原因很难简单地下结论。或者与水源和地形有关，从有限的资料看，工程规模不小，水攻进行得相当不容易。分析这次水攻，主要有三方面的工程，一是“斩山”，二是“筑堤”，三是“激水”。“斩山”的作用可能有两方面，一是挖山取土石，用于筑坝或筑堤；二是开挖引水渠道，从山上引水，或者这两项工程都有。筑堤也有两方面的工程要做，一是引水工程，有些地方需要修筑堤防；二是需要修筑围城的大堤。“激水”即壅水，筑坝抬高水位，《淮南子·诠言

---

❶ 宋超．齐人延年决河出“胡中”考略．秦汉研究，2007（1）：100－106.

训》说："使水流下，孰弗能治；激而上之，非巧不能。"激的意思与壅类似，抬高水位，所以这次水攻应是有坝引水工程，工程量相当大。长期的施工，使得"士卒疲弊"，这是隗嚣事先没有想到的。另一方面，缺少技术也很重要，引水渠道设计不合理，导致工程量加大，"斩山"的描述，说明其难度，用大批士卒去挖山、引水、筑堤，这些都降低了部队的战斗力，从而削弱了进攻力量，导致几万人的大军攻克不了二千人防守的小城。当光武的援兵一到，隗嚣的军队立刻崩溃。所以，水攻的办法使用得当，可以起到扭转战局，克敌制胜的效果；使用不当，则可以使自己成为疲惫之师，从而导致败绩。

关于这次水攻，后来魏文帝曹丕的一番话是很好的诠释。黄初二年（221 年），魏镇西将军曹真讨凉州卢水叛胡治元多、封赏，当接到前方战报说胡人要决水灌显美城时，曹丕对左右诸将说："昔隗嚣灌略阳，而光武因其疲弊，进兵灭之。今胡决水灌显美，其事正相似，破胡事今至不久。"果然，十天之后，捷报传来，破胡告檄到，曹丕因此又大笑说："吾策之于帷幕之内，诸将奋击于万里之外，其相应若合符节。前后战克获虏，未有如此也。"[1] 这里曹丕指出了隗嚣失败的原因是采用水攻，导致军队疲弊，从而被光武打败。曹丕认为胡人决水灌显美和隗嚣水灌略阳情况很相似，所以胡人必败。为什么曹丕能够运筹帷幄之中，决胜千里之外，其实是曹丕对水攻战比较了解，对水攻战的优势和劣势有清醒的认识。

胡人治元多和封赏决水灌显美这一事件，出自曹丕口中，在史料中却没有更详细的记载。《三国志·魏书·文帝纪》注引魏书："十一月辛未，镇西将军曹真命众将及州郡兵讨破叛胡治元多、卢水封赏等，斩首五万余级，获生口十万，羊一百一十一万口，牛八万，河西遂平。"水灌显美事，应当就发生在这次战争中。胡人治元多等决水灌显美城，最后失败。显美县，汉武帝时置，属张掖郡，故治在今甘肃永昌县城东的四十里铺，六坝乡的古城，东汉改属武威郡。

4.1.7 岑彭水灌西城

汉光武帝建武八年（公元 32 年），隗嚣在水灌略阳失败后，逃跑到西城。光武留岑彭与吴汗围隗嚣于西城，自己引兵东归。《后汉书·光武帝纪》载："陇右溃，隗嚣奔西城，遣大司马吴汉、征南大将军岑彭围之。"岑彭攻西城，也采用水攻的方法，以期用谷水灌西城，结果也以失败告终，耗费了大量宝贵时间，以致粮食用完，不得不撤兵，陇右重归隗嚣。

对于这次水攻西城的战斗过程，史料也不乏记载：

《后汉书·冯岑贾列传》："八年，彭引兵从车驾破天水，与吴汉围隗嚣于西城。彭遂壅谷水灌西城，城未没丈余，嚣将行巡、周宗将蜀救兵到，嚣得出还冀。汉军食尽，烧辎重，引兵下陇。"李贤注：《东观汉记》曰：岑彭与吴汉围隗嚣，时以缣囊盛土为堤灌西城，谷水从地中数丈涌出，故城不拔。

《水经注·漾水、丹水》："岑等壅西谷水，以缣幔盛土为堤，灌城。城未没丈余。水穿壅不行，地中数丈涌出，故城不坏。"

---

[1] 《三国志·魏书·文帝纪》。

关于西城是何地，有不同说法，西城即秦汉西县城，三国西城。它的前身是秦先祖最早都邑“西垂”“西犬丘”“西新邑”。《水经注疏》会贞按：西城谓西县城也，非西城县。《后汉书·隗嚣公孙述列传》载：“西城（县），属汉阳郡，一名始昌，城在今上邽县西南。”据研究，西县城故址在今甘肃西和县长道镇治地“西团村”，即长道古城。从地形上说，符合水灌西城的描述，引水灌城发生在长道、永兴间。❶

灌城的水源来源于西谷水，它是一条小河，据实地考察，“古城西边有一个相距约一里的水泉村，村口有一股山间小溪流向建安水，这条溪水流量不大，上世纪六十年代以前常年奔泻，其后由于生态恶化，变成了基本干涸的小溪，只有到了雨天和秋季，小溪才流水潺潺。料想两千多年前的水泉村小溪流量一定比今天大，它又在长道古城的西面，正是郦氏所说的‘西谷水’。这条西谷水的地势较高，完全可以从沟口引来浸灌西城。当年吴汉、岑彭等人壅堵此水，用‘缣幔盛土为堤’，注水浸灌城垣”。❷

这次水攻的具体工程布置大体是：在谷水（或西谷水）以缣囊盛土筑坝，抬高水位，引水至城下，城外修筑围城的堤防，引水注入堤内。水攻战失败的主要原因是工程出现问题，“谷水从地中数丈涌出”，应当是壅水坝在水压力作用下，严重漏水，水从坝下渗出。再往上修筑，有垮坝的危险。由于坝的高度不够，难以抬高水位，没有足够的高差，灌城的水位也难以提高，也有可能是围城的堤防出现漏水，“水穿壅不行”是这种情况的真实描述。最后的结果是“城未没丈余”，灌城的效果十分有限。一般有效的水攻要把城墙淹没到一定程度，然后乘水进攻。而此次水攻围城的水太浅，难以达到目的。

值得注意的是，这次水攻提到以“缣囊盛土为堤”。“缣”在此处显然不是指丝帛一类的精细织物，而是指一些粗厚织物。囊是口袋，韩信在潍水筑坝时，就用了一万多个囊。说明在汉代时，用沙包或土包来快速筑堤筑坝已经比较普遍了。

指挥这次水攻战役的是岑彭和吴汗，但是该战役仅见于岑彭的传记中。岑彭，字君然，东汉初年军事家，云台二十八将之一。虽然这次战役没有取得成功，但是由于岑彭的出色指挥，全体将士得以安全撤退。

4.1.8 光武不用水攻

更始元年（公元 23 年）十月，光武进兵至邯郸，已故赵缪王子刘林向光武帝献策说：“‘赤眉今在河东，但决水灌之，百万之众可使为鱼。’光武不答，去之真定。”❸《后汉书》特意记载这件没有实施的决河事件，说明这一建议当时具有一定的影响，不仅仅是刘林一个人的看法。“七国之乱”时的水淹邯郸离那时不到二百年，刘林是赵人后代，不会不知道这次事件。因此，想重演历史，也用水攻战胜赤眉军。

光武帝不答，说明并不完全否定用水攻，只是时机和能否实施的问题，需要做进一步考察。这时的黄河正是王莽始建国三年（公元 11 年）于魏郡（今濮阳境）河决后不久，改道东流后的黄河，河水漫流于清河以东各郡，没有形成统一的河道，地上河尚未形成，要真正实施决河淹敌，困难很大，这应该是光武帝没有实施决河的主要原因。

---

❶❷ 张希仁. 三国西城今地考. 天水师范学院学报，2017 (5)：42 - 44.

❸ 《后汉书·光武帝纪》。

《路史》卷三十三对此评论说："汉光武在邯郸，赵璆王子林辈请决河流则赤眉之百万众为鱼矣，而光武且不答，伯禹之心可得而知矣。圣人之爱人，何此疆尔界之殊哉!"把光武帝不决河说成是圣人的爱民之心，是对统治阶级的美化。

4.1.9 陈球反决水守零陵

陈球，字伯真，下邳淮浦人。东汉阳嘉（132—135 年）中，曾为繁阳县令，后被太尉杨秉推荐为零陵（今湖南永州）太守，平定了桂阳李研等群寇暴乱。此时，荆州兵朱盖等反叛，联合桂阳的农民军胡兰数万人进攻零陵。零陵地势低洼潮湿，用木桩排列起来作为城墙，守城困难。史载陈球给粗大的木头安上弦作成弓，把长矛装上羽毛制成箭，制造发射机器，可以射到一千多步以外，被这种武器杀伤的敌人很多。叛军于是引河水灌进城内，陈球就在城内借助地势反过来决水淹叛军。双方对抗了十多天，叛军未能攻下零陵。适逢中郎将度尚率领救兵赶到，陈球招募士卒，与度尚一起击破朱盖军，并斩杀朱盖。

《后汉书·张王种陈列传》："是时，桂阳黠贼李研等群聚寇钞，陆梁荆部，州郡懦弱，不能禁。太尉杨秉表球为零陵太守。球到，设方略，期月间，贼虏消散。而州兵朱盖等反，与桂阳贼胡兰数万人转攻零陵。零陵下湿，编木为城，不可守备，郡中惶恐。乃悉内吏人老弱，与共城守，弦大木为弓，羽矛为矢，引机发之，远射千余步，所杀伤众。贼复激流灌城，球辄于内因地势反决水淹贼。相拒十余日，不能下。会中郎将度尚将救兵至，球募士卒，与尚共破斩朱盖等。"

据《资治通鉴》记载，此事发生在东汉延熹八年（165 年）五月，其过程基本相同。这次朱盖等反叛军队的水攻，有几点值得注意：

第一，这次水攻只是各种进攻手段中的一种，"激流灌城"就是筑坝壅水灌城，零陵附近有湘江及其支流潇水在境内汇合，还有一些小的河流，水源比较丰富。水攻是在战斗进行到一定时候的一种加强进攻手段，同时还有陆地上的进攻。

第二，水攻战没有取得多少实战效果，零陵是"编木为城"，守备都很困难，城墙并不高大，因地势的关系，零陵城内地势有高有低，水攻未能发挥有效作用，可见强度有限。

第三，陈球因地势反决水淹敌。削弱了敌人水攻的作用。现在的湖南省永州市零陵区，地势南高北低，以山地为主，为半山地半丘陵区。陈球"反决水"是何型式，虽然没有记载，应当是在城内筑坝，把灌进城内的水抬高水位，反灌城外，这从另一方面也说明，叛军淹进城的水位不会太高。

4.1.10 董卓潜鄢渡水

董卓，东汉末年时军阀、权臣，年轻时，作战粗猛有谋，多建战功。大约在中平二年（185 年），率领三万人马讨伐先零羌人，在汉阳郡望垣县（今甘肃天水市西北渭河南岸）的北面被羌人围困，粮草也快吃完了，进退都很困难。他就假装在附近的河上筑堰，让敌人以为他们是要捕鱼。由于筑堰后河水变浅，他就暗地里命令军队从堰下过河，撤走军队，然后决堰。等到敌军发觉来追赶时，决口流出的水已经很深了，敌军无法渡河，从而摆脱了敌军。当时其他各路兵马都大败而归，唯有董卓的军队得以全部安全撤回。

《后汉书·董卓传》:“将兵三万讨先零羌，卓于望垣北为羌胡所围，粮食乏绝，进退逼急。乃于所度水中伪立鄢，以为捕鱼，而潜从鄢下过军。比贼追之，决水已深，不得度。时众军败退，唯卓全师而还。”

董卓这次，筑堰撤退，决堰阻敌的战例，在后代的一些兵法论述中，如唐杜佑撰《通典》以及《太平御览·兵部》等书中，都把它作为水攻战的成功战例。

4.1.11 袁绍水围东武阳城

兴平二年（195年），曹操围张超于雍丘，东郡太守（治东武阳城）臧洪以情义为由，请袁绍救张超，袁绍不许，臧洪因此与袁绍断绝往来。袁绍发兵攻打臧洪东武阳城，围困达一年之久。《三国志·魏书·臧洪传》载:“洪由是怨绍，绝不与通。绍兴兵围之，历年不下。”后来袁绍见臧洪不肯投降，增兵急攻，城中粮尽，又外无救兵，终于被攻破，臧洪被杀。

这次围城时间长达一年，其包围和封锁是非常严密的。《水经注·河水》对这次事件记载较为详细:“漯水出东武阳”，“水自城东北径东武阳县故城南。臧洪为东郡太守，治此”，“曹操围张超于雍丘，洪以情义，请袁绍救之，不许，洪与绍绝。绍围洪，城中无食”，“今城四周，绍围郭尚存。水匝隍堑，于城东北合为一渎，东北出郭，径阳平县之冈成城西”。所谓“围郭”就是围城的堤防，“郭”原指外城墙，袁绍在城墙外又筑一围墙，显然是用于围困城内守军。郭与堤都是用土夯成，是类似的建筑。“水匝”说明绕城一周都有水，“隍”与“堑”都是城壕，绕城有壕灌水，又筑围城堤防，很可能当时是水灌东武阳城。采用绕城筑堤的方式，引水注入。

东武阳故城位于莘县十八里铺西段屯村西北，又称西段屯遗址，现为聊城市重点文物保护单位。东武阳故城城址为高台地，高约1.5米，四周为平地，面积约12000平方米。从暴露遗迹看，文化堆积深达1米左右，有散布的灰沟坑。据部分志书记载和史料考证，这里就是汉代的东武阳故城。

4.2 曹操以及东汉末年的水攻战

东汉末年，天下大乱，战争频繁。水攻战以曹操为代表人物，三国局面形成后，则很少发生水攻战。

4.2.1 善用水者曹操

曹操是三国时期著名的军事家，也是著名的水利家，在其一生的征战生涯中，注重对水利的利用，不断使水利建设为军事和战争目的服务，兴建了一些著名的工程，如建安九年（204年），北征袁尚，筑枋堰，“遏淇水入白沟，以通粮道”[1]。建安十一年（206年），北征乌桓，开平虏渠和泉州渠。建安十八年（213年），开利漕渠，引漳水过邺入白沟转通黄河。这些运河工程为取得战争胜利奠定了后勤保障的基础。除了开凿运河以通粮道，

---

[1] 《三国志·魏书·武帝纪》。

曹操还先后命刘馥、朱光在淮南屯田，兴修水利，积草屯粮，为进攻东吴做准备，淮南水利在这一时期获得了较大发展。

曹操还三次发动水攻，以水代兵，均取得了成功。近代学者卢弼在注解《三国志》时，评论说："操攻太寿，决渠水灌城；攻下邳，决泗水、沂水灌城；攻邺，决漳水灌城，善利用水者也。"善于用水，使曹操在战争中处于优势地位。这与他在军事思想上重视水攻，在经济建设中重视水利，在军事决策上善于采纳谋士们的建议分不开。

4.2.2　水围襄邑

汉献帝初平四年（193 年）春，曹操攻击屯兵于匡亭的袁术部将刘详，袁术发兵救援并与曹操战，兵败退保封丘，曹操包围封丘，袁术未交战又败退襄邑（位于现河南省睢县），曹操继续追击到太寿，并决渠水灌城，袁术又败走宁陵，一直跑到九江（治寿春）。

《三国志·魏书·武帝纪》记载这一事件：四年春，"术使将刘详屯匡亭，太祖击详，术救之，与战，大破之。术退保封丘，遂围之，未合，术走襄邑，追到太寿，决渠水灌城。走宁陵，又追之，走九江。夏，太祖还军定陶。"

曹操在追击袁术的过程中曾经决水灌城，关于"决渠水灌城"到底灌的是那一座城，历史上是一个悬疑。一些史料认为，曹操决水灌的是太寿城，但历史上并无此城，所以曹操决水灌的应该是襄邑，而非太寿。

襄邑为东汉时城邑，《郡国志》：陈留郡襄邑。《大清一统志》：襄邑故城，今河南归德府睢州西一里。襄邑周围水源丰富，据《水经注》记载，有睢水，"睢水又东迳襄邑县故城北。"涣水，"涣水又东南流，迳雍丘县故城南，又东迳承匡城，又东迳襄邑县故城南。"谷水，"谷水首受涣水于襄邑县东，东迳承匡城东。"还有太寿水，建安（196—219 年）初[1]，夏侯惇兼陈留、济阴太守，曾"断太寿水作陂"[2]。《三国志集解》就这一事件注解说，钱大昭曰："初平四年，袁术走襄邑，追到太寿，决睢水灌城，即其处也。"

此事件记载的含糊之处在于对太寿的解释。关于太寿，《三国志集解》引赵一清注解："太寿不见于两汉志，大约在宁陵、襄邑之间。"关于决渠水灌城。谢锺英曰：决睢阳渠水也。按《三国志集解》中各家的注解不同，赵一清说这一"决渠水灌城"事件是决睢阳渠水，灌太寿城；按钱大昭说，则是决睢水灌太寿城，两家注解的说法本身就不同，所以古人注解也未见得完全可信。太寿，作为一城市或城邑名称，未见有史料记载，赵一清注释也说"太寿不见于两汉志"，又推测"大约在宁陵、襄邑之间"。据《元和郡县图志》，宋州管县十，其中有襄邑和宁陵，无太寿。如果"决渠水灌城"是水灌太寿的话，那么太寿一定是一个城邑，否则"灌城"的说法难以成立。但是，历史记载中却没有这一城市。《水经注疏》也说太寿地名无考。而且，宁陵、襄邑之间并不远，按东汉时的城市密度，距离还是比较近的，中间不大可能还有一个城市。因此曹操"决渠水灌城"淹的不是太寿城。

到了唐德宗时，发生了一次类似的战斗，叛军李希烈率兵五万攻宁陵，并决汴水灌

---

❶ 马植杰．论曹魏屯田的创始时间及有关问题．史学月刊，1991（3）．

❷ 《三国志·诸夏侯曹传》。

城，结果反被守城的高彦昭、刘昌击败，被官军从宁陵追到襄邑“希烈大败，取其旆，斩首万计，追北至襄邑”。[1] 其方向正好与曹操追袁术相反，经过路线是大体一致的，中间并没有一个太寿城。如果唐朝没有，往上追溯到三国时，应该也没有，对于一个城市来说，几百年历史并不算长。

而太寿作为水名是有的，夏侯惇曾经“断太寿水作陂”，《三国志集解》：“陂在今睢州东。”《水经注疏》会贞按夏侯坞“在今商丘县西北”。所指均在当时的襄邑东，所以太寿水应在襄邑东，曹操追击袁术，是到太寿水，而非太寿城，古代用水作为地名是常有的，水即河流，和城市一样，是古代战争中最重要的地理标志，“决渠水灌城”，水攻的是襄邑，非太寿，而水攻的水源可能正是太寿水。睢阳渠建成于建安七年（202 年），此时尚未修建，所以不可能决睢阳渠水。

关于这次决太寿水灌襄邑，没有更多的史料记载，规模应该不大。从“遂围之，未合”的描述看，是想引太寿水围困襄邑，但是不幸被袁术发现，识破阴谋，袁术围决水工程还没有完工时就开城逃跑了。曹操吸取了这次经验教训，建安九年（204 年）引漳水围邺城时，采用了虚晃一招的战术，成功将袁尚围困于邺城。

4.2.3 水灌下邳

汉建安三年（198 年）九月，曹操率军东征吕布，十月，血洗彭城（今徐州），进军至下邳（旧址在今江苏睢宁县古邳镇），又大破吕布军，吕布败退至下邳城内，凭城固守。下邳城墙高大，易守难攻，曹操猛攻不克，就在城四周挖掘壕堑围困下邳。由于经过长时间的连续战斗，军队十分疲劳，曹操想要返回许都，放弃攻城，这时，荀攸、郭嘉献计，决泗、沂水灌城，“今及布气之未复，宫谋之未定，急攻之，布可拔也”。终于使吕布军心瓦解，生擒吕布。

水灌下邳的战斗在《后汉书》《三国志》以及其他史书中均有记载。

《三国志·魏书·武帝纪》：“九月，公东征布。冬十月，屠彭城，获其相侯谐。进至下邳，布自将骑逆击。大破之，获其骁将成廉。追至城下，布恐，欲降。陈宫等沮其计，求救于术，劝布出战，战又败，乃还固守，攻之不下。时公连战，士卒罢，欲还，用荀攸、郭嘉计，遂决泗、沂水以灌城。月余，布将宋宪、魏续等执陈宫，举城降，生禽布、宫，皆杀之。”

《三国志·魏书·吕布张邈臧洪传》：“太祖堑围之三月，上下离心，其将侯成、宋宪、魏续缚陈宫，将其觽降。”

《三国志·魏书·荀彧攸贾诩传》：“乃引沂、泗灌城，城溃，生擒布。”

《后汉书·刘焉袁术吕布列传》：建安三年，“操乃自将击布，至下邳城下”。“曹操堑围之，壅沂、泗以灌其城，三月，上下离心”。

由以上记载可知，这一战役历时大约三个月，经历了堑围和灌城两个阶段，堑围未能攻克，这一情况在《资治通鉴》中说得比较清楚：“操掘堑围下邳，积久，士卒疲敝，欲还。”明确说明挖掘壕堑，围困的时间较长。后来改用引水灌城，就是加强进攻，既“急

[1] 《新唐书·李希烈传》。

攻”的办法。《资治通鉴考异》特地对这一情况进行了考证，“《范书·布传》云‘灌其城三月’，《魏志传》亦曰‘围之三月’。按操以十月至下邳，及杀布，共在一季，不可言三月。今从《魏志·武纪》。”司马光此处取陈寿围城三月之说，而否定灌城三月之说。灌城的时间，正如《三国志·魏书·武帝纪》所说是“月余”。

对于灌城的方法，各书记载略有出入，有“决”“壅”“引”三种说法。一般来说，“壅”与“引”的方法不矛盾，它们是相互配套的措施。如果筑坝壅水，或多或少总要修建相应的引水渠道，才能把水引到指定的地方以达到灌城的效果。引水则可能有坝，也可能无坝，既然记载有“壅”的方法，那么应该是有坝引水。因此在沂水和泗水这两条河的水源中，至少有一条河采用了筑坝引水的措施来淹灌下邳。而同时在两条河上筑坝引水则可能性不大，因为无此必要，工程量也太大。另外一条河流则可能是“决”水，作为辅助的水源。《元和郡县图志·河南道五》就记载：“魏武帝征吕布于下邳，决泗水，引沂水以灌其城。”就是在沂水上筑坝引水，而决泗水则可能筑坝，也可能不筑坝。为什么要从两条河引水？因为第一阶段是“堑围”，水源比较低就可以，后来改用灌城，要求水源在比较高的位置，所以重新施工。从这一战役也可以看出引水攻城的复杂性。

这次水灌下邳的结果，《三国志》中有“城溃”的说法，据《水经注》记载，下邳城有三重，其大城有南门，就是白门，曹操擒陈宫处。中城为吕布所守。唐《元和郡县图志》记载更明确：“按下邳城有三重，大城周回一十二里半，中城周四里，吕布所守也。魏武帝擒布于白门，即大城之门也。”洪水淹灌后“城溃”，应该是指大城被淹溃。由于大城被攻破，对吕布军心起到瓦解作用，最后吕布的部将宋宪、魏续反叛，绑缚了陈宫后，出城投降。吕布见曹军进攻甚急，大势已去，于是也下城投降，被缢杀于白门楼。

传说，汉末曹操围下邳，吕布命人掘城内以厚其墙。此后，掘土处积水成湖，官家围石为岸，并于湖心筑凉亭多处，俗称官湖。清时邳城陷没，官湖即为旧城湖。

4.2.4 引漳围邺

汉建安九年（204 年）二月，曹操北征袁尚，袁尚正与袁谭交战，因此留部将审配防守邺城（今河北临漳西南）。曹操攻邺，先垒土山攻城，难以奏效。再掘地道，审配于城内作壕堑阻止了地道进攻。又串通审配部将冯礼为内应，开突门，试图放三百曹兵入城为内应，结果被审配军发现，以大石击中门栅，门关闭，三百人全部牺牲。

在攻城失利的情况下，曹操变换策略，改强攻为围困，绕邺城四周挖掘壕堑，长四十里。为了防止城内的守军出城干扰施工，开始时挖得很浅，看上去可以越过，审配在城上看见，不以为然，认为壕堑太浅，没有什么威胁，因此不出城争夺。等到壕堑初具规模后，曹操于夜间突然增兵，并力挖掘，深广二丈（三国时一丈等于 2.42 米），然后引漳河水灌入壕内，围城的壕堑已经形成。

《三国志·魏书·武帝纪》：“五月，毁土山、地道，作围堑，决漳水灌城，城中饿死者过半。”

《三国志·魏书·董二袁刘传》：“太祖遂围之，为堑，周四十里，初令浅，示若可越。配望而笑之，不出争利。太祖一夜掘之，广深二丈，决漳水以灌之，自五月至八月，城中饿死者过半。”

《后汉书》记载基本相同，但“一夜掘之”为“一夜浚之，”有一字之差。“浚”的含义是针对有水的河流或渠道而言，围堑可能利用了一些河流或渠道甚至护城河，否则，四十里长的围堑要一夜挖成，其工程量恐怕难以做到。

《水经注》：“漳水过邺县西，魏武堨以围邺。”为了引漳入堑，在漳河上还修筑了壅水堰。漳水是一条大河，要拦河筑坝并不容易，时间也不允许，虽然是有坝引水，修的应该只是一些导流坝。

这次水攻战的精彩之处，在于挖掘围堑时采用了欺骗战术，避免了城内敌人的干扰或逃跑。曹操在初平四年（193 年）追击袁术时，水围襄邑，就是因为围城的壕堑还没有挖成，袁术就开城逃跑了。这次曹操吸取经验教训，在一夜之间，就把围城的壕堑闭合，使审配军无法逃跑。

围堑的作用，一是断绝城内的供给，致使城内粮草缺乏，战斗力下降，军心瓦解；二是防止守军逃跑；三是阻止了外部的援军。袁尚得知邺城危急，率军万余人前来增援，进兵到滏水边上，举火示意城中，审配则出兵城北，打算里应外合，打破包围。但是由于有壕堑的阻挡，未能成功。“尚闻邺急，将兵万余人还救之，依西山来，东至阳平亭，去邺十七里，临滏水，举火以示城中，城中亦举火相应。配出兵城北，欲与尚对，决围，太祖逆击之，败还，尚亦破走。”[1] 壕堑对阻止两军会合，起了重要作用。

这次战斗最后也是守军内部瓦解，审配的侄子审荣守东门，夜晚打开城门投降，曹军遂攻入城内，生擒审配。

4.2.5 关云长乘水攻于禁

建安二十四年（219 年）七月，刘备进位汉中王，命关羽袭取樊城。樊城危急，曹操命于禁领七支精兵前去支援驻守樊城的曹仁，于禁和庞德率军驻扎在樊城北面。时逢秋天，暴雨连绵十余日不停，汉水泛滥，于禁军队遭洪水袭击，登高四望，一片汪洋，无处躲避，这时关羽乘船进攻，于禁投降。庞德与诸将避水上堤，拼死抵抗，落水被擒，不屈被杀。

《三国志·蜀书·关张马黄赵传》：“是岁，羽率众攻曹仁于樊。曹公遣于禁助仁。秋，大霖雨，汉水泛溢，禁所督七军皆没。禁降羽，羽又斩将军庞德。”

《三国志·魏书·武帝纪》：“秋七月，遣于禁助曹仁击关羽。八月，汉水溢，灌禁军，军没，羽获禁，遂围仁。”

《三国志·魏书·于禁传》：建安二十四年，太祖在长安，使曹仁讨关羽于樊，又遣禁助仁。秋，大霖雨，汉水溢，平地水数丈，禁等七军皆没。禁与诸将登高望水，无所回避，羽乘大船就攻禁等，禁遂降，惟庞德不屈节而死。”

《三国志·魏书·二李臧文吕许典二庞阎传》：“仁使德屯樊北十里，会天霖雨十余日，汉水暴溢，樊下平地五六丈，德与诸将避水上堤。羽乘船攻之，以大船四面射堤上。”

于禁、庞德失败的原因主要是由于屯军位置不当，对当地的地理、天气情况不了解导致，把军队驻扎在汉水边，汉水暴涨，淹没七军，而并非关羽所用战术的结果。当时樊城

---

[1] 《三国志·魏书》。

也在洪水的威胁之下，《三国志·曹仁传》："仁人马数千人守城，城不没者数版。"《三国志·满宠传》："羽急攻樊城，樊城得水，往往崩坏，众皆失色。"有人建议放弃樊城，满宠认为，山洪来得快，退水也快，力主固守，后来果然洪水稍退，援兵又到，樊城得以解围。

当然，关羽能够及时抓住战机，对水战有所准备也是成功的因素之一。唐李吉甫《元和郡县图志》载，古樊城，唐天宝年间改为临汉县，"县城南临汉水，魏将军曹仁据樊，蜀将关羽围樊，使于禁、庞德救之。会汉水暴涨，羽以舟师攻禁，禁遂降羽"。说明这一事件在历史上有深远影响，因驻军地点不当而遭致败绩，这是一个著名的战例。

于禁和庞德都是三国时名将，关羽擒于禁，斩庞德，威震华夏。曹操曾议徙许都以避其锋。司马懿等分析形势后认为："于禁等为水所没，非战攻之失，于国家大计未足有损。"❶ 他很清楚地认识到，于禁的失败是由于自然洪水灾害，而不是因为战斗失利，对于国家战局没有大的影响。

4.2.6 芍陂之役——争夺水利工程

魏景初三年（239 年），明帝曹睿病逝，幼子齐王曹芳即位。吴主孙权认为时机已到，于赤乌四年（241 年）四月，分兵四路大举攻魏：其中一路，吴大将全琮率数万众攻淮南（今安徽寿县），决芍陂，与魏将王凌展开激烈战斗，争夺堤坝的控制权，吴中郎将秦晃等战死，魏将孙礼所率领的将士也死伤过半，战斗连续进行多日，吴军退走。

《吴志·孙权传》："赤乌四年，琮略淮南，决芍陂，烧安成邸阁，收其人民。"

《魏志·王凌传》："正始初，为征东将军，假节都督扬州诸军事。二年，吴大将全琮数万众寇芍陂，凌率诸军逆讨，与贼争塘，力战连日，贼退走。"

《魏志·孙礼传》："礼御琮，战于芍陂，将士死伤过半。"

《资治通鉴》："四月，吴全琮略淮南，决芍陂，诸葛恪攻六安，朱然围樊，诸葛瑾攻中。征东将军王凌、扬州刺史孙礼与全琮战于芍陂，琮败走。"

芍陂是淮南一带最重要的水利工程，刘馥为扬州刺史时，就曾经"立学校，广屯田，兴治芍陂及茹陂、七门、吴塘诸堨以溉稻田"。❷ 建安十三年（208 年），刘馥去世。建安十四年，曹操"出肥水，军合肥"，"置扬州郡县长吏，开芍陂屯田"❸ 使淮南一带成为重要的产粮区，"每东南有事，大军兴众，泛舟而下，达于江淮，资食有储而无水害"❹。大规模兴修水利工程，发展农业。曹魏积极进行灭吴的准备，淮南成为魏吴争夺的前线。因此吴国不惜派出大军去破坏其屯田。

全琮决芍陂，与烧安成邸阁一样，是为了破坏魏占领区，并没有直接的军事意义。既非灌城，也非淹军，而是"争塘"。为了一个水利工程开战，在中国历史上还是非常罕见的。这一战役后，魏国加强了在淮南的屯田，据《通典》载，正始四年（243 年），既芍陂之役后的两年，"司马宣王督诸军伐吴，时欲广田畜谷，为灭贼资"。"大理诸陂于颍南

---

❶ 《三国志·魏书·蒋济传》。

❷ 《三国志·刘馥传》。

❸ 《三国志·武帝纪》。

❹ 《三国志·邓艾传》。

北，穿渠三百余里，溉田二万顷”❶，芍陂之役使魏国更加认识到水利工程的经济军事价值，魏国加快了在淮南兴修水利，军事屯垦的步伐。

4.3　东吴以水守国的三大水利措施

三国时，魏吴相争，魏强吴弱，无论从军事还是经济方面，东吴很难和魏国抗衡，但东吴有长江天险和强大的水军，为了取得战略上的平衡，东吴历朝都实行以水守国的战略方针。除了以长江天险为基本防线依托外，还兴修水利工程，作为防御设施，阻水为塘，淹没道路，迟滞敌人的进攻，达到保江而争淮、汉的目的，对维持三国鼎立的局面起了重要作用。顾祖禹在《读史方舆纪要·卷二十六》评论：“宋周氏曰：孙氏既夹濡须而立坞，又堤东兴以遏巢湖，又堰涂塘以塞北道，然总不过于合肥、巢湖之左右，遏魏人之东而已。魏不能过濡须一步，则建邺可以奠枕，故孙氏之为守易。唐氏曰：曹公以数十万众再至居巢，逡巡而不能进；诸葛诞以步骑七万失利而退，以濡须、东兴之扼其吭也。”指出了东吴守国的思路和主要措施，基于长江天险，以水利控扼水路，取得以水守国的成功。

4.3.1　东吴以水守国的基本国策

吴于黄龙元年（229 年）迁都建业，依托长江天险以拒曹操。孙策在起兵前，问计于名士张纮，张纮就为其规划了“据长江，奋德威，诛除全秽，匡扶汉室”❷ 的蓝图。孙权继立，再次确立了“竟长江之所极，据而有之，然后建号帝王以图天下”❸ 的战略目标以及限江自保的国策，为此采取了一系列措施。全江防守和重点防守相结合。“自西陵至江都，五千七百里”❹，调集全国主要军事力量，建设强大水师，严密防守，沿江设督驻军，遍置烽火。所谓“以洲渚为营壁，以江淮为城堑”❺。江防一直是吴国的军事重点。“限江自保”以水守国成为东吴立国的基本国策，使东吴的国运坚持了很长时间，这一战略实践应该说相当成功。

东吴守江更重要的还是军事要塞的防守，长江防线虽然很长，但是需要重点防守的只有几处，“疆界虽远，险要必争之地，不过数四”❻。长江北岸的西陵、江陵、濡须和南岸的武昌、建业等是重点防守的军镇。西陵处于东吴长江防线的最西端，主要防备蜀国的进攻，但吴、蜀两国长期处于联合抗曹的友好状态，在军事配置方面不是最重要的节点。公元 222 年夷陵之战击败刘备后，上游防区得以巩固，直至蜀亡国后，西陵的防守才变得重要。在一个相当长的时期内，吴国的真正威胁来自于曹魏，魏军长期在淮南屯田和训练水军，积草屯粮，其战略意图相当明显，就是从长江上游的北岸入江，顺流而下，攻打建业。这也是吴国最担心的事情，是吴国长江防守首先应当考虑的问题。

曹魏占领江淮间寿春、淮南一带，并长期在此屯田驻兵，虎视江东。魏的军事重镇在

❶ 《通典·卷二·食货二》。

❷ 《三国志》卷四六《吴书·孙策传》裴松之注引《吴历》。

❸ 《三国志》卷五四《吴书·鲁肃传》。

❹❻《三国志》卷四八《吴书·孙皓传》裴松之注引干宝《晋纪》。

❺ 曹植《与司马仲达书》。

合肥，以谯为大本营，进兵东吴，其运兵、运粮的运道是由涡入淮，由淮入肥，由肥水入巢湖，由巢湖入濡须水经东关入长江。“魏不能过濡须一步，则建邺可以奠枕。”所以守住濡须水，是东吴防止魏国入侵的战略方针。濡须水以及巢湖一带成为魏吴长期征战的焦点地区。《读史方舆纪要·卷二十六》：“濡须口，三吴之要害也。江流至此，阔而多夹，阔则浪平，多夹则无风威。”说明濡须口是建邺的门户。

孙吴实施以水守国的基本国策，全力构建长江防线，但决非全部依赖这条防线。孙吴深知，消极防守只会坐以待毙，与其消极防守长江，不如积极防守江北，御敌于国门之外，建立一定的战略纵深。一旦曹魏大军饮马江北，则孙吴都城建业完全暴露在敌军的攻击之下。所以孙吴在江北筑堰为湖，作为边防险要。清末李鸿章《姥山塔碑记》称：“吴长水战，阻湖为国度。”是非常恰当的评论。为了阻止魏军进入长江，吴国采取了三大工程措施，既立濡须坞、筑东兴堤和作涂水（滁水）塘。

除了长江防线外，孙吴定都建业以后，对都城的防守也十分重视以水设险。其都城西有长江，北有后湖，南有秦淮之险，唯东为平岗，无险可守，乃于赤乌四年（241 年）凿东渠通北堑，以泄玄武湖水，南接于秦淮，逶迤十五里，名曰青溪。带玄武湖以为险，拥秦淮、青溪以为阻，开青溪以西引秦淮，萦绕城之北面，入于后湖。

4.3.2 夹濡须而立坞

赤壁之战大败后，曹操于建安十四年（209 年）三月，开始在谯县（今安徽亳州市，曹操的老家）制造战船，训练水军，还亲自到合肥前线视察，积极为水上作战准备。为了巩固淮南防线和贮积军粮，屯田于淮南地区，利用扬州刺史刘馥早已修复的芍陂、茄陂等水利工程，灌溉稻田，增加粮食生产。建立地方政权，设立扬州郡县长吏机构，并且开垦军田，积极为伐吴作准备。曹魏军要从北岸入江，有两个理想的地点，一是江陵，二是濡须。这两处都在建业的上游。江陵是荆州防区的核心，先是被蜀国占领，后来吴国吕蒙袭取荆州，所以江陵一直在蜀国和吴国的掌控之中，魏军要从江陵过江，实际非常困难。魏军的进攻重点，放在濡须，试图打通由濡须水进入长江的通道。

但是，从魏、吴两国的交战史可以看到，自从赤壁之战后，魏军几乎没有进入过长江，因此，守江是虚，守住濡须水才是最重要的。在吴国看来，如果被动防守长江，则不如主动御敌于国门之外，把敌人阻挡于长江以北。魏军由淮南进入长江的唯一通道，既是由巢湖过东关入濡须水再由濡须口进入长江。正如《读史方舆纪要》引王象之的话说：“古者巢湖水北合于肥河。故魏窥江南，则循涡入淮，自淮入肥，由肥而趣巢湖，与吴人相持于东关。吴人挠魏，亦必由此。”因此这条水道成为两军争夺的焦点，尤其是濡须口和东关一带，为军事要冲。据研究，仅见于《资治通鉴》记载发生于巢肥运河沿线及其近旁的战役，即达二十二次之多。

濡须，水名也，在今和州历阳县西南。濡须口为古濡须水入长江的河口，在无为县东南之泥汊镇陈塘河口。《吴录》曰：“孙权闻操来，夹水立坞，状如偃月，以相拒，月余乃退。”

濡须坞初建在建安十七年（212 年），《三国志·吴书·吴主传》记载：“十六年，权徙治秣陵。明年，城石头，改秣陵为建业。闻曹公将来侵，作濡须坞。”《建康实录》也说："十七年，城楚金陵邑地，号石头，改秣陵为建业。是岁，初作濡须坞于江西，以拒曹操。"濡须口作坞。据说是由于吕蒙的建议，《三国志·吴书·吕蒙传》："后从权拒曹公于濡须，数进奇计，又劝权夹水口立坞，所以备御甚精。"《三国志·吕蒙传》注引《吴录》曰："权欲作坞，诸将皆曰：'上岸击贼，洗足入船，何用坞为?'吕蒙曰：'兵有利钝，战无百胜，如有邂逅，敌步骑蹙人，不暇及水，其得入船乎?'权曰：'善。'遂作之。"吴军善于水战，开始作坞时，有些将士不理解，认为有战船就可以了，在岸上作坞没有用。吕蒙认为，坞的作用可以弥补战船的不足，战场上情况瞬息万变，当在陆上作战时，没有战船可以依靠，凭坞据守，可以发挥巨大作用。

濡须筑坞的当年冬天，即建安十七年（212 年）冬，曹操大举东征。建安十八年（213 年）春爆发了第一次濡须口大战。《三国志·魏书·武帝纪》记载："冬十月，公征孙权。十八年春正月，进军濡须口，攻破权江西营，获权都督公孙阳，乃引军还。"此处"江西营"，即上文提到的"作濡须坞于江西"的濡须坞。初作的濡须坞，不够坚固，作用有限，因此被攻破，都督公孙阳也被俘。

曹军先取得了大胜，因为攻破濡须坞，可以顺利由濡须水入江，二月，曹操派军乘油船趁夜偷渡濡须坞对面的江心洲，被孙权水军围攻，损失惨重。《三国志集解》注引《吴历》曰："曹公出濡须，作油船，夜渡洲上。权以水军围取，得三千余人，其没溺者亦数千人。"曹操领教了东吴水军的厉害。孙权又数次挑战，甚至进军到濡须口魏军营地附近，曹操不敢出战，看到东吴军容整齐，发出了感叹"生子当如孙仲谋，刘景升儿子若豚犬耳。"[1] 于是引兵撤退。《三国志·吴书·吴主传》载："十八年正月，曹公攻濡须，权与相拒月余。曹公望权军，叹其齐肃，乃退。"唐李吉甫《元和郡县图志》："濡须水，源出县西巢湖，亦谓之马尾沟，东流经晋父山，又东南流注于江。建安十八年，曹公至濡须，与孙权相拒月余，权乘轻舟从濡须口入。"

建安二十一年（216 年）冬至二十二年春，爆发了第二次濡须口之战。《三国志·魏书·武帝纪》："（建安二十一年）冬十月，治兵，遂征孙权，十一月至谯。"又载："二十二年春正月，王军居巢，二月，进军屯江西郝溪。权在濡须口筑城拒守，遂逼攻之，权退走。"《三国志·吴书·吴主传》："（建安）二十一年冬，曹公次于居巢，遂攻濡须。"曹操这次亲到居巢（巢县东北五里），再攻濡须，被吕蒙凭借濡须坞击退，无功而返。《三国志·吕蒙传》："后曹公又大出濡须，权以蒙为督，据前所立坞，置强弩万张于其上，以拒曹公。曹公前锋屯未就，蒙攻破之，曹公引退。"濡须坞这次在击退曹军中发挥了重要作用。曹军的前锋部队甚至还没有驻扎好，就被击败。曹操自知难以取胜，于是留下夏侯惇、曹仁、张辽等驻守居巢，自己引军撤退。《资治通鉴》："（建安二十二年）春，正月，魏王操军居巢，孙权保濡须，二月，操进攻之。""三月，操引军还，留伏波将军夏侯惇都督曹仁、张辽等二十六军屯居巢。"值得注意的是，这时的濡须坞已经初具城的规模。

曹操多次进攻东吴，都是从淮南进兵，试图打通由巢湖至濡须水进入长江的通道，但是都遭到失败。后来诸葛亮在《后出师表》中说曹操"四越巢湖而不成"。所谓四越巢湖，就是四征东吴，实际真正受阻的地方在濡须口，未能打破濡须口的封锁，而并非真正未能

---

[1] 《三国志·吴书·吴主传》。

越过巢湖。

曹操其他两次征吴分别在建安十四年三月和建安十九年七月。《三国志・魏书・武帝纪》："十四年春三月，军至谯。作轻舟，治水军。秋七月，自涡入淮，出肥水，军合肥。"又载："（建安十九年）秋七月，公征孙权。"这两次征吴，魏军没有到达濡须口，也没有发生大规模的战斗。濡须坞在此后的战斗中继续发挥着阻击魏军的重要作用。

曹丕继位后，于黄初三年（222 年），分三路大举攻吴，以大将军曹仁为中路攻濡须，孙权以裨将军朱桓为濡须都督拒曹仁。曹仁采用声东击西的战术，先扬言要攻击羡溪，朱桓中计，分兵救羡溪，曹仁大军突至，朱桓手下只有五千军兵，多有惧怕心理，朱桓对将士们说，两军交战，胜负在将而不在士兵多寡，曹军千里奔袭，必然疲惫，"桓与诸君，共据高城，南临大江，北背山陵，以逸待劳，为主制客，此百战百胜之势也"[1]。并对曹军示弱，诱曹军攻城。曹仁令其子曹泰率兵攻城，又派将军常雕、王双等乘油船（一种涂桐油的皮筏子），袭击吴军眷属住地中洲。朱桓临敌不惧，亲率部众抵御曹泰，适时发起反击，焚毁曹营，曹泰战败。其他将领也击败了袭击中洲的曹军，斩常雕，生俘王双，魏军阵被杀及淹死千余人，魏军对濡须城的进攻失败。

经过多年的修建，濡须坞已成为"高城"，并且地形险要，易守难攻。这次战斗，朱桓凭借濡须坞的有利地形，以少胜多，成功将曹仁击退。

曹军在十多年间，多次进攻濡须口，均以失败告终。清顾祖禹《读史方舆纪要》卷二十九中评论说："三国鼎立，南北瓜分之际，两淮间常为战场。孙仲谋立坞濡须，曹操先计后战，不能争也。"对修筑濡须坞的作用，作了恰当的评价。宋代的军事著作《翠微先生北征录》也评论说："濡须之地两旁皆水，权筑栅其间，曹公不能破，此水寨之验也。"守住濡须口，就是阻止了曹军入江的通道，使其东进攻吴的计划难以得逞，这是东吴以水守国的第一步。

4.3.3 堤东兴以遏湖

守住濡须口还只是被动的防守，筑东兴堤，占据东关使东吴的防守又多了一重保障。《水经注疏》载："巢湖东南有石梁，凿山通水，是名关口，相传夏禹所凿，一号东兴。地高峻险狭，实守扼之所，故天下有事必争之地。吴、魏相持于此，南岸吴筑城，北岸魏置栅。嘉平四年，诸葛恪于东关作大堤，云云。"按此说法，东兴堤即修建在巢湖东南的东兴关口，又名东关。至于大禹凿山的传说，不足为信，但说明这一带确为河流的关口。

曹操于建安年间进攻濡须坞时，一度在七宝山与锥山驻军立栅，史称西关。其时东关和西关一带为两军拉锯的战场，由于曹军多年征战，一直没有取得战略上的突破，未能打破东吴对濡须水的封锁，后来撤出了对濡须水的争夺，退到巢湖一带，吴军得以在这里筑堤。

黄龙元年（229 年），孙权迁都建业，第二年即筑东兴堤"遏湖水"。《资治通鉴》载："初，吴大帝筑东兴堤以遏巢湖，其后入寇淮南，败以内船，遂废不复治。"东兴筑堤有两个作用，一是阻止魏军东进，二是为了有利于水军作战，以便于吴军向淮南进兵。顺便还

---

[1] 《吴书・朱桓传》。

可以淹没巢湖一带，破坏魏的屯田计划。

长江有丰水期和枯水期之分，丰水期有利吴军进攻，枯水期则有利魏军作战。据《三国志》记载，建安十四年至二十一年，曹操四次亲率大军南征东吴，其中发生战事的两次，即建安十七年十月至十八年正月与二十一年十月至二十二年二月，均属枯水季节。东兴堤修筑后，客观上使坝址上游常年处于丰水状态，不利于魏军的进攻。

黄龙二年（230 年）以后，东兴堤的修筑持续在进行，致使巢湖的水位不断上升，巢湖水面扩大，魏的屯军地居巢越来越受洪水威胁，终于在青龙二年（234 年），居巢“彻底消失于史迹之中”❶，“居巢县之消失，显然和濡须河水遭到阻滞而形成的突发洪灾不无关系，在《青琐高议》等早期的文本中，均记为‘江水暴泛’，‘水至城崩’，显示一场突然的大水自东向西导致了城市的毁坏”。❷康熙《巢县志》则引旧志云：“吴赤乌二年巢城陷为湖。”这两种说法并不矛盾，因为随着东兴堤的加高，居巢的陷落有一个逐渐被淹没的过程。居巢陷没于湖水，使魏军失去了一个重要的军事堡垒。

东兴堤遏湖的作用，有利于吴军水师的作战，使吴军得以扬长避短，由完全的守势转为攻守结合的战略态势，也使吴军的防守前线又向前推进一步。东吴的水军得以在巢湖驻扎，并使巢湖成为吴军向淮南进攻的基地，吴军取得了进可攻，退可守的有利地位。东兴堤修筑后，孙权分别于青龙元年（233 年）和青龙二年两次进攻合肥新城，并于青龙二年占据居巢❸，可能是因为受洪水威胁，曹军放弃了居巢，孙权所占据的不过是一个废墟而已。这两次进攻都没有取得多大战绩。吴赤乌四年（241 年），吴大将全琮攻淮南，决芍陂，是遏湖以后对魏军的又一次大规模进攻。这次战斗，“败于内船”，因此东兴堤废而不修。❹ 水军作战失利，使吴军暂时失去了修建东兴堤的兴趣，也说明东兴堤的修建和这几次战斗有直接关系。从居巢被淹没的过程可以看出，黄龙二年（230 年）开始，至吴赤乌四年（241 年），这十一年间，东兴堤的修建一直没有停止过。

虽然对淮南的用兵没有取得胜利，但是它的防守意义仍然是显著的。诸葛恪意识到东兴堤的作用，于吴建兴元年（252 年），再次修筑东兴大堤，规模有所扩大，并在左右山上，各筑一城守关，命将军全端守西城，都尉留略守东城❺。该堤建成后，还开凿了导流航道，“东兴堤成，濡须坞船由龟山尾出入，今河路犹存，石崖高数十丈，缆迹尚在”❻。

东兴大堤的修建截断了巢湖与长江相通水道，名为堤，实际是挡水坝。“左右结山”说明两个坝头与山相连。胡三省（1230—1302 年）注《资治通鉴》说：“今栅江口有两山，濡须山在和州界，谓之东关；七宝山在无为军界，谓之西关。两山对峙，中为石梁，凿石通水。”东兴堤可能是在七宝山和濡须山之间修筑一道大坝。在今安徽含山县西南切断了濡须水，阻止了曹军对东吴的攻势。

为此，魏于诸葛恪修建东兴堤的当年十一月，遣大军进攻东兴堤，爆发了东兴之战。

---

❶❷ 张靖华，陈浩. 三国时期巢湖变迁与居巢县的陷没. 中国历史地理论丛，2018（4）.

❸ （晋）陈寿:《三国志·魏志》卷三《明帝纪》:“（青龙二年）五月，太白昼见。孙权入居巢湖口，向合肥新城”。

❹ 反被湖内的魏军船只战败，也有认为“内”应读作“纳”，只用于停泊船只。

❺ 《三国志·吴书·诸葛恪传》:“恪以建兴元年十月会众于东兴，更作大堤，左右结山侠筑两城，各留千人，使全端、留略守之，引军而还。”

❻ （清）于觉世编:《巢县志》卷二十《拾遗》康熙十二年刻本。

“魏以吴军入其疆土，耻于受侮，命大将胡遵、诸葛诞等率众七万，欲攻围两坞，图坏堤遏。恪兴军四万，晨夜赴救。遵等敕其诸军作浮桥度，陈于堤上，分兵攻两城。城在高峻，不可卒拔。”❶ 所谓入其疆土，一方面，是指东兴堤一带，原来由魏军控制，现被吴军占领，魏军认为是侵占其领土；另一方面，是由于东兴堤扩建后，淹没了大量魏国的领土。这次战斗，魏军由于轻敌，又不熟悉地形，虽有人数上的优势，但由于是驻军在堤上，地形狭窄，难以施展，遭到吴军袭击后，军心大乱，“惊扰散走，争渡浮桥，桥坏绝，自投于水，更相蹈藉。乐安太守恒嘉等同时并没，死者数万”❷。魏军出兵的目的是要破坏东兴堤，但最后以大败告终。

诸葛恪由于修筑东兴堤并在东兴之战中大败魏军，封阳都侯，加荆扬州牧，督中外诸军事，获得了很高的声誉。

东兴堤又作东兴塘，其规模虽没有明确记载，从其发挥的作用看，是巢湖水面扩大的主要原因。论其高度，至少造成湖面的水位抬高至可以淹没居巢县，这在古代的筑坝史上也是十分罕见的，其宽度可以截断濡须水，应该是一个相当大的工程。

4.3.4 堰涂塘以淹北道

曹魏军对孙吴都城建业（今南京）的直接威胁，除了由濡须水入江以外，由滁水入江也是一条可行的道路，吴军称其为北道。滁水入长江口虽在建业的下游，但距离不远，溯流而上攻击建业，也是很容易的。作为长江防线的一部分，为了守住滁水口，吴军也采取了筑堰蓄水，以水代兵的防守方式。一方面淹没陆上道路，另一方面使滁水的船只难以进入长江。

吴军于吴赤乌十三年（250 年）截涂水（滁河）筑堰，阻挡魏军。《三国志·吴书·吴主传》：赤乌十三年（250 年），孙权“遣军十万作堂邑（今六合）涂塘，以淹北道”。位置大约在今江苏六合滁河下游，东吴在滁水所筑之堰后代称其为吴堰，《读史方舆纪要》卷十九载：“吴堰众流辐集，群山回环，东西相望，底若大陆，如瓦之口，丸泥可封也。”说明这里的地形非常适合筑堰。

《魏志·王凌传》：“嘉平三年春，吴贼塞涂水。”魏军对于吴在滁水上筑堰一事有所顾忌，《读史方舆纪要》载：“朱氏黼曰：吴大帝筑堂邑涂塘，以淹北道，王凌请攻讨，而司马懿不许。”❸ 为什么孙权筑塘时要派出十万大军，一个很重要原因就是堂邑在江北，距离魏的占领区很近，随时可能受到魏军的攻击，因此王凌认为对于吴国在滁水上筑堰，魏军不能不管，但司马懿可能认为去攻击一个水利工程，没有太大必要，况且取胜也没有把握。事实证明司马懿的决策是正确的。二年后。吴军再筑东兴堤，魏派出大军去争夺，结果大败而回。卢弼《三国志集解》卷四十七引杜佑曰：“扬州六合县，楚之棠邑，汉之堂邑。淹北道以绝魏兵之窥建业，吴主老矣，良将多死，为自保之规摹而已。”也可看出，吴国在滁水上筑堰的目的是阻止魏军由滁水而入长江。

由于滁水口的重要性，历史上南北分裂时，往往成为长江防守的要地。东晋咸和元年

---

❶❷ 《三国志·吴书·诸葛恪传》。

❸ 《读史方舆纪要》。

(326 年)，朝议欲作涂塘以防遏后赵，是想重新修建三国时的涂塘。当时祖约镇守寿春，而寿城在滁水之北，祖约闻知后认为自己被朝廷抛弃了，心怀怨恨，最后作涂塘之事应该没有实施。可见三国时的涂塘在西晋统一后废弃了。

五代时，南唐于涂水上立清流关，又立瓦梁堰，并筑东西瓦梁城，其作用与涂塘一样，清光绪《滁州志》载："南唐筑瓦梁堰以备北师，居民筑此捍水。"是说居民筑蒋家城、龚家城和塘惟城以防御洪水。堰址应当在原来作涂塘的位置。顾祖禹《读史方舆纪要》说："吴堰，瓦梁堰之别名，以孙吴始作此堰也。又瓦梁城，一名吴王城。"其规模相当大，"南唐时，置雄州于六合县，海四百里"❶，淹没范围达到滁州、和州以及雄州三州之地。宋景德元年（1004 年），废瓦梁堰。

绍兴十一年（1141 年），金兵南侵，完颜亮屯重兵滁河，造三闸，储水深数尺。南宋时，有人建议重筑瓦梁堰作为边险以防御金兵，宋叶适（1150—1223 年）《忠翊郎武学博士蔡君墓志铭》载："时议筑瓦梁堰，浸地三州，方四百里，曰'可为边险'，调役烦拿。"蔡镐认为淹没范围太广，而且都是肥沃的农业用地，于是没有实行。

从以后议筑瓦梁堰的规模来看，当年孙吴在涂水上筑堰，也是一个相当高的坝。

4.4 争夺水源战例

水源是历代兵家十分重视的问题，许洞《虎钤经》把攻击敌人水源称"贼水"，就是攻击敌人水源，尤其在西北缺水干旱地区，其作用十分显著。兵书《武经总要》把断绝敌人水源，然后攻击，总结为"饥渴可击"。

4.4.1 陈立绝水道平定西夷

西汉河平二年（前 27 年），汉成帝以陈立为牂柯太守，处理牂牁郡夜郎王兴与钩町王禹、漏卧侯俞兴兵相攻事宜。陈立至牂柯，谕告夜郎王兴罢兵，兴不从。陈立召之，责杀于兴国且同亭。兴妻父翁指与兴子邪务收集余兵，胁迫附近的二十二邑又反，陈立上奏召募诸夷，与都尉、长史分别攻击翁指。"翁指据厄为垒"进行顽强抵抗。所谓"厄"，即险要地形，翁指占据险要地形，筑成壁垒固守，甚至打败了都尉万年的进攻。陈立又采取"绝其饷道，纵反间以诱其众"的战术，断粮计、反间计都没有成功。

当时正赶上天气大旱，陈立采用断水计，抢占思邛水，切断翁指的水源。蛮夷出现内乱，翁指被杀，其余蛮夷投降。陈立平定西夷，夜郎国从此消亡。

《汉书·西南夷两粤朝鲜传》："立为牂柯太守…….及至牂柯，谕告夜郎王兴，兴不从命，立请诛之。未报，乃从吏数十人出行县，至兴国且同亭，召兴。兴将数千人往至亭，从邑君数十人入见立。立数责，因断（其）头。……兴妻父翁指与兴子邪务收余兵，迫胁旁二十二邑反。至冬，立奏募诸夷与都尉长史分将攻翁指等。翁指据厄为垒，立使奇兵绝其饷道，纵反间以诱其众。都尉万年曰：'兵久不决，费不可共。'引兵独进，败走，趋立营。立怒，叱戏下令格之。都尉复还战，立引兵救之。时天大旱，立攻绝其水道。蛮

❶ 《读史方舆纪要》卷十九，南直一。

夷共斩翁指，持首出降。”《元和郡县图志》对此也有记载：“相传云汉时陈丘为牂柯太守，阻兵保据思邛水。”

此战，翁指占据地利，因此陈立在战斗的前一阶段遇到一些困难。但是如果不消灭翁指势力，虽然杀了夜郎王兴，西夷难以最后平定。两军相持的关键时候，陈立利用大旱的有利天时，切断其水源，或者说是切断了其运水的通道，翁指军中无水，发生内乱，导致翁指被杀，余部投降。陈立“已平定西夷，征诣京师”。

4.4.2 李广利断大宛城水源

汉武帝时，李广利奉命两次出西域远征大宛，最终未能完全征服大宛国，其主要原因，第一次是粮草供应难以为继，第二次则是在城市供水的争夺中，未能完全遏制对方。

太初三年（前 102 年），李广利第二次征大宛，根据第一次征大宛的经验，除了携带牛十万头，马三万匹，驴、骆驼万余，以及充足的粮草外，还专门带了一些水利工程技术人员，以期切断水源，使敌人不战自败。初步的计划是，根据大宛城中无井，“汲城外流水”的情况，“遣水工徙其城下水，空以穴其城”[❶]。“汲城外流水”并不是人人到城外取水，而是有渠道引城外水至城内。这样使城外的水流改道，切断供水，就相对容易，李广利还试图利用水流通道挖穴攻城。

李广利率先头部队大军三万绕过郁成城，直抵大宛都城，并且成功“决其水原（源），移之”[❷]。就是使流入城内的水流改道，切断城内水源。攻城战斗进行了四十余日，外城被汉军攻破，生擒敌勇将煎靡。“宛大恐”，退守中城。大宛贵族权衡形势后，提出议和，被迫杀死国王毋寡，给予汉军良马数十匹，中等以下公母马三千匹。

李广利同意了议和的条件。其原因是：“贰师闻宛城中新得汉人知穿井，而其内食尚多。计以为来诛首恶者毋寡，毋寡头已至，如此不许，则坚守，而康居候汉兵罢（疲）来救宛，破汉军必矣。军吏皆以为然，许宛之约。”汉军虽然切断了宛城城外的水源，但是城内又有了懂得挖井的汉人，切断敌人供水的计划最后未能得逞，而敌人粮食储备充足，外援随时可能到来，汉军也已经十分疲惫，因此同意了大宛国的议和。

这是有记载以来，在战争中第一次使用了“水工”。

4.4.3 耿恭疏勒城凿井解围

耿恭，字伯宗，东汉大将。永平十七年（公元 74 年）冬，骑都尉刘张率兵击车师，耿恭为司马，破降车师后，任命耿恭为戊己校尉，驻扎在车师后王部金蒲城（今新疆奇台西北），置兵卒数百人。永平十八年（公元 75 年）二月，匈奴北单于遣左鹿蠡王率二万骑击车师，耿恭遣司马将兵三百人救之，由于敌众我寡，全军覆没。匈奴进攻金蒲城，被耿恭以毒药箭击退。

通过几次战斗，耿恭意识到水在西北干旱地区的重要性，于是率兵占据了疏勒城，城旁有涧水流入城内，耿恭认为可以固守。七月，匈奴进犯疏勒城，耿恭率敢死队员数千人向敌人发起攻击，打退了敌人的进攻。匈奴于是在城下“拥绝涧水”，筑坝挡水，断绝了城内的水源。耿恭只能于城内凿井，寻找水源，挖井深达十五丈，仍然没有水。军士“笮

---

❶❷ 《汉书・李广利传》，《史记・大宛列传》记载大体相同。

马粪汁而饮之”。耿恭向天祷告，祈求汉德神明援助，终于有泉水涌出。耿恭命人扬水给匈奴人看，以示城中有水，匈奴兵大感意外，以为有神明相助，遂撤兵而去。

《后汉书·耿弇列传》：“恭以疏勒城傍有涧水可固，五月，乃引兵据之。七月，匈奴复来攻恭，恭募先登数千人直驰之，胡骑散走，匈奴遂于城下拥绝涧水。恭于城中穿井十五丈不得水，吏士渴乏，笮马粪汁而饮之。恭仰叹曰：‘闻昔贰师将军拔佩刀刺山，飞泉涌出；今汉德神明，岂有穷哉。’乃整衣服向井再拜，为吏士祷。有顷，水泉奔出，众皆称万岁。乃令吏士扬水以示虏。虏出不意，以为神明，遂引去。”耿恭因有泉水，得以一直坚守到次年正月。

据考古研究，汉代的疏勒城就是位于今新疆昌吉回族自治州奇台县半截沟的石城子古城，古城依崖体而建于山梁上，城内依托北面和西面城墙建有子城，涧底蜿蜒流淌的麻沟河与史书记载的“恭以疏勒城旁有涧水可固”相互印证，军事遗存的性质十分显著。也有研究认为，耿恭吏士守卫的疏勒城是车师古道上的大龙口古城，其主要根据就是《后汉书·耿弇列传》记载的城旁有涧水❶。

4.4.4 断水源马谡失街亭

蜀汉建兴六年（228 年）春，诸葛亮首出祁山北伐，以参军马谡为先锋，王平为副将，魏遣名将张郃督诸军，与马谡相拒于街亭（今甘肃秦安县东北）。马谡不听王平劝阻，坚持依南山安营扎寨，张郃抓住其弱点，先切断马谡军队的水源，使其军心涣散，然后大举进攻，大败马谡于街亭，导致诸葛亮北伐失败，只得退回汉中。

《三国志·魏书·张郃传》：“诸葛亮出祁山。加合位特进，遣督诸军，拒亮将马谡于街亭。谡依阻南山，不下据城。郃绝其汲道，击，大破之。”《三国志·蜀书·王平传》：“建兴六年，属参军马谡先锋。谡舍水上山，举措烦扰，平连规谏谡，谡不能用，大败于街亭。”马谡虽然熟读兵书，但缺少实战经验，对于水源这样的问题显然考虑不周，又刚愎自用，不听老将王平意见，以致酿成败绩。

参 考 文 献

[1] 钱林书．续汉书郡国志汇释 [M]．合肥：安徽教育出版社，2007.

[2] 曾现江．孙吴长江防线论略 [J]．成都大学学报（社科版），2001 (2).

[3] 尹辉风．孙吴长江防线研究 [D]．长沙：湖南师范大学，2008.

[4] 吴跃东．巢湖的形成与演变 [J]．上海地质，2010（增刊）：152 - 156.

[5] 李忠林．古巢国考 [J]．巢湖学院学报，2006，8 (5)：73 - 78.

[6] 陈家麟．曹魏屯田的几个历史地理问题 [J]．汕头大学学报人文科学版，1987 (4).

[7] 宋杰．孙吴的江防部署与作战方略 [J]．军事历史研究，2018 (1).

[8] 赵小勇．东吴长江防线兵要地理初探 [J]．中国历史地理论丛，2006 (2)：104 - 115.

[9] 胡阿祥．孙吴“限江自保”述论 [J]．金陵职业大学学报，2003 (4)：47 - 50.

[10] 张希仁．三国西城今地考 [J]．天水师范学院学报，2017 (3)：42 - 49.

[11] 尚群昌．秦汉水井空间分布与区域差异研究 [D]．郑州：郑州大学，2015.

❶ 马维绪，刘振江．东汉耿恭驻守的疏勒城在何处．新疆日报（汉），2015 年 3 月 31 日第 010 版.

[12] 刘兴林. 论井渠技术的起源华夏 [J]. 考古，2007 (1)：114 - 119.
[13] 张兴兆. 三国时期的水军和水战 [J]. 临沂师范学院学报，2006 (1).
[14] 颜元亮.《三国演义》水攻考析 [J]. 黑龙江水利，1991 (1).
[15] 宋杰. 三国兵争要地与攻守战略研究（上、下）[M]. 北京：中华书局，2019.
[16] 段宏振. 赵都邯郸城研究 [M]. 北京：文物出版社，2009.
[17] 郝良真. 邯郸古代城市研究的几个问题 [J]. 中国古都研究（第二十辑）——中国古都学会2003年年会暨纪念太原建成2500年学术研讨会论文集，2003.
[18] 李开元. 章邯看走了眼 [J]. 国学，2012 (4)：92 - 93.
[19] 叶战平. 诸葛亮斩马谡之谜 [J]. 中国党政干部论坛，2016 (9)：107 - 108.
[20] 李玉. 试论孙吴时期埭的兴起与功用 [J]. 东岳论丛，2010 (8)：47 - 49.
[21] 聂传平，牟晓忠. 论潍水之战对楚汉战争进程的影响 [J]. 德州学院学报，2011 (1)：85 - 89.
[22] 徐业龙. 略论韩信潍水之战及其影响 [J]. 渭南师范学院学报，2017 (5)：16 - 20.
[23] 吴镇烽. "瀍丘" 即 "废丘" 辩证 [J]. 考古与文物，2009 (6)：80 - 85.
[24] 中国考古网. 秦末汉初雍王之都废丘究竟在何处 [J]. 文物鉴定与鉴赏，2019 (2).
[25] 余太山. 大宛和康居综考 [J]. 西北民族研究，1991 (1)：17 - 45.
[26] 王瑟. 探寻汉代疏勒城 [N]. 中国文化报，2016 - 11 - 17：第 7 版.

第 5 章

两晋南北朝时期：以水代兵战的第二次高潮

两晋南北朝是中国历史上的大分裂时期，这一时期，除了西晋（265—317 年）的短暂统一，大部分时间处于南北对峙状态，而且北方少数民族入侵，军阀割据，北方战争连绵不断，南方则政权更迭频繁。在这些战争中，不乏以水代兵的作战，出现了历史上以水代兵战争的第二次高潮。

这一时期水攻战密集出现，大概有三方面的原因：

第一，这一时期水利技术日臻成熟，为开展水攻战创造了有利条件。冶铁技术有了长足的进步，尤其是南方铁制工具的广泛使用，南朝宋、齐虽置卫尉，而诸冶仍隶少府，置东冶、南冶令丞。南梁少府置东西冶令丞。经济逐步发展，梁天监年间（502—519 年），张齐作巴西太守，“立台传，兴冶铸，以应赡南梁”[1]，水排等新的冶铁水冶的普遍推行，改进了冶铸业的鼓风动力，促进了魏晋南北朝时期冶铁业的发展，使筑坝和筑堤技术达到了相当高的水平，出现了浮山堰这样大型水利工程。水利测量技术广泛应用，水利地质勘探技术出现。

第二，筑城技术虽有长足进步，开始由土质城墙向砖城过渡，但是土筑城墙仍然为主，普遍存在。东晋十六国时期，夯土城技术达到高峰，同时出现了土城包砖砌壁的做法，是筑城技术的一大进步，因此水攻城市的事件大量出现。

第三，南北分裂，东西分裂。战争频繁，其战场大部分集中在江淮一带以及黄河流域，水源丰富，易于发动水攻作战。此外，南北分裂无论是以长江为界还是以淮河为界，本身就是以水为边险的防守。所谓长江天险，很大程度上就是水险，守淮或者守江都是利用天然水域进行防守。而且长江中下游和淮河流域水源丰富，地势平衍，也适合于水攻作战。因此，这一时期，以水代兵的作战大量出现。

5.1 两晋时期的以水代兵战争

司马炎于公元 265 年取代曹魏政权而建立新政权，国号为晋。西晋初年，东吴（229—280 年）政权仍存在于南方。晋灭吴后，八王之乱混战，此后北方有十六国（304—439 年）之间的相互征战，南方有东晋（317—420 年）政权。这些战争中，水攻战

---

[1] 《梁书·张齐传》。

不断发生。

5.1.1 石苞筑垒遏水以自固

石苞（？—273年），字仲容，渤海南皮（今河北南皮）人，西晋开国功臣，睿智有器量，曾任征东大将军和骠骑将军。西晋建立后，石苞迁任大司马，进封乐陵郡公。

诸葛诞叛乱平定后，石苞奉命镇守淮南，泰始四年（268年），荆州刺史胡烈上表奏东吴将要大举进攻，石苞亦收到东吴要进兵的消息，“乃筑垒遏水以自固”[1]。当时的淮南郡治寿春县（今安徽寿县城关镇），是防守东吴的前沿。“筑垒遏水”就是一方面修筑堡垒，一方面筑坝引水到城外，加强城市的防守。但是，由于晋武帝怀疑石苞有异心，于是以石苞判断敌情不清，而且“筑垒遏水”，骚乱百姓为由，免去其官职。由此，也可以看出，这次工程动用的民力不少。

5.1.2 陆抗作大堰遏水，渐积平土，以绝寇叛

西晋泰始八年（272年），吴西陵（今湖北宜昌）督步阐兵叛降晋，镇军大将军陆抗遣大军讨伐，晋帝司马炎派荆州刺史杨肇、车骑将军羊祜等率军支持步阐。羊祜进攻江陵，陆抗急令各路军队在西陵周围建筑围堤，围困步阐，隔绝西陵内外联系，又令江陵守将张咸筑堰，引水淹没江陵以北土地，以阻止羊祜进攻。

《三国志·陆逊传》载：“初，江陵平衍，道路通利，抗敕江陵督张咸作大堰遏水，渐渍平中，以绝寇叛。祜欲因所遏水，浮船运粮，扬声将破堰以通步军。抗闻，使咸亟破之。诸将皆惑，屡谏不听。祜至当阳。闻堰败，乃改船以车运，大费损功力。”陆抗筑堰后形成的湖水很广大，以致羊祜准备从湖上用船运粮，又扬言要破坏大堰，以使粮车和步兵通行。陆抗权衡利弊后果断命张咸主动决堰，使羊祜船运粮食的计划不能得逞，湖水虽然被泄掉，但是江陵北面的道路已经被破坏，泥泞难行，并没有恢复以前“道路通利”的状态，这是陆抗敢于作堰又决堰的原因。羊祜大军难以进兵，最后不得不撤回。吴军以三万的兵力成功击退晋军八万军队的进攻，不得不说陆抗筑堰，然后又决堰的战术是成功的重要因素。

江陵北面地势平衍，水源丰富，以后江陵的防守大都使用以水设险的战术，逐渐形成荆州三海。

5.1.3 张方决千金堨，水碓皆涸

千金堨是古代洛阳的一处著名堰坝工程，它的前身是东汉初王梁所修“引谷水注洛阳城下”[2]以及张纯的阳渠工程。《后汉书·卷三十五·张纯传》记载，建武二十四年（公元48年）开阳渠，连接洛河，以通漕运。千金堨的位置，据《水经注·谷水》引《河南十二县境簿》说：“河南县，城东十五里有千金堨。”河南县，汉置，治所在今河南省洛阳市西郊，千金堨地当现在洛阳市老城东北。

魏明帝太和五年（231年），由都水使者陈协（一作陈勰）主持改造，“积石为堨，而

---

[1] 《晋书·石苞传》。

[2] 《后汉书·卷二十二·王梁传》：“数月征入，代欧阳歙为河南尹，梁穿渠引谷水注洛阳城下，东泻巩川，及渠成而水不流。”

开沟渠五所，谓之五龙渠”[1]。工程修成后，为洛阳附近的水碓提供了动力，生意兴隆，日进千金，因名为千金堨。[2] 千金堨是在在谷、瀍二水相会处用石块砌成的挡水建筑物，实际是一个滚水坝。拦蓄河水以提高水位并调节下泻流量。在堰之东，还疏浚旧渠经由城区沟通洛水。

西晋泰始七年（271 年）六月，洪水暴涨，工程受到很大破坏，于堨的西面又开了一条渠道，叫代龙渠，又叫九龙渠。八王之乱时，晋惠帝太安二年（303 年），河间王司马颙以讨伐皇甫商为名起兵，派张方任都督，率领精兵七万进攻洛阳，时晋惠帝在洛阳，张方进攻不利后退屯十三里桥，并筑张方垒抵抗，十一月破坏千金堨。《晋书·惠帝纪》载：“十一月辛巳，星昼陨，声如雷。师王攻方垒，不利。方决千金堨，水碓皆涸。”由于千金堨被破坏，设在各引水渠的水碓没有水，难以运转，粮食无法加工，于是发动洛阳城内上至王公，下至奴婢，每人发给手工舂米设备，以供应军需。

张方决千金堨，间接破坏了对方军队的粮食供应，同时对洛阳城内的生活也造成很大影响。千金堨破坏后，还形成了一条沟，叫张方沟。《洛阳伽蓝记·卷四》载：“自退酤以西，张方沟以东，南临洛水，北达芒山。”《水经注疏》扬守敬认为：“盖因方破堨，水分出，即以其人为名。”张方为西晋名将，受河间王司马颙赏识，封振武将军，八王之乱中，领兵讨伐齐王司马冏，后司马冏被长沙王司马乂所杀，张方又受命讨伐司马乂，进攻洛阳。

这是历史上另一种水攻型式，通过破坏敌方的水利工程使水力机械无法运行，从而间接破坏敌方的后勤供应以达到削弱敌军战斗力的目的。

5.1.4 刘曜灌金墉城，再决千金堨

咸和三年（328 年），后赵主石勒派遣石虎率兵四万伐刘曜，西上蒲阪（今山西永济县），刘曜自将精锐驰救蒲阪，八月，两军战于高侯（今山西闻喜县境），石虎大败，南奔朝歌（今河南淇县）。刘曜自大阳（今山西平陆西南），乘胜进军，追击石生于金墉，决千金堨以灌金墉城。《晋书·载记三·刘曜》：“曜遂济自大阳，攻石生于金墉，决千金堨以灌之。”

金墉城位于当时洛阳的西北角，魏晋时的金墉城南北长 1048 米，东西宽 225 米，由三个城堡组成，有门相通，墙厚 13 米，实际上是一种军事性质的堡垒，因此金墉城相当坚固，防洪能力也很强。它紧靠邙山，地势高亢，可由此俯瞰洛阳全城[3]。千金堨不过是一个滚水坝，高度也不大，而且是石砌，破坏它也并非易事，很难形成溃坝的洪水。决千金堨灌金墉效果实际是有限的，除非再做大量的灌城工程，而当时难以做到。其真正的作用是决水围困金墉，反而影响了攻城，所以一直未能攻克。造成军士疲惫，将领懈怠。至十一月，后赵王石勒认为“曜带甲十万，攻一城而百日不克，帅老卒怠，以我初锐击之，

---

[1] 《水经注·谷水》。

[2] 《洛阳伽蓝记》卷四：“长分桥西，有千金堰。计其水利，日益千金，因以为名，昔都水使者陈勰所造，令备夫一千，岁恒修之。”

[3] 赵启汉．魏晋京都洛阳试探//中国古都研究（第七辑）：中国古都学会第七届年会论集．1989.

可一战而擒也”。[1] 于是亲自带兵四万，来与刘曜决战。十二月，刘曜战败被擒。刘曜也是十六国时期著名将领，能征善战，曾经于建元二年（316 年）攻破长安，灭亡西晋，后又征服关陇。但这次采用水攻，迁延时日，久攻不下，造成军心懈怠，终被石勒打败。

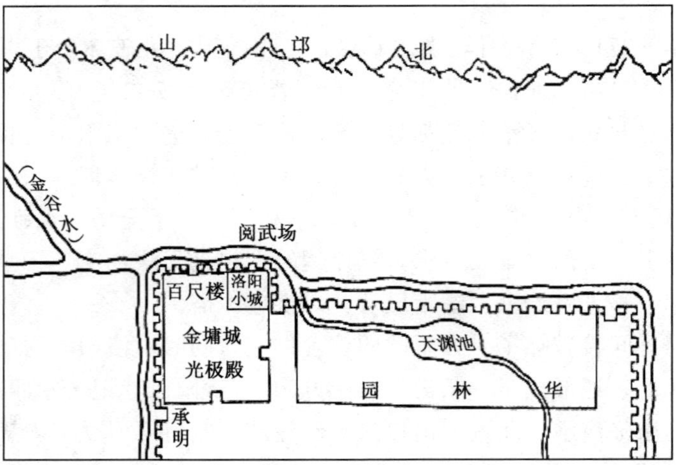

图 5－1　金墉城与金谷水位置图（《洛阳伽蓝记》）

5.1.5　塞五龙口，三灌广固

青州历史上的第一座古城是广县城，广固城是青州历史上的第二座古城[2]，曾经为南燕国（398—410 年）之都，故址在今山东青州市西北。西晋永嘉五年（311 年），前赵刘聪派王弥的部将曹嶷攻打青州，破城后任命曹嶷为青州刺史。由于原广县城遭到严重的破坏，曹嶷另筑新城于尧王山前，因地势以涧为池，涧水深广，故名为广固城。广固城地理形势险要，易守难攻，渑水（北阳河）自广固城西逶迤而过，谷深涧陡，激流拍岸，一方面给广固城提供了必要的水源，又成为广固城防守的天然屏障，加上尧王山的险峻，用常规的办法攻打广固城十分困难。正所谓有一利必有一弊，由于广固城的特殊地理形势，使得水攻，成为攻打广固城的法宝。

《水经注·卷二十六》：广固“四周绝涧，阻水深隍。晋永嘉中，东莱人曹嶷所造也。水侧山际，有五龙口”。五龙口对广固城攻取起着极其重要的作用，历史上进攻广固，曾经三次塞五龙口，而成功迫使对方投降。

第一次塞五龙口：曹嶷在青州扩张势力，拥兵自重，越来越不听赵的指挥。东晋太宁元年（323 年），石勒遣大将石虎统率步骑兵四万余讨伐曹嶷。根据《水经注》的记载：“昔赵攻曹嶷，望气者以为渑水带城，非可攻拔，若塞五龙口，城当必陷，石虎从之，嶷请降。”因广固城形势险要，易守难攻，石虎最后采用塞五龙口的方法，迫使曹嶷投降。所谓望气者，就是熟悉当地水文地理的人，了解在五龙口筑坝后，水位能抬高多少，能把广固城淹到什么程度，需要一定的水利工程知识。

[1] 《资治通鉴·晋纪十六》卷第九十四。
[2] 李嘎，杜汇．青州城历史城市地理的初步研究．管子学刊，2007（2）：112－116．

第二次塞五龙口：前燕元玺四年（355 年）十一月，慕容恪（321—367 年）率部往广固，攻内附于东晋的镇北将军段龛。五年（356 年）正月，引兵渡黄河，大破龛军，进围广固。段龛在广固周围筑高墙，挖深堑坚守，慕容恪攻广固城百余日而不能克，最后采取堵塞五龙口的办法，加上长期围困，城内柴、粮皆尽，迫使段龛出战不利后，出降。《水经注》记载此事："慕容恪之攻段龛，十旬不拔，塞口而龛降。"《资治通鉴》对这次攻城战有更详细的描述：晋穆帝永和十二年（356 年）"龛婴城自守，樵采路绝，城中人相食。龛悉众出战，恪破之于围里，先分骑屯诸门，龛身自卫荡，仅而得入，余兵皆没。于是城中气沮，莫有固志。十一月，丙子，龛面缚出降"。塞五龙口后，由于水位上升，道路被淹，城内无法得到生活必需品，士气受到沉重打击，段龛不得不投降。

第三次塞五龙口：东晋义熙五年（409 年），刘武帝伐慕容超于广固，"克其大城，超收众入保小城。裕筑长围守之，围高三丈，穿三重堑"❶。以藉崄难攻，兵力劳弊。战斗一直持续到第二年，未能攻克。河间人玄文向刘裕献计，他讲述了前两次石虎攻广固和慕容恪攻广固的经过，都是采取塞五龙口的方法，取得成功，建议刘裕也采用这一方法，"旧基犹存，宜试修筑"。刘裕采纳了这一建议，"塞之，超及城内男女皆悉脚弱，病者太半，超遂出奔，为晋所擒也"，南燕国亡。

在短短不到一百年的时间内，三次攻克广固城，都是采用了塞五龙口的办法。《水经注》已经注意到这是广固城的弱点，"然城之所跨，实凭地崄，其不可固城者在此"。广固城的优势是地形险要，易守难攻❷。"四周绝涧，岨水深隍"，而且有渑水流过。其弱点也是水量丰富，容易被敌方利用。

广固城边的五龙口，位于今青州北阳河，它的位置可以这样界定："尧王山东南、广固城（大城和小城）遗址北侧，岔河村南、北阳河两源汇流之后东流不远的'水侧山际'的'瓶颈'之处。"❸ 河流的狭窄处，最适合筑坝。塞五龙口，就是在五龙口筑坝，造成回水倒灌广固城内，城内处于高水位，无法生活。又因为坝在城的外面，所以城内的守军无法阻挡城外筑坝。

塞五龙口对广固城内的生活造成严重影响。从第三次刘裕攻慕容超的过程可以看出，塞五龙口后，城内的人皆患脚弱病。脚弱又称脚气，起因是外感湿邪风毒，积湿生热所致。说明城内地下水位高，或者城内有积水，不宜居住。对于塞五龙口造成的水攻效果，《青州古城》一书这样论述："凡有战事，攻伐之中……多次采取堵塞城西南的五龙口，聚大水淹没城池的办法。"该书虽然肯定塞五龙口是水攻，但是"淹没城池"的说法则没有什么根据，从几次战斗的过程看，塞五龙口都没有造成"城市淹没"的效果。

塞五龙口另外一个值得注意的事实是，两次塞五龙口，都被洪水冲开。第一次是在曹嶷投降后五日，由于"大雨，雷电震开"，应该是山洪暴发，造成垮坝。第二次是段龛投降后不久，又被震开。说明临时性筑坝难以持久，筑坝水攻，也有相当的风险。

---

❶ 《资治通鉴·晋纪三十七》卷一百一十五。

❷ 《元和郡县志》载："有涧甚广，因以为固，易守难攻，故曰广固。"

❸ 张景孔. 广固城与五龙口再考. 潍坊工程职业学院学报，2017（9）：5－9.

5.1.6 慕容垂引漳灌邺

慕容垂（326—396 年），十六国后燕开国皇帝，鲜卑族军事家。前秦建元二十年（384 年）正月，起兵反秦，建立后燕，率兵攻打前秦苻丕于邺城。四月，燕军久攻邺城不下，慕容垂召集群臣商议对策，右司马封衡建议引漳水灌城，慕容垂赞同。[1]《晋书·载记·慕容垂》："垂攻拔邺郛，丕固守中城，垂堑而围之，分遣老弱于魏郡、肥乡，筑新兴城以置辎重，拥漳水以灌之。"此次水攻采取了多项措施，燕军首先攻破外城，然后挖掘壕堑围困中城，在堑围无效的情况下，筑围堤引漳水灌城。《魏书·列传第八十三·慕容垂》载："攻苻丕于鄴，乃引漳水以灌之，不没者尺余。丁零翟斌怨垂，使人夜往决堰，水溃，故鄴不拔。"不没者尺余，说明围堤修筑成功，洪水对中城的压力比较大，但邺中城的城墙十分坚固，未能将其淹垮。水攻持续了数月，至七月，由于久攻不克，负责攻城的将领翟斌渐有叛心，暗中与邺城内苻丕联络，又派丁零兵决堰放水。

对于翟斌是否决堰成功，《晋书》和《魏书》的记载不同，《魏书》的记载如上文，翟斌决堰水溃，造成慕容垂攻邺失败。而《晋书》的记载则说，翟斌"密应苻丕，潜使丁零决防溃水。事泄，垂诛之"。翟斌并没有成功决堰。决堰有可能是决壅漳水的堰，而决防是决围城的堤防，无论何种情况，水攻没有破城。时前秦邺城守军长期被围，粮草渐尽。但慕容垂认为："苻丕穷寇，必守死不降，丁零叛扰，乃我腹心之患，吾欲迁师新城。"遂解围退至新兴城，水攻邺城以失败告终。

此次水攻的工程情况没有记载，应当是在漳水筑坝，引水至邺城外。有筑坝、挖渠和修筑围堤等工程，前期还有挖掘围堑的工程。由于工程量大，需要的物质和财力也消耗比较大。造成了负责工程的丁零人翟斌"恃功骄纵，邀求无厌"[2]，因而使上下离心，内部分裂。结果造成围城的堤防被决，这样的结果和晋阳之战的过程有类似的地方。所幸的是慕容垂掌控了局势，没有造成更大的损失。

5.1.7 沮渠蒙逊水攻西郡

沮渠蒙逊（368—433 年），卢水胡人，十六国时期的北凉国君主，公元 401—公元 433 年在位。史载其博览史书，通晓天文，"雄杰有英略，滑稽善权变"[3]。所以，附近的胡人都归附于他。前秦凉州刺史梁熙、后凉主吕光都奇而惮之。沮渠蒙逊由于博览群书，善于学习，因此对兵书战策较为熟悉。水攻战术的多次使用，应该是其对历史上的水攻战役有所了解。

隆安元年（397 年），沮渠蒙逊和卢水胡人沮渠男成在建康（今甘肃高台西南）拥立太守段业反后凉，建元神玺，初创北凉，以沮渠男成为辅国将军，沮渠蒙逊为镇西将军。隆安二年（398 年）五月，北凉主段业遣沮渠蒙逊进攻后凉重镇西郡（今甘肃永昌西），时众人普遍都持怀疑态度，只有沮渠蒙逊力主攻取西郡。段业认为沮渠蒙逊所说有理，采纳了他的意见。沮渠蒙逊遂率军攻城，但数十日不克，沮渠蒙逊改变思路，引水灌城，攻

---

[1] 《资治通鉴》卷一百〇五："燕王垂以邺城犹固，会僚佐议之。右司马封衡请引漳水灌之，从之。"

[2] 《十六国春秋·后燕·慕容垂》："翟斌恃功骄纵，邀求无厌。"

[3] 《晋书·沮渠蒙逊载记》。

克西郡，俘太守吕纯。后凉晋昌太守王德、敦煌太守孟敏皆以郡投降北凉，段业加封沮渠蒙逊为临池侯。

《晋书·沮渠蒙逊载记》："业将使蒙逊攻西郡，众咸疑之。蒙逊曰：'此郡据岭之要，不可不取。'业曰：'卿言是也。'遂遣之。蒙逊引水灌城，城溃，执太守吕纯以归。"这次引水灌城，相当成功。

《宋书·氐胡传》：安帝隆安三年四月，"业使蒙逊将万人，攻光弟子纯于西郡，经旬不克，乃引水灌城，窘急乞降，执之以归"。

西郡，汉献帝时分张掖郡置，治日勒县（北魏改名永宁县，今甘肃永昌县西北），属凉州，辖境约当今甘肃省永昌县西部及山丹县一带。水灌西郡，就是水灌日勒县。《读史方舆纪要·卷二》："今山丹卫东南有日勒废城。"

这次水灌西郡，由于记载简略，具体形式不太清楚，但是，达到了城溃的效果，在水攻战的历史上，也不多见，使日勒县遭到严重破坏。此事《宋书》记载在隆安三年，有误，似应在隆安二年。

这次水灌西郡的成功，初步显示了沮渠蒙逊的军事才能，也为其后来发动兵变奠定了基础。隆安五年（401 年），蒙逊诬男成谋反，段业斩男成，蒙逊以此为借口攻灭段业，发动兵变，被推举为大都督、大将军、凉州牧，改元永安，北凉进入沮渠蒙逊统治时期。

5.1.8 沮渠蒙逊水攻敦煌

公元 421 年，北凉主沮渠蒙逊水攻敦煌，灭西凉的战斗。嘉兴四年（420 年），西凉主李歆战败身亡，北凉大军占领了西凉都城酒泉。歆弟敦煌太守李恂受众推戴，建号冠军将军，转固守敦煌。沮渠蒙逊派其世子沮渠政德率兵攻敦煌，李恂闭城不战，阻止了沮渠政德的攻势，北凉军久攻不下。西凉永建二年（421 年）三月，沮渠蒙逊亲率兵二万攻敦煌，围绕敦煌城三面筑堤，以水灌敦煌城，李恂派勇士一千人，以木版搭成浮桥，想暗中决堤，遭北凉军反击失败。李恂乞降被拒，手下的大将宋承等再次背叛，献城池投降，李恂自杀，西凉国灭亡，沮渠蒙逊统一了河西。

《晋书·凉武昭王（子士业）传》："蒙逊遣世子德政率众攻恂，恂闭门不战，蒙逊自率众二万攻这，三面起堤，以水灌城。恂遣壮士一千，连版为桥，潜欲决堤，蒙逊勒兵逆战，屠其城。"《资治通鉴·宋纪一》："河西王蒙逊筑堤壅水以灌敦煌，李恂乞降，不许。恂将宋承等举城降，恂自杀。蒙逊屠其城。"

这次水攻战值得注意的是"三面起堤"的工程，三面起堤，又壅水，是引水筑堤灌城。这次水攻的水源应该是引用的氐置水，唐称甘泉水，在敦煌东。《汉书·地理志》敦煌郡下："龙勒县，氐置水出南羌中。"龙勒县在今敦煌县西南。敦煌的东面紧靠党河，所以围城的

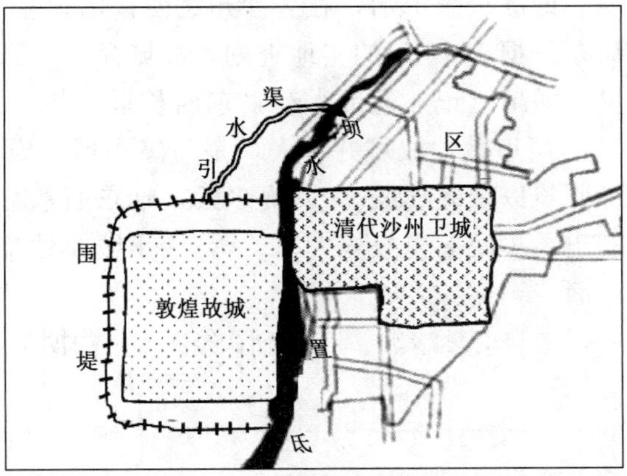

图 5-2 三面起堤水灌敦煌图

堤防只要三面修筑就可以了。围城的堤防相当长，整个城墙与围城的堤防间形成一个湖泊，二百多年后，遗迹犹存。《敦煌地理文书》中《沙州都督府图经》记载：

一所故堤，高三丈，阔三丈五尺。

右在州东北一百廿步。按《十六国春秋》，嘉兴四年，西凉王李歆为且（沮）渠蒙逊战败于酒泉东怀城，歆死国灭。其弟恂为敦煌太守，与诸子弃敦煌奔于北山。蒙逊以索元绪行敦煌太守，绪行险恶，失于人心，郡人宋承义、张弘以恂在郡有惠政，密遣招恂，九月率数千骑入于敦煌，索（元）绪东奔，宋承义等推恂冠军将军、凉州刺史。蒙逊遣子德政率众一万攻恂，恂闭门不战。至五年春，蒙逊率众二万攻敦煌，遗恂书，论以兴亡之运。恂不答。二月，三面起堤，以水灌城，恂使壮士千人，连板为桥，潜欲决堤，悉为蒙逊所擒，将佐等劝恂曰："今水弥盛，东军来者相继，虽有熊武之士，决战无所，宜遣使降，因以击之。"恂遣使请降，逊不许。左长史宋承义、武卫将军张弘等开门降逊，恂自杀。其堤多毁灭，唯东面基趾步存。❶

该文明确说明，在州城东北一百二十步，有一处堤防遗址，唐代时仍然存在。这处堤防遗址就是当年沮渠蒙逊水灌敦煌所筑，历经二百多年，堤防遗迹仍然高达三丈，按唐制换算，高约 11 米，底宽约 12.6 米（注：唐制一丈约 3.6 米），距离州城一百二十步。"步"的说法比较含糊，很难准确换算。围城的堤防不能离城太近，否则修筑堤防时容易受到城内守军的攻击，至少应当在弓箭难以射到的地方，古人有"百步穿杨"的说法，能射百步的只是少数武将，一百二十步，正好是弓箭难以达到的距离，筑堤工程不会受到城内干扰。也不能太远，否则灌城的效果难以掌握。这一个距离应当是比较典型的围堤与城墙的距离。由于距离不是很远，城内的西凉军乘夜色以木板连接起来，搭浮桥到对岸企图去决堤，被北凉军察觉。北凉军在对岸布置好埋伏，西凉兵过河一个被俘一个，结果去掘堤的士兵全部被擒。

绕城四周还有濠堑，是当年围堤与城墙间形成的宽一百二十步的水体遗迹，在东北与党河相通。入河的地点在城外七里，这一段应当是当年引水的渠道，筑坝的地点就在渠首。沮渠蒙逊水灌敦煌，是敦煌史上一件非常重要的事情，这次水攻没有使城墙垮塌，但水攻使西凉军内部发生分裂，水攻最后取得成功。

又据《敦煌地理文书汇辑校注》对该部分的校注："《肃州志・沙州卫志》：'今按沙州旧城，即故敦煌郡治，在今沙州之西，墙垣基址犹存，以党水北冲，城垣东圮。'是党水在城东。据 1945 年的实地查勘，故城尚在，敦煌县城在党河东，故城在党河西，相隔约半里，城垣已圮，遗址尚存，东西长近二里，南北仅见残垣数段。"故城，"即汉敦煌郡治"❷。所以敦煌故城并不大，是一座小城，筑围堤比较容易。又本卷一所故堤，说沮渠蒙逊所筑以灌敦煌城。"其堤多毁，唯东面基趾步存"。濠堑水条："潦绕城四面……至东北流出，去城七里投入大河。"是沙州城在甘泉水西面。所以十六国时期，甘泉水在沙州城东面。

据考证，《沙州都督府图经》的成书年代大约在唐永徽（650—655 年）至开元

❶ 郑炳林. 敦煌地理文书汇辑校注. 兰州：甘肃教育出版社，1989.

❷ 阎文儒. 敦煌史地杂考. 文物参考资料，1951 (5).

(713—741年)年间。[1] 唐武德二年(619年)置沙州,当时敦煌为沙州都督府驻地。

敦煌在汉代时就有农田灌溉水利工程,以后历代建设,不断发展。《沙州都督府图经》所载唐代灌溉水渠的情况,其中十六国时期修建的比较大型的渠道如:前凉沙州刺史杨宣在州南修建的长十五里的阳开渠,州东长四十五里的北府渠,其斗门垒石作,长四十步,阔三丈,高三丈;前凉敦煌太守阴澹在州西南修建的长七里的阴安渠,后凉敦煌太守孟敏在州西南修建的长二十里的孟授渠等,都引甘泉水灌溉农田。开凿长达数十里以至百里以上的大渠,需要较多的测量和水利知识,而且更主要的是要掌握比较复杂的工程技术和施工设备,这些都为引水灌城准备了良好的技术基础。

5.2 刘宋、南齐、南梁时期的水攻战

刘宋、南齐和南梁时期,南朝政权不断更迭,引发一些内战。北方的北魏则相对统一,南北对峙于淮河流域,是这一时期的以水代兵战争较多的主要起因。在这一百多年间,尤其是南梁武帝时期,水攻战频繁发生。

5.2.1 刘劭决破柏冈、方山埭,以绝东军

刘宋元嘉三十年(453年)二月,太子刘劭举兵犯阙,发动宫廷政变,弑父宋文帝刘义隆,自立为帝。各地起兵讨伐刘劭,武陵王刘骏顺江东下直攻建康,称西军;会州刺史刘诞起兵响应,称东军,对刘劭成夹攻之势。不久,刘诞所部东军攻至曲阿(在今江苏武进),并在奔牛塘之战中大败刘劭殿中将军燕钦,兵锋直逼建康。刘劭为了遏阻东军进兵,命人用栅栏阻断班渎、白石等处水道,并掘开柏岗、方山一带的堤坝,破坏运道。

《宋书·二凶》:"又遣殿中将军燕钦东拒诞。五月,世祖所遣参军顾彬之及诞前军,并至曲阿,与道相遇,与战,大破之。劭遣人焚烧都水西装及左尚方,决破柏岗、方山埭以绝东军。……又使司隶治中监琅邪郡事羊希栅断班渎、白石诸水口。"

破冈埭和柏冈埭都是人工运河句容中道上的埭,句容中道又称破冈渎,始建于吴赤乌八年(245年),起于小其(今句容东南),向东穿过山冈,至云阳西城,全长三十多里,是当时连接京都建业(今南京)与太湖流域的航道,也是六朝时期三吴地区通往建康的重要运道。由于河道纵坡较陡,水源缺乏,沿途修建一十四埭,逐级蓄水,抬高水位,水入赤山湖后连接秦淮河,又通过方山埭抵建业,是最早完全用人工建筑物控制的运河。破冈埭在破岗渎西端,柏冈埭(百罡堰)也位于赤山塘西,调节赤山塘入秦淮河水量,是破冈渎运道的一处重要关口。"方山埭在府东南四十五里。《建康实录》:吴赤乌八年,使校尉陈勋发屯兵于方山南,绝淮立埭是也。"[2] 破冈渎通过方山埭与秦淮河相连。

刘劭破坏破冈埭、柏冈埭与方山埭这些破冈渎运道上的重要水利设施,就是使破冈渎运道不能通行,以阻击讨伐他的东军。所以顾祖禹评论说:"劭因缘淮树栅,决破柏冈、

---

[1] 朱悦梅,李并成.《沙州都督府图经》纂修年代及相关问题考.敦煌研究,2003(5).

[2] 《读史方舆纪要》。

方山埭，以绝东军，盖断运道以拒之也。”栅断班渎、白石诸水口也是切断运河水源。但刘劭在位仅三月，即被率兵讨逆的刘骏击溃，可见这次决破冈埭、柏冈埭和方山埭在军事上并没有起太大作用。

5.2.2 垣崇祖龙沮立堰和巧用水攻

垣崇祖（440—483 年），南朝著名将领，宋明帝时曾为辅国将军，北琅琊、兰陵二郡太守。泰豫元年（472 年），行徐州事，驻守在朐山南面的龙沮（今灌云县龙沮镇）一带。当时北魏不断侵犯边界，垣崇祖向宋明帝建议“断水注平地，以绝虏马”[1]。因龙沮附近有游水和沭水，从河流的走势看，垣崇祖的建议应当是在沭水上立堰，使河流在沭水下游一带泛滥，以使北方的骑兵没有用武之地。明帝以此事问刘怀珍是否可行，刘怀珍认为可行。垣崇祖于是率将吏去堵塞河流，结果没有成功，原因是遭到北魏军的干扰。北魏君主认为，如果让宋军立堰成功，是国家的耻辱，必须全力破坏其筑堰。“龙沮若立，国之耻也，以死争之。”[2]于是发精骑数万突袭垣崇祖，“崇祖马槊陷阵不能抗，乃筑城自守”。正赶上连续降雨十余日，北魏军自动退去。由于受到北魏军干扰，龙沮立堰的事没有再实施。

垣崇祖的这一次战斗经历说明，他在用水作战方面有一定经验和想法，而且作过一些研究。他曾经自比韩信、白起，这两位将领都曾经有过水攻取胜的著名战例：韩信指挥过水淹龙且的潍水之战，白起引水灌鄢是历史上经典的水攻战例。垣崇祖以他们二人自比，显然是相信自己在以水代兵的作战方面，能够和韩信、白起一样有所建树。保卫寿春的一仗说明，他的话没有言过其实。

萧道成建立齐政权后，认为南北交兵，冲突的首要地带就是寿春，而防守寿春的任务，非垣崇祖莫属，遂任命垣崇祖为豫州刺史，监豫、司二州诸军事。齐建元二年（480 年）二月，北魏遣梁王郁豆眷（拓跋嘉）与刘昶统马步军兵号称二十万进犯寿春，垣崇祖急召文武商议对策，说：“贼众我寡，当用奇以制之，当修外城以待敌，城既广阔，非水不固，今欲堰肥水，却淹为三面之险，诸君意如何？”[3]垣崇祖在肥水立堰的理由是使寿州城三面环水，加强寿春的防守，这样说合情合理，实际是放出烟幕，而真实的目的是要决堰淹敌，但是并不说破。文武官员对垣崇祖的战术布置不太理解，认为守外城过于分散兵力，在肥水上筑堰又史无前例，恐怕难以成功。而垣崇祖则成竹在胸，他说：“守郭筑堰，是吾不谏之策也。”[4]“乃于城西北立堰塞肥水，堰北起小城，遣数千人守之。”所谓“不谏之策”其实是暂时保守军事秘密，对于文武官员的不理解，暂时放置一边。

垣崇祖保卫寿春的奇计就是以水制敌，以水代兵，最后达到以少胜多的目的。其措施包括三个方面：其一，在肥水上筑堰，表面上是使寿春三面环水，作为巩固寿春城防的措施，实际上是准备决堰，水淹在下游攻城的敌军；其二，堰北筑一小城，位置在堰的下游，安排数千人守卫，敌军要取寿春，必先攻克小城，诱使敌军来攻小城；其三，小城四周挖掘深堑，表面看是护卫小城的壕堑，实际是为敌人准备的陷坑。垣崇祖预料：“虏必

---

[1][2][3] 《南齐书·卷二十五·垣崇祖传》。
[4] 《资治通鉴·卷一百三十五·齐纪一》。

悉力攻小城，若破此堰，放水一激，急逾三峡，自然沈溺，岂非小劳而大利邪?”❶ 垣崇祖的战术布置十分精心而巧妙。北魏军果然中计，“由西道集堰南，分军东路，肉薄攻小城”❷。敌人集中兵力攻击小城，而忽略了对堰的注意，敌军的位置在堰的北面，正好在堰的下游。这时垣崇祖从容上城，下午时分，下令决小史埭放水，洪水汹涌而下，猛冲正在攻城的敌军，大量军兵被卷入壕堑，溺死者以千数。北魏军遭受到突然打击，仓皇退走。《南齐书·垣崇祖传》非常生动地描写了垣崇祖从容指挥决堰的情景：“崇祖著白纱帽，肩舆上城，手自转式。至日晡时，决小史埭。水势奔下，虏攻城之众，漂坠堑中，人马溺死数千人，众皆退走。”看似非常轻松取得了这场战斗的胜利。

《南齐书》的记载说明，垣崇祖在寿春城的西北立堰塞肥水，但是后来所决的却是小史埭。《读史方舆纪要·卷二十一》寿州条载：“又有小史埭，在州城西北，即齐垣崇祖筑肥堰以灌魏军处，亦曰肥水堰。”胡三省注《资治通鉴》也说：“今安丰军有小史埭，即崇祖决堰处。”这种看法认为，垣崇祖所筑之堰就在小史埭的位置，所以说决小史埭。

而据《太平寰宇记》记载，小史埭始筑于东吴孙权时期：“废小史埭在（安丰）县东五十二里，此埭上原号施水，又曰支津。魏志武帝东征，孙权从东漕口至江际各为栅栅口，遣小史何文宪开因以为名。”❸ 因此在垣崇祖立堰之前，小史埭早已经存在，垣崇祖在肥水上所立之堰与小史埭应该不是一回事，它们是否在同一位置，有两种可能。小史埭所在具体位置，是在安丰县东五十二里，从方位看，也是在肥水上的一个堰埭，离寿春不是很远，当时修筑的目的是整治漕运航道。❹ 而垣崇祖立堰的理由是使寿州城三面环水，以巩固寿州的城防，至少表面上他是这么说的。第一种可能，垣崇祖所立之堰就在小史埭的位置，所谓立堰就是把小史埭加高，形成更大的库容，达到能够决堰淹敌的目的。第二种可能就是垣崇祖在肥水上所立之堰在小史埭下游，它们是梯级关系。决小史埭后，下游的堰自然溃决，这样造成的洪水更加凶猛，如此垣崇祖在肥水上立堰而决小史埭的记载也顺理成章。无论哪一种情况，垣崇祖对这次水攻战的布置确实非常巧妙，充分利用了有利地形和现有的水利工程，其构思有独到之处。对地形熟悉，对水利工程技术有一定了解，最后取得成功。

这次水淹敌军的巧妙之处还在于诱敌攻城，然后决水淹敌，用很小的代价取得了一场大仗的胜利。其战术安排和布置，与韩信引诱敌人渡河，然后决坝放水，有异曲同工之妙。当时垣崇祖自比韩信、白起，遭到众人质疑，只有齐主萧道成认可。及至胜仗的捷报传到朝廷，齐主对朝臣说：“崇祖许为我制虏，果如其言。其恒自拟韩、白，今真其人也。”❺ 齐主认为垣崇祖确实具有韩信、白起的军事才能。韩信和白起都是善于用水攻的

---

❶ 《南史·列传第十五·王懿到彦之垣护之张兴世》。

❷ 《南齐书·卷二十五·列传第六·垣崇祖张敬儿（2）》。

❸ 《太平寰宇记》卷一百二十九。

❹ 嵇果煌“试论古代江淮间施水与肥水的交通作用——兼谈安徽历史上是否存在巢肥运河?”（2011年《上海市老科学技术工作者协会学术年会论文集》）一文认为，“小史埭所在具体位置，应是在扬仪运河的南段，原施水支津入阳渊处。当时在此处设置小史埭，是为了防止扬仪运河中水量流失，以利于航运畅通”。似有一定道理，但是与安丰东五十二里的方位不合，其位置距离寿春太远，决小史埭难以起到水攻敌人的作用。

❺ 《南齐书·垣崇祖传》。

将军，垣崇祖以他们自比，说明对这一决水淹敌的计策早有考虑，在水攻战的历史上，也算一段佳话。

5.2.3 萧衍断东关以淹淮南

东关是濡须水入长江的一个碳口，河道狭窄，七宝山和濡须山隔岸相对。三国时吴将诸葛恪曾在这里修东兴堤，遏湖水，水淹了魏的屯军地居巢，并利用巢湖水面，聚集水军向淮南进攻。南北朝时，南梁与北魏在东关一带的对峙，类似于东吴与曹魏的情况。阻断东关，抬高水位，使巢湖水不能外泄，则巢湖沿岸，必被水淹。南梁也采用了在东关筑坝，水淹淮南的战术。

梁天监二年（503年），魏扬州刺史元澄表称："萧衍频断东关，欲令巢湖泛溢。湖周回四百余里，东关合江之际，广不过数十步，若贼计得成，大湖倾注者，则淮南诸戍必同晋阳之事矣。又吴楚便水，且灌且掠，淮南之地，将非国有。寿阳去江五百余里，众庶惶惶，并惧水害。脱乘民之愿，攻敌之虚，豫勒诸州，纂集士马，首秋大集，则南渎可为饮马之津，霍岭必成徙倚之观。事贵应机，经略须早。纵混一不可必果，江西自是无虞。若犹豫缓图，不加除讨，关塞既成，襄陵方及，平原民戍定为鱼矣。"❶

所谓断东关，就是在东关修建堤坝，淹没巢湖以北，淮河以南的合肥、寿阳地区。关于南梁如何修堤坝，阻断东关的情况，没有详细的记载。但是从元澄所说"萧衍频断东关"的情况分析，梁军应当已经采取了一些行动，而且修筑了堤坝，造成了一定的淹没。不然不会引起北魏如此强烈的反应。南梁由于在陆军和骑兵方面不占优势，而水军是其特长，因此采用水攻战法。元澄指出如果东关被塞断，将会造成几方面的破坏：第一，环湖四百里民居、农田，都将被淹，洪水泛滥成灾；第二，魏军在沿湖一带有大量驻军，即所谓"淮南诸戍"也将被淹，水灌晋阳之事必将重演；第三，巢湖泛滥的同时，南梁的军队如果乘势进攻，"且灌且掠"，魏军很难抵挡南梁攻势。所谓"吴楚便水"就是指南方军队在水战方面占有优势，如此则淮南一带很难保住。

因此元澄建议尽早发动进攻，如果等到关塞修成，洪水泛滥，"平原民戍定为鱼矣"。元澄的建议得到北魏朝廷的采纳，"诏发冀、定、瀛、相、并、济六州二万人，马一千五百匹，令仲秋之中毕会淮南，并寿阳先兵三万，委澄经略"❷。

当年十月，元澄分几路大军，对东关各处守军发动大规模进攻，"元英勒诸军围贤首栅，栅民任马驹斩由降魏。任城王澄命统军党法宗、傅竖眼、太原王神念等分兵寇东关、大岘、淮陵、九山，高祖珍将兵三千骑为游军，澄以大军继其后"❸。天监三年（504年），魏将陈伯之又在东关击败守将赵祖悦，东关之战魏军取得最终胜利，萧梁的水淹淮南计划未能得逞。

5.2.4 韦睿筑堰灌合肥

梁天监四年（505年）十月，梁武帝萧衍兴师大举北伐，以韦睿为众军都督，派右军司马胡景略攻合肥，自督大军攻小岘城（今安徽含山北），胡景略久攻合肥不克。天监五

---

❶❷ 《魏书·列传第七中·景穆十二王》。

❸ 《资治通鉴·梁纪一》卷一百四十五。

年（506年）二月，韦睿在攻占了小岘城后，也进军合肥。韦睿到合肥后首先对合肥周围的地形进行了认真考察，认为要攻取合肥可以仿效战国时智伯水灌晋阳的办法，他说："吾闻'汾水可以灌平阳，绛水可以灌安邑'，即此是也。"[1] 当年智伯在水灌晋阳眼看就要成功时，脱口说出这两句话，结果引来杀身之祸。这也从另一方面说明，智伯所说有一定道理，以水灌城可以在合适条件下应用，韦睿正是受到此启发决定用水攻。

梁军于是在淝水上筑堰并很快就完工。又在岸边筑一城，令军主王怀静镇守。堰筑成后抬高了水位，对合肥形成包围。更重要的是抬高水位后，韦睿水军大有用武之地。北魏守军发现了梁军的战术，于是两军围绕堤堰展开了争夺。北魏军队一度夺取了用于守堰的城堡。并派兵来"凿堤"，情形十分危急，一些将领思想动摇，甚至劝韦睿退还巢湖，韦睿愤怒地说，军人虽死，只有向前，没有退后。为了稳定军心，韦睿把指挥所移到堤下，以示守堤的决心，并亲自指挥军队作战，与敌人展开争夺，使敌人胆寒，"魏军却，因筑垒于堤以自固"。魏军退走后，为了加强防守，韦睿在大堤上修筑堡垒，把防守的军队移驻到大堤上。

这次水攻应当是在合肥的下游肥水上筑堰，筑堰的过程非常顺利，堰筑成后，回水淹至合肥城墙，梁军利用高大的战船"斗舰"直抵城下，经水位抬升后，战船与城墙一样高，"四面临之，城溃，俘获万余"。南梁军水攻与水军相结合，使敌人军心崩溃，迅速攻占了合肥。

《南史·韦睿传》记载了这次水攻战的过程：先是右军司马胡景略至合肥，久未能下，睿案行山川，曰：'吾闻'汾水可以灌平阳，即此是也。'乃堰肥水。顷之，堰成水通，舟舰继至。魏初分筑东西小城，夹合肥。睿先攻二城。既而魏援将杨灵胤帅军五万奄至，众惧不敌，请表益兵。睿曰："贼已至城下，方复求军。且吾求济师，彼亦征众。'师克在和'，古人之义也。"水攻过程中，敌人曾经派来五万援兵，军队中曾经产生惧战情绪，韦睿鼓舞军心斗志，打败了敌人援兵。

这次水灌合肥，导致合肥"城溃"，遭受巨大破坏。《武经总要》等兵书把这次堰肥水讨合肥列为经典的水攻战例。水灌合肥是大规模修筑浮山堰，水灌寿阳的预演。指挥这次战斗的韦睿是南朝名将，善于治军，长于谋略，战功卓著，时有"韦虎"之称。后来浮山堰的总指挥没有用韦睿而用康绚，可能是因为这时韦睿已近暮年。

5.2.5 宿预堰与宿预城

据《梁书·武帝纪》记载，梁普通六年（525年）"夏五月己酉，筑宿预堰"。关于宿预堰的记载非常简单，只有此寥寥几字，对于它的作用，一些研究认为它的作用是整修泗水航道，但缺少进一步的资料。根据有限的记载推断，它的作用跟梁武帝时所筑其他堰一样，仍然是水攻，它的作用与后来宿预城被淹没于泗水中有关。《水经注·泗水》载："泗水又径宿预城之西……魏太和中，南徐州治，后省为戍。梁将张惠绍北入，水军所次，凭固斯城，更增修郭堑，其四面引水环之，今城在泗水之中也。"

宿预县城，晋安帝时置县，北魏为南徐州治所，当时是南梁与北魏争夺的前沿。宿预

---

[1] 《梁书·韦睿传》。

堰修筑之前，宿预城曾经在北魏与南梁间几度易手。《水经注》记载的张惠绍增修郭堑，四面引水环之的事情发生在天监五年（506 年）。《资治通鉴》卷第一百四十六载：天监五年五月，“太子右卫率张惠绍等侵魏徐州，拔宿预，执城主马成龙”。七月，“将军蓝怀恭与魏邢蛮战于睢口，怀恭败绩，峦进围宿预。怀恭复于清南筑城，峦与平南将军杨大眼合攻之。九月，癸酉，拔之，斩怀恭，杀获万计。张惠绍弃宿预，萧昞弃淮阳，遁还。”张惠绍于天监五年五月夺取宿预城，九月得而复失。引水的事情就发生在这几个月内。天监八年（509 年）春正月，“魏镇东参军成景俊斩宿预城主严仲宝，以城内属”。宿预城又归南梁所有。

此后可能又归了北魏。到了普通五年（524 年）十月，宿预又归南梁。《梁书·武帝纪》：“壬寅，魏东海太守韦敬欣以司吾城降梁。”第二年，普通六年（525 年），北魏又攻取宿预。梁豫章王综降魏，“魏人入彭城，乘胜追击，复取诸城，至宿预而还”。所以天监至普通年间，宿预城在南梁和北魏之间多次易手，是南北两军争夺的焦点地区。至梁普通六年（525 年），又归于北魏。因此，这一年，梁武帝筑宿预堰，水攻宿预城，应当是顺理成章的。

这样，我们对郦道元在《水经注》中所说的“今城在泗水之中也”就容易理解了。郦道元是当时的人，宿预城在泗水之中，应当是郦道元看到的真实情况，而且是最新的情况。郦道元卒于公元 527 年，而宿预堰修筑于公元 525 年，正好是郦道元去世的前两年，所以一直到公元 527 年，宿预城都应当是在泗水中。这种情况，是梁武帝筑宿预堰，水攻宿预城，造成的后果。其水攻的方法，与浮山堰是一样的，在泗水下游筑堰，用回水淹没宿预城，它的工程的规模应当也是非常可观的。

需要说明的是，张惠绍引水环城，并不会造成使宿预城在水中的后果。引水环城的目的是加强城市防守，扩大护城河，水在城外。

宿预城始建于公元 405 年，东晋安帝时，地点在原犰犹县址，秦时的犰犹县。该城因位于泗水下游，常遭水患，于唐玄宗开元二十三年（735 年）被迫迁至原下相城址。原址现称为宿州故城，现洋河新区郑楼镇古城村。它的湮没可能和历史上的筑堰水攻有一定关系。

5.2.6 曹敬宗、曹义宗水灌北魏荆州

就在普通六年（525 年），梁武帝修宿预堰和曹公堰的同时，又派遣将军曹敬宗和曹义宗对北魏所属荆州（今河南邓县）发动了一次长达数年的水攻战。

《魏书·卷七十一·裴衍传》：“孝昌初，萧衍遣将曹敬宗寇荆州……诏衍为别将、假前将军，与恒农太守王罴率军一万出武关以救荆州。贼逆战于淅阳，衍大破之，贼遂退走，荆州围解。”关于这一次围攻荆州的情况，其他史书也有类似记载，《北史·卷一百·序传第八十八》：“柬弟挺，字神俊……历位中书侍郎、太常少卿、荆州刺史。时梁将曹敬宗来寇，攻围积时，又引水灌城，城不没者数板，神俊循抚兵人，戮力固守。诏遣都督崔暹，别将王罴、裴衍等赴援，敬宗退走。”由此记载可知，第一次水灌荆州的战斗发生在孝昌初年，大约公元 525 年至 526 年初。这是梁将第一次围攻荆州，当时守卫荆州的是荆州刺史，后西凉君主李宝之孙李挺，即李神俊，进攻持续了相当长一段时间，又用水攻，

而且水攻的力度不小，大水已经围困荆州城。由于李神俊固守，以及北魏及时派出王罴、裴衍等援军，曹敬宗退走。魏孝庄帝后来还追论李神俊“固守荆州之功，封千乘县开国侯”。

打退了梁军的进攻后，荆州刺史一职改由王罴担任，没过多久，梁军又派曹义宗卷土重来，第二次水围荆州，堰水灌城，造成城内粮食缺乏，外援又不到，荆州形势相当危急，战斗进行异常激烈。《北史·王罴传》载：“除荆州刺史。梁复遣曹义宗围荆州，堰水灌城，不没者数版。时既内外多虞，未遑救援，乃遗罴铁券，云城全当授本州刺史。城中粮尽，罴乃煮粥与将士均分食之。每出战，常不擐甲胄，大呼告天曰：‘荆州城，孝文皇帝所置。天若不佑国家，使箭中王罴额；不尔，王罴须破贼。’屡经战阵，亦不被伤。弥历三年，义宗方退。”后来北魏终于派出援军，大通二年（528年）五月，“癸未，魏以中军将军费穆都督南征诸军事，将兵救之”[1]。在内外夹攻下，曹义宗战败被俘。《北史·卷五·魏本纪第五》：永安元年（北魏孝庄帝元子攸年号，528年）十月，“是月，大都督费穆大破梁军。禽其将曹义宗，槛送京师”。这次水攻战，前后历时三年，两次引水灌城，最后以失败告终。《周书》记载大体相同，唯一不同的是第一次来进攻引水灌城的也是曹义宗，而非曹敬宗。失败的原因，与历史上常见的失败水攻战例一样，被援军打败。

北魏政区变动频繁，尤其是荆州的设置比较乱。根据《魏书·地形记》记载：鲁阳郡太和十一年置镇，十八年（494年）改为荆州，二十二年（498年）罢置，同年荆州治所由鲁阳迁至穰城。这次水攻的荆州，《读史方舆纪要》卷五十一穰县城下记述：“梁大通二年（528年），将军曹义宗围魏荆州，堰水灌城，不没者数版，刺史王罴固守不下。既而魏遣将费穆驰救，义宗败没。”当时北魏的荆州治穰县，今河南邓县。《水经注·湍水》载：“湍水又迳穰县为六门陂。汉孝元之世，南阳太守邵信臣以建昭五年断湍水，立穰西石堨。至元始五年，更开三门为六石门，故号六门堨也。溉穰、新野、昆阳三县五千余顷。汉末毁废，遂不修理。晋太康三年，镇南将军杜预复更开广，利加于民，今废不修矣。”历史上就有在湍水筑六门陂的工程，筑堰蓄水灌城，既方便，又有经验可循。

5.2.7 葛荣长围遏水灌信都

葛荣，北魏末年河北农民起义首领，初为怀朔镇（今内蒙古固阳西南）镇将，后投靠鲜于修礼。孝昌二年（526年）八月，叛将元洪业杀鲜于修礼，请降于魏，葛荣杀元洪业自立，接着领导部众起义。孝昌三年（527年）正月，攻陷殷州（今隆尧东），进围冀州治所信都（今河北冀县）。

当时的北魏正陷于政局动荡之中，西北关陇一带有莫折念生活动，攻取了陇东诸州，下潼关，兵锋直逼洛阳；南方有梁朝将军成景俊攻打彭城，在泗水上筑堰；东郡有赵显德起义，齐州广川有刘钧起义等，后来又有安乐王元鉴叛乱。北魏正是多事之秋，牵制了大部分军队。因此葛荣初围冀州时，北魏朝廷未能派出援兵，这为葛荣水攻信都赢得了宝贵的时间。

葛荣水攻信都采取了“长围遏水”的措施。《魏书·潘永基传》：“潘永基，字绍业，

---

[1] 《资治通鉴·梁纪八》。

长乐广宗人也。……出为持节、平北将军、冀州防城都督、长乐太守。于时葛荣攻信都，长围遏水以灌州城。”所谓长围，即是围城筑堤，在城墙与堤防间形成大量水体，淹浸城墙；遏水就是筑坝引水，注入城墙与围堤之间。葛荣围信都，自春及冬，时间长达大半年，有足够的时间修陂筑堤，应当有一定的规模。葛荣所修的有坝引水工程，后人称为葛荣陂。《新唐书·地理志》载，唐贞观十一年（637年），冀州刺史李兴公开葛荣陂，引赵叟渠水注之，可能是在原来军事工程的基础上，加以整修，作为农田灌溉工程。葛荣陂最初为葛荣水攻信都时的战时工程应是无疑问的，清代《吴汝纶日记》中也提到：“冀州北境直抵衡水，地势洼下，乃昔日葛荣陂也。”

《水经注·卷十·浊漳水清漳水》载：“长芦水又东径九门城北，故县也。……又东屈北径信都县故城西，信都郡治也。汉高帝六年置。……其水侧城北注……又北为博广池……又北径下博县故城东，而北流注于衡水也。又东北过扶柳县北，又东北过信都县西。”因此信都附近除了漳水这样的大河外，还有长芦水、衡水等一些河流。所以引水灌城的水源是没有问题的。而当时的长围，很可能利用了城外防洪的堤防，或者有另外一种可能，当时用于灌城所修的堤防，成为后来城市的防洪大堤。根据《读史方舆纪要》卷十四载，信都城外除了有明朝修筑的防滹沱、漳河的长堤外，还有一道绕城的古堤。“又有古堤，在州城外，四围高丈五尺，周四十里。盖古筑此以障水，今与长堤相连”。此古堤何时所筑，顾祖禹也不太清楚，但是，如果是专门用于防洪的堤防，很少有环城修筑的，因此，该古堤很可能与葛荣水攻信都这一事件有关。

当时镇守信都的是冀州刺史元孚，防城都督潘永基等。对于葛荣的水攻，进行了殊死的抵抗，但是由于内无粮草，外无救兵，最后城陷。《魏书·潘永基传》：“永基与刺史元孚同心戮力，昼夜防拒。外无军援，内乏粮储，从春至冬，力穷乃陷。”《资治通鉴·卷一五一·梁纪七》：北魏孝昌三年（527年）十一月，“葛荣围魏信都，自春及冬，冀州刺史元孚帅励将士，昼夜拒守，粮储既竭，外无救援，己丑，城陷”。葛荣水攻信都取得了成功。

5.2.8 二筑寒山堰以及寒山堰之战

浮山堰战役的最后胜利，使梁武帝对水攻的战法更加推崇。普通六年（525年），镇守彭城的豫章王、南兖州刺史萧综投降北魏，致使彭城失守，被北魏军占领。由于彭城的战略位置十分重要，梁武帝于大通元年（527年）二月，遣将军成景俊攻彭城，魏以前荆州刺史崔孝芬为徐州行台，抵御成景俊进攻。彭城（今徐州）历史上曾经遭受水攻，所以进攻彭城往往会想到用水攻，尤其在以水代兵盛行的南北朝时期。“景俊欲堰泗水以灌彭城，孝芬与都督李叔仁等击之，景俊遁还。”[1] 成景俊在泗水上筑堰，受到魏军的干扰，没有成功。又《魏书·列传第四十五·高祐崔挺》载：“孝昌三年（527年），萧衍将成景俊率众逼彭城”，“景俊筑栅造堰，谋断泗水以灌彭城。孝芬率大都督李叔仁、柴集等赴战，景俊等力屈退走”。所载战役情况基本相同。但《魏书》所记，成景俊在泗水筑堰已经实施，工程正在进行中，崔孝芬率军赶到，成景俊战败退走，工程没有完成。

---

[1] 《资治通鉴·梁纪七》。

这一筑堰史实在《梁书》和《南史》的武帝纪中，均记载在大通二年（528 年）二月，《梁书·本纪第三·武帝下》：大通二年二月，“是月，筑寒山堰”。《南史·卷七·梁本纪中第七》：大通二年“二月，筑寒山堰”。进攻彭城战事发生在头年，而第二年再筑堰，似不太可能，况且没有后续的战事发生，此时彭城仍由北魏军控制，不会不加以干扰。这两种说法应该是指同一件事情，而筑堰事错记在大通二年的可能性较大。这次筑堰的规模可能还比较大，所以记载在武帝纪中。而且泗水不是一条小河，要堰断泗水，并非轻而易举。这是后来太清元年（547 年）寒山堰水灌彭城之战的前奏。由于有这次筑堰的基础，羊侃筑堰时，残堰可能还存在，所以只用了二十天就完工。

太清元年（547 年）八月，梁武帝下诏大举北伐东魏，以牵制东魏军队，接应叛魏降梁的侯景。这次出兵之前，就几易主帅，没有合适人选，为失败埋下了伏笔。梁武帝起初欲令其侄鄱阳王萧范为元帅，经中书舍人朱异劝说，改由其孙南康王萧会理为帅，萧会理受命之后，纵情声色，行动迟缓，梁武帝闻讯，心中不悦。这时豫州刺史、镇守寿阳的贞阳侯萧渊明（梁武帝兄萧懿子）屡次上表请战，得到梁武帝的批准。大军行至宿预（今江苏宿迁东南），梁武帝命人追还南康王萧会理，任命萧渊明为都督，进攻彭城。

对于进攻彭城的战术，梁武帝似乎早已是成竹在胸，他亲下密诏给萧渊明，指示具体作战事宜，令萧渊明在距彭城十八里的寒山阻断泗水，修筑堤堰，以灌彭城。得到彭城后，再继续进军，和侯景成犄角之势。《资治通鉴·梁纪十六》载：太清元年（547 年）八月，“上命萧渊明堰泗水于寒山以灌彭城，俟得彭城，乃进军与侯景犄角。癸卯，渊明军于寒山，去彭城十八里，断流立堰。侍中羊侃监作堰，再旬而成。”《南史·梁宗室上》：“武帝既纳侯景，大举北侵，使南康王会理总兵，明乃拜表求行。固请，乃许之。会理已至宿预，诏改以明代为都督水陆诸军趣彭城，大图进取。敕曰：‘侯景志清邺、洛，以雪雠耻。其先率大军，随机抚定。汝等众军可止于寒山筑堰，引清水以灌彭城。大水一泛，孤城自殄，慎勿妄动。’明师次吕梁十八里，作寒山堰以灌彭城，水及于堞，不没者三板。”侍中羊侃受命筑堰，只用了二十天时间，就修成了寒山堰。

大水围困彭城，此时敌人的援兵尚未到达，如果乘水势攻城是很好时机。但是梁武帝过分强调了水攻的作用，以为“大水一泛，孤城自殄”，还密嘱萧渊明“慎勿妄动”，这样严重束缚了前线将士的手脚，加上萧渊明作为主帅，实战经验不足，行事优柔寡断，当羊侃劝萧渊明乘水势攻城时，萧渊明不从，只是等待城中守将势穷来降。诸将领与萧渊明商议军情，萧渊明竟然答不上来，只是说“临时制宜”。

东魏派遣慕容绍宗赴救彭城，十一月，慕容绍宗率众十万屯据寒山附件的橐驼岘。羊侃又劝萧渊明乘其远来，立足未稳，派军攻击，萧渊明不从。第二日，羊侃再劝出战，又不听。萧渊明作为主帅“谋略不出，号令莫行”，造成军心涣散。慕容绍宗解彭城之围的首要目标就是进攻寒山堰，萧渊明命众将救援，将领们不敢肯出战。《南史·卷五十一·列传第四十一》载：“绍宗至，决堰水，明命将救之，莫肯出，魏军转逼，人情大骇。”将领赵伯超甚至说“与战必败，不如全军早归”，带着儿子和爱妾临阵脱逃，致使孤军救援的胡贵孙全军覆没。主帅萧渊明则醉酒不能指挥战斗，于是众军大败，萧渊明被俘。

这场战斗，萧渊明没有利用筑寒山堰形成的优势，乘水势攻城，被东魏赶到的援军慕容绍宗“反决堰”，水攻的优势转变为劣势，形成了“魏军转逼”的被动局面，使战场形势发生了逆转，失败在所难免。梁武帝过分强调水攻，亲自制定作战计划，束缚了前线将士的手脚，是失败的直接原因。当梁武帝听到寒山堰战斗失败的消息，惊得几乎从龙床上滚落下来，可见他对这次水攻战的失败，毫无思想准备。《资治通鉴》卷第一百六十："上方昼寝，宦者张僧胤白朱异启事，上骇之，遽起升舆，至文德殿阁。异曰：'寒山失律。'上闻之，恍然将坠床。"

寒山堰之战失败的另一方面原因，是魏晋以来，士家制度开始形成。士家亦称"兵户"，由于兵户世世代代都要担负沉重的兵役，因此他们的生活非常困苦，而且身份很低，带来了士气和战斗力的低落。兵户不堪重负，不断逃亡。到了梁武帝晚年，征发兵士时，都要锁以镣铐。如果不这样，根本不能阻止士兵的逃亡。让那些用锁颈械手的方式抓来的士兵去面对劲敌，打败仗是必然的。加上军官的腐败，梁军所到之处，劫掠居民，毫无纪律，以及主帅萧渊明的怯懦无能和没有实战经验，梁军在寒山堰之战中的惨败更是不可避免。

《元和志》："寒山堰，在县东南一十八里。梁萧明伐魏，堰清水以灌彭城。"

5.2.9 侯景水围台城

太清元年（547 年）南梁寒山堰之战失败后，萧衍与东魏高澄讲和，但要以梁朝遣送侯景回东魏为条件。侯景得知消息后，以诛杀朝中弄权的朱异为借口，于太清二年（548 年）八月，在寿阳起兵叛梁，并秘密联络梁都建康城内临贺王萧正德为内应。侯景军很快攻到建康，萧正德开宣阳门迎接侯景入城。侯景军进围台城，久攻不下。十二月，侯景采取火攻以及引玄武湖水灌台城方法。《梁书·侯景传》载："材官将军宋嶷降贼，因为立计，引玄武湖水灌台城，城外水起数尺，阙前御街并为洪波矣。"仍未能攻下。至次年三月，侯景再次引玄武湖水灌台城，"即决石阙前水，百道攻城，昼夜不息"。台城被攻破，梁武帝被俘。梁武帝一生爱用水攻，至此，被侯景用水攻战败于台城。

这次献水攻计的是材官将军宋嶷，材官将军是主管土木水利的官员，对京城的水利状况比较熟悉。但是第一次灌城的效果不太理想，只有数尺的水深，对于防御森严的内城，显然效果不大。考古研究发现，台城外有城墙，东晋时城墙已经使用外侧包砖。第二次水攻情况不详，也是辅助进攻手段。

5.3 梁武帝萧衍与浮山堰兴筑始末

浮山堰是中国古代规模最大的水攻工程，也是古代最大的大坝工程，在水利史上具有重要意义，它的兴建经历了曲折的过程，有许多问题尚待作进一步研究。

5.3.1 梁武帝萧衍与浮山堰兴建的历史背景

南齐中兴二年（502 年），萧衍代齐建梁，在位时间达四十八年，是一位颇有作为的皇帝。他勤于政事，孜孜不倦。冬天四更天时就点起蜡烛批阅文件，手拆裂了也毫不在乎，而且常常因政务繁忙而顾不上饮食，这在封建皇帝里还是难能可贵的，算得上励精图治。萧衍多才多艺，才思敏捷，博通文史。这些性格特点使得他在指挥战争中，敢于充分发挥自己的思想，坚持自己的水攻战术。但是他又自恃才高，刚愎自用，不顾客观实际条件发动水攻战，导致不收实效，甚至事与愿违。如修筑浮山堰，经勘察后认为，那里的河床地质条件不适合建坝，但是他仍然坚持要修建浮山堰，结果是很快发生溃坝。寒山堰之战，他任用并无战斗经验的侄子萧渊明为帅，又密嘱他一定用水攻，结果导致大败。

梁武帝本人虽然生活简朴，笃信佛法，多次舍身出家，但在另一方面，又大兴土木，不顾老百姓死活，大肆挥霍浪费国家资财而在所不惜，这与他喜欢用水攻的战术思想是相吻合的。北魏人对他的评价是“萧衍狂狡，擅断川渎，役苦人劳，危亡已兆”❶。虽然是站在敌对的立场去评论，对其个人的特点，还是说出了一定的道理。

梁武帝萧衍对于“以水代兵”的作战方式，情有独钟，他统治时期，水攻战达到高潮，从他即位的第二年开始，就断东关水淹淮南。天监五年（506 年），韦睿水灌合肥，取得成功，然后又修筑浮山堰，发动历史上规模最大的水攻战，至普通六年（525 年）筑宿预堰、曹公堰，又指示萧渊明筑寒山堰水攻彭城惨败，同年指示曹敬宗水攻北魏荆州，最后被叛将侯景用水攻围困于台城被俘。可以说水攻战贯穿其一生，称其为“水攻皇帝”，实不为过。他的水攻战思想体现在两个方面，一是对城市的水攻，表现在寒山堰之战他给萧渊明的密敕中，他认为“大水一泛，孤城自殄”；是在下游筑坝壅水，形成广大的淹没区域，以回水淹灌上游军事目标，断东关水淹淮南和修筑浮山堰都是这一思想的表现。

修筑浮山堰的原因，除了梁武帝个人的因素，从军事上考虑，当时南梁与北魏的战事不断。梁武帝于天监四年（505 年）大举北伐，两军互有胜负，魏军接连攻占淮阳、宿预。梁军则攻取合肥、霍邱等地，此后，两军相持于两淮地区。天监六年（507 年）爆发钟离（今安徽凤阳东北）之战，梁军击败了北魏军的进攻。天监十年（511 年），梁琅琊人王万寿聚众反梁，占据朐山（今江苏连云港西南海州），遣使请求北魏派兵接受。天监十二年（513 年），北魏寿阳大雨，大水入城，北魏扬州治中裴绚乘大水之机，欲叛投南梁，被扬州刺史李崇讨伐击败。淮河两岸战事不断，形势极不稳定。

寿阳（北魏称寿春）位于淮河南岸，八公山南麓，是淮河中游的军事重镇。正如清顾祖禹《读史方舆纪要》所说：“自魏晋用兵，与江东争雄长，未尝不先事寿春。及晋迁江左，而寿春之势益重。”“守江者必先守淮，自淮而东，以楚、泗、广陵为之表，则京口、秣陵得以遮蔽；自淮而西，以寿阳、历阳为之表，则建康、姑孰得以遮蔽。”南梁占领寿阳，可以完全控制淮河以南地区，都城建康的安全得以有保障；北魏占领寿阳，可以随时挥师南下，威胁合肥以至建康，因此寿阳的军事地位十分重要。

寿阳的弱点在于地势低洼，城池位于淮河和肥水的交汇处，常被水淹。《三国志・魏书》注引干宝《晋纪》：“初，寿春每岁雨潦，淮水溢，常淹城邑，故文王之筑围也，诞笑之曰：是固不攻而自败也，及大军之攻，亢旱逾年，城既陷，是日大雨，围垒皆毁。”天监十二年（513 年）五月，“寿阳久雨，大水入城，庐舍皆没，魏扬州刺史李崇勒兵泊于城上，水增未已，乃乘船附于女墙，城不没者二板”❷。众人劝李崇放弃寿阳，李崇甚至准备与城一起沉没。

---

❶ 《北史・卷四十三・列传三十一》。

❷ 《资治通鉴・梁纪三》卷一百四十七。

经济上，寿阳是淮南的产粮区，“东连三吴之富，南引荆、汝之利”❶，由于有芍陂、茹陂、七门、吴塘等水利工程，以溉稻田，“公私有积，历代为利”❷，农业发达。三国时，刘馥在这一带屯田，作为进攻东吴的基地。南北朝时，成为南北对峙的前沿，双方对寿阳的争夺非常激烈。

5.3.2 童谣与浮山堰的战略目标

王足献计时曾引北方童谣：“荆山为上格。浮山为下格。潼沱为激沟，并灌钜野泽。”其中有上格和下格之说，“上格”和“下格”是指两处可以选择的坝址荆山与浮山。童谣中的潼河与沱河都在安徽五河县境内流入淮河。“为激沟”只是一种说法，“激”作壅水解，童谣的想象是把淮河水“激”入潼河和沱河，使潼河和沱河成为洪水通道，淹灌钜野泽。钜野泽远在黄河南边，是与济水相通的一个胡泊，黄河南决，可以入淮，但淮河水不可能向黄河倒流。即使在淮河上筑坝，其回水也不可能“灌钜野泽”，童谣的最后一句虽是臆想，反映出修筑浮山堰的目的是淹灌北方魏国领土，达到攻击北魏的目的。这和北魏人对对浮山堰的评价是“规为扬、徐害”的说法一致。值得注意的是，童谣中并没有说要水灌寿阳，而是要灌钜野泽，其想法是梁武帝“水断东关”，水淹淮南的水攻思维的延续。

谶谣文化在南北朝时十分流行，有学者指出，“谶谣盛行是两晋南北朝时期政治文化的明显表征之一，发挥着重要的政治功能。同时还成为政治斗争的预警手段和另类武器”❸。童谣是谶谣传播的一种主要形式。王足所引童谣清楚说明了筑坝的地点、规模和意义，与后来的实际情况基本吻合，这不是偶然的。童谣不会凭空产生，是梁武帝为水攻所做舆论准备，是梁武帝水攻意志的体现。童谣表达了一种大规模水攻的宏伟气势，这不是降将王足所能杜撰的。散布童谣的目的，是在寻求一种天意的支持，“在阴阳五行，天人感应盛行的古代社会，人们大多认为谶谣之辞，很可能是超自然力量针对人间发出的奖善惩恶的征兆，其背后有天意的支持”❹。事实上，修筑浮山堰无论是在朝廷还是在民间，都不乏反对的声音。梁武帝正是利用了人们对天意的畏惧，借王足之口和所谓童谣实施了这项“逆天”工程。后来梁武帝对这项工程的执着，三次强行合龙，普通六年又再次筑堰，都证明梁武帝始终认为修筑淮堰是一件正确的事情，不会仅仅凭一个降将的献计就做出如此重大的决定。

一般认为，修筑浮山堰的目的是水攻寿阳，以夺取寿阳，这种说法不太准确。历史记载关于浮山堰的作用主要有两种说法，一是水灌寿阳，二是水灌扬、徐。水灌寿阳的说法如《魏书·景穆十二王》载关于元澄的事迹说：“萧衍于浮山断淮为堰，以灌寿春。”或者说修浮山堰的目的是“规为寿春害”。水灌扬、徐的说法如《魏书·萧宗纪》说：“先是，萧衍于浮山堰淮，规为扬、徐之害，诏平南将军杨大眼讨之。”又《魏书·萧宝夤传》载：“萧衍遣其将康绚于浮山堰淮以灌扬徐。……熙平初，贼堰既成，淮水滥溢，将为扬徐之患。”从梁武帝的水攻战思想以及实际的效果看，他修筑浮山堰的目的不仅仅是水灌寿阳，而是有更大的战略目标。由受害方北魏对浮山堰的描述中可以看出，梁武帝修浮山堰的目

❶ 《太平寰宇记·淮南道寿州》引伏滔《正淮论》。

❷ 伏滔《正淮论》。

❸❹ 张荣明，崔一楠. 谶谣与两晋南北朝政治. 理论学刊，2011（8）.

的是灌扬、徐一带，而不仅仅是寿春，相对而言，扬、徐的范围，要广阔得多。

寿阳以及寿阳所控制的附近地区，对双方都是经济和军事要地，梁武帝从军事、经济各方面考虑，虽很想收复寿阳。但是，多年的战争实践表明，梁军要夺取寿阳并不容易，陆路或水军强攻都难有胜算。寿阳城易守难攻，城虽不大，十分坚固。北魏在此派驻重兵，南齐永元二年（500年），裴叔业以寿阳城降魏，北魏朝廷派彭城王元勰、车骑将军王肃等率步骑十万赴寿阳接应，并以彭城王勰为司徒，领扬州刺史，镇寿阳。《魏书·彭城王勰传》："自勰之至寿春，东定城戍，至于阳石，西降建安，山蛮顺命，斩首获生，以数万计。"北魏在淮南的势力得到明显扩张。同时为防意外，二月间，魏宣武帝又派杨大眼与大将军李丑等率领骑兵二千人先行入寿阳协防，并建立了水军。[1] 南梁对寿阳的战争不断遭受失败，北魏正始元年（504年）二月，萧衍将姜庆真曾攻破寿春外郭，被寿春守军击败退走，正始二年（505年）九月，南梁湘州刺史杨公则率众寇寿春，被北魏扬州刺史元嵩击败，损失数千人。[2] 梁天监五年（507年）三月，原寿阳梁将陈伯之率众八千归降，其子虎牙被魏人所杀[3]，寿阳仍为北魏占领。正如《魏书·岛夷传》所称："初，衍每欲称兵境上，窥伺边隙，常为诸将摧破，虽怀进趣之计，而势力不从，遂于浮山堰淮，规为寿春之害。"比较清楚地说明，梁武帝对进攻北魏力不从心的状况，因此不得不采用水攻，以求边境稳定。水攻的重点在阻止北魏军南进，还可以对徐、扬一带的农业经济造成破坏，以使北魏军在寿阳一带难以立足，伺机夺取寿阳并非短期内的战略目标。

北魏景明四年（503年），世宗封李崇为征南将军、扬州刺史。李崇治理扬州近十年，政绩卓著，成为南梁的心腹大患。"萧衍恶其久在淮南，屡设反间，无所不至，世宗雅相委重，衍无以措其奸谋"[4]。梁武帝多次用反间计，设法除掉李崇，而不成功，北魏朝廷对李崇十分信任。后来梁武帝为诱降萧宝寅，写信给他时也提到此事："正为李继伯（即李崇）在寿阳，侵犯边境，岁月滋甚。或攻小城小戍，或掠一村一里。若小相酬答，终无宁日，边邑争桑，吴楚连祸。所以每抑镇戍，不与校计。继伯既得如此，滥窃弥多。今修此堰，止欲以报继伯侵盗之役。"[5] 梁武帝此说，虽是为其修筑浮山堰寻找理由，也说明当时在寿阳一带，李崇的军事骚扰对边境构成了很大的威胁，战事不断，修筑浮山堰的战略目标，防守的意义大于进攻，是以攻为守。事实上，在修筑浮山堰期间和浮山堰修筑成功后，南梁军都没有发动对寿阳的进攻，反而是北魏军不断进攻和骚扰浮山堰的修筑。因为此时军事力量的对比，北魏军略占优势。

5.3.3 浮山堰修建的时间问题

一般认为，浮山堰的始筑时间是在梁天监十三年（514年），其主要依据是《梁书·武帝纪》记载天监十三年"是岁作浮山堰"，以及《梁书·康绚传》的记载。但是在《隋书·五行志》里有这样一条资料，梁天监"十二年四月，建康大水。是时大发卒筑浮山

---

[1] 宋杰．东晋南朝时期寿春地区的水战．首都师范大学学报（社会科学版），2011（3）．

[2] 《魏书·岛夷萧道成·岛夷萧衍》卷九十八。

[3] 《梁书·陈伯之传》："伯之乃于寿阳拥众八千归。虎牙为魏人所杀。"

[4] 《北史·李崇传》。

[5] 《魏书·萧宝寅传》卷四十七。

堰，以遏淮水，劳役连年，百姓悲怨之应也”。也就是说，在天监十二年（513 年），曾经大规模筑浮山堰，而且已经连续修筑好几年了，那么浮山堰的始筑时间，可能在天监十年以前，最有可能在天监六年（507 年），即王足投降的那一年，而不是天监十三年。清代康基田在《河渠纪闻》里说，筑浮山堰“十年劳费，死者数十万”，应当是指从天监六年（507 年）至天监十五年（516 年），浮山堰溃决，前后正好十年。

于是产生一些疑问，《梁书·武帝纪》和《梁书·康绚传》的记载如何解释？为何说始筑浮山堰是在王足献计的那一年？对这些问题，试作如下探讨，使这两种说法，都能得到合理解释：

《梁书·武帝纪》说“是岁作浮山堰”，但并没有说该年始作浮山堰，如果认为它是修筑浮山堰过程中重要或关键的一年，也无不可。从浮山堰建筑的进度来看，天监十四（515 年）年四月，合龙失败，说明坝体已经基本建成。如果是在天监十三年才开始决策，勘察修筑，前后时间，仅仅一年多一点，就完成如此巨大工程，而且十三年冬天，还开始筑荆山堰，总指挥康绚有相当长一段时间在荆山筑堰，相当于同时修建两个大坝，以当时的技术水平，在不断受到北魏军事干扰的情况下，似乎太快一些，不太可能。前期有多年的准备工作，包括决策，简单的设计以及坝址查勘，材料的准备等也是合理的。

王足献计被认为是梁武帝决策，筑浮山堰的根据。这件事情被认为是在天监十三年（514 年），也值得推敲。王足自北魏来降，所引的是北方童谣，这是因为他刚从北魏投降过来，比较了解北方情况。所以按情理，献计之事应当发生在他投降南梁的同时或其后不久。《梁书·康绚传》在记载这一事件时，用了这样的表述：“时魏降人王足陈计，求堰淮水以灌寿阳。”“时”指当时，不一定非指当年，后面还记载了十四年、十五年浮山堰的很多事情。所以，这里的“时”，理解为前几年也是可以的。“魏降人王足”的表述也说明了他是刚刚投降的人。

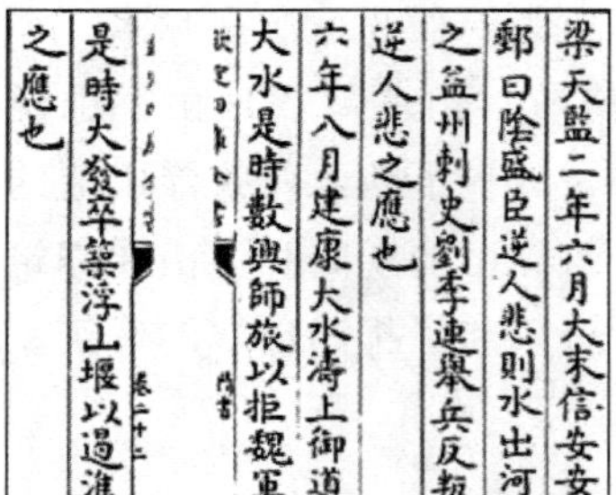
梁天監二年六月大末信安安豐三縣大水春秋考異
郵曰陰盛臣逆人悲則水出河決是時江州刺史陳伯
之益州刺史劉季連舉兵反叛師旅數興百姓愁怨臣
逆人悲之應也
六年八月建康大水濤上御道七尺七年五月建康又
大水是時數興師旅以拒魏軍十二年四月建康大水
是時大發卒築浮山堰以遏淮水勞役連年百姓悲怨
之應也

图 5-3 《隋书·五行志》关于浮山堰的记载

那么王足降梁在哪一年呢？王足投降是因为他没有被任命为益州刺史，而任命了羊祉。《北史·列传第二十七》载：“正始二年（505 年），王师伐蜀，以祉假节、龙骧将军、益州刺史。”《资治通鉴·梁纪》载天监四年十二月：“魏主更以梁州军司泰山羊祉为益州刺史。王足闻之，不悦，辄引兵还，遂不能定蜀。久之，足自魏来奔。”胡三省注《资治通鉴》认为，王足降梁，事在天监六年（507 年），所以王足献计应当在此时，而不应当在天监十三年。水工陈承伯，材官将军祖暅进行地形和地质勘察也不一定是在天监十三年。《梁书·康绚传》只是为了叙事的方便，把它们放在一起。王足献计只是梁武帝修筑浮山堰的一个借口，或者是一种巧合。王足献计的主要依据是北方童谣。童谣早就在北方流行了，这一事件本身就说明，王足献计之前，修筑浮山堰和荆山堰的规划，已经在进行之中。

梁武帝在筑浮山堰的同时，又开工修筑荆山堰，修筑荆山堰有明确的开工时间，而浮山堰并没有记载具体的开工时间，天监十三年冬天开工的是荆山堰，而非浮山堰，浮山堰是在何时开工建设的，实际情况不得而知。浮山堰的施工是在对敌人保密的状态下逐步推进的，至少前期工程是如此。从北魏对浮山堰的干扰来看，天监十三年（514 年）以前，北魏没有派出军队来阻止浮山堰的建设，说明北魏对此不知情，或者没有引起重视。但实际上，浮山堰工程，已经为筑坝做了大量准备工作。十三年才开始大规模筑坝进占，这种情况是很有可能的，也符合这种大型工程的修建规律。

5.3.4 荆山筑堰及相关问题

天监十三年（514 年）冬天，开始筑荆山堰，仍然以康绚为总负责。《梁书·昌义之传》载："是冬，高祖遣太子右卫率康绚督众军作荆山堰。"筑坝的地点在荆山。荆山在今安徽怀远县，与涂山相对，荆山在西，涂山在东，淮河穿荆涂峡口北流。荆山离寿阳较近，约一百公里，壅水的效果比较显著，工程量也比较小。因此，选荆山作为坝址是可以理解的。但是由于离寿阳太近，筑坝工程遭到北魏军的强烈干扰。第二年（515 年）正月，魏遣将李昙定率领大批人马逼近荆山，并扬言要决堰，梁武帝急忙派兵增援，援兵未到，康绚已经将敌人击退。经过这次骚扰，梁军估计在荆山筑堰相当困难，而且这时荆山西面的硖石城在魏军控制下，北魏随时可以从硖石出兵攻击筑堰的梁军。梁武帝不得不放弃荆山堰，而集中力量筑浮山堰，荆山堰工程只进行了一个冬天，大概只做了一部分。次年三月"魏诏平南将军杨大眼督诸军镇荆山"[1]，荆山完全被魏军占领。荆山本不是一个军事要地，只是淮河上的一个硖口，但因为梁军要在此筑堰，而成为两军争夺的焦点地区。后来北魏军在此还专门修了驻军的城堡，名荆山堰城，防止梁军再次在这里筑堰，并成为北魏军进攻浮山堰的基地。

为什么浮山堰修建到一半时，又去筑荆山堰。现在来看，无论从军事上还是工程而论，都没有必要在两个地方同时筑堰。其原因正体现了梁武帝的水攻思想，从童谣中可以看出，水攻的目标不仅是寿阳，而是整个扬、徐一带，但是限于当时的技术条件，筑堰后回水能够淹没多远和多大地方并不知道，可能梁武帝认为，筑两个堰，水攻的效果更加理想，能够淹没更多的地方。

梁武帝既想筑荆山堰，又担心魏军的干扰。所以筑荆山堰是试探性的，试探魏军对于筑堰的反应。但是，如果魏军不加干扰或者干扰很小，那么有可能真正在荆山筑堰。这一论点的根据是：第一，荆山堰在魏军干扰后很快就放弃了，当时梁军康绚击退了前来干扰的魏军，而且梁朝廷也派了昌义之等为援军，荆山堰完全可以继续施工，但是梁军并没有坚持施工，由此推断梁军筑荆山堰是试探性的；第二，浮山筑堰也没有因此而耽误，第二年的四月就准备合龙的事实说明，荆山筑堰的同时，浮山堰的施工也在进行之中；第三，荆山筑堰只动用了军队，没有征用民夫，便于战斗和随时撤离，要完成这么大的工程，不征集民夫是很难想象的。之所以没有大规模和详细的规划，主要因为荆山堰工程不是作为主要的工程施工。而浮山堰施工时，则征集了大量的民夫和施工材料。当时正处于两国交战的状态，作为军事工程，真真假假、虚虚实实是很正常的。它不同于一般的水利工程，

[1] 《资治通鉴·梁纪四》卷一百四十八。

这也给后人留下了很多疑问，以致一些记载中出现自相矛盾和错讹。

荆山堰工程进行了几个月时间，只做了一部分，但是也有一定的规模，北魏人称其为淮堰。天监十四年（515 年）九月，梁左游击将军赵祖悦袭占西硖石城，魏遣代理镇南将军崔亮攻西硖石的同时，“又遣镇东将军萧宝寅决淮堰”[1]。此处之淮堰，应当即指修筑了一部分的荆山堰而言，可能因为阻碍航行以及壅水等原因，予以拆除，因为此时，浮山堰尚未修成，而萧宝寅也不可能去决浮山堰。天监十五年（516 年）三月，又有“魏萧宝寅在淮堰，上为手书诱之，使袭彭城”[2]等记载。同理，萧宝寅当时为魏将，不可能在浮山堰，他所在的淮堰，仍然是指荆山堰。

宋《文献通考・卷三百十八・舆地考》载钟离县，“汉旧县。有袁术所筑公路城；荆山堰及梁武帝筑浮山堰基。”唐《元和郡县图志》卷第九，豪州钟离县，“荆山堰，在郡城西一百二十二里”，豪州招义县“浮山堰，在县西北六十里。梁天监十三年，与荆山堰同时修筑”。《太平寰宇记》卷一一八“濠州钟离县”曰：“废荆山堰，在州西一百一十二里……今涡水东岸是也。”说的是荆山堰遗址。直至明代，大学士宋濂陪太子朱标游涂山和荆山，在《游荆涂二山记》中还说道：“梁魏交斗时就荆山筑堰，以灌寿春，其遗迹犹斑斑可见。”荆山曾经筑堰的事实是可以肯定的。

5.3.5 浮山堰及其水工上的成就

浮山堰的修筑过程，主要见于《梁书・康绚传》的记载：

发徐、扬人，率二十户取五丁以筑之。假绚节、都督淮上诸军事，并护堰作，役人及战士，有众二十万。于钟离南起浮山，北抵巉石，依岸以筑土，合脊于中流。十四年，堰将合，淮水漂疾，辄复决溃，众患之。或谓江、淮多有蛟，能乘风雨决坏崖岸，其性恶铁，因是引东西二冶铁器，大则釜鬵，小则鋘锄，数千万斤，沉于堰所。犹不能合，乃伐树为井干，填以巨石，加土其上。缘淮百里内，冈陵木石，无巨细必尽，负担者肩上皆穿。夏日疾疫，死者相枕，蝇虫昼夜声相合。……十五年四月，堰乃成。其长九里，下阔一百四十丈，上广四十五丈，高二十丈，深十九丈五尺。夹之以堤，并树杞柳，军人安堵，列居其上。其水清洁，俯视居人坟墓，了然皆在其下。或人谓绚曰：“四渎，天所以节宣其气，不可久塞。若凿湫东注，则游波宽缓，堰得不坏。”绚然之，开湫东注。又纵反间于魏曰：“梁人所惧开湫，不畏野战。”魏人信之，果凿山深五丈，开湫北注，水日夜分流，湫犹不减。其月，魏军竟溃而归。水之所及，夹淮方数百里地。魏寿阳城戍稍徙顿于八公山，此南居人散就冈垄。

天监十三年（514 年），梁武帝开始在浮山大规模筑堰。工程的总负责仍然是康绚，梁武帝假康绚以符节，授予他军政大权，在掌握施工的同时，还负责军事上的保卫。堰址选择在河流开阔地带，便于组织施工，派水工陈承伯，材官将军祖暅进行地形和地质勘察，结果他们都认为“淮内沙土漂轻，不坚实，其功不可就”。勘察的地点是在所谓的“淮内”，究竟是荆山还是浮山，或者是两地，没有交代。对于地质条件很差的情况，梁武帝认为并不重要，而是坚持启动施工工程。这非常符合梁武帝自以为是的性格特点以及喜

---

[1][2] 《资治通鉴・梁纪四》卷一百四十八。

欢用水攻战术的思想。当然，作为一项军事水利工程，首先考虑的是攻击效果，而安全性和持久性是次要的，至于后来浮山堰溃决造成的巨大灾难，则是当初决策者始料未及。

工程动用军队及徐、扬一带征集的民夫共计二十万人，于南北两岸同时堆土进占，准备于河中间合龙，这与现代的筑坝方法基本一致。因为淮河的比降小，水流平缓，所以初期的堆土进占比较顺利，但是，到了四月快要合龙的时候，水流越来越湍急，合龙遇到了困难，在没有任何经验的情况下，最初试图用普通筑坝的方法合龙，不能成功，有人认为是水中蛟龙作怪，而蛟龙怕铁，于是在水中投下几千万斤铁，大至铁锅，小至锄锹，还是难以合龙。抛铁的作用与抛石类似，但是，当时没有施工机械，如果没有捆绑或装袋，很难形成有效堆积，这次合龙又告失败。当年合龙用的铁锅，至今仍有一口在扬州博物馆陈列。第三次采用以树木做成框架，类似巨型的木箱，中间填以巨石，再压上土，沉入水中，类似于现代用铁丝捆绑石头，或者铁丝捆绑砂袋推入水中合龙的方法，至天监十五年(516年)四月，终于合龙成功。

当地流传一个柳相兄弟的传说：据说当时多种合龙方法均告失败，这时有两个工匠，是一对孪生兄弟，大柳相和小柳相，为保护其他民夫，主动向萧衍提出要跳入合拢处，钉成“井”字形木桩，然后迅速填进土石，能使大坝合龙。萧衍于是派人砍伐树木，开山采石，一切准备妥当，柳氏孪生兄弟挽着臂膀跳入凶猛的河中，岸上众多民夫和士兵，将事先准备好的树桩石块、土袋子一齐填向坝口，不一会大坝合龙了。这一传说反映出来的事实与历史记载中“伐树为干”的情况基本吻合，是以巨木在龙口处打桩，固定在水中，然后再抛入石块。跳入水中以人为桩的细节，既是当时采取在龙口打桩填石的反映。在激流中打桩，自然会有人员伤亡，那些为合龙牺牲的勇士的故事流传下来，逐渐形成了柳相兄弟的传说。

无论使用哪种方法，都要使用大量木头和石块，沿淮百里之内的大小树木、石头，都被用尽，可见工程之浩大。合龙经历了曲折的过程，时间长达一年，是浮山堰能否成功的关键。其间合龙的技术在当时是首创，应该说，能够成功在淮河上筑坝，体现了当时水工技术已经达到相当高的水平。这与当时南方大量兴修水利工程，工程经验的积累有关。

浮山堰的规模在中国古代可谓空前绝后，“长九里，下阔一百四十丈，上广四十五丈，高二十丈，深十九丈五尺。夹之以堤，并树杞、柳”，并驻军人守卫。登上坝顶，俯视坝下，“居人、坟墓，了然皆在其下”。按南梁度制换算，1丈=245厘米，下宽343米，上宽85.75米，高约48米，按此推算，边坡约为1∶2.4(图5-4和图5-5)。

修筑浮山堰集中了当时最优秀的专家和人才，是南北朝时期科技能力的集中体现。其成就是多方面的，首先在筑坝的规模上，史无前例，后无来者。淮河古为四渎之一，是一条大河，敢于在这样的大河上筑坝，截断河流，确实是大胆的想法，当然也是专制皇权没有节制的体现。坝址选择在河谷宽阔的地方，附近有较开阔的地形，便于布置施工场地，组织施工。这和现代修建土石坝的选址

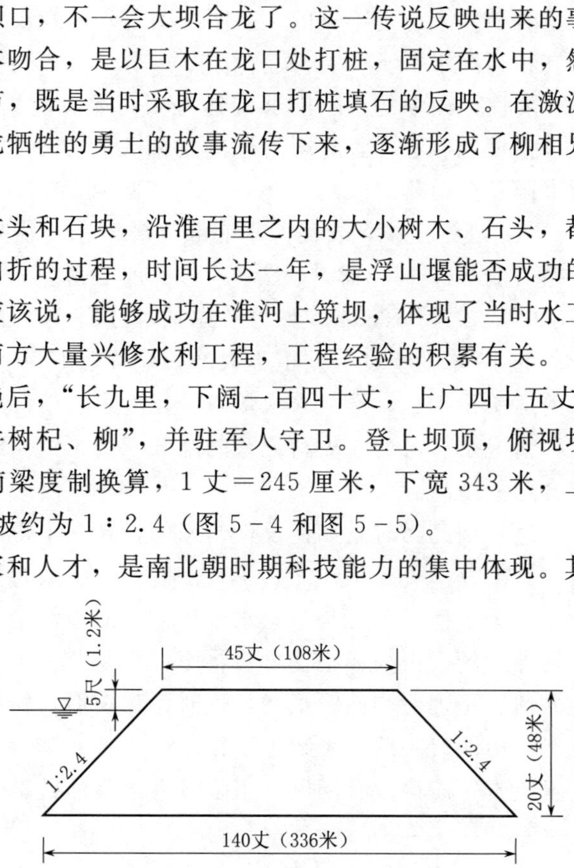

图5-4　浮山堰剖面图

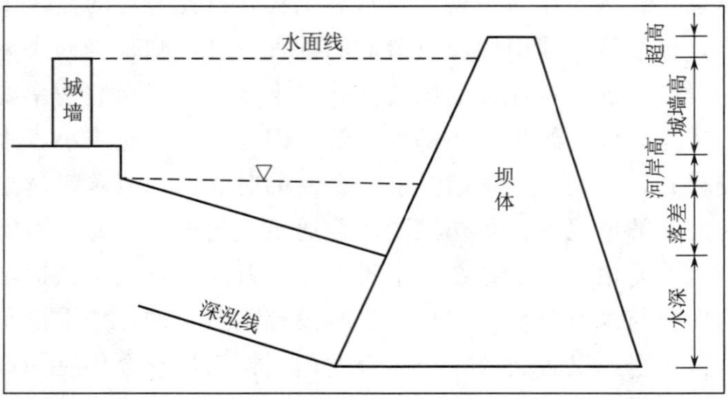

图 5-5　浮山堰堰高推算示意图

思想相当吻合。坝址的地质勘探也是首次记载，合龙方法经多次失败后，总结经验，采用打桩加沉箱、沉排的方法，是首创，是历史上第一次修建高坝的尝试。溢洪道、防浪墙等设计都是筑坝史上最早记载。浮山堰形成的水域面积估计有 6700 多平方公里，淹地数百里，积水覆盖了今五河、泗县、风阳、蚌埠、灵璧、固镇、风台、寿县以及颍上、霍邱等县市的大部或一部，总蓄水量在 100 亿立方米以上，仅主坝填方量不下 1300 万立方米，在当时世界上也是罕见的。表明我国古代的筑坝工程技术、施工截流技术、水库规划思想已有相当高水平。

要使浮山堰的回水能够到达寿阳，堰高应当设计为多少，对于古人来说，是一个难题。根据现有资料，寿阳附近的正阳关到浮山的河道长大约 250 千米，落差只有 10 米，而寿阳到浮山落差大约 8 米，如果考虑还有河岸高 3 米，寿阳还有城墙，高三丈，大约 7.5 米，理论上说，要使回水能够淹灌寿阳，需要把水位抬高 18.5 米。如果河道在浮山深槽一侧水深 18.3 米[1]（图 5-6），加上落差，河岸和城墙的高度，为 36.8 米，加上超高 1.2 米，共计 38 米，如果考虑估算还有 10%的误差，最大的坝高需要 41.8 米，与所记载的 48 米的高度，差距不大。如果考虑 1500 多年以来，淮河的河道发生了变化，深泓点河道淤积抬高，淮河来水量减少，洪水位下降等原因，造成浮山的最大水深减少几米，这种情况很有可能，史料记载的高二十丈，约 48 米高度是基本符合实际情况的，也是比较合理的坝高。

这一坝高当时是如何设计出来的，现在不得而知。这一工程的技术负责可能是数学家祖暅。据《南史·祖冲之传》，祖暅"位至太舟卿"。太舟卿一职梁武帝天监七年（508 年）改都水使者置，是掌管水道运输、河堤修治等事务的官员，所以他对水利工程应该是比较熟悉的。祖暅还担任材官将军，也是负责土木建造的官员，他受命勘察浮山堰坝址的地质情况是理所当然，虽然他反对建浮山堰，但是一旦梁武帝决定开工修建，他不得不从命。浮山堰溃决后，祖暅坐下狱，成为替罪羊。从这些事情看，祖暅是建造浮山堰的工程技术负责，应该没有问题。祖暅具有很高的数学天赋，在一些水利技术人员如陈承伯的配

[1] 浮山的深泓高程大约为零，2003 年汛期，淮河浮山水位达到 18.3 米，最大水深即为大约 18.3 米，见：杨兴菊，虞邦义．淮河中游洪河口至浮山河段纵剖面演变分析．水利水电技术，2009，40（7）。

合下，设计出比较合理的坝高和坝体结构，体现了当时很高的水利工程建设水平。坝的顶宽已经难以看到，底宽根据谷歌地图测量，约为 359.87 米，与记载的一百四十丈，343 米基本相符，没有夸大（图 5－6）。

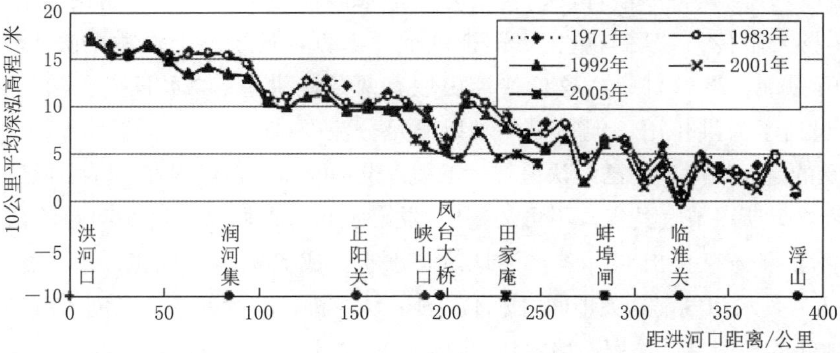

图 5－6　洪河口至浮山河段的深泓纵剖面

根据记载，浮山堰修筑成功后，“魏寿阳城戍稍徙，顿八公山，南北居人散就冈垄”。回水对寿阳造成了很大影响，城内居民难以正常居住。但是，城不没者有多少，没有记载。必须指出的是，随着淮河水位的升高，寿阳的城墙也会逐步加高，所以城墙估算为 3 丈，是保守的。

对于“其长九里”是如何计算的，主坝“南起浮山，北抵巉石”，巉石既巉石山，今潼河山，南北相距只有大约 4 里，这是主坝，其余 5 里是副坝，为了防止库水流失或者是防止淹没自己一方，今淮河北岸，潼河山（巉石山）西侧，铁索岭遗址，应当是付坝残留部分（图 5－7 和书后彩图 5－8）。

图 5－7　光绪《泗虹合志》浮山、巉石山、铁索岭位置图

浮山堰蓄水后，堰顶在水面上仅五尺（约 1.2 米），而它本身是土坝，堰顶不能过水，如果没有溢洪道，水位将持续增高，有垮坝的危险。虽然建坝的目的是抬高水位，以回水

淹寿阳，但是，大坝的安全必须保证。当时康绚也意识到这一点，有人劝康绚开挖排水沟，说“四渎，天所以节宣其气，不可久塞，若凿湫东注，则游波宽缓，堰得不坏”。康绚认为有理，开挖了一条溢洪道，引淮河水东注，还觉不够，又利用魏军怕被淹的心理，向北魏作反宣传，说梁军不怕打仗，就怕有人把水泄掉，于是魏军果凿山深五丈，开湫北注。《魏书·杨大眼传》：“后与萧宝寅俱征淮堰，未克，遂于堰上流凿渠决水而还。”应该就是指的“开湫北注”这件事。这样，浮山堰有两条溢洪道。“水日夜分流，湫犹不减。”说明溢洪道起到了溢洪作用，但是仍然难以满足分流要求。

难能可贵的是，当时人们已经认识到，工程建设不能违背自然规律。浮山堰修成后，就有人提出“四渎，天所以节宣其气，不可久塞”。说出了当时人们对于这一问题的认识。关于水和气，西晋哲学家杨泉指出“所以立天地者，水也。成天地者，气也。水土之气，升而为天”❶，古人认为，水和气都是天地间之根本。江、河、淮、济为四渎，东流入海是一种自然规律，调节天地间的平衡是其作用。堵塞江河，是一种“逆天”的行为，所以不可持久。

5.3.6 围绕浮山堰和荆山堰的战斗

浮山堰既然是一项大型军事工程，不能不谈与其有关的战斗。浮山堰的兴建，对寿阳构成重大威胁，成为北魏朝廷的心头之患，不断有大臣建议出兵讨伐。如《魏书·郭祚传》：“先是，萧衍遣将康绚遏淮，将灌扬、徐，祚表曰：‘萧衍狂悖，擅断川渎，役苦民劳，危亡已兆。然古谚有之，敌不可纵。夫以一酌之水，或为不测之渊，如不时灭，恐同原草。宜命一重将，率统军三十人，领羽林一万五千人，并科京东七州虎旅九万，长驱电迈，遄令扑讨’”，“并宜敕扬州选一猛将，遣当州之兵令赴浮山，表里夹攻。朝议从之”。《魏书·任城王澄传》载：“萧衍于浮山断淮为堰，以灌寿春。乃除使持节、大将军、大都督、南讨诸军事，勒众十万，将出彭、宋。”从这些议论可以看出，北魏朝廷对梁武帝修建浮山堰是非常在意的，所以不断派出军队对其工程进行干扰。

北魏进攻荆山堰和浮山堰的将领主要有李昙定、杨大眼和萧宝夤等。从荆山堰开工后不久，魏军就进行干扰，第二年，即天监十四年（515 年）正月“魏遣将李昙定大众逼荆山，扬声欲决堰，诏假义之节，帅太仆卿鱼弘文、直阁将军曹世宗、徐元和等救绚，军未至，绚等已破魏军。”❷ 这是第一次战斗，魏将李昙定率大批人马逼近荆山堰，梁武帝派昌义之救援，康绚打退了敌人的进攻。但是，后来康绚等应当是主动撤出了荆山，三月，杨大眼率军占领荆山，并筑荆山城守卫。未见记载有战斗发生。占据荆山，一方面可以防止梁军再到荆山筑堰，另一方面可以作为进攻浮山堰的一个据点。十一月，杨大眼进攻浮山堰，就是从荆山出发的。

第二次战斗，即硖石之战，发生在天监十四年（515 年）九月，为解除对浮山堰外围的威胁，梁将赵祖悦领兵袭占北魏西硖石城，并构筑外城，建立军事据点，进逼寿阳。又把淮河沿岸居民强行迁至城内，以增强守备力量。西硖石城失陷对寿阳的守卫极为不利，魏孝明帝遣代理镇南将军崔亮领兵反攻，意图夺回西硖石，十二月，赵祖悦迎战崔亮受挫

---

❶ 《太平御览·天部》引杨泉《物理论》。

❷ 《梁书·昌义之传》卷十八。

后，退回城内固守。天监十五年（516年）正月，崔亮包围西硖石，但久攻不下，“与李崇约水陆俱进，崇屡违期不至。胡太后以诸将不壹，乃以吏部尚书李平为使持节、镇军大将军兼尚书右仆射，将步骑二千赴寿阳，别为行台，节度诸军，如有乖异，以军法从事”❶。李平抵硖石后，协调统一崔亮、李崇两军的行动，督催李崇、崔亮等水陆大军发起进攻，多获胜利。

赵祖悦由于孤军深入，在北魏军的进攻下，情形危急。天监十五年（516年）二月，梁武帝命昌义之和直阁将军王神念溯淮河西上，增援硖石。为了阻击南梁的增援部队，魏将崔亮派部将崔延伯领兵固守下蔡（今安徽凤台）。崔延伯与别将伊瓮生分别在淮河两岸安营扎寨。崔延伯收集车轮，去除外圈，将车的辐条削尖，两个接在一起，用竹条扎成竹索，把车轮串起来，共有十余道，横在水里作为障碍，两头用辘轳控制，可以随意收放，以防止烧断、刀砍。既可阻止梁增援水军通过。又可切断硖石守军的退路，致使昌义之等援军无法接近硖石。魏将李平乘机部署各军水陆并进，猛攻硖石，克外城，守将赵祖悦被迫出降被杀。

第三次战斗，在两军争夺西硖石的同时，天监十四年（515年）十一月，魏将杨大眼扬言要决堰，康绚命诸军撤出军营，露宿帐外，时刻准备迎击敌人。又派儿子康悦挑战，斩魏咸阳王府司马徐方兴，魏军气焰有所收敛。

第四次战斗，天监十四年（515年）十二月，魏军又派遣尚书仆射李昙定督众军进攻荆山堰，康绚与徐州刺史刘思祖等共同抗击敌人。梁武帝派遣左卫将军昌义之率兵救浮山，兵未至，康绚已击退魏兵。

第五次战斗，北魏军收复硖石后，又乘胜进攻浮山堰，未能取胜。《北史·杨大眼传》：“后梁将康绚于浮山遏淮，规浸寿春，明帝加大眼光禄大夫，率诸军镇荆山，复其封邑。后与萧宝夤俱征淮堰，不能克，遂于堰上流凿渠决水而还。”这次杨大眼与萧宝夤征淮堰是在浮山堰修成以后的事情。

魏军后来没有再派大军攻打浮山堰，是因为他们已经意识到浮山堰不能持久，“初，魏人患淮堰，以任城王澄为大将军、大都督，南讨诸军事，勒众十万，将出徐州来攻堰。尚书右仆射李平以为‘不假兵力，终当自坏’。及闻破，太后大喜，赏平甚厚，澄遂不行”❷。原来魏军准备从徐州出兵十万攻打浮山堰，但是李平认为没有必要，浮山堰一定会自己溃决，后来事实验证了李平的预言，得到胡太后重赏。必须指出的是，李平对浮山堰溃决的预言具有很大的政治风险，敢于作出这样的预言，一定有其对浮山堰的了解作为基础，包括对其水文、地质以及工程情况等，不管是其本人，还是背后有其他工程技术人员，例如像郦道元这样对水利情况非常了解的政府官员。表明当时北魏对水利工程的认知达到一个相当高的水平，不仅仅是“逆天”那么简单。

南梁军抗击北魏的将领主要是康绚，另外还有昌义之等。抗击魏军的胜利，使浮山堰工程能够顺利进行并完成。值得注意的是，从修建浮山堰开始到结束，两军对峙过程中，北魏军频频发动进攻，南梁军处于守势，更没有去进攻寿阳。唯一的一次，赵祖悦袭占北魏西硖石城，最后也以失败告终。说明修建浮山堰的目的不是夺取寿阳，至少短期目标不

---

❶❷ 《资治通鉴·梁纪四》卷一百四十八。

是如此，而是防止寿阳的魏军南进。

5.3.7 浮山堰的溃决及二次筑堰

就其作用而言，浮山堰是水害工程，绝非水利工程，它的修筑给淮河两岸人民造成了深重的灾难，为了使浮山堰能够合龙，梁武帝大量向民间征集材料，“缘淮百里内，冈陵木石，无巨细必尽，负担者肩上皆穿。夏日疾疫，死者相枕，蝇虫昼夜声相合”。“是冬又寒甚，淮、泗尽冻，士卒死者十七八。”天监十五年（516 年）八月，淮河汛期来临，浮山堰溃决。“淮水暴涨，堰坏，奔流于海，杀数万人。其声若雷，闻三百里，水中怪物，随流而下，或人头鱼身，或龙形马首，殊类诡状，不可胜名。”❶ 对于堰溃决的时间有八月和九月的不同说法，死亡人数有数万和十余万不同说法，如：

《南史·康绚传》：“至其秋，淮水暴长，堰坏，奔流于海，杀数万人。其声若雷，闻三百里。水中怪物，随流而下，或人头鱼身，或龙形马首，殊类诡状，不可胜名。”

《梁书·康绚传》：“至其秋八月，淮水暴长，堰悉坏决，奔流于海。”

《资治通鉴·梁纪》：“九月，丁丑，淮水暴涨，堰坏，其声如雷，闻三百里，缘淮城戍村落十余万口皆漂入海。”

浮山堰修成后，对魏军以及魏占领区徐州和扬州造成一定的影响。“其月，魏军竟溃而归。水之所及，夹淮方数百里地。魏寿阳城戍稍徙，顿八公山，南北居人散就冈垄。”❷ 但是，梁军并没有趁水势进攻寿阳，魏军虽然受大水影响退守到八公山上，寿阳城没有坏，军队和居民仍然能够居住和生活。可以看出，实际浮山堰回水对寿阳城的影响有限。

浮山堰的修建是在明知不可为的情况下，强行上马的，其溃决有一定的必然性。可以归结为以下几点：第一，地质条件差，难以满足筑坝要求，大坝是建立在沙土基础上的，地基没有经过任何处理。第二，泄洪能力不能适应淮河的来水量，虽然后来修建了两条溢洪道，但是，汛期到来时，显然不能满足泄洪要求。第三，管理不善，《梁书·康绚传》：“初，堰起徐州界，刺史张豹子，谓己必尸其事。既而绚以他官来监作，豹子甚惭。由是谮绚与魏交通，帝虽不纳，犹以事毕征绚。寻除司州刺史，领安陆太守。绚还后，豹子不修堰。”由于争权夺利，不负责任，堰的维护管理不到位。第四，从水工结构的安全性分析，结构不太合理，有诸多不利因素：①堰坡不稳定，据计算堰坡稳定系数为 0.61，小于最低稳定要求；②边坡 1∶2.4，太陡；③由于堰的不对称布置，堰身存在薄弱部位，堰的右岸受洪水冲击影响较大；④由于堰是均质土坝，基础为沙土，下游无排水，上游无护坡，一定存在严重的渗流问题；⑤堰的超高不足，根据当地的气象资料以及相关数据计算，堰的超高应当为 3.72 米，而实际超高只有 1.2 米，显然不能满足安全要求。虽然后来“夹之以堤”，可能修建了防浪墙，但是多高没有记载。❸ 第五，浮山堰的军事工程性质决定其建设时不会把安全放在第一位，是一项临时工程，所以难以持久，甚至连魏军都估计到这一点。南北朝时修建这样大规模的高坝，既无经验可以借鉴，又没有详细的勘察

❶ 《太平御览·卷三百二十一·兵部·五十二》引自《梁书》。

❷ 《梁书·康绚传》。

❸ 刘家麟. 对浮山堰安全度的分析. 安徽水利水电职业技术学院学报，2009 (3).

设计，也没有施工管理经验。有此诸多不利因素，所以浮山堰的溃决是必然的。

浮山堰溃决后九年，梁普通六年（525 年），梁武帝又在淮河上筑堰，这次没有详细工程记载，据《梁书·武帝纪》：普通六年“夏五月己酉，筑宿预堰，又修曹公堰于济阴”。另在《梁书·夏侯亶传》中有提到：“乃加亶使持节，驰驿代邃，与魏将河间王元琛、临淮王元彧等相拒，频战克捷。寻有密敕，班师合肥，以休士马，须堰成复进，七年夏，淮堰水盛，寿阳城将没，武帝复遣北道军元树帅彭宝孙、陈庆之等稍进。”《资治通鉴·梁纪六》也记载，普通六年（525 年）五月“上密召夏侯亶还，使休兵合肥，俟淮堰成复进”。史料中不止一次提到梁武帝密敕夏侯亶等淮堰修成后再进攻。至于在淮河上修的是什么堰。这次筑堰应当就是修的曹公堰，该年前后，没有其他修堰记载。

曹公堰所在的济阴，据《古今地名大辞典》：“南朝宋置，故城在今安徽盱眙县西。”浮山堰所在位置，当属其管辖范围，因此曹公堰就是浮山堰，在这一区域内，淮河上修第二座堰不大可能。

为何浮山堰又称曹公堰？曹公者，曹操也。曹操有雄才大略者，梁武帝对曹操一家十分推崇，曾经自比曹操，而且还将其子比作曹操之子，将萧纲文才比作曹植，称萧纲“此子，吾家之东阿”[1]，将萧续武功比作曹彰，常称五子萧续“此我之任城也”[2]。梁武帝萧衍在文学上很有造诣，这与曹操在文学上的成就颇为相似。曹操在征战中曾经多次使用水攻，并且获得成功，梁武帝也推崇水攻。所以，梁武帝后来把浮山堰称为曹公堰有一定道理，并非偶然，一方面表明其效仿曹操，坚持水攻的决心；另一方面，也可以避讳浮山堰的失败。由于浮山堰改称曹公堰，是梁武帝私下所为，影响不大，所以后人仍然称浮山堰。这次筑堰不大可能如第一次那样合龙。实际上浮山堰筑堰并不很困难，难在合龙。

这次可能是在残堰的基础上再做一些工程，规模也不是很大，如果有合龙，则需大兴土木，以后的拆除或溃决都是大事，应当会有记载。宋朱熹在《御批资治通鉴纲目》卷三十一评论说：“梁武三筑淮堰，至是十年，死者盖数十万人，然后能取寿阳，才得七万五千口。是十年劳费以三四人而易一人，其愚拙不亦甚哉！”三筑淮堰，前后十年的说法，可能是指天监十四年（515 年）合龙失败算一次，天监十五年（516 年）合龙成功以及普通六年（525 年）筑曹公堰，所以算作三次。实际修筑浮山堰的时间还要长一些，因为如前所述，浮山堰的始筑时间不是天监十三年，而是还要早几年。

再次筑堰，虽然没有合龙，仍然具有一定抬高水位的作用。第二年汛期，“淮堰水盛，寿阳城将没”，梁军乘势进攻，“高祖复遣北道军元树帅彭宝孙、陈庆之等稍进，亶帅湛僧智、鱼弘、张澄等通清流涧，将入淮、肥。魏军夹肥筑城，出亶军后，亶与僧智还袭，破之。进攻黎浆，贞威将军韦放自北道会焉。两军既合，所向皆降下。凡降城五十二”。《资治通鉴·梁纪七》也记载：普通七年（526 年）七月，“上闻淮堰水盛，寿阳城几没，复遣郢州刺史元树等自北道攻黎浆，豫州刺史夏侯亶等自南道攻寿阳”。这次战斗梁军取得了胜利，魏将李宪以寿阳降梁，陈庆之入据其城，凡降城五十二，获男女七万五千，复以寿阳为豫州。

---

[1] 《梁书·简文帝纪》，曹植曾封东阿王。

[2] 《梁书·高祖三王传》，曹彰曾封任城王。

这次大水一方面有残堰壅水的作用，另一方面即使没有浮山堰，淮河丰水年的汛期，寿阳也会遭受水灾，天监十二年（513 年）的大水灾就是这种情况。分析这次战斗的过程，可以看出，水攻没有发挥多大作用。梁军之所以能够取得胜利，主要是因为这时北魏朝政混乱，各地的战事不断，战斗力大大减弱。这次胜利，使梁武帝又恢复了对水攻战的信心，第二年，即大通元年（527 年）[1] 又筑寒山堰，准备水灌彭城，没有成功。

5.3.8　浮山堰的影响及遗址

浮山堰虽然是一个失败的工程，但是由于它史无前例，后无来者的规模，在中国古代的工程技术史和军事史上都有很大的影响。后世对其评论也很多，基本上都是批评的声音。

《水经注》的作者郦道元当时在北魏任辅国将军、东荆州刺史，他还曾经于普通五年（524 年）九月，引兵救寿阳。《资治通鉴·梁纪六》载："裴邃帅骑三千袭寿阳……魏使行台郦道元、都督河间王琛救寿阳。"因此对浮山堰的修筑是很了解的。站在北魏的立场，他在《水经注》中评论浮山堰说："梁天监中，立堰于二山之间，逆天地之心，乖民神之望，自然水溃坏矣。"他认为，浮山堰不但违背自然规律，也违背人心，因为它是一个军事工程，以为害他人为主要目的，谈不上水利。

历代关于浮山堰有不少文学评论作品，北宋文学家秦观[2]的《浮山堰赋》是最著名的一篇：

梁武帝天监十三年，用魏降人王足计，欲以淮水灌寿阳。乃假太子右卫康绚节，督卒二十万，作浮山堰于钟离，而淮流湍驶漂疾，将合复溃。或曰：淮有蛟龙，喜乘风雨坏岸，其性恶铁。绚以为然，乃引东西，冶铁器数千万斤，益以薪石沉之，犹踰年乃合。堰袤九里，水逆淮而上。所蒙被甚广。魏人患之，果徙寿阳戍，顿八公山，余民分就冈垅。未几，淮暴涨，堰坏，奔于海，有声如雷，水之怪袄，蔽流而下，死者数十万人。初，镇星犯天江而堰实，退舍而坏。呜呼异哉，感而作《浮山堰赋》。其词曰：

繄四渎之并骊兮，寔脉络于坤灵。惟长淮之淡漫兮，自桐栢而发源。贯江河以下骛兮，拉泗沂而左奔。走狞雷以赴海兮，驾扶摇而薄山。固元气之宣节兮，熄众兆之灾患。

粤萧梁之服命兮，抗北魏以争衡。信降虏之诡计兮，阻汤汤而倒征。依两崖以受土兮，羌合眷于中央。揵竹畚石之不足兮，又沉铁以厌不祥。袤九里以中峙兮，截万派之奔茫。大堤砬乎如墉兮，杞柳蔑其成行。展源深而支永兮，虽暂否而必通。倏鲸吼以奔溃兮，与苍苍而俱东。若然犀之照渚兮，旅百怪而争道。驳马怒而嘘蹀兮，虎蛟咆而相糾。哀死者之数万兮，孤魂逝其焉游。

皆自然以司凿兮，固神禹之所恶。世苟近以昧远兮，或不改其此度。螳螂怒臂以当车兮，精卫衔石而填海。憯梁人之不思兮，卒取非于异代。岂方迫于寻引兮，不遑议夫无穷。将奸臣取容以幸入兮，公相援而欺蒙。抑五材囚壮之有数兮，特假手于憧憧。

系曰敦阜，寇冥大川。屯精气扶，舆变乾文。运徒力顿漂无根，潮波复故弥亿年。

这篇赋的正文之前，特意写了一段引子，介绍了浮山堰的修建概况以及写作此赋的背

---

[1] 筑堰事记载在大通二年，可能有误，待考。

[2] 秦观，字少游，宋代著名文学家。他的关于治水的赋还有《黄楼赋》等，描写熙宁十年七月，河决澶渊，水及彭城，苏轼治河成功事情。

景和感想。因为浮山堰是一项比较特殊的军事水利工程，了解的人不多，作一个简要的介绍以便于读者更好地理解辞赋的内容，是必要的。

赋的正文可以分为四个部分来阅读欣赏：

第一部分，前十句描写四渎之一的淮水，它的磅礴气势，对于养育生命、养育自然的重要意义，为我们展示了一幅长淮万里的画卷。江、河、淮、济，四渎并流，它们是大地的脉络和灵魂。漫漫淮水，发源于桐柏山，奔腾而下，汇合了泗水和沂水向东流去。它以雷霆万钧之势奔向海洋，又似扶摇直上，迫近遥远的山峦。它是天地元气之所在，养育自然，平息天地人世间的灾患。

第二部分，笔锋一转，写萧梁以服从天命为名，为了与北魏抗衡，相信一个降虏的诡计，不惜违背自然，阻断浩浩荡荡的淮水，使其倒流。其中筑堤的过程，依两岸进占，合脊于中流，用竹木、石头筑坝，以及抛铁以镇邪等淮河截流过程，都跃然纸上。然后描写大坝筑成后的规模和壮观景象，蜿蜒长达九里，矗立于河流中央，截断奔茫万派的河水。大堤屹立如高高的墙体，还种植了成行的柳树和杞树。又稍加评论，库水深不见底，如果没有河道可通，也难以永远存在。后面写溃坝情形，似鲸鱼吼叫，如万马奔腾，大堤溃决了，卷走多少苍生，一起向东奔流，为逝去的数万死者和孤魂哀悼。根据传说，浮山堰溃决后，随洪水出现了很多妖怪，如犀角，如马头等，又有虎、蛟相斗等怪象丛生，这些记载在赋中得以体现。

第三部分，是对浮山堰的这一工程的议论和批评：虽神禹再生，也不会赞成这样筑断自然的工程。世事近看则清楚，远看则模糊，但是对这件事的评判不会改变。它是像螳臂挡车和精卫填海一样不可行的事情。可惜梁人的思维错误，导致后代的非议，这并不是因为我们评判的尺度不同，也没有时间把它作为永久的议论。奸臣取悦于天子而得以幸入，王公们相互欺蒙又相互勾结。天下的五材都用尽了，囚徒和壮丁也都征发完了，连懵懂无知的老弱也不放过。

第四部分，由于浮山堰是改变地貌的巨大工程，史无前例。所以，最后几句，是对土地山川，天地变化的感慨，与其引文中“镇星犯天江而堰实，退舍而坏”的天地感应现象相呼应。高耸的土坝，屹立于天地之间。它囤积了自然的精气，使大地的变化与天象相对应，是隐藏于河流中的一个巨大威胁。人的力量终将用尽，洪水将大坝彻底摧毁，河流又恢复了原来的样子，亿万年将不会改变。

这篇赋有景物描写，有议论叙述，也有评论感慨，还有对洪水过程、筑坝过程的描述。指出修筑浮山堰的目的是与北魏争衡。破坏了自然界的平衡，鞭挞了梁朝不顾人民死活，修建浮山堰，是像螳臂挡车和精卫填海一样愚蠢的行为，最后造成巨大灾难。叙事与议论相互结合，赋文与史料相互印证，思路清晰，比喻形象，描写生动。是历史上描写水利工程的一篇杰出之作。

南宋的尹起莘认为：“梁主崇尚浮屠，好生恶杀，然以寿阳而筑淮堰，士卒死者不可胜数；今又漂没十余万口，孟子谓争城以战，杀人盈城，罪不容死，况无故糜烂其民哉！”[1] 充分揭示了梁武帝人性的虚伪。

---

[1] 《风洲纲纪会纂》。

《路史·卷三十三》载："抑尝即武帝所泥报讖之说言之，囚饿台城，欲一盂蜜水不得而死，此宗庙面牲而不血食之报侯景之兵。梁之宗室戕杀殆尽，此堰淮以灌寿阳之报也。"明清之际的王夫之在《读通鉴论》中将梁武帝与智伯并列评价："壅水以灌人之国邑，未闻其能胜者也。幸而自败，不幸而即以自亡。自亡者智伯，败者梁武也。智伯曰：'吾今而知水可以亡人之国。'前乎智伯者，未之有也，而赵卒不亡，智自亡耳；后乎智伯者，梁人十余万，漂入于海，寿阳如故。"大部分评论认为，梁武帝最后的结局是因果报应，对梁武帝筑浮山堰基本持批评态度。

浮山堰的遗址有两处，一处为泗洪县泗河乡潼河村遗址，目前为江苏省宿迁市市级文物保护单位，位于潼河山（原巉石山）西侧，长218米，顶宽60米，顶端最高处为23.3米，名铁索岭。据《泗洪合志》记载：潼河山"西铁索岭，乃梁武帝筑浮山堰遗址"；另一处与潼河山相对，为浮山一侧遗址，位于安徽省明光市柳巷镇浮山村，淮河南岸，残堰遗址历经千余年的风雨剥蚀、水流冲击，目前，现存堰高4米，堰顶最宽处仍有近40米。底宽约360米，与记载基本相符（见图5-7）。另有石龟驮明代嘉靖圣旨碑、清代右仰通知碑部分残片等。当年苏东坡登浮山游览。描述说："洞在淮山，夏潦不能及，而冬不加高，故人疑其浮也。"并作一首《浮山洞》："人言洞府是鳌宫，升降随波与海通。共坐船中哪得见，乾坤浮水水浮空。"除此以外，浮山堰水库原来有两条溢洪道，一条在泗洪县峰山乡塔河村前，中华人民共和国成立初期尚可看到遗迹。这两条溢洪道在我国水库建设史上也是记载最早的溢洪道。

20世纪50年代初治淮旱，峰山切岭工程利用了一条呈梯形断面，边坡陡峻，底宽100米的干河槽，应即浮山堰水库溢洪道的遗迹之一。另在下游老河道中发现方井形大木笼，疑系当年填石截流所用。浮山堰今尚略存遗迹。

5.4 南陈以及东、西魏和北齐、北周的水攻战

梁、陈（557—589年）之际是水攻战发生最频繁的时期。其间北魏政权分裂为东魏（534—550年）和西魏（535—556年），又演变为北齐（550—557年）和北周（557—581年）。从东魏初始534年，到南陈灭亡，全国统一。几十年间，战争频繁，水攻战更是连续不断，而且规模大，水平高，水攻城市的战争达到了高潮。

5.4.1 娄昭水灌瑕丘

东魏高欢将娄昭镇压樊子鹄割据，水灌瑕丘的战斗。正当北魏与南梁对峙时，北魏的政局从统一走向分裂，内部发生了分裂战争。永熙三年（534年），北魏孝武帝不愿作权臣高欢控制的傀儡皇帝，逃往长安，投靠宇文泰。十月，高欢拥立宗室元善见为帝，是为东魏孝静帝，北魏分为东、西两个政权。时任兖州刺史的樊子鹄与高欢均起家于尔朱荣部下，见高欢驱走皇帝，独擅权柄，樊子鹄内心深为不服，于是割据兖州，拒不相从，邻近的南青州刺史大野拔等人也各率所部前往依附。高欢对此不能容忍，派遣仪同三司娄昭率兵讨伐。

娄昭首先攻克了胶州刺史严思达镇守的东平郡，继而以大军围兖州城。娄昭频繁攻

击，但一直不能克服，后又引水灌城，仍然不下，遂改以招降之策。樊子鹄不改初衷，拒不听招，但内部发生分裂，大野拔等人为之动摇，与东魏军暗中勾结，趁樊子鹄不备将其斩杀，献城投降。

这次战争发生在公元534年底至公元535年初，《魏书·卷十二·孝静纪》载：天平元年（534年）“十有一月，兖州刺史樊子鹄、南青州刺史大野拔据瑕丘反”。二年（535年）二月己丑，“前南青州刺史大野拔斩樊子鹄以降”。这次战役的时间不长，引水灌城是在久攻不克的情况下才使用的方法，起到了瓦解军心的作用，使敌军内部分裂。

瑕丘为北魏时兖州治所，是一军事重镇，《魏书·卷一百六中·地形志二中第六》：“兖州后汉治山阳昌邑，魏、晋治廪丘，刘义隆治瑕丘，魏因之。”瑕丘在今兖州北，当时有洙水流过。

关于此次水攻的详细情况，史料记载很少，很可能是引用的洙水，是否筑堰等问题有待进一步研究。《魏书·卷八十·樊子鹄传》：“及出帝入关，子鹄据城为逆。南青州刺史大野拔、徐州人刘粹各率众就子鹄。天平初，遣仪同三司娄昭等率众讨之。子鹄先使前胶州刺史严思达镇东平郡，昭攻陷之，仍引兵围子鹄。城久不拔，昭以水灌城。静帝欲招慰下之，遣散骑常侍陆琛、兼黄门郎张景征赍玺书劳子鹄而入，野拔因与相见，左右斩子鹄以降。”《北史·樊子鹄传》记载略同。从战争的过程来看，没有城溃等记载，水攻的规模不大。

5.4.2 宇文泰水灌灵州

宇文泰讨伐叛将曹泥，两次水灌灵州的战斗。北魏政局从统一走向分裂造成了错综复杂的战争形势，就在高欢率军讨伐樊子鹄的同时，灵州刺史曹泥暗中降附于高欢。宇文泰于魏永熙三年（534年）十一月遣仪同李虎与李弼、赵贵等讨曹泥于灵州，李虎引黄河水灌城，前后四十天，曹泥难以支持，请求投降。

《周书·文帝纪》载：“魏永熙三年（534年）十一月，遣仪同李虎与李弼、赵贵等讨曹泥于灵州，虎引河灌之。明年，泥降，迁其豪帅于咸阳。”《资治通鉴》卷第一百五十七载：大同元年（535年），“魏骁骑大将军、仪同三司李虎等招谕费也头之众，与之共攻灵州，凡四旬，曹泥请降”。这是第一次水灌灵州。

第二年，曹泥降而复叛，与其女婿凉州刺史刘丰一起联络东魏高欢，请求内附。西魏再派大军讨伐，进攻灵州，又引黄河水灌城，城不没者四尺，这次引水的规模应该比上一次还要大。由于高欢派出援军绕道到西魏军后方，径度灵州黄河，西魏不得不撤兵。曹泥得以逃归东魏，灵州又被西魏控制。这次引水攻城，虽然没有当时攻克该城，但是迫使曹泥弃城而逃。

《北齐书·卷二·帝纪第二·神武下》：天平三年正月，“西魏灵州刺史曹泥与其婿凉州刺史刘丰遣使请内属。周文围泥，水灌其城，不没者四尺。神武（高欢）命阿至罗发骑三万径度灵州，绕出西军后，获马五十匹，西师乃退。神武率骑迎泥、丰生，拔其遗户五千以归，复泥官爵”。《资治通鉴》记载大体相同。《读史方舆纪要》卷六十二：“西魏大统二年，宇文泰遣军围曹泥于灵州，引水灌其城，不没者四尺。高欢发阿至罗兵三万骑，径度灵州河，绕出魏师之后。魏师退，泥得脱归欢。”

历史上，灵州的治所经历了很大的变迁。曹泥所守的灵州于北魏孝昌二年（526 年），薄骨律镇改置，为正规的州级建制，其治所非原薄骨律镇城，而是“河北胡城”。唐《括地志》载：“灵州薄骨律镇城，以在河渚之中，随水上下，未尝陷没，初在河北胡城。大统六年，于果园复筑城以为州，即今州城是也。”因此“河北胡城”即当时灵州住所，至西魏大统六年（540 年），灵州治所迁离胡城，移驻在故果园城，即在故薄骨律镇旧址重新改建的城郭。是灵州治城的首次迁移，历时约十五年。而这次州城迁移的原因，就是因为进攻曹泥时灵州城经两次水淹，遭到很大破坏。因灵州建筑在“河渚”上，所以引水灌城非常方便。从“不没者四尺”的灌城效果看，应该修筑了围堤。

胡城的位置，据《水经注》文，应坐落在薄骨律镇城西北方的黄河左侧。《水经注》继富平故城、薄骨律镇城之后，述及“胡城”即“河水又迳典农城东，世谓之‘胡城’”。可知“胡城”即汉代兴建的典农城至北朝时期的俗称，进一步研究认为胡城故址应在今宁夏青铜峡市北部的瞿靖镇东南、新林村之地。❶

5.4.3 东魏军水灌长社

水灌长社之战，是东魏和西魏之间为争夺领土发生的一场大战。北魏置颍川郡，西魏置许昌郡，治长社，今河南长葛。西魏大统十三年（547 年），东魏高欢死，子高澄执政，侯景认为自己与高澄有隙，于己不利，于是据河南反叛。东魏先后派元柱和韩轨前往讨伐。五月，韩轨围侯景于颍川，侯景向西魏求救，并愿以东荆、北兖州、鲁阳、长社四城作为交换。西魏王思政时任荆州刺史，认为这是天赐良机，“若不因机进取，后悔无及”❷。趁机出兵占据了战略要地颍川，与此同时，梁武帝萧衍为支援侯景，下诏大举北伐东魏，并筑寒山堰水攻彭城。十一月，东魏军在高岳、慕容绍宗带领下，大败梁军，生擒主将萧渊明。随后，慕容绍宗引得胜之兵，又进击侯景，与侯景相持数月，打败侯景，收复了侯景占据的大部分领土。

在这种背景下，太清二年（548 年）四月，“甲戌，东魏遣太尉高岳、行台慕容绍宗、大都督刘丰生等将步骑十万攻魏王思政于颍川”❸，开始收复颍川的战斗。为了对付王思政，东魏派出了最精锐的大军。战斗的第一阶段，从太清二年（548 年）四月到太清三年（549 年）四月，进攻并不顺利，高岳恃其人多势众，四面强攻，均被打退，又改筑土山，昼夜进攻，王思政则“随方拒守，夺其土山，置楼堞以助防守”❹。战斗进行了一年，东魏又增加兵力，甚至来往的道路上，都是参加战斗的士兵，《资治通鉴·梁纪十八》载：太清三年（549 年）四月“东魏高岳等攻魏颍川，不克。大将军澄益兵助之，道路相继，逾年犹不下”，仍然拿不下颍川。

战役的第二阶段，在久攻不克的情况下，山鹿忠武公刘丰生建言献策，提出堰洧水灌城。又据《北史》记载，该计策出自一个叫许惇的督军。《北史·许彦（五世孙惇）传》：“惇字季良。清识敏速，达于从政。……会王思政入据颍城，王师出讨，惇常督军，无乏绝。引洧水灌城，惇之策也。”从此记述看，许惇当时是一位督粮官，因刘丰生的地位高

---

❶ 参看：艾冲“灵州治城的变迁新探”载《中国边疆史地研究（2011 年 12 月）》以及张红艳“古代灵州城址迁徙考述”宝鸡文理学院学报（社会科学版）2013 年 6 月。

❷❸❹ 《资治通鉴》卷一百六十。

于许惇，也可能是许惇向刘丰生提出，刘丰生最后与高岳、慕容绍宗等共同决策。

这次筑堰的过程也遇到了一些困难，《太平御览·卷三百二十一·兵部五十二》引《三国典略》说："东魏慕容绍宗、高岳等堰洧水以灌颍川。时有怪兽每冲坏其堰，岳等悉众苦攻，分休迭进……岳等乃作铁笼杂兽，用压水神。"可能是筑堰合龙时遇到困难，用铁笼装石，稳定坝基。

堰洧水的初期，对长社形成了很大的威胁，城墙多处崩颓，由于城外水位高于城内，城内出现了涌泉，地面潮湿以至于无处可炊。大部分城市被水围困时，都会出现这种情况。对城内军民的生活造成很大不便。但是，由于守城将士在王思政统领下顽强抵抗。"身当矢石，与士卒同劳苦"，东魏军仍然未能攻克。《资治通鉴·梁纪十八》：太清三年己巳（549年）四月"东魏高岳等攻魏颍川……山鹿忠武公刘丰生建策，堰洧水以灌之，城多崩颓，岳悉众分休迭进。王思政身当矢石，与士卒同劳苦，城中泉涌，悬釜而炊"。

这次筑堰壅水，还起到另外一个意想不到的重要作用，就是阻止了西魏援兵的到来。由于筑堰的回水淹没了大片土地，"太师泰遣大将军赵贵督东南诸州兵救之，自长社以北，皆为陂泽，兵至穰，不得前"❶。长社成为一座孤城。这一点对东魏军最后能够攻克该城至关重要。如果西魏的援兵能够及时赶到，情形可能会发生变化。历史上，隗嚣水灌略阳，以及萧渊明水灌彭城，都是被赶到的援军打败。

这次水攻战还发生了一个意外事件，使攻城的东魏军士气大受挫折，人心沮丧，延长了该战役的时间。洧水被筑堰堵截后，大水围困了长社城。东魏使用水军助战，使大船开抵城墙边上，令弓箭手向城内射箭，城即将被攻陷。在此时，慕容绍宗与刘丰生亲自临堰视察，指挥战斗。忽然见东北方向大风卷起尘土，二人一起进入舰中休息躲避。又过一会，暴风骤起，天昏地暗，刮断了系船的缆绳，船在大风中失去控制，径直飘向长社城，城中的西魏军见状，忙用长钩钩船，并乱箭齐发，当时船上没有会掌舵开船的士兵，二人又都是马上的将军，不习水性，情急之下，慕容绍宗为避免被生擒，投水溺死，刘丰生游向土山，也被城上人乱箭射杀。慕容绍宗是东魏名将，打过很多胜战，曾经在彭城反决水，大破萧渊明的水攻战。至此，死于自己亲手导演的水攻。

慕容绍宗与刘丰生死后，东魏军不敢复逼长社城。五月，大将军高澄亲帅马步军十万，重新聚水，再次进攻长社城。并亲自参与筑堰，"戊寅，自将步骑十万攻长社，亲临作堰。堰三决，澄怒，推负土者及囊并塞之"❷。筑堰的过程相当残酷，甚至把运土的人连同土包一起填入坝中，而且堰三次溃决，三次重筑。这次筑堰，在原来的基础上有所加高，使围城的洪水水位又有提高，达到"城不没者三版"❸。时西风突起，河水随风入城，北面工事被冲毁，东魏将士趁势攻入城中。王思政知道城已经守不住，于是占据土山向众人说："吾力屈计穷，唯当以死谢国。"遂仰天长哭，左右随之号恸。王思政面西再拜，欲自刎，都督骆训对他说："公常语训等，但将我头降，非但得富贵，亦是活一城人，今高相既有此言，公岂不哀城中十卒也。"力阻思政自杀。高澄遂派常侍赵彦深赴土山接纳王思政，高澄以其忠于职事，礼遇甚厚。《北齐书·高岳传》："统慕容绍宗、刘丰等讨王思

❶❷ 《资治通鉴·梁纪·梁纪十八》。
❸ 《北齐书·高岳传》。

政于长社。思政婴城自守，岳等引洧水灌城。绍宗、刘丰为思政所获，关西出兵援思政，岳内外防御，甚有谋算。城不没者三版。会世宗亲临，数日城下，获思政等。”这次水攻战，虽然付出巨大代价，终获胜利。

这一仗，长社遭受军队的进攻和洪水的围困长达一年多，遭受了很大的破坏。北魏于景平元年（423年），置颍川郡，治长社（今长葛市老城）。武定七年（549年）改颍州为郑州，治移颍阴（今魏都区）。唐《元和郡县图志》载：长葛县有“长社故城，县西一里，西魏大统十三年，诏遣河南行台大都督王思政进据颍川，东魏遣将清河王高岳率众十万围颍川，思政不与战，岳造高堰，引洧水以灌城。十五年，颍川城陷，水自东北入城，思政为岳所执，即此城也”。筑堰有多高，没有具体记载，《元和郡县图志》记载是一座高堰。

筑堰的地点在新郑县，唐代仍有渠首遗迹，在新郑县（今新郑西南）西北二十里，“灌颍渠首受洧水，西魏使王思政固守长社城，东魏相高澄遣将清河王高岳攻之，筑堰通洧水渠，灌破长社城，即此渠也”❶，从两地的距离看，这次水攻长社，开挖渠道大约有十公里，修筑了围城的堤防，投入的人力物力相当巨大。

《武经总要》后集卷二：西魏将王思政守颍川郡，东魏帅师十万攻之，备尽攻击之术，以颍水灌城陷之。思政知事不济，率左右谓曰：“义士受恩，遂辱王命，力屈道穷，计无所出，惟当效死以谢朝恩耳。”因仰天大哭。左右皆号恸。思政向西再拜，便欲自刎。众共止之，不得引决。及城陷日，颍川士卒八千，存者才三千人，终无叛者。

5.4.4 吴明彻与程文季及其水攻战

吴明彻（512—578年），字通昭，南北朝时期陈朝著名将领，先后任安南将军、领军将军、湘州刺史等职。天康元年（566年）平定华皎之乱，又西征西梁皇帝萧岿，水灌江陵。因功被授开府仪同三司，进爵为公。太建五年（573年），加侍中、都督征讨诸军事，统军十余万北伐，至秦郡，大败援兵尉破胡军。寻围北齐王琳于寿阳，堰肥水灌城，生擒王琳等北齐将领。太建七年（575年），吴明彻又率军溯泗水攻彭城（今江苏徐州），在吕梁（今徐州东南）击败北齐军数万人。太建九年（577年），再次率军北伐，进攻彭城，在吕梁堰泗水灌城，兵败被俘。吴明彻善用水攻，曾三次以水灌城。其手下将领程文季更是水攻专家。

程文季（？—579年），南陈大将。字少卿，新安郡海宁县（今安徽休宁）人。其父程灵洗为梁、陈两朝的著名将领。程文季以统率水军作战见长，天嘉二年（561年），随侯安都东讨留异；太建二年（570年），为豫章内史，仍超武将军，随章昭达攻江陵，以轻舟袭击萧岿水军，焚烧其战船。太建五年（573年），随都督吴明彻攻秦郡，勇拔敌军水中寨栅，随后攻寿阳；太建九年（577年），随吴明彻攻彭城，与吴明彻一起，兵败被俘。陈朝的几次水攻战，都有程文季参与谋划。史载其“前后所克城垒，率皆迮水为堰，土木之功，动逾数万”❷。而且极其勤奋，身先士卒。又因其作战勇敢，齐军深为畏惧。以功授散骑常侍、明威将军又封武毅将军。南陈的每一次水攻战几乎都有程文季参与。尤

❶ 《元和郡县图志》。

❷ 《陈书·程灵洗子程文季传》。

其是他与吴明彻的配合，已经形成一支比较专业的水攻战队伍，能够在各种河流和各种地形条件下筑坝，体现了较高的筑坝水平。

5.4.5 水漫桃枝岭——山地水攻的杰作

南陈将侯安都讨伐割据势力留异，在缙云桃枝岭筑坝化解天险的战斗。留异（486—564 年），南梁末东阳（浙江金华）长山人，地方豪强，纠合乡间，拥兵割据。梁朝末年以及陈世祖时为笼络安抚他，任命其为东阳太守，但是留异与朝廷一直是貌合神离。陈世祖陈蒨曾派遣左卫将军沈恪袭夺其郡，但是遭遇败绩。天嘉二年（561 年），又遣侯安都讨伐留异。

《陈书·侯安都传》载："及留异拥据东阳，又奉诏东讨。"天嘉三年（562 年）三月，侯安都军步行由诸暨出永康，留异以为官军必定由钱塘江溯流而上，而侯安都军却突然出现在其后方，大出留异意外，因此惊慌失措。往山区桃枝岭撤退，企图凭险要地形，抗拒官军。《资治通鉴·陈纪二》：天嘉三年壬午（562 年）三月，"留异始谓台军（既官军）必自钱塘上，既而侯安都步由诸暨出永康，异大惊，奔桃枝岭，于岩口竖栅以拒之"。

关于桃枝岭，《读史方舆纪要》卷九十四说："冯公岭县（缙云县）西南二十里，一名木合岭。崎岖盘曲，长五十里，有桃花隘，为绝险处，郡北之锁钥也。《志》云，桃花隘嵯峨险仄，势接云霄，周回垒石三四里，容百千人，山麓去郡城不过二十里，亦曰桃花岭，即古桃枝岭。陈天嘉三年，留异据东阳，遣侯安都讨之……即此岭也。"

桃枝岭是一处地势险要，易守难攻的山地，"处岭谷间"，其中桃花隘，是"括苍古道"上最险峻的一段。清代浙江巡抚阮元《桃花隘》诗的末尾两句是："我向东瓯催战舰，封关哪用一丸泥。"清《缙云县志》称其地"峰冈嵯峨，势接云霄，周围垒石三四里，一夫守之，百寇自废，盖丽（水）、缙（云）险塞也"。守住桃花隘，则千军万马难以进入山谷，因此留异在岩口处竖栅、筑城。侯安都军则针锋相对，作"连城"攻击，但是因为守城的留异军占据有利地形，居高临下，因此屡攻不克。

如何克服天险，是摆在官军面前的一道难题。最后采用水攻，筑坝壅水，化解天险，巧妙利用地形，"因其山垄之势，迮而为堰"（图 5-9）。在山沟的狭窄处，用土石筑坝，壅高水位。但是，山区溪流平时流量小，蓄水量有限，到了夏季山洪暴发，最后形成山区水库，其水面高度已经接近岩口，再引入战船，其高度达到基本与敌人的城门相等，然后发动攻击，击倒敌人城楼，留异自知难以抵挡官军的进攻，不得不放弃抵抗，逃往晋安。侯安都平定了留异的叛乱，以功加侍中、征北大将军。

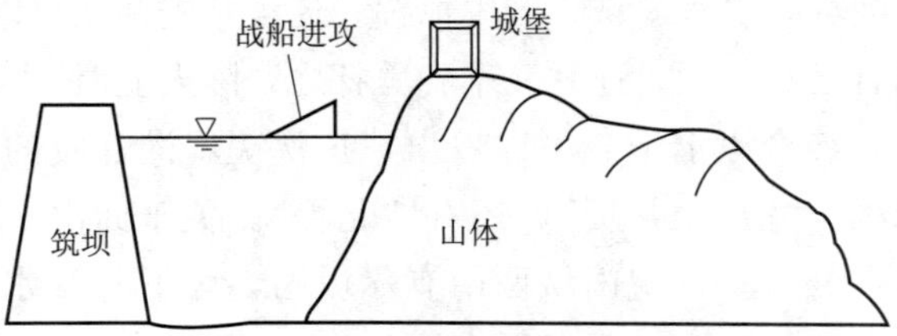

图 5-9 筑坝平险示意图

《陈书·卷八·侯安都传》："及留异拥据东阳，又奉诏东讨。异本谓台军由钱塘江而上，安都乃步由会稽之诸暨，出于永康。异大恐，奔桃枝岭，处岭谷间，于岩口坚栅，以拒王师。安都作连城攻异，躬自接战，为流矢所中，血流至踝，安都乘舆麾军，容止不变。因其山垄之势，迮而为堰。天嘉三年夏，潦，水涨满，安都引船入堰，起楼舰与异城等，放拍碎其楼雉。异与第二子忠臣脱身奔晋安，安都虏其妻子，尽收其人马甲仗，振旅而归。以功加侍中、征北大将军，增邑并前五千户，仍还本镇。其年，吏民诣阙表请立碑，颂美安都功绩，诏许之。”

山区因为地形的关系，占据有利位置后，往往一夫当关，万夫莫开，当筑坝壅水形成水库后，则天险化为乌有，确是一次应对天险的巧妙进攻。程文季随候安都参加了此次征讨。根据其“迮而为堰”的记载看，正是程文季常用的方法，这次水攻占的主要策划应当是程文季，这也是他初次用水攻作战，即获得成功。

5.4.6 南陈军二灌江陵

承圣三年（554 年）西魏攻陷江陵，杀梁元帝，立萧詧为梁朝皇帝，占据荆州一带的三百里区域，史称西梁，为西魏藩属国。

光大二年（568 年）三月，南陈将领吴明彻进攻西梁江陵。掘堤引水灌城，西梁皇帝萧岿退驻纪南（江陵北）。《资治通鉴·卷一百七十》：“吴明彻乘胜进攻江陵，引水灌之，梁主出顿纪南以避之。”西梁将马武、吉彻等军反攻，吴明彻战败，萧岿才得以返回江陵。这是第一次水灌江陵。记载比较简略，战事没有取得成功。

太建二年（570 年）七月，南陈又遣司空章昭达率钱道戢、程文季等统兵五万、船舰二千艘围攻西梁主于江陵。这时西魏已经改国号为周，史称北周。梁主与周将陆腾拒之，章昭达决龙川宁朔堤，引水灌江陵，陆腾出战于西堤，昭达战不利，引还宁朔堤。此一事件在《陈书·章昭达传》以及《南史·章昭达传》中均未见记载，各史的程文季传中也没有提到，可能是因为最后失利的缘故。《周书·卷二十八·陆腾传》载：天和四年（569 年），陆腾为江陵总管，卫王宇文直听说陈兵来寇（应当在天和五年，即 570 年），“遣大将军赵訚、李迁哲等率步骑赴之，并受腾节度。时迁哲等守外城，陈将程文季、雷道勤夜来掩袭，迁哲等惊乱，不能抗御”。“陈人又决龙川宁邦堤，引水灌江陵城。腾亲率将士战于西堤，破之，斩首数千级，陈人乃遁”。又据《周书·卷四十四·李迁哲传》：天和五年（570 年），陈将章昭达攻逼江陵。“迁哲率其所部守江陵外城，与陈将程文季交战，兵稍却，迁哲乃亲自陷阵，手杀数人。会江陵总管陆腾出助之，陈人乃退。陈人又因水泛长，坏龙川宁朔堤，引水灌城。城中惊扰。迁哲乃先塞北堤以止水……陈人又窃于城西堞以梯（登城），登者已数百人。迁哲又率骁勇扞之，陈人复溃”。“陆腾复破之于西堤，陈人乃遁”。

综合以上记载可以看出，这次决堤灌江陵的位置在城北，所决之堤是“龙川宁朔堤”、或称“龙川宁邦堤”，还有“北堤”。关于此次事件，《资治通鉴》卷一百七十胡三省注云：“《水经注》：纪南城西南有赤坂冈，冈下有渎水，东北流入城，又东北出城西（东）南，注于龙陂。陂，在灵溪东，江堤内。”据此，龙川即龙陂。而龙陂的位置，《水经注》特别说明是在“江堤内”，也在江陵城北。按《水经注》记载，江陵外围，有多处堤防，例如，江堤，在城西北，主要防御沮漳河及城西北众水；南堤，位于郢城东南与大港之南，约在江陵城东南方向；旧堤，位于江陵城东二十里附近等。[1] 但是《水经注》没有提到宁朔堤

---

[1] 陈曦“从江陵‘金堤’的变迁看宋代以降江汉平原人地关系的演变”。

和北堤。这可能有两种原因，一是这两处堤防在当时防洪的重要性比较低，二是郦道元（约 470—527 年）时还没有修筑。防御长江的堤防当时称为“金堤”，为东晋时桓温令一个“善于防工”的专家陈遵所筑，从方位看，应当在城南。而宁朔堤和北堤均在城北，因此宁朔堤和北堤不可能是防御长江洪水的堤防。这次水灌江陵不是决开长江堤防，而是城北的堤防。

灌城的水源也来自城北，而且与龙川，即龙陂有关，关于龙陂水，《水经注》又说：“（龙）陂水又径郢城南，东北流，谓之扬水。”可以说，龙川就是由龙陂流出，过郢城南的一条河流。由于龙陂本身不大，“广圆二百余步”，因此龙川也不可能是一条大河，农历七月正好是汛期，决堤是乘着涨水的时机才得以实施。决堤后形成的洪水有限，虽然对江陵城中的军民造成了一些惊扰，但是没有对江陵城造成实质性的影响。除了决宁朔堤外，陈军还决了北堤，北堤的具体位置没有记载，当在江陵城北的外城附近。决北堤也没有造成太大的洪水，被李迁哲堵塞了决口。陈军又在西堤展开了行动，陆腾与陈军在西堤的战斗，可能就是为了争夺堤防，决堤与反决堤的战斗。

南陈军这次进攻江陵，水攻的意图非常明显，史料记载主要的战斗都围绕堤防展开，但是由于陈朝军队本身的战斗力比较差，因此水攻战也难以很好实施，最后以失败告终。回顾吴明彻第一次决堤引水灌江陵，也没有造成太大的洪水，虽然把西梁主萧岿逼到了纪南城，但是后来萧岿又返回江陵。从水灾造成的效果看，不应当是引长江水。需要指出的是，由于历史上的郢都和太建二年的江陵都曾经遭受过水攻，江陵城周围的堤防可能有一部分是用于防御人为洪水的。

为什么南陈军两次水灌江陵不引长江水，而要用城北的水源？其原因是南北朝时长江的洪水尚不能对江陵城构成威胁，或者说当时的江陵沿江一带尚未形成系统的堤防，因此决堤的事也就无从谈起。荆江大堤始筑于东晋桓温（312—373 年）时期的金堤，但是“就现有资料来看，南北朝时，如果东晋金堤尚存的话，那么，它是始于江陵城西北的灵溪附近、沿江陵城北至城东南的护城堤防，并非以御江为主要目的”[1]。另外有江堤，在城西北，主要防御沮漳河及城西北众水；真正防御长江洪水的堤防尚未形成，换句话说，如果没有筑坝抬高水位，要引长江水去灌江陵是不可能的。[2]

清代顾祖禹《读史方舆纪要》卷七十八对此事也有描述：“龙洲，府西南十六里江中。一名龙川，一名龙陂，亦名龙阳洲，又名龙泉……《水经注》龙洲东有宠洲。又陈大建二年，章昭达攻后梁主于江陵，梁主与周将陆腾拒之，昭达决龙洲宁湖堤，引水灌江陵，腾出战于西堤，昭达战不利，引还宁湖堤。《后周书·陆腾传》作‘宁邦堤’。”章昭达所决的宁湖堤或宁邦堤都是龙陂或龙川的堤防。

五代后梁时，高季昌占据荆州，914 年，又有人建议蜀王建乘长江水涨，决堰淹江陵。《资治通鉴》载，“峡上有堰，或劝蜀主乘夏秋江涨，决之以灌江陵，毛文锡谏曰：‘高季昌不服，其民何罪！陛下方以德怀天下，忍以邻国之民为鱼鳖食乎！’蜀主乃止。”

---

[1] 陈曦“从江陵‘金堤’的变迁看宋代以降江汉平原人地关系的演变”。

[2] 坝工技术史 荆江大堤志 中国水利史稿等一些著作均认为吴明彻水灌江陵是引长江水，决长江堤，这一说法值得商榷。

决堰的建议没有实施。该堰应当是指荆江大堤，这时距离南陈军水灌江陵又过去了三百多年，荆江大堤逐渐形成，对江陵的威胁确实存在。

5.4.7 吴明彻、程文季水灌寿阳

太建五年（573 年）三月，陈宣帝命吴明彻都督征讨诸军事，与裴忌以及部将程文季等领兵十万讨伐北齐，先后攻克秦州、历阳、合肥等城。又大败援兵尉破胡军，当年七月，乘胜围攻寿阳。寿阳守将王琳，曾经与尉破胡共援秦州，兵败后单骑突围，逃跑至彭城，又被北齐帝封为巴陵郡王，令其转守寿阳，对北齐可以说是忠心不二。王琳与扬州刺史王贵显拒守外城，吴明彻乘王琳新到寿阳，立足未稳，连夜进攻，齐军被击溃，退守相国城及金城。对于此相国城和金城，胡三省注解《资治通鉴》时说："二城皆在寿阳城中。相国城，刘裕伐长安所筑，故名。金城，寿阳中城也，自晋以来，率谓中城为金城。"说明吴明彻已经攻破外城，但内城城墙相对坚固。

进攻寿阳的内城，吴明彻又采取了水攻的方法"明彻令军中益修攻具，又遏肥水灌城"❶，对于此次堰肥水灌寿阳城，清代顾祖禹认为："肥水经寿阳城外，引流入城，交络城中，堰肥水以灌城，其势顺易也。"❷ 寿阳城内的供水，很大一部分来自肥水，平时就引水入城，城内渠道纵横交错。从地势上说，用肥水灌城，是相对容易的。

宋乐史撰《太平寰宇记》却有不同的说法，《太平寰宇记》卷一百二十九说："吴明彻堰在州西北三里，彻为陈将，攻齐作此堰，引葛陂水以灌寿春。"筑堰的地点在寿州西北三里，按此方位，应当是在寿春的下游筑堰，壅高水位后水淹寿春。葛陂在哪里？《水经注·汝水》："滍水又东南，左迤为葛陂，陂方数十里。"葛陂在滍水边，距离寿春尚远，而且在淮河北岸，不可能引葛陂水灌寿春。《太平寰宇记》卷十六又载："古屯城在徐城县西南八十五里。陈太建五年，大将吴明彻于此置堰，断淮水以灌濠州，缘此筑城置兵防守。"断淮水的说法，不太可信，与南史的记载不同，以《南史》的记载较为可信。

水攻专家程文季也参加了此次战斗，《南史·卷六十七·程灵洗传》载，太建五年，程文季攻拔盱眙后"仍随明彻围寿阳"，程文季主持筑堰的可能性很大。

这次围困从七月至十月，引水灌城后，致使城内水位升高，"城中苦湿，多腹疾，手足皆肿，死者十六七"。这时北齐派遣皮景和率数十万大军来援，屯驻于离寿春三十里的地方，不敢进兵。"齐行台右仆射琅邪皮景和等救寿阳，以尉破胡新败，怯懦不敢前。"❸ 吴明彻得以昼夜猛攻寿阳，由于城内受到水气侵扰，战斗力大为减弱。终于攻克寿阳，生擒王琳、王贵显等人。

5.4.8 吴明彻水灌彭城

太建十年（578 年），南陈将领吴明彻水攻北周彭城的战斗。太建九年（577 年），北周灭北齐，陈王朝为了拓宽疆域，认为正是出兵北伐的时机，陈宣帝令吴明彻继占领寿阳后，越过淮河，继续北侵，企图趁北周在彭城立足未稳之机占领徐、兖一带。

---

❶《南史·卷六十六·吴明彻传》。

❷《读史方舆纪要·卷十九·南直一》。

❸《资治通鉴·陈纪五》。

吴明彻的水陆大军由淮入泗，先破下邳，十月，大军进屯吕梁。据《元和郡县图志》载："吕梁，在（彭城）县东南五十七里。盖泗水至吕县，积石为梁，故号吕梁。"吴明彻又在吕梁大破北周徐州总管梁士彦军，梁士彦退保彭城。太建十年（578 年）二月，"吴明彻围周彭城，环列舟舰于城下，攻之甚急"。《陈书・程灵洗・子程文季传》："九年，（程文季）又随明彻北讨，于吕梁作堰。"《陈书・吴明彻传》："仍迮清水以灌其城，攻之甚急，环列舟舰于城下。"[1] 试图以回水倒灌彭城。但是短时间内难以攻克彭城。

在彭城被困的情况下，周遣上大将军王轨（即乌丸轨，赐姓乌丸氏）救援。王轨先不救彭城，而是"轻行自清水入灌口，横流竖木，以铁锁贯车轮，遏断船路。"[2] 灌口即清口，古清口是泗水入淮口。郦道元《水经注》称，"淮、泗之会，所谓泗口也"。古泗口，因泗水较清，又称清泗口，或称清口，在今淮阴区马头镇和杨庄一带。截断清口，既是截断吴明彻水军的归路，又使陈的援兵难以进入泗水，造成军心恐慌。形势的逆转，只在十天之内，当得知王轨截断下流，欲断其归路时，谯州刺史萧摩诃曾建议吴明彻攻击王轨军，使其计划不能得逞，吴明彻没有采纳。十天之后，水路被完全切断，周的援兵源源不断到达，吴明彻顿时陷入进退两难的境地。王轨又招募壮士，暗中决堰，被吴明彻发现，军心越发恐慌。吴明彻紧急召集众将领商议，大将萧摩诃率骑兵从陆路突围，吴明彻则率领水军自决其堰，意图乘决堰的大水，战船能够冲过清口周军设置的阻拦，进入淮河。但是，当船只到达清口时，水面逐渐开阔，决堰造成的洪水逐渐微弱。船只被阻，王轨、达奚长儒率大军将其包围，并"纵奇兵大破之"。吴明彻精锐部队三万余众，包括主帅吴明彻、监军裴忌、将军程文季等全部被俘。"唯有骑将萧摩诃以二千骑先走，得免。明彻及将士三万余人，并器械辎重，并就俘获。陈之锐卒，于是歼焉。"[3] 因吕梁兵败，陈王朝从此元气大伤，不久便消亡了。

对于这次战争，《南史・卷六十六・吴明彻传》有比较详细的记载："及周灭齐，宣帝将事徐、兖。九年，诏明彻北侵，令其世子慧觉摄行州事。军至吕梁，周徐州总管梁士彦率众拒战，明彻频破之。仍迮清水以灌其城，攻之甚急，环列舟舰于城下。周遣上大将军王轨救之。轨轻行自清水入灌口，横流竖木，以铁锁贯车轮，遏断船路。诸将闻之甚恐，议欲破堰拔军，以舫载马。马明戍裴子烈曰：'君若决堰下船，船必倾倒，岂可得乎？不如前遣马出。'适会明彻苦背疾甚笃，知事不济，遂从之。乃遣萧摩诃帅马军数千前还，明彻仍自决其堰，乘水力以退军。及至清口，水力微，舟舰并不得度，众军皆溃。明彻穷蹙，乃就执。"《陈书・吴明彻传》记载略同。另外，《南史・萧摩诃传》《周书・王轨传》《北史・达奚长儒传》《陈书・程灵洗・子程文季传》等都从不同侧面记述了这次战斗。

纵观此次战役，盲目采用水攻是导致失败的重要原因。其理由有以下几方面：

第一，水攻消耗了大量人力物力，但是作用有限。吴明彻采用堰水灌城的老办法，分

---

[1] 《资治通鉴・卷一百七十三・陈纪七》。

[2] 《南史・吴明彻传》。

[3] 《周书・列传第三十二・王轨》。

出程文季一支兵力去吕梁筑堰，减少了攻城的力量，而把希望寄托于大水灌城，实际的效果却难如人意。

吕梁是泗水上的一处险滩，两岸夹山，河道狭窄，是理想的坝址。《水经注·泗水》："泗水之上，有石梁焉，故曰吕梁也，……悬涛崩涛，实为泗险。"程文季在吕梁筑堰虽然成功了，但是吕梁距彭城五十七里，中间的水面落差按 5 米估算，加上水深、岸高、城墙高度等，筑堰的高度至少要达到 15 米以上，工程量不小，效果实际很难保证。从当时的战况看，回水虽然到达彭城，但没有对彭城构成实际威胁。

上一次水灌彭城是在太清元年（547 年），曾达到"水及于堞，不没者三板"的效果，这一次未见有类似灌城效果的记载，只是提到"攻之甚急，环列舟舰于城下"。这种情况从另一方面说明，即使加上战船的高度，也还在"城下"，回水淹没的高度十分有限。《周书·王轨传》则说吴明彻："列船舰于城下，以图攻取。"似乎并没有发动大规模的进攻。

第二，吴明彻军深入敌境，利于速战。而水攻耗费时日，贻误了战机。战斗初期，吴明彻先克下邳，再胜吕梁，如果一鼓作气，乘敌人的援兵还没有到达，猛攻彭城，可能还有胜机。由于吴明彻寄希望于水攻的效果，等待筑坝灌城。这时敌人的援兵到达，并切断其归路，吴明彻攻城又不克，进退两难，导致军心不稳。吴明彻军头年十月进屯吕梁，至第二年四月才把战船开到彭城城下，开始进攻。其间时间长达半年，主要力量都在筑堰，等到发现退路被切断，为时已晚。

第三，水攻没有使进攻彭城的力量得到加强，反而削弱了攻城的强度。其原因是如果筑堰形成的回水达到一定的高度，对城墙形成压力，或破坏城墙，则对进攻有很大的帮助；反之，如果，如果回水的淹没远低于城墙，则对攻城不但没有帮助，反而阻碍了其他攻城方法的使用，就好像在城外多了一道宽阔的护城河，使攻城的战斗难以展开。这就是为什么王轨敢于放弃救城，而先去切断吴明彻的归路，因为他判断短时间内彭城难以被攻克。这也是为什么吴明彻军一旦得知被周军切断归路就人心惶惶的原因，因为他们也知道，短时间内攻克彭城希望渺茫。加上其他的一些因素，如吴明彻年老体弱，不听正确的意见的，终于酿成这次失败。

这次水灌彭城失败，擅长水攻的两位将军均战败被俘，是历史上水攻城市战的一次重大挫折，也可以说是决水攻城战的一个转折点。此后，壅水灌城的战术虽然在合适的条件下仍然有发生，但总体来看逐渐减少。

5.4.9　王谦水灌利州

南陈太建十二年，即北周大象二年（580 年）八月，北周益州总管王谦等由于不满丞相杨坚独揽朝政，举兵叛乱，反对杨坚。十月，宇文阐以梁睿为行军元帅讨伐王谦。战争的过程如《资治通鉴》记载："周梁睿将步骑二十万讨王谦，谦分命诸将据险拒守。睿奋击，屡破之，蜀人大骇。谦遣其将达奚惎、高阿那肱、乙弗虔等帅众十万攻利州（今四川广元），堰江水以灌之。城中战士不过二千，总管昌黎豆卢绩，昼夜拒守，凡四旬，时出奇兵击惎等，破之；会梁睿至，惎等遁去，睿自剑阁入，进逼成都。谦令达奚惎、乙弗虔城守，亲帅精兵五万，背城结陈。睿击之，谦战败，将入城，惎、虔以城降。谦将麾下三十骑走新都，新都令王宝执之。戊寅，睿斩谦及高阿那肱，剑南平。”[1]

《隋书·卷三十九·豆卢勣传》：“高祖为丞相，益州总管王谦作乱。勣婴城固守，谦遣其将达奚念、高阿那肱、乙弗虔等众十万攻之，起土山，凿城为七十余穴，堰江水以灌之。勣时战士不过二千，昼夜相拒。经四旬，势渐迫。勣于是出奇兵击之，斩数千级，降二千人。梁睿军且至，贼因而解去。”

此战，豆卢勣采取据城坚守与，奇兵出击相结合的战法，以少胜多，保住了利州。对杨坚巩固统治权力，代周立隋，具有积极作用。

对于此次以水灌城，《读史方舆纪要》卷六十八载：“宇文周末，益州总管王谦举兵应尉达迥讨杨坚，遣将攻利州，堰嘉陵水灌之。利州总管豆卢勣固守，不能克。”嘉陵江是一条大河，在这样的河流上筑堰，本身就不是一件容易的事情。

这次利州之战，是一次力量对比悬殊的攻守战，以十万对两千而不能取胜。攻城战采用了筑土山和引水灌城等措施，而以水攻为主要战法。虽凿城七十余处，引嘉陵江水灌入，前后达四十天，仍然不能攻克。守城的北周军终于等来了援兵。这是水攻战迁延时日，被敌人援兵打败的又一战例。

5.5 争 夺 水 源

5.5.1 沮渠蒙逊绝乐都水道

南朝宋文帝元嘉五年（428 年）五月，西秦王乞伏炽盘卒，太子乞伏暮末即位。六月，沮渠蒙逊乘秦丧，领兵攻西秦西平（今青海西宁）。西平太守曲承许诺北凉军若攻下乐都，愿请降。北凉主遂转攻乐都。西秦相国元基率 3000 骑往救乐都。刚入城，北凉兵即至，攻克外城，断绝水道，城中饥渴，死者过半。部将东羌乞提随元基救乐都，暗中与北凉勾结，下绳引入其兵，登城者百余人，鼓噪烧门。元基率众奋击，北凉军乃退。乞伏暮末为保境，遣使至沮渠蒙逊处，许归沮渠成都（成都于 422 年被俘）以求和。沮渠蒙逊引兵还，并遣使入西秦吊祭。

《资治通鉴卷·宋纪三》：“河西王蒙逊因秦丧，伐秦西平，西平太守曲承谓之曰：‘殿下若先取乐都，则西平必为殿下之有；苟望风请服，亦明主之所疾也。’蒙逊乃释西平，攻乐都。相国元基帅骑三千救乐都。（元基自枹罕救乐都。乐，音洛。）甫入城，而河西兵至，攻其外城，克之；绝其水道，城中饥渴，死者太半。东羌乞提从元基救乐都，阴与河西通谋，下绳引内其兵，登城者百馀人，鼓噪烧门；元基师左右奋击，河西兵乃退。”乐都，今青海海东市乐都区，南北朝时南凉主立国，定都乐都。414 年，秃发傉檀率军西掠时，西秦偷袭乐都，南凉灭亡。

5.5.2 苻坚、姚苌赵氏坞争夺水源

姚苌于太元九年（384 年）自称大将军、大单于、万年秦王，建立后秦政权，进屯北地。六月，苻坚亲自率步骑二万讨伐姚苌军于赵氏坞（今陕西耀县）。先使护军杨璧率游

---

[1] 《资治通鉴·陈纪八》卷一百七十四。

骑三千，截断姚苌归路。

《资治通鉴》卷一百五记载此次战斗：六月，秦王坚自帅步骑二万以击后秦军于赵氏坞，使护军将军杨璧等分道攻之；后秦兵屡败，斩后秦王苌之弟，镇军将军尹买。后秦军中无井，秦人塞安公谷、堰同官水以固之。后秦人恟惧，有渴死者。会天大雨，后秦营中水三尺，绕营百步之外，寸余而已，后秦军复振。秦王坚叹曰："天亦佑贼乎！"

《晋书》卷一百十四记载此次战斗："坚率步骑二万讨姚苌于北地，次于赵氏坞，使护军杨璧游骑三千，断其奔路，右军徐成、左军窦冲、镇军毛盛等屡战败之，仍断其运水之路。冯翊游钦因淮南之败，聚众数千，保据频阳，遣军运水及粟，以馈姚苌，杨璧尽获之。苌军渴甚，遣其弟镇北尹买率劲卒二万决堰。窦冲率众败其军于鹳雀渠，斩尹买及首级万三千。苌众危惧，人有渴死者。俄而降雨于苌营，营中水三尺，周营百步之外，寸余而已，于是苌军大振。坚方食，去案怒曰：'天其无心，何故降泽贼营！'"。后秦军在走投无路的情况下，天降大雨，只能说是幸运。

赵氏坞附近有安公谷水和同官水，是赵氏坞的水源，《读史方舆纪要》卷五十四载："赵氏坞在县北，近安公谷、同官水。姚苌屯北地，苻坚击之于赵氏坞。"前秦苻坚的军队为困死姚苌军，做了两件事情，一是塞断安公谷水，二是在同官水筑堰，把水流引向别处。这样完全切断了赵氏坞的外部水源。姚苌军试图从外部运水，其运水的军队被打败，连保据频阳的游钦给他送的水和粮食也被前秦军截获。赵氏坞及附近又没有井，可能是地势较高的缘故。打井取水也没有可能。姚苌无奈之下，派遣其弟尹买率两万部队去决堰。结果被守堰的窦冲军击败于鹳雀渠，估计就是把水引向别处或者引水入坞的渠道，尹买以及一万三千人被斩。军中无水，有人渴死，军心动摇，姚苌军处于极为不利的状态。如果不是天降大雨，姚苌军被打败的可能性就很大。《读史方舆纪要》卷五十四："同官川在县（同官县）东北五十里。""安公谷水在县（铜官县）南。流入耀州境，下流合于沮水。晋太元九年，苻坚击姚苌于赵氏坞。苌军中无井。秦人塞安公谷、堰同官川水以困之。苌军中恟惧，会大雨，军复振，即此。"

《水经注》卷十六："（铜官）水出县（祋祤县）东北，西南径铜官川，谓之铜官水"。对此，杨守敬《水经注疏》说："守敬按：《通鉴》，晋太元九年，秦王坚击后秦军于赵氏坞，后秦军中无井，秦人塞安公谷，堰同官水以困之。又云，后秦王苌使宁北将军姚穆守同官川。《长安志》，同官川水在同官县北五十里，自宜君县界来。今同官川出铜官县东北。又西南流，径祋祤县东，西南流，径其城南原下，而西南注宜君水。"坞壁，或称坞堡，是魏晋时期重要的社会基层组织，胡三省《资治通鉴》注曰："城之小者曰坞，天下兵争，聚众筑坞以自守。"❶ 坞壁作为"小城"的组织功能比较完善，具有很强的政治、军事功能。坞壁的特点是凭险而建，储备足够的粮草，可以固守，但是因为它多建在地形险要的地方，规模比一般的城市小，水的来源往往比较困难，成为其弱点。魏晋时期，攻打坞壁的战斗，常采用断绝水源的办法，而且频频奏效。

5.5.3 魏军夺井破虎牢

虎牢，又名虎牢关，汜水关，在今河南荥阳县汜水镇。虎牢关南连嵩岳，北濒黄河，

---

❶ 《资治通鉴》卷八十七。

山岭交错，形势险要。历代为军事重镇，兵家必争之地，各个朝代，无不在此设防。南北朝时，刘宋以将军毛德祖守虎牢，以拒北魏。北魏司空奚斤围困虎牢，攻打二百日难以攻克。最后采取断水战术，终于攻克虎牢关。

《北史》卷一描述了这次战斗的情形，泰常八年（423 年）正月，“司空奚斤既平兖、豫，还围武牢，宋守将毛德祖距守不下”。由于虎牢关地形险要，易守难攻，魏军一直攻克不下，到了四月，魏主拓跋嗣亲临虎牢，出主意断其水源“幸成皋，观武牢。而城内乏水，县绠汲河。帝令连舰，上施轒辒（古代攻城的战车，可以减少炮石的破坏力），绝其汲路；又穿地道，以夺其井”。绠是汲水用的绳子，由于虎牢关地势较高，城内没有河流水源，但是它濒临黄河，可以从城墙上放下绳子，从黄河取水。魏军用战舰开到宋军汲水的地方，又在船上放轒辒，防止敌人从城墙上的攻击。这样切断了宋军从黄河取水的水源。

魏军又探知宋营内还有一口井，井很深，处在地势险要的地方，要守住这口井不让敌人取水很困难。于是采用破坏水井的办法，挖地道通向水井，使井水流失。《水经注·卷五·河水》也提到这次战斗，郦道元还曾亲自考察了这次战斗挖地道破坏水井的遗迹：“魏攻北司州刺史毛德祖于虎牢，战经二百日，不克。城惟一井，井深四十丈，山势峻峭，不容防捍，潜作地道取井。余顷因公至彼，故往寻之，其穴处犹存。”闰四月二十三日，虎牢关被攻克，俘获刘宋冠军司马、司州刺史、观阳伯毛德祖，冠军将军、荥阳太守翟广等，“己未，武牢溃。”

这里所说的“潜作地道取井”，据《资治通鉴》卷一一九，营阳王景平元年所记：“魏人作地道以泄虎牢城中井。”说明北魏利用地形，在这深达四十丈的井的底部挖一地道，使井水泄干，以断城内唯一水源。毛祖德坚守虎牢城达二百日，最后却因合城所赖的唯一深井被北魏所泄，终至城破兵溃。《宋书·索虏传》还记载了井水泄干后，守城官兵的渴乏之状：二十一日，虏作地道，偷城内井，井深四十丈，山势峻峭，不可得防，至期二十三日，人马渴乏饥疫，体皆干燥，被创者不复出血，虏因急攻，遂克虎牢。

虎牢城之战，发生于北魏泰常八年（423 年），距郦道元之时不及百年，郦氏借公事之便，亲自去看了北魏当年所掘的地道，“穴处犹存”。井水在战争中具有生死攸关的意义，郦道元对此当然是铭记在心的。

5.5.4 赫连勃勃断水降王奚

义熙三年（407 年），赫连勃勃叛秦自立，自称天王，年号龙升，建立大夏国。与后秦之间战事不断。龙升三年（409 年）九月，后秦王姚兴率兵亲征勃勃，但勃勃乘秦军未集，率军进攻姚兴所驻的贰城，秦军兵败，姚兴只得退回长安。

姚兴将领王奚聚羌胡三千余户于敕奇堡，勃勃进攻敕奇堡。奚骁悍有膂力，拒兵接战，勃勃之众多为所伤。堡与坞类似，是一种基层军事组织，具有集中优势兵力的特点，易守难攻。王奚又是后秦有名的猛将，短兵接战，难以取胜。赫连勃勃发现了王奚军的弱点，采取了筑堰，断其水源的办法，引起王奚军内部哗变，最后堡人执王奚出降。敕奇堡之战在赫连勃勃的征战历史上，只是一次普通的战役，其不同凡响之处在于他在面对强敌，战斗不利的情况下，能够改变战术，以谋取胜。

《读史方舆纪要》卷五十八指出了敕奇堡的位置："敕奇堡，在（平凉）府西北。晋义熙五年，赫连勃勃攻秦敕奇堡、黄石固、我罗城，皆拔之。"

对此次战役的记载主要来自《晋书·赫连勃勃载记》："姚兴来伐，至三城，勃勃候兴诸军未集，率骑击之。兴大惧，遣其将姚文宗距战，勃勃伪退，设伏以待之。兴遣其将姚榆生等追之，伏兵夹击，皆擒之。兴将王奚聚羌胡三千余户于敕奇堡，勃勃进攻之。奚骁悍有膂力，短兵接战，勃勃之众多为所伤。于是堰断其水，堡人窘迫，执奚出降。"

5.5.5 废桥之战：苻登争夺水源失利

十六国时期，前秦苻登（343—394年）与后秦连年大战，太初九年（394年），苻登知后秦姚苌已死，认为时机已到，于是大赦天下，尽率大军进攻后秦姚兴。起初进军比较顺利，自甘泉向关中。与姚兴将尹纬相持于废桥（今陕西兴平市西北），尹纬占据废桥水源，苻登急攻，尹纬要出战。姚兴急忙派人告诉尹纬不要出战，兵法说"不战而制人者"，就是这个道理。苻登争夺水源失败，渴死的人达到十分之二三，战斗力大大减弱。尹纬出战，大败苻登，苻登单骑逃跑，不久被后秦军生擒并处决。太子苻崇继位，十月被西秦凉州刺史乞伏轲弹斩杀，前秦灭亡。

《晋书·卷一百十五·载记·苻登》："至是苌死，登闻之喜曰：'姚兴小儿，吾将折杖以笞之。'尽众而东，攻屠各姚奴、帛蒲二堡，克之。兴追登不及数十里，登从六陌趣废桥，兴将尹纬据桥以待之。登争水不得，众渴死者十二三。与纬大战，为纬所败，其夜众溃，登单马奔雍。"《资治通鉴》等也有记载。

参 考 文 献

[1] 姚汉源. 中国水利史纲要 [M]. 北京：水利电力出版社，1987.

[2] 武汉水利水电学院，水利水电科学研究院. 中国水利史稿（上）[M]. 北京：水利电力出版社，1979.

[3] 军事博物馆. 中国战典（上卷）[M]. 北京：解放军出版社，1994.

[4] 阎文儒. 敦煌史地杂考 [J]. 文物参考资料，1951 (5).

[5] 唐长孺. 魏晋南北朝史论拾遗 [M]. 北京：中华书局，1983.

[6] 王新敏，石培基，聂晓英. 历史时期敦煌城市演变与影响因素分析 [J]. 资源开发与市场，2014，30 (11)：1338-1341.

[7] 周勋. 论千金堨与魏晋时期洛阳城水利关系 [J]. 安阳师范学院学报，2015 (1)：60-64.

[8] 吴庆洲. 汉魏洛阳城市防洪的历史经验几措施 [J]. 中国名城，2012 (1)：67-32.

[9] 赵永复.《水经注》记载的洛阳——《穀水注》注 [J]. 历史地理，第二十四辑：24-40.

[10] 张卫东. 浮山堰 [J]. 中国水利，1985 (5).

[11] 郭涛. 中国水库工程的起源和发展 [J]. 成都科技大学学报，1988 (1)：137-143.

[12] 韩依霖. 魏晋南北朝童谣研究 [D]. 沈阳：沈阳师范大学，2018.

[13] 陈光永，张志诚. 行悖天道，祸国殃民——略评梁武帝堰淮 [J]. 学海，1995 (4).

[14] 张敏. 梁魏浮山堰事件始末及影响 [J]. 阅江学刊，2012 (1)：69-73.

[15] 朱其兵. 南梁浮山堰长度和规模考辨 [J]. 江淮文史，2019 (3)：122-126.

[16] 张敏. 论水灾在南北朝对峙及战争中的作用 [J]. 鄂州大学学报，2004 (3)：38-41.

[17] 苏小华. 论魏晋南北朝时期骑兵战术的新发展 [J]. 浙江社会科学，2009 (10)：76-80.

［18］ 杨恩玉．梁武帝的统治思想试探［J］．东岳论丛，2012（4）：77－82．
［19］ 杨天亮．论南北朝时期南北双方的主要战争及其影响［J］．史林，1998（4）：1－9．
［20］ 胡玉春．魏晋南北朝北方民族关系的特点［J］．阴山学刊，2012（12）：5－8．
［21］ 宋战利．曹操历史形象的演进［J］．文史知识，2010（3）．
［22］ 廖国栋．秦观的赋论与赋作初探［J］．成大中文学报，2002（10）：29－48．
［23］ 宋杰．东晋南朝时期寿春地区的水战［J］．首都师范大学学报（社会科学版），2011（3）：1－9．
［24］ 杨洪权．邺城在魏晋南北朝军事上的地位［J］．烟台师范学院学报（哲社版），1991（2）：40－45．
［25］ 孔祥勇，骆子昕．北魏洛阳的城市水利［J］．中原文物，1988（4）：81－83．
［26］ 毋有江．北魏政区地理研究［D］．上海：复旦大学，2005．
［27］ 谭书龙，马晓琼．南朝时期的水军和水战［J］．许昌师范学院学报，2006（4）．
［28］ 台湾三军大学．中国历代战争史（第5册）：两晋［M］．北京：中信出版社，2013．
［29］ 台湾三军大学．中国历代战争史（第6册）：南北朝［M］．北京：中信出版社，2013．
［30］ 钟少异．中国古代军事工程技术史．（上古至五代）［M］．太原：山西教育出版社，2008．
［31］ 白玉林，曾志华．南朝史解读［M］．昆明：云南教育出版社，2011．
［32］ 荀平，王众．中国古代城池军事防御体系探析［J］．新建筑，2008（3）：103－105．
［33］ 李庚善．宿迁原来是山城［J］．江苏地方志，2013（4）：24－25．
［34］ 何德章．魏晋南北朝时期南北水路交通的拓展［J］．武汉大学学报（人文科学版），2004（3）．
［35］ 马晓峰．魏晋南朝时期的堰埭建设［J］．阅江学刊，2011（3）：115－119．
［36］ 杨春荣．北凉疆域变迁考［J］．内蒙古社会科学（汉文版），2016（4）：73－77．
［37］ 杨荣春．北凉五王探研［D］．西安：陕西师范大学，2004．
［38］ 王进玉．敦煌古代的水利建设和管理使用［J］．古今农业，1989（2）：49－52．
［39］ 王仲荦．侯景乱梁前后的南朝政治局势［J］．文史哲，1955（11）：50－59．
［40］ 刘磐修．魏晋南北朝时期徐州战略地位的形成［J］．史学月刊，2010（4）：28－35．
［41］ 张红艳．古代灵州城址迁徙考述［J］．宝鸡文理学院学报（社会科学版），2013（3）：57－61．
［42］ 白述礼．古灵州城址再探［J］．宁夏大学学报（人文社会科学版），2013（5）：62－72．

第 6 章

隋唐五代时期：以水代兵战之衰微

经过南北朝频繁的水攻战，大部分以失败告终的结局后，隋代（581—618 年）和唐代（618—907 年）的统一战争，几乎没有发生壅水灌城的战事。一直到唐朝的安史之乱，引水灌城的战事才又出现，但是规模不是很大，大都以失败告终。以砖包砌城墙技术逐渐推广，城市防洪水平的提高可能也是一个重要原因。值得注意的是，黄河经过东汉以后长时期的安流，唐代地上河逐渐形成，决河事件重新出现，到五代（907—960 年）时期，决开黄河，以水代兵事件逐渐增多。

6.1 洺水之战的水攻及水工问题

唐武德四年（621 年），李世民在统一战争中，打败了中原地区的王世充和窦建德。窦建德的旧部刘黑闼继续起兵反唐。武德五年（622 年）正月，刘黑闼（？—623 年）在相州自称汉东王，定都洺州（今河北永年东南）。李世民率兵征讨，三月，李世民依洺水结营，威逼刘黑闼，又派遣突袭部队，截断他的运粮通道。刘黑闼多次挑战，李世民坚壁不出，以挫其锐气，相持两月。刘黑闼城中的粮草将尽，李世民料定他必来决战，预先命人在洺水上游筑堰，对守堰的官吏说，等刘黑闼军渡河时，决开堤坝。刘黑闼果然率步、骑兵两万渡过洺水，列阵与唐军决战。李世民亲率精骑，先破其马军，又乘胜屠其步兵，刘黑闼军被击溃，争相渡洺水撤退，这时决坝的洪水汹涌而至，刘黑闼军被溺死者数千人，被斩首者万余人，刘黑闼仅率二百余骑逃走。这次水攻战，初看没有什么不妥，由于各处史料记载的差异，仔细分析后，还是有不少值得深入探讨的地方。

6.1.1 各处史料记载异同

这次战斗以李世民的胜利告终，击溃刘黑闼军并非因为水攻，而是李世民的骑兵，决堰的洪水起到了阻止刘黑闼军逃跑的作用，这与李世民筑堰淹敌的初衷是不一致的。《旧唐书》《新唐书》《资治通鉴》等史书中均有此战的记载，但情况有所不同：

《旧唐书·太宗本纪》：“黑闼窘急求战，率步骑二万，南渡洺水，晨压官军。太宗亲率精骑，击其马军，破之，乘胜蹂其步卒，贼大溃，斩首万余级。先是，太宗遣堰洺水上流使浅，令黑闼得渡。及战，乃令决堰，水大至，深丈余，贼徒既败，赴水者皆溺死焉。黑闼与二百余骑北走突厥，悉虏其众，河北平。”

《旧唐书・刘黑闼传》:“三月，太宗阻洺水列营以逼之，分遣奇兵，断其粮道。黑闼又数挑战，太宗坚壁不应，以挫其锋。黑闼城中粮尽，太宗度其必来决战，预拥洺水上流，谓守堤吏曰:‘我击贼之日，候贼半度而决堰。’黑闼果率步骑二万渡洺水而阵，与官军大战，贼众大溃，水又大至，黑闼众不得渡，斩首万余级，溺死者数千人。”

《新唐书・刘黑闼传》:“王阻水为连营，分奇兵绝其馈路。黑闼数挑战，坚壁不为动。三月，贼粮尽，王度必决战，豫壅洺水上流，敕吏曰:‘须贼度，亟决之。’黑闼果率骑二万绝水阵，与王师大战，众溃，水暴至，贼众不得还，斩首万余级，溺死数千，黑闼与范愿等以残骑奔突厥。”

《资治通鉴・唐纪六》:“世民度黑闼粮尽，必来决战，乃使人堰洺水上流，谓守吏曰:‘待我与贼战，乃决之。’丁未，黑闼帅步骑二万南度洺水，压唐营而陈。世民自将精骑击其骑兵，破之，乘胜蹂其步兵。黑闼帅众殊死战，自午至昏，战数合，黑闼势不能支。王小胡谓黑闼曰:‘智力尽矣，宜早亡去。’遂与黑闼先遁，余众不知，犹格战。守吏决堰，洺水大至，深丈馀，黑闼众大溃，斩首万馀级，溺死数千人，黑闼与范愿等二百骑奔突厥，山东悉平。”

《太平御览・兵部》:“《唐书》曰：武德中，刘黑闼据河北反，太宗率兵讨之。先遣堰治水，上流浅，令黑闼得渡。及战，遽合决堰，水至深丈余。贼徒既败，争渡水，溺死者数千人，咸以为神。黑闼与二百馀骑奔于突厥，悉虏其兵众，河北复平。”

各处史书记载的相同点是，李世民命人在洺水上游筑堰，然后刘黑闼军渡河与李世民大战，失败。不同点，也是水攻战最重要的一点是，李世民对守堰的人员说的是何时决堰，这是实施水攻的关键所在。对这一问题各史书记载出现了两种不同的说法:《资治通鉴》和《太平御览》记载的，是当两军开战后，再决堰，是已经发生的实际战斗情况；另外一种说法，《旧唐书・刘黑闼传》和《新唐书・刘黑闼传》都说李世民的安排是当敌人渡河到一半，尚未完全渡河时决堰淹敌，这时两军尚未交战。应当说，这是李世民筑堰淹敌的计划，也是本意，用水攻可以基本上打垮敌人，然后再视情况乘势出击，这样可以减少部队的伤亡，甚至不战而胜。这一点和《资治通鉴》等记载的李世民安排两军开战后决堰有所不同。如果等两军开战后再决堰，相当于两军一起淹，按理李世民不会作这样冒险的战术设计。

6.1.2 半渡淹敌的设想和流产

无论从《新唐书・刘黑闼传》还是《旧唐书・刘黑闼传》的记载都可以看出，李世民最初的战术安排是当刘黑闼军渡河到一半时，决堰淹敌。《旧唐书・太宗本纪》的记载则更值得推敲，“遣堰洺水上流使浅，令黑闼得渡”。难道是李世民筑堰使河水变浅让刘黑闼更顺利渡河吗？显然不可能，李世民不能作这样愚蠢的战术布置，使河水变浅的目的是诱使刘黑闼渡河，而真正的目的，是当刘黑闼军渡河到一半时，放水淹敌。这一设想与楚汉战争时韩信堰潍水的作用是一样的。与《新唐书・刘黑闼传》和《旧唐书・刘黑闼传》记载的战术安排是一致的。

但是，有几点是唐军事先难以确定或估计不到的：第一，刘黑闼军何时出击，李世民虽然估计他会来决战，但不知道准确的时间，李世民只是安排等敌人渡河时决堰。决堰的时机非常重要，是等待李世民通知，还是由守堰的官兵相机行事。从李世民交代的语气看，应该是由守堰的官吏自己决定，从得知敌人出动，信息传递到守堤官吏，到决定决堰，这期间需要时间，而且可能出现脱节。第二，决堰后洪水到达战场需要多长时间，也是李世民事先很难估计的，如果战场距离堰址太远，则洪水到达需要较长时间。第三，决堰的过程需要一定的时间，从后来决堰后洪水“深丈余”的情况看，筑堰的规模不小，有一定的高度和蓄水量，而堰的规模越大，决堰就越困难，决堰的时间虽然不能和筑堰所用时间相比，但是对于战场上的变化而言，这点时间是相当宝贵的。综合这些因素，如果没有在战术布置时加以详细策划，完全可能制约决堰攻敌的有效性。洺水并不是一条大河，而且是季节性河流，当时是三月，河水流量本身就很小，又加上游筑堰后拦截水流，渡河并不困难，刘黑闼军要全部渡过洺水，也不需要很长时间，留给唐军决堰淹敌的有效时间其实很短。

由以上分析可知，唐军要想在敌人渡河到一半时准确地决堰放水淹敌，实际上相当困难。这就是为什么李世民交代了“候贼半度而决堰”，但是当刘黑闼军渡河时，洪水并没有出现的原因。其间出现了脱节，可能是信息没有传达到，或者信息到达时，决堰已经来不及。从李世民命守吏决堤的语气看，的确对决堤的时机没有把握。

明代著名军事家刘基在《百战奇谋》一书中对于水边作战有非常精辟的论述：“若近水为战，须去水稍远，一则诱敌使渡，一则示敌无疑。我欲必战，勿近水迎敌，恐其不得渡。我欲不战，则拒水阻之，使敌不能济。若敌率兵渡水来战，可于水边伺其半济而击之，则利。法曰：‘涉水半渡可击。’”洺水之战可以说非常符合近水为战的特点，而且李世民是准备在这一战中消灭刘黑闼军的，因此，半渡而击是最好的选择。但是，李世民在敌人渡河到一半时，没有出击，而是等到敌军全部过河列成阵势再出战，也可以说明这一点，这实际增加了攻击的难度和伤亡。

这里不得不提到历史上一个非常相似的故事，春秋时宋襄公与楚军战于泓（今河南柘城北）。宋军已经严阵以待，楚军开始渡河，司马子鱼建议宋襄公趁楚军半渡时出击，宋襄公不同意，等楚军已渡过河，还没有列好阵势，子鱼再次请求乘机攻击，襄公仍旧说不可，直到楚军摆好阵势，宋军才发起攻击，结果大败。

洺水之战的战前形势与泓之战非常相似。“半渡可击”是兵家常识，李世民不是宋襄公，不会不懂这个道理，为什么要舍易求难？没有实施“半渡而击之”，一定是有所考虑。最有可能就是当刘黑闼军渡河时，李世民在等待决堰的洪水，但是没有等来洪水，决堰没有实施，刘黑闼军顺利渡过洺水，而且布成阵势。李世民一计不成，只能实施第二套方案，与刘黑闼军展开决战。当两军鏖战时，李世民才下令决堰，这时虽然自己军队也有被淹的危险，但是刘黑闼军在靠近河的一边布阵，被淹的危险性更大，洪水正如在敌人背后发起的攻击，切断敌人的归路，瓦解敌人军心，而李世民军在远离河岸的一边布阵，危险相对较小。当然，这是不得已的办法。

当初李世民“阻洺水列营”是有其用意的，其目的是逼刘黑闼军在洺水的河道或者河边布阵，这样容易受到洪水攻击。决堰的洪水顺河道而下，将首先冲毁刘黑闼军的大本营，使其军心崩溃。反之，如果把战场设在远离河道的地方，洪水可能难以起作用。

6.1.3 战场和堰址

根据刘黑闼定都洺州，南渡洺水来与唐军决战的情形分析，洺水之战的战场，其核心

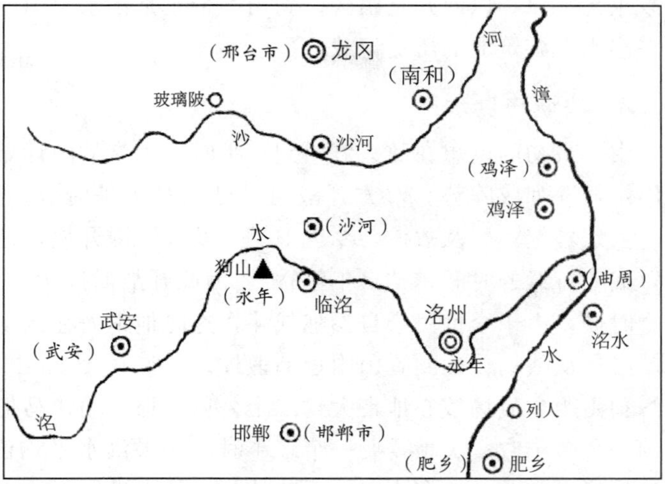

图 6－1 洺水之战狗山位置图

区域，应当在洺州附近的洺水南岸。唐《元和郡县图志》载，河东道洺州永年县（今广府镇）有“皇家平刘黑闼垒，在县西南十里，洺水南”，从地理位置看，完全符合当时战场的描述。为了纪念这次战斗的胜利，超度阵亡的将士，“贞观四年，于垒东置昭福寺”，一起兴建的还有破王世充于邙州，立昭觉寺，破窦建德于郑州，立等慈寺等七处，由此也可看出，洺水之战也是李世民一生中一次比较重要的战斗。《元和郡县图志》又载“鸡泽，在县西南十里”，也在这一位置，说明该处地势比较低洼，水淹刘黑闼军在此地附近是很合适的。

李世民在洺水上游的何处筑堰，民间有传说，地方志中也有一些记载，清《畿辅通志》关于沙河县记载：药山（《府志》作药山头），在县西北八十里（《府志》作百里），汤山之西，相传秦王曾阻水于此。清《方舆汇编》顺德府山川考有关沙河县的内容记载：药山头，在县西北一百里，秦王曾阻水于此。又根据 1983 年出版的河北省沙河县地名办公室编辑《沙河县地名资料汇编》：“岳坪，原居山区孔庄公社岳山头，1972 年因建朱庄水库搬迁至赞善公社。”岳山头即药山头，原属孔庄公社，其位置约在今朱庄水库的坝址附近。就地形而论，这里确实是筑坝阻水的好地方，后来的朱庄水库筑坝于此，并非偶然。但是这里是否就是当年李世民筑堰淹刘黑闼军的地方，值得商榷。第一，这里地处沙河上游，而史料记载明确说，李世民筑堰是在洺水上流，而非沙河，唐朝时沙河与洺水上游未见记载有相通的支流。退一步说，即使当时沙河有一条支流和洺水相通，那么决堰后的洪水大部分会顺主流而下，有多少流量会从支流进入洺水，是很难说的；第二，史料记载说，堰洺水后使河道变浅，如果是堰沙河上游，则难有这种效果；第三，这里距洺水最近也有几十公里的路程，距离当时的战场则更远，要传递信息，下达命令，以及控制洪水淹敌，在两军交战的宝贵时间内，几乎不太可能。当然，地方志记载的沙河县药山一带曾经是李世民阻水的地方，是否另有其他战事发生，还需进一步研究。

筑堰的地点最有可能还是在洺水，洺水上游有狗山，《新唐书·地理志》载河北道洺州临洺县有狗山，“狗山有太宗故垒，讨刘黑闼于此”。所谓“讨刘黑闼于此”，可以有两种解释，其一，此处为战场，李世民在此打败刘黑闼；其二，此处为指挥战斗的重要据点。而据《元和郡县图志》载：“狗山，在县（临洺）西十里。”“武德五年，太宗亲总戎讨刘黑闼，于此立营。”因此从史料看，应当属后一种情况，即狗山是李世民指挥洺水之战的大本营。这里依山傍水、居高临下，确实深合兵法之道。既然大本营在狗山，而狗山又在洺水边，在洺水之战战场的上游，狗山附近应该是筑堰的理想地点。从地理分析，狗山以东是平原，以西则是山区，狗山一带正是洛水出山的峡口地带，是很好的堰址，也符合在洛水上游筑堰的历史记载。

6.1.4 决堰与洪水

由于最初的设想在敌人渡河到一半时放水淹敌的计划未能实施，致使刘黑闼军顺利渡过洺水，并列成阵势。双方开战时，已经是中午时分，这时李世民才下令决堰，《旧唐书·太宗本纪》："及战，乃令决堰。""及战"即开战，是什么时候？正如《资治通鉴》所说，战斗持续的时间是"自午至昏"。因此开战时间大约在中午，那么下令决堰也应当在这个时候。由于李世民亲自参加战斗，这时他本人在战场而不在狗山的大本营。决堰的命令就必须从战场传达到狗山附近的堰址。

狗山距离战场核心地带大约二十公里，那么用快马把命令传达到狗山附近的堰址需要大约一个多小时；决坝需要一个多小时；如果洪水平均流速为每秒10米，决坝后的洪水到达战场也需要一个多小时。粗略估算，从李世民下达决堰命令，到洪水到达战场至少需要三到四个小时，这就是为什么洪水一直到敌人快要被打垮的时候，才姗姗来迟的原因。《旧唐书》说"贼众大溃，水又大至"，《新唐书》也说"众溃，水暴至"，都是记载的刘黑闼军已经或将要被打垮的时候，洪水才到达，而这时已经接近黄昏。此时时令正是三月，中午至黄昏，其间正好大约四个多小时。

6.1.5 结论

这次水攻战经历了两个阶段：第一阶段，预壅洺水，计划水淹半渡之敌，结果由于决坝的时机未能掌握好，没有实施，刘黑闼军得以顺利渡河布阵；第二阶段，李世民在开战后下令决堰，其目的是期望洪水能够冲击刘黑闼军的后方，但是李世民并没有完全把希望寄托在水攻上，而是率领骑兵亲自冲锋陷阵，打垮了敌军。洪水来得稍晚了一些，只起到阻止敌军逃跑的作用。虽然史料对这次堰洺水的水攻战着墨不少，实际真正的作用有限。回顾楚汉相争时，韩信指挥的潍水之战，其情形有相似之处，都是当敌人渡河到一半时，放水淹敌，但是韩信的设计和布置要周密得多，水攻能够真正发挥作用。

第一，有人认为，李世民堰洺水是有预谋的使两军同归于尽，是一场对唐军士兵的谋杀。[1] 这种可能性很小，是对史料没有作全面分析的主观臆断。按《旧唐书》和《新唐书》的记载，都明确有李世民等敌人半渡而决堰淹敌的安排，这是最初壅洺水的计划，并非要两军同时淹。第二，史料记载刘黑闼军被击溃后，试图渡河，《旧唐书》说"黑闼众不得渡"，《新唐书》说"贼众不得还"，既然能够争相渡河，企图撤退回去，说明没有被洪水当场淹死，既然溃败的刘黑闼军没有被当场淹死，在后面追杀的官军又怎能被淹死？实际上，刘黑闼军被淹是因为受到追杀被迫渡河而丧命。另外，刘黑闼军是在往回败退的

---

[1] 柏杨《资治通鉴》白话版："一般战争中，使用水攻，都在敌人'半渡'之时，或进军半渡，或退军半渡，这样才能发挥歼灭性的效果。洺水之战则不然，李世民的命令没有提到敌人'半渡'，而是明确地说：'等我跟叛贼会战，你就破坏堤防！'两军会战时凿堤，大水没有眼睛，岂能分辨敌我！很明显的，李世民在这场战役中，采取的是敌我同归于尽的战术，李世民和高级将领没有危险，因为他们早就脱离战场……李世民决心要牺牲那些效忠他的政府军士卒，用以消灭刘黑闼这个突然崛起的劲敌。否则，不会在两军杀成一团的会战时决堤。这场在历史上并没有名气的水淹三军，恐怕是一个残酷的集体谋杀。"

过程中被斩首或溺死，而且被斩首的人数多于被溺死的人数，说明大部分士兵还是在岸上战斗中死亡，死亡的大部分是刘黑闼士兵，并没有大量官军被洪水溺毙的迹象。第三，由上文的分析可知，李世民下达决堰命令后，还亲率骑兵冲锋陷阵，他本人也在战斗人员当中，不会不考虑到洪水会淹到自己的这种情况。一般而言，除非在不得已的情况下，不会作出同归于尽的安排，而当时的军事实力对比，李世民军是以逸待劳，粮草充足，占有明显的优势，而刘黑闼军则是困兽之斗，遭遇了长时间的断粮和被围困，作为久经战阵的将帅，李世民没有必要预先做出这种于自己不利的战术安排。《资治通鉴》对这次战斗的记载语焉不详，但主要史实与两《唐书》的记载并不矛盾。

6.2 安史之乱以及唐朝中后期的以水代兵战争

安史之乱是唐代由盛而衰的转折点。从玄宗末年至代宗初年（755—763 年），持续近 9 个年头，战争波及的地区主要在黄河中下游。战乱使唐代社会遭到了一次空前浩劫。《旧唐书·郭子仪传》记载："宫室焚烧，十不存一，百曹荒废，曾无尺椽。中间畿内，不满千户，井邑榛荆，豺狼所号。既乏军储，又鲜人力。东至郑、汴，达于徐方，北自覃、怀经于相土，为人烟断绝，千里萧条。"这种凋敝和荒凉景象，和安史之乱中的几次以水代兵战争有一定关系。

安史之乱对当时的水利工程造成了很大的破坏，如《新唐书·刘晏传》："河、汴自寇难以来，不复穿治，崩岸灭木，所在廞淤，涉泗千里，如罔水行舟。"安史之乱造成了北方动荡不安，使得汴渠长期得不到疏通，以致无法通行。

6.2.1 九节度水围邺城

邺城之战是安史之乱期间的一次重要战役，是唐九节度使围安庆绪于邺城（今河南安阳），并与其援军史思明的作战。

6.2.1.1 战争过程和围城的工程情况

唐至德二年（757 年）正月，安禄山被其子安庆绪所杀。九月，郭子仪率唐军和回纥骑兵收复长安，接着，又收复东都。安庆绪退守邺郡（治所在今河南安阳）。乾元元年（758 年）九月，唐肃宗调遣朔方郭子仪、淮西鲁炅、兴平李奂、滑濮许叔冀、镇西北庭李嗣业、郑蔡季广琛、河南崔光远、河东李光弼、关内泽潞王思礼等九节度使率兵二十万，进讨安庆绪。又以宦官鱼朝恩为观军容宣慰处置使，协调和指挥战事。十月，唐军进围邺城。乾元二年（759 年）正月，镇西节度使李嗣业攻邺城，为流矢所中阵亡，唐军改用水攻。

二月，唐军筑堤两重，穿堑三重，引水灌城，邺城被唐军重重包围。从冬天一直到第二年春天，邺城情况十分危急。这时唐军上下，都以为胜利在即。

三月，史思明见邺城危急，自魏州率主力援邺，使诸将离城五十里分次扎营，击鼓为号，遥相呼应，又每营选精骑五百，昼夜轮番抄掠，以疲惫唐军，还派遣部队伪装唐军，劫掠和焚烧唐军运粮车船，致使唐军缺粮，军心动摇。史思明见时机已到，便率军直抵邺城。三月初六，唐军号称步骑六十万，列阵于邺城（相州）北面的安阳河北。史思明率精兵五万出战，"三月，壬申，官军步骑六十万陈于安阳河北，思明自将精兵五万敌之，诸军望之，以为游军”[1]。官军以为史思明军人少，不以为意，当史思明军发起猛烈攻击时，李光弼、王思礼、许叔冀、鲁炅四节度使方率部迎战。战况非常激烈，双方死伤甚众，当两军激战时，忽然狂风大作，飞沙走石，天昏地暗，对面不能相认。唐、史两军皆大惊，唐军向南溃退，史思明军则向北奔逃，双方丢弃甲杖辎重无数。唐军因师老兵疲，军无斗志，一退不可遏止，丢弃甲杖辎重无数。郭子仪带领朔方军退守河阳，拆毁了大桥。其部战马万匹，只剩三千，甲杖十几万，几乎全部丢弃。其他节度使也各自溃归本镇，仅李光弼、王思礼全军而还。

这次战斗的前一阶段是水攻和水围邺城，措施包括“筑垒”和“穿堑”，筑垒也有记载为筑堤，就是修筑围城的堤防和军垒。当时修筑了比较高的围城堤防，围城后城内地下水位大幅升高，“城中水泉大上，井皆满溢”[2]，“城中井泉皆溢，构栈而居”[3]。并且有洪水短暂漫过城墙的情况发生，水攻的强度是比较大的。但是可能由于安阳的城墙防洪能力比较强，并没有使城墙垮塌。“穿堑”在《新唐书·安禄山传》记载为“筑浚城隍三周”，即挖掘三道绕城的壕沟，筑三道城墙。《旧唐书·安禄山传》则说：“筑城穿壕各三重，楼橹之盛，古所未有。”三重垒，三道壕，除了筑垒浚隍之外，还动用了大量战舰和水军，但是未见有用水军攻城的记载。

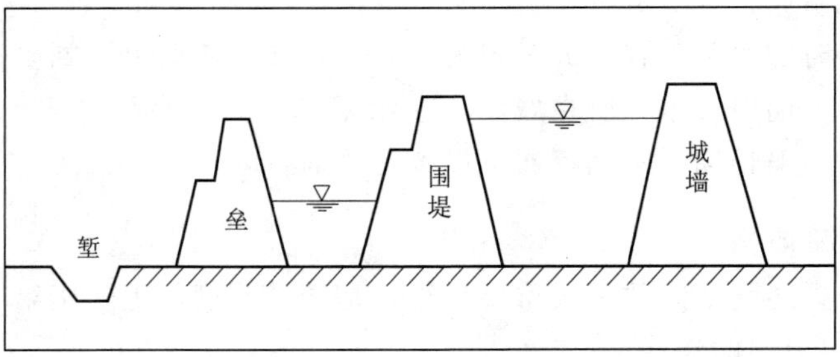

图 6-2　水围相州工程示意图

一般来说，壅水灌城，只要修一道围堤就可以了，这种两堤或三堤三壕的情况，历史上绝无仅有。城壕外再筑壁垒，类似于堤防，城壕内引水注入。形成了严密的包围工事。为什么要修筑如此多的工程，可能是由于各军互不统属，各自为政，因此实际上造成了工程重复，把邺城团团包围得风雨不透。但是，围城的洪水并没有灌进城内，城墙没有被淹塌。虽有“漫二时”的记载，只是短暂入城。

一些书中把水攻邺城说成是洪水淹灌了邺城，如“唐军久攻不克，最后只好采取水攻之策，在漳水（流经邺城北）上筑了两道堤坝，挖了三条壕沟，硬是把汹涌的河水灌进了邺城”。[4] 这种说法是对古代灌城的形式不太了解，把城内的地下水位上升误认为是洪水

❶ 《资治通鉴》卷二百二十一。

❷ 《旧唐书·安禄山传》。

❸ 《资治通鉴·唐纪三十七》。

❹ 王觉仁. 血腥的盛唐. 南京：凤凰出版社，2012.

灌进城内。

正如所有的以水灌城的作战一样，围困使邺城处于极为困难的境地，但是也使得进攻受阻，城壕虽然起到包围敌军的作用，也使得被包围城市的抵御力量得到加强，所谓“引水自固”，守城的一方往往会在城外挖掘壕堑注水，以减弱敌方的攻势。所以引水围城，从防守一方来说，并不吃亏。

《新唐书·安禄山传》：“城中栈而处，粮尽，易口以食，米斗钱七万余，一鼠钱数千，屑松饲马，隙墙取麦秸，濯粪取刍，城中欲降不得。贼更以太清代乾佑将。”

这场战役从开始时，双方力量悬殊，唐军二十万，后来号称六十万。安庆绪的守军有多少呢？乾元元年（758 年）十月，即邺城被围之前，安庆绪曾经率军救卫州，不过七万人，基本上是他的全部力量，“庆绪悉举邺中之众七万救卫州”[1]，结果大败，前后被斩首三万人，被俘千人，还有被打散逃跑的，粗略估算，剩余在邺城的守军不会超过三四万，唐军以十几倍于敌的力量，未能攻克邺城，过度围困是一个重要原因，它不但阻碍了进攻，还使得城内外几乎完全隔绝，城内的部分守军想要投降，而不能出来。信息无法传递，唐军丧失了很好的取胜机会，军事上的优势未能转化为最后的胜势。正如《资治通鉴》记载的那样：“人皆以为克在朝夕，而诸军既无统帅，进退无所禀，城中人欲降者，碍水深，不得出。城久不下，上下解体。”进攻一方由于长时间未能攻克，而最后被援军打败，是水攻战失败的又一个例子。

这次战役由于采用水攻战术，而且修建了许多重复工程，工程的规模很大，看似声势浩大，实际攻击的效果有限，不仅动用了大量人力物力，增加了社会负担，也使军队疲惫松懈，战斗力下降，虽然具有人数上的绝对优势，却以失败告终。

这种重壕围城的情况，唐代不止一次出现，至德二年（757 年），安庆绪将伊子奇攻睢阳（今河南商丘市睢阳区），张巡守城，伊子奇各种攻城措施都被张巡挫败：“贼伏其智不敢复攻，遂于城外穿三重壕，立木栅以守巡，巡亦于其内作壕。”[2] 也是挖壕三重以作长期围困。

6.2.1.2 引漳灌邺还是引安阳水灌邺

这次战争另一个值得关注的问题是引水围邺的水源，按《资治通鉴》《新唐书·郭子仪传》《旧唐书·郭子仪传》所载，都是引漳水灌城，《旧唐书·安禄山传》没有说明是引的哪条河水，只有《新唐书·安禄山传》记载“决安阳水灌城”。各种史籍的记载如下：

《资治通鉴·唐纪三十七》：“郭子仪等九节度使围邺城，筑垒再重，穿堑三重，壅漳水灌之。”

《新唐书·郭子仪传》：“又战愁思冈，破之。连营进围相州，引漳水灌城，漫二时，不能破。”

《旧唐书·郭子仪传》：“自冬徂春，竟未破贼，但引漳水以灌其城。”

《旧唐书·安禄山传》：“又引水以灌城下，城中水泉大上，井皆满溢。”

《新唐书·安禄山传》：“筑浚城隍三周，决安阳水灌城。”

---

[1] 《资治通鉴》卷二百二十。

[2] 《资治通鉴》卷二百一十九。

《旧唐书·李嗣业传》："乾元二年，诸将同围相州。是时筑堤引漳水灌城，经月余，城不拔。"

漳水在古邺城境内流过，三国时曹操围邺，以及十六国时慕容垂围邺都是引漳水，没有问题。而安阳水，即洹水，则是另外一条河流，《元和志》载安阳："洹水，西南自林虑县界流入。"《水经注》引《魏土地记》曰："邺城南四十里有安阳城，城北有洹水东流者也。"

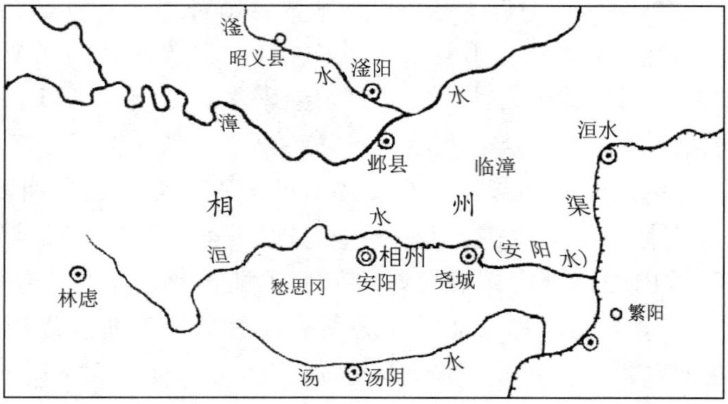

图 6-3 安阳水、漳水位置图

到底是引漳水还是引安阳水，与这次战斗所围之邺城有关。当时，与邺有关的地方有两处：一处是相州，治所在安阳。由于古邺城在北周末年被杨坚焚毁，隋移邺县治于曹魏之安阳城，因此，安阳即邺；另一处为邺县，隋开皇十年起，恢复安阳县，邺县返回古邺城近处，安阳与邺两县并立，此后，除隋中叶短暂时间内，安阳拥有古邺城废墟外，今安阳北部仍为邺县地，历唐、五代直至北宋熙宁五年。❶ 因此，安史之乱时，应当是安阳与邺县并立的状况。邺县靠近漳水，而安阳则临近安阳河。如果安庆绪所守之邺城是相州治所安阳，那么引安阳河水理所当然，《新唐书·安禄山传》记载是正确的。北周末，杨坚毁邺城，相州迁州治于安阳，唐代不变。《旧唐书·地理志》："相州……领安阳、邺、林虑、零泉、相、临漳、洹水、尧城八县。""安阳……州治所。"所以围相州，是指围安阳，安庆绪所守之邺是安阳，而不是邺县。

隋唐以后的邺、邺城、邺下、邺中都是指的安阳城，如李白《邺中赠王大》中的"邺中"及杜甫《石壕吏》诗中"三男邺城戍"等。又史载称，安阳是邺城的后身和继承者，杨坚毁邺城，不仅移相州，邺县的州县治所于安阳，且移其人民于安阳，故邺之后身乃安阳而非临漳；若以地名沿袭而言，唐宋人所谓邺，辄指安阳。安阳于唐宋时，或为相州州治，或为邺郡郡治

安庆绪所占守之邺城，应当是其根据地和大本营，至德二年（757 年），安庆绪改邺郡为安成府，其所在地即安阳。乾元元年（758 年）十月，安庆绪收余兵拒郭子仪于愁思冈，其地即在安阳城南十五里，《读史方舆纪要》卷四十九："愁思冈在（安阳县）城南十五里，郭子仪讨安庆绪，拔卫州，进军向邺。庆绪收余兵，拒战于愁思冈。"战败后不得不收缩兵力，固守邺城。又有古垒遗址，也在安阳北十里，据称"唐郭子仪等九节度围安庆绪于相州时，营垒于此"❷。可以肯定，安庆绪所占守之邺是安阳。由此《资治通鉴》

❶ 张之. 历史上安阳与邺之关系//中国古都研究（第十二辑）——中国古都学会第十二届年会论文集. 1994.

❷ 《读史方舆纪要》卷四十九。

等所记载的引漳灌邺，既引漳水灌安阳，实际上不太可能，也没有必要。漳水距离安阳最近的地方也有几十公里，更主要的是，安阳河在安阳城北边，而漳水也在安阳的北边，如果引漳水灌邺，所引之水势必要先通过安阳河，与其如此，不如直接引安阳河水。

有没有可能同时引漳水和安阳河水？实际上也没有必要，安阳河是一条常年河，即使冬春季节河水也不会少，引水灌城并非一日之功，河水是逐渐引入壕堑内的，并不需要多大的河水流量，完全没有必要从几十公里外再引漳河水。那么引漳灌邺的说法可能源自历史上曹操和慕容垂引漳灌邺的影响，在地理上，古邺城，漳水以及安阳都相距不远，因此很容易混淆。

所以，除了《新唐书·安禄山传》记载“决安阳水灌城”是正确的以外，其余的记载决漳水或壅漳水都是错误的。这一错误一直延续到现代，包括许多专著和论文仍然使用的是引漳灌邺说。例如《中国通史》第六卷（上）：“九节度使围邺，并引漳水灌城。”《中国通史》第六卷（下）：“官军还堵截漳水，引河水灌城，城内井泉溢水，人们‘构栈而居’，粮草俱尽，州城危在旦夕。”

6.2.1.3 杜甫诗作中反映的邺城之战

杜甫是唐代伟大的现实主义诗人，他的诗作被称为“诗史”，反映了唐代的很多重大历史事件，对九节度水围邺城前后社会现实的描写是其代表作。邺城之战时，杜甫正由华州回到他的故乡洛阳。这是安史之乱三年以来，第一次回故乡。这段时间两京相继克复，平叛捷报频传。在洛阳他看到准备北进的士兵，抱着一种喜悦的心情，他先是写了《观兵》，当时九节度使兵围邺城，似乎胜利在望，然后他又写了《洗兵马》，表现出希望早日结束战乱，洗净兵甲永不复用的普遍心理。后来九节度又兵败邺城，为补贴兵源而大肆征兵，杜甫耳闻目睹了这次惨败后人民生活的痛苦状况，写成了组诗《三吏》《三别》，真实描述了这一社会现实。

观　兵

北庭送壮士，貔虎数尤多。精锐旧无敌，边隅今若何。

妖气拥白马，元帅待琱戈。莫守邺城下，斩鲸辽海波。

在诗中有进言，要攻下史思明的巢穴，直捣范阳，不要硬攻邺城，还建议九节度使中要设统帅之职，以统帅诸军，故有“元帅待彫戈”之句。

当九节度使的大军围困安阳时，消息传来，杜甫认为这次战役一定能打胜，是决胜之局。中兴的时候到了，以后再也不会有战争，兵马可不要了，用一种庆祝胜利的心情，写了一首新乐诗《洗兵马》，这是很有名的歌行。其中提到胜利的消息接踵而至，诗中写道：

河广传闻一苇过，胡危命在破竹中。

只残邺城不日得，独任朔方无限功。

诗中反映了人们普遍认为，大水围困邺城，不日即可攻克的心理。但安庆绪仍死守待援。唐军因无统帅，九节度使均受制于毫无战斗经验的宦官鱼朝恩，指挥不统一，行动不协调，进退互相观望，又以为邺城危在旦夕，遂产生了松懈情绪。水攻邺城耗费了巨大的人力物力，最后以失败告终。

这次战役的失败，加剧了“安史之乱”造成的社会动荡。为了挽回败局，官军四处抓丁，扩充军队，给广大人民造成了极大痛苦。由于引水灌城需挖濠、筑堤等水利工程，大量征用民间的劳动力，以至于未成年的男子都被抓丁去服役，这种情况在杜甫的诗中得以反映。杜甫的《新安吏》中就提到，“掘壕不到水，牧马役亦轻”。杜诗的本意是安慰这些被抓丁的未成年人，劳动不会太重，因此被抓丁也不要太悲伤。但是从杜诗中我们也可以看到，当时掘壕已经成为一项非常普遍的劳动，和牧马一样不可或缺，是当时采用大规模引水灌城，给劳动人民造成沉重负担的一种写照。

在《石壕吏》中杜甫写道：“三男邺城戍。一男附书至，二男新战死。”诗里所说的邺城，又称相州，就是现在的安阳，反映了这次战争的残酷和老百姓为此付出的代价。

邺城解围后，史思明实力大增，准备南侵，唐朝因此加强了对黄河的防守，任命李铣为防河招讨使，征调各地士兵赴黄河防守，杜甫看到各地往来，形容枯槁的戍卒，有感而作《秦州杂诗·城上胡笳奏》：

城上胡笳奏，山边汉节归。防河赴沧海，奉诏发金微。
士苦形骸黑，旌疏鸟兽稀。那闻往来戍，恨解邺城围。

这里描写了唐军形势的可危，由于唐朝兵力不足，不得不东征西调前去增援。诗中表达了邺城失败后诗人的复杂的情感和矛盾心理。杜甫虽然忠君爱国，但是也同情战争对人民造成的痛苦，痛恨官军无能，战争不能早日结束。

6.2.2 李铣决黄河

乾元二年（759 年）三月，邺城之战后，史思明帮助安庆绪解除了相州之围，随后又吞并了安庆绪的部队以及粮草，实力大增。四月，史思明自称大燕皇帝，改元顺天。九月，分四路大举南侵，“史思明使其子朝清守范阳，命诸郡太守各将兵三千从己向河南，分为四道，使其将令狐彰将兵五千自黎阳济河取滑州，思明自濮阳，史朝义自白皋，周挚自胡良济河，会于汴州”❶。巨大的军事压力使防河招讨使李铣于长清县界边家口决开黄河。

这一事件，在两《唐书》以及《资治通鉴》中都没有记载，唯见于《太平寰宇记》：“乾元二年，逆党史思明侵河南，守將李铣于长清县界边家口決大河，东至县，因而沦溺，今理迁善村。”❷ 又载：“废禹城在县南八十里，乾元二年史思明作乱，侵凌县界义营，防遏将军李铣引师南奔，遂决黄河水隔师，因此河水散流，漂没城邑，百姓流散，其城遂废。”长清县，本汉卢县地，属齐州。黄河，北去县五十五里，边家口应当是长清县北的一个村镇。史思明渡过黄河的地点分别在黎阳、濮阳、白皋和胡良。黎阳（今河南省浚县东北）和濮阳是黄河岸边的军事重地，白马和胡良也都是古代黄河著名的津渡。《读史方舆纪要》卷十六载大名府滑县：“胡良渡在县东北，接开州境，亦旧时大河渡口也。唐乾元二年，史思明自范阳南寇，遣其伪相周挚，分道自胡良渡会于汴州。”“白皋渡在县北，亦大河津渡处。”但是，这几处地点均在距离长清还有几百里的黄河上游地方，李铣在长清决黄河，对史思明渡河没有丝毫影响，可能还有一些帮助，决河后，还可能使上游的河水变浅，更有利于渡河。

---

❶ 《资治通鉴》。

❷ 《太平寰宇记·第十九卷·齐州·禹城县》。

史思明是否原来有在长清以下渡过黄河的打算，不得而知。不过从其“会于汴州”的军事目标看，由上述的几处地点渡河是合理的。结果是史思明军顺利渡过黄河并攻陷汴州，九月二十七日，史思明又帅兵入洛阳。史思明军在禹城一带没有大规模的军事行动。

这次决河在军事上是一次草率的行动。根据有限的资料推测，决河的目的，很可能是李铣得知史思明将要大举南侵，在只有少量敌人入侵禹城附近的情况下，仓皇逃跑，并决河阻敌。史思明的乱军曾经侵入禹城县的义营，当时李铣为防河招讨使[1]，防止敌人渡河，是他的职责所在。但他却在决河后“引师南奔”，显然是没有抵抗的逃跑。由于这次决河在军事上没有意义，却造成了禹城县沉沦和大量人民流离失所，因此在正史中没有记载。李铣于第二年被奏贪暴不法而被诛。《资治通鉴·唐纪三十七》载：上元元年（760年）十一月：“御史中丞李铣、宋州刺史刘展皆领淮西节度副使。铣贪暴不法，展刚强自用，故为其上者多恶之，节度使王仲升先奏铣罪而诛之。”李铣犯什么罪，没有说，与这次决河事件应当有很大关系，而防河招讨使一职，此后没有再设立。

从事件的前因后果看，决河的时间当在七八月份。即得知史思明将要南侵，而还没有大规模行动的时候。决口造成的危害，除了禹城沉沦外，还造成了一定的黄泛区，從所涉地来看，这次人为的决口所造成的洪流，经行的乃是较在先黄河干流偏北的区域。

李铣这次决河，是黄河自东汉王景治河，相对安流以后第一次人为决河。魏晋南北朝时，水攻战频繁，但是却没有决河的记载。到了唐代中期，黄河地上河已经形成，决河产生的效应比较明显。但是，这次决河并没有形成很大范围的淹没，相对于以后黄河决口的灾害来说，灾害较轻，悬河的高度不是很高。

6.2.3 李光弼水灌怀州

史思明攻陷汴州和洛阳后，乾元二年（759年）十月，进攻河阳，被李光弼打败，史思明部将河南节度使安太清走保怀州（今河南沁阳）。上元元年（760年）二月，李光弼率军攻打怀州，“诸军决丹水灌怀州，未下”[2]。这次水攻战没有获得成功，后来改用地道进攻，于十一月才攻克。

《元和郡县图志》载，怀州河内县（今河南沁阳）：“沁水在县北四里。丹水，北去县七里。分沟灌溉，百姓资其利焉。”所以，决丹水攻城，对当地农田水利是很大的破坏。

丹水是沁水的支流，在河内县（即怀州）的北面七里，而沁水在县北四里，所以沁水离怀州近而丹水离怀州远，而且在同一个方向。按理，引丹水要跨过沁水，当时是如何引丹水的，为什么不直接引沁水，有待进一步研究。无论引丹水还是引沁水，离怀州都有一定距离，所以筑坝壅高水位，开挖渠道引水是不可避免的。

6.2.4 水断粮道与四王联盟

唐德宗（780—805年在位）时，唐朝进入藩镇割据的局面，虽然安史之乱已经平定，藩镇势力仍然强大，割据一方，举兵反叛朝廷的事情不断发生。先后有魏博节度使田悦、

---

[1] 《新唐书·列传第一百四十九·叛臣下·李忠臣》：“至德二载，节度使王玄志使秦率兵三千自雍奴桴苇绝海……于是防河招讨使李铣承制假秦德州刺史。”

[2] 《新唐书·列传第六十一·李光弼》。

成德节度使李惟岳、淄青节度使（即平卢节度使）李纳三镇连兵，以及朱滔等四王结盟的叛乱。

建中三年（782 年）正月，刚被任命为魏博招讨使的马燧在洹水之战中大败田悦，田悦仅收散兵千余人逃回魏州城（今大名北）。马燧等攻田悦于魏州，当时魏州城引永济渠水入城为城内水源，马燧令部队堵塞河流入城口，河水涸干断流，城内人心惶恐。田悦便派人游说幽州节度使朱滔和成德节度使王武俊，借兵求救。朱滔等正因为朝廷赏罚不公，心怀怨恨，于是响应田悦，并与王武俊连兵赴援，营于惬山（河北大名县北）。

七月，奉诏增援马燧的朔方节度使李怀光恃勇攻击朱滔军于惬山之西，先胜后败，大批官军被逼入永济渠溺死。当晚，朱滔等决永济渠入王莽故河，断绝官军粮道及归路，水深三尺余。官军即遭败绩，又被大水围困，“马燧惧，遣使卑辞谢滔，求与诸节度归本道，奏天子，请以河北事委五郎处之”[1]。王武俊认为不可以放走马燧，但是朱滔做主，停止了放水。马燧“始得与诸军涉水而西，退保魏县”，并隔河与朱滔军相持。

马燧是当时名将，在平定各藩镇叛乱的战斗中，胜多负少，这次战斗，借助于水攻，朱滔等军打败了马燧和李怀光。一时叛军的声势大增，朱滔、李纳、田悦、王武俊结成联盟，各自称王，共推朱滔为盟主。“十一月，滔僭称大冀王，伪署百官，与李纳、田悦、王武俊并称王”[2]，田悦称魏王，王武俊称赵王，李纳称齐王，即所谓的四王联盟。

关于这次水淹官军，究竟是何人实施了决水战术，决哪一条河，各史书记载很不一致。

《旧唐书·李怀光传》：“怀光勇而无谋，至魏城之日，营垒未设，因与滔等大战于惬山，为滔等所败。复为悦决水以灌之，诸军不利，因与燧等退军于魏县。”

《新唐书·马燧传》：“悦决水灌军，燧兵亦屈，退保魏县。”

《新唐书·李怀光传》：“悦因决水灌军，燧等退屯魏县。”

以上都是说田悦决水灌军，没有指出是决的哪一条河。有两条记载均为决河水。

《新唐书：王武俊传》：“武俊夜决河，注王莽渠，断燧饷路。燧计穷。”

《旧唐书·田悦传》：“是夜，王武俊决河水入王莽故河，欲隔官军，水已深三尺，粮饷路绝。”河水应该是指的黄河。只有《资治通鉴》说堰永济渠：“是夕，滔等堰永济渠，入王莽故河，绝官军粮道及归路。明日，水深三尺余。”[3]

究竟是决永济渠，还是决黄河。这次战斗的战场在惬山，朱滔联军的军队扎营在惬山，李怀光进攻惬山不利，大批官军被逼入永济渠溺死，说明惬山离永济渠不远。《元和郡县图志》贵乡县载：“古堰，今名惬山，在县西九里。”又载：“大河故渎，俗名王莽河，西去县三里。”所以惬山和王莽河都在贵乡县西面，永济渠也在附近，决永济渠入王莽河是合理的。而当时的黄河在战场惬山的南面至少一百公里，决黄河水基本不可能。所以，只有《资治通鉴》的记载比较准确。

关于是何人实施了决河，以上有三种说法，即田悦、王武俊和朱滔，虽然他们同属反叛朝廷集团，当以王武俊和朱滔共同实施的可能性比较大，田悦守卫在魏州城内，参与的

[1][3] 《资治通鉴》卷第二百二十七。

[2] 《旧唐书：朱滔传》。

可能性较小。另外，这次水攻，是否有筑堰，《资治通鉴》记载为“堰永济渠”，似乎有筑堰的工程，但是从当时的实际情况看，整个过程只在一夜之间，筑堰也是很简单的工程。

永济渠是沟通黄河与海河流域的航运水道。隋大业四年（608 年），“诏发河北诸郡男女百余万，开永济渠，引沁水南达于河，北通涿郡”❶。隋代开永济渠，南引沁水通黄河，北通涿郡，成为南北大运河的一部分。决永济渠，造成的洪水也不小，官军被洪水围困，但是永济渠毕竟是人工运河，所以堵决口也比较容易。当马燧与朱滔交涉后，朱滔停止了放水。

6.2.5 李晟水灌清苑

《新唐书·李晟传》载：“建中二年（781 年），魏博田悦反，晟为神策先锋……晟建言：‘以兵趋定州，与张孝忠合，以图范阳，则武俊等当舍赵。’帝壮之，授御史大夫，又俾神策三将军莫仁擢等隶之。晟自魏引而北，武俊果解去。晟留赵三日，与孝忠连兵，北略恒州。围朱滔将郑景济于清苑，决水灌之。悦、武俊引兵战白楼，孝忠兵笮，晟引步骑击破之，清苑益急。滔、武俊大惧，悉起兵来救，围晟军。晟内攻景济而外抗滔等，自正月至五月不解。会晟疾甚，不能兴，军中共计，引还定州，而贼犹不敢逼。”

这次水灌清苑（今保定清苑区），具体工程情况不太清楚，类似于引水围城一类，被赶来增援的朱悦、王武俊解围。

6.2.6 朱滔水围贝州

由于在惬山一战中，朱滔帮田悦解了围，自认为有恩于田悦。兴元元年（784 年）正月，朱滔入田悦境，至永济（今河北馆陶东北），遣使往见田悦，约会于馆陶（今河北馆陶），然后一起渡河。田悦婉言辞谢，朱滔大怒，骂田悦忘恩负义。于是遣部将攻克了宗城（今河北威县东）、经城（今河北南宫西南）和冠氏（今山东冠县）。然后帅兵向北围贝州（今河北清河县），引水围城，贝州刺史邢曹俊坚城拒守。

《资治通鉴》卷第二百二十九载：“朱滔引兵北围贝州，引水环之。”贝州也靠近永济渠，朱滔大约想效仿水淹马燧的故事，但是没有取得成功，转又攻克武城，倒是没有采用水攻的几次攻城，都取得了成功。这次水攻，只是引水围困，没有其他的水攻工程记载，一般情况下，这种引水围城，反而会增加攻城的难度。

6.2.7 马燧引晋跨汾水自固晋阳

建中三年（782 年），马燧在魏州被朱滔等决水围困失利后，率军回到太原。马燧因晋阳是唐朝开国之地，考虑到城东平旷，易遭攻击。国内局势动荡不安。建中四年（783 年），“泾原兵变”爆发，叛乱的泾原军占据长安，唐德宗李适出逃奉天。北边数次出现紧急情况，于是引晋水，架渡槽跨过汾水注入城东，蓄水成湖，巩固了晋阳的城防，能够节省守城的士兵上万人。

《旧唐书·马燧传》载：“燧以晋阳王业所起，度都城东面平易受敌，时天下骚动，北边数有警急，乃引晋水架汾而注城之东，潴以为池，寇至计省守陴者万人；又决汾水环

❶ 《隋书·炀帝纪》。

城，多为池沼，树柳以固堤。寻兼保宁军节度使。”又引汾水环城，蓄为池沼，种柳树加固堤防，使晋阳城四面环水，起到护城河的作用。

唐代有两次引晋水架设渡槽跨过汾水到晋阳城东。第一次是唐贞观十三年（639 年），并州长史李勣筑城于汾水之东，城中井水苦涩，不可饮用，于是从晋水北派智伯渠开渠，并跨汾水架设渡槽，引水入东城，这条由智伯渠派生出来的支渠名晋渠；第二次就是这次马燧引晋水守城，两次的水源都是通过智伯渠，引水到晋渠。据唐《元和郡县图志》记载，“晋渠在晋阳县西一里，西自晋阳县界流入”。由古晋阳城西城墙的水门入西城，出西城跨汾水入东城，余水出东城，又西注入汾水，当是马燧引晋水守城后的情况。宋开宝二年（969 年），赵匡胤征北汉，攻太原，决晋祠水灌城，第三次架设渡槽引晋水跨汾河，与汾水并用水灌太原。

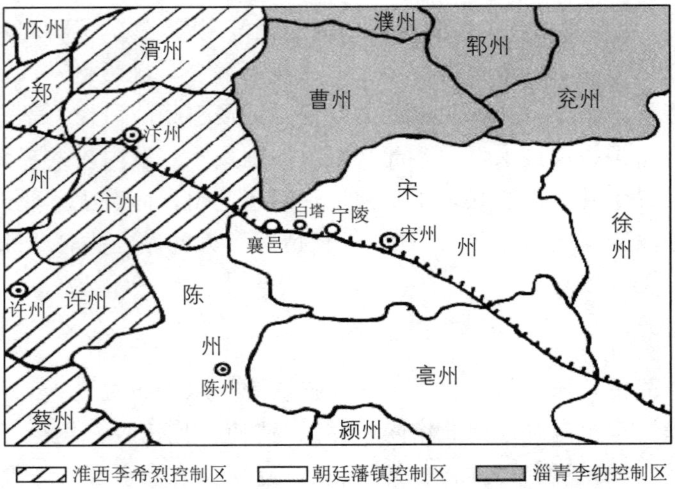

图 6-4　宁陵与汴水、宋州位置示意图

马燧引晋水守晋阳，是典型的以水守城方式，是以水代兵的成功运用。第一次以量化的方式估算出以水代兵的作用。马燧是唐朝中期名将，善用水利作战，建中三年（782 年），马燧驻扎在邺县漳河边，叛将田悦率兵守长桥，筑城墙固守，唐军不能过河。马燧就在下游将几百辆军车，用铁锁相连，横断河水，再加上装土的口袋，筑成临时的土坝挡水，使下游河水变浅，各军都顺利过河。

6.2.8　李希烈水灌宁陵

唐建中三年（782 年），检校司空兼淄青节度使李希烈奉诏征讨割据淄青的李纳，反与李纳以及范阳节度使朱滔等相勾结，发动叛乱，自封为建兴王、天下都元帅。并于建中四年（783 年），连续挫败了官军的多次进攻，又袭取了汝州、襄城等多座城市。十二月，又攻陷汴州，于兴元元年（784 年）正月，在汴州称帝，国号大楚，乘胜东侵，连陷陈留、雍丘，其势力不断发展。二月，李希烈的大军顺汴水而下，三月攻克了襄邑，又在白塔附近打败官军，“径薄宁陵，舟乘衔踵进，亘七十里”[1]。叛军的势力一时相当强大，官

[1] 《新唐书·李希烈传》。

军退保宋州。

宁陵位于宋州西四十里处（图 6-4），南临汴河，是宋州的最后一道防线。宁陵当南北漕运转输要路，城内亦多有金帛。城内士卒为守富贵，皆欲死战，始终保持着高昂的斗志。李希烈将兵五万围宁陵，又引汴水灌城。李希烈对引水攻城寄予很大的希望，但是事与愿违，遭到顽强抵抗。濮州刺史刘昌只以三千人守卫，“凡四十五日不释甲”，坚守了至少一个多月。李希烈数万兵，将宁陵围得水泄不通，相持四十余日后，终于在城西北角打开缺口。“时围益急，西北角女墙悉尽贼居。平坐顾视，城中无不委悉，军士皆有难色。”李希烈命令说第二日要攻克宁陵，宁陵之围进入最为危急的阶段。

就在李希烈认为大功告成，准备发动总攻的时候，事情发生了戏剧性的变化。李希烈引汴水灌城南，放松对城南的戒备。这时浙西节度使韩滉派王栖曜救援宁陵，王栖曜挑选了三千善于游泳的弓弩手，夜渡汴水，进入宁陵城，李希烈竟没有察觉。次日一早，弓弩手登城，发弓射死登城者，李希烈被击退。战争形势由此发生逆转，李希烈不断败退。

《资治通鉴》卷二百三十的记载类似：“李希烈将兵五万围宁陵，引水灌之。濮州刺史刘昌以三千人守之。”“刘昌守宁陵，凡四十五日不释甲。韩遣其将王栖曜将兵助刘洽拒希烈，栖曜以强弩数千游汴水，夜入宁陵城。明日，从城上射希烈及其坐幄，希烈惊曰：‘宣、润弩手至矣！’遂解围去。”宁陵之战是李希烈首次遭到重创，叛军为之夺气，此后河南战场形势全线逆转。官军乘胜追击，一路追到襄邑，并收复襄邑。

关于何人解宁陵之围，根据不同史料记载，就有刘洽、韩滉、王栖曜、柏良器等多种说法，如《新唐书·柏良器传》：“李希烈围宁陵，遏水灌之，亲令军中明日拔城。良器以救兵至，择弩手善游者，沿汴渠夜入，及旦，伏弩发，贼乘城者皆死。”因此，也有认为柏良器指挥数百人夜入宁陵解围。[1]

水灌宁陵迁延时日，以五万人对三千人的巨大兵力优势，围攻达四十五日而没有取得成功。终于被官军的援军击败。官军三千人夜渡汴水进入城内，没有被察觉，可以说明，李希烈军十分松懈。水攻没有起到助攻的作用，成为李希烈由胜到败的转折点。之所以选择水攻，可能是因为宁陵靠近汴水，水源方便。“希烈拥水灌其南，筑埇道亲临其北”[2]，从宁陵与汴水的相对位置以及官军可以渡汴水入城的情况看，城和汴水是相通的，其灌城方法是在城南汴水下游筑坝，壅高汴水灌城，但是汴水并没有灌入城内，对城的破坏也不严重，反而是阻碍了攻城的进行，从李希烈到城北去需要筑埇道就可以看出，壅水灌城造成了其行动上的不便。

6.2.9 王虔休水灌洺州

唐德宗贞元十年（794 年），朝廷授王虔休（737—799 年）潞州左司马，掌留后。引起昭义行军司马、摄洺州刺史元谊不满，据洺州（今河北永年县广府镇）反叛。王虔休遣磁州刺史马正卿督裨将石定蕃等将兵五千攻击洺州，不料石定蕃反而帅其众二千叛投元

---

[1] 黄楼唐德宗兴元元年“宁陵之战”史实考辨：“我们认为，韩滉遣王栖曜、柏良器将万人救援宁陵，直接指挥数百弩手夜渡入城者为柏良器。”《魏晋南北朝隋唐史资料》第三十五辑，2017，第 163 页。

[2] 李翱. 唐故特进左领军卫上将军兼御史大夫平原郡王赠司空柏公神道碑，载《李文公集》卷一三，第 66 页。

谊，马正卿返回。王虔休亲自率兵进攻，引洺水灌城。《资治通鉴》贞元十年七月："定蕃帅其众二千叛归谊，正卿退还。诏以谊为饶州刺史，谊不行。虔休自将兵攻之，引洺水以灌城。"

《新唐书·王虔休传》对这次水攻有简略记载："军司马元谊据洺州叛，虔休遣将李廷芝讨之，战长桥，斩级数百；次鸡泽，又破之。守戍皆奔魏博，即决水灌城，将坏，遣掌书记卢顼入见谊，陈利害。"

具体过程没有详细的资料，这次灌城的强度应当不小，致使洺州城几乎被淹坏。到了十二月，王虔休趁冬天堑壕结冰，越过堑壕攻城，结果被元谊出城反击，在撤退回来的时候，已经是将近黄昏，冰冻化解，军兵溺死者大半。《资治通鉴·唐纪五十一》："十二月，王虔休乘冰合度壕，急攻州。元谊出兵击之，虔休不胜而返；日暮冰解，士卒死者太半。"

值得注意的是，一般的护城河不会太宽，而且距离城墙很近。不会造成如此大的伤亡。此处之壕可能是引水灌城形成的水体，水面比较宽阔，所以冰冻溶解后造成的影响比较大。贞元十一年（795 年）闰八月，元谊还诈降一次，诱杀了王虔休将士二千多人。至第三年即贞元十二年（796 年）正月，元谊不得不投降，与石定蕃等奔魏州。

6.2.10 王智兴水灌棣州

唐太和（827—835 年）年初，原横海节度使，沧德棣州观察使李全略之子李同捷奏请为留后，未得到朝廷批准，据其地反叛。王智兴奏请率军讨伐，于太和二年（828 年）三月攻棣州，并引水灌城，至九月奏捷。王智兴，唐中期将领，曾多次领兵讨伐叛乱，官至检校左仆射、司空。《新唐书·列传第一百三十八·李全略》："智兴攻棣州，火谯门（设有望楼的城门），引水灌城，凡七月，其将张叔连降。"

这次引水灌城的细节史无记载。棣州，治厌次（今山东惠民县东南），南临黄河，《元和郡县图志》："黄河，在县南三里。"附近没有其他河流，引黄河水灌城的可能性很大。唐后期的黄河已经基本形成地上河，决溢记载逐渐增多，人为决河的事件也开始出现。从攻城的时间分析，长达七个月，先用火攻，久攻不克，最后采取决黄河水灌城的办法，攻克该城。这次水攻战很可能是引黄河水冲击城墙。因该城地处黄河下游靠近河口的地方，没有其他河流，且黄河水位当时应当高于棣州城池，所以引水灌城，比较方便。

6.2.11 裘甫水淹唐军

唐宣宗大中十三年（859 年）十二月，浙东农民裘甫举兵起义，攻陷象山。第二年（860 年）正月，攻占剡县，并打开府库，募壮士至数千人，越州（今绍兴）震动。二月，浙东观察使郑祗德派沈君纵、张公署、李圭领新兵五百人前往镇压。官军由诸暨攻剡西三溪寨，裘甫侦知官军的行动后，根据三溪江的有利地形，制定了一套详细的佯败诱敌，再决壅淹半涉之官军，然后以伏兵攻击的作战方案。

三溪江由雅璜溪、梅溪、王院溪三条支流汇合于三溪村。裘甫军利用梅溪下游的一个小盆地，盆地出口形成瓶颈，名寨口，寨口下为断层峡谷，故在寨口壅土筑坝，使之成为一个小水库，并使下游三溪水浅可涉。寨口至三溪江约一千二百米，落差约九十米，决壅后，如山洪暴发，洪水倾泻而下，几分钟便可到达三溪。为了解敌军动向，掌握决坝的最佳时间，又在三溪江的制高点五东山、仙狗岩、将台山设瞭望哨和烽火台，可随时发出官军行动的信号。

决水淹敌的战术安排好后，为了把官军按原定计划引入三溪，义军在三璜以北一带布阵，以少数兵力为诱饵，作正面交战，并边战边撤，诈败过溪，把官军引入三溪江。当官军涉水到一半时，上游决坝，洪水瞬间倾泻而下，官军猝不及防，被冲大半，同时设伏于溪南的军队出击。官军大败，几被全歼，沈君纵等三将被杀。

《资治通鉴》卷第二百五十对这次战斗有比较详细的描述："祗德遣子将沈君纵、副将张公署、望海镇将李珪将新卒五百击裘甫。二月，辛卯，与甫战于剡西，贼设伏于三溪之南，而陈于三溪之北，壅溪上流，使可涉。既战，阳败走，官军追之，半涉，决壅，水大至，官军大败，三将皆死，官军几尽。"

三溪之战在军事史上创造了一个壅水淹敌的鲜见战例。虽然在战斗的规模上比韩信的潍水之战以及李世民的洺水之战要小很多，但是其战术的安排和布置基本相同，尤其在佯败诱敌过河的战术安排上与潍水之战十分相似，同时也取得了巨大的成功。这一方面是由于裘甫领导的义军都是本地人，对当地的地理十分熟悉，能够巧妙利用有利地形，从选择坝址，筑坝断水，然后诱敌过河，决坝淹敌，伏兵出击取得全面胜利，其间每一步战术安排十分准确到位，一气呵成。另一方面，是由于官军缺少战斗经验。《资治通鉴》记载："时二浙久安，人不习战，甲兵朽钝，见卒不满三百。"参加战斗的五百士兵都是招募的新兵，未经战阵，加上麻痹大意，失败应在情理之中。

三溪之战的胜利极大地鼓舞了义军的士气，使义军声势大振，各地纷纷揭竿响应，起义军一度发展到三万多人。裘甫自称天下都知兵马使，改元罗平，并聚集粮草，召集工匠，打造器械，朝野震动，揭开了唐朝末年农民起义的序幕。

6.3 唐末五代时期的水攻战

唐代末年，藩镇割据，战争不断，唐政权已经名存实亡，907 年，朱温篡唐，建立后梁，到 960 年宋朝建立，其间 53 年，中原地区先后出现了梁、唐、晋、汉、周五个政权，是为五代。907 年，梁政权取代唐朝后，各地先后出现了十多个的割据势力，其中统治时间较长的有前蜀、后蜀、吴、南唐、吴越、闽、楚、南汉、南平、北汉，作为这一时期地方割据政权的代表，称为"十国"。十国政权唯有北汉在北方，其余都在南方。五代十国是唐、宋两大皇朝之间的分裂割据时代。南北政权相争于淮河流域，北方政权更迭相争与黄河中下游，出现了不少以水代兵事件。

6.3.1 黄巢军水灌兴平

《新唐书·黄巢传》载：中和二年（882 年），"齐克俭营兴平，为贼所围，决河灌之，不克"。这次黄巢水灌兴平，没有详细记载。决河应当是指渭河，附近没有其他大河。

齐克俭，唐朝末年将领，曾任奉天行营节度使。这次水灌兴平发生在唐朝末年官军与农民起义军的战斗中。当时黄巢的起义军第二次攻入长安，官军大败，被赶出长安，各地的官军赶来与农民军交战于长安附近。中和二年（882 年）五月，朱玫以泾、岐、麟、夏兵八万人屯驻兴平，齐克俭军可能是其中的一部。

这次水灌兴平的时间不长，规模也不会很大。“十月，铎浚壕于兴平，左抵马嵬，使将薛韬董之分。”王铎浚壕可能就是因为黄巢水攻破坏了城外的濠沟。

兴平就是秦代的废丘县，秦末刘邦水灌废丘后（参看本书 4.1.2），改称“槐里”，后为始平县，景龙二年（708 年）改始平县为金城县，至德二年（757 年），改金城县为兴平县，取“兴唐平叛”之意，兴平县名沿用至今。这次水灌兴平是该地历史上第二次遭受水攻。

6.3.2 杨行密乘水破孙儒

杨行密（852—905 年），庐州合肥（今安徽长丰）人，唐末著名政治家和军事家，五代十国时期吴国奠基人。他所统帅的淮南军，不仅善于水军作战，而且熟悉淮河流域水文地理，重视水利，被称为“淮帅”，多次利用善水的优势，打败敌人。

龙纪元年（889 年），杨行密拜宣州观察使，大顺元年（890 年），杨行密与另一割据势力自称淮南节度使的孙儒在苏州、常州、润州一带展开争夺战。大顺二年（891 年）四月，杨行密遣其将刘威、朱延寿将兵三万击孙儒于黄池（今安徽当涂境内），但是被打败。孙儒虽然打了胜仗，由于屯军位置不当，“五月，大水，诸营皆没”。由于军营被淹，孙儒被迫返回扬州。杨行密乘势进攻，占领了和州以及滁州，转败为胜。第二年，即景福元年（892 年）二月，孙儒围宣州（今安徽宣城市宣州区），与杨行密摆开决战架势，孙儒军屡败。五月，杨行密破其广德营，又断其粮道。而杨行密则筑五堰，开通水路运粮。《新唐书·杨行密传》：“孙儒围行密宣州，凡五月不解。台濛作鲁阳五堰，拕轻舸馈粮，故行密军不困，卒破儒。”五堰的作用是整治水道，使水道可以行船。

六月，天降大雨，孙儒军再被水淹，难以互相救援，加上军中疟疾流行，战斗力大大降低。杨行密又乘水进攻，“行密闻儒疾疟，戊寅，纵兵击之。会大雨、晦冥，儒军大败，安仁义破儒五十馀寨，田頵擒儒于陈，斩之”[1]。杨行密军取得了胜利。

破孙儒之战，杨行密充分利用了他熟悉淮河流域水文地理的有利条件，以较小的代价，战胜了敌人。传说杨行密军中有一精通水文和气象的军师发挥了作用，成功预测了第二天的大雨。《吴越备史》卷一载：“初，杨行密军师张某，或曰李某，颇善占算。前一日，谓行密曰：‘明日大水，亭午可获孙儒。’时畏日曦赫，儒兵正胜，人皆哂其言。及诘旦，西北有云大如箕，渐渐弥漫，俄而澍雨大水暴作。儒谓众曰：‘城中大水，将及我诸营，自顾无相救也。’俄而水深丈余，城中知其号令，乃径出兵以击儒营，他皆不救，因获儒。军师之言，果验。”孙儒军屯驻在宣州城外的低洼之地，在水淹军营的情况下，孙儒发出了错误的指令，命各营自顾自救，勿互相支援，给杨行密军以可乘之机。

这两次乘水进攻的作战，为几年后水灌庞师古军营积累了经验。

6.3.3 丁会水淹宿州

唐末，感化军节度使时溥割据徐州，与朱温的矛盾日趋激烈。唐大顺二年（891 年），朱温遣将丁会（？—910 年）攻宿州。驻守宿州的是时溥将张筠。丁会于宿州东筑堰，壅汴水以浸城，张筠投降，宿州平。这一事件在诸多史料中都有反映：

---

[1] 《资治通鉴·唐纪七十五》卷二百五十九。

《新唐书·时溥传》："明年，丁会筑堤阏汴水，灌宿郛，三月，拔之，使刘瓒守。"

《旧五代史·梁书·葛从周传》："十月，佐丁会攻宿州，从周壅水灌其城，刺史张筠以郡降。"

《旧五代史·梁书·太祖纪》："八月己丑，帝遣丁会急攻宿州，刺史张筠坚守其壁，会乃率众于州东筑堰，壅汴水以浸其城。十月壬午，筠遂降，宿州平。"

《新五代史·杂传第三十二·丁会》："梁军攻时溥于徐州，遣会别攻宿州，刺史张筠闭城距守，会堰汴水浸其东，城坏，筠降。"

五代时的汴水，即隋代所开之通济渠，自宿州南由西向东流过，唐《元和郡县图志》载宿州，"元和四年，以其地南临汴河，有埇桥为舳舻之会"。根据这一地理位置可以推断，在州东筑堰，即是在宿州下游筑堰，抬高水位，以回水淹宿州。因此，只淹了宿州东面的外城，使外城遭到破坏，估计是张筠认为难以守住，即投降了，从八月到十月，前后历时三个月。从当时的政治形势来看，朱温已经占有中原的大部分地区，其势力远远超过时溥，张筠的投降也是形势使然。

指挥这次水攻战的丁会和葛从周，都是五代时的名将。

6.3.4 朱瑄引水为深壕以自固

朱瑄（862—897 年）是晚唐割据一方的军阀，曾为天平军节度使，占据曹州和濮州一带，并长期和朱温作战。乾宁四年（897 年）初，朱温派庞师古、葛从周合兵攻郓州，硃瑄困守郓州，兵少，粮食也所剩无几。"不复出战，于是引水为深壕以自固。"[1]

所谓引水为深壕，就是浚深护城河，引水在城的四周形成广阔的水面，是常用的加强城市防守的方法。庞师古则针锋相对，一方面在水上架设浮桥，另一方面决护城河的水。朱瑄被迫弃城逃跑，被葛从周擒获后杀害。

朱瑄在缺少粮食的情况下，试图用引水固守的用方法，是不明智的选择，防守难以持久。

6.3.5 清口之战——杨行密水灌汴军

杨行密战胜孙儒后，被唐昭宗授为淮南节度使，与北方最大的割据势力朱温的矛盾逐渐显露出来。乾宁二年（895 年）正月，"杨行密表朱全忠罪恶，请会易、定、兖、郓、河东兵讨之"[2]，汴、杨冲突全面爆发。杨行密先发制人，进攻汴军的濠州，在切断城内水源后，大将李简亲自率领身披重甲的勇士连夜翻墙而入，活捉了刺史张璲。随后分别攻占寿州、涟水等城，又四处出击，"遣兵纵略邻部"。乾宁三年（896 年）两浙钱镠、江西钟传、鄂州杜洪"畏杨行密之强，皆求援于朱全忠"[3]。朱温即以此为借口派朱友恭进攻淮南，四年（897 年）三月，朱温平定兖（泰宁）、郓（天平）二镇，天平节度使朱瑄战败被杀，其兄泰宁节度使朱瑾逃往淮南，投靠杨行密。

同年九月，朱温大举南侵，兵分两路，"命庞师古以徐、宿、宋、滑之师直趋清口，葛从周以兖、郓、曹、濮之众往赴安丰"。庞师古（？—897 年）是汴军著名大将，屡建

---

[1] 《资治通鉴》卷二百六十一。

[2][3] 《资治通鉴》卷二百六十。

战功，声名显赫，曾领兵平定时溥，擒斩郓州朱瑄。这次率军七万由徐州直趋黄河北岸，驻军在清口，准备渡淮南下，直取扬州。杨行密与朱瑾将兵三万拒汴军于楚州（今江苏淮安市淮安区）。以军力对比，汴军占有明显优势。庞师古自恃兵多，骄傲轻敌，对敌军的进攻没有足够的心理准备。其驻军的清口是泗水入淮的河口，也是运河与淮河的交汇口，地势低洼，濒临水边。有人提议大营地势低下，应当移到高处筑营，庞师古却以没有朱温的命令，不敢擅自行动为由，拒绝接受别人建议。

杨行密了解到这一情况后，发挥其了解淮河流域水文地理，善于利用水的特点，制定了水淹汴军的作战计划。这一作战计划主要由三部分组成：①“以锐士万二千龁雪驰迫清口，不进，壅淮上流灌师古军”❶，以精锐部队一万二千人，靠近清口，不与敌人交战，而是在淮河上游筑坝，抬高水位，然后把水引向敌军营，使其军队处于混乱状态。并使其互不统属，削弱汴军的战斗力，这是关键的一步；②派朱瑾和侯瓒率骑兵五千，伪装成汴军，身着汴军服装，打汴军旗帜，悄然渡过淮河，在水攻的同时，攻击其主帅大营，打乱其指挥系统，但是仅靠五千人的骑兵，难以全歼庞师古的几万人马；③杨行密亲率主力大军渡过淮河，同朱瑾他们夹攻庞师古军。此三部分作战计划中，第一步筑堰水淹庞师古军是关键。

可能是淮河的支流由于庞师古的轻敌，杨行密的作战计划在实施的过程中，没有遭到庞师古军的反击，有人把杨行密军筑堰的事情报告庞师古，不但未引起庞师古的警觉，反而把来人以谣言惑众之名斩首，致使杨军能够顺利筑堰。十一月，癸酉，正是天寒地冻时，“淮人决堰纵水，流潦大至”❷，汴军大乱。“军在淖中，莫能战”❸，洪水灌入军营，汴军的战斗力大大下降。

朱瑾与淮南将侯瓒乘汴军混乱之际，率五千骑兵，直捣汴军主帅大营。同时杨行密率主力渡淮，夹击庞师古，汴军崩溃，庞师古阵亡，汴军一万多将士被杀，余众四散逃亡。

史书一般认为，清口之战的胜利，水攻起了决定性的作用，比如说这次战斗“因决水以浸军，梁兵败，师古没焉”❹。这次水淹庞师古军，是在淮河清口上游筑堰放水。至于杨行密是如何筑堰的，史无详细记载。淮河是一条大河，短时间筑堰很不容易，可能是从淮河引水，在附近筑堰修建一个小水库，然后决堰。决堰后形成的洪水并不很大，因为淮河两岸地势平坦，庞师古军没有直接被洪水冲走，而是被淹后丧失战斗力。

《旧五代史·卷一百三十四·僭伪列传一》：“八月，梁祖遣葛从周领步骑万人自霍丘渡淮，遣庞师古率大军营于清口。淮人决堰纵水，流潦大至。又令朱瑾率劲兵以袭汴军，汴军大败，师古死之。”

庞师古屯军位置不当是失败的另外一个原因。五代王仁裕（880—956 年）《玉堂闲话》对此评论说：“庞从（旧名师古）会军五万于清口，所屯之地，盖兵书谓之绝地。”❺可见当时人已经对此有明确认知。

---

❶ 《新唐书·杨行密传》。
❷ 《旧五代史·杨行密传》。
❸ 《旧五代史·庞师古传》。
❹ 《旧五代史·太祖纪》。
❺ 《太平广记》卷一四四。

清口之战在历史上具有重要意义，杨行密水淹庞师古军，以少胜多，取得了军事上的巨大胜利。这次战役阻止了北方军事集团势力南下，使朱温势力返回北方，稳定了杨行密在江淮地区的地位，并最终奠定五代时期大江南北的基本政治格局。反之，如果朱温取得这次战役的胜利，以其实力，可能继续南征，统一南方。因此，在某种意义上，清口之战“其历史地位类似三国时期的赤壁之战”。[1]

6.3.6 顾全武水淹昆山

杨行密于清口之战取得胜利后，北方的威胁暂时解除，南边的战事又起。光化元年（898 年）三月，杨行密派将领秦裴率三千军攻占了吴越的昆山。九月，吴越将领顾全武（866—530 年）率领一万大军前来争夺，因屡攻不下，引水灌城，城池毁坏，加上食物吃光，秦裴被迫投降。

《吴越备史》卷一：“初，遣顾全武等攻苏州，淮将刺史台蒙等皆弃城宵遁，独秦裴守昆山不下。全武攻之，裴屡出战，复靳侮全武。全武怒，益兵引水灌城。城坏，乃出降。”

《新唐书·杨行密传》：“光化元年，秦裴取镠昆山镇，顾全武围之。行密诸将数败，全武遂围苏州，台蒙固守，镠自以舟师至。蒙食尽，行密遣李简、蒋勋迎之，败全武兵，蒙得还。后军溃，裴援绝，全武劝其降。决水灌城，城坏，裴乃降。”

《资治通鉴》：“顾全武攻苏州，城中及援兵食皆尽。甲申，淮南所署苏州刺史台濛弃城走，援兵亦遁。全武克苏州，追败周本等于望亭。独秦裴守昆山不下，全武帅万余人攻之。裴屡出战，使病者被甲执矛，壮者彀弓弩，全武每为之却。全武檄裴令降。全武尝为僧，裴封函纳款，全武喜，召诸将发函，乃佛经一卷，全武大惭，曰：‘裴不忧死，何暇戏予！’益兵攻城，引水灌之，城坏，食尽，裴乃降。”

发动这次水攻战的将领顾全武，唐末五代余姚人。吴越王钱镠手下第一名将，常侍左右，后授武勇都兵马使。乾宁三年（896 年）四月，董昌在越州称帝，屯兵石侯。钱镠奉诏命他率师讨伐，五月围越州，董去帝号，复称节度使。旋挥师破越州，俘杀董昌，以功加检校太保、明州刺史。多次率兵与吴国作战，屡获战功。

有人认为，顾全武是引娄江水灌城，[2] 因没有其他史料佐证，难以确认。但是，这次水淹昆山，使昆山城遭到了严重破坏，当时是土筑的城墙，经水淹浸后，基本被摧毁。到了宋淳祐年间（1241—1252 年），由凌万顷编纂的《玉峰志》中说“县境无城，惟以竹木为栅”。可见到南宋时，被毁的城墙还没有恢复。

6.3.7 谢彦章决河限敌

五代时后梁与晋（后唐）的连年征战，使河北地区岁无宁日，他们争夺的地区，主要在黄河下游。后梁先后两次决黄河以阻挡晋（后唐）军，致使黄河中下游地区洪水泛滥，

后梁贞明四年（918 年）二月，河阳节度使谢彦章将兵数万攻杨刘城（今山东东阿县北）。晋王李存勖亲率轻骑驰援，从魏州直达黄河边上。谢彦章筑垒自固，并“决河水，

---

[1] 张金铣，赵建玲. 唐末清口之战及其历史地位. 安徽大学学报哲学社会科学版，2000（1）：74－78.

[2] “历史上的昆山城”载《昆山文化研究》2014 年总第 23 期。

弥浸数里”，❶ 使晋军不得进，《旧五代史·庄宗纪》亦载：“二月，梁将谢彦章帅众数万来迫杨刘，筑垒以自固，又决河水，弥漫数里，以限帝军。”《新五代史·唐本纪》：“十五年正月，梁、晋相拒于杨刘，彦章决河水以隔晋军。”杨刘，今山东东阿县北。

这次决河，应当在黄河南岸，因为杨刘城在黄河南岸，已经在前一年被晋军占领，决河的地点，在杨刘附近。决河的目的主要是限制晋军的进攻。因为是二月天气，河水还相当寒冷，不适宜涉水作战，当时晋军确实短时受阻。到了六月，晋王李存勖再到杨刘，他亲自划船测量河水的深浅，水深可以没枪。晋王对各将领说：“梁军没有作战的意志，只是想用水阻止我军过河，以使我军士气低落，应当涉水过河向梁军发起进攻。”当天水势消落，水深刚到膝盖。晋王引亲兵率先渡河，士卒们揭起甲，横着枪，组成军阵向前推进。梁将谢彦章率师数万，临水拒战，晋军进攻受挫。晋军假装战败，稍向后退，后梁军随后跟进，到了河中间，晋军突然击鼓呐喊，返身杀回，谢彦章力不能支，被迫退回河岸，晋军乘胜追击，后梁军大败，死伤不可胜数，黄河水都染成了红色。谢彦章只身逃去，免于一死，晋军乘胜攻陷了后梁的临河四寨。

这次决河限敌延缓了晋军几个月的进攻，但是决河的洪水不大，可能是因为这一带地上河还没有形成足够的高度，最终没有阻挡住晋军的攻势，决口也未见堵塞的记载。

6.3.8 晋兵两次水灌镇州

五代梁龙德元年（921年），正当晋王与梁国在黄河岸边连年鏖战时，成德将张文礼在镇州（河北正定）发动兵变，弑其主赵王王镕，又北邀契丹，南通朱梁，不幸的是，其往来书信多被晋军截获，晋王李存勖遂决定起兵讨伐。八月，李存勖先授命符习为成德军兵马留后，偕天平节度使阎宝以及相州刺史史建瑭前往征讨，大军抵赵州，刺史王铤投降。张文礼闻讯后“惊惧而卒”，由其子张处瑾继守镇州，“与其党韩正时谋悉力拒晋”，九月，“晋兵渡滹沱，围镇州，决漕渠以灌之”。❷ 但史建瑭不幸中流矢身亡，未能攻克镇州。第一次水灌镇州失败。

第一次水灌镇州，用的是漕渠的水，镇州附近是否有通漕的运河？镇州南靠滹沱河，唐《元和郡县图志》载：“滹沱河，南去县一里。”早在东汉时期滹沱河就有通漕的记载，《后汉书·郡国志》注引《古今注》：“永平十年作常山滹沱河蒲吾渠，通漕也。”《后汉书·邓禹传附邓训》说：“永平中，理滹沱、石臼河从都虑至羊肠仓，欲令通漕。”这些渠道都离五代的镇州（今正定）不远，魏晋南北朝时滹沱河仍然有通航利用❸，当时可能还有与滹沱河相通的漕运渠道，故决漕渠以灌城。

但是，这次决漕渠灌城，作用不大。十一月，晋王亲自率兵攻打镇州，张处瑾向晋王认罪并请求投降，晋王不许，连续攻打十余日，未能攻克。第二年，即龙德二年（922年）二月，改由晋将阎宝继续围攻，继续采用水攻，“宝筑垒掘堑，决滹沱水环其城，内

❶ 《资治通鉴》卷二百七十。

❷ 《资治通鉴》卷二百七十一。

❸ 张兴兆．魏晋南北朝时期河北平原内河航运．河北师范大学学报（哲学社会科学版），2008（6）．

外断绝，城中食尽”[1]。这次水攻的规模比上次有所扩大，以用水围困为主，措施有筑垒和掘堑，所谓筑垒，即是修筑营垒和长围，营垒用于驻军和囤积粮食，以作长期围困的打算；长围应即围墙，防止敌人从城内逃跑。又环城挖掘壕堑，引滹沱河水注入。在城外形成大规模的水体。

在水围镇州的工事基本形成后，阎宝以为“城破在即，不为备”。放松了警惕和戒备，对城内敌人可能发动的进攻估计不足。城内守军先派五百人假装出来求食，实际是试探晋军的虚实，打通出城的道路，阎宝的错误在于允许这五百人出城，企图围而聚歼，不料后面还有数千镇兵突然从城内涌出，攻打长围，而晋军来不及集结，这时，镇兵越过壕堑，攻打长围，奋力死战，晋军难以支撑，长围被攻破。又纵火攻阎宝军营，晋军失败，退保赵州。“镇人悉毁晋之营垒，取其刍粟，数日不尽”，水灌镇州以失败告终。

《旧五代史》卷二十九：“三月丙午，王师败于镇州城下，阎宝退保赵州。时镇州累月受围，城中艰食，王师筑垒环之；又决滹沱水以绝城中出路。是日，城中军出，攻其长围，皆奋力死战，王师不能拒，引师而退。镇人坏其营垒，取其刍粮者累日。”

以后晋王分别以李嗣昭和李存进为北面招讨使，进攻镇州，二将均死于战斗，“亦夹滹沱为垒，与贼相持于东垣渡”。最后由于镇州城内粮食耗尽，城中将领李再丰为内应，献城投降。

6.3.9 护驾水还是亡国水——段凝决河

五代梁末，后梁与后唐在黄河下游的争夺日趋激烈，战事连年不断。同光元年（923年）四月，晋王李存勖于魏州即皇帝位，国号大唐，终于爆发了两大割据势力间的生死决战。闰四月，后唐袭取了梁的郓州。不久，后梁也展开了对后唐的进攻，王彦章仅用三天就夺取了唐的德胜城以及一些据点，声势大振。八月，梁主以段凝为招讨使，与王彦章等制定了多路并举，全面攻唐的作战计划：一路趋石会关寇太原；一路由相州、卫州攻镇州；段凝、杜晏球领大军攻魏州；令王彦章、张汉杰统禁军以攻郓州（图 6－5）。由于各

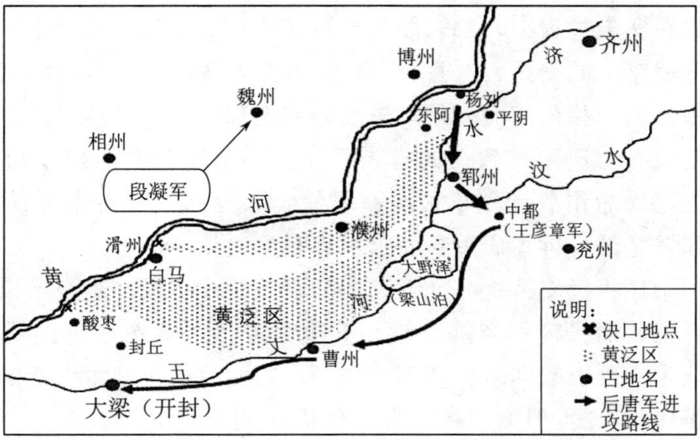

图 6－5 段凝决河与后唐军进攻路线图

---

[1] 《资治通鉴》卷二百七十一。

路大军分头进攻，甚至连禁军都调出去作战，都城大梁的防守出现空虚，为了阻挡后唐军队，保护都城大梁，八月初，“梁主命于滑州决河，东注曹、濮及郓以限唐兵”❶。以水代兵，保护都城大梁。

关于这次决河，各史料记载略有不同：

《旧五代史·庄宗纪》：“又自滑州南决破河堤，使水东注曹、濮之间，至于汶阳，弥漫不绝，以陷北军。”这次决河的洪水到达汶水的北面。

《新五代史·段凝传》：“卒以凝为招讨使，军于王村。是时，唐已下郓州，凝乃自酸枣决河东注郓，以隔绝唐军，号‘护驾水’。”

《资治通鉴》卷二百七十二：“梁主命于滑州决河，东注曹、濮及郓以限唐兵。”

决河的地点，一说在滑州，一说在酸枣。酸枣县原属滑州，但已经于开平三年（909年）划归汴州。《旧五代史·郡县志》载河南道“滑州酸枣县、长垣县梁开平三年二月，割隶汴州”。因此，严格来说，这时的酸枣和滑州应该不是同一地理概念。由此推断决口可能不止一处，而是有多处决口。这次决河形成的黄泛区大致在曹州和濮州范围，南面到达五丈河以及汶水的北岸。泛滥的洪水大部分沿五丈河注入巨野泽，是后来梁山泊形成的一个重要原因。

这次决河洪水，被梁军称为“护驾水”。从当时交战双方的形势可以看出，段凝认为，梁的都城大梁在西面，而李存勖的唐军主力在相对黄河下游的东面郓州和杨刘一带，如果自滑州决开黄河，唐军向西进攻的路线受阻，可以形成一道天然屏障，所以决河自固，可以保护都城大梁的安全，故称为“护驾水”，而梁军则可以腾出主力，渡过黄河，进攻唐的南部地区。《新五代史·郭崇韬传》：“闻汴人决河，自滑至郓，非舟楫不能济。又闻精兵尽在段凝麾下，王彦章日寇郓境，彼既以大军临我南鄙，又凭恃决河，谓我不能南渡，志在收复汶阳，此汴人之谋也。”由郭崇韬的这一番解释可以看出，段凝的军事计划是这样安排的：用决河的洪水阻挡唐军向汴梁靠近，以大军主力进攻唐的南部，牵制唐军，再以王彦章军进攻郓州，收复汶水以北一带。

但是这一计划在实施过程中，都未能达到目的。这一决策为梁带来了亡国之灾。

正是出于这种战略上的安排，八月决河后，九月，段凝率兵渡过黄河，向北进军到临河县南面以及澶州西面、相州南面一带，进攻唐的南部地区。虽然梁的进攻对后唐造成了一定的威胁，但是没有对唐形成致命的打击，而梁的都城大梁的防守却变得十分空虚薄弱。更为不幸的是，梁的作战计划早被唐军了解，八月间，梁右先锋都指挥使康延孝降唐，把梁的作战部署全部告诉了唐军，并献由郓袭汴之计。

李存勖谋臣郭崇韬积极支持这一计划，他分析当时形势说“梁今悉以精兵授段凝，据我南鄙，又决河自固，谓我猝不能渡，恃此不复为备”❷。梁军的错误就在于过分相信黄河洪水的作用，认为它可以起到阻止唐军的作用，因而放松了都城大梁的防守。

因此，郭崇韬建议：“臣但请留兵守鄆，保固杨刘；陛下亲御六军，长驱倍道，直指大梁。”这就是郭崇韬、李嗣源等人避开黄泛区，奇袭大梁的灭梁计划。当天夜里，唐军

❶ 《资治通鉴》。

❷ 《资治通鉴·后唐纪一》卷二百七十二。

以李嗣源为前锋进兵大梁，过汶水。初五日，攻克中都，生擒王彦章。中都城在汶上县西，“后唐同光初，梁王彦章袭郓州，不克，还保中都，唐主袭执之，即此”❶。即而由中都再往西，二天就到达曹州，曹州守将不战而降。又走了五天，李嗣源兵临大梁城下。顾祖禹《读史方舆纪要》记载这一事件时说：“于是发中都，二日至曹州，又五日至大梁，遂克之。盖东平去大梁，不过数驿也。”在大军压境，城内防守空虚的情况下，大梁城人心离散，开封府尹王瓒开门纳降，梁末帝朱友贞自杀，梁亡。十二日，段凝才回军至封丘，降于后唐。

为什么“护驾水”未能起到隔绝唐军的作用？主要是决河后形成的黄泛区，它的南面在五丈河至钜野泽，东至汶水。只要渡过汶水，绕过钜野泽，走五丈河的南面，就可以避开黄泛区，直达大梁。唐军正是走的这样一条路线。“既而唐主亦渡河入郓州，复逾汶克中都，王彦章时在中都，故先克之。”唐军先过汶水，攻克中都城，生擒王彦章，扫除了进军大梁的一个主要障碍。

得知中都失守，梁帝预感到大难临头，急忙派出使者张汉伦驰骑追段凝军求救，但是“汉伦坠马伤足，复限水潦，不能进”❷。滑州有正常的黄河渡口，过黄河本身不是问题，张汉伦不是被黄河河道所阻，而是被决河的洪水阻挡，甚至未能到达渡口。信息未能传达，求救的希望由于护驾水阻挡而破灭，护驾水成为亡国水。

护驾水的另一个副作用是阻断了段凝军的回援路线，即使获悉都城大梁危急的消息，段凝要回兵救援，也很困难。当唐军攻克中都后，李存勖召集将领分析军情时，李嗣源就看到了这一点，他说，即使段凝知道了我军要进攻大梁，“梁之重兵，皆在河上，未知吾所向，即发救兵，直路则阻决河。须自白马南渡，数万之众，舟楫亦难猝办”❸。对于“直路则阻决河”，胡三省注解说，即谓段凝所决护驾水。由于决河造成的黄泛区阻挡，段凝要快速回救中都或大梁都不太可能，必须绕远道从白马渡河，将耗费更多时间。梁军方面，这一情况也得到证实，当得知王彦章败亡，唐军大兵将至的消息时，梁主召群臣商议对策，丞相敬翔说：“今唐兵且至，段凝限于水北，不能赴救。”对此，胡三省注解认为，言段凝之兵欲还救大梁，为决河之水所限，其道回远。又说：“此去大梁至近，前无山险，方阵横行，昼夜兼程，信宿可至。梁将未离河上，友贞已为我擒矣。”事实证明，李嗣源的分析是符合实际情况的，因此，唐军有足够的时间奇袭大梁，一举奠定胜局。

自从这次人为决口以后，滑州至郓州一带黄河即连年决口，水灾不断。同光二年（924年），即段凝决河后第二年，七月，曹州又遭大水，平地三尺。“八月，河水溢，漫流入郓州界。”❹ 长兴二年（931年），“四月，郓州上言，黄河水溢岸，阔三十里，东流”。十一月，郓州又“黄河暴涨，漂溺四千余户”。天福六年（941年），“冬十月，河决滑、濮、郓、澶州”。后晋出帝开运元年（944年），“六月丙辰，河决滑州，环梁山入于汶、济”。正如《资治通鉴》记载说，“梁所决河连年为曹、濮患”。段凝决河，以水代兵，不

❶ 《读史方舆纪要》卷三十三。

❷ 《旧五代史·末帝纪下》。

❸ 《资治通鉴》。

❹ 《旧五代史·五行志》。

仅误国，还给老百姓带来了严重灾难。

6.4 春秋至唐代半渡而击的战例

半渡而击是一种古老的战术，指敌人渡水作战，应当让它渡过一半时再去攻击它。语源于《孙子·行军篇》："绝水，必远水。客绝水而来，勿迎之于水内，令半济而击之，利。"渡过江河，要在远离水流的地方驻扎，敌人渡水而来，不要在水边迎击，而要等它的军队渡过一半时再攻击，这时敌人首位难顾，秩序混乱，攻击最为有效。《武经总要》等兵书也都把"半渡可击"作为兵家常识。《通典》等书则认为"敌半涉水击必胜"。历史上，半渡而击的成功战例很多，是一种间接的以水代兵战术。

6.4.1 泓之战宋襄公败绩

《左传》记载：周襄王十四年（公元前 638 年），宋襄公与楚军战于泓（今河南柘城北）。宋军已经严阵以待，楚军开始渡河，还没有全部渡过，司马子鱼建议宋襄公趁楚军还有一部分正在渡河，应当发起攻击。"宋人既成列，楚人未既济。司马曰：'彼众我寡，及其未济也，请击之。'公曰：'不可。'既济而未成列，又以告，公曰：'未可。'既陈而后击之，宋师败绩，公伤股，门官歼焉。"司马子鱼的建议就是半渡而击，宋襄公没有采纳司马子鱼的建议，等楚军已渡过河，还没有列好阵势，子鱼再次请求乘机攻击，襄公仍旧说："不可。君子不攻击未成阵势的军队。"直到楚军摆好阵势，宋军才发起攻击。结果，宋军惨遭失败后来司马子鱼对此又解释说，强大的敌人，由于地形狭隘而没有摆开阵势，这是"天赞我也"的有利攻击时机，无奈宋襄公坚持不打没有摆成阵势的敌人。历代以来，它是半渡可击的反面战例。

6.4.2 阳处父泜水退敌

晋襄公元年（公元前 627 年），晋国阳处父领兵攻打蔡国，楚国令尹子上率军救援，与晋军夹泜水（今河南中部的沙河）对峙。阳处父后来因晋军粮草将尽，意欲退兵。但他既怕退兵时楚军乘机进攻，又怕退兵后给人落下临阵退却的笑柄，于是想出一计。阳处父派人对子上说，我听说，有文德的人不肯违犯常理，有武德的人不肯躲避仇敌。您如果想打仗。那么我就后退一舍，让您渡河再摆开阵势。你若不想渡河，那就让我一舍之地，使我渡河列阵。早打晚打都听您的命令，这样双方驻兵日久，耗费资财，对谁都没有好处。于是就驾上战车，等待着楚军的行动。子上想要渡河，大孙伯说，不行。晋国人没有信义，乘我们渡过一半而逼近攻击我军，后悔战败，哪里还来得及呢，不如放他们渡河。子上当下引军后退 30 里。阳处父得知，就宣扬说楚军逃走了，尔后安全撤兵回国，楚军随之也撤兵回国了。此战阳处父巧妙利用楚军害怕遭到半渡而击的心理，使其不敢渡河，在不利形势下，安全退兵。

以上两个战例都发生在《孙子兵法》成书以前，说明半渡可击的道理在很早的时候，古人就知道了。

6.4.3 清发水吴军击半济楚军

公元前 506 年，吴伐楚，在柏举（今麻城，一说应在今安陆县一带）击败楚师后，追击敌人到清发水河边，楚人正在四处收集船只，准备渡河逃跑。吴王阖闾将要攻击时，其弟夫概说："困兽犹斗，况人乎？若知不免而致死，必败我。若使先济者知免，后者慕之，蔑有斗心矣。半济而后可击也。"[1] 阖闾采纳了这个建议，等楚军渡河到一半时，发起攻击，大败楚军，又继续追击，经过五次战斗，一直打到楚国的郢都。

这次长途奔袭伐楚的战争，由孙武和伍子胥共同策划指挥，虽然史书记载此次半渡而击是由夫概提出，但这次战争可以说是孙子兵法的一次实战应用。

6.4.4 汉王诱曹咎半渡而击

秦朝末年，楚汉相争。汉王四年（公元前 203 年），楚王项羽得知龙且兵败被杀，彭越重又叛楚，因此引兵东击彭越，令大司马曹咎谨守成皋。并叮嘱曹咎小心守城，无论汉兵如何挑战，不要与汉兵交战，只要别让他们东进就行，我十五日内必定打败彭越。于是带兵向东攻打陈留、外黄等地。

项羽一走，刘邦便下令汉军向城中楚军挑战，曹咎谨记项羽告诫，坚守不出战。汉兵使用激将法，让军兵一连辱骂五六日，曹咎终于忍无可忍，率兵渡汜水来与汉兵交战。当楚兵渡河到一半时，汉军发动攻击，大破楚军，缴获楚军全部辎重，楚大司马曹咎、长史董翳、塞王司马欣等自刎于汜水边上。《史记·项羽本纪》："项王乃谓海春侯大司马曹咎等曰：'谨守成皋，则汉欲挑战，慎勿与战，毋令得东而已。我十五日必诛彭越，定梁地，复从将军。'乃东行击陈留、外黄。""汉果数挑楚军战，楚军不出。使人辱之，五六日，大司马怒，渡兵汜水。士卒半渡，汉击之，大破楚军，尽得楚国货赂。大司马咎、长史翳、塞王欣皆自刭汜水上。"

《史记集解》："瓒曰：'高祖攻曹咎成皋，渡汜水而战，今成皋城东汜水是也。'"此战的战场汜水在今河南荥阳市西南，成皋治所在今荥阳市西公里汜水镇虎牢关村西北故成皋城。汉王刘邦的高明之处与其说在于诱敌出战，不如说是诱敌渡河，半渡而击是兵家常识，刘邦已经事先给曹咎的出战设定好路线，只要出战，一定要渡过汜水，半渡而击也是在意料之中的。唐赵蕤《长短经》评论此次战斗："此欲战无附于水势也。"这就是准备迎战时不要靠近河水的道理。

6.4.5 刘备识破引诱渡河之计

汉建安二十四年（219 年），刘备统大军攻汉中。魏将郭淮在汉中，刘备欲渡汉水来攻。诸将认为寡不敌众，想依水为阵以拒蜀军。郭淮说："此示弱而不足挫敌，非算也。不如远水为阵，引而致之，半济而后击，备可破也。"即是说，不如撤离岸边，在远处布阵，诱使敌人前来，等他们渡到河中央再发起进攻。魏军于是在汉水以北列阵，打算等到蜀军涉水半渡时进行反击。刘备疑心，隔水相持而不渡。识破了魏军的计谋。因此没有招致失败。

6.4.6 公孙瓒击半济黄巾

汉末初平二年（191 年），青州黄巾军三十万众入渤海界（今河北南皮县一带），欲与

---

[1] 《左传·定公四年》。

河北的黑山军会合。占据幽州一带的军阀公孙瓒（？—199 年）率步骑二万人迎击黄巾军于东光南，大破黄巾军，斩首二万余级。黄巾军弃辎重，奔走渡河。“瓒因其半济薄之，贼复大破，死者数万”❶，公孙瓒等他们渡河到一半时出击，再次大败黄巾军，死者数万，车甲财物无数，公孙瓒因此威名大振。

6.4.7 钟繇击半济郭援

《三国志·魏书·钟繇传》载，三国时魏钟繇为关中都督，建安七年（202 年），匈奴单于作乱于平阳（三国魏置平阳郡，故治在今山西临汾县西南）。钟繇率诸军围攻平阳，未能攻克。此时袁尚所任命的河东太守郭援抵达河东，人数众多，诸将议论想要放弃离去。钟繇分析了形势，认为这时袁绍的势力正强，而援刚愎好胜，必定轻视我军。如果他们渡汾河扎营，我们趁他们渡河到一半时出击，可以大获全胜。郭援到了以后，果然轻易渡汾，众人劝止，郭援不听。还未渡到河中央，钟繇发起进攻，郭援大败被杀。

6.4.8 宇文述征高丽半济被击

半渡可击的道理不但中国兵家熟知，国外高丽国的军队也能运用自如。隋炀帝第一次东征高丽，大业八年（613 年），将军宇文述与九军过鸭绿水，高丽军采取疲敌战术，每与隋军交战，一触即退。隋军为暂时的胜利所迷惑，被高句丽军诱渡过萨水（今朝鲜清川江），深入到距平壤只有 30 里的地方，依山为营。高丽国相乙支文德伪降，请述还师，宇文述因将士疲劳，平壤城又险固难攻等原因，同意还师。隋军开始回师，高丽军乘隋军半渡萨水时，发起猛攻，隋军大溃，担任后卫的辛世雄战死，其余诸军仓皇逃窜。高丽军乘胜追击，宇文述等退到辽东城，渡辽九军三十万五千人，据说仅剩 2700 余人，物资器械损失殆尽。宇文述是隋朝名将，勇猛善战，至此也被半渡而击战术打败。

6.4.9 薛万均击半渡窦建德

半渡而击战术运用得当，往往能够起到以弱胜强，以少胜多的效果。唐武德（618—626 年）初，罗艺为幽州总管，窦建德率十万大军来犯。罗艺准备应战，薛万均鉴于敌众我寡，建议说：“众寡不敌，今若出战，百战百败，当以计取之。可令羸兵弱马阻水背城为阵以诱之，观贼之势，必渡水交兵。万均请精骑百人伏于城侧，待其半渡击之，破贼必矣。”❷ 罗艺采纳了这个建议，窦建德果然引兵渡水，薛万均出击，大破窦建德。此战，薛万均仅以精锐百骑，去攻击敌人上万的军队，正是利用了敌人渡河时秩序混乱，战斗力弱的特点，水中取胜。

6.4.10 石保兴击半渡西夏军

北宋时，石保兴（945—1002 年）为银夏都巡检使，曾经巡按黑水河。被西夏人察觉，西夏人以数千骑的兵力优势对石保兴发动进攻，而石保兴所部不满二千。西夏人恃众据险，渡河求战。石保兴分短兵埋伏于河边，等西夏军渡河到一半时，突然发起猛烈攻

---

❶ 《后汉书·公孙瓒传》。

❷ 《旧唐书》卷六十九。

击，斩首百余级，追击十余里。

6.4.11 唐代及以后的半渡而击战例

《新唐书·黄巢传》:"巢取尉氏，攻中牟，兵度水半，克用击之，贼多溺死。"

明嘉靖十九年（1540年）七月，济农率鞑靼兵侵犯河北。二十三日，鞑靼兵徒涉桑干河，半渡时天降大雨，明军趁机急击，斩首百余级。

清顺治三年（1646年）正月，顺承恭惠郡王勒克德浑率清兵占领荆州后，明军渡过长江，前来夺城，勒克德浑派尚书觉罗郎球等分兵至长江南岸，待明军回渡至一半时，进行阻击，并乘夜袭破明军大营，斩获甚众。

清道光三十年（1850年）六月，太平军金田起义后，为了粉碎清军的围攻，主动撤出江口圩，北上象州中坪。这时，清军都统乌兰泰向荣和云南昭通镇总兵经文岱等率兵围困中坪，形势十分紧张。洪秀全授命石达开担任反围攻的重任。石达开周密观察中坪四周地形发现，在中坪与梁山村之间相隔一河，如能设伏诱敌过河，半渡而击，则敌首尾不能相顾。于是他首先在河边埋伏重兵，然后派轻兵渡河攻击乌兰泰军，继而佯败，诱敌过河追击。当敌人半渡时，伏兵四起，乘机猛攻。清军拥挤河中，死伤枕藉，大败而逃。太平军击杀参将马善宝以下官员15人，马步兵240余人。

清咸丰十年（1860年）二月，李大喜、张宗禹率捻军去苏北敌后打粮，在苏北重镇清江浦（今江苏淮安市清江浦区）附近与清军夹运河相持。清军渡河攻击，捻军乘其半济时奋勇掩杀，清军败溃。捻军乘胜追击，一举夺得清江浦城，斩杀清廷淮海道员吴葆晋、通判沈鸿、署副将舒祥等，河道总督庚长、漕运总督联英等逃往淮安（今淮安市淮安区）。捻军获得大量粮草财宝，满载而归。

清同治四年（1865年）一月，赖文光在邓州（今河南邓州市）打败清军僧格林沁后，率捻军经嵩县、伊阳（今河南汝阳）再返鲁山，设阵待敌。二十八日，僧格林沁分兵三路攻击捻军，捻军也佯为发动攻击，引诱清军渡滍水（今沙河），待其半渡时回军猛击，杀得清军大败，僧格林沁也在部将的救援下，侥幸脱出。

6.5 结营、水源、断路

本节叙述隋唐五代时期争夺水源，驻军结营以及水攻断路等以水代兵事件。

6.5.1 贺娄子干阻水为营

隋开皇二年（582年）五月，突厥沙钵略、达头、阿波等5可汗率骑兵40万分路大举攻隋，各地隋军分别进行抵抗。六月，达头率部攻兰州，隋凉州总管贺娄子干（534—593年）率部迎战，双方在可洛峐山（今甘肃武威东南）地区遭遇，达头军具有人数上的优势。贺娄子干先取守势，阻水为营，等待其人马因缺水而困乏时，乘机进攻，大破突厥达头部军。《武经总要》把它列为饥渴可击的战例："隋开皇初，突厥寇兰州。大将贺楼子干率众拒之，至河洛峐山，与贼相遇，贼众甚盛，子干阻水为营。贼军不得水，数日人马饥弊，纵击，大破之。"所谓阻水为营，就是抢占水源，在水源地结营。敌军虽多，由于缺水，战斗力下降，导致败绩。

6.5.2 官军断绝长安城水源

唐建中四年（783年），泾原军发生哗变，德宗逃到奉天（今陕西乾县）。朱泚在长安僭位称帝。兴元元年（784年），官军进攻长安，破坏龙首渠和永安渠，以断绝城内水源。《新唐书·朱泚黄巢》：“官军坏龙首、香积二堨，以决其流，城中水绝，泚役数百人治之。”龙首渠，筑于隋开皇三年（583年），因渠水引自浐河，亦名浐水渠。是唐长安城的主要供水渠道之一，南宋程大昌《雍录》云“凡邑里、宫禁、苑囿，多以此水为用”。永安渠筑于隋开皇三年（583年），因渠水引自交水，亦名交渠。此渠自南郊香积寺西南，筑香积堰引交水北流，为唐长安城西部的供水渠道。这两个渠道都是有坝引水工程，渠首工程被破坏后，渠道的水断流，城内供水被切断。为了争夺水源，朱泚不得不“东出灞水，与王师战”❶，争夺水源，结果大败而归，加速了他的灭亡。

6.5.3 裴行俭移营避洪水

隋唐五代时期，发生过一些因驻军位置不当而招致败绩的战例，最著名的就是清口之战，庞师古扎营清口洼地，被杨行密壅淮水灌营。除此以外，还有一些驻军与洪水的记载。

据《新唐书·裴行俭传》，唐高宗调露元年（679年），东突厥首领阿史德温傅起兵反唐，高宗命礼部尚书兼检校右卫大将军裴行俭（619—682年）为定襄道行军大总管，率兵北上讨伐。当唐军进入突厥境内的单于都护府北界时，夜幕已经降临，部队安营扎寨、挖掘堑壕已经就绪，裴行俭突然又改令部队立即迁到高冈扎营。有的将领报告说，将士们现已安居就绪，不可再惊动他们了。裴行俭执意不从，坚决命令部队移往高冈处安营。“比夜，风雨暴至，前占营所，水深丈余。”众将士目睹此种风云突变情景，无不惊叹侥幸，问他是怎么知道的，裴行俭只是说：“自今第如我节制，毋问我所以知也。”又据记载，裴行俭“善测候云物，推步气象”❷。气象知识比较丰富，所以能够预测风雨。

明刘基《百战奇谋》把它列为泽战的案例，并评论说：“凡出军行师，或遇沮泽、圮毁之地，宜倍道兼行速过，不可稽留也。若不得已，与不能出其地，道远日暮，宿师于其中，必就地形之环龟，都中高四下为圆营，四面受敌。一则防水潦之厄，一则备四周之寇。”

6.5.4 唐军营遭山洪灾害

开元八年（720年）夏，“契丹寇营州，发关中卒援之。军次渑池县之阙门，野营谷水上。夜半，山水暴至，二万余人皆溺死”❸。这是因为军队安营在河边，夜晚遭山洪突然袭击，死亡惨重。与裴行俭的谨慎相比，这次事件可谓惨痛教训。是历史上遭遇自然灾害军人死亡最多的一次事故。隋唐时期，谷水经常泛滥，可以看出，这次水灾相当严重，

---

❶ 《新唐书》卷二百二十五。

❷ 张说《赠太尉裴公神道碑》《全唐文》卷二百八十八。

❸ 《旧唐书·五行志》。又《朝野佥载》：“开元八年，契丹叛，关中兵救营府，至渑池阙门，营于谷水侧，夜半水涨，漂二万余人。”而《新唐书·五行志》则记载为“万余人皆溺死”。当以《旧唐书·五行志》为是。其考证见龙炜祥、周钦“点校本《唐书·五行志》疑义考释”，载《台州学院学报》2012年第5期第30页。

渑池县也遭遇严重灾害。

6.5.5 黄巢营为水所漂

《资治通鉴》卷二百五十五记载，中和四年（884 年）五月，“癸亥，大雨，平地三尺，黄巢营为水所漂，且闻李克用至，遂引兵东北趣汴州，屠尉氏”。也是因为驻军在地势较低的地方，遭遇水灾。

6.5.6 焦璐决汴水断路

唐懿宗咸通九年（868 年）十月，来自徐州，以庞勋为首的桂林戍卒哗变起义，擅自归乡，起义的戍卒来到苻离，在濉水上打败官军，进抵宿州。宿州由观察副使焦璐掌摄州政事务，城内没有多少军队，焦璐听说苻离官军战败，于是决汴水堤企图淹断北面的道路，起义的戍卒赶到时，水尚浅，可以涉过，等到官军赶来时，水已很深，无法行走了。初十日，叛乱的戍卒攻陷宿州。壬申（十二日），官军都虞侯元密率领军队才渡过水面，把宿州城团团困住。

焦璐决汴水，企图阻断北面戍卒进攻道路，没有成功，最后反而把官军阻挡了两日。《资治通鉴》卷二百五十一：“先是，焦璐闻苻离败，决汴水以断北路，贼至，水尚浅可涉，比官军至，已深矣。”由于对水情军情了解不够，决水阻敌，适得其反。

6.5.7 李靖乘水进攻

李靖（571—649 年），字药师，唐朝杰出的军事家，善于用兵，长于谋略。武德四年（621 年），李靖随河间王李孝恭讨萧铣，“其年八月，集兵于夔州（今奉节）。铣以时属秋潦，江水泛涨，三峡路险，必谓靖不能进，遂休兵不设备。九月，靖乃率师而进，将下峡，诸将皆请停兵以待水退，靖曰：‘兵贵神速，机不可失。今兵始集，铣尚未知，若乘水涨之势，倏忽至城下，所谓疾雷不及掩耳，此兵家上策。’”❶ 于是进兵次夷陵。铣将文士弘屯清江，靖与之决战，大破贼军。”《太平御览》《武经总要》等记载略同。

参 考 文 献

[1] 台湾三军大学. 中国历代战争史（第 7 册）：隋 [M]. 北京：中信出版社，2013.

[2] 台湾三军大学. 中国历代战争史（第 8 册）：唐（上）[M]. 北京：中信出版社，2013.

[3] 台湾三军大学. 中国历代战争史（第 9 册）：唐（下）[M]. 北京：中信出版社，2013.

[4] 何灿浩. 唐末五代的水军和水战 [J]. 宁波大学学报，2001 (3).

[5] 孙涛，张晋光. 论安史之乱对山东经济发展的影响 [J]. 临沂大学学报，2012 (1)：101-105.

[6] 薛居正. 旧五代史 [M]. 长春：吉林人民出版社，2005.

[7] 洪迈. 容斋随笔 [M]. 北京：中华书局，2005.

[8] 杜佑. 通典 [M]. 北京：中华书局，1984.

[9] 张鷟撰. 朝野佥载 [M]. 北京：中华书局，1985.

[10] 陈鸿墀. 全唐文纪事 [M]. 北京：中华书局，1959.

[11] 王永兴. 唐代前期军事史略论稿 [M]. 北京：昆仑出版社，2003.

---

❶ 《旧唐书·李靖传》。

[12] 王永兴．唐代后期军事史略论稿［M］．北京：北京大学出版社，2006.
[13] 张国刚．唐代藩镇研究［M］．北京：中国人民大学出版，2010.
[14] 杜立晖．隋唐五代黄河三角洲的开发——以棣州为中心的考察［J］．东岳论丛，2010（6）：99-102.
[15] 王溥撰．唐会要［M］．北京：中华书局，1955.
[16] 李林甫．唐六典［M］．北京：中华书局，1992.
[17] 石云涛．唐代幕府制度研究［M］．北京：中国社会科学出版社，2003.
[18] 赵晓梅．唐代招讨使研究［M］．哈尔滨：黑龙江大学，2017.
[19] 何剑明．杨行密论［J］．江苏教育学院学报（社会科学），2012（5）：52-59.
[20] 李昭．《新唐书·杨行密传》所记鲁阳五堰地理位置考证［J］．中国历史地理论丛，2016（3）：81-91.
[21] 何剑明．论南唐国与中原政权之间的战争［J］．江苏教育学院学报（社会科学版），2006（6）：81-85.
[22] 谭其骧．中国历史地图集　第五册（隋唐五代十国时期）［M］．北京：中国地图出版社，1982.
[23] 郑连第．古代城市水利［M］．北京：水利电力出版社，1985.
[24] 中国人民革命军事博物馆．中国战典（上）［M］．北京：解放军出版社，2008.

第 7 章

宋辽金元时期：以水代兵战方式的转变

宋辽金元，是中国历史上多民族竞争时期。这一时期，汉族和少数民族的对峙，南北分裂的对峙，使得以水代兵战争的方式发生了变化。北方先后崛起的契丹族、金人和蒙古人，他们骑兵的战斗力高于中原的军队，以水守国成为这一时期国家防守的主要方针。水攻城市的战例越来越少，且多以失败告终，水防、水守成为以水代兵的主要方式。以水御边，以水守城，以水战对付骑兵战等战术广泛运用，创造了许多新的防守方式，利用水利工程和天然河流成为防御敌军的重要手段。

北宋对辽的防守，以河北塘泺和黄河为主要防线，应当说比较成功。南宋对金兵的防守，除了决黄河水企图阻止金兵南下，后又在淮南一带利用水源丰富的优势，实施“潴水限敌”战略，也取得一定成效。在城市防守方面，无论是宋军还是金兵，对设置水险都极为重视，许多城市在防御敌人的进攻时，都引水环城。金兵对蒙古兵的抵抗，以及南宋的抗蒙战争，都不乏以水代兵的战例。这一时期黄河的治理措施，多次人为黄河决口行为也大多与国防或城市防守相关。

军事方面，攻城器具的发展，也对城市防守的要求有所提高，水防水守在城市防守中的作用越来越明显。抛石机在城市攻守战中的使用，攻击的距离更远，对护城河的宽度要求更高。这些都促进了守城技术的发展。

7.1 宋元时期的水攻城市

从 960 年北宋建国，到元朝末年，四百多年间，发生了有限的几次水攻城市的战争，均以失败告终，传统的决水攻城战术使用越来越少。

7.1.1 赵匡胤水灌晋阳

宋太祖赵匡胤在统一战争过程中，曾一度临时改变其“先南后北”的战略方针，于开宝元年（968 年）和开宝二年（969 年）两次出兵讨伐北汉，都因北汉的顽强抵抗和辽兵援助，无功而返。其中，第二次亲征北汉，进攻太原（治晋阳），采用了大规模的水攻战。

7.1.1.1 挥师北伐，水灌太原

开宝元年（968 年），北汉国主刘钧去世，赵匡胤认为此时北汉人心未定，正是有利时机，因此举兵北伐。八月，宋太祖命昭义节度使李继勋等进攻太原。九月，北汉内部发生

动乱，迎立太原尹刘继元为国主，刘继元见宋军已入其境，急忙向辽请援，同时命侍卫都虞侯刘继业以拒宋军。十一月，契丹援军抵达，宋军撤退，北汉军趁机侵入宋境，掳掠居民而回。首次讨伐北汉失利。

第二年（969 年）二月，赵匡胤下诏亲征，第二次讨伐北汉。以李继勋为河东行营前军都部署，曹彬为都监，棣州防御使何继筠为石岭关部署，建雄军节度使赵赞为汾州路部署。为了防止契丹再次出兵援助北汉，又以重贇为北面都部署，专门对付由镇定一路来的契丹援兵。对于进攻太原，赵匡胤接受左神武统军陈承昭的建议，引汾水灌城。一日，赵匡胤视察前线战况，陈承昭说："陛下自有数千万兵在左右，胡不用之?"赵匡胤还没有明白，陈承昭以马鞭指汾水，赵匡胤大笑，才明白是怎么回事，并任命陈承昭负责水灌太原的工程。"始命筑长堤壅汾水。"三月庚子，赵匡胤率军抵达太原城下，下令征集了上万民工，于太原城外筑长墙，以围困城池。

赵匡胤对水攻太原寄予了很大期望，不断视察工程进展情况。丙午，决晋祠水灌城。又四面立寨围困太原，"命李建勋军于城南，赵赞军于西，曹彬军于北，党进军于东，为四寨以逼之"。四月初一，又到城东视察筑堤的情况，为了配合水攻战，还在汾河上造船。五月"甲申，幸城北，引汾水入新堤，灌其城"❶。传说当时正是夏天，赵匡胤"露臂跣足，亦不裹头，手持刀坐黄盖下，督兵吏运土筑堤，以堰汾河。城上望见，矢石雨坌不避也，水浸城者，仅余数版。"❷ 赵匡胤亲自坐镇工地，督促筑堰。至闰五月，灌城的洪水终于从城门灌入城中"水自延夏门甕城入，穿外城两重注城中，城中大惊扰"，北汉人试图堵住决口，宋军用弓箭射击，北汉人难以施工，但是北汉人用草垛自城中漂流至决口处作掩护，使宋军箭矢无法穿透，北汉人便趁此堵住决口，宋军没有趁势进攻，赵匡胤甚至站到堤上观察溃口的情况，显然是在等待决口继续扩大，或者灌城的洪水能够把城墙冲塌，可惜，这两种情况都没有出现。主要的原因可能是灌城的水位不够高，城墙有一定的防洪能力。宋军失去了一次很好的，也可以说是唯一的一次进攻机会。宋军虽然采用了水攻战，但是对以水灌城后如何攻破城防，显然缺乏足够的准备，包括水军的配备和作战经验的积累。后来宋军又在城南用小船火烧城门，也没有取得成功。

宋军久攻太原不下，将领多有死伤，加上部队驻扎于地势低洼的甘草地上，正值盛夏多雨季节，将士多染病腹泻。另外，契丹也再次发来援兵，形势对宋军十分不利。太常博士李光赞因此上奏建议退兵，赵匡胤征求宰相赵普意见后，遂下令班师，第二次讨伐北汉以失败告终。

7.1.1.2 工程情况

这次灌城不是一次性筑堤，而是边筑堤，边灌水。由当时攻城的情况可以看出，城的东面、东南面、南面和北面都有筑堤，只有西面没有水。筑堤的位置离城墙也不太远，双方用箭甚至可以射到。水源则分别来自晋水和汾水，晋水的水位比较高，但是要架设渡槽跨过汾水，水量有限，汾水的水位又比较低，难以抬高灌城的水位，晋阳城外一些地势高的地方，用汾水难以淹到，因此，必须两水结合起来使用。清朱彝尊对这一情况作过研

---

❶ 《续资治通鉴长编》卷十。

❷ 《宋稗类钞》卷一。

究，他在《游晋祠记》中说："盖汾水势与太原平，而晋水高出汾水之上，决汾之水不足以拔城，惟合二水，而后城可灌也。"

主持这次灌城工程的陈承昭是北宋早期著名的水利家，原是南唐将领，后兵败被俘。建隆二年（961 年），主持过汴京四渠，即汴渠、五丈河、惠民河、金水河的修浚工程，解决了都城汴京的漕运问题，得到宋太祖赵匡胤的器重。在建金水河时，就曾经修建过跨汴渠的渡槽，这次驾轻就熟，修建晋水跨汾水的渡槽，应当不是问题。

其后北汉主决城下水注之，台骀泽水已落而城多摧圮。契丹使者韩知璠犹在太原，叹曰："王师之引水浸城也，知其一不知其二。若知先浸而后涸，则并人无类矣。"

7.1.1.3 水攻战事分析

这次赵匡胤亲征北汉失败，从宏观战略分析，有时机尚不成熟等原因，例如，南方割据势力尚未完全平定，突然改变北守南攻的战略，宋军从作战思想，后勤保障，战术布置等方面未能完全适应；契丹对北汉的援兵始终是个威胁等，太原（晋阳）从隋唐到五代一直是北方军事重镇，历代苦心经营，城防坚固，正是易守难攻。宋军未能有很好的破城方法。

从本次作战的战术看，采用水攻是其失败的又一个重要原因。水攻的特点是大量消耗人力物力，作战时间长，而这些都不是宋军的长处。水攻晋阳的结果有以下几点值得关注：

第一，增加了进攻难度，以水围城，既是对晋阳的围困也是对晋阳的保护。尤其是当灌城的水位没有足够高度，难以对城墙形成威胁时是如此。同样是晋阳城，唐时马燧就因东面地势平坦，易受攻击，主动引晋水架渡槽跨过汾水注入城东，蓄以为池，又决汾水环城，省去守城战士万余人。所以水灌晋阳从另一方面看也削弱了攻击的强度，不得不用小舟载强弩进攻，又没有大船，难以形成大部队的强大攻势。

第二，增加了伤亡，史料虽然没有记载具体伤亡人数，但从不断有指挥官伤亡的情况看，军兵伤亡人数当不在少数。五月，马步军都军头、横州团练使王廷义亲自击鼓，脱去甲胄，身先士卒，率军登城，被流矢射中头部，不治身亡；没过几天，又有"殿前指挥使都虞侯、袁州刺史石汉卿亦中流矢，溺死"，应当是乘船进攻，中箭落水身亡。闰五月，"东西班都指挥使范阳李怀忠率众攻之，战不利，中流矢，几死"。这些情况表明，攻城相当困难，以至于在万般无奈的情况下，殿前指挥使赵廷翰提出愿率卫士冒死发动突击进攻，以尽死力。但是赵匡胤说不忍心看到战士去送死，"我宁不得太原，岂忍驱汝曹冒锋刃，蹈必死之地乎"。可见对于太原的进攻，已经到了非常为难的地步。

第三，战事被延长，致使敌人的援兵再次返回。这次攻城，从三月开始到闰五月班师，前后历时四个月。而攻城的战斗主要发生在五月和闰五月，前面一段时间主要是做准备工作，四月时，赵匡胤还到城东视察筑堤和造船情况，说明灌城的工程还没有完全做好，五月，灌城的水位达到一定的高度，进攻用的船只也基本造好，开始攻城，不料伤亡惨重。进攻的节奏被迫放缓。后来洪水虽然淹进延夏门，宋军也没有趁势发动大规模进攻。赵匡胤在出兵攻北汉之初，就预料到契丹会派出援兵，预先布置了打援的兵力。四月，契丹军果然分两路来支援北汉，一路由石岭关而来，被守将何继筠击败，生擒其武州刺史王彦符；另一路趋定州，五月，被北面都部署韩重赟大破于嘉山（河北正定西四十里），两路援兵皆败。但是由于太原久攻不下，契丹再次派出援兵，而这时的宋军由于疾病以及长时间的施工和战斗，已经成了疲惫之师。如果再遇到契丹生力军，胜负难以预料，班师正是明智之举。

太平兴国四年（979年），宋太宗征北汉，是否水灌太原，大部分史书都没有记载，只有《续资治通鉴长编》说："九国志云，太宗驾至城下，筑连隄壅汾河灌城。五月四日，城东南隅坏，水入注夹城中，继元大恐，自督众负土塞之。实录、正史略不载灌城事，当考。"[1] 有一些书引用了这一事实，但事有可疑，有可能与宋太祖水灌太原一事混淆，当进一步研究。

7.1.2 成吉思汗水灌中兴

1209年，蒙古军第三次侵西夏。四月，蒙古军攻占兀剌城（当在今杭锦后旗境），在中兴府的外围克夷门（今宁夏石嘴山北）与蒙古军相持两月，蒙军破克夷门，进围中兴府。九月，蒙古军引黄河水灌城。

《西夏书事·卷四十》载："九月，引河水以灌城。"

"蒙古主引兵薄中兴府，安全亲督将士登城守御，蒙古兵不能破。会大雨，河水暴涨，蒙古主遣将筑防，遏水灌城，居民溺死无算。"

"十二月，河堤决。"

"河水久灌，城址将圮。会外堤决，水势四溃，蒙古兵不能支，遂解围退。"

对于这次引水灌城的具体情况，《元史·太祖本纪》也有描写："薄中兴府，引河水灌之，堤决，水外溃，遂撤围还。遣太傅讹答入中兴，招谕夏主，夏主纳女请和。"

这次引水灌城两处记载都是引河水灌城，考察其记载，主要的工程有：渠首工程，一般宁夏引黄都是无坝引水，但记载又有"遏水"一说，在黄河上拦河筑坝基本不可能，应该是修一些导流堤，抬高水位；第二是引水渠道，这是必要的工程，把水引导城墙下；第三是"筑防"，就是修筑围城的堤防，即外堤。之所以灌城失败，显然是由于蒙古人对修建水利工程不太擅长，技术不成熟，修筑的堤防不够坚固，经过长时间浸泡，没有把中兴府城墙淹塌，反而是自己修筑的堤防先行溃决，造成"水外溃"的后果。围城的堤防即外堤溃决后，灌城的作用不复存在，要堵住决口，重新蓄水，工程量相当巨大，而围城前后已经四个月，双方都相当疲惫，这是成吉思汗为什么撤离而解围的真正原因。

这次水灌中兴府，时间虽然不短，但是城墙并没有遭到严重破坏，洪水没有进城，《西夏书事》中记载"居民溺死无算"是值得怀疑的。这和一般人对水攻战的误解有一定关系，《元史》或《新元史》中都没有这一说法。

地形和天气因素可能是导致蒙古军采用水攻的原因，中兴府城址属银川平原上的低洼之地，本身容易遭受水灾，城址周围，沉降型湖泊星罗棋布，自唐代以后，城市周围的农田由于逐年淤灌，地面逐渐抬高，城址则相对沉降，一旦发生暴雨山洪或者渠道决口，往往城市受淹。例如1061年大水，"庐舍居民漂没甚众"[2]，1111年秋九月，"大风雨，河水暴涨，汉源渠溢陷长堤入城，坏军营五所，仓库民舍千余区"[3]。引河水灌城还是比较容

---

[1] 《续资治通鉴长编》卷二十。

[2] 《西夏书事》卷二十。

[3] 《西夏书事》卷三二。

易的。

当时正值暴雨，黄河暴涨，蒙古人可能认为引水灌城非常容易，结果适得其反。

7.1.3 夏贵水灌正阳

元至元十一年（1274年），宋将夏贵“帅舟师十万围正阳，决淮水灌城，几陷”[1]。宋将夏贵此次兵围正阳城（今安徽寿县），依据当地水文条件，决淮水灌城，几乎一举攻陷了正阳城，但最后没有成功，被援兵塔出打败。尽管夏贵是南宋后期著名的水军将领，此次引水灌城战役，史书却并无详细记载，仅在《元史》中有寥寥数语，原因是夏贵于南宋灭亡后投降元朝，《宋史》未为此人立传。夏贵是如何决水灌正阳的，没有记载。但淮水是大河，要用淮河水发动水攻，绝非易事，不可能是类似浮山堰这样的大工程，有可能是引淮河水灌城，或者引淮水的支流灌城。那也是一次规模不小的工程。

7.1.4 《平燕疏》决水阻敌的建议

除了实际发生的水攻城市的战斗，还有一些实施水攻的建议。

端拱二年（989年），将讨幽蓟，宰相宋琪就边防事宜上《平燕疏》说“从安祖寨西北有卢师神祠，是桑干出山之口，东及幽州四十余里。赵德君作镇时欲遏西冲，曾堑此水。况河次半有崖岸，不可径度，其平处筑城护之，守以偏师，此断彼之右臂也。仍虑步奚为寇，可分雄勇兵士三五千人，至青白军以来山中防遏，此是新州、妫川之间，南出易州大路，其桑水属燕城北隅，绕西壁而转。大军如至城下，于燕丹陵东北横堰此水，灌入高梁河，高梁岸狭，桑水必溢。可于驻跸寺东引入郊亭淀，三五日涨漫百余里，即幽州隔在水南。王师可于州北系浮梁以通北路，贼骑来援，已隔水矣。视此孤垒，浃旬必克。幽州管内洎山后八军，闻蓟门不守，必尽归降，盖势使然也。”

这一建议的基本出发点是把幽州隔离开，使其成为一座孤立的城市，这样就容易攻取了。首先是把幽州城西的桑干河（永定河）作为天然壕堑，在距离幽州四十余里的卢师神祠一带，选择河畔地势平衍之处筑城防守，这里地形险要，从而斩断幽州守军的右臂，如果当心北面的奚人来犯，可派三五千军队到青白军（今北京门头沟区青白口）一带驻扎，扼守着从新州、妫川一带向南通往易州的大路。在燕丹陵东北筑堰，把桑干河水灌入高梁河，在驻跸寺东引水入郊亭淀（今北京市朝阳区大郊亭、小郊亭一带），形成连绵百余里的沼泽，把幽州隔离在沼泽带以南，以此阻止北面来援的契丹兵，这样孤立的幽州不难攻破。据研究桑水应当是桑干河出山后的一条支汊，燕丹陵当在石景山区老山一带，而高梁河应是车厢渠的西段[2]，宋琪设想，当桑干河水汇入高梁河后，高梁河必定溃决，洪水会顺地势向东南流去，这样可以在驻跸寺（今海淀区公主坟西北普惠里附近）东面将其引入郊亭淀，三五日之内就可以形成百余里的泛流地带，阻隔契丹援兵。当然，这一设想实施起来有相当困难，筑坝引水的工程量相当大。

另外，南宋绍兴十年（1140年），韩世忠围淮阳军，未能下，有人献计决淮水以灌淮

---

[1] 《元史·塔出传》。

[2] 孙冬虎，宋琪.《平燕疏》的历史地理分析//2008年中国历史地理国际学术研讨会论文集. 武汉：湖北人民出版社，2008：525-529.

阳城，上谕秦桧曰："决水所及，京东民田必有被其害者。"桧曰："陛下圣度兼爱如此，宜无敌于天下也。"❶ 这一建议没有实施。

7.1.5 胡大海夺堰反灌吕珍

元朝末年，朱元璋进攻位于江浙一带的割据势力张士诚。至正十九年（1359年）春，胡大海、文忠攻取诸暨州，改诸暨为诸全州，移兵攻绍兴。张士诚部将吕珍围攻诸全，堰水灌城。胡大海回救诸全，并夺堰，反灌吕珍军营，使吕珍军陷入困境，不得不与胡大海讲和，双方罢战，吕珍撤退。《明史·胡大海传》："下诸暨，守将宵遁。""改诸暨为诸全州。移兵攻绍兴，再破张士诚兵。太祖以宁、越重地，召大海使守之。士诚将吕珍围诸全，大海救之。珍堰水灌城，大海夺堰，反灌珍营。珍势蹙，于马上折矢誓，请各解兵。许之。"《明史纪事本末》记载大体相同。对于这次水攻战，清代顾祖禹认为，"明初胡大海取诸暨，张士诚将吕珍堰水灌城，大海夺堰水还灌之，珍大困，即堰浣江之水也。"❷ 浣江既浦阳江，在县治南，这次水攻战的水源来自浦阳江。

诸暨在历史上是一个容易遭受水灾的地方，浦阳江洪水灾害以中游诸暨境内最为严重。明嘉靖十三年（1534年）七月，"浣江涨水入城中，平地深一丈"。❸ 据《诸暨县志》记载：自清同治元年（1862年）至宣统三年（1911年）的49年中，共发生洪水23次，其中有10次洪水进城；民国元年（1912年）至民国37年（1948年）的36年中，共发生洪水20次，其中有7次洪水进城。所以水攻诸暨并不是偶然的，只要在诸暨城的浦阳江下游筑堰，抬高水位，再修筑一些配套的堤防工程，洪水灌城并不困难，不需要修筑大规模的围堤。至于胡大海如何反灌珍营，与工程情况以及吕珍屯兵的位置有关，吕珍可能屯兵在堰的下游，洪水容易淹没的地方。

这次战斗，双方都采用了水攻战，但是都未能将对方击垮。吕珍未能攻克诸全，而胡大海成功解围。可以说，吕珍水攻诸全以失败告终。

7.1.6 元军水灌益都

元朝末年，红巾军起义，其东路军由毛贵指挥占领山东一带，后红巾军失败。至正十九年（1359年），毛贵被部属赵君用所杀，元军察罕帖木儿乘机进迫山东，山东各城亦被察罕帖木儿占领。至正二十一年（1361年）夏，察罕帖木儿向山东红巾军发起大规模进攻，红巾军田丰、王士诚投降元军。十月，察罕帖木儿进围益都（今山东青州），毛贵部将陈猱头等坚持抵抗。《元史·察罕帖木儿扩廓帖木儿》载："察罕帖木儿遂移兵围益都，环城列营凡数十，大治攻具，百道并进。贼悉力拒守。复掘重堑，筑长围，遏南洋河以灌城中。"《新元史》记载基本相同。

这次察罕帖木儿进攻益都的战斗，水攻是其中的一个阶段，没有取得攻城的突破。其措施有三方面的工程：一是掘重堑，二是筑长围，三是遏南洋河。一般水攻灌城，筑坝引水和筑堤围城是必要的工程，所以"筑长围"与"遏南洋河"是灌城的配套工程。但是既

---

❶ 《建炎以来系年要录》卷一百三十六。

❷ 《读史方舆纪要》卷九十二。

❸ 光绪《诸暨县志》引《万历府志》。

图 7－1 《益都县图志》载南阳水图

然筑长围灌城，又掘重堑，似自相矛盾。

《读史方舆纪要·青州府》载：“南阳水在城北。源出石膏山，东北流，经广县故城西。又东北有石井水注之，又北而东贯益都南、北两城间，东合建德水，入巨洋水。或误为南洋水。元至正二十年，察罕围益都，遏南洋河以灌城，即是水也。水上有南洋桥，在城北门外。”《益都县图志》[1] 引《齐乘》亦载：“南阳水……又北而东，贯益都南北两城间。”按这一说法，南洋水实为南阳水，由益都南北两城间中流过。因此，“遏南洋河以灌城”也可能是在南阳水的下游筑坝，壅高水位，以洄水淹灌益都。这样筑长围和掘重堑的措施都是为了加强围困，就比较容易理解了。

无论哪一种方式灌城，虽然可以加强围困，但是也阻碍了进攻，减弱了进攻的强度，使得红巾军得以坚守达一年之久。元军虽然“环城列营凡数十，大治攻具，百道并进”仍然未能攻克，反而使田丰、王士诚降而复叛，察罕帖木儿被王士诚刺杀，元军失一良将。田丰、王士诚参加益都保卫战。后察罕帖木儿子扩廓帖木儿袭其父职，继续围攻益都，掘地道攻城。十一月，益都陷，陈猱头被俘，田丰、王士诚被杀。

7.2 宋代的以水守边战略及其实践

以水守边有多种情况，利用天然河流作为防御敌人的屏障，如三国时东吴守江，或修建水利工程，如春秋战国时的堤防，更多的是天然河流与水利工程相结合，形成防御工事。宋代采取以水守边战略是由于当时的边疆形势以及沿边的地理状况决定的。就当时的形势而论，宋辽边界在河北平原，无险可守，而辽军的骑兵，往来奔驰，对宋军构成很大威胁。端

[1] 法伟堂．益都县图志．北京：中国文史出版社，2006.

拱二年（989年），宋太宗在与大臣讨论构建边防体系时，曾经说过："但屯于镇、定、瀛、莫之间，其雄、霸缘边城堡，必苦于寇略，固不可分兵也。惩艾之谋，在于设险。若乃决大河、筑长城，又徒自示弱，为后世笑，朕今立法，令沿边作方田，分颁条制，量地里之远近，列置寨栅，此可以限其戎马而大利我之步兵也。"[1] 宋太宗认为，决黄河，筑长城都是不太现实的做法，是向契丹人示弱，决黄河御辽，将造成很大的灾害，筑长城则工程太大。当时的河北一带水资源丰富，分布着大小湖泊将近三十个，而且河流众多，水系发达，所以依托地形，因地制宜是最合适的防御方法，以现有湖泊，再开方田和水田，以水设险，以水制骑，筑起防御辽军的水长城。正如吕陶在出使契丹后，所上折子中所说："惟塘水一事，极可御寇……沿堤各置寨铺守把，比之据高设险，则用力最省，为备最大。"[2]

北宋的以水守边虽然以河北塘泺作为主要措施，黄河仍然作为第二道防线给予相当的重视，并因此对黄河的治理产生了重要影响。

南宋时，以水守边的战略思想仍然延续，在江淮一带实行处处蓄水，遍地开花的潴水限敌措施，甚至决开黄河，以阻止金兵，后又试图以南流的黄河作为两国的边界。金兵在抵抗蒙古军时，也采用了类似的方法。

7.2.1 浚胡卢河以防御契丹兵

自石敬瑭献幽云十六州后，契丹的势力扩展到河北一带，并与中原政权屡有冲突。后周（951—960年）时期，因为深州、冀州之间有胡卢河，东西横亘数百里，河道宽缓，堤防也不高，不能阻止契丹兵的袭击。显德二年（955年），契丹军常入侵河北，轻骑横行，几无阻挡。有人建议疏浚胡卢河以限制契丹骑兵的突袭。于是命忠武节度使王彦超、彰信节度使韩通将兵夫浚胡卢河，筑城于李晏口，留兵戍守，就是后来的静安军。工程进行了四十余日，契丹兵曾对工程进行干预，被德州刺史张藏英击退。"自是契丹不敢涉胡卢河，河南之民始得休息。"[3]

《宋志》：胡卢河源于西山，始自冀州新河镇入深州武强县，与滹沱河合，其后变徙。这次浚胡卢河是北宋修建河北塘泺的前奏。

7.2.2 北宋御辽的"水长城"——河北塘泊、方田与水田

北宋于太平兴国四年（979年）高梁河之战以及雍熙三年（986年），两次攻辽失败，损失惨重，宋太宗从此放弃攻辽，改而采用防御战略。但是辽军并不罢休，频频南侵。尤其是辽的骑兵，对宋军构成较大威胁。宋对辽只好采取防守战略。为了遏制辽骑南进，宋军沿雁门山、南拒马河、白沟河一线实施全面防守，把河北中部一些河流加以疏浚沟连，使西起保州（今河北保定）西北、东至塘沽的长达450公里的区域遍布塘泊、方田和水田。形成了一道"深不可涉，浅不可舟"，以水限敌，以水制骑的"水长城"。并筑堤蓄水，形成屏障。

塘泺是塘泊、方田和水田的总称，它们的形式不同。塘泊是利用河北平原上原有小的湖泊、水泽和低洼地带，通过修建堤防、堰、闸等工程措施，引河水注入，形成较大的湖

[1] 《宋会要辑稿·兵·二十七之三》。
[2] （宋）吕陶《净德集》卷5《奉使契丹回上殿札子》，丛书集成初编第1921册，第61页。
[3] 《资治通鉴》。

泊；方田是一种特殊的限制骑兵的工程形式，主要在地势较高，引水不便的地方使用；水田则是在屯田名义下，改旱作为稻田，即可有粮食收获，也能限制骑兵。这三种形式是在不同时期和不同地点建设的防御辽军的设施。它们并非一成不变，随着塘泺建设的推进，很大一部分方田和水田都变成了塘泊。它们的作用，《宋史·河渠志》明确说明："塘泺，缘边诸水所聚，因以限辽。"就是限制辽军。

河北塘泺的建设大致可分为澶渊之盟前和澶渊之盟后两个阶段。

7.2.2.1 澶渊之盟前塘泺的规划及创建

端拱元年（988年），时任沧州节度副使的何承矩首先提出建设河北塘泺的主张，当时是以屯田的名义进行的，他在给宋太宗的奏疏中说："臣幼侍先臣关南征行，熟知北边道路、川源之势。若于顺安寨西开易河蒲口，导水东注于海，东西三百余里，南北五七十里，资其陂泽，筑堤贮水为屯田，可以遏敌骑之奔轶。俟期岁间，关南诸泊悉壅阗，即播为稻田。其缘边州军临塘水者，止留城守军士，不烦发兵广戍。收地利以实边，设险固以防塞，春夏课农，秋冬习武，休息民力，以助国经。如此数年，将见彼弱我强，彼劳我逸，此御边之要策也。其顺安军以西，抵西山百里许，无水田处，亦望选兵戍之。"[1] 何承矩这里提出建设塘泊有三大好处：一是可以贮水屯田，二是免蕃骑奔轶，三是可以减少戍边人员。宋太宗采纳了他的建议。

何承矩的屯田，取得了一定的成效。何承矩后任制置河北缘边屯田使，淳化四年（993年）"发清州镇兵万八千人给其役，凡雄、莫、霸州，平戎（保定）、破虏（广信）顺安军兴堰六百里，置斗门，引淀水灌溉"。又引种水稻，获得成功，"由是自顺安以东濒海，广袤数百里，悉为稻田，自是莞蒲蜃蛤之饶，民赖其利"。初期的屯田应当是以稻田为主，间有塘泊，相互交错，但是，限制敌骑，用于边防是其主要目的。

顺安以东实行屯田基本成功后，何承矩又进一步提出在顺安军以西建设塘埭，因为顺安军以西丘本身陵、山地和河流、湖泊纵横交错，通过兴建塘埭蓄水，扩大水域，能够对辽军形成有效的阻挡，"今顺安西至西山，地虽数军，路才百里，纵有丘陵冈阜，亦多川渎泉源，因而广之，制为塘埭，自可息边患矣"[2]。

何承矩还把塘泺水险比喻为地阵，他说："臣闻兵有三阵：日月风云，天阵也；山陆水泉，地阵也；兵车士卒，人阵也。今用地阵而设险，以水泉而作固，建设陂塘，绵亘沧海，纵有敌骑，安能折冲？昨者契丹犯边，高阳一路，东负海，西抵顺安，士庶安居，即屯田之利也。"[3]

何承矩之后，王能知静戎军（后改为安肃军，今徐水县），咸平四年（1001年），王能建议"决鲍河水，北入阎台淀，又自静戎之东，引北注三台，小李村，其水溢入长城口而南，又壅使北流而东，入于雄州"[4]。这些工程，目的是增加阎台淀和雄州塘泊的水量，增强限敌的效果。咸平五年（1002年），顺安军都监马济，"请自静戎军，东引鲍河，开渠入顺安军。又自顺安军西引入威虏军，置水陆营田于渠侧，以达粮运，以隔敌骑，从之"。[5]

除了塘泺和水田外，地势较高的地方，蓄水形成大范围的湖泊有困难，则采用方田的

---

[1][2][3][4] 《宋史·何继筠 （子承矩）传》卷三十二。

[5] 《读史方舆纪要·北直三》。

形式遏制敌骑。所谓方田，实际是类似陷马坑一类的军事设施，端拱二年（989年），根据翰林天文官孙士龙的建议，下诏建方田“悠久之谋，在于设险，若乃决大河、筑长城，又徒自示弱，为后代笑。朕今立法，令缘边作方田。已颁条制，量地里之远近列置寨栅，此可以限其戎马而大利我之步兵，虽使彼众百万，亦无所施其勇”❶。这次作方田的计划，虽有议论，可能没有大规模实施。

随着边防局势日趋紧张，开方田的计划再次被提出。咸平六年（1003年）十月王能奏请在静戎军东、新河之北开方田，“广袤相去皆五尺许，深七尺，状若连锁，东西至顺安、威虏军界，必能限隔戎马；纵或来侵，亦易于防捍”。事下宰相李沆等议论，李沆认为开方田应当形成制度，逐步推行：“沿边所开方田，臣僚累曾上言，朝廷继亦商榷，皆以难于设防，恐有奔突，寻即罢议。今专委边臣，渐为之制，斯可矣。乞并威虏、顺安军皆依此施行。且虑兴功之际，敌或侵轶，可选兵五万人分据险要，渐次经度之。”宋真宗当日下诏，令“静戎、顺安、威虏界并置方田，凿河以遏敌骑”❷。这几个军都是对辽的最前线地区，处于南易水的上游，多丘陵冈阜，以开方田为主。并且几个地区统一行动，联络成网，使之更加有效。自此北宋才将开筑方田作为制度固定定下来，大规模地将方田计划付诸实施。

应该说明的是，这种方田和塘泊有一些区别，有些地势高的地方没有水，就是方田，方田灌水后，就成为塘泊，形成“浅不可舟，深不可涉”的效果，开方田成为开塘泺的前期工程，实际以后这一带方田大部分都变成了塘泊。

塘泺守边还和开通漕运，屯田灌溉结合起来。《续资治通鉴长编》记载，景德元年（1004年），“北面都钤辖阎承翰自嘉山东引唐河三十二里至定州，酾而为渠，直蒲阴县东六十二里会沙河，径边吴泊，遂入于界河（白沟河），以达方舟之漕。又引保州赵彬堰徐河水入鸡距泉，以息挽舟之役，自是朔方之民，灌溉饶益，大蒙其利矣”。这次引唐河水入定州，开渠32里，一直到达蒲阴县（今安国市）东62里，入于界河，其作用一举多得，第一可通漕运；第二，沿途得以灌溉；第三，增加界河水量。最终的目的是加强边界防守。

同年四月，宋真宗对保州屯田也作了肯定：“保州屯田，渐见功绪。若垦辟不已，必大有成。”❸ 所谓屯田，实际也是建设方田或塘泊，可见这时候保州一带塘泊建设已经初具规模。

六月，宋真宗又对宰相说：“今年北面防秋兵马，已各有制置。”❹说明澶渊之盟前，宋朝已经根据不同的地形条件，制定了各种各样的水利工程防辽措施。包括塘泊、方田、水田以及引水入界河等等，正所谓“各有制置”。但是，用屯田的办法设险，因为要顾及百姓的耕种，所以不太保险，“顺安、静戎军，先开河道屯田，导治沟洫，以为险阻。盖欲保庇边民，俾其耕殖，今闻戎人欲自西路入寇，必先分兵堙塞此沟洫河道，静戎、顺安军屯兵既少，难于赴援。若果为敌所堙塞，即异时修复，倍为烦费。况此设险之计，盖边臣上言，因从其请。朕尝谕之，若群寇犯边，须别为备御，此险亦不足恃。平时贼骑侦

❶ 《宋朝事实》卷二十《经略幽燕》。
❷ 《续资治通鉴》卷二十四。
❸❹ 《续资治通鉴长编》卷五十六。

逻，即有所限隔，自讫役以来，边民得遂耕种，颇亦安堵。”❶ 辽军应对沟洫河道的方法，就是堙塞，用土填平。宋真宗认为，这样的沟洫险阻还不足恃以为防。后来这些水田都改成了塘泊，这也是澶渊之盟后，河北塘泊得以继续扩建的原因。

澶渊之盟签订前，在屯田名义下建设的“水长城”已经初具规模，辽军对此相当顾忌。

7.2.2.2　澶渊之盟后塘泺的续建和扩大

宋真宗景德二年（1005 年）一月，宋辽签订澶渊之盟，有“两朝沿边城池，一切如常，不得创筑城隍，不得开拔河道”的条款。其中“不得开拔河道”，就是针对河北塘泺而设立的，目的是限制宋朝在边境扩大塘泺建设。至庆历二年（1042 年）七月，“契丹复议和好，约两界河、淀已前开畎者并依旧外，自今已后，各不添展”。❷ 辽朝一直在努力不让宋朝继续建设塘泺。实际上，辽军在边境上，也有塘泺建设。

真宗及至仁宗朝，慑于辽之兵威，以盟好为名，表面上诏令禁止下臣开田凿渠，在不给辽人以口实的前提下，暗中仍在积极进行。所以“约既定，朝廷重生事。自是每边臣言利害，虽听许，必戒之以毋张皇，使契丹有词”。这实际上是暗中鼓励地方官开筑塘泺。正因如此，所以“杨怀敏独治塘愈急”。仁宗年间，塘泺继续扩大，新增了很多称为“淀”的湖泊，这些淀的形成，是筑堰引附近的河水形成的，淹没了大量农田，其中包括很多当年何承矩所开的稻田。天圣（1023—1032 年）以后，“相循而不废，仍领于沿边屯田司”❸。而当职之吏“筑堤储水，为阻固，其后益增广之。凡并边诸河，若滹沱、葫卢、永济等河，皆汇于塘水”。淳化年间“顺安以东濒海，广袤数百里，悉为稻田”的景象已不复存在，而被连绵的塘水所代替，以塘泺代替稻田，其边防作用更为显著。

明道二年（1033 年），河北塘泺基本形成。其布局可以分为九区，如表所示。

由该表可以看出，河北塘泺以塘泊淀水为主，方田和稻田只在保州以西才有。这一带地方由于地势的原因，“皆山阜高仰，水不能至”❹。形成大规模的塘泊不太容易，所以采用方田的形式。这种方田是用于边防的军事工程，该年八月，刘平知成德军，奏请自边吴淀望赵旷川、长城口，乃契丹出入要害之地，东西不及一百五十里，乘契丹国多事，以引水植稻为名，开方田，其作用是“预设深沟高垒，以为扼塞”，其形制“随田塍四面穿沟渠，纵广一丈，深二丈，鳞次交错，两沟间屈曲为径路，才令通步兵。引曹河、鲍河、徐河、鸡距泉分注其中，地高则用水车汲补”。简单地说，是在田里挖方形的坑，长、宽各一丈，深两丈，坑之间用沟渠相连，以便于注水。再在沟渠之间修筑狭窄的小道，只能通行步兵，不能过车马，再开一些沟渠，引外面的湖泊、河流之水灌注方田之中，地势稍微高一些的，不能自然灌溉，就用水车从沟渠里汲水灌溉。

此后，塘泺的建设还在扩大和进行，但基本格局没有大的改变，重点在管理和维护，例如宝元元年（1038 年）大岁旱，“塘水涸，怀敏虑契丹使至测知其广深，乃壅界河水注之，塘复如故”。庆历中（1041—1048 年），“内侍杨怀敏復踵为之”。到了熙宁年间（1068—1077 年），把原来各区的塘水连接成片，又把一些河流纳入塘泺体系，“又开徐

❶ 《续资治通鉴长编》。

❷❸❹ 《宋史・河渠志》。

村、柳庄等泺，皆以徐、鲍、沙、唐等河，叫候、鸡距、五眼等泉为源，东合滹沱、易、白等水并大河，于是自保州西北沉远泺，东尽沧州泥枯海口，几八百里，悉为渚涝，阔者有及六十里者，自是倚为藩篱”[1]。自此塘泺发展到全盛时期。

表7－1　明道二年（1033年）河北塘泺分布情况表

分区	东、西边界	水　源	广、纵	深　度	备　注
1	东起沧州界，拒海岸黑龙港，西至乾宁军	沿永济河合破船淀、灰淀、方淀为一水	衡广一百一十里，纵九十里至一百三十里	其深五尺	沿永济河合三淀为一塘
2	东起乾宁军、西信安军	永济渠为一水，西合鹅巢淀、陈人淀、燕丹淀、大光淀、孟宗淀为一水	衡广一百二十里，纵三十里，或五十里	其深丈余或六尺	东抵永济河西，合四淀为一塘
3	东起信安军永济渠，西至霸州莫金口	合水汶淀、得胜淀、下光淀、小兰淀、李子淀、大兰淀为一水	衡广七十里，或十五里或六里	其深六尺或七尺	合六淀为一塘
4	东北起霸州莫金口，西南保定军父母砦	合粮料淀、回淀为一水	衡广二十七里，纵八里	其深六尺	霸州至保定军并塘岸水最浅，故咸平、景德中，契丹南牧，以霸州、信安军为归路
5	东南起保安军，西北雄州	合百水淀、黑羊淀、小莲花淀为一水	衡广六十里，纵二十五里或十里	其深八尺或九尺	合三淀为一水
6	东起雄州，西至顺安军	合大莲花淀、洛阳淀、牛横淀、康池淀、畴淀、白羊淀为一水	衡广七十里，纵三十里或四十五里	其深一丈或六尺或七尺	合六淀为一水
7	东起顺安军，西边吴淀至保州	合齐女淀、劳淀为一水	衡广三十余里，纵百五十里	其深一丈三尺或一丈	合二淀为一水
8	起安肃、广信军之南保州西北	畜沈苑河为塘	衡广二十里，纵十里	其深五尺，浅或三尺	曰沈苑泊
9	自保州西	合鸡距泉、尚泉为稻田、方田	衡广十里	其深五尺至三尺	开方田、稻田曰西塘泊

说明：本表根据姚汉源《中国水利史纲要》水利电力出版社，1987年12月，第242页，略有改动。

7.2.2.3　塘泺的管理和淤废

宋朝廷对塘泺的建设十分重视，设置有专门的机构：河北屯田司。除了专门的管理机构，缘边安抚司也共同管理。真宗景德二年（1005年），下诏令河北有塘泺州、军长官并兼制置屯田事，就是地方的官员，军队的统领都有管理屯田的责任。由于缘边河流兼有漕运功能，仁宗宝元二年（1039年）又“诏河北转运使兼都大制置营田屯田事”，让漕运部门也参与屯田的管理。顺安军、静戎军还绘有《营田河道图》，缘边安抚司有《制置缘边浚陂塘筑堤道条式、画图》，以便于统筹管理和各个部门参考使用。

---

[1] 沈括《梦溪笔谈·权智》。

塘泺管理的主要内容是保持适量的塘水。宋政府规定，塘水的深浅，由屯田司每季度向工部汇报。“凡水之浅深，屯田司季申工部”❶。

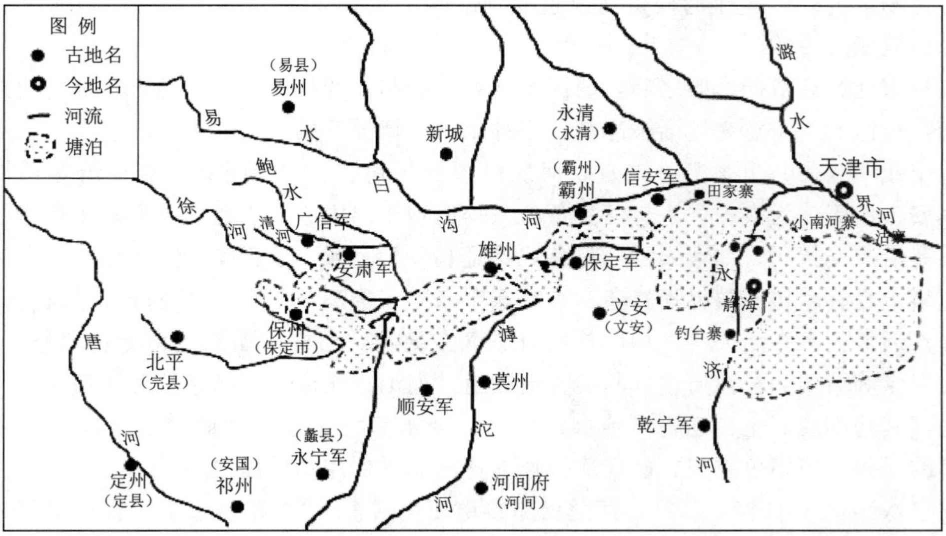

图 7-2　北宋河北塘泺分布图

塘泊的水源主要是发源于太行山的诸多河流，泉水则作为对河水不足时的补充，熙宁九年（1076 年），河北同提点制置屯田使事阎士良言，保州小郎村有泉源，盈亩有余，号叫呼泉，“今欲开导此泉，令入侯河及运粮河，四时常流，增注塘泊。及本村别有泉数十道，臣常寻访二河上源，未得其处。今乞委保州曹偃相度收买泉源地，量兴兵役，疏导旧泉，增助边防，诚为永利。”在东部一些滨海地区则利用潮汐倒灌塘泊。景德元年（1004 年），何承矩上报朝廷，请令沧州（今河北沧州）、乾宁军（今河北青县）：“常督壕寨主吏专视斗门水口，旦夕俟海潮至，放水入御河东塘堰塘，以溢塘水。”朝廷采纳了何承矩的建议。

由于塘泺扩大导致农田被侵占，招致民间的反对，有人盗决堤防泄水，以去水患，杨怀敏奏请立法保护堤防。景祐二年（1035 年）：“塘泊日益广，至吞没民田、荡溺邱墓，百姓始告病，乃有盗决以去水患者。怀敏奏立法依盗决隄防律，于是知雄州葛怀敏请立木为水则，以限盈缩，从之。”就是设立水尺，测量并控制水位，使塘泊保持一定的水深，有人盗决，也可以知道。加强了对塘泺的管理，还提出了免税措施，仁宗景祐三年（1036 年）：“诏霸州民田为塘水所占及隔在界河外者，其税租亦除之。”

塘泺的淤废有自然条件变化的原因，主要是河流泥沙的长期淤积作用。塘泊主要水源滹沱、胡卢、永济以及徐河，唐河等河流，属于海河水系，大都发源于太行山区，水中携带了大量泥沙，进入塘泊之后，泥沙沉淀淤积，导致塘泊逐渐淤浅，甚至消失。早在宋仁宗时期，宋祁就认为塘泊不过“百年计耳，水潦自高而注者，必岁淤而月阙。如今不掘而浚，弗出百年，为平原矣。”从日后塘泊维护过程来看，宋祁的担心不无道理。

❶ 《宋史·河渠志》。

黄河北流也对塘泊产生了很大影响。元祐二年（1087 年），右司谏王觌言："河北塘泊之险，以大河横流，涨为平陆者数百里，敌骑之来将通行而无碍矣，而莫有任其责者。此边吏之不肃也。"[1] 这个时候黄河改道对河北部分塘泊带来的破坏，已不是简单通过变更水源地就能解决的。

自从宋辽签订澶渊之盟之后，两国始终处于冷和平的状态，不少地方官员防边意识日趋淡薄，塘泺的国防意义逐渐被忘却。宋神宗时，塘泺开始逐渐淤废。

熙宁元年（1068 年）二月二日，河北沿边安抚司言："探到北界燕京留守司指挥永清、固安王田等，为人户乞入界河打鱼，只得船纲于河中心，以北岸采取，不得将弓箭随行。诏令沿边安抚司，如人入界河打鱼，仰巡检使臣等谕与条约，婉顺约回。"由于长期没有战事，百姓希望开放界河打鱼。神宗熙宁六年（1073 年）十二月四日，"权发遣河北四路提点刑狱公事李南公言，相度朴桩口添灌东塘等，诏屯田司阎士良专督典修。先是，沧州北三堂等塘泊为黄河所注，其后大河改道，而泊遂淤淀。程昉常请开琵琶湾，引黄河水灌之，其功不成。士良建言堰绝御河，引西塘水灌之，今从其请"[2]。这时，黄河北流对塘泊的淤积作用不可忽视，已经成为塘泊逐渐失去作用的原因之一。

熙宁八年（1075 年）二月，河北西路察访使沈括言："本路防边重兵皆在定州，言边备者惟以北平为兵冲，其保州社城以东有塘水之难，谋者未尝为意。臣以为狄人讲求中国边防虚实向背者非一日，万一为寇，必须出于不意。道涂险易，讲求不得不尽。近历视边境，窃见保州以东、顺安军以西有平川横袤三十余里，南北径直，并无险阻，不经州县，可以大军方阵安驱。自永宁军以东，直入深、冀，行于无人之地。定州但守社城以西，兵未及移，则虏骑已越高阳矣。或狄人自定州入寇，定兵必依西山扼其归路，彼则束甲径趋顺安，定人虽众，兵不及施，而虏已出寨，此不可不虑也。通涂旷野，荡然四达，谋者不此为虑，而区区过忧北平之冲，臣窃骇之。西山洞道连属，可以伏奇，进则定州当其前，退则保州、广信议其后。狄人敢入北平，则不知顺安者也。使其知顺安之易，则北平虽无备，且当委而不顾，况其有备也。相度得保州西至九顷堂度七里以来，及保州东阳村堤以东至臧村堤度三十里，庆历中皆曾筑堤壅水，遗迹尚存。若少加补完，西纳曹、鲍诸水，则社城以东，塘险相属，虏骑出入，惟有北平一路。定州之兵依险为阵，犄角牵制，滹沱、横泺为难，则可以制其前；塘河之流可使，则足以继其后。有以待敌而致其必来，此必胜之术也。今具图进呈，其详悉地步，别具条上。'诏屯田司阎士良驰往相度，而士良言：'检视保州西至九顷塘，及保州东阳村堤以东至臧村堤，若增接修完，柜蓄诸河，以成险阻，委实利便。'诏可其奏。内有侵着民间地土，即将系官田土拨还，或给其直。仍先具所占民田顷数目以闻。"[3]

熙宁八年六月十九日，高阳关路安抚司言，信安、乾宁军塘泺干涸，乞引御河水。熙宁九年（1076 年），高阳关路安抚司上报朝廷，说明了信安军（今河北霸州东北）、乾宁军（今河北青县）的塘泊"昨因不修，独流决口，至今干涸"，高阳关路安抚司"乞于朴桩堰南引御河水注入"。宋神宗诏书批示："近闻塘水有极干浅处，当职之官颇失经治，可

[1] （宋）李焘，《续资治通鉴长编》卷三百九十八，元祐二年四月己亥，第 9713－9714 页。

[2][3] 《宋会要辑稿·兵二八·备边二》。

于两路各选委监司一员，以巡历为名，点检具阔狭深浅，画图以闻。”很快河北东、西路提点刑狱韩正彦和韩宗道就将出现淤淀干浅的塘泊所在地上报了朝廷。朝廷下诏：“河北屯田司相度当兴修所在，计工料闻奏，其官吏仍令东路转运司劾之。”通过这次大范围的修护，河北地区一些塘泊出现干涸的现象得到了很大程度的改善。

针对民间有因塘水干涸，百姓复耕的现象，熙宁九年（1076 年），神宗有诏书说：“其信安军等处因塘水减涸，退出田土，已召人耕佃者复取之。”官府已经同意，由于塘水干涸，退出土地，民间可以去耕种。实际已经开始废湖还田，不再维持塘泊的水深。元祐三年（1088 年）吕大防和范百禄都有塘泺已经丧失作用的说法，吕大防说：“大河东流，中国之险限。今塘泺既坏，界河淤浅，河且北注矣。”范百禄则说：“塘泺有限寇之名，无御寇之实。借使河徙而北，敌始有下流之忧，乃吾之利也。”这时候已经意识到塘泺的作用已经丧失，不得不把黄河的御敌作用放在塘泺之前。

徽宗大观二年（1108 年）十二月，诏曰：“潴水为塘，以备泛滥，留屯营田，以实塞下，国家设官置吏，专总其事。州县习玩，岁久隳坏。其令屯田司循祖宗以来塘堤故迹修治之，毋得增益生事。”其后淤淀干涸，不复开浚，官司利于稻田，往往泄去积水，自是堤防日坏。徽宗时，不仅民间泄水为田，连官府都把塘泺水泄去，改种稻田，塘泺已基本失去防御作用，致使后来金兵南下，几无险阻。

7.2.2.4 塘泺的作用和意义

大面积的塘水使辽军入侵受到阻碍，有效遏制了契丹铁骑任意选择南侵路线的企图，增强了北宋军队的防卫能力。以前，河北平原几乎无险可守，契丹骑兵随处可入，任意驰骋：“赵魏之北，燕蓟之南，千里之间，地平如砥，兵法谓走不逐飞，步不逐骑，较然可知矣。”自“水长城”修筑之后，辽军只有从西边无塘泺处、东边水浅处或通道而入。“雄州东际于海，多积水，契丹患之，未尝敢由此路入。”（《宋史·河渠志》）这使宋军缩短了边防线，改变了宋朝以往无险可守，全面布防，兵力分散的不利局面，而可以集中兵力屯于要害，有利于阻击敌人，从而大大改变了处处应敌，兵分势弱的被动局面。

塘泺限辽的作用，朝廷中也有一些异议，例如天圣以后，由于塘泺占用大量农田，又有相当长一段时间没有打仗，因此有人认为“以无用之塘，废可耕之田，不如勿广以息民”。但是支持塘泺的意见认为：“河朔幅员二千里，地平衍无险阻，自边吴淀至泥姑海口，绵七州军，屈曲九百里，深不可以舟行，浅不可以徒涉，虽有劲兵，不能度也，孰谓无益?”正是因为河北平原无险可守，即无高山，也无大川。只能因地制宜，人工设立险阻，实践证明，塘泺结合堡寨建设以及植树等措施形成了有效的防御体系。

“景德以前，北敌寇边，多由飞狐、易州界道东西口过阳山子，度满城，入自广信之西，后又多出兵广信、安从整体上讲，河北“边境千里，塘水居其八，得以专力而挖其要害”。如塘水在东边一线，“东有所阻，则甲兵之备，可以专力于西矣”。

宋真宗景德以前，“大抵敌骑率由西山下入寇，大掠州郡，然后东出雄、霸之间”。由于雄州和霸州之间，二州塘水不相接，给辽军留出了驰骋的空间，后来又置保定军于二州之间，此后二塘相连，“虽不甚浩渺，而贼路亦少梗矣”。这样，塘泊和堡寨结合，对阻止辽军起到了重要作用。

太平兴国（976—984 年）以来，辽军对河北边界的多次进攻均被击退。太平兴国五年（981年），契丹侵雄州，据龙湾堤，袁继忠率荆罕嗣击败之，并邀击敌军于界河。太平兴国六年（982年），崔彦进率荆罕嗣捍契丹于静戎北，扎寨于慎兴口。荆罕嗣率所部渡河，并打败契丹军，追击二十余里。[1] 至道元年（995年）四月，“契丹犯雄州，知州何承矩击败之，斩其铁林大将一人”。咸平初，王能知静戎军，“北边来寇，能击走之”。咸平五年（1003年）魏能任威虏军，“契丹入寇，能当城西，与诸将合战，无惮色，大败其众，斩首二万级”。这些作战均发生在边界塘泺地区，与塘泺的修建不无关系。

塘泺限辽的作用，还可以从几方面体现：

在澶渊之役中，发挥了重要作用。景德元年（1004年）九月，辽军纠集十万兵马，号称二十万，大举南下，辽军先攻威虏军（今河北徐水）、顺安军（今河北高阳），不利；又攻北平寨（今河北完县），又受挫。接着，绕道攻保州（今河北清宛县）、定州，仍不克，又东攻瀛洲，死伤万多人。这几个军、州，在端拱和景德年间都曾经大规模兴建过塘泊和水田，对削弱辽军的攻击能力，阻挡其后勤运输都起了一定作用。使得沿边的军、州难以被攻破，辽军不得不绕过边境诸城，孤军深入。积极治塘的安肃军治所梁门县以及保信军治所遂城县，由于其守将魏能和杨延昭守城有方，被称为“铜梁门、铁遂城”。正是由于塘泺和堡寨的作用，使得辽军的大规模入侵计划破产，不得不止于澶渊城下。

辽军从实战中感觉到塘泺的威胁，自从塘泺兴建以来，契丹人就不断加以反对和限制。澶渊之盟条约中，就有“不得创筑城隍，开拔河道”的条款，所谓开拔河道，说得比较含糊，应当就是指对沿边河流蓄水为塘而言，正因为如此，为了不给辽国以口实，宋朝兴修塘泺都是在屯田的名义下进行，其管理机构也命名为屯田司。庆历二年（1042年）三月，契丹无故索要关南十县，其理由也是宋朝“营筑长堤，填塞隘路，开决塘水，添置边军”。四月，富弼出使辽国，对此解释说：“塘水始于何承矩，事在通好前，地卑水聚，势不得不增。”[2] 以此应对辽国对修建塘泺的反对和质疑。七月，宋又与契丹再议和好，约定，“两界河、淀已前开畎者并依旧外，自今已后，各不添展”[3]。虽然是约定双方都不得扩建塘淀，但是由于宋取守势，辽为进攻方，这样的约定明显是限制宋方扩建塘泺。宋辽多次议和或者谈判，塘泺都是重要内容，可见辽国对其重视程度。辽朝对塘泺的忌惮，从另一面反映了塘泺对限制辽军南侵的作用，足见其战略意义重大。清代顾祖禹在评论霸州的地理形势时说：“宋修其制，增戍守，浚塘泊。白沟带水，俨然‘天堑’。”似有一定道理。

北宋一朝，对河北的边防建设投入了极大的人力物力，自从何承矩倡议以来，塘泺一直在建设之中。因为东京汴梁无险可守，宋朝在屡次攻辽失败后，被迫实行“设险以制敌”的国防政策，造成沉重的国防负担。“盖自河而南，地势平衍，直抵京师，长虑却顾，可为寒心。又朝廷捐东南之利，半以宿河北重兵，备预之意深矣。”北宋财政的主要来源是江淮地区，而“东南之利”的半数又被用于北部国防，不仅屯驻大量军队，塘泺的建设与维护，也有巨大的投入。

---

[1] 《宋史·荆罕嗣传》。
[2] 《续资治通鉴长编》。
[3] 《宋史·河渠志》。

北宋建都于汴梁，如果没有河北塘泺人为天险的阻挡，辽军的骑兵，几天之内便可到达黄河边上，北宋都城汴梁“凛凛常有戎马在郊之忧”。正如钱穆先生所说：“大河北岸的敌骑，长驱南下，更没有天然的屏障，三四天即到黄河边上，而开封则是豁露在黄河南岸的一个平坦而低洼的所在。”正是在这样的防御形势下，河北边防才显得尤其重要。北宋签订澶渊之盟，河北塘泺初具规模就发挥了作用，徽宗时也认为：“大抵河北塘泺，东距海，西抵广信、安肃，深不可涉，浅不可舟，故指为险固之地。”这道人为天险，形成了一道阻止辽军入侵的“水长城”，对维护宋辽的百年和平局面，起到了重要作用。以后北宋速亡于金，河北塘泺已经完全废弛，北部大门洞开是一个重要原因。

河北塘泺虽然在阻止金兵南下时没有发挥有效作用，并未完全失去意义，以水代兵，阻止和限制北方骑兵的办法却沿用下来。后来金国也效仿北宋，利用河北地区的塘泊阻止蒙古骑兵南下。嘉定八年（1215 年），蒙古兵入侵金国，行军路线并未选择路途较近的雄州（今河北雄县）和霸州（今河北霸州），其原因就是当时“燕南雄、霸数州乃三关旧地，塘泺深阻，塔兵不能入。虏将张甫、张进二人据信安军以守之”。这说明金兵并未完全放弃当初北宋的塘泺工程。但是金国没有如北宋一样，对河北塘泊进行有效的建设和管理。

北宋灭亡后，南宋军队在抵抗金兵，以及后来抵抗蒙古军的战斗中，也都广泛使用了以水防守的战术，并都发挥了积极作用。

7.2.3 北宋以御辽为主导思想的黄河治理

如前所述，由于北宋建都开封，对于辽的骑兵不过是几天的路程，因此北部的边防除了设置塘泺险阻以外，黄河更是作为防御辽军的最后一道屏障，以保证都城的安全。正如景德年间，著作佐郎李垂上《导河形胜书》所说：“今大河尽东，全燕陷北，而御边之计，莫大于河。”[1] 北宋朝廷上下，对黄河作为天险防御辽军的作用，都十分重视。在黄河治理过程中，始终贯穿着一个原则，就是有利于边防。尤其是在后来的北流还是东流之争过程中，可以看出，虽然北流有利于行河，也能够节省大量人力物力，但是由于担心黄河北流不利于边防大计，宋朝廷还是进行了三次回河努力，直至彻底失败，使黄河治理的形势更加复杂，加剧了河患。实际上，黄河的治理往往不仅仅是工程技术问题，在很大程度上是政治问题或军事问题。

庆历八年（1048 年）六月，黄河在澶州商胡埽（在今濮阳东）决口，合永济渠注乾宁军入海，向北改道，形成“北流”；嘉祐五年（1060 年），黄河又在商胡以下大名府魏县第六埽（今河南南乐西）决口，向东分出一支，经魏、恩、博、德等州境内，下合笃马河（今马颊河），东北经沧州无棣入海，即“二股河”，宋人称其为“东流”。此后，宋朝廷内部就黄河是“北流”还是“东流”的问题进行了长达数十年之久的争论。

以河道状况而论，北流是自然决口改道，较为顺应河势。从防御契丹的边防大计出发，黄河北流，可能流入契丹境内和淤塞北宋边境上的塘泊，均带来不利因素，即所谓“失中国之险，为契丹之利”。作为最高统治者的各朝皇帝为了自身的利益，大都倾向于回河东流。表面上看，“北流”还是“东流”的争论相当激烈，甚至导河北流的舆论超过回

[1] 《宋史·河渠志》。

河东流的主张，各种治河理论和方法也层出不穷，但在实施的治河工程上，稳定北流河道，减轻水患的措施少有实行，而几次大的工役，均为回河东流。正是在这样相互矛盾的治河思想指导下，北宋的黄河治理成效不大，决溢频繁，河患严重。“受灾地区和成灾程度，都超过五代时期。”❶

宋哲宗元祐年间（1086—1094年），知枢密院事安焘积极主张回河东流，他认为，黄河在中国境内，京师可以恃以北限强敌，景德年间（1004—1007年）澶渊之盟签定就是验证。而河决往北，如果决入契丹境内，则敌人可以架设桥梁，设置州郡，“筑军以窥河外”。如果那样的话，“自河而南，地势平衍，直抵京师，长虑却顾，可为寒心”。他认为“今欲便于治河而缓于设险，非计也”。在他看来，治河与设险，两者相比较而言，把黄河作为军事上的天险，更为重要，把治河与设置黄河天险对立起来。

“东流”主张以王岩叟提出的“北流七害”说为代表，最为概括。他说黄河北流“有大害七，不可不早为计。北塞之所恃以为险者在塘泊，黄河堙之，猝不可浚，浸失北塞险固之利，一也；横遏西山之水，不得顺流而下，蹙溢于千里，使百万生齿，居无庐，耕无田，流散而不复，二也；乾宁孤垒，危绝不足道，而大名、深、冀腹心郡县，皆有终不自保之势，三也；沧州扼北敌海道，自河不东流，沧州在河之南，直抵京师，无有限隔，四也；并吞御河，边城失转输之便，五也；河北转运司岁耗财用，陷租赋以百万计，六也；六、七月之间，河流交涨，占没西路，阻绝辽使，进退不能，两朝以为忧，七也。”❷这七条中，最重要的第一条，就是黄河北流，将使河北塘泺淤积，从而失去边防险阻。第四条也关于边防，其余各条有关边疆地区的水灾、财赋和运输，也都与巩固边防有直接或间接的关系。当时主张“东流”的还有太师文彦博、中书侍郎吕大防等。

元祐四年（1089年）四月，尚书省以官方形式提出：“大河东流，为中国之要险。自大吴决后，由界河入海，不惟淤坏塘泺，兼浊水入界河，向去浅淀，则河必北流。若河尾直注北界入海，则中国全失险阻之限，不可不为深虑。”❸回河东流的主张，对于河道形势，工程可行性等问题较少提及，但是迎合了皇帝以黄河天险御辽的意图。

神宗熙宁二年（1069年），“时二股河东流及六分，巩等因欲闭断北流，帝意向之”。八月，堵塞北流，实现全河东流，使河水尽归二股河入海。北流封闭数年之内，“水或横决散漫，常虞壅遏”。东流河道十分不畅。元丰四年（1081年），在澶州小吴埽（今濮阳西南）决口，北流至天津西入海，又恢复了北流局面。元祐八年（1093年）又一次人为挽河东流，但没有几年，又于元符二年（1099年）在内黄决口，主流仍走小吴埽北流故道，东流尽绝。回河东流终以失败告终。

以河道状况而论，北流是自然决口改道，较为顺应河势，因此反对回河东流，主张北流的人也不乏其人，如欧阳修（1007—1072年）、苏辙（1039—1112年）等。欧阳修认为“河流已弃之道，自古难复”。又说河多泥沙，常先淤下游，下游淤，则上游决。苏辙既反对回河东流，也反对分流，他认为：水流慢就淤淀，“既无东、西皆急之势，安有两河并行之理”。有人认为黄河总要决溢，不如选择为害较小的路线，“顺水所向，迁徙城邑以避

❶ 《中国水利史稿》中册。

❷❸ 《宋史·河渠志》。

之”。北宋晚期任伯雨（1047—1119 年）说：“自古竭天下之力以事河者，莫如本朝；而徇众人偏见，欲屈大河之势以从人者，莫甚于近世。”“为今之策，正宜因其所向，宽立堤防，约拦水势，使不至大段漫流。”❶ 表面上看，“北流”还是“东流”的争论相当激烈，导河北流的舆论甚至超过回河东流的主张，各种治河理论和方法也层出不穷，但在实施的治河工程上，稳定北流河道，减轻水患的措施少有实行，而几次大的工役，均为回河东流。

北宋在河防技术和治河理论方面都较前代有所发展和提高，但是在黄河治理的效果上却很不理想，其原因就是以御边为主的思想主导了黄河的治理，而不是尊重自然规律，因势利导，减轻河患。

北宋朝廷企图以河水为险阻，阻止辽军的入侵，实际情况是直到北宋灭亡，黄河也没有在防御辽军或者金兵中发挥作用。虽然如此，以黄河防御外敌的思想，却仍然根深蒂固地延续下去。

7.2.4 南宋开畎潴水，以限戎马

北宋修建的河北塘泺虽然后期失修，在抵抗金兵南侵时，没有发挥什么作用，但是用水设险，以限戎马的战术思想，却为南宋军队继承。在具体的运用上，北宋建设由塘泊连成的“水长城”，而南宋则采用处处蓄水，遍地开花的潴水限敌战略。与北宋把河北塘泺作为防御辽军的国家战略，建设统一的大型工程不同，潴水限敌是针对一城一地的防守措施，所以形式多样，实施的程度也不尽相同。

宋朝廷中有人认为“东南武备，利于水战”，尤其是江淮一带，河网密布，构成了对抗北方骑兵的一道道天然屏障。“水战”的含义，不仅仅是水军作战，而是包含了“以水代兵”的作战。建炎二年（1128 年），濠州知州连南夫建议各路州县于城池周围十里内“开凿陂湖”，不但在春、夏、秋三季可以使农业得以灌溉，而且使敌骑有“还泞之苦”。冬天水涸“即令耕犁硗确，则敌骑又有历块之患”。荒地则令仿照河北雄州“开凿塘泺”，这些建议重点都着眼在以水限敌。到了第二年的六月，枢密院再次上书：“江浙、淮南多是潴水塘泺之地，可以限隔贼马。今防秋在近，理合措置。”❷ 宋高宗才下诏：“令逐州县守倅，令速密切差官于所管地分，遍诣巡历积水塘泺，如有水道淤淀，或干旱去处，可与不可措置。劝诱民户，以种莳为名，并力开畎，令积水浸灌。”又下令“命江浙、淮南开畎潴水之地，以限戎马”❸。南宋在建国之初，就已将兴修塘泊作为防秋战略的重要组成部分，其思路在很大程度上沿袭了北宋初年在河北开塘泺的方法。

潴水限敌战略对金兵造成了“后顾之忧”，金人杨云翼在分析为何金国无法占据淮南之地时说：“国家之虑，不在于未得淮南之前，而在于既得淮南之后……彼若扼江为屯，潜师于淮以断饷道，或决水以潴淮南之地，则我军何以善其后乎？”❹ 南宋在淮南之地的潴水举措始终是金兵要考虑的因素。正因如此，直到宋理宗淳祐年间，宰相杜范仍然强调：“臣谓宜仿祖宗方田之制，疏为沟洫，纵横经纬，各相灌注，以凿沟之土积而为径，

❶ 《宋史·河渠志》。

❷ 《宋会要辑稿》兵二九 第 5198 页。

❸ 《建炎以来系年要录》卷二十四。

❹ 《金史·杨云翼传》。

使不得并辔而驰，结阵而前。”试图推行北宋的方田方法。但是，南、北方的情形各有不同，该建议以后未见实施。

虽然人工潴水在阻碍胡骑方面的作用毋庸置疑，但是由于工程量较大，有时甚至以牺牲民田为代价，致使该政策在实施一段时间后，就出现了问题。建炎三年（1129年）二月，宋高宗由平江府（今苏州）南逃，临走时留朱胜非节制平江府、秀州军民控扼等事，以张浚辅佐之，参赞军事。张浚受命后，“即出城，决水溉田，以限戎马”❶。所谓决水溉田，不是灌溉农田，而是决水淹没农田，使水达到一定的深度，并且破坏城外农村的道路，以达到限制敌人骑兵的目的。

南宋初年李如篪关于筹边事宜，发表了自己的看法，也提到淮南一带的潴水限敌：“自江以北淮甸之区，其地亦多平衍，乏岩堑之阻，亦犹曩时雄、霸之北边也。近尝见有司作堰储石梁之水，自天长以北颇为沮洳，虽稍害民田，亦得设险之意。”李如篪认为，江淮地区的地理环境与雄、霸两州相似，地势平衍，没有自然天险，可以储水设险。官军在石梁（今安徽天长石梁镇）作堰，使得天长以北地区泥泞遍布，虽然有害民田，却达到了设险的效果。后来又被破坏，李如篪认为破坏的原因是地方官员中了金人的反间计，决去水险恢复农田。李如篪仍然希望在真、扬以北仿效筑石梁堰和瓦梁堰的方法，储水“以限制北邻，扼其长驱之势，先为不可胜以待敌之可胜”。以塘泊限制胡骑长驱直入。至绍兴三年（1133年）“命江淮南引塘泺，开畎浍以阻金兵”❷，这一计划仍在实施。

金灭亡后，南宋对蒙古人的战争更加困难。对于边疆地区的城市防守尤其重视，淳祐十二年（1252年）宋理宗下诏书说：“又闻边疆之外，皆平原旷野，北骑奔突，边臣每有迅雷不及掩耳之患。今朕欲令极边州郡开浚水道，去城百里之间，三里一沟，五里一洫，使北骑不得长驱而入，边民亦可为耕凿之计，此正古者立方田，开沟浍，以限戎马之遗意也。边防二事，久注朕怀，兹与卿等共筹之。”❸

“开畎潴水之地，以限戎马”是一种思路，并没有固定的模式，各地因地制宜，有条件或者必要的地方，实行了这种防御办法。由于这种办法以破坏大量农田为代价，所以遭到民间反对，一般军情紧急或军事重镇才使用，并未见广泛推广。

7.2.5 金人使黄河改道北流，以黄河抵御蒙古军的设想

贞祐二年（1214年）五月，为避蒙古兵锋，金迁都南京（即汴京），蒙古军围困中都，金在河北的统治岌岌可危，这时的黄河已经南流将近百年，金朝廷中有不少人建议使黄河改河北流以抵御蒙古兵。金迁都的前一年（1213年），有赵秉文建议，黄河北岸地面低于水面二三丈，如改道北行北宋时的北流故道，则以河御敌可以控制山东、河南的较大疆域。他说“宋有国时，河水常由曹、濮、开、滑、大名、东平、沧、景，会独流，入于海。今改而南由徐、邳。水行处下，视堤北二三丈，有建瓴之便。可使行视故堤，稍修筑之，河复故道，则山东、河南合。敌兵虽入，可阻以为固矣”❹。迁都后一年（1215年），

❶ 《建炎以来系年要录》卷二十。

❷ 《宋史·高宗本纪》。

❸ 《续资治通鉴》卷第一百七十三。

❹ 《遗山文集》卷十七《闲闲公墓铭》。

单州刺史颜盏天泽也建议决大河，使北入德（治今陵县）、沧，北流故道犹在，可以加以利用。他说“守御之道，当决大河使北流德、博、观、沧之境……臣尝闻河侧故老言，水势散漫，则浅不可以马涉，深不可以舟济，此守御之大计也”❶。显然，这是试图仿效北宋时河北塘泺的做法，使黄河泛滥于德、博、观、沧一带，形成水险，以抵御蒙古兵。贞祐四年（1216 年），延州刺史温撒可喜也建议黄河改道北流，他说：自新乡县西决河使东北流，其南岸有旧堤可以利用，行五十余里，合清河（卫河），可由清河北入海，两侧皆有旧堤。“如此则山东、大名等路，皆在河南，而河北诸郡亦得其半，退足以为御备之计，进足以壮恢复之基。”❷但是金朝廷认为“河流东南旧矣……水分则浅狭易渡，天寒辄冻，御备愈难，此甚不可”❸，一旦改河恐怕散漫不可收拾，恐怕冬天结冰，防守更加困难，于是仅修河堤以及要害处砌石岸防御。改道北流的设想最终没有实施。因为此时金朝还占有广大的领土，虽然被迫迁都，还具有一定的实力，而决河北流御敌的效果一时很难看到。

贞祐三年（1215 年），金人加强河防，为防蒙古兵南渡，撤换了沿河不称职的官吏，做了些工事，还曾在北岸决堤放水。金兴定四年（1220 年）蒙古木华黎兵与金兵 20 万大战于黄河北岸黄龙岗（今兰考东北），金兵大败，多溺死于河中，黄河以北为蒙古兵所据。

7.3 宋金、宋蒙、蒙金战争中的以水守城战例

用水辅助守城，历代是常用的方法。最普遍的方法是开挖护城河，这一时期，以水守城战例增多，而且大部分都取得了成功。守城的基本方式除了护城河以外，还创造了其他的防守方式，例如在离城较远的地方决河水，造成洪水泛滥，使敌人不能靠近。

城邑防御专著出现，陈规、汤璹有鉴于京城汴梁壕堑深阔，城壁高厚，却被金人攻破，因著《守城录》，对守城的方法进行了详细的论述，提出设置重壕理论。另有赵万年《襄阳守城录》等，这些著作都是实战经验的总结。

利用河流、湖泊等天然水域，与护城河结合，形成四面环水的防守也相当普遍。如宣和三年（1121 年），平定方腊变乱后，衢州（今浙江衢州市）知州高至临开始增筑城池，并且在其城“三面浚壕，西阻溪”。靖康元年（1126 年），王绹知巢县（今安徽巢湖市）时，“群盗蜂起，公策巢当江淮冲要，乃环邑浚壕，因土为城，引焦湖水灌濠中，其南以大河为固”。大中祥符四年（1011 年），袁州城（今江西宜春市袁州区），“北枕秀江，三面为濠”。绍兴三十一年（1161 年），化州城（今广东化州市），“创甃以砖石，北际江，东西南各环以池”。绍定年间，茶陵军城（今湖南茶陵县），“东南因江为险，西以北为濠，濠深为尺一十有五，阔为尺六十有五，南导江流灌注其中，北复会于江，环绕若带”。由于江水水量较大，使用这类护城河的城市通常仅有一面以江为险，其他需要人工开凿护城河。“人工护城河＋河”型。咸平年间，邻山县（今四川大竹县东南），“县城南西北三面有池围绕，东阻涅水，甚险固，俗号为金城”。

虔州城（今江西赣州市），“唐刺史卢光稠始拓其南，凿址为隍，三面阻水。宋熙宁

---

❶❷❸ 《金史·河渠志》。

中，州守刘彝始开水窗三，时启闭以防水患。州守孔宗翰甃以石，上峙八境台。后守赵继善、高夔、杨长孺、郑性之相继葺之”。

靖康元年（1126年），巢县城（今安徽巢湖市），“群盗蜂起，公（王绹）策巢当江淮冲要，乃环邑浚壕，因土为城，引焦湖水灌濠中，其南以大河为固”。

7.3.1 荆州“三海”的变迁及御敌作用

荆州历来常为东南重镇，称吴、蜀门户。三国诸葛亮认为，荆州“北据汉沔，利尽南海，东连吴会，西通巴蜀”，是用武之地。而且荆州“山陵形便，江川流通”，附近河流众多，以水为险。历史上，荆州的战争，多与水有关。“荆州三海”是最重要的以水代兵军事防守工程。对于荆州的防守，起到了很好的作用。

7.3.1.1 王昶渡水是度湖还是渡江

一些研究认为，“三海”起源于三国时期。根据记载，吴赤乌十三年（250年）十二月，魏征南将军王昶攻江陵城，“两岸引竹絙为桥，渡水击之”[1]。对此，胡三省注解说：“吴引沮、漳之水浸江陵以北之地，以限魏兵，故昶为桥以渡水。”《方舆纪要·卷七十八·江陵县》：三海“在城东北。江陵以水为险。孙吴时引诸湖及沮漳水浸江陵以北地，以拒魏兵，号为北海”，清顾祖禹《读史方舆纪要》也引此说，并作了进一步发挥，认为“孙吴时引诸湖及沮、漳水浸江陵以北地，以拒魏兵，号为北海。赤乌十三年，魏将王昶向江陵，引竹絙为桥，渡水来侵，朱绩因退入江陵”。后人也大多引用这一说法，其最初来源是胡三省对《三国志》的注解，其中包含了胡本人对《三国志》原文的理解。胡的注解和《读史方舆纪要》都认为，吴军引沮、漳之水在江陵北形成了湖泊，保卫江陵，王昶渡水是用竹索造桥，以渡过江陵北面的湖泊水险，那时候就有北海。

仔细推敲其注解，明显有不合理之处，如果是引水形成湖泊或沼泽地，用竹索在湖泊上造桥，恐怕很难行得通。当时没有这样的技术。湖泊广阔，湖的对岸是吴军控制区，如何到对岸去造桥是个问题。

王昶渡水其实是渡江，《三国志·魏书·少帝纪》载：嘉平二年（250年）十二月“乙未，征南将军王昶渡江，掩攻吴，破之”。这里“王昶渡江”与《王昶传》中提到的王昶“渡水”显然是同一事件，都发生在公元250年十二月。“渡江”的含义比“渡水”更准确。对此，近人卢弼作按语进一步解释说：“《纪》云‘王昶渡江’，指渡汉水言，非渡大江也，吴荆州南郡、江陵在江北，可证。”如果王昶是渡汉水去攻江陵，“两岸引竹絙为桥”的事情就合情合理。如果是面对敌人设置的湖泊水险，何来“两岸”之说。因此，王昶渡水其实是渡汉江，而赤乌十三年（250年），“吴引沮、漳之水浸江陵以北之地”可能根本没有此事。况且，张咸作大堰之前，“江陵平衍，道路通利”，并没有被水淹没的迹象，也是一个佐证。故此，胡三省的注解和顾祖禹的说法是错误的。江陵以北最早引水阻敌，应当在张咸作大堰时候。

7.3.1.2 早期三海的雏形

“三海”之雏形，在晋武帝泰始八年（272年）曾昙花一现，该年十月，晋命车骑将

[1] 《三国志·王昶传》。

军羊祜率五万晋军进攻江陵。镇守荆州的大将军陆抗令江陵督张咸“作大堰遏水，渐渍平中（土），以绝寇叛”。筑堰的目的是阻挡晋军的进攻，但是筑堰后形成的湖水很广大，以致羊祜准备从湖上用船运粮，又扬言要破坏大堰，以使粮车和步兵通行。陆抗权衡利弊后果断命张咸主动决堰，使羊祜船运粮食的计划不能得逞，“祜至当阳，闻堰败，乃改船以车运，大费损功力”。[1] 湖水虽然被泄掉，但是江陵北面的道路已经被破坏，泥泞难行，并没有恢复以前“道路通利”的状态，这是陆抗敢于作堰又决堰的原因。从这次筑而又决的情况看，江陵北面并没有形成大规模的湖泊，所谓的“北海”这时仍然没有形成。但这次作堰成功阻挡了晋军的进攻，使张咸得以固守江陵，为整个战役的胜利奠定了基础。

南宋王象之《舆地纪胜》卷六十四《荆湖北路江陵府（上）景物考·三海》载：“江陵以水为险，陆抗之筑大堰，高氏之名北海是也。”陆抗筑大堰奠定了北海的基础。以后很长一段时间，没有在江陵北面以水设险的记载。南朝末年，陈军攻西梁，曾经引城北的水灌江陵，没有提到城北有广阔水面，壮观如海的情况。但是有一些湖泊，如龙陂，水源也比较丰富。清代顾祖禹《读史方舆纪要》卷七十八江陵县：三海“在城东北。江陵以水为险。孙吴时引诸湖及沮漳水浸江陵以北地，以拒魏兵，号为北海”，实际当时并未称为北海。

隋代以及唐早期，“北海”旧址仍然是荒地。《旧唐书·李皋传》：“先，江陵东北有废田，傍汉古堤二处，每夏则溢，皋始命塞之，广田五千顷，亩得一钟。”江陵的东北面因地势低洼，堤防残破，经常受涝，常年撂荒。贞观八年（634 年），荆南节度使、嗣曹王李皋组织人力将原来破旧的汉代古提加以整修，堵塞决口，得良田五千顷。

7.3.1.3 五代十国“三海”之肇始

“三海”之真正肇始，当在五代高保融（948—960 年在位）时期，以后称“三海”为“高氏三海”，有一定道理。“初，保融于纪南城北决江水潴之七里余，谓之北海，以阂行者。”[2] 高保融于纪南城北引沮、漳水汇成了方圆七里的水面，这时才真正有北海的称呼。其目的“以阂行者”。其时荆南虽地狭兵弱，却是南北交通要冲，南汉、闽、楚皆向后梁称臣，而每年贡奉均假道于荆南，高季兴、高从诲便邀留使者，劫其财物，被诸国视为“高赖子”，高保融筑北海，或与此事有关，没有提到军事的高度。北海的形成，显然有助于阻止外兵入侵，保卫江陵城。

《舆地纪胜》卷六十四《荆湖北路江陵府（上）景物考·北海》载：“周显德二年（955 年）高保融自西山分江流，方五七里，筑堤而居之，谓之北海。”从西山而来的水，显然是沮、漳水而非长江水。五代时，把沮、漳水也称为江。窦俨（918—960 年）《北海题渚宫》诗云：“纪南南望水城宽，水色天光混一般。”《舆地纪胜》对此解释说：“盖指北海为水城也。”又记渚宫，“唐长兴三年（932 年），高从诲凿城西南隅为池起亭曰渚宫”。北海与渚宫为一体，湖面相当广阔，由城北一直延伸到城西南。作为水险的同时，也成为当地的风景名胜。

北宋建隆二年（967 年），高保勖遣弟高保寅进京朝贡，宋太祖要高保寅回荆南后传

---

[1] 《三国志·陆抗传》。

[2] 《宋史》卷四百八十三。

旨："决去城北所潴水，使道路无阻。"❶ 高保勖不听，没有决北海之水。赵匡胤又命出使湖南的司天监赵修已再度传旨，要高保勖决北海水，以便北宋大军南征时不受阻隔。湖南割据者周行逢听赵修已说宋太祖命荆南决北海水，认为宋太祖将要南征，发十万军民筑鼎州（今常德），这也说明北海的军事意义。《续资治通鉴》载："高氏三海者，高保融据荆南时，分江流潴为大泽，以遏北方戎马者也。太祖并天下，虑窃据者为后世患，乃决而去之。""高氏三海"成为割据势力抗拒宋朝的屏障。乾德元年（963 年）正月，宋将慕容延钊以借道南征的名义，在途经江陵时灭荆南，北海应当在灭荆南或北宋统一后一度废决。

7.3.1.4 南宋"三海"的恢复和扩建

"三海"在南宋时得以恢复并大规模扩建，真正在军事上发挥御敌作用。

南宋绍兴末，金主完颜亮在帝位稳固以后，破坏"绍兴和议"，企图消灭南宋，并于绍兴三十一年（1161 年）分三路攻宋，其中路由刘萼、仆散乌者统兵二万，出蔡州（今河南汝南）进攻长江中游地区，直接威胁荆州。隆兴二年（1164 年）三月，宋朝廷"诏荆襄、川陕帅臣严边备"❷。在这种形势下，南宋守臣李师夔（一说李师道）为守御荆州计，在城北大修水柜，将五代时的高氏北海扩展为上、下海，以遏阻金兵来犯。

"隆兴和议"后，宋、金和平局面保持了一段时间，上、下海一度失修。开禧北伐，战端再起。开禧元年（1205 年）（一说开禧三年），荆湖路安抚史刘甲认为："荆州为吴、蜀脊，高保融分江流，潴之以为北海，太祖常令决去之，盖保江陵之要害也。即因遗址浚筑，亘四十里。"❸ 又在李师夔上、下海的基础上扩建成上、中、下三海，绵亘达四十里。

嘉泰四年（1204 年），吴猎知荆州，预计金兵将犯襄阳，则荆州为重镇。再次对"三海"进行续建，"引沮、漳之水注三海，绵延数百余里，弥漫相连，又为八柜"❹。规模之大，超过以往。三海的位置，上海上通沮漳河，中海在荆州城北纪南附近，下海在荆州城东北，连通沙市，即现今的长湖。上、中、下三海水可贯通。八柜包括："筑金銮、内湖、通济、保安四柜，达于上海，再注入中海；筑拱辰、长林、药山、枣林四柜，达于下海。"修水柜的目的是调蓄三海的水量，可见引沮、漳水不能完全满足三海供水要求，这可能是以后三海容易废弛的原因。

除了三海外，还兴建了南海，用于保卫沙市的安全。"分高沙、东桨之流，由寸金堤外历（荆州城）南纪、楚望诸门，东汇沙市为南海。"❺ 南海在荆州城西门、东门外至沙市便河以西一带；德祐元年，抵抗蒙古军的进攻，南海曾发挥过一定作用。南海与荆州城之间筑有"寸金堤"，也是荆州城、沙市间唯一的陆上主要通道。五代时，高氏将倪可福筑，以捍蜀江激水。清朝时，寸金堤在府城龙山门外。

此外，"又于赤湖城西南遏走马湖、熨斗陂之水，西北置李氏柜，水势四合"。将马山、万城一带湖泊通过筑堤抬升水位，并通过"李氏柜"补充水源。其形制"高可注而下，卑可限戎马，深可容舟，浅不可揭。"❻ 高处的水柜可以随时向湖泊输水，调节湖泊

---

❶ 《舆地纪胜》卷六四《荆湖北路江陵府（上）景物考·三海》，中华书局，1992 年出版，2003 年重印，第 2202 页。

❷ 《续资治通鉴》。

❸ 《宋史·刘甲传》卷一百五十六。

❹❺ 《宋史·吴猎传》。

❻ （宋）魏了翁．奏措置江陵府三海八柜《重校鹤山先生大全文集》卷二十八。

水量，而低处的湖泊形成限制敌人骑兵的主要障碍；湖泊深浅不一，深处可以容船，浅处则刚淹没陆地，实际上还是不能行船，这种形式与北宋时的河北塘泺类似。另外“堤上有路，路端有隘而穴堤，以相灌注。”既堤上设置有可供蓄泻的闸门，整个工程的水利系统相当完善。

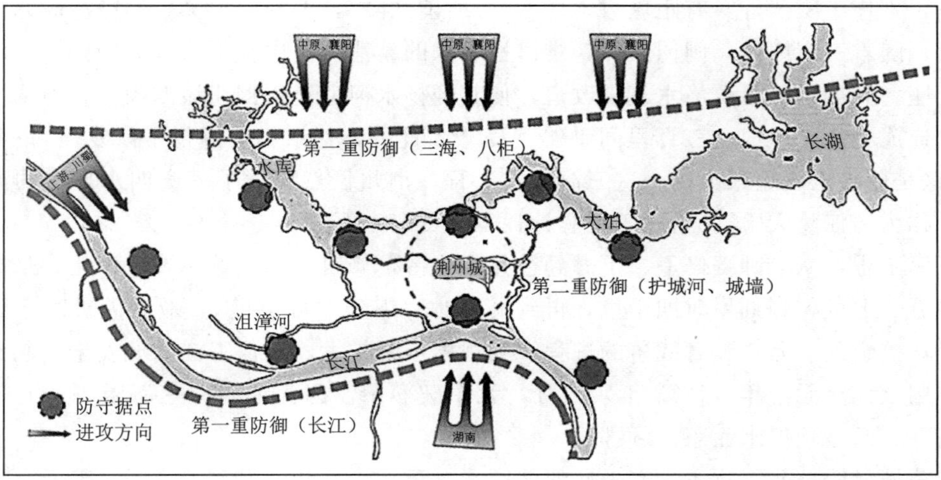

图 7-3 荆州引水守城双重防御图

“三海”形成后，对阻止金兵入侵起到了重要作用，开禧三年（1207 年）春，金人侵犯荆门时，得知江陵有“三海”之隔，不敢贸然进犯，“距江陵才百余里而去”。[1] 这种情形一直维持到嘉定年间，嘉定四年（1211 年），镇守荆州的荆湖制置史赵方“知金人北逼于蒙古，计必南迁，乃增修三海、八匮以壮形势”。这次增修的规模没有记载，应该不会很大。嘉定十年（金兴定元年，1217 年）四月，金宣宗在被蒙古军打得无招架之力的情况下，以南宋不送岁币为由，决定以武力迫使南宋屈服，以乌古论庆寿、完颜赛不率金军南侵襄阳。而江陵因为有三海八匮的防护，军心稳定。

开禧北伐失败后，嘉定元年（1208 年），宋金签订了嘉定和议。嘉定十年金兵侵襄阳被赵方击败后，加上蒙金战争，金兵再无力南侵，荆州的战争形势趋于缓和。在此期间，由于制置司增广屯田以资军食，三海部分还为农田；另一方面，官府受赂，听凭豪民占夺诸海，三海八柜工程废驰，基本失去防御作用。

宋端平三年正月，蒙军南侵，十一月，蒙古军攻江陵（今属湖北），幸宋将孟珙来救，打败蒙古军。江陵的防务因此又被提上议事日程。著名学者、资政殿大学士魏了翁奉命实地考察后，上《奏措置江陵府三海八柜》疏，认为三海淤积，变湖为田，失去水险，“遂至今来敌侵直由田间深入，其害至攻城屠市，焚室掠财，死者枕藉，今幸而援兵四集，事势渐纾”。魏了翁认为应当修复三海八柜，“使浸渍沮洳，敌人虽有武骑千群，寸不得进，然后可施备御之力”。然而，由于战事紧张，且孟珙随后又收复了樊城、襄阳，在宋、蒙拉锯战中的几年里，三海工程因此搁置。

---

[1] 《舆地纪胜》卷六四《荆湖北路江陵府（上）景物考·三海》。

淳祐四年（1244年），孟珙以京湖安抚、制置使知荆州，登城感叹江陵失去水险："江陵所恃三海，不知沮洳有变为桑田者。敌一鸣鞭，辄至城下，盖自城以东，古岭先锋直至三汊，无有限隔故也。"因此再次大规模扩展三海，使过去的三海贯通为一。

据《宋史·孟珙传》记载，孟珙这次修三海，主要做了两大工程，其一，"修复内隘十有一，别作十隘于外，有距城数十里者"。所谓"隘"，即闸门，吴猎修三海时修建过很多闸门，随着三海废弛，闸门毁坏，难以控制水的蓄泄，这次施工修复原闸门十一座，又新建十座。其二是将沮、漳水筑坝改道，使其经杨水河道流入荆州城四周，将沮漳、杨水和汉水连成一片，形成"三百里间渺然巨浸"❶。此外，对八柜也进行了修复，"以蓄泄水势"。这是历史上规模最大的一次三海修筑工程，荆州俨然成为了一座四水环抱的海上孤城，号称为"江陵天险"。这次工程总计耗工一百七十万。

三海工程，从李师夔修上、下海到被元军攻占，修筑时间长达一百一十年。从高保融时期的五、七里，到刘甲时四十里，再到吴猎时"绵延数百余里"，最后孟珙时达到三百余里。从抗金到抗元，随着战争的进程，其规模不断扩大，对保卫江陵城安全，起到至关重要作用。元至元十年（1273年）二月，元军破襄阳。因为荆州有三海阻隔，元军没有选择南下，而是顺汉水而东占领鄂州。

江陵城最后被元军攻占，有一些偶然因素，至元十二年（1275年），由于天大旱，三海干涸，恃水为防的荆州失去屏障。四月五日，元军攻占江陵。随后即开始废除三海工程，逐渐使其还湖为田。五月，忽必烈急派维吾尔族政治家廉希宪以中书右丞的身份赴任荆南行省，决三海之水。《元史》载，"十二年，帝急召希宪还，使行省荆南。先时，江陵城外蓄水捍御，希宪命决之，得良田数万亩，以为贫民之业"，"贫民趋之。未曾期年，已成沃壤"，三海自此成为良田。

7.3.2 以水守城战例

7.3.2.1 决水灌敌，守汴奇策

元代刘埙撰《水云村稿·卷十五·曹忠达公守汴奇策》载，宋靖康（1126—1127年）中，金兵第二次进攻汴梁，时任御史中丞曹辅奏称：去年金兵进犯汴梁时，在城外西北安营扎寨，那里地势卑下，当时不知决水灌敌，是最大的失策。现在应当分兵城中数万兵马，到城外东南驻扎，以接应外来的援兵。等到敌人再次在城外西北安营，立即引水灌敌，必定能取得胜利。宋钦宗认为这一建议可行。但是宰相唐恪说：水可决，兵应当留在城内为根本，不可出城。宰相唐恪坚持不出兵，反先决水灌西北，而东南没有派兵，竟被敌人占据，致使内外隔绝，外援不能到达，以致亡国。决水灌西北敌营，可能实施了，史料没有更多记载，效果应当不明显。

作者认为，曹辅计策的要点在，出兵据东南，引水灌西北，两相配合，缺一不可，这是守汴奇策。但是奸臣误国，没有采纳曹辅的建议，只灌西北，不据东南，用术士郭京来守汴京，真是误国可诛。曹辅（1069—1127年），靖康元年（1126年）召为监察御史。

---

❶ 《刘克庄集笺校》卷一四三《孟少保神道碑》："选僚属修内隘十有一，别作十隘于外。有距城数十里者。沮漳之水，旧自城西入江，乃障而东之，俾绕城北入于汉，而三海遂通为一，随其高下为柜，蓄泄三百里间，渺然巨浸。"

7.3.2.2 水固洺州

洺州（治所在广年县，即今河北永年县东南），向为河北军事要地，境内有洺水和漳水，洺水绕城而过。太平兴国五年（980 年），契丹人为报复前一年宋军对辽的进犯，对宋发动大规模反攻，一直进犯到洺州。卢之翰时任洺州通判，“会契丹寇，之翰募城中丁壮，决漳、御河以固城壁，虏不能攻”❶。这里所说决河水以固城壁，不是引水入城壕的防守。而是决漳河和御河水阻止辽军的进攻，防守洺州城。因漳河离州城有一定距离，御河则远在大名府境内，所以这次决河是在城郊和离城较远的地方形成塘泊或沼泽，阻止契丹军靠近，使契丹军不能实施攻城，保卫洺州的安全。如果要引水入城壕，洺水很近，就足够了，后来金人抵抗蒙古人的进攻，就是引洺水入城壕。

7.3.2.3 水守梓州

宋太宗淳化四年（993 年），王小波、李顺在青城发动起义，次年二月，李顺在成都建立“大蜀”政权，分兵四面出击，派军帅相里贵领军二十万攻打梓州（四川三台县潼川镇）。梓州为川北军事要镇，卢斌受命守梓州，“会江水泛溢，毁子城。斌劝谕州民，翌日，畚锸大集，自城西大濠中掘堑深丈，决西河水，注之以环城”❷。卢斌充分利用了当时江水泛滥的有利时机，加宽加深城濠，引河水注入，环城都是水，巩固了城防，最后以三千人的守军抵抗住了相里贵二十多万人的进攻。梓州能够以相对很少的兵力防守成功，在很大程度上得益于修建了又宽又深的环城城濠。

7.3.2.4 堰滁河水环滁州

南宋建炎三年（1129 年）九月，滁州知州向子伋“闻有敌师”，忧虑城内的守军不足，难以防守，于是在滁河筑堰，引水至滁州城下，使水环绕滁州，以加强防守。但是由于山区洪水暴发，堰修成后多次被大水冲坏，向子伋于是招募民工，用石头砌筑，两石头间用铁水浇灌连接。“叠石穿孔，灌以金汁”。正直秋雨连日，堰没有修成，向子伋率军民，徙居琅琊山寨，企图招降叛军李成，以增强滁州的防守力量，但李成入滁州后，杀向子伋。❸

这是一个试图在滁河上筑堰的工程，由于对当地的水文地理情况不太了解，最后筑堰失败。但是，引水到滁州城外，使水环滁州，加强防守的思路是正确的。

7.3.2.5 水安洺州

金正隆年间（1156—1161 年），金将伯德特离补为洺州（今河北永年县东南）防御使，附近农民起义不断，对洺州城构成威胁，而洺州城内没有驻军，于是引水入城濠，有效加强了城市的防守。“洺旧有河附于城下，特离补乃引水注濠中以为固，盗弗能近，州赖以安。”❹ 特离补引水注濠，摆脱了没有驻军的困境。这次引水注濠是以洺水为水源。与太平兴国五年（980 年）卢之翰决漳、御河以固城壁有所不同。

7.3.2.6 水环邳州

金宣宗兴定五年（1221 年），完颜仲德为邳州刺史，守邳州，“增筑城壁，汇水环之，

---

❶ 《宋史·卢之翰传》。

❷ 《宋史·卢斌传》。

❸ 《建炎以来系年要录》卷二十八。

❹ 《金史·伯德特离补传》。

州由是可守”[1]。嘉定十六年（1223年），金将李二措在邳州，红袄军首领李全攻邳州，“四面阻水，李二措积劲弩备之，全不得进”[2]，李全败走。邳州有水险，即可用于攻城，也可用于防守。完颜仲德引水汇入邳州城外，不仅仅是护城河那点水，而是把护城河扩大为城外的湖泊，起到了积极防守的作用。对此，《邳州志》卷三评论说：“昔者曹氏壅沂、泗以灌州矣，泪乎仲德，以汇水环城，二措用积水阻敌，故知防御之阻尤赖水险，或攻而克，或守而固，虽曰地利，盖亦关乎人事焉。”以水代兵，可攻可守，关键在人如何用水。

完颜仲德不仅在邳州汇水环城，而且在守徐州时也积极发挥护城河的作用，使徐州城四面阻水。金哀宗即位，完颜仲德签枢密院事，巡视徐州防务。“徐州城东、西、北三面皆黄河，而南独平陆，仲德叠石为基，增城之半，复浚隍引水为固，民赖以安。”[3] 1128年杜充决河后，黄河南流，经过徐州城外，徐州本来已经是三面环河，完颜仲德在南面疏浚护城河，并引水注入，使徐州四面环水，徐州的防御得到了加强。

7.3.2.7 水绕砀山

金兴定五年（1221年）年七月，红袄军占砀山，引黄河水绕城以自固。砀山北近黄河，南有旧汴堤，东西二百里间，黄河多支漫流，泥泞不能通步兵，只能走小船。《金史·卷一百二·蒙古纲传》载：“初，砀山首领数人，以减罢怀怨怨，诱胁余众作乱，引水环城以自固，构浮桥于河上，结红袄贼为援。同签枢密院事徒单牙剌哥会诸道兵讨之。纲云：‘砀山北近大河，南近汴堤，东西二百里，大河分派其间，干滩泥淖，步骑俱不可行，惟宜轻舟往来。’”红袄军利用这一有利条件，与金兵周旋。

7.3.2.8 水守沙市

德祐元年（1275年），南宋将领程文亮、监镇司马梦求守沙市。沙市镇当时是一个商业繁荣的交通要道，“据水陆之冲”，又“当蜀江下流”。其地势“南阻蜀江，北倚江陵，地势险固，为舟车商旅之会，恃水为防”[4]。在正常的水文条件下，由于有江水的阻挡，沙市的防守相当坚固。不幸的是，当年四月，元军兵临沙市，“是年湖水忽涸，市南沙碛皆露，元兵陈碛上，乘南风纵火，内薄登城，遂下”[5]。城南可能是引江水形成湖泊水险，所以说南面有江又有湖。关于“湖水忽涸”的原因，不太清楚，可能是天气干旱，也可能是元军采取了某些措施。由于沙市失去水险，很快被攻克。守将程文亮投降了元军，监镇司马梦求战死。五天后，江水忽然又大涨，甚至淹没到了沙市的城墙根底下。但是，已经没有作用了。

7.3.2.9 水守扬州

嘉定七年（1214年），南宋名臣崔与之代理扬州军政，全权筹划抗击金国军队南侵的地方防务。扬州为淮南重镇，处在抗金的前线。崔与之到任后的第一件事，就是疏浚城濠，“广十有二丈，深二丈”。此外，由于西面城濠地势低，“因疏塘水以限戎马”。把城濠和城外的塘水连通起来，扩大了水域，限制敌人骑兵的作用更加明显。又“开月河，置钓桥”。这些措施都充分利用了天然水，以加强城市防守。

---

[1][3] 《金史·完颜仲德传》。

[2] 《宋史·叛臣·李全传》。

[4][5] 《昭忠录》。

7.3.2.10 积水为壕守孝感

陈规著《守城录》记载了一个战例：靖康末年，金兵南下，荆、湖诸郡，盗贼蜂起，淮镇抚使韩遹权孝感县事，在踏勘地形时，他看到“离旧县一十里临涢河，地名紫涢”，“就周围积水为壕，创筑城壁”，工程将完，十二月二十四日，“有信阳军贼马二千余众”包围县城，在壕外分布扎寨。二十五日，“贼掠涢河客船，载兵入壕”，水陆攻县城。二十六日，敌兵乘船在壕内以船并作浮桥，于北壁壕内攻县城，被击退，“复拽船泊岸，只攻东北，亦被御退”，此后多次进攻，都被击退，敌人士气低落，韩遹改防守为主动出击，从“西门放出战船十五只，於壕内及城上，弓夜，拔寨遁去”。这次战斗，利用新修的城壕和城墙，成功击退了敌人的进攻。

7.3.2.11 恃柴潭水防蔡州

天兴二年（1233 年），在蒙古大军的围攻下，金哀宗自归德逃到蔡州，蔡州的防守在很大程度上也靠以水代兵。蔡州的西面和南面分别是练水和柴潭。“蔡州恃潭为固，外即汝水，潭高于汝五六丈，城上金字号楼，伏巨弩。相传其下有龙，人不敢近，将士疑畏”[1]。靠近潭边，建有城楼，因此易守难攻。负责进攻的宋将孟珙认为，金人主要依靠潭水防守，只要把柴潭的水放干，进攻的阻力就小多了，争夺柴潭成为进攻蔡州的关键。因此动手凿堤，决柴潭水入汝水，柴潭就失去保卫蔡州的作用。同时，蒙古军亦决练水。金末王鹗撰《汝南遗事》对此评论认为：“敌人决练江、宋人决柴潭以入汝，西、南二面不复固矣。”西、南两面的防守屏障去除了，蔡州的防守更加困难。

偶然有一天，天气变化，云雾障潭，潭水暴涨。金主认为一定有神力相助，于是下令祭柴潭神，并赐号“护国灵应王”，视潭水为护国之神。在敌强我弱的形势下，以水代兵的防守战术成为金兵企图挽救其失败命运的最后一根稻草。由于实力悬殊，蔡州在宋、蒙联军的攻击下，很快被攻克，金亡。

7.3.3 河濠为固——襄阳防守战

襄阳自古为兵家必争之地，尤其在在南宋时期，长期处于抗金和抗蒙前线，是南宋荆襄战区最重要的战略防御城市，襄阳凭借其得天独厚的护城河天险，于开禧二年（1206 年）至三年成功阻击了金兵的进攻。

襄阳在南宋时改为砖城，其东、南、西三面的护城河非常宽阔。襄阳府城固池深，三面阻水，一面依山。各城门皆有瓮城，易守难攻。汉水自东、北、西绕道南流，南部则是险峻的岘山山系。由于有如此自然天险，加上在襄樊城池的外围，还有众多的外围据点，有力的拱卫着襄樊。襄阳与樊城夹江相望，互相联络声援。构成一个严密的防御体系，故有民间俗语“铁打的襄阳”之说。其护城河是典型的人工护城河与天然河流相结合方式。

宋代一直对襄阳护城河上的水利工程十分重视，同治《襄阳县志》记载：南宋淳熙八年（1181 年），“知府郭杲修护城堤以捍江，筑救生堤以卫城，又于九宫山麓（即真武山，作者注）今仙关门内外设二闸以备蓄泄，导九冲十八洼汇集檀溪湖之水，一由仙关门外桥

---

[1] 《续资治通鉴》卷一百六十七。

下入濠，一由仙关门内桥下入汉”。据碑刻《重浚襄渠记》[1] 记载，“宋郭杲设二闸，水涸时导之入濠以卫城，水涨时导之入汉以杜冲溢”，这些工程对护城河的水源供应十分重要，开禧二年（1206 年）至三年的保卫战就遇到护城河水源不足的问题。

南宋开禧二年（1206 年），宋军北伐受挫，十月，金兵大举反攻，势如破竹。前锋都统乌古论庆寿攻克枣阳，左翼完颜江山攻取光化，右翼乌古孙兀屯取神马坡。都统完颜按带又克随州。“于是宋邓城、樊城戍兵皆溃。”[2] “诏匡先取襄阳以屏蔽蜀、汉。完颜福海破宋援襄阳兵于白石峪。”[3] 金兵对其他城市的进攻都取得了成功，但是完颜匡进攻襄阳，遭到顽强抵抗，因为襄阳城外有襄江之险和宽阔的护城河。

宋赵万年撰《襄阳守城录》记录了这一次战争的经过。开禧二年（1206 年）四月，荆鄂都统赵淳受命提兵守襄阳，十一月，金兵二十万来犯，号称五十万，而守城的宋军只有万余人，力量对比悬殊。赵淳与金完颜匡河滩上对话：“你有军马，我亦有军马，我更有长江之险，无限战船，以待你来。”赵淳所说长江之险，实际是汉江之险，宋军凭借汉江天险，使金军的攻势受挫。金军攻襄阳首先要过江，而“襄江多滩碛，公遣官兵防守，虏数令人测水，屡为射退”。适天久不雨，江流日浅。二十四日，虏拥众涉小樊安阳滩过江，防滩弩手并射，死伤淹没几万人。开禧三年（1207 年）正月，金主为鼓励将士，赐完颜匡诏书说：“彼恃汉水以为险阻，棰马而渡，如涉坦途。”[4]

襄阳的城壕又宽又深，除了已有的河道和城壕外，赵淳还根据情况开挖重濠，开重濠以限砲，用以阻击敌人大炮的进攻：“公遂措置于城外濠岸之南，离濠四十余步，创开濠一道，以作限隔，使虏人推转砲座、鹅车、洞子等难至城下。”就是再挖一道濠堑，“城下，两堤岸开重濠，设鹿角两层”，当赵淳实施重濠战术后，金军大炮的炮座距离城墙更远，威力受限使敌人的攻城器具难以到达城下，更增加敌人进攻的难度。

开挖濠堑必须到城外，容易受到敌人的攻击，因此必须派出保护的部队，赵淳为此动用了大批人力和军队，“正月十七日夜，乘雨暗，密遣千人出城用工，内开挑濠堑六百五十人，防护开濠弩手并敢勇叉镰手共三百五十人，并就城上密摆三层弩手”。在作了充分的准备后，赵淳连续几天派人马和保护部队出城挖掘濠堑。“二十一日夜，差二千人，内开撅濠堑一千五百人，防护开濠弩手并敢勇叉镰手共五百人”，“二十三日夜，以府城之外创挑濠堑，二千人防护开濠，并力开濠。公料得连夜工役，虏人必来冲突挑濠之人，公于当夜差三千人，内开撅濠堑二千人，防护开壕弩手并敢勇叉镰手一千人，及于城上，亦密摆三层弩手”。到晚上，金兵发觉宋军的掘濠行动，派出军队前来干扰。“至二更，果有虏人马军不知厚薄，发喊一拥，前来冲突挑壕官兵，城上并壕外弩手俱发。又遣敢勇人与虏人交战，直至五更，我军与虏人进退分合凡十数次，追杀虏贼，当阵死伤不知数目，虏人退走。所开撅濠堑自城东门团楼角至城南门外吊桥，长四百一十余步，面阔八尺以上，深六尺”。围绕开挖濠堑，宋军和金兵发生了激烈战斗，最后打退了金兵。二月十四日夜，遣官军二千人于南门外创开濠一道，约三百余步，阔五尺，深八尺。来早，虏人登高，望

---

[1] 郭莹，李灵玢．论湖北现存碑刻的历史文化价值．湖北大学学报（哲学社会科学版），2014（1）.

[2][3] 《金史》。

[4] 《续资治通鉴·宋纪一百五十八》。

见忽有濠一道，莫不惊愕。赵淳守城期间至少开掘了3条城濠：一条是从城东门团楼角到城南门外吊桥，总长410余步，宽8尺以上，深6尺；一条是在南门外，总长约300余步，宽5尺，深8尺；一条是在城外东北隅古堤两旁，长400余步。根据《襄阳守城录》的记载："襄阳府城周围共九里三百四十一步，城外有羊马墙，墙外有水濠。"当时的护城河构成的防御系统，达到了"重濠以限砲"的目的。金兵攻城，擅长用炮，这一优势在襄阳因为有宽阔的护城河被化解。

用人力车水入濠，也是这次守城战的一个特点，"二月，天久不雨，公虑城濠水涸，乃创水车，于城东西两堤岸踏水入，濠赖以不涸。绕城水濠久晴浅涸，遂措置于近江岸雁翅城两处，各置水车数座，车取江水入濠，每座用官兵人数不等，旬日濠水渐深"。由此可见，这次守城战斗中，城濠的重要性。

这次襄阳守卫战，自头年十一月被围至第二年二月，凡九十日。大战一十二场，水路攻劫三十四次，金兵耗费了大量人力物力，在所有的攻城方法都用尽以后，被迫解围而去。襄阳守城战为南宋王朝偏安江左，保有半壁河山，奠定了基础。

襄阳城又于咸淳三年（1267年）至咸淳九年（1273年）抵抗蒙古军进攻，前后近6年，堪称史上历时最长的城市保卫战。襄阳之所以易守难攻，主要是因为河濠险阻，形成金汤之固。

7.3.4 依水设险——静江防守战

静江（今桂林）之战是以水设险守城的典型战役。桂林位于湘桂走廊南端，扼岭南与中原的交通要冲，战略地位重要，历代对桂林城池的军事防御都十分重视。桂林古城东临漓江，构成东面的天然屏障，南依阳江，北宋崇宁三年（1104年），知桂州王祖道又于城北开朝宗渠，引漓江水入西湖，通阳江（桃花江），西有西湖作为天然屏障，使桂林环城皆水，得天独厚的地理环境有利于桂林古城的军事防御。

至元十三年（1276年），坚持抗元的宋将马塈兵败严关，退保静江。元军入严关后，又于小溶江（严关西南）击败都统马应麒，元将阿里海牙遂率军围攻静江。

静江依水为固，元军连攻三个月，前后百余战，仍不能攻克。马塈凭险固守，衣不解甲，力挫元军，城中虽死伤甚众，在宋廷已经降元，元军又多方利诱的情况下，仍无降意。马塈固守静江的勇气，在很大程度上与静江的水险地形有关。

静江的水险地理北宋以后逐渐形成，在南宋抗蒙战争中得到加强并发挥了重要作用。理宗淳祐五年（1245年），蒙古攻大理，广西形势吃紧，1253年蒙古灭大理，形势更为紧迫。宝祐六年（1258年）元兵已从云南打到邕州（今南宁）附近，在这种形势下，镇守桂林的李曾伯抓紧修筑城池，1259年蒙古骑兵渡过红水河，经柳州，越桂林而直抵湖南，桂林修城浚池已成为当务之急，为了修建城壕的需要，一切原有水利设施，都用来为城防工程服务，经过二十多年的苦心经营，由李曾伯、朱得孙、赵与霖、胡颖四任经略使各自新建或扩建，桂林城建造得城高隍深。咸淳八年（1272年），城防设施全部竣工，在鹦鹉山刻了一幅巨大的《静江府城池图》（图7-4）。详细记录了城壕的起止、长度，以及所用工时、材料、钱物的数字，胡颖最后完成的水防设险的工程情况：

新开壕，"自鹈鸠山下至狮子山脚，共长一百一十二丈三尺，壕面阔二十五丈，深二

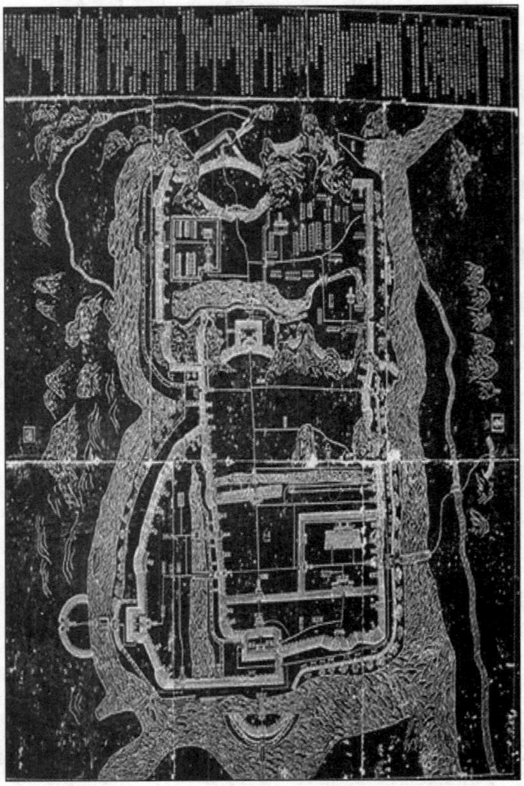

图 7-4 水险环绕的静江府城池图

丈二尺至二丈五尺，并有水。”

展旧壕，“自南门东坝楮木下起，直至狮子山脚，共长六百七十三丈五尺九寸。旧壕面原阔一十八丈至二十二丈，今展阔二十丈至二十二丈，通阔三十八丈至四十丈，深二丈，并有水。”把原阔二十丈左右的南壕展宽至四十丈左右，给不习水战的蒙古军越壕攻城增加了巨大困难。

经过各代整修，静江府形成三面环水，一面靠山的形势。东面有漓江南流，是东城的天然屏障。西面在南宋初年，已经形成水面宽阔的西湖，并有斗门控制蓄泄。除了天然水域外，南宋初年，绕城的沟渠已经形成，“洫子癸（北方）之流以注辛戌（西方），环城有水，如血脉之萦一身。”❶

淳熙初（1174 年），广西经略使范成大重修此渠，并定名为朝宗渠，“沟漓水绕城而西，复南，东合于漓”❷。嘉定年（1213—1216 年）间，方信孺又重浚此渠，改从灵陂附近引水，用于补充西湖水源，朝宗渠“东接漓江，西入西湖，达于阳江”。又筑堰使阳江改道，引水入南城壕，直接用于城防，所以南面则有阳江和南城濠。西北虽有峻拔陡峭的群峰藩篱，也有内外城垣和深壕维护，但毕竟是广连陆地，而且外城是一道一般性的羊马墙，壕河有些地段还是无水的城隍，所以，西北城的军力特别雄厚。

“南宋中期以后，阳江、西湖、朝宗渠，通过一系列的堰、闸，三者已构成一套互相联系的水利枢纽。朝宗渠补给西湖水，西湖与阳江有石堰相隔，不让湖水流入阳江，而在洪水季节，则漫盈的湖水可越过水堰进入阳江，导入漓江，不致泛滥成灾。后来，阳江被导向东，作南城壕河水源。”❸ 由于水利工程的兴修，东、西、南三面利用天然河道或经疏浚的湖塘为为屏障，再加上护城河。这时候的静江府构成了环城以水为固的城防工事。

静江府的护城河不但环城相连，而且宽度和深度超过一般的护城河，达到二十五丈至四十丈，约 78～125 米，深度一般超过两丈，约 6.2 米，堪比一条天然大河。对于以骑兵和炮火见长的蒙古军，确是一道难以逾越的障碍，元军连攻三月而不能克。最后破城的关键在于切断护城河的水源，使护城河失去作用，元军很快就攻破外城。

《宋史·马塈传》记载了当时元兵攻破外城的情况：“攻三月，塈夜不解甲，前后百余

❶ 杨波．略论《桂林盛事记》石刻所反映的史实．广西博物馆文集，2014 (1).

❷ 周去非《岭外代答》。

❸ 万竟君“金汤城池的形成——试论桂林古代人工水道与城防建设”。

战，城中死伤相藉，迄无降意。城东稍卑，大军阳攻西门，以精兵夜决水闸，攻东门，破其外城。”这里的“夜决水闸”，就是打开控制南城壕水流入漓江的水闸，也就是胡颖他们所建的“东坝楮木”。元军百余战不能攻克，最后采取打开水闸，泄掉护城河水的办法。

由于静江的东面是漓江，要切断其水源相当困难，因此元军选择切断西面和南面的护城河水源。《元史·阿里海牙传》有类似记载：“静江以水为固，乃筑堰，断大阳、小溶二江，以遏上流，决东南埭，以涸其隍，破其城。”此处大阳江即阳江，小溶江指朝宗渠。攻城战的关键是使静江失去水险。蒙古军先是切断西、南城壕的水源，即在大阳、小溶二江上游筑堰，别引一渠，把水导向它处。然后“决东南埭”，放空护城河的水。遣主力佯攻西门，以精兵攻其东门。部将史格以战车攻城，因炮石蔽地无法靠近，乃伺隙率众攀碟，蚁附而上，攻破外城。

此战，元军对环水坚城，恃众强攻，却久攻不克，最后以釜底抽薪和声东击西之策才一举破城。1275年冬，阿里海牙进攻潭州时，就曾经采用“决隍水”，即泄去护城河水，配以炮火的方式，攻破其城。这次如法炮制，果然奏效。

明朝初年的统一战争中，洪武元年（1368年）杨璟与征南将军廖永忠、参政朱亮攻靖江（今桂林），也采用“决濠水”的方法，就是切断护城河的水源，使护城河干涸，失去作用。当时久攻不下，杨璟对众将说：“彼所恃西濠水耳。决其堤岸，破之必矣。”[1] 于是派遣指挥丘广攻叚口关，杀守堤兵，放空护城河水，然后筑五道土堤，直达城下。又经过二个月苦战，终于攻克靖江，平定广西。历代以来，静江的防守都是依水设险。

7.3.5 重濠阻敌——德安保卫战

根据《守城录》的记载，从靖康二年（1127年）正月到绍兴二年（1132年）八月期间，德安（今湖北安陆市）城先后十余次遭到叛乱武装的围攻，由于陈规守城有方，这些进攻均被打退。在这些守城战中，护城河发挥了重要作用，靖康二年（1127年）正月，在抗击王在、党忠叛乱武装的进攻时，德安府城开城壕，绕城壕堑计长七百八十八丈，上阔三丈，底阔一丈八尺，深一丈五尺。多数叛乱军队的进攻未能渡过德安城护城河既告失败。德安成为研究宋代城池攻防战时不得不提的一座城市。

据《守城录·汤璹〈德安守御录〉》记述，在这些攻城战中，只有李横叛乱集团对德安城护城河发起过有效进攻。汤璹在任德安教授期间，“寻访（陈）规守城遗事”后，以日记形式，记录了绍兴二年陈规与李横变乱武装围绕护城河所展开的战争：

八月初四日，攻具成，至城西南角下寨，装斫天桥，众填壕，一夜平。初五日，入远壕内立大砲七座，攻打城上人。……用大木造四脚洞子一个，长约二丈，阔丈五，脊高丈二以上……其状如两间屋，推临里壕……遮护贼人搬运草木、砖石填里壕。……（陈）规暗料贼必是欲以砲打城门并城上人，使住立不得，然后进洞子向前填平壕，便推天桥就城，因以上城。（陈）规即时令人于城上照贼填壕处，相对用大木置起战棚一座，上下两层，其上横铺大木三重。……又于城里相对贼定砲并填壕处，亦立大砲七座，内三座亦可

[1] 《明史·杨璟传》。

施放砲石重三五十斤至五六十斤者。……所有贼人狗脊洞子，只于当日尽皆打倒，并人亦打杀，更不能使用。惟有大洞子临壕，约中城内大砲二三百下，方始打动，上盖少有损坏，其当面椓帘、毡帘一齐打碎，砲入洞子内，打杀人多。……只拥驱掳到老少妇女，搬运草木、砖石填壕，并不顾城上箭砲打杀。……其壕相近填满，方再以土傅城。城上人并射火箭在所填草木上，偶值风顺，其贼众向前打扑不及，被火烧著，两三昼夜尚未烧尽。其贼又只用砖石并土，相兼再填。又两三日，相近填满。十八日，贼众遂填平里壕，十九日，至午时，（贼）推天桥凑城西南角，正是所填壕上。……近南地步丈尺稍多，所填壕不甚实处，致陷住天桥东南前脚，前来不得，却向后拽。

从以上记载可知，德安府城修有重壕，既远壕和里壕，李横军队用一夜时间填平远壕，并将大炮立于壕上。在大炮的掩护下，李横叛军使用大木造的四脚洞子一个，名天桥，掩护其搬运草木、砖石填塞里壕。针对李横叛军填壕战具的狗脊洞子和大洞子，陈规在城中设置大炮应对，叛军杂用草木和砖石填塞护城河，在被陈规令人以火箭烧毁了填塞护城河的草木之后，叛军改用砖石和泥土填壕。几天后，里壕被填平，随后李横叛军在里壕之上布置天桥。由于填壕不实，导致天桥东南前角处陷进土中，无法前进，只能将其拽回。李横寇德安 65 日，最后败退而去。双方围绕填壕与反填壕展开激烈争夺。可以说，德安护城河在抵御叛军攻城方面发挥了重要作用。

开禧二年（1206 年）至三年，德安城再次遭到金军进攻，由于有比较完善的城防设施，最后打败了金兵的进攻。这次战役规模不是很大，重濠在实战中再次得到应用。

据王致远《开禧德安守城录》，从开禧二年（1206 年）十一月十七日金军合围德安，至翌年三月四日被迫退兵，前后共计 108 天，宋金以护城河为中心展开激烈争夺。在金军围城之前，德安城防部署就重视护城河的作用："令民人入城，徹屋伐木以充爨，舆粟辇帛以储备，决渠塘以益壕浸。"引河渠池塘之水入护城河以增加其防御效果。金军到达德安府城后，"分布城之东、西、南三面高冈之上"，金兵选择了地势较高，人工护城河绕城之处作为突破点。

金兵对德安的进攻，采用了填濠和泄濠水两种方法，以填濠为主，开禧二年（1206 年）十一月二十五日，"黎明，虏军运竹绲草木，四下填壕，分布行列，周遍州城"，金兵同时发射劲弓强弩，掩护填濠行动。二十九日，城内守军派人出城烧毁了金兵用于填濠战具和竹木等填壕物料竹屑数千束。十二月八日晚，金兵试图趁夜盗决景陵门东、梦泽门西护城河水，被守城宋军射退。后来金兵又发动了多次填濠进攻，均被击退，"二十日，虏攻具益备，悉力填壕，昼夜击石，将大合兵攻城，壕渐为平地，距城甚迩，害气滋炽"。外濠几乎被填平。在这种情况下二十九日，守将王允初"令城内傍城浚壕，深阔以丈，筑女墙于壕上，高八尺"。于城内开挖重濠，宽度和深度都超过一丈，金兵的进攻更加困难。

围绕填濠与反填濠的战斗一直持续到第二年三月，守军还多次出城攻击填濠的敌人，如三月一日，训练官许旺自告奋勇出击，攻杀填壕之人数十人。三月二日，又出击杀二十余人，城内用砲攻击填濠敌人，屡次打中填壕之人，金军填壕行动屡屡受挫。一直到三月四日，金军始终无法靠近城墙，不得不撤围西去。

7.4 人为黄河决口

战国（公元前475—前221年）以后，相当长一段历史时期内，未见有黄河人为决口的记载，一直到唐代（618—907年）的安史之乱，又见黄河人为决口。五代时，由于黄河的淤积抬高，多次出现人为决口。两宋之际，金兵南下，发生了杜充决河以阻止金兵事件，使黄河改道南流。金兵占领北方后，黄河入于金境，一直到金末，蒙古兵入侵，黄河下游成为金人和蒙古军鏖兵的战场，当金兵遭到蒙古军的追击时，也采用决河手段对付蒙古军，企图在汴梁城外挖开短堤，阻止蒙古军，保卫汴梁。金兵又在归德（今河南商丘）城外，使用反间计，诱使蒙古军决河，使归德的防守得以加强。蒙古灭金后，黄河下游成为蒙古人与南宋争夺的地区，再次发生河决寸金淀事件。宋辽金元时期，决黄河之水，以水代兵成为战争双方攻守常用的手段。

7.4.1 1128年杜充决河

关于这次黄河决口，史料记载相当简略，《建炎以来系年实录》卷十八："东京留守杜充闻有金师，乃决黄河入清河以沮兵，自是河流不复矣。"《宋史·高宗纪》："是冬，杜充决黄河，自泗入淮，以阻金兵。"

7.4.1.1 决河前的战争形势和河道状况

南宋建炎元年（1127年），康王赵构在南京（今河南商丘）即位，以宗泽为东京（开封）留守。当年十二月，金兵再度南侵，并于建炎二年（1128年）春正月和二月两次进犯东京。正月"金人犯东京，宗泽遣将击却之"，二月丙辰，"金人再犯东京，宗泽遣统制阎中立等拒之"❶，东京汴梁成为金兵夺取的主要目标，但是由于宗泽领导的抗金力量顽强抵抗，金兵合击汴梁的计划未能实现，被迫北撤。

当年七月宗泽去世后，杜充代为东京留守，奉行宋高宗以及朝廷内一些人的主和政策，首先中止了宗泽的北伐部署，接着对民间抗金武装加以排斥甚至进攻，"宗泽在则盗可使为兵，杜充用则兵皆为盗矣"❷，使抗金的力量大为削弱。这年的秋天和冬天，金兵虽没有直接进攻东京，但是，对东京外围的攻势逐渐加强。九月，攻相州，十一月，"乙未，金人陷濮州，执守臣杨粹中，又陷开德府，守臣王棣死之"。接着，金兵又相继攻克了相州、德州、东平府、济南府、大名府等大片土地。东京汴梁的北面和东面几乎完全被金军占领，金军再一次逼近东京，正是在这种军事上敌强我弱，敌军大兵压境的不利形势下，杜充决开黄河，试图阻挡金兵的攻势，实行一种消极抵抗的防御。

朝廷内部宋高宗表面起用一些抗金将领，真正实行的却是积极主和以及妥协投降的政治路线，企图偏安一隅，主张抗金的李纲受到排斥，上任七十多天即遭罢相。宗泽曾经两次上书请求宋高宗回到汴梁，以加强抗金力量，坚定军民的抗金信心，宋高宗不但没有同意，反而向南逃到了扬州。政治上，杜充决河顺应了宋高宗这种消极抗金，偏安江南的路

❶ 《宋史·高宗纪》。

❷ 《建炎以来系年要录》卷十六。

线，不但没有受到指责，反而于第二年丢失东京后，受到宋高宗的表彰。高宗认为，杜充守住了汴梁将近一年，是“徇国忘家”，“比守两京，备经百战，夷夏闻名而褫气，兵民矢死而一心”。被任命为尚书右仆射同平章事（即右相），官职仅在左相之下。

黄河河道的自然状况，南决的条件已经形成，北宋时期，黄河就不断决口南泛：太平兴国八年（983年），黄河决于滑州韩村，“泛澶、濮、曹、济诸州民田，坏居人庐舍。东南流至彭城界，入于淮”[1]。咸平三年（1000年）五月，“河决郓州王陵埽，浮钜野，入淮、泗”。景德三年（1006年）六月，应天府河决，入于淮，时间很短；宋真宗天禧三年（1019年）六月，黄河先决于滑州西北天台山旁，旋复决于州城西南，“历澶、濮、曹、郓，注梁山泊，又合清水、古汴渠东入于淮”[2]。宋神宗熙宁十年（1077年），“七月，河复溢卫州王供及汲县上下埽、怀州黄沁、滑州韩村。乙丑，遂大决于澶州曹村，澶渊北流断绝，河道南徙，东汇于梁山张泽泺，分为二派：一合南清河入于淮，一合北清河入于海。凡灌郡县四十五，而濮、齐、郓、徐尤甚，坏田逾三十万顷”[3]。元丰五年（1083年）八月，“河决郑州原武埽。溢入利津、旧武沟，刁马河，归纳梁山泺”。黄河这几次南下夺淮，决口的地点都在上自延津、下至濮阳的黄河南岸。流路虽然不尽相同，但大多是在濮阳一带先流向东南，然后沿着泗水南下，至徐州、宿迁以南会淮入海。正如金章宗明昌五年（1194年），都水监承田栎等以状上言：“前代每遇古堤南决，多经南、北清河分流，南清河北下有枯河数道，河水流其中者长七八分，北清河乃济水故道，可容二三分而已”[4]，主张“决河入梁山泺故道，依旧作南、北两清河分流”，并称北清河两岸有旧堤“连亘千有余里”这条南决路线，正符合杜充阻挡金兵的要求。

7.4.1.2 决口的地点

决口的地点，史无记载，据研究，有几种说法，一是在滑县以上李固渡（今河南滑县南沙店集南三里许）西。[5]

另外一种说法约在卫州（治今黄河汲县南）。[6]其根据是《金史·河渠志》有两条史料可供参考：一是“近世河离故道，自卫东南而流”，这当指这次河决不复故道。二是卫州为南宋使臣“驿道馆所在”，疑黄河南北渡口在此，故杜充决河地点可能在卫州。

由于这次决口是人为扒口，其目的很明确，即阻止金兵西进，选择决口的地点时，应当会充分参照历次南决的路线，使决河能起到阻止金兵西进的作用，尤其是阻止金兵对汴梁的进攻。黄河南决离当时最近的一次是元丰五年（1083年），于郑州原武埽的决口，但是这次决口的地点过于靠西，决口后的洪水可能威胁到汴梁的安全，不能作为参照。而更早一些的熙宁十年（1077年）河溢卫州王供及汲县上下埽、怀州黄沁、滑州韩村，其决口位置和泛流的路线都比较符合要求。事实上，建炎二年决口后泛流的路线与熙宁十年的那次决口情形十分相近，应该不是偶然的巧合。据研究，建炎二年至大定七年之四十年间的下游上段河道，大体自原武，经阳武、卫州、鄄城东流，汇入梁山泊，再经南、北清河

[1]《宋史·五行志》。

[2][3][4]《宋史·河渠志》。

[5] 邹逸麟《黄河下游河道变迁及其影响概述》载《复旦学报（社会科学版）》1980年12月。

[6] 周继中《金代黄河下游上段河道的变迁》载《中州学刊》1985年第6期。

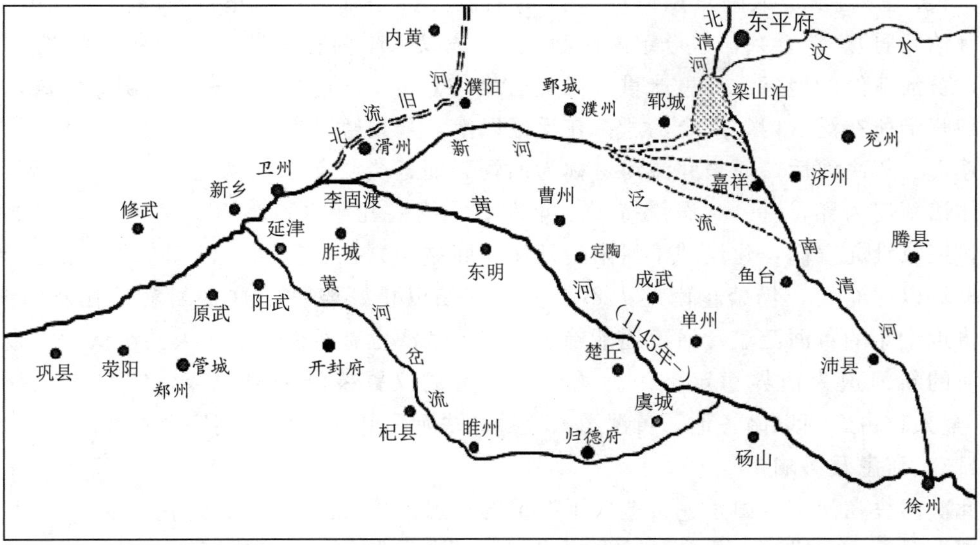

图 7-5　金初新河泛流路线和金代黄河

分流，或单股“自泗入淮”。[1] 都是由梁山泺经南北清河分流。姚汉源研究认为：“惟金兵的北面已经到河北的相州开得府（澶渊），东面已渡河至濮州，决河处不会在澶渊下游，大致应在滑州左右，最可能在滑州至上游卫州（治今汲县）之间，决水向东流动。”[2] 这样的推理是比较合理的。

7.4.1.3　泛流的路线

金太宗天会六年至世宗大定七年（1128—1167 年）决河东流，经豫鲁之间，至今山东巨野嘉祥一带注入泗水，再由泗水入淮。[3] 据研究，建炎二年（1128 年）至大定七年（1167 年）之四十年间的下游上段河道，大体自原武，经阳武、卫州、郓城东流，汇入梁山泊，再经南、北清河分流，或单股“自泗入淮”。[4] 都是由梁山泺经南、北清河分流。

建炎二年十月前后，金军进占了滑州、濮州、澶州等军事重地，杜充可能就是在金军再一次逼近东京的情况下决开黄河的。可以设想，如果杜充在延津以上的阳武甚至郑州一带扒口，黄河可能威胁东京，把宋军甩在黄河北岸，这是杜充决不会考虑的。金人占据中原以后，金和南宋处于连年战争中，时局极不稳定，建炎二年的决口大概是无暇也没有堵复的。当时，黄河一方面南下入淮，另一方面，北流河道的河水也并未全断，黄河处于横流的状态。因而《金史·河渠志》有所谓“或决或塞，迁徙无定”的说法。到了金大定五年（1165 年），金和南宋经过长期的武装较量以后，双方都没有能力消灭对方，划淮为界的局面才基本固定。

7.4.1.4　军事意义

杜充决河在短期内对阻止金兵的进攻起到了一定作用，决河的第二年，即建炎三年

---

[1] 周继中《金代黄河下游上段河道的变迁》载《中州学刊》1985 年第 6 期。

[2] 姚汉源《黄河水利史研究》。

[3] 邹逸麟《黄河下游河道变迁及其影响概述》载《复旦学报（社会科学版）》1980 年 12 月。

[4] 周继中《金代黄河下游上段河道的变迁》载《中州学刊》1985 年第 6 期。

(1129 年）三月，“金人陷京东诸郡”，“时右副元帅宗辅，左监军栋摩乘势尽取山东地，惟济（治巨野）、单、兴仁（今定陶西南）、广济以水阻尚存焉”❶。这时的黄河处于泛流时期，黄河流经的地区，河患严重，饥荒遍地，金兵要越过黄泛区有一定困难。这几个郡其中济州治所在泛区内，其余治所都在泛区以南，金兵暂时难以攻取。

建炎二年决河后，原来北流河道称为旧河，而建炎二年以后南流河道称为新河，宋、金大体以新河为界，这一状态维持了十年左右。绍兴九年（1139 年）六月，宗正少卿方庭实，三京淮北宣谕，建议“于河阳、延津、胙城、兴仁、徐州、淮阳等处与北人计议，各置榷场以通有无，仍禁止南北人不得擅越榷场以止奸盗”❷。这些州县都在新河两岸，经过将近十年的黄河泛滥，河道逐渐趋于稳定，经济也有所恢复。宋人甚至认为宋金可以以黄河的新河道为边界稳定下来。就在方庭实建议置榷场的第二年，绍兴十年（1140年），金人攻占新河以南各地，黄河悉入金境，决河阻止金兵的计划完全失败。

7.4.1.5 河患及影响

此次河决在河南、山东一带造成了严重的河患，建炎三年（1129 年）春，“金人陷京东诸郡，时山东大饥，人相食，啸聚蜂起……时当兵火之余，又有河决之患，州郡互不相救”❸。战争加水灾使得粮食短缺，造成严重饥荒。河决造成的影响是持久的。对一些城市造成了破坏，天德二年（1150 年），位于梁山泊之南的济州治所巨野县城被河水淹没，“徙治任城县”❹。金大定七年（1167 年），河水冲毁梁山泊之北二十里的寿张县城，“迁于竹口镇”❺。

这次河决还开启了长达七百年的黄河南流历史，对淮北的生态环境也造成很大破坏。决口后的黄河呈漫流状态，使河道水系，地形地貌发生变化。一些湖泊被淤积消失或缩小，如梁山泊受这次决口影响，大量泥沙输入湖内，湖底逐渐抬高，开始衰退。北宋漕运的“汴京四渠”汴河、惠民河、五丈河和金水河渐失航运之利，黄淮间的沟通越来越困难。

7.4.2 开短堤，决河以卫京城

与宋军在抗金战争中经常使用以水代兵一样，金兵在抗蒙战争中也常使用以水代兵手段。蒙金战争中，金兵节节败退，1214 年，金朝迁都汴京，1231 年，蒙古兵分兵三路合围汴京，金天兴元年（1232 年）正月，蒙古兵与金兵大战于三峰山，金兵主力大部被歼。蒙古兵由唐州和邓州一带往汴京进发，金派元帅完颜两洛索与蒙古军战于襄城，企图阻止蒙古军，结果败回汴梁。金人不得已试图掘开汴梁城北的黄河堤防，以阻挡蒙古兵向汴梁靠近，作最后的抵抗。这次决黄河堤防，除了打算使决河的洪水形成一定范围的黄泛区，阻止蒙古的骑兵外，估计还计划做一些导流的工程，或者其他工程，以加强京城汴梁的防守。因此派出了一万人的部队，还有民夫。但是工程还没有做完，遭到蒙古骑兵的袭击，派出的一万人，生还的不到二三百人。

---

❶❸ 《建炎以来系年要录》卷二十一。

❷ 《建炎以来系年要录》卷一百四十四。

❹ 《金史》卷二十五《地理志中 · 济州》。

❺ 《金史》卷二十五《地理志中 · 东平府、寿张》。

《续资治通鉴》卷一百六十六：金天兴元年（1232 年），“蒙古兵自唐州趣汴，金元帅完颜两洛索战于襄城，败绩，走还汴。金主诏群臣议，尚书令史杨居仁请乘其远至击之。平章拜甡遣莽依苏等部民丁壮万人，开短堤，决河水，以卫京城”。

《金史·完颜白撒传》对此记载较为详细，金正大九年（1232 年，即天兴元年）正月，“诸军败绩于三峰山。大兵与白坡兵合，长驱趋汴。令史杨居仁请乘其远至击之，白撒不从，且阴怒之。遂遣完颜麻斤出、邵公茂等部民万人，开短堤，决河水，以固京城。功未毕而骑兵奄至，麻斤出等皆被害，丁壮无二三百人得反者”。这次决河最后没有实施成功，京城汴梁最后也没有守住，当年金哀宗逃出南京。

关于短堤，清代顾祖禹注：“短堤，城北小河堤也。”由于河道演变，清代时，短堤已经不再是黄河大堤了。今河南封丘县留光乡有短堤村，在封丘县东南，黄河北岸，或与此有关。

7.4.3 蒙金战争归德反以决河水为固

就在金兵开短堤的同一年，即金正大九年（1232 年）二月，蒙古将特穆尔岱取金睢州，围归德府（今商丘）。这时的金兵对蒙古军屡战屡败，不得不考虑用其他方法加强防守。守城的金兵先决凤池大桥水以护城，可能觉得力度不够，又根据都水官建议，冒着城市被淹的危险，打算在敖游堌决开黄河堤防，以淹蒙古兵，并加强归德的防守。根据都水官前一年的测量，敖游堌地面与城中的龙兴塔高度相当，决敖游堌对城中是十分危险的，为了抵抗蒙古军的进攻，金兵不得不冒此风险，“及大兵至，不得已遣招抚陈贵往决之”[1]。但是，这次决口没有成功。派去决口的军兵才出门，就被蒙古军的游骑歼灭，无一生还。

金兵一计不成，再生一计。蒙古军营驻扎于南城外的高地上，昼夜攻城，不能下。这时有人向蒙古军献决河灌城计策，由于对水攻战的特点不了解，蒙古主将特穆尔岱听从了这一建议，派人决河，“河既决，水从西北而下，至城西南，入故睢水道，城反以水为固”[2]。蒙古人中计，决河不但无助进攻，反而因为洪水的阻挡，使归德城的防守更加坚固。因为决河后的大股洪水，并没有如最初决河时的想象，直接冲击归德，而是顺睢水故道流走了。“春，蒙古兵决归德城北河堤，城四面皆水，自睢水东南流。”[3] 再找献计的人，已不知去向。反观金人曾经试图决河固城的战术，不难看出，这是金兵的反间计，以水代兵史上一次成功的战术。

这次决口的地点在归德北，具体地点没有记载，有可能就是上次金兵决河没有成功的敖游堌。金兵以水守城的战术获得了暂时成功，归德四面皆水，蒙古军不得不缓攻归德。

蒙古军虽放缓了对归德的进攻，另一方面却猛攻京城汴梁，当年（1232 年）十二月，金哀宗准备从汴梁外逃，召群臣商议去向，有人认为，可以去归德，理由是“归德四面皆水，可以自保”[4]。于是金哀宗逃至归德，但是，金哀宗认为归德也不保险，准备逃往蔡州。天兴二年（1233 年）六月，山东行省兖州的王用安得知金哀宗将要从归德迁往蔡州，

---

[1][2] 《金史·石盏女鲁欢传》。

[3] 《金史》。

[4] 《续资治通鉴》。

派人以蜡书向金哀宗陈述六条理由认为不可，其中第一条就是："归德环城皆水，卒难攻击，蔡无此险。"❶ 足见四面环水对归德的防守起重要作用。但是，由于当时金哀宗已经到了蔡州，事情无可挽回。

这次决口，使黄河水不再由归德至丰县之东入泗，第一次自归德府南入睢水，即经夏邑、濉溪，以及宿县之北，至宿迁入泗水。

这次水攻事件还记述了一次水工测量史实，根据都水官 1231 年的测量，敖游堌地面与城中的龙兴塔高度相当。虽然塔的高度不太清楚，但是一般来说不会很低，因此可以认为悬河已经很高了，也说明当时有比较高的水利工程测量技术。

7.4.4 河决寸金淀

金哀帝天兴三年（1234 年），宋、蒙联合灭金后，南宋军队按约收复南京开封，赵葵入汴。蒙古汗窝阔台背信弃义，令蒙古军再次南下。这年六月宋兵攻入开封，八月，蒙古兵"又决黄河寸金淀之水，以灌南军。南军多溺死，遂皆引师南还"❷。揭开了宋、蒙战争的序幕。

这次决口的具体情况，史料记载相当简略。决口的地点寸金淀，据清顾祖禹《读史方舆纪要》认为寸金淀是堤名："寸金淀，旧在城北二十余里，盖河堤之别名也。"但据姚汉源研究认为，寸金淀即《宋史·河渠志》所记的寸金潭，该志援引王黼的话说，宣和二年（1120 年）九月己卯，"昨孟昌龄计议河事，至滑州韩村埽检视，河流冲至寸金潭，其势就下，未易御遏"。这是该志中关于寸金谭位置的唯一记载，据此，寸金潭当在滑州韩村埽附近。居高临下，河势难以控制，有可能是当时黄河上的一处险工，河水在此积水成淀。蒙古军后来在此决口是有道理的。

《宋史·赵葵传》也提到这次决河事件："未几，北兵南下渡河，发水闸，兵多溺死，遂溃。"所以河决寸金淀实际是开寸金淀水闸。"当时黄河北与寸金淀相通，所谓开水闸或系淀水原用于灌溉等，淀河相通处有闸控制。开闸及决河南岸，二水并发，南下势猛"❸。开水闸是打开寸金淀的控制水门，掘堤是同时决黄河南岸堤防灌宋军。这次决河对宋军造成很大的损失。应该是宋军的驻军位置不当，被蒙古军利用。

此次河决自开封之东经陈留县至杞县三汊口分为三支，"初，河决于汴，西南入陈留，分而为三，杞居其中潬"❹，主流由开封经陈留至杞县，冲塌杞县城墙，后元将张柔守杞县，遂于黄河北岸另筑新城，迁县治。大河穿过两城之间，经鹿邑、亳州等地夺涡水入淮，这是黄河下游上段第一次走涡水入淮❺，造成黄河下游继 1128 年之后河势的又一次较大变化；第二支走杞县新城之北，夺睢水，经睢州（今睢县）、宁陵、归德（今商丘）、徐州等地合泗入淮；第三支由杞县故城南，经太康、陈州（今淮阳县）、颍州（今阜阳）等地汇颍入淮。《元史·地理志》对此论述较详，杞县"元初河决，城之北面为水所圮，

❶ 《汝南遗事》卷一。

❷ 《续资治通鉴》卷一百六十七。

❸ 姚汉源．黄河水利史研究．郑州：黄河水利出版社，2003：215。

❹ 《元史·张柔传》。

❺ 周继中．金代黄河下游上段的河道的变迁．中州学刊，1985（6）。

遂为大河之道，乃于故城北二里河水北岸，筑新城置县，继又修故城，号南杞县。盖黄河至此分为三，其大河流于二城之间，其一流于新城之北郭睢河中，其一在故城之南，东流，俗称三叉口”。

河决寸金淀后，宋、蒙两军在黄泛区展开了交战，杞县被黄泛的洪水包围，元将张柔守杞县防御宋的水师，“乃即故杞之东、西、中三山，顺杀水势，筑连城，结浮梁，为进战退耕之计，守御以固”。后来张柔移镇亳州，也在这次黄泛区内，环亳皆水，非舟楫不达，“柔甃城壁为桥梁属汴堤，以通商贾之利”。又向北筑甬道一百二十里，向南六十里，以遏宋师，通粮道，宋军的进攻受阻。

这次水灌宋军，对汴梁是一次大劫难。金末时，汴梁人口还在 100 万以上。经过 1233 年蒙古军攻陷汴京的大劫掠以及这次的人为水灾，开封人口从此锐减，再也没有恢复到宋金的水平。这次决口还造成了大片的黄泛区，除了汴梁、杞县遭受较大破坏外，封丘新城也为河水破坏，不得不把老城整修后，再迁回老城。黄水泛于归德、徐州至杞县、陈州、颍州大片土地。

7.5 灌营、断路、决水进攻、水源争夺

7.5.1 安子罗决水淹元昊军

北宋仁宗景祐二年（1035 年），居住于青唐（今西宁）的吐蕃角厮啰政权内部发生叛乱，论逋（国相）温逋奇囚禁角厮啰，角厮啰逃出邈川，集兵杀死温逋奇。西夏李元昊乘角厮啰发生内乱的时机，出兵进攻宗哥、带星岭诸城寨，进围青唐城，角厮啰派部将安子罗领兵 10 万，暗断元昊退路，元昊还兵与安子罗军作战，战斗十分激烈，经过持续 200 余天的艰苦作战，安子罗兵渐渐不能支持，元昊军队也因粮草不继，士兵饥饿而死者越来越多。元昊只好撤军，大军渡宗哥河，方半渡河中，安子罗暗使人决水淹元昊军，士卒漂没不计其数，幸存者大溃而逃。

《西夏书事》记载了这次安子罗水淹元昊军事件：“角厮啰居邈川，以论逋温逋奇乱，集兵杀之，徙居青唐城。元昊知其衰困，出兵攻宗哥、带星岭诸城，进围青唐。角厮啰遣部将安子罗以兵十万绝其后，元昊还兵与战，昼夜角斗至二百余日，子罗方败。时元昊粮匮，士卒饥死者众，至宗哥河半渡，子罗潜使人决水淹之，大溃，还。”这次战斗，角厮啰利用熟悉地理的有利条件，决水淹敌，反败为胜。按照一般水攻的规律，角厮啰应当在上游筑堰，使河水变浅，当元昊军渡河时，再决堰。

宗哥河之败使元昊十分恼怒。同年十二月，又亲率大军进至河湟。角厮啰自知寡不敌众，屯兵于鄯州（今青海西宁境），不出战。元昊主动进攻，在渡一条河时，在河水浅的地方插标识为记，作为返军渡河之处。角厮啰派细作前去侦探，得其虚实，暗中使人把渡河标识移植到河水深险处。元昊对角厮啰的进攻被击败，士兵狼狈争相逃命，到达河边，寻找标识抢先涉水而过，不断误入深水，险浪扑击，士兵溺水而死者十有八九，失去辎重无数，仅留得残兵剩卒保护元昊逃回。李元昊又一次败于河水中，再不敢轻易涉足其境。

这两次战斗，角厮啰在劣势兵力下，利用熟悉当地水文地理的有利条件，以水代兵，

以弱胜强，打败西夏军。

7.5.2 灵州之役：西夏军决七级渠水淹宋军

北宋元丰四年（西夏大安七年，1081年）四月，西夏发生政变，太后梁氏囚禁皇帝李秉常，皇族亲党和各地部族首领纷纷拥兵固守所属城池堡寨，与梁氏母党势力对抗，一时西夏处于内乱之中。宋朝廷内以种谔为代表的主战派上书宋神宗，主张乘机西征。宋神宗于是调集三十万大军，分五路大举攻夏，这五路兵马分别是：李宪部出熙河路，种谔部出鄜延路，高遵裕部出环庆路，刘昌祚部出泾原路（刘昌祚受高遵裕的节制），王中正部出河东路，欲一举攻克西夏兴、灵二州。

十月十二日，泾原路刘昌祚与姚麟率本路蕃、汉兵五万进至磨脐隘，与西夏兵三万余众相遇，刘昌祚认为，宋为客军，利在速战，于是奋勇当先，大破夏军，“擒首领统军侄吃多理等二十二人，斩二千四百六十级”[1]，十月二十九日，刘昌祚兵至灵州城下，当时城门未关闭，先锋夺门几入，高遵裕恐刘昌祚独获大功，遣使命令他暂时不要攻城，于是城门关闭，等高遵裕的军队到达之后，夏兵已做好了防御的准备。环庆兵和泾原兵皆屯兵在灵州城外。

“戊子，高遵裕始自以环庆兵攻灵州城，时军中皆无攻具，亦无知其法者，遵裕旋令采木为之，皆细小朴拙不可用。”宋军攻城十八日而不能下，西夏又派兵断绝宋军粮道，宋军正在进退两难之际，又遭受致命一击，十一月十八日，夏人决黄河七级渠淹灌宋军。使宋军难以立足，十一月十九日，高遵裕冒被族灭的危险，下令班师，开始撤离灵州城下。

《续资治通鉴长编》卷三百二十：“是日，环庆、泾原兵去灵州。初，高遵裕攻围灵州，十有八日不能下，粮道且绝。贼决七级渠以灌我师，水至，遵裕断炮为梁以济，刘昌祚殿，手剑坐水上，待师毕济然后行。贼骑追袭，转战累日，至韦州，士争入寨，无复队伍，贼乘之，我师溃死者甚鰤（众）。先是，有诏辄班师者族，城久不下，泾原钤辖种诊独与遵裕书，言：‘顿兵攻坚，兵法所忌，而食且尽，吾营布列稻塍，若贼决河水灌之，吾其鱼矣。请归屯清远，通粮道以听命。’遵裕以示众，无敢应者，遵裕乃谓诊曰：‘听公言活两路生灵，得罪死无所恨。’遂班师。”根据种诊所言，进攻灵州的宋兵把军营安扎在田野里，当时正是冬季，田野没有庄稼，也没有水，正好安营扎寨。没有考虑到农田本来就地势低平，如果灌进水去也是很容易的，因为平时就有灌溉的渠道和水源，根本不用另外做工程。

西夏时，宁夏平原的引黄灌溉相当发达，除了七级渠外，还有唐徕渠、汉延渠，以及“诸大渠”“诸渠干”“诸小渠”“诸供水细渠”等[2]。成书于清代道光六年（1826年）的《西夏书事》，在其卷二十记述西夏鞥都五年（1061年）农历六月灵、兴二州大水时，也专门谈到西夏京师的引黄灌区渠道：“黄河环绕灵州：其古渠五：一秦家渠（既七级渠）；一汉伯渠；一艾山渠；一七级渠；一特进渠。”“是时七级渠泛溢，灵、夏间庐舍、居民漂没甚众。”正如当时环庆路转运司言：“灵州绕城旧有黄河分水大渠三重及沟浍纵横贯注，

---

[1] 《续资治通鉴长编》卷三百三十。

[2] 汪一鸣．西夏时期宁夏平原灌区的水利工程和灌溉管理．人民黄河，2005年10月．

水所溉田约二十里。”当时的灵州城外，确实是渠道纵横，而且七级渠还容易泛滥成灾，用来淹灌宋军是非常方便的。水灌宋军，只用了一天时间，就使得宋军难以在灵州城外立足，不得不撤退。

水灌宋军还产生了另外一个作用，即阻挡宋军的归路。当宋军大举越过纵横的渠道进攻到灵州城下时，渠道是干涸的。后来西夏军壅黄河水进入渠道，渠道的水位逐渐提高，大小渠道就成为横亘在宋军面前的一条条河流，渠上虽有小桥，难过大批车马，高遵裕甚至把攻城的炮车拆掉作为架桥的木料以渡渠，部队宿营时不得不被分开，隔渠下寨。减弱了部队的战斗力。西夏军乘机截杀宋军，宋军被水浸以及寒冻，人马多有死伤。刘昌祚亲自提剑殿后，指挥军队苦战数日，撤到韦州。但是在进入韦州营寨时，宋军秩序大乱，被夏军追击，死伤严重。

宋彭百川《太平治迹统类》卷十五：“前大军经过，渠皆干涸，自庚子贼决河水，渠渐盈溢，寨地卑下，势将渰浸。高遵裕已于辛丑（十一月十九日）领大军离城下，即有贼马出没邀截。至午，过一渠，人马涉水；至酉，再过大渠，虽有小桥，人马壅并，亦须涉水。其后泾原兵遇夜，止在渠北，与中军隔渠下寨。壬寅（十一月二十日），贼追及后军接战，两渠间水浸及寒冻，人马颇有死者。”接连不断的渠道成为横亘在宋军面前的一道道障碍。

高遵裕总结这次失败时说：“大军径趋灵州，会合两路兵至城下，自丁亥并力攻击。缘灵州城广阔，守御备具，近城贼兵万数不少，日夕与诸将分头竭力，且攻且战，虽屡获首级，然独坚城未下。至庚子（十一月十八日），贼决黄河水浸营，难于驻留。”灵州之役的失败，除了粮草不继，军队内部不和等原因外，高遵裕还竭力寻找其他各种原因，最后不得不承认敌人决水淹灌军营是导致环庆兵和泾原兵撤离并最终失败的直接原因。

其他各路军马接到灵州失败的消息，大部分溃败，五路伐夏遂致功亏一篑。

7.5.3 永乐城之战与永乐城水源

元丰四年（1081 年）的五路伐夏虽然大部失败，但是种谔率领的鄜延路兵马，先后攻取了西夏的米脂寨、夏州（今陕西省米脂县西北）、银州（故址在今陕西省靖边县红墩界镇白城子）等地。元丰五年（1082 年）七月，为实施“占据横山，俯视兴、灵”的战略方针，宋神宗赵顼采纳给事中徐禧建议，在银州（今陕西榆林南）东南，依山据险，设置寨堡，筑永乐城，以制西夏。新筑的永乐城，正处于宋、夏相争的横山山脉东路，西夏军队沿无定河南下，宋军北出无定河谷的门户地带。

修筑永乐城，由徐禧建议。《宋史·徐禧列传》载：“种谔西讨，得银、夏、宥三州而不能守。延帅沈括欲尽城横山，瞰平夏，城永乐。诏禧与内侍李舜举往相其事。”徐禧考察的结果认为，银州虽然在明堂川（今榆溪河）与无定河交汇处，但不如永乐（今马湖峪）险要，提议修永乐城。

修建永乐城的建议遭到种谔的强烈反对，种谔根据多年的征战经验认为“以其地依山无水泉，极言不可”❶，种谔的意见主要是水源不可靠，所以城不可守，“城之必败”。应

❶ 《西夏书事》卷二十六。

该说，种谔的意见具有一定的道理。宋神宗没有听取种谔的意见，而是采纳了徐禧的建议，并贬调种谔为延州知州。九月初，永乐城修成（今陕西榆林县东南上盐湾乡固）。

新修的永乐城，“地形险固，三面阻崖，表里山河，气象雄壮”。其城“依山无水，下滨无定河”。关于永乐城的位置，有不同的说法。❶ 筑城时已经考虑了水源问题。徐禧等言：“以定永乐下埭作寨……新城去永乐上埭八里。”其城址位于永乐下埭，距永乐上埭八里。埭即土石坝，使上游形成小型水库。把城址选在有埭的地方，在于供水方便。这里应当是一个有坝引水工程，通过渠道把水引向城内，作为城内供水的水源。明天顺五年（1461 年）修《大明一统志》卷三十六“延安府·古迹”中提到：“永乐城，在米脂县之西，宥州之东，二面重岗峻岭，路仅可通车马，中无井泉，唯城连无定河，浸渍之余可给食。”明确说明无定河有渠道通城内，作为城内水源，没有井泉等其他供水设施。又“为井十四，筑垒营之”❷，这些井应该是在城外，城外建有水寨，保卫水源。但是水寨并无险可守，容易被攻破，水源也就容易被切断。

在兴建永乐城期间，西夏几次派兵渡无定河来袭扰，都被打退。鉴于永乐城在军事上的重要性，西夏人认为，“此城不争，则横山尽为汉有。灵、夏为存亡所系要害，当以死捍之”❸。于是调集三十万大兵，全力进攻永乐城。得到西夏人进攻的消息后，徐禧、李舜举等出兵援救，大将军高永亨提醒说：“城小人寡，又无水泉，恐不可守。”❹ 指出水源问题的重要性，徐禧认为他扰乱军心，把他投入监狱。

不久，西夏军开始大规模进攻，而永乐城内的守兵只有三万多人，众寡悬殊。登城西望，敌军不见边际，面对强敌，永亨兄高永能建议应当乘西夏兵立足未稳，主动出击，挫其锐气，徐禧却以“王师不鼓不成列”为由予以拒绝。西夏兵越来越多，宋军上下皆有惧色。主将曲珍说，眼前军心动摇，已不利出战，战必败，建议收兵入城，徐禧反说他身为大将，遇敌不战，先自退缩。

半渡而击是水攻常用的方法，也是军事常识，当时西夏军的铁骑正在渡水，有人对徐禧说，西夏的这种骑兵叫“铁鹞子”，锐不可当，应当趁其正在渡河时，发动攻击，才能打败他，徐禧又不听。夏军渡河后，向宋军发动猛攻，宋军战败，遭受重大损失，不得不退入城中。

夏军兵围永乐城，首先占据了水寨，截断流经城中的水源。城内饮水供应逐渐困难，城中曾经掘出三口井有水，仅够将领饮用。“将士昼夜血战，城中乏水已数日，凿井不得泉，渴死者大半，至绞马粪汁饮之”。据研究，这次宋军渴死人数达到一万七千四百余❺，可谓触目进惊心。军心动摇，大大降低了军队的战斗力。“是夜，大雨，敌兵四面急攻，士卒饥疲，不復能拒。夜半，城遂陷”。另据《师友谈记》记载此次战斗城内乏水情形：“守既久，城中无水，兵皆渴，至有杀人而吮睛饮血者。禧命掘井，井数十尺方及泉。既汲，禧命以军额高下次第饮之。众兵怨怒，凡汲一罂，众兵皆以衣渍而吮之。众渴不已，

❶ 张戈．北宋永乐城址新考．榆林学院学报，2017（9）：27－29。

❷ 《皇宋通鉴长编纪事本末》卷第八十九。

❸ 《大元一统志》“永乐故城”条。

❹ 《续资治通鉴》卷七十七。

❺ 赵涤贤．北宋元丰中灵州永乐两次战役宋军死亡人数考．学术月刊，1994（6）.

请开城饮于壕，虽死不憾。城开，外兵遂入而屠焉。”最终，士兵们选择自开城门，以获取饮水，永乐城也因此不攻自破。沈括以及宦官李宪等人的救兵受阻。种谔由于怨恨徐禧，未予援救，西夏军终攻破永乐城，徐禧等人死难，宋军二十多万士卒、役夫阵亡，是历史上因水源问题而发生最惨烈的战斗之一。

7.5.4 宋夏战争中的水源争夺

宋夏战争前线在西北干旱少雨地区，所以饮用水源问题比较突出，往往成为两军争夺的焦点。除了上述永乐城的水源问题比较严重外，边境的城、寨、堡以开凿井泉、建造水寨、引水入城等方式保障水源供给。城、寨、堡遭围期间，多以凿井寻水、突围取水、依靠雨水等方式获取饮水，两军争夺水源的战事非常频繁。

咸平五年（1002 年），西夏李继迁围麟州城（今陕西神木），城内缺乏井泉，麟州地处宋、夏、辽三方交界之地，“因山为城，最为险固”，易守难攻，最大的问题是缺水，城中无井。“城外虽有泉水，列寨为防，而垣墙阔远，难于固守”。知州卫居实“遣使于河东部井匠至州开凿”，果不其然，开战之后，水寨即为夏军所占。

庆历元年（1041 年），西夏兵围河外，纵游骑钞掠麟州（今陕西神木）、府州（今陕西府谷）间，二州闭壁不出，百姓不得出城，“民乏饮，黄金一两易水一杯”。守将张亢到任麟州后，保护百姓出城取水，发现麟州“北沙坑有水泉，为筑安定堡，置兵守之”❶，保护水源。李元昊围麟州二十七日，城中无井，掘地以储存雨水，李元昊得知后，加紧围城，知州苗继宣“取污沟之泥以饰埤”，李元昊见此情景竟被误导，认为“城中无水，何暇涂积”？遂解围而去。

宁远寨位于麟州（今陕西神木）和丰州（今山西河曲）之间，建成不到一年就被西夏攻破。由于其重要的军事位置，庆历元年（1041 年）十月，朝廷打算重修此寨，并州（今山西太原）知州杨偕提出了不同的意见：“麟、丰二州及宁远寨并在河外，与贼接界……虽宁远介二州之间，可以为策应兵马宿顿之地，又其中无水泉可守，若议修复，徒费国用。”❷ 水源问题成为修建城寨首要考虑的问题之一。

与麟州相邻的府州也面临同样的问题，张旨为府州通判，与州将一起守城，“州无井，民取河水以饮，贼断其路。旨夜开门率兵击贼，少却，以官军壁两旁，使民出汲，复以渠泥覆积草，贼望见以为水有余”❸。西夏兵也是攻击水源。

北宋庆历二年（1042 年），宋夏定川寨（今宁夏固原西北）之战，元昊兵围定川寨后，就派兵“绝定川水泉上流，以饥渴其众”❹。切断了定川寨的水源，使寨内无水，人马俱渴。宋军不得不列阵出击，被打败，又强行突围，结果在野战中全军覆没。王尧臣在总结此役时直斥“贼马壅定川水泉上流，将佐无觉知者”，指出了宋军对饮用水源没有足够的重视。

北宋神宗熙宁四年（1071 年）正月，宋将韩绛派种谔率军败西夏军于啰兀（今陕西

---

❶ 《宋史·张亢传》卷三百二十四，列传第八十三。

❷ 《续资治通鉴长编》卷一百三十四。

❸ 《宋史·张旨传》卷三百零一。

❹ 《宋史·葛怀敏传》卷四十八。

米脂西北），并修筑啰兀城，屯兵驻守，又筑抚宁故城、永乐川、赏逋岭各寨。二月，西夏军反攻，新筑各堡寨相继失守，种谔茫然失措。三月，因啰兀城无水源，道路险阻，补给困难，宋军放弃啰兀城。当韩绛筑抚宁、啰兀两城时，宋神宗命张景宪往查看，张景宪认为城不可守。他说："啰兀邈然孤城，凿井无水，将何以守。"❶ 为了抢占水源地，元符元年（1098 年）都延路走马郝平向朝廷上书，希望在芦关（今陕西安塞北）修复堡寨。他说"西贼入汉界，至芦关百三十里乃有水，水源在芦关。若据之，则西贼往还二百六十里无水"。经过宋夏战争中，不断产生对水源的争夺，宋军因没有重视饮用水源问题而多次招致惨败，宋军已经认识到水源在城堡建设中的重要性。

不仅是西北地区有饮用水问题，南方的一些堡寨也有同样的问题。宋神宗熙宁年间，邕州城（今广西南宁）被交趾围困长达四十二天，这段时间城中"粮储既竭，又岁旱，井泉皆涸，人饥渴，汲沤麻汗水以饮，多病下痢，死者相枕"❷。造成的后果相当严重。

景德四年（1007 年），象州城（今广西象州）被围，由于"象州城在高邱上，素无井，闭垒之日，皆以乏水为虑。时颇得雨，停水将竭而复下，如是者两月，所停水久而澄澈，汲之以济"。❸ 依靠雨水，幸而得以接济。

7.5.5 宋金和宋蒙战争中的水源争夺

除了宋夏战争在西北经常有水源问题，南宋时期的宋金和宋蒙战争中，军事要塞也经常有饮用水源问题，军事要塞一般处于两军作战的前线，大多位于山区或边远地区，易守难攻，但供水是其短板。所以修建时要首先考虑水源问题，进攻时也往往会考虑切断水源。

南宋初年，抗金名将徐徽言守晋宁军（今陕西佳县），当时河东各州、府都被金兵攻陷，独晋宁军在徐徽言防守下孤城屹然，号"天下之险"。守城的宋军与金兵鏖战数十次，杀伤、俘敌不计其数。金军主将完颜娄室甚至准备放弃攻城。后来金兵通过侦察得知，城内没有井，饮用的是河水。"晋宁俗不井饮，寄汲于河，金人载茭石湮壅支流，城中水乏绝"❹，或者说是"城中无井，日取河水以为饮，乃决渠于东，泄其水，城中遂困"❺。把流进城内的河水导向别处，断绝城内水源。徐徽言走投无路，人心离散，部下开门投降。

南宋绍兴年间，沂州（今临沂）有数十万百姓，结寨于仓山。金兵围困日久，形势危急，派人求救于魏胜，魏胜分兵救仓山，入寨以后，金兵围攻愈紧，并且断绝水道，寨中饮水用完了，魏胜带领军民宰牛杀马，取血当水，坚持斗争，"胜默祷而雨骤作"❻。当然祈雨只是一种形式，但也说明具备一定的气象知识对于战争具有非常重要的作用。

宋蒙战争，元军攻四川过程中，中统二年（1261 年），蒙古军各部攻开州（今开县）、达州（今达州），张庭瑞于虎啸山上筑城驻军，阻挡通往两州的道路，宋将夏贵以兵数万

❶ 《宋史·张景宪传》卷三百三十。
❷ （宋）李焘：《续资治通鉴长编》卷二百七十二。
❸ （清）徐松辑：《宋会要辑稿·兵》10 之 14，第 6926 页。
❹ 《宋史·徐徽言传》卷四百四十七。
❺ 《金史·娄室传》卷七十二。
❻ 《宋史·魏胜传》卷三百六十八·列传第一百二十七。

围虎啸山。山上驻军以山涧水为饮用水源，夏贵既从外面切断山涧水。山上元军没有饮用水，“取人畜溲沸煮之，泻土中以泄臭，人日饮数合，唇皆疮裂”❶。坚守一个多月，后宋兵稍懈，被张庭瑞夜间劫营成功才解围。

宋蒙战争中，绍定四年（1231年），元兵攻文州（甘肃文县），权州刘锐、通判赵汝芗激励军民八千坚守。自九月十九日，大小战斗五十余次，元军未能攻克。城内没有井，供水仰给江流。元兵采取切断水源的办法，“别浚江道，移向南山，城中水绝，人马渴死过半”，供水被切断对城内守军造成了极大的困难，刘锐甚至“渴闷僵立不能行”，后自杀，城被攻破，这次战斗，文州“被围七十五日，军民死者五万余”❷。元军在常规进攻不能奏效的情况下，采取切断水源的办法，其作用比强攻更为有效。这次战争是有关于水源战死亡人数最多的一次记载。

7.5.6 水中投毒

水中投毒是诸多水攻方式中比较容易实施的一种，正因为如此，该方式经常被使用于战争。其实对于投毒来讲，既可以用于掠地围城时的攻击，也可以用来破坏水源以达到消灭敌军的目的。

隋开皇二十年（600年），隋文帝颁下诏书，命令晋王杨广阻击突厥达头部入侵，长孙晟向晋王献计策说：“突厥饮泉，亦可行毒。”因取诸药毒水上流，达头人畜饮之多死。于是大惊曰：“天雨恶水，其亡我乎？”❸ 因夜遁，晟追之，斩首千余级。突厥人不知道是什么原因，以为是上天降下惩罚，所以连夜逃跑。

开禧二年（1206年）末金兵围攻德安城（今湖北安陆），守军将领于十二月五日和六日，两次派出小股部队以投毒方式破坏城外水源。到了开禧三年（1207年）正月初七，金军隔壕大呼：“南家子太毒害，夜杀我马七百余匹。”金军的反应恰恰说明宋军连续两次在城外水源地投毒效果是显著的。后来金军改变了马匹的放牧地点，宋军将官傅熙仍旧“将兵下城，投狼毒、硫黄于河潭，以毒虏马”。

宋军在使用水中投毒的同时，也在时刻提防着敌军采取相同的水攻策略。周边少数民族对宋朝的军事行动中，也有类似行动。辽国在宋初进攻宋境时，就使用过投毒，“寇所至，潜置毒于瓶罂，投之井中，遗害居民”。宋仁宗皇祐（1049—1054年）年间，壮族首领侬智高（1025—1055年）率军进犯大宋，狄青领军抵达邕州（今广西桂林），“会瘴雾昏塞，或谓贼毒水上流，士卒饮者多死，青甚忧之”。很可能是当地人在水中投毒，以致士兵饮水后死亡。

7.5.7 宋军与叛军太平州决水互攻

决水进攻的形式多种多样，因地制宜，不拘一格。根据水源、地形、战争情况，采取不同的水攻方式，往往能够取得出其不意的效果，

南宋绍兴元年（1131年）五月，原水军统制邵青叛乱，围攻太平州（安徽当涂），

❶ 《元史 张庭珍传》卷一百六十七：“贵以城中人饮于涧，外绝其水。”

❷ 《昭忠录》。

❸ 《隋书》卷五十一列传十六《长孙览 · 从子炽 · 炽弟晟》。

“与其徒单德忠、阎在等分寨四郊，开畎河水，尽滁圩岸，以断援兵来路”，邵青利用当涂城外广阔的圩田，决开河水，淹没圩堤，使城外成为一片汪洋。“圩者，围也，内以围田，外以围水，盖河高，而田在水下。”[1] 由于圩堤一般同时作为通行的道路，圩岸被淹，交通即被切断，断绝了城内外的联系，援兵难以到达。两宋时圩田在苏南和皖南地区相当发达，“由五代吴越经营的太湖地区，逐渐扩大到今安徽当涂一带”[2]。守卫太平州的守臣郭伟则针锋相对，也利用当涂一带水多的特点，发动水攻，“决姑溪水以灌其营”，大概由于邵青驻军的位置不当，或扎营于城外圩田附近，地势较低，因此被守城的郭伟抓住其弱点。被水灌军营后，邵青走投无路，又攻城不下，最后接受刘光世招安，太平州解围。[3]

7.5.8 决壅半济

决壅半济是一种较难实现的水攻方式，一旦敌军做好充分的战前侦查，这种方式就难以奏效，两宋时期也曾出现过这种水攻战例。熙宁九年（1076年），茂州（今四川茂县北）地区的少数民族发生暴乱，宋廷派兵镇压，“王庆自陇东道入援，时州蕃酋请降，从者杀其二子，蕃酋怒，密告静州等蕃部，使遮其前，而自后驱之，壅溪上流，庆兵半涉而决之，众溺几尽，庆遂战没”[4]。叛军与当地少数民族配合，在河流的上游筑坝，当王庆军渡河到一半时，决坝放水，宋将王庆全军覆没。叛军由于对当地的河流水文以及地理条件相当熟悉，并且组织得当，水攻战进行非常成功。与唐朝末年裘甫水淹唐军非常相似（参看本书6.2.11）。

7.5.9 赵九龄决淮书退敌

宋赵彦卫《云麓漫钞》卷七记载这样一件事情：“绍兴甲寅、乙卯间，刘麟导虏南侵，其时车驾驻平江。有赵九龄者，策士也，请决淮西水以灌虏营，朝廷不能用。已而韩世忠得虏酋约战书曰：‘闻江南欲决淮西水以浸吾军。’书到之明日，虏实退师，当时但以为却敌之功，殊不知九龄之力为多。”该书认为，金兵撤退是由于担心宋军决水灌营。

绍兴甲寅即绍兴四年（1134年），金兵五万由挞懒、兀术等率领，与伪齐刘麟军联合南侵。九月末，分道渡淮，十月，南宋朝廷命张俊率部驰援韩世忠，命刘光世部移驻金陵，加强沿江防线，韩世忠部进驻扬州。此后，金军先后在大仪（今江苏扬州西北）、承州（今江苏高邮）、庐州（今安徽合肥）等地屡遭挫败。特别是入冬以后风雪交加，粮草缺乏，士气低落，又值金太宗病重的消息传来，兀术于十二月率军连夜引还。书中所说，应该指这一时段发生的战事，宋军要决淮西水的消息可能只是金兵退兵的一个借口，实际对其有多大影响还很难说。

7.5.10 金人堰汶水灌宋军营

宋宁宗嘉定十三年（1220年），归附宋朝的李全和张林军数万北渡黄河、袭击金东平府（今属山东东平）。东平城外有宽阔城濠，李全的进攻为城濠所阻，又值天气炎热，李

---

[1] 《文献通考·水利田》卷六。
[2] 《中国水利史稿》中册，水利电力出版社，1987年，第145页。
[3] 《续资治通鉴》卷一百〇九。
[4] 《续资治通鉴长编》卷二百七十四。

全遂与张林军夹汶水立寨，中间架设桥梁往来。

守城的金参政蒙古纲见有机可乘，就在汶水上游筑堰壅水，抬高水位到一定高度后，于夜间突然决堰，汶水泛滥，淹灌李全军营，冲毁两军联络的桥梁，李全军大乱，首尾不能相顾。第二天清晨，金三百骑兵乘势进攻。李全死战得脱，退保长清县，精锐丧失大半，统制陈孝忠战死。关于决堰的情形，据《宋史·李全传》记载："一夕，汶水溢，漂大木，断浮梁，全首尾几绝，盖金人堰汶水而决之也。"这次失败主要原因是由于李全和张林军屯兵位置不当，扎营于汶水两岸靠近河流的地方，地势低洼。金人巧用水攻，灌其军营，以极小的代价取得了战斗的胜利。

7.5.11 宋军决塘水狙击追兵

宋宁宗开禧二年（1206年），韩侂胄主持的开禧北伐连遭败绩，金军大举反攻，十二月，真州（今江苏仪征）被金军占领，宋军不能抵挡，请和又不成，"乃决巨胜、成公、雷塘渚积水以为阻，尽焚其庐舍储积，过江遁去"❶。巨胜、成公、雷塘渚都是真州附近的济运水柜，《读史方舆纪要》引《漕河考》说："陈公塘，上、下二雷塘，勾城塘，小新塘，旧为扬州五塘，运河浅涸，往往引塘水济之。"成公塘应该就是陈公塘，在真州东面二十里，周围达百里。淳熙九年（1182年），淮南运判钱冲之言："真州之东二十里有陈公塘，周围百里。"❷ 决陈公塘形成的洪水泛滥面积广阔，金兵看到洪水后，知难而退。

《读史方舆纪要·卷二十三·南直五》载："宋开禧二年，金人寇真州。总辖唐璟决陈公塘，水被真东北境，敌登焦家山望之，知不可越，引退。"当时，"士民奔逃渡江者十余万"，宋军决水的目的是为了狙截追兵，掩护百姓渡江。

另外，破坏水利工程以阻止金兵的推进，也是宋军防守战术的一部分，绍兴四年（1134年），"诏毁陈公塘，无令走入运河，以资敌用，盖以金兵在淮南也"。陈公塘是调节运河水量的水库，毁陈公塘的目的是使运河缺水，金兵不能使用运河。"绍兴初，以金兵蹂践淮南，犹未退师，四年，诏烧毁扬州湾头港口闸、泰州姜堰、通州白莆堰，其余诸堰，并令守臣开决焚毁，务要不通敌船；又诏宣抚司毁拆真、扬堰闸及真州陈公塘，无令走入运河，以资敌用。"❸ 这些措施都是破坏运输通道。

7.5.12 水利工程辅助防守

隆兴二年（1164年），关于庐州城的修建，宋孝宗认为："城未须筑，堰柜水、捺坝为先。"❹ 堰、柜等都是用于蓄水的工程，修建的目的主要是防御敌人的进攻，应当优先于城市建设。庐州位于宋、金冲突的前线，也是南宋抗金重镇和输送抗金物资的集散地，所以保证其安全是十分重要的。

乾道二年（1166年），宋朝廷朝廷听取和州（今安徽和县）守臣建议，自和州"开凿姥下河，东接大江，防捍敌人，检制盗贼"❺，加强对和州一线的纵深防御；乾道年间，和州

---

❶ 《金史·仆散揆传》。

❷ 《续资治通鉴·宋纪一百四十八》。

❸ 《宋史·河渠志》。

❹ 《宋会要辑稿·方域九之九十》。

❺ 《宋史·河渠志·东南诸水》卷九十七。

知州胡昉于历阳县和含山县的麻、醴二湖“凿千秋涧以设险”，防备金兵由此二湖进入长江。

宋庆元二年（1196 年），襄阳守臣程九万请筑邓城永丰堰，以防金兵冲突，且为农田灌溉之利。永丰堰就是今邓城以北三公里处的“普陀堰”。筑邓城永丰堰的目的无非两种可能，一是引水到襄阳城外，灌护城河或者形成其他湖泊沼泽，防止金军骑兵冲突；二是筑堰形成水库，以备决堰，淹下游的敌人。后来在襄阳保卫战中是否使用过，没有记载。不过从襄阳保卫战的激烈程度和持久性来看，永丰堰可能还是发挥过作用的。

南宋末年，广州城北曾经筑堰潴水，淹城外平地以成湖池．造成军事上的险阻。据载：“开庆（1259 年）以来，谢经略子强，复自蒲涧景泰山。导泉水西入辟，辟水又西至悟性寺之左，筑堤潴之，深二丈许，以滂浸州后之平地，有习坎重险之象。南开小窦，溢则泄之于壕。”❶

7.5.13 宋金的水柜战

水柜是运河上用于调节水量的小型水库，一般筑塘拦蓄山水而成，因为需要济运，所以水柜一般建在地势较高的地方。金人利用这一特点，决水柜淹宋军，并且多次取得胜利。开禧二年（1206 年），“以毕再遇权山东、京东招抚司”❷。毕再遇掌握了“金人常以水柜取胜”的战术后，以假乱真，“缚藁人数千，衣以甲胄，持旗帜戈矛，俨立成行，昧爽，鸣鼓；金人惊视，亟放水柜。后知其非，意甚沮。乃出攻之，金人大败”。❸ 毕再遇利用假人布成阵势，又在拂晓天蒙蒙亮时击鼓鸣金，引诱金兵决水，结果取得了成功。当时宋朝的将领常打败仗，唯毕再遇多次战胜金兵立功。

史书中虽然没有记载金人多次决水柜的情况，但从这次战斗看，金人决水柜淹宋军，不止一次。一般是水淹正在战斗中的宋军，也有可能决淹正在行军或宿营的宋军。决水柜相当于湖泊或者小型水库决口，其破坏力相当大。

宋军也利用水柜作为防守武器，决水柜以水淹进攻的敌人或者阻断敌人的道路。除了上述开禧二年（1206 年）决陈公塘，狙击金兵外，还作为一种战术，被普遍推广。

隆兴二年（1164 年），宋金战事紧张，张浚受命行视江淮，除了大规模招兵备战外，又命各处“凡要害之地，皆筑城堡，其可因水为险者皆积水为匮”。❹ 就是说在有水源而地势险要的地方，修筑小型水库，准备决水淹敌。这种“以水代兵”的战术，当时相当有效。

嘉定（1208—1224 年）初，李道传出知真州。修筑城墙，又“筑两石坝以护并江居民，益浚二壕，又堤陈公塘，有警，则决之以为阻，人心始固”❺。筑石坝是防洪工程，浚壕和修陈公塘堤防都是军事防守工程，决陈公塘将在城外形成大范围的水体，阻止攻城的敌人靠近。

此后方信孺（1177—1222 年）为真州知州，为防备金军进攻，又在北山筑石堤蓄水，长达二十里，起初，人不知其用意。后来金兵侵犯仪真，守将决水匮以退敌，打退了敌人

❶ （元）《大德南海志》卷八。
❷ 《宋史纪事本末·卷八十三·北伐更盟》。
❸ 《续资治通鉴》宋纪一百五十七。
❹ 《宋史·张浚传》。
❺ 《宋史·李道传传》卷四百三十六。

的进攻，保住了仪真城安全。[1] 至清代这一工程仍然存在，称北山塘，《读史方舆纪要·卷二十三·仪真县》载："北山塘，在县北濠外一里。其相接者为茆家山塘，北面依山，东西引流入濠。旧时潜为水柜以遏敌。"除了可以决水攻敌外，北山塘还作为城壕的水源。和平时期应当也能发挥济运或者灌溉作用，所以能够长久保存下来。

水柜战多在真、扬一带，宋金对峙的其他地方也有发生。如含山县有昭关，《明一统志》卷十七载，含山县小岘山，"在县北二十里，旧名昭关，两山峙立，为庐、濠往来之冲，其口险隘可守御。宋绍兴间，张浚因山筑城，置水柜遏金人"。《读史方舆纪要》也说："宋绍兴末，张浚于昭关筑城，置水柜以遏金人，盖形险可恃也。"在形势险要的地方筑水柜，当敌人进犯时，决水淹灌敌军，是攻击型的水柜。

7.6 宋朝的护城河建设

护城河的建设历史非常悠久，它是以水代兵战争的重要组成部分。从史前的环濠到春秋时的沟防，它一直是城市防守的主要措施之一。宋代由于对北方强悍善战的少数民族战争防御的需要，护城河防御战术受到重视，护城河建设有了很大发展，无论城市大小，在前线或后方，普遍修建护城河。不但州一级的城市，县一级的城市也都要求修护城河，如宋太宗端拱二年（989 年），在河朔地区"朝廷不以城邑大小，咸浚湟筑垒，分师而守焉"[2]。

宋廷南渡之后，自东向西逐渐确立了"两淮-荆襄-川陕"三大战区，这一战略布局的实质是依靠淮河、长江以及汉水等天然河流作为防御的主要屏障。以前线城市为重点防御对象。依据不同战区的战略定位，护城河修浚范围也有所不同。一些在这一战略布局前沿的城市，护城河的修建得到特别重视，并且修浚频率高于其他地区。如扬州城、真州城都曾 7 次修浚，庐州城、泰州城曾 6 次修浚，其余楚州城、安庆府城、太平州城、滁州城等也曾多次修浚。

蒙古人灭金后随即南下攻宋，在围攻宋朝城池时，蒙（元）军以"砲石为先，力重而能及远故也"[3]。宋人认为元军攻城"专恃砲为长技，以数百人拽一砲，中楼橹立碎。壕深者，运木石不足，驱人填之"[4]。为了应对砲石的进攻，宋代护城河的宽度和深度都有增加。

7.6.1 宋代护城河的宽度和深度增加

一般来说，护城河越宽，敌军越难以逾越，靠近攻城就越困难，防御效果越好。那么，在实际城池防御当中护城河宽度多少才算合理呢？历代以来，护城河的宽度随着攻城兵器的改进而增加。尤其是远射兵器的使用，使得护城河的宽度不断加宽。春秋战国时期，城市的攻守战越来越多，护城河主要用于防止敌人跨越。《墨子·备城门》曾经提到

---

[1] 《宋史·方信孺传》："知真州，即北山匽水筑石堤，袤二十里，人莫知其所为。后金人薄仪真，守将决水匽以退敌，城乃获全。"

[2] 《续资治通鉴长编》卷三十。

[3] 宋濂：《元史》卷一百二十二《唵木海传》，北京：中华书局，1976 年，第 3010 页。

[4] （宋）刘克庄著，辛更儒笺校：《刘克庄集笺校》卷一百四十一《杜尚书神道碑》，第 5625 页。

说守城的方法，“壕池深以广”。具体多宽多深，并未明确。随着弓弩等远射兵器的改进，护城河的作用越来越显著。成书于唐太宗贞观年间（627—649 年）的《卫公兵法》：“城濠，面阔二丈，深一丈，底阔一丈。”李筌著《太白阴经》关于护城河的尺寸：“濠面阔二丈，深一丈，底阔一丈。”《通典》以及北宋初许洞（976—1015 年）著《虎钤经》等书说法基本相同。

编撰于宋仁宗庆历年间（1041—1048 年）的《武经总要》的说法有所改变，没有规定濠面的宽度，而是根据实际情况而定：“壕面各随其地为阔狭，大要在面阔底狭，其深及泉，使箭炮难及即住。”已经注意到二丈的宽度不够，护城河的宽度要根据箭砲的射程而定。深度达到地下水的水位。到了南宋，攻城时抛石机的使用越来越多，当时称为“砲”，砲的攻击距离比弓箭更远，因此对护城河的宽度要求有了很大的提高。陈规著《守城录》对护城河宽度要求就明显增加，他认为里濠“须阔五丈，深二丈以上”。施宿等撰《嘉泰会稽志》：“瓮城外凿濠，去大城三十步，上施钓桥，凡为三壕，第一重阔二十步，深二丈，水深四尺至七尺，第二第三重递减五尺”。如果五尺为步，十尺为丈，则第一重壕，阔十丈，第二重九丈五尺，第三重九丈，比唐代和北宋初年的说法都增加了一倍。在一些重点防守的城市，宽度和深度甚至大大超出了兵书所说的范围。

宋代一些城市以河流为护城河，或者使护城河与河流相通，这样护城河宽度就大大增加了，甚至出现了用于防御城市的，称之为“海”的大型人工湖泊，这样护城河的宽度就根据自然水体的情况确定。所以一般兵书中所言都是指人工护城河的宽度和深度。

到了明代，由于火器的使用，对护城河宽度的要求又有提高。明人所著《慎守要录》中提出了一个参考标准：“作隍之宽，以城上鸟铳之弹得到其外岸为率，大抵为十五丈。或相去太近则攻铳力猛，且易为敌所填，或太远则守者鸟铳之力不及外磋，敌得任意出入隍中，又攻者易见城之下层而击其根，此台眼中之铳难扫彼台对磋。”当然这只是理论上的宽度，实战中，根据地形水源条件而定，往往只有重点防御城市能够做到，一般城市很难做到挖掘这么宽的护城河。据清人朱璐在《防守集成》中所言：“城壕面阔十丈，底阔五丈，则不易越。”按照朱璐的说法，一座城市的护城河宽度只有达到 10 丈（超过 30 米）才能起到防御效果。

一般攻城对付护城河的方法是填河，护城河的深度越深，则敌军填河越困难。但历代以来，对濠深的要求变化不是很大，唐代的《太白阴经》和《卫公兵法》都认为深度应当为一丈。宋代《守城录》则认为濠深应当二丈，实际宋代的护城河深度一般在一丈五尺到二丈。

宋代有 13 座城市人工护城河宽度达到 10 丈，这些城市基本上都位于江淮防区。

7.6.2 重濠的设置

重濠设置在陈规著《守城录》之前，就已经在城市防守中使用。如唐代郭子仪等九节度使水围相州，就曾经穿堑三重；五代时的苏州城“始以砖甃，高二丈四尺，厚二丈五尺，里外有濠”[1]，应当是有两重壕沟。渭州城，治平年间（1064—1067 年），王素知渭

[1] 《江南经略》卷二《苏州府城池考》。

州，“拓州之西南城，浚隍三周”❶。代州，庆历（1041—1048年）年间，有三重壕，“壕虽三重，而地高无水，惟一面有，城中弃水停聚其壕，不足恃以为固”❷。代州城外有三重壕，中间有堤隔开，有人建议把三重壕打通，成为一大壕。欧阳修认为，因为壕没有水，打通还不如三重的阻敌效果。至熙宁九年（1076年），代州知州刘舜卿言：“相度代州城壕，取平壕中隔堤，通作一重，引河水入壕，不惟功大，兼东北地势高峻，引水不至，只依旧重数可为隔限。”❸ 仍然维持三重干壕。

设置重濠真正作为一种战术，在守城战中发挥作用，是在南宋时期。陈规《守城录》提出了重城重濠的理论：“城郭，旧制只是一重，城外有壕，或有低薄羊马城者。”“当于外壕里修筑高厚羊马墙，与大城两头相副，即是一壕两城。更于大城里开掘深阔里壕，上又筑月城，即是两壕三城。使攻城者皆是能者，亦无可攻之理。大抵城与壕水，一重难攻于一重。至若里城里壕，则必不可犯。”

两壕三城的守城方法提高了城郭的防御力，使城市防守更加坚固。宋代，这一方法得到了发展。修筑重濠的城市比前代有大量增加。例如：

德安城：在德安城外与护城河之内，建筑一道羊马墙，又在城内建筑一道障碍性壕沟，在壕沟内侧的适当位置再建筑一道内墙，使德安城成为二壕三墙的环形防御带以加大其防御层次，并在实战中发挥了作用。

燕山府城：宣和五年（1123年），“城周回二十七里，楼台高四十尺，楼计九百一十座，池堑三重，城开八门”❹。

泰州城：建炎三年（1126年），泰州城（今江苏泰州市）“濠广至五丈，深一丈四尺，城之南又增一濠”❺。

和州城：在淮西，捍蔽长江，为要害之地。绍定年间，修葺和州城（今安徽和县），“乃相地势，夷高就庳，西自镇淮门，绕北至东门，去城三百步，环浚深堑，以其土筑月城，于是重城重濠，有金汤之固矣”❻。

庐州城：开禧三年（1207年）增以重濠。增陴浚壕，大设楼橹，又有月城，亦得地利而卑不可恃，则又为筑羊马城，厚六尺，高倍之，且为重堑，设钓桥，而月城亦不可复犯矣。嘉定四年（1211年），于是新城、古城悉加修筑，数月而就，并疏三壕，合鸡鸣山水入于市河，金汤益固。平江府城（今江苏苏州市）、湖州城（今浙江湖州市）、襄阳府城（今湖北襄阳市）、建康府城（江苏南京市）、高邮军城（今江苏高邮市）等有，也都曾经有重濠。

但是，城郭之外构建重壕防线，从工程量和所耗费的人力、物力方面可以接受，而在

---

❶ （宋）朱熹《三朝名臣言行录》四部丛刊初编. 上海：上海书店，1989.

❷ 《论代州开壕事宜扎子》《欧阳修全集》卷一一六。

❸ 《续资治通鉴长编》卷二七七。

❹ 《宸垣识略》。

❺ （明）盛仪：《（嘉靖）惟扬志》卷十《军政志》，《天一阁藏明代方志选刊》第12册，上海：上海古籍书店，1964年，第10页。

❻ （宋）袁甫：《蒙斋集》卷一十三《和州修城记》，《丛书集成初编》第2036册，上海：商务印书馆，1939年，第186页。

城郭里修筑里城的工程量大，不容易实现，况且城郭之内早已规划建设完毕，新修城墙阻力比较大；另外在城郭外开挖“重壕”，将城池原有防线向外延伸，不仅实施的阻力小，而且容易被接受。从实际情况来看，宋代部分城池构筑的防线应该是包括城郭、瓮城、羊马墙在内，并在羊马墙外开挖多道护城河的重城重壕。

南宋以后，重濠的设置仍然存在。据《山东通志》载：“堂邑县…… 崇祯十年，知县裴希度增礮台敌楼八所，环城掘濠三重，拓地约六顷，中列品字三万余，足资防卫之方。”崇祯十年（1637 年），李自成、张献忠等农民起义军在安徽一带攻城略地，山东受到威胁，挖掘重濠，是为了加强防御。

7.6.3 宋代重点防御城市的护城河

开封：北宋都城开封地处中原，周围并无可以凭借的山川地理优势，因此特别重视城池修建。从开国之初的建隆二年（961 年）就有“引京、索二水通城壕入斗门”❶ 的工程。以后历朝都有开壕、浚治壕堑的记载。宋哲宗元祐年间（1086—1094 年），修建尤其频繁，元祐四年（1089 年），右谏议大夫范祖禹说：“臣伏闻开修京城壕，日役三四千人，…… 开濠深一丈五尺、阔二百五十一步，广于汴河三倍，自古未闻有此城池也。”❷ 因此他建议濠阔可减三分之二，“以惜民力，以省国用”。实际上，护城河应该也没有修建这么宽，根据孟元老回忆，宋徽宗朝时京师开封城“外城方圆四十余里，城濠曰护龙河，阔十余丈，濠之内外皆植杨柳，粉墙朱户，禁人往来。”❸ 从对北宋开封城的考古发掘来看，其西面偏北方位城外护城河上宽 30 米，底宽 18 米，深 6.5 米，开封城护城河已经超过了一般意义上的城壕规制，因此宋廷将其纳入了整个都城水系之中。开封的护城河与进入城内的 4 条大河都有交汇点并连接成水网，平时便于同城外交通，战时可通过水门阻止敌船闯入，是整个城防工程的重要组成部分。开封的护城河后来在抗击金兵中显示了它的重要作用，可惜宋军没有利用宽阔护城河的优势，让金兵成功填濠，开封城很快被攻破。

建康府城：为南宋行都、东南重镇，是仅次于国都的重要军事、政治和经济中心，又处于抗金前线，对护城河的修建极为重视，它沿袭杨吴时代的护城河，加以疏浚和开凿，连接天然河流而成。宋室南渡伊始，建炎元年（1127 年）就开始“诏江宁府增葺城池”。❹ 绍兴年间，也曾不断修浚。至景定元年（1260 年），“绕城浚濠四千七百六十五丈有奇，以深五丈、阔三十丈为率。城之外濠之里皆筑羊马墙，其长如濠之数”❺。根据宋尺推算，其绕城的城壕总长达到 14638 米，宽度达 92 米，深达 4.68 米。乾道元年（1165 年），建康知府汪澈因秦淮河泛滥说：“秦淮分三派：一入城中，入下水门入江，一抱北流为壕，一抱城南流为壕入江。入城中者，即由上水门，其砌迭处正不可阔，阔则水入城益多，狭则有以杀其势，而分归两壕。”其城壕与秦淮河相通，所以其深度和宽度都超过一般的护城河。

---

❶ 《续资治通鉴长编》卷二，建隆二年三月丙申条。

❷ 《续资治通鉴长编》卷四二八，元祐四年五月丙申。

❸ 《东京梦华录笺注》卷一《东都外城》。

❹ 《宋史全文》卷十六上，建炎元年六月壬戌。

❺ 《（景定）建康志》卷二十《城阙志一》。

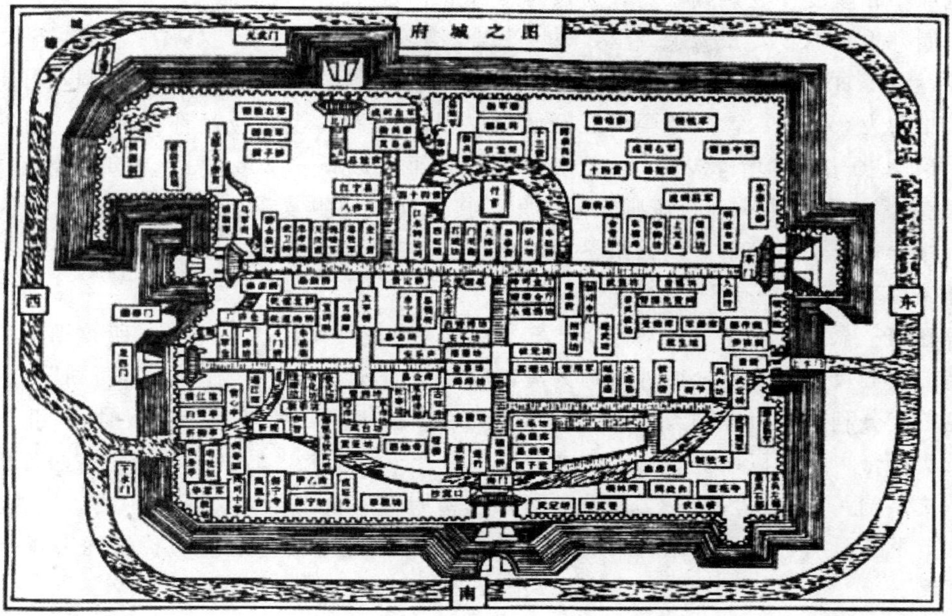

图 7-6　护城河环绕的建康府城图

扬州城：扬州（今江苏扬州市）是淮东军事重镇，四周没有高山大河，所以重视护城河的建设，是典型的全人工型护城河。北宋末年的大观（1107—1110 年）年间，就有宽阔的护城河，“深一丈至一丈五尺，阔十三丈，至有十八丈”[1]。南宋立国初期的建炎二年（1128 年），宋廷就诏令“扬州先次开撩城濠及措置增修城壁”；乾道三年（1167 年），诏令修扬州城，原因是主管殿前司公事王琪曾言：“扬州为淮东重城，地面狭隘，壕堑水浅，四外平陆地无险，乞贴筑城壁，开掘旧壕。”乾道四年（1168 年）四月，知扬州、主管淮南东路安抚司公事莫濛言：“扬州城壁，当时两军计料，止于壕外取掘干土，添筑炮台，不曾计料开深壕河。大观中重修《扬州图经》，本州城壕深一丈至一丈五尺，阔十三丈，至有十八丈之所。本州近稍阙雨，濠内极深不过二三尺，至有浅涸可以通人往来。窃详固守之利，莫如高城深池，今城虽高而池不深，窃恐冬深水涸，人可平涉，缓急之际，深所未便。欲望令殿前司并镇江府都统制司重别计料，以水面为则通展，务令深阔，缓急可以备御。”朝廷准许了莫濛的请求。当年五月，权主管殿前司公事王逵言：“扬州城壁周围十七里一百七十二步，计三千一百四十六丈。昨申朝廷，于沿城里周围作卧牛势贴展。近莫濛陈诉，壕河浅狭，已有旨令两司屯戍官兵开掘深阔。看详扬州城围阔远，处处受敌，四向平陆，别无山林险阻，万一有警，提出精锐，占利迎遏，难坐守城池以俟攻击。其城身外表砖瓦元不曾相验修筑，虑其间不无损缺之处，难以守御。欲再加相验，别参酌工数奏闻施行。”朝廷也采纳了王逵的建议。嘉定八年至九年（1216—1217 年），崔与之主政扬州期间，重修扬州城护城河，“（濠）河面阔十有六丈，底杀其半，深五分广之一，环绕三千五百四十一丈，壕外余三丈护以旱沟，又外三丈封积土以限淋淤，又广地七丈以受土，

[1] 《宋会要辑稿》方域九。

使与危堞不相陵复作业，城五门，为月河总百十七丈，而南为里河又八十七丈，西北曰堡城寨，周九里十六步，相去余二里，属以夹城，如蜂腰地所必守，左右尤浅隘，浚之槩如州城壕，计七百三十一丈，且甓女墙以壮其势，外壕既深，水势趋下市河，涸不可舟，有警刍饷难为力，又加深，广造舆梁五经始”❶。从规模看，当时应是环城而建。端平元年（1234年），扬州城“增陴浚隍”。宝祐三年至四年（1255—1256年），新筑扬州宝祐城，“城广九里零二百八十一步，濠则东南一角，接连夹城，更复深广外，三面新凿濠为丈一千五百一十一，又自摘星楼以西筑堡圃，包平山旧基，计一百四十六丈，重凿外濠一重绕之，计一百五十三丈一尺”。

寿春府：嘉定十二年（1219年），寿春府城（今安徽凤台县），“是时所筑周十三里有奇，高二丈五尺，广二丈。城外东南为濠，宽二十余丈，北环东肥，西连西湖”。它的护城河也是充分利用城市外围天然水源而建。到了淳祐年间，大修寿春府城时，“北门展开濠三百丈有奇，北门以西上月城，底亦开濠二百八十丈，北古城创开旱濠，东西各长三百八十五丈，阔一丈三尺，深一丈。淮河南岸土堡周围一百二十四丈，高一丈，上筑土墙，高三丈，下有濠河、外河周围各一百六十丈有奇”❷。此时的寿春府城护城河基本上已是全人工型。

建昌军新城：之前旧城在平地，无池，“则与无城同，不可也”。景定元年（1260年），雷宜中知建昌军（今江西南城县）期间，主持修建了新城，“新城之峻极，自据地险……侯又有感焉，乃度土功，乃定界限，乃计深广之数，深凡二丈五尺，广凡十丈，环绕总计九百余丈，民乐不扰，池成无怨，又至是始足以全金汤之固而无缺”❸。新城的护城河相当宽阔。

袁州城（今江西宜春市袁州区）：据明正德《袁州府志·城池》记载，武德四年（621年），“安抚使李大亮建筑郡城，高二丈，周围四百八十四步，东、南、西面开壕阔七丈，北以江为壕”。宋大中祥符间修《袁州图经》云：城北枕秀江，三面壕深四丈。城濠非常深广，可能是与江相通的缘故。如此，袁州城四面环水。

江陵府城：荆州的防御在北宋时主要依靠护城河，北宋治平元年（1064年）“濠深一丈二尺，阔二十五丈”❹。已经是非常宽阔的护城河，南宋更是扩建为三海。

广州：北宋时广州就有宽阔的城濠，据《南海志·城濠》记载，景德年间（1004—1007年）经略高绅开辟南濠，“纳城中诸渠水，以达于海”。这时城壕与城内的渠道是相通的。大中祥符年间（1008—1016年），邵旷知广州，始凿内濠，以通舟楫，城濠相当宽阔，可以通船，用于运输。熙宁九年（1076年），入内供奉官郝士良言：“广州新开西北壕，止阔十丈，乞下本州再开，通阔二十丈。”诏苏采相度开浚。❺ 南宋嘉定二年（1209年）陈经略岘重开（南濠），自外江通舟楫，以达于市。旁翼以石栏，自越楼至闸门，长

❶ 《宋丞相崔清献公全录》卷一《言行录上》。

❷ 《可斋续稿》前卷五《拟泰寿泗三郡筑城记》。

❸ 《敝帚稿略》卷三《凤山新城记》。

❹ 《刘忠肃集》卷十《荆南府图序》。

❺ 《续资治通鉴长编》卷二七七熙宁九年七月丙寅。

一百丈，阔十丈；自闸至海，长七十五丈。[1] 嘉定三年（1210 年）经略陈岘重浚东城外濠，长一千六百丈，东西置闸二。濠之两旁皆民居，岁久淤壤湮塞。开庆元年（1259 年）和德祐元年（1275 年）又重新浚濠。

嘉定：据嘉庆《大清一统志》记载，嘉定十二年（1219 年），太仓州嘉定县城（今上海市嘉定区），“城周九里有奇，门四，水门三，濠广一十三丈，宋嘉定十二年筑”。作为县一级的护城河，相当广阔。

襄阳：襄阳城是荆襄战区重点防御的城市。宋廷为尽快立足东南，在南渡初期的建炎元年（1127 年）就诏令“襄阳增葺城池。”绍兴十一年（1141 年），“襄阳府城池深固，三面阻水，一面依山”。襄阳的护城河是人工加天然河流的结合体。此后，对护城河不断加以维修扩建。淳熙八年（1181 年），襄阳守臣郭杲“修护城堤以捍江流，继筑救生堤，为二闸，一通于江，一达于濠，当水涸时导之入濠水，涨时放之于江，自是水虽至堤，无湍悍泛滥之患”。[2] 绍熙年间（1190—1194 年），陈天麟“募忠义军浚城濠”。开禧二年至三年（1206—1207 年），金军围攻襄阳城期间，守臣赵淳于“（三年）正月十六日，于城外濠岸之南离濠四十余步，创开濠一道。正月十七日，遣千人出城用工，内开挑濠堑。正月二十一日，夜遣二千人内开掘濠堑。正月二十三日，夜以府城之外，创开濠堑……所开掘濠长四百一十余步，面阔八尺以上，深六尺”。襄阳的护城河对襄阳城的防守起到重要作用。

泰州城（今江苏泰州市）：建炎三年（1129 年），“濠广至五丈，深一丈四尺，城之南又增一濠”。宝庆三年（1227 年），“陈垓创开东西北外濠，浚南濠，通十四里，面阔二十丈，深一丈五尺”。端平后，“守赵汝擢增治城濠，未竟。守许堪继之，四角为月河，深广皆倍于旧”。

庐州城（今安徽合肥市）：为淮西军事重镇，庆元元年（1195 年）王知新乞开浚城外长河三道，以增城壕之深，以壮形势。《宋会要辑稿》方域九载，开禧二年（1206 年）增陴浚壕，大设楼橹，又有月城，亦得地利而卑不可恃，则又为筑羊马城，厚六尺，高倍之，且为重堑，设钓桥，而月城亦不可复犯矣。嘉定四年（1211 年）于是新城、古城悉加修筑，数月而就，并疏三壕，合鸡鸣山水入于市河，金汤益固，比险方汉云。

濠州城（今安徽凤阳县东北临淮关）：据《钦定古书集成·明伦汇编·氏族典·连姓部列传》：“（连）南夫建炎初守濠州。古有东、西二城濠，由其间入淮。南夫始决濠水，由城西经达于淮，筑二城合为一。”这类护城河相比于“因江为池”来讲天然性更加明显。

其他城池：宣和三年（1121 年），衢州城（今浙江衢州市）“三面浚壕，西阻溪”。嘉熙元年（1237 年），梅起知永新县（今江西永新县）时，修筑县城“周回九百九十丈，高二丈，厚半之。东南瞰溪，西北凿濠，长四百八十丈有奇，深一丈五尺”。由于溪水容易受地形所限，且水量较小，因此这类护城河数量不多，防御效果也无法和江河相比。绍兴年间，县令黄钺始筑会昌县城（今江西会昌县）“围二里五十步，高一丈五尺，三面阻水，南为濠，广十丈，深六尺，长一里五十步”。楚丘城，元军木华黎进攻楚丘，“楚丘城小而

[1] 《（大德）南海志》卷八《城濠》。

[2] 《宋史·河渠志》。

固，四面皆水，令诸军以草木填堑，直抵城下”❶。陵军城（今湖南茶陵县）绍定年间（1228—1233年），东南因江为险，西以北为濠，濠深为尺一十有五，阔为尺六十有五，南导江流灌注其中，北复会于江，环绕若带。❷ 这些都是设置水险守城的例子。

通常当城市位于江河交汇处时护城河才会是这种类型。“人工护城河＋江＋溪”型。据《宝庆四明志》记载：明州（庆元府）城（今浙江宁波市）城外有城壕，“奉化江自南来限其东，慈溪江自西来限其北，西与南皆它山之水环之”。依山傍江之地的城市护城河通常是这种类型。以上就是人工护城河与一种，或两种天然水源共同构筑的城市外围军事防线。可以看出，半人工型护城河充分利用了城市周边天然水源，这种依托自然水文条件，加上人工修建而成的护城河既有相当明显的优势，也有不可避免的劣势。

北宋的府州城（今陕西府谷县），“城险且坚，东南各有水门，崖壁峭绝，下临大河”。❸ 这类护城河介于全人工型和天然性之间，通常城池濒临江河湖泊等水源，在修建方面就比全人工型护城河工程量小得多，如临江军城（今江西樟树市），“城外东面大江，不复浚濠。自宋以来，缮筑圩堤以护城，而城内地形以高临下，渠水穿岸东注于江者凡七”。该类护城河的水源不仅有保障，而且平时只需修浚人工开凿那部分即可。临安府余杭县城（今浙江杭州市余杭区）东南北三面都是天然河流，仅在县城西面有人工开挖的护城河。钓鱼城（今重庆合川区城东5公里的钓鱼山上），是南宋四川山城防御的典范，也是天然型护城河的代表，嘉陵江环绕北、西、南三面，形成一个环抱的钳形江流，使修筑在山上的钓鱼城屹立于三江环流之中，构成陡然阻绝的天险环境，供水则依靠大量的泉井。

参考文献

[1] 王晓波. 北宋“方田”考[J]. 新国学，1999(1).

[2] 王轶英. 北宋澶渊之盟前的河北军事防御区域[J]. 河北大学学报（哲学社会科学版），2012(1)：25-29.

[3] 程民生. 北宋河北塘泺的国防与经济作用[J]. 河北学刊，1985(5)：76-80.

[4] 高恩泽. 北宋时期河北“水长城”考略[J]. 河北学刊，1983(4)：150-153.

[5] 李克武. 关于北宋河北塘泺问题[J]. 中州学刊，1987(4)：120-123.

[6] 李京龙，赵英华. 北宋河北缘边地区的军事防御工程述略[J]. 保定师范专科学校学报，2006(1)：49-52.

[7] 王北辰. 成吉思汗征伐西夏地理考[J]. 内蒙古社会科学，1988(6)：50-53.

[8] 吴震. 吐鲁番文书中的若干年号及相关问题[J]. 文物，1983(1)：26-33.

[9] 陈曦. 从江陵“金堤”的变迁看宋代以降江汉平原人地关系的演变[J]. 江汉论坛，2009(8)：64-71.

[10] 徐文武，彭文璟. 古代军事水利工程荆州“三海八柜”的兴废及其反思[J]. 长江大学学报（社会科学版），2018(6)：23-26.

❶ 《元史·木华黎传》。

❷ 《（同治）茶陵州志》卷四《城池》。

❸ 《续资治通鉴》宋纪四十三。

[11] 吕卓民．宋永乐城考［J］．西部考古，2006（1）：514－517.
[12] 吕卓民．永乐筑城与永乐之战［J］．宁夏社会科学，1989（3）：89－92.
[13] 寺地遵．贾似道的对蒙防卫构想［J］．国际社会科学杂志（中文版），2009（3）：27－57.
[14] 骆晓曙．开禧襄阳守城战有关史料考评［C］．中国历史文献研究会会议论文集．2005：232－235.
[15] 吴红兵．宋代护城河研究［D］．西安：西北大学，2018.
[16] 马继业．宋代城池防御探究［D］．济南：山东师范大学，2005.
[17] 吴庆洲．中国古代城池防御体系的特点［C］//第四届中国建筑史学国际研讨会论文集．上海：同济大学出版社，2007.
[18] 王亦宁．对历史时期梁山泊演变的再认识——兼论梁山泊水文化精神［J］．水利发展研究，2019（5）：66－72.
[19] 毛敏．南宋建康城护城壕及城垣初探［J］．长江文化论丛，2012（1）：166－177.
[20] 荀平，王众．中国古代城池军事防御体系探析［J］．新建筑，2008（3）.
[21] 张磊，赵琦．从《守城录》看陈规的军事防御思想［J］．孙子研究，2018（2）：49－53.
[22] 王茂华，姚建根，吕文静．中国古代城池工程计量与计价初探［J］．中国科技史杂志，2012（2）：204－221.
[23] （宋）陈规．守城录注译［M］．林正才译．北京：解放军出版社，1990.
[24] 邓京．南宋国防中的荆襄地区［D］．北京：中国社会科学院，2017.
[25] 田渊，王致远．《开禧德安守城录》研究［D］．上海：华东师范大学，2013.
[26] 朱华新，张昕．《开禧德安守城录》史事［J］．世纪行，2005（10）：45－46.
[27] 黄登峰．宋代城池建设研究［D］．河北保定：河北大学，2007.
[28] 刘永海．宋代城守积极防御思想［J］．河北大学学报（哲学社会科学版），2018（3）：1－8.
[29] 吴朋飞．黄河变迁对金代开封的影响［J］．井冈山大学学报（社会科学版），2015（4）：122－129.
[30] 王曾瑜．金代的开封［J］．史学月刊，1998（1）：86－95.
[31] 吴海涛．历史时期黄河泛淮对淮北地区社会经济发展的影响［J］．中国历史地理论丛，2002（1）：85－90.
[32] 王乃昂．梁山泊的形成和演变［J］．兰州大学学报，1988（4）：74－80.
[33] 雷家圣．高遵裕与宋夏灵州之役的再探讨［J］．首都师范大学学报（社会科学版），2019（2）：19－29.
[34] 聂丽娜．高遵裕与元丰四年灵州之战［J］．宁夏社会科学，2015（1）：135－138.
[35] 李华瑞．宋夏关系史［M］．石家庄：河北人民出版社，1998.
[36] 孙方圆．宋夏战争中宋军对饮用水的认知与利用［J］．史学月刊，2019（2）：49－59.

第 8 章

明清以及近现代时期：以水代兵在新的历史条件下的发展

明清两代，虽然是统一的大帝国，但是内外战争仍然不断发生，以水代兵呈现多样化的特点。

这一时期，以黄河和南北大运河治理为代表的传统水利工程技术日臻成熟。在黄河治理方面，明代潘季驯四任总河，创立束水攻沙理论，并在治河中加以运用，大规模修堤筑坝，束水归槽。清代治河继续实践这一方略，黄河两岸的堤坝系统日益完善，明清河道基本固定。1855 年黄河铜瓦厢决口后，新河道又很快形成，人类在对黄河的约束能力增强的同时，也使悬河越淤越高，黄河的破坏力大大增强，黄河的军事价值日益体现，从而酿成了历史上最惨重的两次以水代兵灾难：明末黄河开封决口和 1938 年黄河花园口决口。

明清时期，对南北大运河的治理也相当成功，南北大运河完全贯通，运输能力增强，运河成为一条新的战争防线。另外，黄淮运交汇处清口的治理，高家堰的修筑，江浙海塘的兴建，体现了修建大规模水利工程以及处理复杂的水利工程问题的能力比前代有了进步。这些技术，在近现代以水代兵战争中都有所体现。

在军事方面，火器技术有了很大提高。引进的佛郎机、鸟铳和西洋大炮成为了明代后期主要的管形射击火器。火箭、传统铳炮、燃烧性和爆炸性火器，都有许多创新，在战争中发挥越来越重要的作用，使得以水设险的防守变得越来越困难。以南京、北京和长城的修建和改建为代表的军事筑城技术表明，城市的防洪能力有了很大的提高。所以，这一时期，传统水攻城市虽偶有发生，但最终走向终结。以水代兵事件有所减少，但是，每一次以水代兵事件造成的破坏和损失却在增加。

8.1　明代和清代的水攻战

8.1.1　冯胜筑坝切断黑城水源的传说

黑城位于古居延地区，原为西夏于公元九世纪所建，元世祖二十三年（1286 年），在居延设亦集乃路总管府，为甘肃行省的七路之一。传说明洪武五年（1372 年），大将冯胜攻打黑城，久攻不下，冯胜下令筑起一道数百米长的水坝，改道黑河水流方向，断绝黑水城水源，城内军心大乱，城池不攻自破。此后，黑城遭废弃，至今大坝遗迹尚存，就是被当地人称为“宝格德波日格”的那座高大沙岭。黑城遗址位于内蒙古额济纳旗达来呼布镇东南，是古丝绸之路上一座规模宏大的古城遗址。

但据《明史·冯胜传》记载，1372 年朱元璋派明军分三路出征漠北，共计十五万人对北元发动进攻。其中西路军由冯胜率领，“命胜为征西将军，帅副将军陈德、傅友德等出西道，取甘肃。至兰州，友德以骁骑前驱，再败元兵，胜复败之扫林山。至甘肃，元将上都驴迎降。至亦集乃路，守将卜颜帖木儿亦降”。史料说得很明白，冯胜在甘肃永昌、扫林山等地击败元军，并进军至亦集乃路，守将卜颜帖木儿直接投降了，并无战事发生。所以此传说颇为可疑，待考。实际上，明洪武十三年（1380 年）和洪武十七年（1384 年），亦集乃路还发生过两次战役。黑城遭废弃，或因土地沙漠化，水源枯竭的结果，明洪武年间的多次战事只是原因之一。

8.1.2 梁王引水灌明军

《读史方舆纪要·云南三》载，阳宗县（今澄江县阳宗镇）境内有梁王屯，“又梁王屯在城（黑相城）东南二里棋坪山，上有废垣，元梁王曾城其地。《志》云：明初征滇，伪梁王使其部酋屯于此，阴决沟，引水以灌我军。有沙锅者侦以告，因绝其水，遂灭之，今亦名沙锅寨”。

其事发生在明初平定云南的战斗中，朱元璋平定四川后，派傅友德、蓝玉、沐英进攻云南。洪武十四年（1381 年）十二月，明朝军队在曲靖大败梁王部将达里麻，梁王把匝剌瓦尔密往南败退，在阳宗县，企图筑坝引水，淹灌明军。所谓“决沟”，应当是在棋坪山附近筑坝引水。因为筑坝引水需要动用大量人力，不可能很保密，被沙锅人得知后报告给明朝军队，明朝军队破坏了这一水攻计划。梁王最后逃往晋宁州（今昆明晋宁区晋城镇）忽纳寨，自缢而死。[1]

8.1.3 土木之变：瓦剌军先占水源，明军缺水致败

土木之变是明朝历史由盛转衰的转折事件。正统（1436—1449 年）年间，蒙古瓦剌部不时南下侵扰边疆，正统十四年（1449 年）二月，瓦剌部首领也先派使者贡马，同时向明朝廷邀赏，宦官王振不肯多给赏赐并削减马价，引起瓦剌部不满。由于要求没有得到满足，也先遂兵分四路，大举进攻辽东、甘州、宣府、大同等地。其中也先亲率大军攻大同，接连取胜，明军的塞外城堡尽皆陷落，败报传到京城，明英宗在宦官王振的怂恿下，不顾群臣反对，毅然匆忙率大军五十万亲征瓦剌。时明英宗宠信王振，王振专权，大权独揽，一切军务由王振掌握。当进军到大同时，闻前方惨败，惊慌撤退。

当撤退的大军走到怀来土木堡，距怀来城二十里时，王振以辎重未至，下令大军扎营等候。兵部尚书邝埜等认为，瓦剌追兵不舍、形势危急，多次建议大军速入怀来卫城，均被王振予以拒绝。瓦剌于是调集大军把明军包围。当时以军队的数量对比，瓦剌军并不占优势，所以瓦剌军并没有立即发动进攻，而是首先切断明军水源。“时方移营土木，近水草也。盖此山旧有泉，流入浑河，未尝干涩，至此适涸。军士二日无水，掘地至二丈不得。”[2] 大军遭遇了饮水困难。

---

[1] 《明史·把匝剌瓦尔密传》卷一百二十四：“王知事不可为，走普宁州之忽纳寨”。

[2] （明）郎锳《七修类稿》卷十四《国事类》。

当时临时驻营在土木堡就对水源缺少考虑，这里原来有一条流入浑河的水源，正好干涸，“适涸”的说法令人怀疑，其原因应当是敌人有意切断水源。当时是农历八月十五，不在枯水期内。而瓦剌军又占据了距离土木堡最近的浑河水源。致使明军多日无水，挖井又因为处在高地，挖至两丈深仍然没有水。《明史·曹鼐传》：“八月辛酉次土木。地高，掘地二丈不及水。”军队刚经过长途行军，难以得到饮水补充，饥渴难耐，极大地削弱了战斗力，而且引起军心混乱。

英宗遣使请和，也先佯许，王振信以为真，下令全军移营觅水，饥渴难忍的军士一哄而起，人马争路，相互践踏，阵势大乱。瓦剌军趁机发动攻势，明军不堪一击，毫无抵抗。《天顺日录》：“行未三四里，寇复围，四面击之，竟无一人与斗，俱解甲去衣以待死，或奔营中，积叠如山。”《七修类稿·卷十四·国事类》记载：“我军颠顿，无一人执戈，相与枕藉，任胡骑蹴踏之矣。”“盖北虏临敌，必待人动而后来冲；使我师坚壁，未必如此速。”并哀叹：“奈何天绝其水耶!”其实，“天绝其水”只是一种自欺欺人的说法，在行军或战斗中缺乏经验，不知道水源在战斗中的作用才是招致大败的真正原因。瓦剌军长期在野外生存，对水源的重要性十分了解，而且熟悉当地的水文地理情况。明军五十万人，居然不堪敌骑一击，全军覆没。明英宗被围不得出，下马据地而坐，遂被俘。

这次战斗，瓦剌军的战术是及时抢占水源，同时切断明军水源，诱使明军移营觅水，造成明军混乱，然后进攻，取得了以少胜多的胜利。

8.1.4 攻济南堤水灌城

明太祖朱元璋死后，其长孙即位，是为建文帝。建文元年（1399年），燕王朱棣在北平起兵，发动靖难之役。建文二年（1400年）六月，朱棣军兵临济南城下。朱棣曾令人用箭将一封劝降书射进城内，守城将军铁铉见信后随即效仿此法回信一封。朱棣打开一看，见是《周公辅成王论》一文。原来，铁铉意欲借此奉劝朱棣要效法辅佐侄子治理天下的周公，忠心辅佐侄子朱允炆。见劝降不成，朱棣遂下令攻城。而铁铉督众，矢志固守。朱棣久攻不下，只好将济南包围并采用以水灌城的水攻战术。

《明史·铁铉传》载：“燕兵堤水灌城，筑长围，昼夜攻击。铉以计焚其攻具，间出兵奋击。”铁铉又派一千多人出城诈降，燕王朱棣差点丧命。后来燕兵虽然加强进攻，据说用火炮攻击，但是在铁铉的严密防守下，难以攻破城池。“燕王愤甚，计无所出”，燕军遂于九月四日解围离去，从此南伐不敢再取道济南。

这次水灌济南只是诸多攻击手段的一种，采用了筑长围，堤水灌城的方法，从过程和结果看，没有对济南形成有效威胁。如何引水以及引水后形成的洪水情况都没有记载，围堤工程似乎只是对部分的城墙实施了水灌，铁铉仍然能够不断出城反击。

水灌济南的水源应该来自小清河或泉水，《明史·地理志》载：历城附近有大清河和小清河。“大清河在西北，即济水故道，自寿张县流经县界，东北至利津入海。”利用大清河需要做较大的工程，可能性不大。“又小清河，即济之南源，一名泺水，出城西趵突泉，经城北，下流至乐安县入海。”利用小清河或泉水的可能性较大，济南附近多泉水，这可能是朱棣想到引水灌城的原因。《大清一统志》记载济南有名泉七十二，例如，趵突泉在府城西南，一名爆流，平地涌出。《读史方舆纪要》卷三十一：“金线泉，在城西，石甃方池，泉乱发其下，东注城濠。”既然泉水可以注入城濠，则当时用作灌城的水源是很有可能的。“孝感泉在城北。相传昔有孝子居此，泉涌其旁，因名。其水溢为小渠，与四望湖合流入城。”这些泉水明清时都在城外，其水量足以形成一条小渠，用作灌城的水源是足够的。

所谓“堤水灌城”是一种因地制宜的方式，没有说引水，也没有修筑堰、坝一类的工程，应该是就地筑堤，把泉水围起来，用作灌城的水源。但因为泉水的高度有限，对城内地势没有较大高差，所以难以形成大的洪水。《明史》说：燕王起兵，讲究速战速决，“攻真定二日不下，即舍去”。而水攻的作用缓慢，迁延时日，前后三月未能攻克，致使军队疲惫，又担心粮道被切断，只得暂时放弃。

8.1.5 阻决水大坝之捷

宁夏银川靠近黄河，因历史上长期引黄灌溉，造成四周被灌溉的土地地势高，而城市地势低洼，附近灌溉的水源又多，因此进攻银川常会想到用水攻。

明朝天顺六年（1462 年）[1]，鞑靼太师孛来率精骑万余进犯宁夏，攻掠固原，返回时企图决开唐徕渠口的滚水大坝，水灌宁夏城（今宁夏银川）。据《嘉靖宁夏新志》记载：“天顺间，胡酋孛来将万贼入寇，欲毁坝纵水灌陷境内。”当时的情形十分危急。

唐徕渠是宁夏引黄灌溉的一条主要渠道，为了防止过多的流量进入渠道，其渠口建有滚水大坝。由于地势高，其大坝“吞黄河唐徕渠口，其势奔下，俯瞰城邑”[2]，而且其引水量大，对宁夏城构成严重的洪水威胁。如果鞑靼人决开大坝，则唐徕渠水顺决口奔涌而出，宁夏城可能遭灌陷，当时情形十分危急。

为了阻止鞑靼人决坝，宁夏镇总兵官张泰招募义勇三千余人，交其子张翊率领，抵御鞑靼骑兵。两军于大坝相遇，张翊背河扎营，坚壁不战，鞑靼兵求战不得，锐气顿减。天快黑时，张翊对兵士们说：我父亲嘱咐，今夜贼兵必来偷袭，阵中奔来的是骆驼，大家不要惊慌，应奋勇抵御。到半夜，鞑靼兵果来，遂被打败。第二天，张翊又在河滩放牧很多肥牛壮马，引诱鞑靼骑兵。让会水的士兵在河中游泳、戏骂。鞑靼兵误以为水浅，驱兵渡河，张翊把握时机，挥军追杀，鞑靼兵被淹死、杀死者不计其数，于是溃逃。

这次胜利，史称其为“大坝之捷”，挫败了鞑靼兵企图决坝灌城的阴谋，保卫了宁夏城和大坝的安全。

8.1.6 洪钟筑堰议

《明史·洪钟传》载：“洪钟字宣之，钱塘人。成化十一年（1475 年）进士。为刑部主事”，“十一年擢右副都御史，巡抚顺天。整饬蓟州边备，建议增筑塞垣。自山海关西北至密云古北口、黄花镇直抵居庸，延亘千余里，缮复城堡二百七十所，悉城缘边诸县，因奏减防秋兵六千人，岁省挽输犒赉费数万计。所部潮河川去京师二百里，居两山间，广百余丈，水涨成巨浸，水退则坦然平陆，寇得长驱直入。钟言：‘关以东三里许，其山外高内庳，约余二丈，可凿为两渠，分杀水势，而于口外斜筑石堰以束水。置关堰内，守以百

---

[1] 王琨．明代宁夏总兵官张泰墓志铭考释．宁夏师范学院学报，2017（1）：53-58.

[2] 《嘉靖宁夏新志·俘捷》。

人，使寇不得驰突，可免京师北顾忧，且得屯种河堧地。’兵部尚书马文升等请从之。比兴工，凿山，山石崩，压死者数百人。御史弋福、给事中马予聪等劾钟。巡抚张烜等请罢役，不听。未几，工成，侍郎张达偕司礼中官往视。还言石洞仅泄小水，地近边垣多沙石，不利耕种。给事中屈伸等劾钟欺妄三罪，诸言官及兵部皆请逮钟。帝以钟为国缮边，不当罪，停俸三月。”

8.1.7 平哱拜水灌宁夏

明万历二十年（1592 年）二月十八日，宁夏致仕副总兵哱拜与镇兵刘东旸等杀巡抚党馨、兵备副使石继芳，发动叛乱，据有宁夏城（今宁夏银川），并联合蒙古袄儿都司诸部为援，割据宁夏。叛军出兵，连下中卫、广武、玉泉营、灵州（今宁夏灵武）等城。又以许花马池一带住牧为诱饵，得河套蒙古首领著力兔等相助，势力越加强大，全陕震动。

万历皇帝决定平叛，并先后派出多支部队进行围剿。在这次哱拜叛乱的平定中，水攻战发挥了重要作用。平叛之初，大司马魏学曾就提出引河水灌城的办法：“时魏大司马学曾专阃陕右，即命方略。魏赴夏过期，哱亦僭拟，魏作气讨逆，请引河水灌城，河去城二十里，乃北抵受降者，诏曰可。于是去水关筑堤灌城，水过城雉七尺，魏意欲尽降夏人，兵不血刃。”[1] 魏学曾的方法是用水攻，使叛军军心瓦解，但他又不忍心看到城中“生齿三十万”无辜的生命财产，因水攻受到重大损失，千方百计想以招抚和离间的办法，促使城中叛军觉悟，自行从内部解决，达到不战而降的目的，因此，官军的进攻进展缓慢。魏学曾后来被弹劾，水攻宁夏的作战由其他人完成。

兵部尚书石星也提出采用水攻的方法，他上《请掘河灌城疏》，认为：“黄河大坝之水，比宁夏西塔高数丈，若决坝灌城，贼可立厄。但城中宗室生灵甚众，相应亟行魏学曾遣敢死士，持钦定货格，明示祸福。全城中人自为计，如数日内不擒斩逆酋来献者，既将坝水决开，一城之人尽为鱼鳖。”[2] 石星希望以决坝的洪水震慑城内人心，分化他们的势力，离析出反哱拜的力量，从而达到事半功倍的效果。并且估计决坝后，全城将被淹没。然而后来的事实证明，决坝灌城并没有石星想象的那样简单，也没有那样巨大的威力。

大坝，即大坝营，原名唐坝堡，坝址在今青铜峡市大坝镇韦桥村。相传唐代在河西修渠筑有大、小两坝，即大坝和小坝（小坝是今青铜峡市市治所在地）。明洪武九年（1376 年）在大坝建堡，唐徕渠从东边转西，绕堡城而过。大坝在唐徕渠口的位置，其地势高于宁夏城。另外宁夏引黄渠道正闸以下两岸的长堤，也称坝。决大坝可以淹灌宁夏城。提出水攻建议的还有御史蒋春芳，“亦疏请厚市，赏縻虏，决黄河大坝水，灌城，城可立破也”[3]。他也认为，水攻可以立即奏效。但是实际上，水攻需要一定的准备工作，一般是在其他进攻无效的情况下才会采用。

六月十八日前后，宁夏镇外围肃清，开始围攻镇城。六月下旬，明军发动大规模进攻，分东、南、西、北四面攻城，“董一奎攻其南，牛秉忠攻其东，李昫攻其西，刘承嗣攻其北，而麻贵率游兵策应。二十日，并逼城下”。二十二日，御史梅国桢、提督李如松

---

[1] 《皇明经世文编·卷之五百二·西师记略》。

[2] 《万历邸钞》万历二十年壬辰卷，二月，宁夏兵变条。

[3] 《万历三大征考·哱拜》。

统辽东、宣、大、山西兵膺集，军声大振。“二十五日，官兵用布袋三万，盛土填集登城，为炮石击却。都司李如樟，夜半以云梯上南城。翼日，游击龚子敬提苗兵攻南关，如松乘势欲拥入城，皆为炮箭击却。”❶ 尽管官军声势浩大，但叛军婴城固守，双方进行了激烈的战斗，仍然未能攻克。

水攻的决策就是在这种大规模进攻未能奏效的情况下出台的。七月三日，“定议水攻”。《明史·李如松传》：“先是，诸将董一奎、麻贵等数攻城不下。如松至，攻益力。如樟夜攀云梯上，不克。游击龚子敬提苗兵攻南关，如松乘势将登，亦不克，乃决策水攻。”七月，总督魏学曾因剿抚不定，被罢免，以叶梦雄取而代之，总督陕西三边军务。但是，魏学曾仍然参与了水攻的决策。《明史·魏学曾传》：“七月，学曾与梦熊、国桢定计，决黄河大坝水灌之，水抵城下。”监军梅国桢针对当时的形势，制定了四个策略，即“决水以困坚城，赦降以散胁从，遏寇以绝声援，行间以相贼杀”❷，官军内部基本达成了采取水攻的共识。

七月十七日，开始实施决水灌城。水攻的过程并不顺利，鉴于“宁夏城西北卑下，且与金波、三塔诸湖之水相近；东南逼观音湖、新渠、红花渠，形如釜底”的地形，官军绕城筑堤，只用了半个月，绕城堤防基本完工，长一千七百丈。决水灌城起到了震慑叛军和阻止援兵的作用，宁夏城更加孤立。

八月初一日，城外水深达到八九尺，城墙遭受大水浸泡，随时有垮塌危险。当夜，敌人采取了偷袭堤防的战术，出动小船企图挖堤泄水，被擒斩十六人。第二日，“城东、西崩百余丈”，水攻取得了一定成效，但是官军筑的堤防也垮塌二十丈，致使水势骤减，功败垂成。负责该段堤防的都司吴世显被斩以正军法。官军凭借军事上的优势，一边修补堤防，一边抵抗叛军的干扰，并且击退了套部和著力兔部的援兵。朝廷对这次水攻也给予关注和支持。八月甲午，兵部题“决水灌城，固应亟行，尤令官兵画地分守，如贼出虏入于信地，以失机论”。万历皇帝部署军务时，也明确提出：“其决水灌城之谋，毋得异同误事。”❸ 实际上是支持了决水灌城的建议。

哱拜叛军，由于被水围困，情形越来越困难。九月官军调动船筏，大规模攻城。九月八日，水浸北关，城崩，“如松等佯击北关诱贼，而潜以锐师袭南关”。

虽然水攻没有达到预想的目的，却达到了分化瓦解敌军的作用。使得城中叛军丧失斗志，并彼此猜疑，互相残杀。九月十七日，官军最后发动总攻，哱拜见大势已去，在家中上吊自焚身亡。这次水攻战取得了成功。清顾祖禹对这一次水攻战的地理形势有如下描写：“金波湖在镇城北。又镇东北三十里，有三塔湖，镇东南三十五里，有巽湖。明万历二十年，孛拜作乱，据平夏。官军攻之。

卫城西北卑下，与金波、三塔诸湖相近，东南又近汉延、红花等渠，形如釜底。官军因绕城筑堤以灌之，城多崩坏，遂克之，是也。”❹

---

❶ 《明史纪事本末·平哱拜》。

❷ 《梅国桢集》卷一《征哱奏议·第十疏》，第 36－37 页。

❸ 《万历邸钞》万历二十年壬辰卷，八月。

❹ 《读史方舆纪要》卷六十二《陕西十一》。

明朝官军水灌宁夏取得成功，有几方面的有利条件：第一是宁夏城的特殊地形，地势低洼，四围地势都高，而且都有引黄河水灌溉的渠道，水源丰富，水位高；第二是明朝官军明显的军事优势，击退了援兵，没有后顾之忧；第三是人力物力的优势，上有朝廷支持，下有地方官配合，能够很快完成水攻的工程。

图 8-1 引黄灌渠环绕的宁夏城

8.1.8 萨尔浒之战：努尔哈赤水淹明军

萨尔浒之战是明清战争史上一个重要的转折点，是明清兴亡史上一次具有决定性意义的战争，也是以少胜多的典型战例，正因为此战大败，明朝的力量大衰，不得不由进攻转入防御；后金力量大增，由防御转入进攻。

明万历四十六年（1618 年）冬，明朝调募福建、浙江、四川、陕西、甘肃等地以及朝鲜援兵等共计十一万多人，集结于辽东。次年二月，分四路出击，会攻后金都城赫图阿拉，企图一举消灭后金。为保卫赫图阿拉，努尔哈赤在吉林崖（今辽宁抚顺市东）筑城屯兵，修建防御设施，派兵守卫，以扼制明军西来之路。

明军以西路军为主力，由山海关总兵杜松、保定总兵王宣、原任总兵赵梦麟等率兵约三万担任主攻，由沈阳出抚顺关入苏子河谷，向西面进攻。他于四月十四日在苏子河汇入浑河附近渡河，遭到后金军决水进攻，尚未开战即遭受重大损失，士气受挫，战斗力大为削弱，是造成杜松军溃败被歼的重要原因之一。

根据杨业进研究，杜松军进军过程有两次渡河，[1] 这两次渡河都使杜松军的战斗力遭受重大损失。第一次于二月二十八日由沈阳出发，经抚顺渡浑河，入抚顺关。《清鉴》载："万历四十七年春，辽东经略杨镐集兵沈阳，分四路出师，山海关总兵杜松出中路之左，由浑河入抚顺关。期以三月二日会二道关，杜松欲立首功，先期渡浑河。"这一次渡河较为艰难，大部分部队轻装渡过浑河，士兵仍被淹死多人。其所部参将龚念遂的辎重营留在大军后面，这时尚未到达前线，本来应该有比较充裕的时间渡河，但是由于杜松贪功冒进，致使军队战斗力遭受无谓损失。《明史卷·杜松传》载："二十九日夜，出抚顺关，日驰百余里，抵浑河。半渡，河流急，不能尽渡。松醉趣之，将士多溺河中，松遂以前锋进。"这是第一次渡河，渡过的是浑河。

第二次渡河，遭到后金军的决水进攻，损失更为严重，且士气受挫。杜松军进军到萨

[1] 杨业进．萨尔浒之战中杜松军进军路线考——《明史》等正误，载《军事历史研究》第 184－186 页。

尔浒山后，分兵为两部分，一部分在萨尔浒山麓扎营，杜松亲率另一部分一万多人进攻界凡寨下的吉林崖。而进攻吉林崖，必须先渡过苏子河。当地地形复杂，所谓“浑河险穷处，从坦地横绝其中，以分东西者也”❶。当时日已偏西，诸将请求先安营休息，第二天再渡河，杜松不许，认为应该乘胜前进。

苏子河是浑河的支流，由东南往西北流入浑河，赫图阿拉在其上游。后金军充分利用熟悉当地地形的有利条件，预先命人在苏子河上游筑坝，使下游河水变浅，并在河中放置数十艘小船，引诱明军渡河。《皇明经世文编》对此评论到：“此诱我也明白如此，何乃轻渡。”由于贪功轻敌，对当地的地形情况不了解，杜松完全没有意识到敌人有水攻的可能，命人探测河水深浅，水深没有没过马腹。杜松以为是天助其成功，于是“裸形策马”“跃流而渡”。在他的带领下，大队人马踊跃渡河，当渡河到一大半时，后金军在上游决坝放水，尚在渡河的几千将士被河水冲走。而已经渡河的军兵回望浑河，不寒而栗。

关于此次后金军决水进攻明军的情况，明、清史籍记载详略不一，情况略有不同，但是都有反映。尤以《皇明经世文编》记载最为详细：“杜先战期三日抵浑河，浑河虏险穷处，从坦地横绝其中，以分东西者也。日已昃矣，诸将请安垒休息，明晨东渡。杜将军怒曰：义旗东指，孰抗颜行，乘胜而前，何期之有！遣人视河，河水不遮马腹，而河中浮小舟数十，此诱我也明白如此，何乃轻渡。将军大喜，谓天人俱助，且耻乘舟，将裸形策马。诸裨请披甲，将军大笑骂曰：入阵披坚，岂壮夫事，老夫束发从军，不知甲重几许，今日汝曹乃以此相苦耶。不顾，跃流而渡，诸军竞进，渡十之七。酋使人决上流，师冲如雨，没于河者几千人。渡河将士反顾生寒，阵甫成而暮。”❷《明季北略》记载与此基本相同。

《皇明经世文编》记载认为，后金军决水进攻明军，是在浑河的险穷处。但实际上，一些记载混淆了浑河和苏子河。浑河是比较大的河流，要筑堰拦截河水是很困难的，明军第一次渡浑河时，就因为河流湍急，淹死了不少人。而苏子河，相对来说是一条比较小的支流，上游筑坝后，才可能出现河水不及马腹的现象。所以，努尔哈赤决水进攻明军应当是在明军渡苏子河时发生。

史料记载中虽没有提到后金军有筑坝的过程，但是都有“决上流”的记载，以及突然出现的洪水。从明军的遭遇看，渡河之前探测水深，不及马腹，后来洪水淹死几千人。如果不是人为决坝放水，不可能在短时间内形成如此大的洪水。当时后金在界凡山上筑城的役夫，就有一万五千人，而四月初也不是汛期，筑坝应该不是很困难的事情。

这次水攻至少在三方面影响这次战斗，第一，直接减员几千人，杜松率领去攻吉林崖的军队不过一万人左右，几千人的损失是很大的；第二，士气受到严重打击，战斗力下降。防守吉林崖的后金军队不过几百人，但是杜松军却难以攻克，战斗一直呈胶着状态。杜松是明朝大将，以勇猛著称，曾经创造了与胡骑大小百余战，无不克捷的战绩，这次一反常态，面对一小股后金军的防守，难以成功；第三，杜松军被分割于浑河两岸，难于会合，当驻扎在萨尔浒一边的军队遭到攻击时，杜松军难以回援，而强攻吉林崖又不克，处

❶ 计六奇《明季北略》。

❷ 《皇明经世文编·卷之五百二·东征纪略》。

于两难状态，最后被歼灭。

萨尔浒之战是明清兴亡史上一次具有决定性意义的战争，是以少胜多的典型战例。以武器而言，明军有枪炮火药，而后金军队则缺少这些先进装备，努尔哈赤巧用水攻是这次战役取胜的关键一环。

8.1.9 决黄河水灌榆园

明末清初，山东曹州府濮州、范县一带爆发了榆园军农民起义。他们利用茂密的榆林作掩护，还创造了地道战术，在地下挖掘纵横交错的通道，长达数百里，神出鬼没地袭击官军。到清初顺治二年（1645 年），先后攻克曹州（今山东菏泽）、濮州（今范县西南）、定陶、城武（今成武）四城，拥立明忠义王，建都曹州称帝，声势颇为浩大。

榆园地跨濮州、范县以及台前县一带，这一地区由于历史上是黄泛区，茫茫沙野，荒地辍耕。“榆钱”摇落，生树成林，年久蔓延，方圆百里，林遮雾障，树大林深，尤利藏兵。义军据此安营扎寨，开荒种地，筑垒建堡，并挖修地道，实行游击战术。明末清初，官兵都曾对榆园军进行围剿，俱因地形多变，官军多次被打败，始终未能把起义军镇压下去。

顺治六年（1649 年）清政府又急调在浙江镇压南明政权残部的张存仁，总督直隶、山东、河南三省军务，驻扎大名，集中力量剿杀榆园军。张存仁到任后，问计于向有“明末四公子”之称的侯方域。《清史稿》载：“六年八月，起授兵部尚书……盗发榆园，为大名诸县害。存仁闻归德侯方域才，贻书咨治盗策，方域具以对。存仁用其计，盗悉平。”[1]侯方域条陈剿抚十议，既“五剿五抚”议，其“五剿”的第一条就是“通剿穴”，即破坏榆林军的地道。张存仁采纳了侯方域的计策，引黄河水是其计策的重要部分。

张存仁命部将张胆领兵砍伐、焚烧榆园林木。顺治七年（1650 年），又决引黄河水淹灌地道，起义军失去地利。顺治八年（1651 年）春，张存仁统兵乘势攻入榆园，大败榆园军，主要领导人张七、梁敏等被杀，榆园军终于被清朝官军击败。张胆决黄河水灌榆园军的史实应该是存在的。从时间看，张存仁和侯方域顺治六年定计，顺治七年汛期实施决河，也符合实际情况。

荆隆口，又名金龙口，在封丘西南黄河上，为黄河上著名险工，明代曾多次决口。明正统十年（1445 年），河决金龙口、阳谷堤、张家黑龙庙口等处。弘治二年（1489 年），“五月，河决开封及金龙口，入张秋运河”[2]。清顺治七年（1650 年），黄河决荆隆口事，在各种史料中均有记载，《清史稿·河渠志》：“八月，决荆隆、朱源寨，直注沙湾，溃运堤，挟汶由大清河入海。”《朝城县志》载，“七年，三省部院张统兵合剿，贼遁范县榆园。会黄河决，濮、范被水。冬十二月城复破。八年春用舟师始平之，贼渠黄镇山、石岿然、张粹等皆授首。邑里萧条迄今尚未复故。”《濮州志》：“七年九月，黄河决荆隆口，自南关金堤外，至曹州皆为浸，贼舟出没不时，州民苦之。”《范县志》：“顺治七年庚寅九月，黄河金龙（荆隆）口决，城坏，遍野行舟，榆园亦为水灌，寇始平。”这些记载均没有说明黄河决荆隆口是一次人为决口，但是从事件的起因后果分析，应当是人为决口，而且后来

---

[1] 《清史稿·张存仁传·卷二三七》。

[2] 《明史·河渠志》。

还实施了一些引水措施。

当时的黄河并未经过濮州、范县一带，而是由今兰考转而向南流，距离濮州、范县大约二百里，历史上濮州和范县一带就是黄泛区，所以黄河决口很容易淹没这一地区。但事实上荆隆口决口初期的洪水并没有如预想的那样直冲榆园，而是从濮州、范县的南面经过，由大清河入海。后来应该是张胆又实施了一些工程，才把泛滥的洪水引向榆园。从洪水泛滥濮州、范县的时间看也是如此，《清史稿·河渠志》载荆隆决口在八月，而《濮州志》和《范县志》都说黄河决口在九月，这说明洪水到达濮州和范县的时间比决口延迟了一个月。按一般洪水泛滥速度，从荆隆口到达濮州、范县一天时间足够，说明荆隆口决口之初洪水没有泛滥濮、范一带。张胆为了水灌榆园军，又把黄河洪水引向濮州和范县一带，扩大了黄泛区。至于张胆如何决引黄河洪水，则与当地的地形和当时的洪水情况有关。

关于清兵最后打败榆园军的史实，上述《清史稿》以及一些方志均有论述，是由于清军决黄河水灌榆园的结果。王士祯《居易录》也认为主要是黄河决口淹没榆园军的根据地以及地道等设施所致。王士祯《居易录·卷十四》云："明末榆园贼起，以濮州、范县为窟穴，始因地荒不耕，榆钱落地，岁久皆成大树。贼首回任七、张七等啸聚其中，饥民归之，号百万。官军至，无经路可入。贼掘有地道，不时出入，屡败官军，蔓延朝城、观城、郓城、城武诸县，凡数百里，行旅裹足者，几二十年。至顺治十二年黄河决荆隆口，水灌榆园，树尽榴，地道亦坏，官军乘之，贼乃歼焉。"该文说明榆园军利用地道与官军周旋，官军长期对榆园军无可奈何。最后利用黄河洪水破坏地道，才把榆园军打败。但是该文说河决荆隆口是在顺治十二年，有误。各种史料记载均表明，黄河决荆隆口事发生载顺治七年（1650 年）。没有顺治十二年河决荆隆口的记载。

实施水灌榆园的张胆，徐州人，明崇祯六年武举，顺治元年为副总兵。王熙作《骠骑将军张公传》中说，朝廷命张存仁总制三省，围剿榆园军。张存仁认为"剿荡榆寇非张副戎莫办"。张胆进兵巡视地形后认为："是贼无能为！绝其区，防奔逸，一鼓就擒矣。"于是采用了火烧榆林的和水淹地道的战术。"阴使人持火具从间道焚林烈泽，烟焰涨天，继遣健丁操锐斧列阵而进，摧枯刊木，灌莽若洗，贼始惶骇，思鸟兽散。先是，榆寇穿地道千里，急则潜行以遁。公诇知之，使卒决黄水灌之。穴塞，贼益窘迫，乞命。匝月而渠魁授首，余党悉平。"这里明确说张胆动用军兵，决黄河水。

戴名世《戴南山集》卷十《张胆墓志铭》也提到张胆决黄河水灌榆园军："山东寇曰梁敏、杨立吾等，屯榆园，势甚张。…… 寇常穿地道甚远，急则潜行以遁。公使人决黄河水灌之，寇计穷，不逾时授首，其党皆诣军门降。"也说张胆是决黄河水灌榆园军。

榆园军的失败，固然有很多因素，如清军的重兵镇压，起义军活动范围小，与其他起义军协同作战不够等，[1] 但是水灌榆园军，应该是最直接的原因。榆园军对抗官军的主要方式是依靠树林和地道，出没无常，但是在洪水泛滥的情况下，地道很容易被洪水淹没，失去作用。如果不是决引黄河洪水，清军镇压榆园军可能需要更长的时间。这次水灌榆园，在水攻战的历史上，是一次独特的应用。

---

[1] 参看朱寅，张金铣．榆园军败因新探．淮北煤炭师范学院学报（哲学社会科学版），2010（10）．

8.1.10 郑成功水攻漳州

据《清史稿》《清实录》等记载，清顺治九年（1652年），郑成功率部攻取长泰、平和、诏安和南靖等地后，围逼漳州，在围攻漳州的过程中，曾试图采用水攻。

清初夏琳撰《闽海纪要》载："夏，四月，成功攻漳州。成功引兵围漳城。五月，浙镇马逢知（原名进宝）率兵来援，纵其入城。引兵出战，连败之，遂婴城固守不出。成功累攻不下，乃拥镇门之水灌之，堤坏不浸。复列栅围之。城中食尽，人相食，枕藉死者七十余万人。"郑成功围漳州，清军婴城固守，在久攻不克的情况下，郑成功曾经采用水攻。但因为"堤坏不浸"，没有达到灌城的效果。由于工程浩大，技术不得要领，后来放弃了水攻的方法。

又据清邵廷采《东南纪事》卷十一载：顺治九年（1652年）"六月，成功取诏安、南靖、平和，遂围漳州，兵至二十余万。同知张箸、推官石玮坚守不下。金衢总兵马进宝来救，成功纵之入城，数日出战而败，复退守陴，南军昼夜百道攻城。距漳三十里有镇门两山，属岸筑断，激水灌城，复列栅围之，城中升米银数两，草木之实俱尽，啖弩掘鼠。"关于这次水引水攻城的记载虽然非常简略，但是从有限的记载中，可以看出要实施水攻，工程非常浩大。镇门位于漳州九龙江西溪的南北两侧，两山夹峙，是合适的筑坝地点。但是这一坝址离漳州有三十里，所以引水渠道也要开挖相应的长度。另外拦河筑坝，截断河流，这样的工程在当时也是非常不容易的。

又据清江日升著《台湾外记》卷七记载："八月，时值秋霖，张名振献计曰：'离城三十里有镇门者，两山夹岸，可将木石塞满，激水灌城，功曰：'此计诚妙。'令甘辉、周全斌、陈尧策、陈斌等，督诸镇监攻四门，自领张名振、黄廷、黄山、潇泗等至镇门，令兵士将大木于象鼻列栅过狮头（漳城有狮、象把水口），用坏船装石，沈水堆塞。奈溪流澎湃，终不能蓄水，塞此崩彼，徒费众力，百姓遭苦。"在九龙江筑坝，非常困难，因为九龙江不是一条小河，它是福建境内的第二大河，八月又正好是汛期，河水上涨，水流湍急。筑坝的方法，是在水中打排桩，然后用船装石，试图合龙，但是没有成功。

郑成功有二十万大军，在数量上有相当的优势，从当时两军对峙的形势看，郑成功敢于让清军的援兵入城，在军力上也有较大的优势，这是郑成功尝试采用水攻的原因。从各种史料记载来看，由于筑坝失败，郑成功最后放弃了这个计划。

8.1.11 黑水营之战：霍集占决水灌清军营

清乾隆二十二年（1752年），新疆回部大、小和卓发动叛乱。乾隆二十三年（1753年），定边将军兆惠率清军入疆平叛。十月初三日，兆惠所部抵辉齐阿里克，距叶尔羌城四十里，大营安扎于黑水河畔，故名"黑水营"。十三日，兆惠率千余骑兵南进受挫，被霍集占围困于黑水营。由于众寡悬殊，清军不得不掘壕固守，霍集占连续强攻，不能得手。于是在河的上游决水灌清营，兆惠就在下游掘沟泄之。决水灌营没有成功，反而使清军饮用水不缺，随处掘井都有水。清军坚守三个月，至次年正月，援兵终于赶到，里应外合，大败霍集占，黑水营终于解围。

对于这次霍集占决水灌清营，大部分记载黑水营之战的史料都有提到，大同小异。如《清史稿·兆惠传》载："霍集占既逼我师为长围，相持数月。贼自上游引水谋灌我师垒，我师于下游沟而泄之。……水不给，贼引水，反得饮，又掘井恒得泉。”其余如赵翼编《檐曝杂记》等也有类似描述。

决水灌营，只是霍集占进攻手段之一。从灌营的效果看，很不理想。显然，洪水的流量太小，以至于清军可以挖沟随时把洪水泄走。这可能是地势的原因，也可能是回族人对水利工程技术不熟悉，未能在河上筑坝，因此，难以形成有威胁的洪水。

8.2 疯狂的以水代兵：明末黄河水淹开封史实探析

明崇祯十五年（1642 年）四月底，李自成第三次攻打开封，采取了围城打援、围而不攻的策略。五月下旬，李自成军在朱仙镇一举击溃了由丁启睿、左良玉等率领的十万余明朝援军。自此，各路援汴明军畏战不前，开封被团团包围，成了一座孤城。这次围困持续了五个月，一直到九月十五日黄河决口，开封城被洪水吞没。

关于这次黄河决口，历史文献有很多记载，包括正史记载和当时参战人员的回忆。由于对决口的真实情况了解不同，观察问题的角度不同，立场不同，所记述的情况有所差异，各种史料记载自相矛盾的地方不少。因此，有必要对史料重新梳理，去伪存真，还历史以本来面目。实际上，这次战争中存在多次决河的情况，战争的双方都想利用黄河洪水置对方于死地，造成水灾开封的原因有多种因素，情况比较复杂，难以简单地判断是谁决开了黄河。

8.2.1 明代开封黄河决口回顾

元、明以来，黄河下游经常决口改道，尤其在开封附近，黄河经常泛滥。根据 1991 年印行的《开封市黄河志》❶ 整理的资料，明代黄河有几次决口危及开封的情况。洪武二十年（1387 年）六月，河决开封城，水自安远门（北门）冲入城中，“城中如釜底，民屋廛市尽沉水底，中原财赋聚集之地一没而尽”❷。洪武三十年（1397 年）八月初八，河决开封，汴城三面被水包围，永乐二年九月，河决开封，冲坏城墙。永乐八年（1410 年）八月，“秋，河决开封，坏城二百余丈，民被患者万四千余户，没田七千五百余顷”❸。永乐十二年（1414 年）八月，黄河溢，冲坏开封土城（外城）二百多丈。元末明初的战争，黄河失修，所以洪武至永乐朝，黄河决溢对开封的影响比较大。

天顺五年（1461 年）七月初四日，河决汴梁土城，初六日，风激浪涌，大水突破北门，“城中水丈余，坏官民舍过半，周王府宫人及诸守土官皆乘舟筏以避，军民溺死无算”❹。“天顺六年，河溢，决开封府北门，淹毁官民军舍”❺。天顺以后，还有几次重要的决口对开封城形成威胁，成化十四年（1478 年）三月，河决杏花营，冲决开封护城堤；成化十八年（1482 年）八月，河溢开封，水围汴城。

由此可以看出，第一，明朝初年，黄河决口对开封的影响比较大，一般决口，损失惨

---

❶ 开封市黄河志编辑室编，李曾三主编，1991。

❷ 《河渠纪闻》。

❸❹ 《明史·河渠志》。

❺ 《河防一览》。

重。天顺（1457—1464 年）以后，城墙进行了加固，防洪能力有所提高。尤其是潘季驯治河以后，修治堤防，开封城外的“河溢”记录大大减少。天顺以后，没有洪水入城的灾情发生；第二，明末李自成两次攻打开封，城墙也多次加固，城墙的防洪能力还应当又有所加强；第三，开封城北有土城，又称外城，实际是护城堤防，也有一定的防洪能力。所以，自然决口的黄河洪水很难冲破城墙入城，达到毁灭城市的地步，自然决口造成的洪水对开封城的破坏是有限的。因为决堤后的洪水即使以漫流状态包围开封，或者小股的水流冲击开封，开封城的防洪能力基本可以抵挡。崇祯十五年（1642 年）造成毁灭城市后果的洪水，一定是另有原因，天灾说基本可以排除。

8.2.2 李自成决河

客观分析，李自成三打开封，志在必得，而第三次攻打开封，又久攻不克。开封在历史上多次遭受水淹，有自然灾害，也有人为灾害，在这种情况下，“决河灌城”的想法是很自然的。正如《绥寇纪略》所说：“自成前后三攻汴，士马毙者无算，积愤誓必拔。长围半载，师老势屈，久怀灌城之谋。”❶ 如果说李自成没有决黄河水淹开封的想法，那是不符合历史事实的。李自成不但有想法，而且付诸行动。他水灌开封的目的只有一个，就是夺取开封城，至于会造成多大损失，则不是他决策时考虑的主要因素。当然后来开封城完全被洪水摧毁，则是当初决策时始料未及，也是李自成不愿意看到的。史料记载，李自成军曾在六月中旬决河灌城。

据明末白愚撰《汴围湿襟录·贼回复困》条，李自成军在打败丁启睿、左良玉等援兵后。六月，曾射入城中劝降告示一则，对城内的守军发出过“决河灌城”的威胁。“时值六月，暑甚，贼不能披甲，亦不索敌。尽安营于土城之上，周围插立窝铺，复射伪示云：‘奉天倡议营文武大将军李示：仰在省文武军民人等知悉，照得尔援丁启睿、左良玉等，已被本营杀败，逃奔四散。黄河本营发兵把守，他路援兵俱绝，尔辈已在釜中，可即献城投降，文武照旧录用，不戮一人。如各延抗，不日决黄河之水，尔等尽葬鱼腹。本营恐伤天和，不忍遽坑，慎勿执迷，视为虚示，先此晓谕。’”❷ 可见李自成确有决河的打算，只是时机问题。

而开封守城亲历者李光壂撰《守汴日志》则记载了李自成军六月十四日决河的具体情况，六月十四日壬子，“贼决河口上流。贼用千余人掘河，使逆流而上，水势缓，高不过五寸。三日流满海濠，更胜十万甲兵”。过了半个月，至七月初三日，情况类似，“贼恨水不能淹城，反将海濠注满，广处四五丈，深三丈余，虽欲攻城，不能飞渡，又拨万人取土填故道。因杀主谋贼”❸。可见李自成军不但有掘黄河堤引水灌城的考虑，而且确实付诸行动。但是由于当年六月，黄河洪水不大，决河后没有形成大规模的洪水，而只有细流灌入开封城外的护城河，不但对城墙没有威胁，反而将护城河灌满，加宽加深了护城河，使得攻城更加困难，反而对守城的官军有利，其作用超过十万军兵。这是由于李自成军对水攻战不熟悉，所以这次决河灌城以失败告终。所挖掘的河道，也重新填回，而且是动用了十倍于掘河的人力去填回河道，说明李自成对于决河灌城已经失去信心。

---

❶ 《绥寇纪略》卷九。

❷ 刘益安．汴围湿襟录校注．郑州：中州书画出版社，1982：41.

❸ 王兴亚点校．守汴日志．郑州：中州古籍出版社，1987：18.

郑廉著《豫变纪略》记载了李自成军掘河的情形，其时间与《守汴日志》记载相同，记载的情形更详细些：六月“壬子（十四日）流贼决黄河，城内登上方寺铁塔最上层展望之，见黄流漫漫东去，其南来数渠，映日影明灭如线，盖贼决之使其逆流而上，以灌城者也，贼骑如蜂蚁，往来相视，然水势甚缓，高不过数寸许，三日才流满濠而已。其深数丈，与城无害也，贼怒，乃杀主谋者”[1]。由此可以看出，李自成挖掘了多条渠道，引水灌城。但是，决河后的水流很小，对城墙完全没有威胁，李自成一怒之下，杀了策划决河灌城的主谋。

明末清初著名学者周在浚著《大梁守城记》的记载类似：六月“十四日，贼挖河口上流，水淹城，壕堑皆满，贼反不得近”。七月“三日，贼临城，水满海壕，阔四五丈，深三丈余，复驱万人担土填濠，怒杀前策划者”。白愚的《汴围湿襟录》则记载李自成掘河事情在七月底，“围至七月终，望援无期，坐以待毙。……巡抚高名衡，随差谍者潜渡河北，书约严云京举事。果使卜从善大营架舟南岸，掘一昼夜，贼觉之，领兵冲散。逆贼恨甚，亦于朱家寨顶冲河口，直对北门，挖掘小河一道，引水灌汴，幸未大涨，止引细流至城下，深才三四尺，随溢随落，竟不为害。及将周城海河灌平，民得网鱼充饥，贼之马步不能近城一步”。这里提到了李自成掘河地点在朱家寨，其过程和结果与《守汴日志》提到的六月份的决口相似，应该是一回事，李自成军不可能在七月初填平河道的情况下，七月底再次决河。李、白两人记述的掘堤时间相错一个半月，一般认为，李光壂《守汴日志》记载的较为可靠。[2]

所以，李自成六月中旬的决河事实是存在的。但是，这次决河，没有对开封城构成威胁，所挖的河道也已经在七月初大部分回填。这次决河也不是九月份黄河大决，水毁开封的主要原因。明、李双方的掘堤结果正如周在浚在《大梁守城记》中记述的那样：“时未入秋，水势平衍，我所决者（即朱家寨口）仅没坑坎，旋为沙碳闭塞，无如贼何。贼所决者注满城壕，城反恃以无恐，贼亦无如我何也。”这条记载非常清楚地说明，双方在未入秋之前，都曾经想利用黄河之水，消灭对方。但是由于时机不对，黄河的水流不够大，都没有成功。

8.2.3 明朝官军决河

既然李自成认识到决河对自己不利，七月初怒杀了决河的策划者，而且把挖掘的河道填平，在短期内再去决河的可能性就很小，后来的决河行动主要由明朝官军进行。

官军决河是在援军无望的情况下进行的。

崇祯十五年（1642 年）七月，因开封久被围困，朝廷命刘泽清赴援。刘泽清率领五千援兵渡过黄河，在朱家寨沿河扎营下寨，又计划环绕军营开挖壕沟，引黄河水注入，因朱家寨距离开封城八里，刘泽清计划依次扎下八个兵营，由开封城直抵大堤，大概是想每一里扎一大营，然后修建一条通道，向城里运送粮食。壁垒尚未修建好，农民军过来争夺，双方相持了三天，各有伤亡。刘泽清被迫退回北岸，这一计划未能成功。

《明史》载：“十六年二月，贼围开封久，泽清赴援。以朱家寨去汴八里，提五千人南

[1] 《豫变纪略》卷五，129 页，1984 年浙江古籍出版社，王兴亚点校。

[2] 孙月娥“明崇祯十五年河决开封的史实辨证”载《中州学刊》1986 年第 6 期。

渡，倚河为寨，疏水环之，欲以次结八寨达大堤，筑甬道，馈饷城中。壁垒未成，贼来争。相持三日，互有杀伤。泽清即命拔营去，惶扰奔迸，士争舟，多溺死者。”❶ 而据《守汴日志》记载，此事在七月中，七月“十四日壬午，东北角烽火连起，未见船只人马。总兵刘泽清过河击贼，两日皆捷。营中忽自扰，仍退还北”。周在浚《大梁守城记》也记载此事在七月：“十四日，东南角火起。刘帅泽清过河二日，师溃，退而南（注：应为退而北），督师逍遥河上而已。”《怀陵流寇始终录》和《绥寇纪略》记载大体相同。

《明史纪事本末》卷七十八则记载刘泽清援兵在八月：“八月，开封久困……诏山东总兵刘泽清援开封。泽清以朱家寨距城八里，提兵五千渡河为营，列水环之，达于大堤，筑甬道以运粮，则救援可济，遂往立营。贼攻之三日，诸兵不至，泽清引兵去。”《国榷》卷九十八，基本和《明史纪事本末》一致，也记于八月。

如此，刘泽清援兵就有了崇祯十五年（1642 年）七月、八月和崇祯十六年二月三种说法，哪一个是正确的呢？十六年二月的说法显然是不符合事实的，因为此时开封已经被洪水淹没，不存在增援一说。七月中旬的说法比较合理，因七月底，开封守军已经感觉到“望援无期，坐以待毙”，说明刘泽清援兵已经退回河北，这是最后一批支援开封的军队，“河北自此更无援兵矣”❷。官军决河是在刘泽清援兵退回河北以后，守城的官兵在外无援兵，内缺粮草的情况下，才铤而走险，策划决河淹灌农民军。

因为决河的策划和实施非一人能完成，所以明朝官军中谁是决河的主谋和罪魁，实际很难分清楚。这一策划甚至可能得到皇帝的批准。《明史稿》载李永茂奏疏说：“澍以巡按御史严云京尝疏请决河，具疏申辩……于是河南巡按御史苏京核奏始末，言云京为祸本云。”据此可以认为严云京的决河主张，事先曾奏请过朝廷，得到默认，崇祯皇帝是知道的。

首先提出决河主张的应当是开封城内的守军。四月底，当李自成第三次围攻开封时，开封城内的军队和官员守城分工如下：“总兵陈永福守南门，以知府吴士讲副之；管河同知桑开第守北门，署捕同知苏茂灼副之，推官黄澍守曹门，兼守北门。”❸ 可以看出，推官黄澍的任务最重，他所防守的曹门和北门都正对黄河，而且共同防守北门的管河同知桑开第最熟悉黄河水情。因此，由黄澍提出决河的建议，顺理成章。但是决河的实施必须由河北的官军进行，不得不由巡抚高名衡出面，与在河北的巡按御使严云京联系，即后来被称为高名衡“倡”而严云京“和”的策划过程，严云京则把这件事情奏报朝廷后方才实施。《平寇志》说：“有献策于高名衡曰：‘贼营附大堤，决而灌之，尽为鱼鳖矣，然城中可无恙。’”按这样的说法，由黄澍向高名衡建议也是说得通的，也是城内的守军首先意识到决河的重要。《明纪》卷五十六载：“城傍牛马墙，周王恭枵募民所筑，坚厚如高岸；而贼营直傅大堤，谓河决则贼可尽而城中无虞。”《烈皇小识》卷七同上，结论是“贼可鱼也”。

崇祯十六年，工科给事中陈燕翼上国贼未除一疏，指黄澍谋划了决河事宜，黄澍上疏申辩说：“当贼之久困城下也，凡五阅月，抚臣且不识按臣之面，倡和当从何来。臣自六月过河至封丘县，亲诣按臣，轻骑渡河弹压，按臣畏缩不前，臣切齿而去。此后左兵失

❶ 《明史·刘泽清传》。

❷❸ 《豫变纪略》。

利，内外隔绝，血书不通，臣能飞身预谋乎，臣有异术能起白骨驱饿鬼而用之乎。”❶ 黄澍反驳的理由是，时严云京为巡按御史，率军驻黄河北岸，与开封城内的官军内外隔绝，消息不通，不可能互相商议决河事情，否认曾经参与决河预谋。又说：“闻按臣严云京曾疏请决河，刘源清亦自认决河。”把决河的责任完全推给河北的援兵。从另一方面看，也是事实上承认了明朝官军策划了决河。

也有认为是严云京首先策划决河，《明史·高名衡传》说：“会有献计于巡按御史严云京者，请决河以灌贼，云京语名衡、澍，名衡、澍以为然。”这种可能性虽然存在，但是南岸开封城内的守军显然对黄河情况更熟悉，决河解围的要求更迫切。策划决河的可能性更大一些。无论由谁提出，由两岸官军共同商定决河是事实，由于是战时，双方的往来是秘密进行的，所以，对于后来写史的人来说，对事实的认定很容易产生误差，后来朝廷对这一事实的认定也颇为困难。

决河的实施则由河北的援军进行。

《汴围湿襟录·掘河渰贼》大体上记载了七月底或八月初官军决河的这一过程：“围至七月终，望援无期，坐以待毙。汴人熟知河势，见往岁黑罡上流遇决，即自贼营一路而下，适当其要。密禀巡抚高名衡，随差谍者潜渡河北，书约巡按严云京举事，果使卜从善大营架舟南岸，掘一昼夜。贼觉之，领兵冲散。”这一说法比较可信，所以官军决河，应当在八月。掘堤一昼夜，对黄河堤防的破坏已经是相当可观了。当时处于战争状态，农民军虽然冲散了掘堤的官军，但是修复堤防的可能性很小。但这些破坏是造成后来九月大决口的隐患。

十二月戊子，巡漕御史沈向疏请治河，略曰：汴梁城后有老堤以障之，再后有黄金堤以障之，宋帝建都仗此黄河保护东西二京。乃一时不察，遽从朱家寨决开小堤，欲灌贼，而贼复大决以灌城。❷

官军决河出于以下几方面的考虑：

第一，淹灌驻扎在城外的农民军。《明史·河渠志》：“十五年，流贼围开封久，守臣谋引黄河灌之。”《绥寇纪略》卷九记载：“会汴人有计决河以灌贼者，时城傍羊马城，周王募民新筑者，皆坚厚为高岸，而贼营直傅大堤。我兵以为河决贼可尽，而城中无恐，故严云京、高名衡从之，早为自成所觉。”《明史·高名衡传》对此也有叙述：“会有献计于巡按御史严云京者，请决河以灌贼。云京语名衡、澍，名衡、澍以为然。周王恭枵募民筑羊马墙，坚厚如高岸。贼营直傅大堤，河决贼可尽，城中无虞。”官军为了淹灌驻扎在土堤上的农民军，而又不致影响开封城，特意募民加高加厚了城墙。所以官军决河，是有预谋和有准备的。官军对开封附近的河势变化比较了解，知道从黑罡上流决口，洪水正冲李自成军营。所以曾经过河掘黄河大堤一昼夜，后被李自成军察觉，领兵冲散。

需要注意的是，这里的大堤是指开封城外的围堤或者开封外的土堤，而不是黄河大堤。围城的农民军不应当在黄河大堤附近驻扎。只要能把李自成围城的军队淹跑，或使其撤围，官军不惜一切代价。

第二，是引黄河水到护城河，形成所谓的“海濠”，以加强城市的防守，增加农民起义军进攻的难度。这一点也许是受到李自成军决河失败的启发，反其道而行之。《明史纪事

❶❷ 《行水金鉴》卷四十五引《崇祯长编》。

本末》卷七十八记此事于八月，说：“开封城北十里枕黄河，巡抚高名衡、推官黄澍等城守且不支，恃引河水环濠以自固，更决堤灌贼，可溃也。”《崇祯朝野纪》记载基本相同。

第三，除了以上两个目的外，官军甚至有凿渠通运的想法，就是从黄河南岸到开封城北开凿一条运粮渠道。《崇祯实录》卷十五：“先是，开封城北十里枕黄河，巡抚高名衡、推官黄澍等议凿渠通运，且引河水环濠以自固，更决堤灌贼，可立走；渠遂成。既而河水溢，自渠决城，贼以营高得免。”

第四，最重要的，还是官军困守开封，援军无望，决开黄河，以水代兵，也许还有一线希望，能解开封之围。《明季北略》说：“遗闻云：自成决河灌汴城中，诸贵官欲自为脱计，亦凿堤引水，汴梁遂陷。”《甲申纪事》载：“贼兵姚奇英为余言……攻开封时亲自扒城，城将破。时官城中者恐以破城议罪，将河水灌城，而已逃避之。非真河水决也。”这样的说法，虽是传闻，但符合情理。另外，对于河北的明朝援军来说，决河则可以避免两军开战，屡遭败绩的厄运。正如《大梁守城记》所谓：“河北诸公议决之，以解围城之急。”

正是有这诸多好处，所以官军具有强烈的决河冲动。卜从善驾舟到南岸掘堤一昼夜，就是决河的实施。但是，这次决河由于黄河洪水不够大，而且遭到李自成军的袭击而失败。官军可能还有其他小规模的决河行动，如上文提到，刘源清曾经承认决河，但何时决，决何处却没有记载，刘源清七月曾经率援兵过河，可能既有决河举动。

即使是这些小规模的掘河行动，也足以使黄河的防洪系统遭到破坏。致使黄河大汛到来时，造成朱家寨大决口。

从以上资料分析，七月至八月这一段时间，明军在黄河南岸至少做了以下几件事：其一，刘泽清计划在黄河南岸朱家寨“倚河为寨，疏水环之”做引水工程；其二，“引河水环濠以自固”，就是说，开凿引水渠道，从黄河引水到开封城下，注入护城河；其三，凿渠通运，开通运粮渠道，这一做法其实与引河水环濠是类似的，也是要开凿引水渠道；其四，在黄河南岸掘堤一昼夜，被农民军发觉后冲散。

其中，刘泽清在黄河南岸朱家寨“倚河为寨，疏水环之”这一计划可能最后没有完全实施，只做了一部分。引水入护城河的计划也没有成功。据《汴围湿襟录》载，九月三日，开封城外护城河的水越来越少，李自成军看到这种情况，乘机发动进攻，被官军炮火打退。开通运粮渠道是守城官军极为迫切的要求，官军曾多次试图打通开封城北到黄河南岸的运粮通道，包括李光壂创车营式“欲夜出北门，直抵黄河，接济河北兵马，开运粮道”[1]。刘泽清“欲以次结八寨达大堤，筑甬道，馈饷城中”等，都没有成功。所以从黄河南岸开渠引水运粮的想法是很自然的。但是，明显的事实是，开渠运粮没有成功，因为九月份，开封城内的粮食已经极度短缺，甚至到了人吃人的地步。

《崇祯实录》说，渠道修成了。这一点令人费解，究竟渠道有没有修成，是如何修成的，修成的渠道状况如何？关于凿渠的记载，其他地方还有一些。《国権》卷九十八记言：“盖黄河秋时常涨，开封推官黄澍凿渠道之，忽横溢，沦溺数十万，人无不切齿者。”这都说明，虽然开封被围，凿渠的举动还是有的。开封淹没后，崇祯帝曾召问开封府推官黄澍，“澍利口，诿凿渠事于李自成”。把凿渠事推到李自成身上，也说明挖渠的事，确实是

[1] 《守汴日志》。

有的。这些工程使得黄河南岸的堤防残破不堪，更为重要的是，这些工程形成了黄河洪水通向开封城的引水通道，是后来水淹开封的主要原因。

值得注意的是，在一些记载中，把决河与凿渠事相提并论或混为一谈，这不是偶然的。实际上，官军在开挖黄河堤防的同时，还有凿渠行动，以期把黄河决口的洪水从朱家寨引向开封城外，达到其“通运”“环壕”和“灌贼”的目的。从“渠遂成”的记载看，这条渠道应当开挖了相当长的一部分，当然全部开通，似乎不太可能。但即使是一部分，也足以把黄河洪水引到开封城下。《崇祯实录》中“自渠决城”的说法不是无中生有，而是非常形象地说明了为什么这次黄河决口的洪水会对开封城造成如此巨大的破坏。因为自然决口的洪水一般是漫流的。而开渠后，情况大不一样，渠道成为后来黄河大股洪水行洪的通道，大部分洪水会沿着这条通道冲向开封城，它的破坏力比自然决口大很多。“坚厚如高岸”的开封城墙和城门对于抵御自然决口后散漫的洪水是有效的，但是难于抵抗大股洪水的直接冲击。这一点城内的守城官军甚至没有预料到。

回顾秦统一战争中，秦将军王贲“引河沟水灌大梁”，造成大梁的毁灭性破坏。为什么不是“决黄河堤灌大梁”，或者如当初苏代设想的“决荧泽”灌大梁，因为仅仅决堤是不够的，把决堤后的洪水引向大梁，才是水攻大梁的关键。一千多年以后的这次水淹开封，道理基本相同，明朝的官军错误地以为，引黄河水到开封城外，有诸多好处，而开封城可以无虞，在走投无路的情况下，铤而走险，不断地破坏黄河堤防，开渠引水，最后酿成大祸。另外，李自成军六月曾经引水灌城，没有成功，虽然河道有所填回，但是难以完全填平，也会形成洪水通道。或者官军所挖的渠道，正是利用了李自成军原来留下来的河道，也完全可能。

需要指出的是，李自成军虽然包围开封，但是他们所控制的区域主要在开封外围的土堤一带，后来移动到土城，既外城一带。据《守汴日志》记载，五月二十五日，“贼马往来堤上，步贼驱民割堤外麦”。该土堤指的是开封城外用来防洪的围堤，不是黄河大堤。七月初七，“黄推官领总巡督阵门外，逐贼至土堤外…… 土堤贼败走，大营贼喊声将近，收兵进城”。说明土堤离城不太远。七月二十五日，“贼移三营于曹门外。正东土城外三千贼扎一营，名新营。东北土城外石牛角地方扎二营”。土城既开封的外城，这时围城的农民军又向开封城逼近一步。对于土堤以外，一直到黄河南岸的广大地区，李自成军控制相对薄弱。驻扎在黄河北岸的明军渡河到南岸采取掘河或者其他行动还是可能的。总兵卜从善曾经带领一千多人过河，掘堤一昼夜，才被李自成军队发现，就是证明。以后再次过河掘堤凿渠，完全有可能。

自六月中李自成军在朱家寨掘河灌城失败，这一带的堤防不断遭到挖掘和破坏，开封以北洪水通道逐渐形成。尤其是官军在朱家寨一带的多次军事行动，都和破坏堤防有关。明朝官军对于当时黄河状况是了解的，对于洪水的来临早有预感。八月十九日丙辰，李光壂申文理刑厅：“连年河工未修，今贼又掘开堤防。每九月十七日，俗传河神生日，必发水。若微流渐至，犹可无患，万一怒浪滔天，为之奈何，壂备木料、人工，愿造小船一只，以防不测，伏候裁夺。”后来确实造了一只船，还想多造，已经没有能力了。因此对于黄河决口，城内的守军是有所预感和准备的。而李自成的军队相对来说对于黄河洪水情况的了解较少。

8.2.4 九月黄河大决

关于九月河决的记载，有多种情况，争论也最多。九月黄河最后大决，决口有两处。

先是朱家寨决口，后来才是马家口决口。

8.2.4.1 关于朱家寨决口

六月，李自成曾经在朱家寨决口灌开封未成，此后，朱家寨一直是双方争夺的焦点。九月十四辛巳夜的洪水是自然冲决，还是十四日前后有人挖决朱家寨大堤，决开堤防，对此有不同的说法。

多处史料记载都表明，九月十五日前后黄河两岸阴雨连绵，河水暴涨。在这种气象条件下，驻扎在黄河北岸的官军要过河决堤，是相当困难的。

一些记载只提到朱家寨决口，没有说明原因，这种记载最多。

《国榷·卷九十八》载：九月，“壬午夜，河决开封之朱家寨，溢城北。”只说河决朱家寨，没有说明原因。李光壂《守汴日志》：“（九月）十四辛巳夜，河伯震怒，水声远闻。十五日壬午黎明，水至城下，西南贼俱远遁，东北贼溺死无算。”也没有提到谁决口，因为李光壂当时在开封城内，对外面的情况并不了解。另外，还应当注意到，朱家寨决口并非完全在九月十四日夜，《崇祯实录·卷之十五》：“河决开封，城陷。先五日，决朱家寨，溢城北；至是，水大至灌城。”就是说，朱家寨最初决口大约在九月初十，九月十四日，大水才到开封城下，仍然没有说明决口原因。《明史纪事本末》卷七十八：“九月，河决开封。贼先营高处，然移营不及，亦沉其卒万人。”只记河决，没有指明是谁决口，决口何处。没有提到官军凿朱家寨的事情。《崇祯朝野纪》记载略同。

推官黄澍曾经在事后说：“七月间，贼谣言决河，以惑我众。然七月至九月初旬，城下俱无水，九月十四日水到城下。”黄澍是防守北门的当事人，他的说法是最准确的，他所说的水到城下，应当是指大水。这种情况与《崇祯实录》的记载相同。因此，朱家寨的决口是逐渐扩大的。

关于这次黄河决口是自然决口的说法，也有不少记载，郑廉《豫变纪略》载：“世传开封之陷者不一。有谓贼决黄河灌之者，非也；有谓官军决河灌贼营而误陷者，亦非也。六月壬子，水仅满壕，城固得其助矣。至于九月兵民饥饿不能出城门，乌能一至河干乎？盖开封之陷，天也。”[1]“天也”的说法当然不可信，不过，他认为，九月，城内的兵民饥饿，不可能出城决河，决河不是人为的。

《汴围湿襟录》也持大体相同说法，先说李自成决河，然后又说：“按黄河之决，虽起寇祸，实值河水骤涨，是天也，非寇也。”这种说法认为，造成这次灾害的主要洪水，或者说破坏力，来自朱家寨决口，而朱家寨是由于洪水暴涨，被洪水冲决的。

周在浚《大梁守城记》的说法比较客观：“至是暮秋，水势暴涨，加以淫雨，堤坝颓坏，贼复决之。于十四夜波涛汹涌，水声远闻。”这种说法也认为，人为决口，只有李自成军，等于间接承认朱家寨决口是自然洪水造成的。

真正提到九月十四日前后官军决朱家寨的史料有《明史》和《绥寇纪略》。《明史·高名衡传》：“云京语名衡、澍，名衡、澍以为然。周王恭枵募民筑羊马墙，坚厚如高岸。贼营直傅大堤，河决贼可尽，城中无虞。我方凿朱家寨口，贼知，移营高阜，艨艟巨筏以待，而驱掠民夫数万反决马家口以灌城。九月癸未望，夜半，二口并决。”《绥寇纪略》卷

[1] 郑廉《豫变纪略》卷六，第 138 页。

九基本沿袭明史的说法，记载大体相同。

这一说法虽然提到官军凿朱家寨口，但是时间却不好确定。这一过程延续的时间相当长，包括与严云京商议，周王筑养马墙等事件，然后凿朱家寨口。这些事件都不是发生在九月份。可见凿朱家寨口，并没有发生在九月十五日这前后，而是发生在更早一些，甚至有可能是发生在七八月份的事情。

这种说法与事实还有矛盾的地方在于，如果李自成军早就知道官军过河决堤，为什么没有发生战斗，而且李自成军已备好船筏，移营高阜，就不至于造成被淹死万人的后果。这与《明史纪事本末》卷七十八所记李自成军移营不及的说法是相互矛盾的。所以该条记载中官军凿朱家寨口的事情应该是发生在更早的事情。此外，该文中所说癸未日，是十六日，严格说，非望日，而且，两个决口都不在十六日，“二口并决”的说法也不准确。所以该记载在时间上有些含糊，前后混淆。

另外《明史·李自成传》也提到决朱家寨口：“传庭知开封急，大会诸将西安，亟出关来救。未至，名衡等议决朱家寨口河灌贼，贼亦决马家口河欲灌城。”但是，议决朱家寨口是何时的事情，没有说明，肯定在马家口决口之前。

由以上分析可知，此两处记载所说的官军凿朱家寨口，并不是十五日水淹开封的直接原因。

各种史料记载官军决河，一般都是七八月份的事情。所以，九月的朱家寨决口，应当是汛期来临，洪水上涨造成的自然决口，即洪水冲决。上文已经分析过，官军具有强烈的决河愿望。但是，官军的战斗力有限，城内的守军出不来，河北的援军畏敌如虎，多次战败。因此，对于决河的计划，是议论多，而实施少。加上九月中天气恶劣，官军再过河决朱家寨的可能性很小。但是，前期双方对堤防的破坏和引水通道的形成，已经足以让开封城遭受巨大灾难。“从当时明朝官员的奏疏，到近人的著述，都有说官军决河致祸，甚至竟说九月十五日明军扒了黄河大堤。乍看起来，可谓言之凿凿。实际上，却是把七月官军凿堤护城淹农民军与九月决口混为一谈。所谓九月十五日明军决河说，可疑。”❶ 这一说法是比较符合实际情况的。

8.2.4.2 关于马家口决口

《明史·河渠志》载十六年二月工部侍郎周堪赓勘察河道时，有两个决口口门。“一为朱家寨，宽二里许，居河下流，水面宽而水势缓；一为马家口，宽一里余，居河上流，水势猛，深不可测。两口相距三十里，至汴堤之外，合为一流，决一大口，直冲汴城以去，而河之故道则涸为平地。”实际两口相距应为三四里，地点应在紧邻柳园口的马庄附近❷。所以这次开封被淹是由两处决口形成的。

关于马家口决口也有两种说法，一种说法认为官军所决，如《明纪》卷五十六载：“有献计与巡按御史严云京者，请决河灌城。云京以语高名衡、黄澍。名衡、澍以为然……于是，遂凿马家寨口。”这种说法有误。一般认为马家寨口是李自成所决，而且应当在朱家寨决口之后。马家口决口在九月十五日，而朱家寨决口在十四日或更早些。

---

❶ 王兴亚．李自成起义史事研究．郑州：中州古籍出版社，1984.

❷ 孙月娥．明崇祯十五年河决开封史实辨证．中州学刊，1986（6）.

《明史·本纪》："九月壬午（十五日），贼决河灌开封。"

《明史·孙传庭传》："大雨连旬，自成决马家口河灌开封。"

《明通鉴》："壬午，贼决河灌开封。"[1]

这些记载都指李自成决河是在九月十五日，所以应当是决马家口。十四日河决，李自成军被淹万人，蒙受巨大损失。李自成军也已经转移到高地，而对于官军而言，朱家寨既已决口，洪水已经到达开封城下，再决马家口已经没有必要，而且官军也没有能力在短时间内调动大批人马过河去决口，官军守城的军队在城内，无法出来，援兵在河北岸，也没有办法过到河南岸来决口，所以马家口是李自成军决口无疑。当然，也存在另一种可能，就是马家口也是自然决口。计六奇《明季北略》说"李自成决河灌汴梁"，"九月，河决，开封势如山岳，水骤长一丈，士民溺死数十万"。以上李自成决河说法，都没有具体的细节。

《明史纪事本末》卷七十八："九月，河决开封。贼先营高处，然移营不及，亦沉其卒万人。"被淹之后，十五日，其军队已经转移到高处安全地带，然后才决马家口，这是符合战争规律的。这种情况与 1938 年 6 月黄河花园口决口后，1939 年 7 月，日军在花园口以东 100 多米处，另外再挖一口门，当时称东口门的情况非常相似。

比较典型的说法来自《明史·高名衡传》的记载："我方凿朱家寨口，贼知，移营高阜，艨艟巨筏以待，而驱掠民夫数万反决马家口以灌城。"《明史·李自成传》记载类似，《绥寇纪略》也沿用了这一说法，影响比较广泛。上文分析过该条记载在时间上的混乱，但是，李自成军决马家口这一事实是基本成立的。

有关马家口决口，有更详细的记载，白愚《汴围湿襟录》可作代表："贼久困汴，意为必克。不料坚持死拒，已及六匝月，守志更坚。贼恨汴甚，见阴雨连绵，秋雨大涨，贼挖掘上流，坚塞东、西、南三面堤口，不令水分四溢，止留北面，使全河入汴，至九月十五日，督贼数万将河决开。"作者此处的叙述，比较详细，清楚说明李自成决河是在九月十五日。"挖掘上流"是因为马家口处于朱家寨上游。该处描述，也有不合理之处，一处决口，不应当有"东、西、南三面堤口。"如果要留堤口，也应当留南面，而不是留北面堤口，因为黄河向南泛滥，才能到达开封北面，所以堵塞三面堤口，只留北面的说法，很可能来自传闻或猜测。《汴围湿襟录》校注序言说："本书作者白愚只是一位普通幕僚，虽然身历开封围城之役的全过程，但对战争的全局及高级官员的决策是不大了解的。……而此书写于流寓他乡之际，在事后追叙，故老遗民，散亡略尽，无从访问核实，故于时间、过程，不无小误。"另外，作者也是长期困守城内，对城外的情况，尤其是战守情况，了解不多，尤其是作者对农民军有比较严重偏见，一直以"贼"称呼，夸大农民军决河行动的可能性是很大的。

周在浚《大梁守城记》也提到："先是贼老营在阎家寨，适当黄河旧决故道，故河北诸公议决之以解围城之急。而贼亦决马家口欲以陷城。""至是暮秋……贼复决之。"似乎李自成早就决过马家口，这种说法与六月份李自成决朱家寨的说法相矛盾，可能有误，时间上也不是很准确。但是，该记载也认为，李自成最后实施了马家口决口。

另外，还有李自成令黑蛇刘都古决河的说法，《行水金鉴》载"己未，总督河道张国维

[1] 《明通鉴》目录卷二十，第 867 页。

奉诏趋京，道奏：‘镇臣刘泽清面语臣：流寇乘九月之涨，令黑蛇刘都古决河灌汴。’”❶《祥符县志》卷三载：“时流贼围开封久，人相食。守臣谋引黄河灌贼。贼知，予为备；令其党黑蛇刘都古决河灌城。”刘都古应当是李自成的部下，实际实施了决河过程。

所以各种史料中关于李自成决河的说法，大部分是有根据的，不过往往以偏概全，有所夸大，或时间地点不太准确。李自成其实一直有水灌开封的想法，自六月决河灌城失败，暂时把这事搁置起来，当时是因为黄河洪水不够大，至九月份，黄河洪水暴涨，加上朱家寨决口。李自成认为，决河灌汴的时机已经到来，立即决马家口。至于后来黄河对开封城造成毁灭性破坏，是李自成始料未及的。

有人认为，李自成军当时在战略上居于主动，在军事上拥有绝对优势，而开封城则粮尽草绝，如欲立即夺取开封，没必要再次掘堤淹城。❷实际上，这是事后人们对于战争双方的评估，而当时李自成面对的仍然是久攻不下的开封，何时攻克，并无胜算，长期围困，消耗巨大。李自成也想早日拿下开封，《绥寇纪略》比较客观地指出了李自成水灌开封的态度以及战略上的考虑：“自成前后三攻汴，士马毙者无算，积愤誓必拔，长围半载，师老势屈，久怀灌城之谋。顾以子女珍宝山积，不忍委之洪波。迨秦师已东，恐汴围一疏，阳、怀、东晋之兵必蹑其后，将尤腹背受敌，方图改算。”如果说李自成第一、第二次攻打开封时，尚有顾忌使用水攻，到了第三次攻打开封，也不得不出此下策了。军事方面，李自成虽然在朱仙镇打败了左良玉、虎大威的援兵，把刘泽清的援兵也赶回河北，但是明朝廷调集了延、宁、甘、固兵，由孙传庭率领出关中，王夑监阳、怀、东晋军，也将渡河而出其东，李自成可能面临腹背受敌。《崇祯长编》也认为李自成是从战略上考虑决河：“十月壬子，工科给事中李士焜疏言：臣闻贼欲决河非一日矣。……遥闻秦兵出关，恐尽力迎敌，则围汴必疏，是以籍河伯之卷噬，当锋镐之屠戮。”《怀陵流寇始终录》则说：“是冬，汴城陷溺，侯恂委之天数。贼……闻秦兵出关，乃行决河之计。”尽快攻克开封是战略上的需要。

李自成内部也出现了分化，罗汝才部由于粮食危机，准备离去，李自成许诺打下开封后，分割东城给他，才挽留住其军队。从各方面看，李自成都有尽快攻克开封的要求。反决马家口灌城，正是其攻克开封的手段之一。

另外还有李自成怒而决河的说法，《石匮书后集》卷六十二谓：“汴城洼下，濒大河，壮丽而固，贼久攻不下。自成督战，左目中流矢镞，不得出，遂眇一目。大怒，乃筑长堤属河，决水灌之。”这种说法带有浓厚的文学色彩，李自成左眼中矢，是在第一次围攻开封时，与决河并无直接关系。当然，朱家寨决口后，李自成军被淹死万人，可能也有决河报复的心情。

开封被淹没后，还发生过断断续续的战斗。与包围开封时，多次大败官军的战斗力相比，李自成军后来的战斗没有明显的优势，已经放弃了对开封的占领。周王曾经在城头上避水七天，没有遭到李自成军的攻击。说李自成决口前就“艨艟巨筏以待”，似乎不太符合事实。李自成决马家口是仓促的。不是这次开封大劫难形成的主要原因。但是，马家口决口加重了灾情，后来马家口因为处于朱家寨的上游，逐渐成为洪水的主要通道。

---

❶ 《行水金鉴》引《崇祯长编》。

❷ 孙月娥．明崇祯十五年河决开封的史实辨证．中州学刊，1986（6）．

8.2.4.3 关于黄河决口是天灾的说法

关于这次黄河决口灾害完全是天灾的说法，以郑廉《豫变纪略》为代表："世传开封之陷者不一。有谓贼决黄河灌之者，非也；有谓官军决河灌贼营而误陷者，亦非也。六月壬子，水仅满壕，城固得其助矣。至于九月兵民饥饿不能出城门，乌能一至河干乎？盖开封之陷，天也。"❶ 其根据不得而知，虽然六月河水满壕，对于守城有利，并不能说明什么问题。九月，城内的兵民饥饿不能出城，但实际上，决河的是河北的援兵，并非城内的军民，所以这样的理由也不能说明问题。这种说法已经基本遭到否定。

值得注意的说法是，如《汴围湿襟录》就先说李自成决河，后来又说"按黄河之决，虽起寇祸，实值河水骤涨，是天也，非寇也。"这种说法看似互相矛盾，实际上它并非完全否定李自成决河，而是正好说明，造成这次灾害的主要洪水，或者说破坏力，来自朱家寨决口，而朱家寨是被洪水冲决的。如果没有朱家寨决口，马家口的洪水不可能造成如此重大的灾难。

周在浚《大梁守城记》的说法比较客观："至是暮秋，水势暴涨，加以淫雨，堤坝颓坏，贼复决之。于十四夜波涛汹涌，水声远闻。"认为水淹开封是由于自然因素，加上李自成决口造成的，这里强调了自然因素的重要性。其他还有一些把开封沉沦归于天灾的说法，大体上是相信九月十四日前后朱家寨决口是洪水冲决。这样的说法表面上看，也不能说完全没有根据。但是，开封的灾难归根结底是人为所致。

8.2.5 水淹开封前后史实

8.2.5.1 洪水情况和灾情

水灌开封的过程，以《守汴日志》的记载比较准确具体，"十四日辛巳，夜，河伯震怒，水声远闻"。即十四日大规模的决口已经发生。"十五日壬午，黎明水至城下，西南贼俱远遁，东北贼溺死无算。"《大梁守城记》记载基本相同："于十四日夜波涛汹涌，水声远闻。十五日，水至城下。"❷ 说明来自东北的洪水，水量大而凶猛。真正对开封城造成大规模破坏，使开封沦陷的，是十六日的洪水，"十六日癸未，水大至"。洪水首先冲破曹门，然后冲破北门，"至夜，曹门、东门相继沦没"。❸"癸未（十六日）城圮"❹"十六日，各官率两营兵塞城门，水从墙隙进，势不可扼。乘风鼓浪，声如雷。水头高丈余，坏曹门而入。南、北、东门，相继沦没。"❺ 这些情况说明，十四日朱家寨决口的洪水还没有能够使开封完全沦陷，十五日马家口决口后，十六日，两股洪水汇合，最后终于使开封城完全陷于洪水之中（图 8-2）。

开封城被淹的情形极为惨烈，"十七日甲申，黎明，满城俱成河汉，只存钟、鼓两楼及各王府屋脊、相国寺寺顶、周府紫金城"。❻ 开封城"举目汪洋，抬头触浪。其仅存者：钟鼓二楼、周王紫禁城、郡王假山、延庆观。大城止半耳，至宫殿、衙门、民舍、高楼略

❶ 郑廉《豫变纪略》卷六，第 138 页。

❷ 刘益安．大梁守城记笺证．郑州：中州书画社，1982：112.

❸❻ 《守汴日志》。

❹ 《明史本纪》。

❺ 《大梁守城记》。

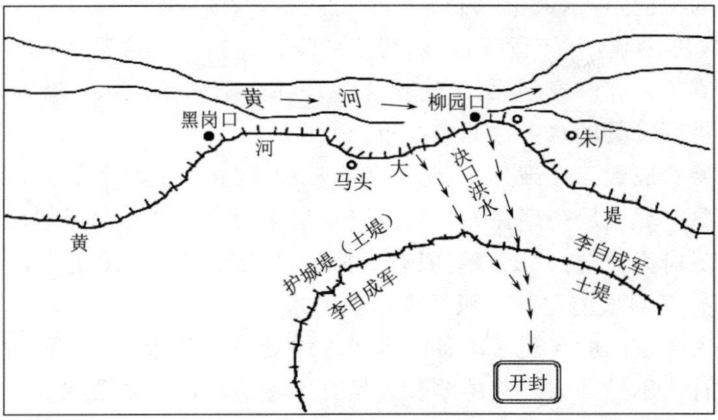

图 8－2　明末水淹开封示意图

露屋脊。山货店，土街，素称高阜，得免全溺，全活数千人”。❶“城内之水几与城平”❷。

关于这次洪水造成的人口死亡，《怀陵流寇始终录》卷十四载：“开封初受围，阅民百万户。后民之死于饥、疫者十之二，尚得八十万户。至是，得不死者仅二万人。”《明史·高名衡传》：“城初围时百万户，后饥、疫死者十二三……至是，尽没于水。”《明史·李自成传》：“城中百万户皆没，得脱者惟周王、妃、世子及抚按以下不及二万人。”这些说法认为，当时城中还有八十万户，那么应当有几百万人，都死于这次洪水，显然这样的说法有所夸大。

查《明史·地理志》所载，万历六年，河南省的人口情况：“户六十三万三千六十七，口五百一十九万三千六百二。”即使到崇祯时，人口发展到八十万户，按每户八口计，全省只有六百四十万人口。河南省有八府，考虑到开封府是河南省住所，又是大府。因此，有几十万人口的规模是基本合理的。

《明史纪事本末》卷七十八载“士民溺死数十万”，《崇祯实录》卷十五：“士民湮溺死者数十万人。”《国榷》《崇祯朝野纪》第七卷、《石匮书后集》等记载类似。据《汴围湿襟录》统计，开封城内有十余万户，以每户十丁计，有人口百万。洪水过后，“奉旨领赈者不足十万”。按此推算，人口流失的有八九十万，当然这其中不一定都死于洪水。该书推论以每户十丁计，似乎过大，如果每户八丁，则人口七八十万。

这些数字都过于粗略，推官黄澍曾经在七月清点过城内人口情况：“臣自七月初旬，以点保甲为名，实在人丁三十七万八千有零。”❸ 因此，死亡人口大约三十万是比较合理的。当然，这不包括洪水过开封后，对其他城市和乡村造成的人口死亡。

洪水情况，《明史纪事本末》卷七十八：“河流直冲入城，势如山岳，自北门入，穿东南门出，流入涡水，水骤长二丈。”《绥寇纪略》：“河流直冲汴城，自北门入，穿东南门以出，流入涡水。”❹《明史·高名衡传》《明史·李自成传》以及《豫变纪略》《汴围湿襟录》等记载大体相同。

---

❶ 《汴围湿襟录·全河入汴》。

❷ 《祥符县志》卷三。

❸ 《行水金鉴》卷四十五。

❹ 吴伟业．绥寇纪略 卷九．李学颖点校．上海：上海古籍出版社，1992：240.

决口后洪水的流向，“水大半入泗、入涡、入淮，邳、亳皆灾”。[1] 另外，山东巡抚王永吉上言：“黄河决汴城，直走睢阳，东南注鄢陵、鹿邑，必害亳、泗，侵祖陵。”[2] “太常寺少卿鄢陵梁克从，亦举家溺死。”连朝廷命官都全家死于洪水，普通百姓死亡的恐怕难以计数了，可见鄢陵县的水灾也非常严重。

洪水对开封城造成毁灭性破坏，《明季北略》载开封情况：“曩时人民辐辏，自流寇决河以来，遂荒芜矣。城内庐舍茅瓦各半，乡野瓦房仅十之三耳。又云城陷，开封几无人。”又说，清初重修王府为贡院：“王府门旧有石狮。高八尺许，今没土中，仅有狮耳数寸露出。”[3] 按此推算，开封城内泥沙淤积至少达到两米厚。

洪水还造成了大范围的黄泛区。黄河水所过之处，一片荒芜。清初时，“客过汝宁府固始县，凡行六日，不见一人。途中草长数尺，不虞盗贼，止防狼战。行者各带柳木棍一条，时隔河有狼数百，众大惧，然狼亦畏棍，不敢渡河”。[4] 至少二三百里内，不见村庄和人烟，无数的村庄被河水和泥沙吞没。

8.2.5.2 人性裂变，骇人听闻的大劫难

开封长期被围，粮食极度短缺。在巨大的困难面前，统治者不是与民同甘苦，共患难，而是以强凌弱，残害百姓。八月初七日，巡抚甚至下令搜刮民间粮食，饥饿的军队士兵持令箭闯入百姓家中“囊箧尽开，至掘地、拆屋、破柱以求，有一搜竟日不了者，有一日搜六七次者。”[5]

更有甚者，官兵杀良冒功，“有将采菜难民乘无人杀死，割级报功图赏。恐家属识认出，复将面上加砍数刀，以变其形。天晓，携级入城报功。一级常随百人抢买，价至数两。兵忍民冤，今古罕见”[6]。

灾难面前，人性表现出令人恐怖，且极为残忍的一面。据《守汴日志》记载，开封城内由于断粮，八月初，出现“人相食”的现象，“有诱而杀之者，有群捉一人杀而分食者。每擒获一辈，辄折胫掷城下，兵民競取食之，至八月终九月初，父食子、妻食夫、兄食弟、姻亲相食，不可问矣”。还有什么比这样的描写更令人可怕的呢？

“久绝粮，城上俱卖人肉。凡三十夜，周王禁止之。”[7]

“粮尽之日，家家闭户，甘心待毙，白昼行人断绝。遇有僻巷孤行，多被在家强壮者拉而杀之，分肉而啖，亦无人觅。……甚有夜间合伙入室，暗杀其人，窃肉以归。居民虑不自保，先将仆婢自杀而啖，尤不忍闻者，父食其子，天地冤惨，日月为昏。”[8] “粮尽矣，强兵惟以杀人为食，僻街小巷之民，皆团聚大市而居，互相为卫。不惟剜尸以煮，亦且折屋而炊。”[9] 此时的开封城，犹如一座人间活地狱。

---

[1] 《祥符县志》卷三。

[2] 《明史·河渠志》。

[3] 《明季北略》卷十八，李自成决河灌汴梁。

[4] （清）计六奇《明季北略》卷十八，李自成决河灌汴梁。

[5] 李光壂《守汴日志》。

[6] （明）白愚《汴围湿襟录·杀良冒功》。

[7] 《明季北略》。

[8] （明）白愚《汴围湿襟录·昼断行人》。

[9] （明）白愚《汴围湿襟录·城市邱墟》。

人性的残忍，不仅仅为了生存。它所彰显的黑暗令人心惊肉跳。开封城被淹没后，出现了大量难民，避水到钟楼之上，约有千余人。“有郑姓二人素业屠宰，合党数人日将孤弱难民拉杀数口，如屠猪然，解肢剖腹，哀号之声不忍闻视。立锅煮熟以卖。远近之人，架筏来买。每斤卖得银数两，日得簪珥银钱数百金。彼时在楼之人虽众，莫敢劝阻。后闻兵船入城，架筏先遁。”《汴围湿襟录·屠人若豕》弱者在这场灾难中像杀猪一样被活活宰杀，然后煮熟，被卖掉。这难道不是人类有史以来最为可怕的交易吗?!

2016 年 10 月，因配合基建，考古人员对位于明清开封城东南一隅的御龙湾明代建筑遗址进行抢救性考古发掘，为印证明代末年开封城惨遭洪水毁城的历史事件提供了第一手考古资料。“此次考古发掘出的 3 处明代建筑基址正位于黏土淤积层之下，根据房屋倒塌情况、人骨遗骸分布位置等。专家认为此次发掘印证了明代崇祯十五年（1642 年）黄河决口的文献记载，再现了洪水灌城的惨状和开封城内悲惨的社会景象。出土的大量生活用品，如瓷碗、瓷盘、灯台、香炉、铜佛、菩萨造像等，散落在遗迹表面而不是在窖穴中，表明当时洪水突然来临，人们没有机会带走，自然遗落在院子里。”两进院落里发掘出土的 5 具人骨遗骸都没有正常埋葬，有的在床上，有的在房屋门前，有的在院子里，他们是被突然而至的洪水淹毙的，来不及逃跑。

除此以外，遗址内还出土了很多散落的人的碎骨。“院落内散落有人的碎骨，原因尚不明晰，是否当时人吃人现象留下的遗迹，需进一步测试研究确定。”[1] 从文献记载的角度看，当时人吃人的现象是确实存在的，人的碎骨的出土，印证了这一记载是确实可信的。

8.2.5.3 明朝廷对水淹开封的追责和争论

水淹开封是明朝末年的一次大灾难，朝野震动，它进一步加剧了中原地区的动荡，也使农民军获得了更好的发展机会。“顾守汴一案，亦大矣，河决一案，亦重矣，天下至大且重之事，须天下人明目张胆言之。”一些官员对造成这次大灾难的真正原因及造成的后果逐渐有所了解后，在明朝廷中引发了对这次灾难进行追责的争论。

河决开封后，河南巡抚高名衡，开封府推官黄澍等得以死里逃生。当年十月，黄澍逃到北京，给崇祯帝上了一道《守汴至苦疏》。疏中极言守汴为“古今奇苦”，请求对“万死一生，与臣相依为命者，可无分别优叙”。崇祯帝认为“黄澍事内身经，其言可据”[2]。并召见了黄澍，询问决河原因，黄澍回答说：“臣等守甚力，愤贼城不下，凿渠决河，以致不守。”[3] 把决河的原因以及开封失守的责任推到农民军头上，显然，这与事实不符。但是，高名衡、黄澍以及守城的官绅等仍然得到提升和奖赏。升高名衡为兵部右侍郎，黄澍为御史。

朝廷中本来就有人对水淹开封议论纷纷，现在造成开封大灾难的高名衡、黄澍等人不但没有受到惩罚，反而获得提升，于是就有人站出来反对，在朝中弹劾黄澍等人。工科给事中陈燕翼首先针对黄澍的《守汴至苦疏》提出强烈质疑：“决河灌汴，天灌之乎？抑守汴抚、按诸臣自灌之乎？百万生灵俱死，而抚、按各官何以独生?”言辞中透露出“决河灌汴”是河南巡抚高名衡以及巡按御使严云京等策划的“自灌”行为，并且义愤填膺，言

[1] 桂娟．考古发掘明代院落印证开封城曾遭洪水毁城．中国社会科学网．

[2] 《守汴日志》附题叙塘报。

[3] 《崇祯实录》卷十五。

辞激烈地说："名衡等乃敢悍然与澍谋此里呼外应，以诳圣明。"指出高名衡、黄澍等企图掩盖事实真相。

黄澍对此立刻作出反应，上疏崇祯，对于陈燕翼的质疑一一提出反驳。全盘否认曾参与决河一事。把责任完全推给严云京和刘源清等河北援军。他在奏疏中说："黄河之不遑修筑者五年矣，崇祯十四年七月二十八日河从黄金坝、朱家寨等处决进七八里，冲入土堤。……自四月二十八日贼困城下，消息不通，七月间贼谣言决河，以惑我众。然自七月至九月初旬，城下俱无水。九月十四日水到城下，十六日四门齐坏，洪流万丈。臣等方痛哭求死，遑知水所自来乎。闻按臣严云京尝疏请决河，刘源清亦自认决河。皇上惟敕二臣从实回话，并责旧督臣侯恂，河北巡道杨千古各陈当日确闻确见，仍一面敕问周王及汴梁渡河士民，果否十四年有决之事，则臣言可复，燕翼说谎之罪自见矣。"[1] 另一方面，黄澍又偷换概念，转移视线，强调黄河多年不修，十四年河决开封的事情。暗示十五年的河决和十四年一样是天灾，使出浑身解数为自己开脱。

对于陈燕翼指责其与高名衡、严云京等共谋决河的事情，黄澍以交通隔绝为由给予反驳说："当贼之久困城下也，凡五阅月，抚臣且不识按臣之面，倡和当从何来。臣自六月过河，至封丘县，亲诣按臣，轻骑渡河弹压。按臣畏缩不前，臣切齿而去。此后左兵失利，内外隔绝，血书不通，臣能飞身预谋乎，臣有异术能起白骨驱饿鬼而用之乎？"[2] 如果没有共谋决河，那么决河只能是河北援军的事情。这样，朝中许多官员如史可法、光时亨、李永茂、刘昌等人纷纷再次上疏，请查处决河之罪，并把矛头集中到严云京身上。李永茂上《治河击奸疏》说："今覆按其自供狡贼坐困一揭，及臣同官刘昌与总漕史可法各疏，始知周藩迁徙，汴民惨死，新漕梗塞，泗陵震撼。皆云京一决为之。即寸磔其身，尚不足以抵偿诸罪。"[3] 三月初一，崇祯皇帝下令："严云京现在何处？勘察河决原因，已有屡旨，如何尚未奏报？着严催回奏。"令河南巡按御史苏京对河决原因进行调查，据实回奏。经过苏京的调查并回奏朝廷，确认严云京掘河是造成水淹开封的"祸本"。但这时处于风雨飘摇中的明皇朝已经是内外交困、朝不保夕，顾不上处理此事了。

《明史稿·河渠志》对这一争论作了简要的概括："河之决也，开封推官黄澍脱身抵京，进守汴至苦疏，帝令议叙，擢御史。给事中陈燕翼攻之，谓决河灌贼，皆其谋。澍以巡按御史严云京尝疏请决河，具疏申辨，给事中李永茂因劾云京。而其同官光时亨、刘昌先后言河决有因，请治首事，乃命抚、按确核。于是河南巡按御史苏京核奏始末，言云京为祸本云。会国亡，云京竟获免。"明朝政权被推翻后，黄澍投归南明福王朱由松，这一争论甚至延续到南明小朝廷，黄澍再次被指黄河决口的元凶。《弘光实录钞》卷三记弘光元年（1645年）事云：十一月"丁亥，参将张□上言黄澍决河事，有旨：黄澍倡决河之议，使汴百万生灵皆殒，罪在万世。俟楚事勘结再夺。……先帝犹奖澍守汴之功，不知澍避逃□之名，使人私决之也。"崇祯在位时，由于本身参与了决河事宜，所以难以深究，黄澍敢于公然否认其罪行。

---

[1] 《行水金鉴》引《崇祯长编》。

[2] 《行水金鉴》引《崇祯长编》。

[3] 见李永茂《枢垣初刻》。

这一事件的意义就在于通过争论揭露出一些事情的内幕，道出了一些真相。

8.2.6 几点结论

通过以上对史料的分析史实和的考证，大致可以得出以下结论：

(1) 李自成第三次攻打开封，时间长达五个月。明朝官军和李自成双方都有决河的打算，目的不同，手段也不同。造成最后黄河决口，毁灭开封，是一个比较复杂的过程，不是哪方面一次决堤的结果。而是双方多次破坏堤防，加上凿渠引水，形成洪水通道，最后黄河汛期到来，天灾加人祸的结果。但黄河堤防被破坏，主要是由明朝官军造成的，应当对这次大灾难负主要责任。

(2) 对于这次开封史上的大灾难，史料记载比较多。各种说法也比较多。除了正史记载外，还有亲历者的描述，以及一些史学著作、文学作品的叙述等。其中描述的大部分史实，应当是存在的。但在时间、地点以及事件过程的描述方面往往相互矛盾。我们不能抓住一点，不及其余，而是应当仔细甄别，尽量给予合理解释。

(3) 李自成分别在六月和九月两次决河，其中六月的决河以失败告终，九月决马家口，但在朱家寨决口之后。虽然李自成两次决口都不是这次灾难的主要原因，但是不等于说李自成没有决河灌城的想法或行动。

(4) 官军决河是城内守军与河北援军有预谋的行动，具体执行是河北援兵。相关记载则是议论多，决河行动少，这可能与后来朝廷追查决河责任有关。事后官员都对决河行动讳莫如深，有记载的具体行动只有卜从善过河掘堤一昼夜那一次，且非正史记载。但是从决河议论以及结果看，官军不止一次过河掘堤或者挖渠。朱家寨决口是明朝官军多次掘堤，最后九月十四日前后被洪水冲开的，而官军为了引水或者运粮挖掘的渠道成为水淹开封的洪水通道，是造成这次开封大灾难的主要原因。

(5) 从水淹开封最后的结局看，表面上，明军获得了一定的成功，虽然付出了城内几十万人的生命代价，造成广大的黄泛区，但是以周王为首的王公贵族、政府要员以及守军部分官兵得以脱逃，达到了他们突围的目的。当然，"以数百万生灵徇数人之官爵性命"[1]，充分暴露了封建统治者的残暴和没有人性。而李自成军却一无所获，还被洪水淹死万人。站在统治阶级的立场，《平寇志》一书作者，自称管葛山人的彭孙贻评论说，李自成"拥百万众于坚城之下，耗我士马十二三，以争无用之地，珍玩之末，而终不能有，其为策亦疏矣"。应该说，这次战争双方疯狂的以水代兵，没有赢家，而最倒霉的是老百姓。但是，水淹开封，造成了数百里内荒无人烟的黄泛区，加剧了中原地区的动乱，对于摇摇欲坠的明王朝，无疑又是一次沉重的打击。

8.3 近现代史上的以水代兵事件

8.3.1 清军以水代兵与太平天国北伐军的失败

太平天国定都天京（今南京）后，于清咸丰三年四月（1853 年 5 月），派林凤祥、李

[1] 陈燕翼"国贼未除疏"谈迁《国榷》卷九八。

开芳率两万余太平军自扬州出发开始北伐，对清统治区实行大规模的主动出击。北伐军表现了高度的机智和顽强的战斗作风，一路上突破敌人优势兵力的阻击，经安徽北上，连破州县。五月入河南，六月进围怀庆（今沁阳），八月入山西，复经河南入直隶，击溃讷尔经额所率清军，克军事重镇临洺关。九月，进占深州。咸丰帝急命惠亲王绵愉和科尔沁郡王僧格林沁调集军队阻挡北伐军。北伐军乘虚东进，前锋直抵杨柳青，进逼天津，京师震动。

面对北伐军凌厉的攻势，清军利用占据天时地利的有利条件，以水代兵，先是阻挡了太平军北进的步伐，后又在连镇和冯官屯两次战斗中，使用堤围、水淹战术，使孤军深入的北伐军陷入困境，最终全军覆没。

8.3.1.1 北伐军在天津因水遇阻

太平天国北伐军的第一个目标是天津，在进入直隶后，进军路线选择了绕远东走运河一路，这年直隶大雨，东路低洼多水难行，北伐军又偏向多水难行处寻路前进。太平军于九月初四日克藁城，并在藁城之北渡过滹沱河，长趋北进，再克晋州、深州。深州东、南两面大水，北面水小，西路无水，太平军却从东门涉水而去。二十四日至泊头镇，到达了运河线。并立即筹集船只，沿运河北上，水陆并进，二十五日至沧州。当时沧州一带，洪水泛滥，道路被淹，泥泞难行，太平军没有根据水灾具体情况，调整作战方案，改变进军路线，而是仍于次日沿运河北上，急进青县。而青县当时“夏间大雨，河溢，空城等一百十四村庄成灾”[1]。青县正值水灾，居民主要靠清政府的赈济度日，太平军难以得到财力、物力支援，太平军开始一步步走向困境。太平军打败了当地驻防清兵的抵抗，次日继续北上，经青县、静海、独流、杨柳青，于二十八日前锋进抵天津近郊。

北伐军在天津外围，受到运河洪水的影响。这年七月底，天津风雨大作，八月初一，城西北芥园河堤决口，芥园河堤高于天津城，“水不东流，反灌西南，于是静海沧州一带，弥望汪洋，歧途皆为水没，仅余大道，津城西南亦然”。经过长途艰难跋涉，加上深秋季节，天气转冷，使太平军遭遇了很大的困难，成为疲惫之师，一路上还要与清军作战，有生力量逐渐被消耗。稍直口一战，太平军遇阻，不得不在静海，独流驻扎下来，这是北伐军由主动进攻转而变为被动防守的开始。

关于北伐军在天津外围受阻，不能攻取天津，是因受大水所阻。史料有不少记载，例如“是役也，洪军因水阻迂道东走，仅迟至一日，而稍直口得以为备。且歧径皆淹没，可预料其所至，而以各力专备一路，斩洪军五百余级，而我兵勇无一伤者。”[2] 还有一些记载对这次洪水的作用进行了评论，“而城南一片汪洋，倏成巨浸。后乃知，虽十万兵力不及此。盖津邑无险可守，数千团练何以御七八万之强寇？津城西南以至沧州之捷地，弥望汪洋，惟大道仅存，匪因水阻，东窜迂缓，故稍直口得以预备”[3]。认为是这次决口的洪水挽救了天津。确实，就地势而言，天津本来无险可守，决堤的洪水形成了一道天然屏障，增加了太平军进攻天津的难度。

---

[1] 《重修青县志》卷六，见《太平军北伐资料选编》第431页。

[2] 《咸同将相琐闻·谢子澄保卫天津》。

[3] 《庸盦笔记》卷之二。

但是对于这次大水是否由于清军决开堤防所致，则有不同的看法。

一些研究认为，太平军在天津外围受敌军人为决运河水影响，进攻受阻。如白寿彝总主编《中国通史·近代前编》认为是清军决运河堤："北伐军乘虚东进，前锋直抵杨柳青，进逼天津。清军决运河堤放水，北伐军进攻天津受阻。"还有一种意见认为，决运河水的是当地的地主团练，如《中国近代史稿地图集》"太平天国前期形势说明"认为"天津的地主团练挖开运河堤岸放水，把天津周围变成泽国"。还有认为是清军和团练共同决河，安作璋《中国史简编·近现代卷》认为："清军联合团练开放运河水，四野漫没，把天津周围变成泽国，凭险防守。"总之，人为决堤的说法一直存在。之所以有不同的说法，是因为没有直接的证据证明是人为决口。

但是，从太平天国北伐军进军过程和芥园河堤决口时间分析，这次决口不应当是阻挡北伐军的人为决口。其原因可以从四方面分析：第一，芥园堤决口在八月初一，此时太平军正在由河南怀庆向山西进军，还在河南、山西交界处，八月初二日才入山西境，太平军距离天津还比较远，而清军对太平军的进军路线并不清楚，一路尾随太平军的胜保就多次错误判断太平军的进军路线。例如太平军克栾城后，清军以为太平军下一个目标会进攻正定，但是太平军却转而向东，初四日克藁城，连胜保都感到意外说："孰意该逆向藁城东窜。"太平军兵至晋州，胜保又错误地赶到保定，"去贼反远"。太平军克深州后，清军的重点应当是防止太平军进攻北京，而不是天津，直到二十五日，清军才得到消息说，太平军要占据天津。慌忙命胜保和僧格林沁往天津增援。[1] 这也可以从当时天津的守卫非常薄弱，仅有团练几千人得到佐证。所以清军在天津的布防至少是在太平军已经靠近天津的情况下才开始的，即使一些地方武装提前做些战备，也不知道太平军如何攻，从哪里攻，不可能提前一个月决运河水阻挡太平军。第二，在河堤溃决后，清朝天津道张起鹓还曾再筑再决，如果是有意的人为决口，就没有必要在太平军尚未到达天津时又去堵口，堵口一事也说明，当时清朝官方不认为太平天国北伐军会进攻天津。第三，被认为是人为决口的证据来自侯桢"天津谢公庙碑"，该碑文说："先是郡人张锦雯输家财浚濠，濠成，而运河之水大至，环城数里地洼，皆成巨浸，而葡萄洼尤甚，公得阻濠守。渡濠击贼，斩馘二千余级。"[2] 该碑文对谢子澄的功绩有所夸大，不符合事实，因为决河事在前，在八月初一日，而浚濠事在后，在太平军抵达天津附近后。据《庸盦笔记》卷之二载："九月二十六日，侦知贼已入沧州境……明日募夫万余，掘长濠于小稍直口。"因此，掘濠事应当在九月二十七日。另据李榕《谢忠愍公死事状》[3] 记载："九月二十八日，贼掠沧州。公曰：'事急矣，不出御，彼将乘城。'率津勇出次于城西稍直口。城临运河，浚濠引河水，当贼冲，而别通南窪以待贼……俄而贼西至，濠水涨溢，急不得前。"浚濠事最早也在太平军到沧州后，所以，不可能是"濠成，而运河之水大至"。根据该碑文难以推断清军制造了芥园河堤决口的事实。另外，该碑文说"渡濠击贼，斩馘二千余级"，也有所夸大，根据官方的统计是，稍直口一仗，"是役也，毙贼五百余"。而据张守常研究，甚至连这个数字也达不到。[4] 第四，有

[1][4] 张守常《太平军北伐之进攻天津问题》。

[2] 见《缪荃孙纂续碑传集·卷五十七·忠节》。

[3] 《十三峰书屋全集》卷一，见《太平军北伐资料选编》第465页。

记载说，决口的前一日，有二人在堤上往来，“一人曰：‘当在何处？’一人指曰：‘此处即可。’众咸异之。次夜堤溃，即所指处也。”❶ 似乎是有人故意为之，又说决口后“夜有红灯隐隐引水南趋，居民庐舍无恙，而城南一片汪洋”。这些类鬼似神的说法，使人产生人为决堤而引导洪水的联想。实际上，这只不过是清朝官方为了证明打败太平军是天意而制造出来的舆论。

不幸的是，北伐军在进军路线上，选择了一条多水难行的路线，沿滹沱河和运河前进，走进了洪泛区使自己陷入了困难的境地，这可能是侦探不确，也可能是既定路线要到达天津，使清朝得以争取时间在杨村布防，太平军失却迅速进攻北京的机会。《孙子兵法》说：“不知山林、险阻、沮泽之形者，不能行军。”就是说在不了解自然地形地貌的情况下，要避免行军。太平军的进军路线似有犯兵家所忌。自从进入洪水泛滥地区后，太平军的攻势减弱，不时打败仗。太平军占据静海后，河南学政张子青就分析说：“彼中地势渠深知之，北则重兵，东西皆水，贼偷挖运河时意在阻官兵进攻之路，今则水泥冰块夹杂，寸步难行，自己挖成陷阱。”❷ 由于东、西两面洪水阻挡，只剩南走一条路，而往南的道路只有运河大堤，不利于大部队通行，太平军在静海无形中陷入被包围的形势。天气寒冷加上给养短缺，部队的士气很受影响，减员严重，北伐军进入直隶时，有六七万人，到驻守独流，静海时，只有四万人，最后南撤到连镇时，只有六七千人。“秋雨积潦，处处阻滞，贼不能再为北窜”❸，正是太平军到达天津附近后情况的写照。这也可能是北伐军最后没有全力攻打天津的原因。

8.3.1.2 水围连镇

恶劣的气候也对北伐军造成了很大的影响。时届隆冬，北伐军中的南方士兵由于不适应北方严寒的气候，冻死的人很多，太平军“在冰天雪地中行军，苦不堪言，手脚冻裂，伤亡惨重”❹，隆冬来临也严重威胁着南方将士的生存，“冰凌上冻死的北伐战士，沿路皆有。在大堤上，或坐或卧的北伐军战士，初看上去像熟睡，待连声呼唤，就是不醒，原来早被冻死”❺。太平军由于孤军深入，粮食、冬衣接济困难，逐步由战略进攻转为防守退却状态。于清咸丰四年（1854 年）二月，突围南撤，入阜城，又于四月上旬，南撤退至东光县连镇，并占据东、西两面二三里内的村庄。

连镇分为东西两个集镇，中间运河相隔，地势较高，易守难攻。西南可达景州，东南可达吴桥。为防止太平军再次南撤，清朝廷要求僧格林沁将太平军就地歼灭。为坚守连镇，太平军在连镇周围深挖壕沟，修筑工事。清军尾随而至，围攻连镇，四月十三日，清军由东西两岸同时进攻，遭到失败。初战失利，清军开始采取围困措施。先在运河西岸挑挖长壕，防止太平军回窜，又在东南两面挑壕筑垒，❻ 这一措施，与太平军深挖壕沟的办

---

❶ 《庸盦笔记》卷之二。

❷ 《瑛兰坡藏名人尺牍墨迹》见《太平军北伐资料选编》第 456 页。

❸ 《瑛兰坡藏名人尺牍墨迹》见《太平军北伐资料选编》第 454 页。

❹ 崔之清．天国悲歌——太平天国兴亡实录．南京：南京大学出版社，2000：89.

❺ 人民教育出版社历史室．中国近现代史．北京：人民教育出版社，2003：23.

❻ “僧格林沁等奏报进攻连镇并请将佛恩革职折”中国第一历史档案馆编《清政府镇压太平天国档案史料》第十四册第 23 页，1994 年，社会科学出版社。

法相对应，尽量避免攻坚作战，使太平军的防御工事失去作用。因为僧格林沁所率清军的优势在于骑兵作战，而对于攻城的战斗，清军不占优势。

为阻止清军修筑壕沟，太平军在战壕内边修筑了炮台，轰击修筑壕沟的民夫。❶ 在太平军的不断干扰下，清军修建长壕的进度受到很大影响。四月底，清军胜保在剿灭了太平军援兵后，也率兵赶到连镇与僧格林沁会合，双方的军力对比更加悬殊。

五月初一日夜，李开芳率领一部分太平军从东面突围南下，这时候的包围尚可突破。但此后，清朝廷开始追查李开芳突破逃跑的原因，“将堵御东面之培成、那敷德查明贻误情形，严参速奏”❷。清军的包围逐渐加强。初三、初四日太平军又乘夜攻击东南长濠，被清军击退。❸

五月初，西岸长濠竣工。清军沿濠扎营。林凤祥率六七千人坚守连镇，也多次击退清军进攻。六月以后，阴雨连绵，河水日涨，大规模行动难以展开。僧格林沁久攻连镇不下，而且屡屡受挫，于是决定在挑濠的基础上，修筑长堤，水攻连镇，改强攻为围困，逐渐消耗太平军的有生力量，最后加以歼灭。

传说有一老童生献计，用所谓的“远围长困”法，并画图呈献，即“有一老童生，年七十盘，画图献策曰：今之计，宜用远围长困法。王所恃者马队，而贼马队亦甚多，逸而四出，击东则走西，击南则走北，蹂躏直隶一省，害恐甚于明之流寇。请远围之，周回三百里为率，坚筑土墙。连镇地形稍洼，四面稍高，墙成则难以冲突。然近筑，贼必惊觉，功难成，远筑，贼必不以为意，功易就。”僧格林沁仔细研究后认为可行。“起工时，贼探知，果笑僧王无智谋，筑此何益？不十日工成，贼见四围无逃路，始惧，屡屡冲突，欲窜出，而僧王以可窜之路，用重兵守之，不能窜。”❹ 对于筑墙围困，太平军开始不以为然，没有意识到事情的严重性，未加干扰，致使清军顺利把堤防修成。

该套堤，又称重堤，其措施是采用堤、壕相结合的方式，即“沿濠修筑套堤，不特杜其诡谋，籍可翻资浸灌，以水成围”❺。因为在连镇外围，太平军挖有战壕或者土垒工事，清军于是在太平军的防守工事外围再挖两道战壕，修筑一道堤防，这样层层阻挡，严密封锁，切断太平军内外联系，用套堤把太平军围困在连镇，然后引运河水注入，使其生存环境恶化。套堤的长度与濠沟相当，“查挖濠地面二十八里许，蚁筑套堤，所费不赀，必须藉助民力。以节帑项”❻。但是后来的规模实际大很多。由于工程浩大，清军不得不动员大量民工，地方政府给予了积极支持，僧格林沁饬东光县、吴桥县及景州、宁津县官员劝喻乡民前来相助，各地民夫也“甚行踊跃”修筑套堤，在连镇附近役使民夫达数万名。

清军的军营则沿着堤濠驻扎，对太平军形成严密包围。

据僧格林沁六月二十二日奏报称：“攻剿不能得手，万不得以挑挖重堤。”水围东连镇。《清史稿·僧格林沁传》载：“会霖雨河涨，贼聚高阜，官军屯洼地，势甚棘。于是议开壕筑堤，以水灌贼营。堤成，蓄水势如建瓴，贼大困，屡出扑，皆击退。”基本上阐明

---

❶ “僧格林沁等奏报攻剿连镇获胜并请撤京师防兵折”，同上第 83 页。

❷ “寄谕僧格林沁著克日筹攻务期歼灭连镇余股”，同上第 243 页。

❸ “僧格林沁等奏报连镇股众攻扑长濠并被击退情形折”，同上第 247 页。

❹ 太平天国史料选编 443 页引《见闻琐录》前集 卷六。

❺❻ “僧格林沁等奏报连日阴雨未能得手拟筑套堤水困折”《清政府镇压太平天国档案史料》第十四册，565 页。

了清军开濠筑堤使太平军陷入困境的情形。

连镇分东、西两镇，地势较高，而僧格林沁扎营在连镇外围，地势相对较低，为防太平军乘运河水涨，利用运河水发动水攻，僧格林沁曾咨会山东巡抚派人将连镇上游德州地面四女寺引河挑浚，以期宣泄运河水，降低运河水位。另外，据六月二十五日“青县探报”：“僧王现又挑壕一道，宽四丈八尺，深两丈二尺，水由沧州捷地闸放，向东流归海。”这道濠特别宽，也很深，其作用应当与四女寺引河类似，也是泄运河水，降低运河水位的工程。

水围连镇的工程相当宏大，“探得连镇四面，经官兵挑有战壕二道，又筑套堤一道，周围酌有六十余里。”❶

另据“连镇被围图”说明：“周围土城不下六七十里，高一丈五尺，厚八九尺，”土城内还有壕沟一道，“宽、深各丈余。”这道壕沟应当是初围连镇时挖的。土城的外面，还有壕墙一道，应当是开挖壕沟后，利用挖出来的土培筑而城，“此壕墙周围五十余里。”这样就形成了壕-堤-壕的多重包围工程。墙外每一丈安帐房一架。由此图可以看出，清军对太平军的包围非常严密，每一个堤段均有专人负责。清军站在堤顶，居高临下，防守极为得力。与长堤壕沟相配合的是“咸丰四年，粤匪李开芳、林凤祥窜踞连慎。亲王僧督剿。六月，掘断三里浅（在连镇南）运堤，水浸贼巢”❷。

水攻战的特点是消耗的时间长，不利于速战速决。因此一度遭到咸丰帝的质疑，咸丰帝认为：“以水为围，专为杜其逃窜，不能制其死命。现惟利在速战，惟恐其不出，何反使之不出耶。徒劳无益。曷若赶紧进攻。较有把握。沿濠筑堤。朕谓适启其诡谋。”❸

六月“连日大雨如倾，昼夜不止”。六月二十一日，运河水暴涨，冲决堤防，清军东面营盘被水淹没，只有调取船只，暂扎水营。咸丰帝藉此机会，又令僧格林沁放弃水攻。六月辛卯，又谕军机大臣等：“前据僧格林沁奏挑挖重堤。为截水灌贼之计，朕早知其徒劳无益。当经严切批示，谕令赶紧进攻。嗣据僧格林沁奏报，并未陈明进攻之策。但称堤工已有就绪，是直视挖堤一节，为可恃以成功，而置万余重兵于无用之地，何玩谬若此。今据奏，南面河堤，被水冲决虽贼踞村庄，间有浸没，而我兵东面营盘，竟至不能屯札。可见筑堤截水，不但未能制贼，而冲决浸灌我兵转受其害。更恐该逆乘机纷窜，泥淖之中，我兵马队不能得力，僧格林沁以此等迂缓之谋视为上策，朕实不解。”❹

连镇引水灌敌也遭到胜保的质疑，胜保认为：“连镇地处高阜，我兵扎营之处皆在低洼，一经放水，未必有伤于贼，转恐有害于我；新筑堤堰土性松浮，当此盛涨之际，倘被河溜冲刷，恐致溃决；水一放入，平地恐成汪洋势，必无进战之所，惟有待其粮尽自毙。”❺ 胜保的质疑在某些方面是有一定道理的。僧格林沁在实际的水围连镇过程中，避免了这些问题。最后解决战斗是靠长期水围消磨了太平军的斗志，使其处于极端困境而自行崩溃，无须大规模进战。

僧格林沁坚持采用水攻，他一方面向咸丰帝承认皇帝是正确的，检讨自己“挑濠筑

---

❶ 京城巡防处档案《青县探报》《清代档案史料丛编·第五辑》。

❷ 张守常《太平军北伐资料选编》第 447 页引《吴桥县志·卷一》。

❸❹ 《清咸丰实录》。

❺ “胜保等奏报连镇引水灌敌患不可胜言等情片”《清政府镇压太平天国档案史料》第十四册，第 619 页。

堤，作此缓图者”。但仍然坚持水攻，请求咸丰帝宽延时日，待其奏功。据胜保奏报，六月二十五日，僧格林沁已经命令将河堤决开，河水放入。太平军占领的连镇部分地方被淹。六月二十八日，风雨大作，太平军乘筏凫水，从东面猛攻突围，但是到濠墙边遭到清军堵截，清军占据有利地形，枪箭齐发，太平军死伤惨重。据僧格林沁奏报称，二十九、三十日，“由决口顺溜漂出带箭著枪贼死一百余具”❶。濠墙的修筑和放入河水确实给太平军突围造成了极大困难。

为什么僧格林沁坚持水攻，因为清军发动水攻的各项条件已经具备：军事上，力量对比悬殊，清军有两万多人，后来胜保打败太平天国派出的援兵后，赶来会合，双方军力对比更加悬殊，而且装备优良，粮饷供应充足。而太平军只有六七千人，粮食供应困难，遭到围追堵截，是疲惫之师；自然条件方面，水源充足，大运河近在咫尺；人力资源方面，清政府可以动员大量民夫，挑壕筑堤，工程可以顺利完成。最重要的是，使用水攻战比较担心的是旷日持久，军队疲惫懈怠，遭到敌人援军的攻击，历史上这种情况屡见不鲜，而这次北伐军的援军迟迟不见踪影，清军使用水攻几无后顾之忧。虽然时间上长一些，但是可以避免强攻，减少人员伤亡。僧格林沁认为，敌马队亦甚多，如果强攻，把敌人打散，逃逸四窜，则对直省更为不利。因此，僧格林沁坚持“以水为围”和“截水灌敌”的战法。

七月中旬，套堤完工，清军引运河水侵灌，“以水成围”。七月二十八日，“河东水深八九尺、丈余不等，所有灶户陈庄房屋坍塌过半”❷。灶户陈庄在东连镇东面，是太平军的一个重要外围据点。灶户陈庄被水淹塌，使太平军遭受很大损失。

八月初，东连镇也被水淹，水深二三尺至四五尺不等，“谷米大半俱在河东，多被水淹，米麦渐缺，现在俱食黑豆，马草尤为短少”。至九月下旬，太平军将士“尽吃高粱、黑豆，其余粮食全无”。由于粮食不济，军中人心波动，“有思逃散者，有思投出者”，逃跑、叛降事件相继发生。八月初三日夜，太平军“乘坐大船四只，木筏数十个，顺风蜂拥驶奔水口”。试图从水口突围，被濠外木桩阻挡，无法逼近壕墙，太平军在船上与清军展开水战。

对于清军的大水淹灌，太平军也采取了相应的措施，据“青县探报”称，“贼匪因吾境挑筑套堤，恐遭水灌，亦在连镇周围筑堤”。连镇的小范围内筑堤是可以理解的，这也说明套堤内被包围的大部分地方都被洪水淹没。为了突围，太平军曾经制造吕公车二十余辆，用于突击土城包围，最后由于道路积水泥泞，无法拉动而放弃。又试图挖掘地道，也因为到处有水而无法实现。在各种突围行动都遭到失败后，太平军军心逐渐动摇，投降的人日益增多。最后，在清军的强大进攻下，饥疲已极的太平军终于“半死刀枪之下，半死运河水中”。连镇陷落，林凤翔等被俘遭杀害。

清军连镇之战的胜利，与其说是两军交战的胜利，不如说是水围工程的胜利。

8.3.1.3 水淹冯官屯

清咸丰四年（1854 年）五月初，困守连镇的北伐军分兵一部六百三十多名（一说千余人）由李开芳率领突围去临清，迎接由天京派出的援军，并于次日袭占高唐州。清钦差大臣胜保击败北伐援军后率军进围高唐。太平军依城固守，于城外挖深濠三道，又于城根

❶ “僧格林沁奏报雨夜攻剿实在情形折”，《清政府镇压太平天国档案史料》第十四册，第 634 页。

❷ “僧格林沁等奏覆围攻连镇实在情形折”，《清政府镇压太平天国档案史料》第十五册，第 314 页。

开暗门通入濠内，每道壕沟之间有暗濠相通，这样相当于在城外建立了三道防线，而且来去自如。为防御清军攻城，起到了明显的作用。

李开芳率领人数不多的太平军在高唐与胜保率领的清军相持了九个月之久。咸丰五年（1855 年）正月，僧格林沁在镇压了连镇的太平军后，移师高唐。胜保因长期未能剿灭太平军，被革职拿问。李开芳见僧格林沁南来，知林凤翔已败，乃谋突围南走，于农历二月初一撤退至茌平冯官屯。僧格林沁尾随而至，包围冯官屯。

冯官屯距高唐四十五里，距茌平十八里，“屯内半系豪富，高楼大厦，外匝砖墙，十分坚固”。而且粮草充足，太平军使用民夫用各种大木器周围堵住，内又遍掘陷坑，排列枪炮，并且挖有地道工事，守御严密。

清军企图趁太平军立足未稳之机，强攻冯官屯，将太平军一鼓荡平。但是遭到太平军顽强抵抗，太平军将士大都身经百战，作战勇敢，经验丰富，虽然人数不多，但战斗力极强，清军的强攻遭到重大损失，进攻屡屡受阻，据《庸庵笔记·科尔沁郡王擒获林凤翔、李开芳》载：“僧邸追至屯外，用马步队圈围。贼目持旗登楼眺望，见我兵近前即放枪炮，势难骤进。”清军采用“合军围攻，四面砲击”的办法，而太平军则采用“掘地为壕，盘旋三匝，穴堀潜藏，穿孔伺击”[1]，予以还击。造成清军大量伤亡。“以致副都统衔乾清门头等侍卫克兴阿、副都统衔营总额图浑、巴图鲁乌兰都均受伤、头等侍卫苏彰阿、巴图鲁达崇阿于初二日阵亡。……又吉林协领和营总丰山、委参领丰玉，同于早日阵亡。”[2]

僧格林沁不得不放弃一鼓荡平的打算，改强攻为“布置濠垒”围困冯官屯。他在四周修筑炮台，仍用攻克连镇的办法，围墙加水攻。“僧邸相度地势，知非水攻不可，即拟引运河水以灌之。”[3] 有人认为屯内地势高，而外围地势低，水攻难以奏效，僧格林沁研究后，决定采用特殊的水攻方法。第一步，先筑围墙，挖濠沟，“先于屯外周筑围墙，墙外掘濠沟甚宽广，又以掘濠之土加倍内墙，布置周匝”。[4]先把太平军围住，使其不能突围，避免正面交战。第二步，开渠引水灌入围墙内，“自东昌三孔桥起，至冯官屯石桥止，计百二十三里，长二万二千一百七十六丈，口宽一丈七八尺，底宽六七尺，深五六尺不等，共需京蚨五万二千余贯，自二月初旬始，至三月初四竣工，既引运河水入濠”[5]。引河工程只用了不到一个月的时间；由于用引河灌水，效果不太理想，于是采取第三步措施，“飞集民夫二三千，用水车巴斗灌入墙内”。为了防止太平军干扰和破坏灌水进程，更为了防止太平军挖墙倒浸，清军在“墙外筑墩，排列枪炮，一面令兵勇站立瞭望，防贼突出，一面督役灌注不息”[6]。

可以看出，水攻冯官屯的决策，在围困的初期就已经开始实施，李开芳二月初一撤退到冯官屯，没过十天，清军就开始挑挖引河。水攻的计划紧接着筑墙挖濠而展开。冯官屯村外有一条旧河沟称作汉河，与徒骇河相通，通过挑挖疏浚，作为引水渠道。《博平县续志》载：“咸丰五年，粤匪李开芳据茌平之冯官屯，忠亲王僧格林沁决徒骇河水以灌之，

---

[1] 《清史·僧格林沁传》。

[2] 《僧格林沁等奏报收复高唐敌窜冯官屯追剿获胜折》，见《清政府镇压太平天国档案史料》第十七册，第 80 页。

[3][4] 薛福成《庸庵笔记》卷一。

[5][6] 《粤匪纪略》引自《太平军北伐资料选编》第 656 页。

导源自南镇南引入在平官道，东入新河，又东北入冯官屯。”❶ 所谓决徒骇河水，是利用了徒骇河的河道，所以能够在短期内，完成从一百多里外引水的任务。

水淹冯官屯的工程，还得到清地方政府和土豪的大力配合和支持。如河东河道总督、山东巡抚等都对引河的路线仔细勘察，对工程措施等提出了具体意见。工程的费用则由已革职前广西左江道张祥晋主动独立捐资承办，而且不辞劳苦，昼夜亲自在工地督工。具体工程则由天津道张起鹓负责督办，随营的革职留用直隶布政使张集馨、副将史荣椿等分段督工，因为事关前程，他们都积极卖力为工程奔走，使引河工程进展顺利。

当引水工程尚未完工时，太平军组织了一次突围行动，北伐军在防护壕内挖掘地道，一直通向西南防线的清军炮台，埋放炸药，“于二十九日夜间将炮台前濠墙轰塌，该逆既由此处冲出，昏夜仓促之际，该处兵勇一时溃乱，幸炮台以外尚有围壕，该逆未能突奔，趁乱扑上炮台占据”❷。但是，僧格林沁带领大队人马及时赶到，由于力量对比悬殊，经过殊死拼搏，太平军最终被逼迫退回屯内，突围没有成功。

这次战斗，重创了清军，也显示了太平军很强的战斗力，促使僧格林沁加紧了水攻的实施。三月初，引水渠道修成，但是由于冯官屯地势略高，引河并未达到预期的效果，由渠道引来的水只能灌满濠沟，“该屯地势微高，逆贼在壕内添土筑垒，巧为抵御，是水势虽形畅旺，不过灌满四面濠沟而止，该逆在屯内仍能暗施诡计，既现在掘壕戽灌，自下而上，亦难得力”。❸

人力戽灌的效率很低，要想淹没整个冯官屯，相当困难，于是清军赶造水车，水车的效率比人力戽水大大提高，可以把水从低处提升到较高的地方。据明代宋应星《天工开物》记载水车：“车身长者二丈，短者半之，其内用龙骨栓串板，关水逆流而上。大抵一人竟日之力，灌田五亩。”作用相当可观，而当时募用的民夫达到二三千人，昼夜不停往屯内灌水，为了水车灌水方便，僧格林沁还指令各州县：“派民夫环冯官屯为渠堨数十，引水埤堙充溢而堿之，贼巢水深三四尺，粮糗火药皆没。”❹ 终于使屯内的水位不断上升，“围墙之内，高处水深三四尺，低洼之处，深至五六尺，惟余三丈干地，适足立来方之榻而已”。太平军的营地几乎完全被淹没。

据后来从冯官屯逃跑出来被清军抓获的人供称：“贼丞相屋内，总有二寸来水，别的院内俱有半尺多水，都是天天往外掏，天天往上涨。”❺ 还有供称：“贼内地窖都淹进水去，不能居住，俱挪在东北土房内躲水，如今土房内有水了……里头的水再长高一二尺，就将贼淹死了。”❻ 该供词文件注明：“四月十一日参赞大臣僧来文内供单。”因此，这大约是四月上旬的事情。

---

❶ 《博平县续志》卷八，引自张守常《太平军北伐资料选编》第665页。

❷ 《僧格林沁等奏报敌屡次突围均被击退并引河业已开工折》中国第一历史档案馆编《清政府镇压太平天国档案史料》第十七册，174页。

❸ 《寄谕僧格林沁著速奏冯官屯军情并即拨山东兵赴豫》中国第一历史档案馆编《清政府镇压太平天国档案史料》第十七册，第205页。

❹ 《山东军兴纪略·卷一·粤匪三》。

❺❻ 《新发现的有关太平军北伐的史料》载《清代档案史料丛编·第五辑》“京城巡防处审录太平军人员供词”，第174页。

围困加水淹使太平军处于极为困难的境地，主要问题有：其一，交通壕沟被淹没，修筑的工事被破坏，对清军的防御能力下降。其二，地下设施被破坏，“自水灌入壕后，将贼偷挖地雷多处冲塌陷”[1]，“屯中地道，半为水冲塌甚”，至有一部分挖地道的太平军战士被淹塌的地道掩埋而牺牲。通过挖地道和埋地雷突围，是当时唯一可行的突围战术，至此再难实行，突围的最后一条途径被切断。其三，粮食、草料和火药等补给被淹，“火药粮食尽没”，后勤补给难以持续。其四，生存环境恶化，“巢中遍地皆水，只剩两三丈干地，为李开芳支床处，余贼皆处泥中”。水质恶化，水源被污染，饮用水也成为问题，“水秽臭多蛆，人马粪溺，皆酿其中，风日熏蒸，饮者辄死”。“群贼裸足水中，水已及膝，而遍腿粘蛆，万无生路”。“水秽臭生蛆，粪溺酿其中，风日熏蒸，人不能饮，将兵裸足水中，水深没膝，遍体粘蛆，不能企步。天国之典，酒为严禁之物，至是众人知不免，乃遍搜屯中窖酒，竟日醺醺而后已。”[2] 太平军士气受到严重打击。李开芳虽多次组织突围，清军居高临下，用炮火轰击，太平军均被迫退回。万般无奈之下，李开芳只得以假诈假，束手就擒。“四月，水入贼窖，纷纷出降。擒李开芳及其死党黄懿端等八名，械送京师诛之。”[3] 实施水淹后，只有一个月，太平军就被逼投降，反观太平军在高唐州就坚守了九个月，其主要力量没有遭到损失。

引水灌敌，尤其是人力戽水和车水灌敌，是这次水攻战的主要特点，是在特定的历史条件下实施的一种战术。由于双方人力悬殊，而太平军的战斗力又很强，正面作战，清军未必能全歼太平军，而且可能造成较大伤亡。而清军又可以调动地方上的人力物力，所以采取围困加水攻的战术是有效的。但是，这是在太平天国北伐军孤军作战，完全失去外援的特殊情况下的一种战术，如果北伐军有一支援军，哪怕是少量的部队，都有可能对清军构成极大的威胁。历史上，实施水攻的一方被对方援军打败的战例不在少数。但可惜的是，太平天国派出的援军早就被打败，清军水淹冯官屯，完全没有后顾之忧。

水攻的战法虽然显得笨拙，但却是相当有效，而且是在围攻北伐军的过程中逐渐形成的战术。在束城和阜城之战中，清军也采用了围困战术。咸丰四年（1854 年）正月，太平军主力占据束城之陈官、桃园、社九等村庄，在村边置鹿角寨搭木垒，挖深壕，防御清军。僧格林沁和胜保在束城将太平军包围，并展开进攻，遭到太平军顽强抵抗，清军强攻很难得手，“惟有开挖深濠，以资围困”。僧格林沁三面挖掘壕沟，围困太平军，当时以为：“我兵只需严此长围，不日贼巢粮尽，即可不攻自溃。”二月初九日，东北、西北两面开挖濠沟已竣，并于濠外安放鹿角树栅，其西面亦经动工赶紧挑挖，只有东南一面因为积水，没有挖掘壕沟，太平军正是从此向东南方向突围成功，并且攻克献县，随后转战阜城。

在阜城一战中，僧格林沁采用了更严厉的围困措施，挑挖了工程量巨大的壕沟工程，“宽广三十余里”。僧格林沁亲自验收，希望以此困死太平军，“筑长濠三匝围之”。僧格林沁认为“粤百战精锐之老贼，若骤攻之，则困兽之斗致死于我，非万全之策，乃设长围，断其饷道”。但还是被太平军突围而去。单纯的挖掘壕沟围困很难困死太平军。所以在围

[1] 张守常．太平军北伐资料选编．济南：齐鲁书社，1984：661.

[2] 《清史·李开芳传》。

[3] 《清史·僧格林沁传》。

困连镇的战斗中增加了套堤和水灌，最后把太平军逼上了绝路，在冯官屯一战中更是把水淹作为重要手段，很快也把太平军逼得投降。

8.3.2 水灌绥阳：最后一次水攻城市

清朝咸丰（1851—1861 年）、同治（1862—1875 年）年间，贵州爆发了大规模的各族人民起义，斗争遍及每一个府、厅、州、县。同治二年八月初一日，湄潭汛把总吴元彪起义，攻占绥阳县郑场，同治三年（1864 年）初，进攻绥阳县不下，八月初，再攻绥阳县。同治四年（1865 年）二月二十三日，吴元彪攻占绥阳县城，同湄潭、正安以及遵义东南连成一片，与张秀眉苗族起义军紧密配合，同时与云南李文学、杜文秀起义军彼此呼应，形成云贵燎原之势，震动了清政府。清廷急命云南布政使刘岳昭统兵二万，由川入黔，前往镇压。

刘岳昭围绥阳阅七月，久攻不下。在城外四面相度地势，见城南河水，皆往西门外流去。原来绥阳地势东高西洼，洋川河和所有溪流都向西流去，只要筑坝挡水，水流就会灌进城内，于是决定用水攻，引洋川河水灌城。筑堰工程从 1865 年 11 月开始施工，几千官军从黄土坡地开始修垒筑堤，慢慢形成一个环绕城西的半圆形长堤，由于工程十分浩大，人们就把它叫作“千工堰”，随着围堤增高，河水逐渐灌到城下。同治五年（1866 年）正月，“遵义贼多降，吴元彪势孤，入绥阳死守，刘岳昭督军筑堤，决水灌之，坚不下。”二月，“绥阳诸军日夜筑堤，高逾城，西南隅未没者三版”❶。因为西南的地势低洼，所以要筑堤到和城墙一样高，更加困难。

绥阳城被围日久，面对严峻局势，吴元彪遣心腹突出重围，赶往遵义、铜仁以及黔东南苗族四十八寨，告急求援。但不幸的是，遵义援军被刘岳昭打败，其他各路援兵被迫撤回。

刘岳昭赶造船筏，以水军配合，开始大规模攻城。二月下旬，春雨骤发，河水越过城墙灌入城内，很多土屋倒塌，连全城最高的魁星楼一带也有齐腰深的水，水面上到处漂浮着垃圾和粪便。要战不能，要守也不能，而刘岳昭正在准备更大的进攻，在走投无路的情况下，吴元彪于三月十二日向清军投降。❷

事后，贵州巡抚在调查绥阳失守缘由时，认为遵义知府张日崙“有地方之责”，而且“援剿无功，咎无可辞”。因而被“革职留营效用，以观后效”，直至同治十一年三月，距吴元彪起义六年之后，张日崙才复任遵义知府。这年春天，他骑马到绥阳，路过四面山，见沟壑“骸骨犹存”，于是写下了《过四面山》这首诗：“黄沙黯淡拂旌旗，四面阴风草木悲。渴马饮消盈壑血，饥狼龁饱断头尸。荒山落日鸦收阵，冷雨凄风鬼哭师。自是揭竿成浩劫，至今魂魄悔应迟。”

诗中所述史实，是当时相约前来支援的五千多农民起义军，由于叛徒杨子和告密，行至四面山，被官军伏击而全军覆没。四面山“溪水为赤”。历时四年之久的吴元彪起义，就这样成了历史的悲剧。

水攻绥阳是中国历史上最后一次水攻城市的战斗，仍然采用筑坝引水的方式。由于筑

❶ （清）罗文彬，王秉恩编．贵州大学历史系点校《平黔纪略·卷十三》．贵阳：贵州人民出版社，1988：319－320.

❷ 杜世忠：“洋川河畔的战火——吴元彪反清攻占绥阳之役”，载绥阳县文史研究委员会编《绥阳县文史资料选辑》（第四辑）1984。

堤技术提高，以及天气，地势等原因，使得引水灌城发挥了作用，取得了成功。

8.3.3 曾国藩和李鸿章镇压捻军的河防战术

捻军起义，是继太平天国之后，中国近代史上又一次大规模的农民战争，它前后历时十六年，战场遍及安徽、河南、山东、江苏、河北、陕西、湖北、山西等省，对清王朝构成了沉重打击。太平天国失败后，清军立即对捻军进行全力围剿，僧格林沁、曾国藩和李鸿章先后主办剿捻事宜，终于在 1868 年把捻军全部消灭。

清军在镇压捻军的过程中，针对捻军善于运动战，而运用火器战斗力不足的特点，采用了以静制动的“河防”战术，实施“聚兵防河”，有效地阻止了捻军的大规模运动，使捻军长期处于被围追堵截的被动地位。可以说，清军镇压捻军的胜利，实际是“河防”战术的胜利。

“河防”战术，是另外一种形式的以水代兵，以河为防，不仅可以用于阻挡敌人的进攻，也可以用于防止敌人的逃跑，甚至成为阻止敌军运动的有效武器。在特定的历史条件下，以李鸿章淮军为主力的清政府军，成功运用这一战术，镇压了这次大规模的农民运动。

在初期镇压捻军过程中，僧格林沁采用的是跟踪追击战术，而捻军在赖文光加入后，逐渐转变为以骑兵为主，战斗力有了很大的提高，行动迅速，来去无踪，牵着清军的鼻子走。僧格林沁疲于奔命，“日夜追贼，喘息不得休”，以至于“数十日不离鞍马，手疲不能举缰索”。完全陷于被动地位。同治四年（1865 年）五月，僧格林沁被捻军诱至山东曹州（今山东菏泽市）高楼寨，遭到捻军埋伏攻击，陷入重围，清军被歼七千多人，僧格林沁战死。

为了对付捻军的流动作战，继僧格林沁主办剿捻的曾国藩和李鸿章，一改被动跟踪的局面，采用“聚兵防河”战术，即以河流为边界，限制捻军的活动范围，然后压缩包围圈，坚壁清野，使捻军陷入困境，加以消灭。曾国藩认为：“流寇剽忽，宜以有定制无定。”❶ 即所谓“以静制动”和“聚兵防河”的攻捻策略，在不同时期，修筑了多条河流防线。

8.3.3.1 黄、淮、运和沙河-贾鲁河防线

同治五年（1866 年）三月，曾国藩督办剿捻已经十个月，与捻军的战斗互有胜负，没有从根本上对捻军形成打击。曾国藩对此进行反思，奏言说：“捻匪奔突六省，久成流寇之形。……总缘贼马逾万，数倍我兵，平原旷野，步不敌骑……臣受命剿捻，已逾十月，制寇之方，尚无把握。”❷ 当时的捻军正好活动在黄河以南、淮河以北的河南境内。为了有效打击捻军，限制捻军的活动范围，曾国藩采纳了直隶提督刘铭传的“聚兵防河”的建议。其战术设计是：北面守住黄河，南面守住淮河，东面则以运河为屏障，形成黄、淮、运大包围圈，然后伺机把捻军压制在沙河和贾鲁河之间。由于黄河和淮河的防守相对比较容易，曾国藩把外围防守的重点放在运河一线，不使捻军往东骚扰畿辅和江苏一带。他认为，东路是重点，“以东路为重，不得不籍运河衣带之水以为流寇阻截之界。惟河浅

❶ 《平捻篇》。

❷ 王定安《求阙斋弟子记·剿捻·中》。

且窄，汛长千有余里，防不胜防”。[1]

他因此对运河的防守进行了详细的部署：“长沟以北至开河一段，向恃有南旺湖水，兹查湖水全涸，已由阎敬铭添拨防兵，开河以北至靳口一带，水势较浅，墙垒较低，自靳口至鞍山戴庙，水势甚深，差为可恃；自戴庙至沈家口十八里，夏秋黄河灌运，水极深广，冬春沙淤河干，殊难守御，现经阎敬铭督同文武将领，尅期兴工，无论河深河浅，均增高墙、深濠以辅之。其沙地及民圩不能掘濠者，酌立木栅以辅之；自济宁以下，微山湖长一百八十里，无须设防，自河以南，运河浅深不等，议定八闸及宿迁等处，由刘秉璋派兵防守。总期力扼此河，不使该逆流窜，以保齐、苏膏腴之地。”[2] 为此，对运河一千多里的河道实施了疏浚、筑墙、立栅等工程，河防战术初步实施。

六月，捻军西进，各支捻军有合并之势，捻军的活动转移至黄淮间的河南、安徽一带，清军对捻军仍然没有有效的制敌措施。曾国藩又上疏说：“捻匪各股回窜豫、皖两省，中原平旷之地，四通八达，若不择地设防，此剿彼窜，终不能大加惩创，刘铭传上年带兵入豫，即创扼守沙河之议，臣以彼时兵力未齐，未遽允行。今张、牛等逆既渡沙河以南，任、赖等逆亦将渡沙、渡淮并趋南路，本年防守运河，粗有成效，应即仿照于沙河设防，俾贼骑稍有遮拦，庶军事渐有归宿。”[3] 河防战术实际在同治四年（1865 年）已经由刘铭传提出，至此，在沙河上正式推行。

根据这一新的情况，曾国藩征求了各方面的意见后，提出缩小包围圈的详细河防计划：“自周家口以下，至槐店止，扼守沙河。自周家口以上，至朱仙镇止，扼守贾鲁河，由臣派兵设防。自朱仙镇以北，四十里至汴梁省城，又北三十里至黄河南岸，无河可扼，挖濠守之。由李鹤年派兵设防。自槐店以下，至正阳关，仍守沙河，由乔松年派兵设防。自正阳关以下，即系淮河，由臣派水师与皖军合防，各分汛地，层层布置，或可渐逼渐紧，逐捻于西南山多田多之处，官军较易为力。”[4] 曾国藩于是命刘铭传、潘鼎新等修筑沙河、贾鲁河墙。周盛传《磨盾纪实》也载，七月“月杪，回防周家口，就沙河筑堤守之。时以长围困贼，盛传筑贾鲁河长墙”。贾鲁河长墙于八月初基本修成。周盛传在捻军平定后任津沽屯田事，履勘天津东南，纵横百余里，沮洳芜废，议疏潦、濬河渠，引淡涤咸，以变斥卤。光绪二年，调天津镇，移屯兴工，开南运减河。

同治五年（1866 年）七月，曾国藩又建议：“自开封至颍州，依汴渠，澻水挑浚为守。”这样就形成了北面以黄河、沙河，东面运河，南面淮河，西面贾鲁河四面包围的河防体系，在这一体系中，沙河-贾鲁河防线是重点。曾国藩企图依靠此河防系统，把捻军压制在山多、田多，不利于骑兵流动作战的豫西南山区，逐渐消耗其有生力量，最后加以歼灭。

虽然遇到很多的质疑和不同意见，曾国藩始终坚持“聚兵防河”之说，“不因艰难而自责，不因浮言而申更”。曾国藩认为，“防河之举，办成则有大利，不成亦无大害”[5]。并亲自巡视查看运河、沙河和涡河的河防情况。

就在清军修筑河防的同时，捻军也在寻找机会。这时贾鲁河堤墙已经修成，其他各河

---

[1] 《中国近代史资料丛刊〈捻军〉》第 1 册。

[2][3][4][5] 王定安《求阙斋弟子记·剿捻·中》。

段的防守也已经到位。但朱仙镇以北至汴梁挖濠，由于土质疏松，尚未竣工。捻军探知这一情况后，集中张总愚、牛洛洪、任柱和赖文光四股兵力，于八月十六日，突破汴梁卫河堤墙，往东突围，“捻军全股从豫军所分汛地窜出”[1]，跳出了清军河防圈，曾国藩的河防战术宣告失败。

同年十一月，清廷改派淮军首领李鸿章为钦差大臣，节制各路清军，专办剿捻军务。李鸿章主办剿捻后，基本遵循曾国藩的河防战略。

捻军在突破贾鲁-河沙河防线后，即向东试图突破运河，进入富庶的河东地区发展。于八月底，“窜逼运防，攻扑濠墙，百计图渡。官军扼守三昼夜，贼不得逞”[2]。捻军后又多次抢渡运河未成，运河防线仍然相当坚固。为免遭清军围攻，捻军转兵南下，旋复回兵入鲁，于九月中旬分为东、西两支。东捻军于“九月二十日以后，复犯东境，屡扑运河”[3]，亦未成功。正如同治六年曾国藩上疏所称：“山东防务以运河为最要，去年逆踪三次窜扑，均经苦战击退，固由防务之严密，亦恃水势为屏蔽。”[4]东捻军被迫放弃原定计划，向湖北转移。在湖北经过几个月激烈战斗后，又经过四月十二日的黄陂之败，遂转出湖北，甩掉追兵，突然出现在曹县一带，并于同治六年五月十二日，到达山东济宁之戴庙，再攻运河，当时正值天旱，运河水浅，捻军趁清军防守松懈之机，冲破运河东岸长墙，并从这里突破运河防线，转战运东，清军的河防再次失守。

曾国藩实施的防河战术虽然暂时失败了，但是却被证明是对付捻军的有效武器。后来捻军被完全平定后，清朝廷在论功行赏时也承认：“曾公国藩接办军务一年有余，谋定后战，成效偶稽，而长墙圈制之策，已得平贼要领，嗣乃能变通尽利，以竟全功，其端实自曾公开之。”而首创防河之议的直隶提督刘铭传只是由“三等轻车都尉晋一等男”，并未提及他对于这一战术的贡献。

8.3.3.2 胶莱河-潍河防线

东捻军进入山东后，先奔泰安，然后往登州、莱州一带运动，旋即进入山东半岛，意图补充给养和进行休整。刘铭传、潘鼎新等根据这一新情况，随即提出，“倒守运防，进扼胶莱，蹙之海隅，制贼奔窜”的剿捻办法。这是原来曾国藩以静制动的河防政策的继续，具体表述为：“以运河为外围，以胶莱河为里圈，先堵其不它窜，而后抽队进击。”[5]所谓“倒守运河”，就是由原来防守运河东岸，防止捻军东进，改为防守运河西岸，防止捻军西奔。分别在运河、胶莱河的西岸修筑壕墙，重兵把守，围困捻军。这一决策的第一步是进扼胶莱，即设立胶莱河-潍河防线。李鸿章采纳了刘铭传的建议，同治六年六月，李鸿章移驻济宁，淮军全营赶赴山东防堵运堤及胶莱河。

安徽巡抚英翰也提出了剿捻的上、中、下三策：“驱之登、莱二府，以重兵分守胶莱要隘，逼贼入海，可收尽歼之效，事易而功速，似为上策；北守新黄河，南守运河，合湘、淮、东兵力与贼纵横追逐，使之一日不得喘息，我军日增，贼势日蹙，虽稍需时日，终可告成，此亦中策；若令其饱掠而回皖、豫，仍事尾追，兵疲贼张，断难制其死命，此

[1][2] 王定安《求阙斋弟子记·剿捻·中》。

[3][4] 《淮军平捻记》卷三。

[5] 《中国近代史资料丛刊〈捻军〉》第6册。

则策之下者。”[1] 因此，设置胶莱河防线，已经成为清军上下的共识。

胶莱河，又称胶莱新河，元至元年间所开之运河，用以通漕运以避海道之险，但元代未见通航使用。明代嘉靖、隆庆和万历年间都曾经议论重开胶莱河，并做了一些工程，由于引水困难，河口淤积以及费用等问题，多次议论和尝试开凿，都以失败告终。虽然作为运河难以行船，但河道仍然存在，作为军事防线还能发挥作用，当时的情况是“其水横亘南北，首尾皆有口通海：南口曰麻湾，北口曰海沧，海沧以南，即曰新河，延袤二百八十里，形势足可防守”[2]。控制胶莱河，则可以把捻军的活动范围限制在胶东半岛的狭小地区内。为此清军调集了几万人马，对胶莱河实施分段防守。

这一防线的难点在于运河的北端，即莱州海沧口以外有七八十里的浅水沙滩地带，人马可以渡过，却不能筑墙防守。为了解决这一难题，对这一带进行了实地勘察，探知在新河以西三十里许，有潍河，其入海处水势较深，容易防守。潘鼎新于是放弃胶莱河海沧口外数十里不守，把防线退至潍河，胶莱河与潍河的连接则从新河西平地筑墙至潍河东岸，再顺潍河西岸筑墙以达于海，这样就构成了完整的胶莱河-长墙-潍河防线。这一设想虽好，但工程量巨大，难以在短期内完工。

当时各军的防守任务是：新河南至大成寺，一百一十里，刘铭传军防守；大成寺至吴家闸，六十里，董凤高、沈宏富二军；吴家闸至麻湾，八十里，山东地方军防守；自新河至潍河东，潘鼎新军防守；潍河西岸自夏店至海口，山东地方军分守。以上防守胶莱河长度约二百五十里，各军俱于西岸增修长墙，六月下旬基本赶筑完成，胶莱河防线七月初大体竣工，各军陆续到防。东捻军在探知清军修筑胶莱河防线的企图后，多次组织突围，七月一日，由即墨扑麻湾一带东军汛地，被丁宝桢击退，初七日，进攻新河一带；十六日，再攻豫军宋庆所守新河地段，这些进攻，均被击退。由于“胶莱河一百余里墙坚濠深，守御严密，无懈可乘，于是有图渡潍河之举”[3]。捻军在多次进攻胶莱河失败后，寻机突破，转攻潍河。

潍河西岸的防守相对薄弱，“东军王成谦所部于十三日到防，即扎守潍河西岸，接潘鼎新守地，北至下营三十六里。下营以北沙滩最浅者，尚有鲤鱼铺至海神庙十余里，王成谦商派原扎辛安庄之东军已革总兵王心安平字四营往守”[4]。由于靠海的这一段没有来得及修长墙，清军守兵刚刚到防，立足未稳。东捻军探知这一情况后，即于七月二十日由海神庙以北十数里外海滩扑渡潍河，东军守兵被击溃，捻军全体突破包围圈，顺利渡过潍河，清军精心构筑的胶莱河-潍河防线又告崩溃，东军首领丁宝桢遭到摘去顶戴，革职留任的处罚。

胶莱河-潍河防线被突破后，清朝廷内部对河防战术一度产生怀疑，李鸿章也遭到朝野指责。回顾河防战术的过程，是“一溃贾鲁河、沙河，再溃运防，三溃胶莱，转输半天下，士卒伤夷涂地”[5]。可以说是劳民伤财，而战果却未见显著。李鸿章却在分析了当时的形势后，坚持河防战术不动摇。八月十一日，“朝议疑胶莱即溃，运防亦不可守，公复疏坚持之”。他认为，以淮军大部分为步队，对付流动性很大的捻军骑兵，舍此没有其他

[1] 王定安《求阙斋弟子记·剿捻·下》。

[2][3][4][5] 《淮军平捻记》卷五。

办法，“今使罢运防而另有制贼之法，臣必速罢；若更无可制贼，似不若得守且守，能战即战，尽人力以待事机”[1]。所以，胶莱运河防线崩溃后，李鸿章立即着手加强运河防线。

8.3.3.3 运河-六塘河防线

运河作为军事防线具有独特的优势，其绵延千里，没有特别薄弱的环节。运河两岸的堤防稍加改造，即是天然的防御工事，便于军队布防，河流则相当于护城河的作用，易守难攻。曾国藩主办剿捻时，运河一直作为清军堵截捻军的主要防线，进行过大量的疏浚、挑挖以及筑墙、立栅等工程，使运河在防堵捻军的战斗中发挥了重要的作用。

李鸿章主办剿捻后，对运河防线更加重视，制定了“倒守运河，进扼胶莱”的计划以对付东捻军。这一计划制定之初，运河防线是作为备用方案实施的，正如九月李鸿章上疏为胶莱运河失败辩解时说：“惟臣专办剿捻，必思所以制贼之方，扼胶莱为上策，具次则蹙之运河以东，无论能否办到，势固不能不办。”[2] 如果胶莱河-潍河防线成功，则运河防线失去作用，而当胶莱河防线崩溃后，运河防线直接面临东捻军的进攻，其作用越来越重要，清军的主要兵力，均调集到运河两岸。

同治六年（1867 年），清军追击东捻军赖文光，“五月，追贼入豫，至抵运河，六月，筑汶上之开河堤守之，七月，由开河进剿赖逆”[3]。八月，东捻军运动到日照、赣榆、沭阳、郯城一带，被刘铭传、潘鼎新军击败，东走宿迁，攻运河不破，沿运河北上；九月，东捻军走邹县，遭到丁宝桢军阻击，随后由蒙阴、新泰北上攻章丘、齐东，为黄河所阻。在北有黄河，西有运河的情况下，十月，东捻军不得不在运东地区左冲右突，二十四日，在赣榆一仗中，东捻军主要领导人之一鲁王任柱牺牲，士气受到沉重打击。

十一月二十九日，东捻军南下时，在寿光又被弥河所阻，不得不与清军刘铭传、郭松林等部决一死战，捻军大部被歼，损失惨重，“阵斩及淹毙者不计其数，沿途尸积如山，弥河水为断流”[4]，被俘被杀者达三万人。十二月初八日，赖文光率东捻军残部二千余人突破六塘河，但已经是强弩之末，“初十日，黄翼升、李昭庆追贼至淮城之平桥，贼正欲抢渡运河，刘秉章、姚广武马队适至，贼循高宝河堤下窜”[5]。弥河大败后，东捻军仍然在寻机渡运，“赖文光甫出弥河之溺，仍图宿迁之窜，眈眈运防，至死不变，盖官军制贼之命在此，目论之士不能知，而贼熟于兵事，未尝不明且审也”。运河防线成为东捻军的死亡线。在清军的围追堵截下难以抢渡成功，不得不顺运河大堤南下，至宝应、高邮。十一日，赖文光由邵伯趋扬州，至扬州瓦窑铺失败被俘，始终未能突破运河防线，东捻军至此完全失败。

8.3.3.4 黄-运-减河防线

当同治六年（1867 年）东捻军陷入困境时，向西捻军求援。西捻军于同治七年（1868 年）初由山西经河南进入直隶，京师震动。李鸿章再建“就地圈制”之策，一面令“直隶、山西、河北绅民，赶紧坚筑圩寨，一有警信，收粮草牲畜老弱丁壮于其内，即自

---

[1] 《淮军平捻记》卷五。

[2] 王定安《求阙斋弟子记·剿捻·下》。

[3] 周盛传《磨盾纪实》《周武壮公年谱》。

[4][5] 王定安《求阙斋弟子记·剿捻·下》。

顾其身家，兼以制贼死命”，一面巩固黄河和运河防线。

李鸿章认为，由于捻军缺少攻城拔寨的能力，作战方式主要是四处流窜，以运动战为主，“惟大山大水可以扼之”。但直隶境内，“四望宽平，除滹沱、滏阳、卫、运各河外，西淀、东淀一带可以设守，但兵少亦不足济事”[1]。围剿西捻军初期，虽然李鸿章也曾商请左宗棠等“拟设长围以困之”，对河防进行了初步规划，但除了运河以外，其他各河均没有大规模修筑堤墙的工程，防河计划并没有落实和实施，“各军议就漳卫筑墙限之，未就而贼至”。一方面，这些河流，由于地形的原因，堤防并不连贯，或者堤防不够高大，设防困难；另一方面，鉴于东捻军的失败，西捻军对河防提高了警惕，“或者一闻围扎，立即死力冲突，亦不容我闲暇次第施工”[2]，河防的实际效果有限。

同治七年（1868年）三月，西捻军顺利渡过滹沱河，又渡过漳河，南下进入河南境内，在豫北一带活动。李鸿章等又商议：“以自滑至长垣，地势平旷，骑贼众且悍，此击彼窜，无可拦制。建议就卫河以东，黄河以西，连营排扎，先扼窜路，再图进剿”[3]。试图把捻军围困在黄河的新河道和卫河之间。但是，李鸿章“初意拟蹙之怀、卫之间，继欲扼之卫、黄之交，皆未及谋定而贼已窜逸”[4]。清军未及设防，而捻军快速运动，三月底，在东昌城南李海务突破运河防线，渡河东趋，进入运河以东、黄河以北的直隶与山东交界地带。

捻军东趋，是战略上的失误，使自己陷入了清军的河防圈中。当捻军“渡滹沱河时，仅数千骑，自逃窜豫后，沿途掳胁，党羽复众”。所以捻军在河南一带尚能得到兵员补充和给养，壮大队伍，而在渡过运河后，形势日见困难。

李鸿章得知捻军在东昌渡运后，急忙由开州赶往东昌，与山东巡抚丁宝桢、安徽巡抚英翰等“建防守黄、运，蹙贼海东之议”[5]。四月十九日即具体布置运河防线“自临清至魏家湾六十余里，皖军驻防；自魏家湾至东昌府南七十余里，东军驻防；自东昌府南至张秋九十余里，淮军驻防，诸军分段修墙”[6]。清军抓住时机，加强运河防线。李鸿章又从东昌进驻德州，就近指挥运河防务。

运河防线中，其薄弱环节是张秋至临清段二百四十里。由于黄河自铜瓦厢改道后，至同治年间新河的系统堤防尚未形成，黄河大溜在张秋附近摆动，致使黄河年年倒灌运河，运河淤积严重，甚至有的地方几乎淤积成为平地，防守比较困难。幸好西捻军自东昌渡运后，即向北进攻，这一带暂时没有战事。李鸿章即于张秋设立后路转运局，联合地方力量，挑浚运河，引黄入运。李鸿章认为：“直东交界之地，纵横七八百里，贼骑飘忽，无从圈制，欲趁东海、南河形势，聚贼歼旛，必须先扼西北运河，联筑长墙，方可绝其出路，尤以东至津、沽，西至东昌、张秋为两路锁钥。”其主要思想是形成南有黄河，东临大海，西扼运河的大包围圈。

四月初一日，捻军由东光试图渡运，受到阻击后，即向北循运河往沧州、静海、天津方向运动，遭到拦截，回转山东海丰、武定一带。清军潘鼎新、郭松林部尾随捻军南下，正值漳、卫河上游山水爆发，运河水涨，于是开捷地坝导运入减，并建议守减河以为沧、

---

[1] 《淮军平捻记》卷八。

[2][3][4][5] 《淮军平捻记》卷九。

[6] 王定安《求阙斋弟子记·剿捻·下》。

青、静屏蔽，“沧州南有捷地坝者，在运河东岸，当减河口，以时启闭，蓄泄济运者也，减河自捷地坝至海滨牧猪港，计道百余里，横亘东西，水涨足限贼骑窜津之路……并饬地方官就河北集练筑墙，以为沧、青、静海屏蔽”[1]。令潘鼎新驻减河防守，并筑墙八十余里，挑浚减河，使减河水深达丈余，减河防线形成。

四月二十一日，捻军攻减河南岸失败。四月底，清军再加强减河下游段防线，挑浚吕桥至海口数十里河道，“时减河上游水势尚旺，而下游自吕桥以至海口，数十里河身淤塞，一片漫滩，由盐山小径即可绕入”。于是又派潘鼎新等“逐节挑浚，直抵海滨，减河之防无暇可蹈”[2]。至此减河防线日臻完善和巩固，捻军北走直隶的道路基本被堵死，其活动范围被压制在南有黄河，西有运河，北有减河，东临大海的有限区域内，清军又令地方坚壁清野，各村镇筑圩寨自守，使捻军无粮可掠，捻军逐渐陷入困境。

8.3.3.5 运河-马颊河、徒骇河-黄河防线

四月二十五日，张宗愚由平原、高唐至清平、博平一带，距运河仅数十里，值黄水入运，清军防守严密，估计渡运困难，于是转向东南。闰四月初八，捻军再次由东光下口抢渡运河，被清军水师丁长春击退，南走平原、仕平、高唐境内，在运河以东的马颊河、徒骇河一带活动。根据这一情况，李鸿章又建议，趁黄河涨水的机会，缩小包围圈，“缩地圈扎，以运防为外圈，而就恩县、夏津、高唐之马颊河截长补短，划为里圈逼贼之计”。商请地方官绅筑马颊河西北岸长墙，又饬令郭松林、潘鼎新等军队，“由临邑、陵县筑墙挑濠，与马颊河民墙相接”[3]，一直到恩县，德州境内。这一段是陆地的防守段，连接马颊河与徒骇河之间的空隙。这样就形成了西有运河，东有马颊河和徒骇河两道防线，南有陆路长墙几乎封闭的包围圈。为了加强运河防线，李鸿章还调来水师在运河游弋，由张秋驶入德州运河，“圈制之策于是乎成”。这一包围圈还故意留下临邑南至济阳黄河岸边一段，企图诱使捻军进入黄河与徒骇河之间的狭长地带，当时捻军并没有上当，而是由济阳折趋东北。

五月二十五至二十七日，捻军在海丰、吴桥一带与清军大战，损失惨重，捻军的活动范围日益缩小，进一步被压制在徒骇河与马颊河之间，不得不与清军频繁交战。六月初，在沙河战败，张宗愚受伤，退至商河城下，又遭到清军追击，造成大量伤亡，只剩五千余骑退至济阳以北三十里之鄢渡、曲里集一带，地处黄河与徒骇河之间，六月十五日，至德州之高家渡口试图伪装成官军渡河，被识破，当时运河涨水一丈五六尺，捻军抢渡运河不成，又转至德州北五十里之第二屯、老君堂一带抢渡，被清军水师阻击，捻军一直在运河东岸数十里内上下盘旋运动，寻找机会突破运河不成，退转德平。

时值黄河伏汛到来，黄河大涨，灌入运河，在南皮境内决口三处，运河水四处漫流入海，致使捻军的骑兵行动困难，“贼踞高岗，骑不得逞，四围皆水，窜走之地日狭”。这次运河决口很有可能是清军人为所致，其决口的地点都在东岸，而且多达三处，根据史料描述，其洪水正好可以包围捻军的驻地，非人为决口很难有如此的巧合。

捻军在困境中向商河转移，随后又向西南顺运河而下，至平原、高唐一带，伺机在博平、清平突破运河，但这时东昌、临清、张秋间运河水深及丈，渡运更加困难，最后败退

---

[1][2][3] 《淮军平捻记》卷九。

至山东仕平，被围困于黄河、运河与徒骇河之间，走投无路，张宗愚投徒骇河，下落不明，西捻军至也被完全镇压。

8.3.3.6 河神庇佑还是人为决口

东捻军和西捻军最终都失败在运河边，说明运河防线的成功，也说明清军河防战术的成功。而河防战术靠的是水，在清军实施河防战术的过程中，利用了天然的河流，人工的运河，还有挑浚和修筑的濠墙，除此以外，可能还有人为决口的洪水。尤其在镇压西捻军的时候，四月二十二日，黄河突然涨水，帮了清军的大忙，清军认为，这是河神的庇佑。闰四月，黄河再次涨水，“神至之日，黄水复暴涨，自运河以洎马颊诸河无不盈堤拍岸，横溢四出，流潦纵横，于是运河一线，遂为金城巨防，而四面沮洳，贼虽健马如云，不得不束手归死”。

因此，李鸿章平定捻军后的第一件事就是上疏同治帝奏请给河神御赐匾额，“以答神庥”，并煞有介事地编造了闰四月河神金龙四大王见于长江水师提督黄翼升舟中的故事。借此，也有捻军失败是天意的含义，以掩盖其洪水泛滥给人民造成的灾难。同治帝果然颁发了匾额，并令悬挂。

透过李鸿章的奏疏，我们也可以看到，黄河涨水后，虽然运河防线加强了，但是“横溢四出，流潦纵横”，水灾相当严重，这其中就很可能包含有清军人为决堤造成的灾难。

8.3.4 金积堡之战：回军决渠与清军反决渠的战斗

清朝同治年间，陕甘一带爆发了大规模的回民起义，同治八年（1869年），左宗棠指挥清军分三路向甘肃回民起义军发起进攻，其北路刘松山率部由绥德西进，直指金积堡，该路是进攻的重点。

金积堡和吴忠堡等堡寨，位于黄河东岸的秦、汉二渠间，西靠黄河，历史以来，被称为河东灌区，是马化龙部回族起义军的军事核心。河东区长约四十公里，宽仅约十二公里，面积狭小，主要包括灵州所辖地区，除了金积堡和吴忠堡外，还有大小堡寨四百多个。河东灌区主要干渠有秦渠和汉渠。秦渠，又名秦家渠，前身为七级渠，北宋神宗时五路伐夏，西夏人曾决七级渠水淹宋军。据民国《朔方道志·水利志》卷六记载，秦渠自青铜峡开口至灵州北门外泄入涝河，沿长一百五十里，有支渠十二道，灌溉田地一千三百顷。由于灌溉的需要，这一带沟渠纵横，天然湖泊和灌溉余水形成的湖泊也随处可见，回民起义军利用这一有利条件，依托秦、汉二渠，抗击清军，与清军鏖战达一年半之久。

8.3.4.1 恃渠为固 围困官军

同治八年（1869年）六月，北路刘松山一军，“由花、定进剿宁、灵”[1]，七月底，进驻定边。回军一方面假装“求抚”，一方面积极备战。

八月初，刘松山在花马池一带与回军开战，回军大败，清军追击至秦渠下桥。下桥是秦渠上的一座桥梁，桥窄水深，回军不得过桥，被清军冲断为十余处，回军死伤被俘达千余人，败军逃往金积堡。经过这一次失败，“马化龙遂决秦渠之水以自固，而困官军”。[2]

---

[1] 《平定关陇纪略》卷六。

[2] 《平回志》卷四。

据后来刘锦棠所述，金积堡周围九里有奇，东至吴忠至灵州，堡寨四百五十余所。历史上由于灌溉事业发达，堡寨周围渠道纵横，渠水环绕，形成天然屏障，再加上挖濠、筑墙，修筑工事，易守难攻。交战初期，回军掌握制水权，随时可以决渠水攻官军，不但可以水淹官军营垒，而且可以阻止官军前进，切断官军运粮通道。长期坚守，两渠间的土地还可以生产粮食。所以左宗棠认为马化隆敢于抗拒官军，其很大原因是因有秦、汉二渠为屏障："马化龙所恃以抗官军者有二，金积堡地势，居秦、汉两渠之间，黄流分酾两渠，旧称沃壤，足以阻水自固，而困官军，一也"；[1] 另外，新、老回教在对抗官军这一点上取得了一致，陕回和甘回团结后，力量大大增强了，是马化隆敢于抗拒官军另一个重要原因。

八月底，刘松山与吴忠堡和金积堡的回军大战十余次，虽取得一定胜利，但也遭受了不小的损失，清军死伤的包括提督、总兵、参将、游击等一些级别较高的将官。这次大战，据称"杀贼万数千，悍酋马正和中炮落马。是时马化隆恃金积堡居秦、汉两渠间，足以阻水自固，复调集各路回众……皆来决战，而卒败于官军，盖松山至灵州，先据下桥后五里之永宁洞，恃定池河渠之水以为卫，故能制贼而不为贼困也"[2]。回军占据靠秦、汉二渠间的有利地形，在一定程度上化解了清军的进攻。

同治八年（1869年）九月，刘松山在中路军策应下，夺取灵州，并于十月初连破里仁渠各寨，进逼吴忠堡和金积堡。

8.3.4.2 决渠、挖濠、筑墙抗击清军

为了能实现自流灌溉，一般宁夏灌区的干渠都设在地势较高的地方，这种地理状况为决渠水实施水攻创造了有利条件。据记载，清代时秦渠"渠长一百五十里（新采访长一百二十里），支渠十二道，溉田一十一万七百零亩"[3]。渠道引水的流量大，渠身宽深，防守时足以作为屏障。两军在交战过程中，回军多次决渠水淹灌清军，阻断道路。回军还依托秦、汉二渠的有利地形，挖濠筑墙，修堡建垒，使金积堡内外渠水环复，易守难攻；清军则因势利导，决水反灌回军，或趁水攻击回军堡寨。

同治八年（1869年）九月十四日回军决秦渠灌清军，与清军展开了一场惨烈的洪水大战，"贼之昼夜修渠掘濠也，将引秦渠水灌官军，且为守堡计，壬午五鼓，贼于吴忠南决秦渠，引水东流，吴忠东南平陆成川，贼仍并力筑坝，松山遣各营攻之"[4]。回军先决渠，后筑坝，目的是把洪水引向东流。清军则进攻其挡水坝，不顾即将到来的敌人援兵，强行争夺大坝的控制权，进而决水反攻，引水西注，"乘势决水漫沟坝头，水遂西注"[5]。并趁水进攻，回军一部分被决水阻挡，全部溺毙于洪水之中。洪水还淹浸了水漫沟东面的一个堡寨，清军乘水势攻破该寨。八年（1869年）九月二十九日，刘松山攻克灵州。当时灵州城南"野潦纵横，浅者尤及马腹"[6]，官军只能凫水前进。

回军利用渠水的另一个方面是在堡寨的周围掘濠防守，清军则令军士每人多带草束，攻城时"掷草掀土，平壕垒进"。这种草束，相当于黄河堵口常用的梢料，在宁夏水利工

---

[1][2][4][5] 《平回志》卷四。

[3] 《朔方道志·水利志》卷六。

[6] 《平定关陇纪略》卷七。

程中经常使用，《朔方道志》中的渠工则例中有所记载："物料者，草、椿、柳茨、芀苫等类是也。和土筑埽，堵塞渠口，非草不行；钉埽固土，非椿不行；芀苫则为绳缆，柳茨则铺垫闸底，固护堤埽皆为渠工必须之物，故曰物料。"九月，刘松山攻李、丁两寨，察看其地势低洼，沟渠纵横，于是"令各营运芦苇筑坝，蓄水灌之"❶。这种草土混合坝，修筑简便，速度快，很适合军事用途。

刘松山即筑坝攻李、丁两寨，并打败了来自金积堡方向的援兵，渠水淹至堡脚，堡内守兵被迫开西门逃走，官军乘胜又攻克了金、何两寨。十月，刘松山攻破下桥营之里仁渠八寨两庄，又分三路布阵，向金积堡发起进攻，左路进板桥，右路进蔡家桥，刘松山自督中军。回民凭渠抵抗，两军隔渠开炮，回民死伤甚众，波浪渠水被染红。此战，平其大小三十余庄，刘松山进驻到距金积堡十四里之刘家寨，"逼渠筑垒"，水攻战升级。十一月初，回军还在金积堡东面"复就波浪湖堰修筑长墙一道，横宽约三里"❷，回军凭墙列队拒守。清军在金积堡外围与起义军展开了激烈的争夺战。

同治九年（1870 年）正月初十前后，起义军千余人从金积堡东南突然进至秦渠南，占领石家庄和马五寨几个村堡，抢修防御工事。石家庄扼秦渠之要，刘松山得知石家庄被占，连夜率部来攻。"刘松山以石家庄距吴忠堡东南四五里，该各寨扼秦渠之要，与下桥、永宁洞水口紧接，地势在所必争。"❸起义军退至马五寨继续抗击。在进攻马五寨的战斗中，刘松山中弹受伤，不治身亡，其侄儿刘锦棠继领其众。

回军得知刘松山阵亡后，对清军展开了反攻。"马化隆知刘松山已故，又新得临洮、靖远各贼之援，于是嗾党四出，以冀截夺粮允，掣动官军。而又上攻峡口，下瞰下桥、永宁洞，欲秦、汉两渠上下为其所辖，则金积之巢稳固，官军难于规取矣"❹。进攻的重点是对制水权的争夺。

同治九年（1870 年）二月初八，回军倾巢出动，展开新一轮进攻，一部分步兵开往正北决堤，一部分直扑金运昌营，刘锦棠赶来增援"瞭见堤已被决，水势南趋，渠北之贼甚厚，运昌迎剿之兵阻于水"❺。清兵不得不越渠渡水与回军展开战斗。初九日，两军继续在秦渠两岸战斗，回军又"决开山水沟，以淹吴忠堡赴河西运道"。刘锦棠令各营环垒修坝，引注小渠，合流入黄。回军再在金积堡北面修筑环堤，"意在引马连渠水以困官军"，清军携带锄锸，击败了守卫堤卡的回军，平毁其堤卡而回。

马化隆的回军又决水阻止清军前进，"越二日，堡回悉众出，骑寇趋板桥，步寇决渠水南下。运昌军阻水，锦棠分三路泅水与合，并力轰溃其众"。回军再用水攻，"未几，回复运砖石筑卡于北，环以长堤，欲引马连水以困我"，金运昌令军士破坏并夷平其卡，使其引马连水的计划未能实施。

在清军的优势兵力包围下，金积堡周围的堡寨逐一被攻克，其粮食供应日见困难，"堡中存粮无多，有岌岌难支之势，故日嗾陕甘各回筑坝泄水，以图退兵，不料屡为官军所败"。"自二月十二日以后，马化隆被剿穷蹙，惟图决渠泄水，以困官军。"由于官军使用洋枪洋炮，在火力上占有很大优势，又都是训练有素的正规军，而回军都是老百姓组成

---

❶ 《平回志》卷四。

❷❸❹❺ 《平定关陇纪略》卷八。

的军队，虽然勇敢顽强，毕竟处于劣势。在这种弱势情况下，回军一方面“求抚”，或假装“求抚”；另一方面到处决渠决水，困扰清军，希望借此拖延时间，待官军粮尽后自动撤退。

面对回军的决水困扰，清军的应对措施是环军营周围筑堤和开沟，堤的规模是“阔三丈，高丈余，北抵黄渠，南接金积里许，复开浚深沟，以资堵泄”❶。

三月中旬，回军为加强金积堡的防守，在堡的周围挖濠，“意在引马连渠水入濠，阻官军进攻西南之路”❷，清军发觉其企图后，即发炮轰击，干扰其施工，并派兵携带锄锸，填平壕沟，回军则派出军队保护修濠人员，“贼出堡东各寨，旗帜如林，沿濠列队，翼蔽修濠之贼”。两军为争夺壕沟展开大战，此后，回军改为昼伏夜出，继续挖修壕沟，清军也在营垒周围多掘壕沟，以防止敌人的突然袭击。

四月初一、初二日，回军再决秦渠、马连渠之水，“势如潮涌，平地成川”，“湘军筑长堤拒之，会风涛大作，冲齿堤岸，势汹涌，军士列桩护堤，昼夜囊土巡防，堵塞决坏”。❸“或密排木桩，或盛以布袋，用茅包土实其中，悉力捍御。”❹

马化隆的回军多次决渠水淹灌刘锦棠军，《清史稿·刘锦棠传》载：“是时马化隆焰日炽，三决水困我军，锦棠三拒之，不获逞。”清军化解了水攻。时金运昌率卓胜军一同围攻金积堡，经历了回军的决水战术，《清史稿·金运昌传》载：“回且决渠灌我垒，会风涛大作，运昌昼夜立水中，激励将士，列桩囊土御之，回不得逞。适刘锦棠等越渠横出，回大溃。因议夹河筑垒护饷道，两日垒成，回至，运昌战卻之。湘军开沟筑堤以防水，运昌壁近枣园。冰忽解，回乃凭秦渠设卡，运昌越渠击之，回收入堡。越二日，堡回悉众出，骑寇趋板桥，步寇决渠水南下。运昌军阻水，锦棠分三路泅水与合，并力轰溃其众。未几，回复运砖石筑卡于北，环以长堤，欲引马连水以困我。运昌亟令军士携锄锚，夷其卡而还。”描述了这一阶段回军决渠水灌清军营垒的大体情况。因为虽然渠水高于两岸，但是高差并不是很大，清军出兵通过打桩、筑堤和开沟的办法，有效抵御了水攻。

8.3.4.3 清军反灌回营

清军也多次利用渠水反灌回营，除了上文提到的同治八年（1869 年）九月十四日，清军夺坝，引水西注，反灌回军，以及后来筑坝攻李、丁两寨外，还塞洞积水，筑堤决水，反淹回营。

同治九年（1870 年）六月初，清军堵塞永宁洞，使马八条、马七两寨“被积水淹透”，清军乘水进攻。六月初二日，刘锦棠率军凫水攻马八条寨，金运昌率军攻马七寨，均克之。据《朔方道志·水利志》记载，永宁洞是秦渠上的一个暗洞，“在胡家堡山水沟，以泄由庆阳、固原流入灵境之山水”。这样的暗洞在秦渠上一共有三处，以保护渠道不被山水冲断。清军堵塞永宁洞，则山水无处宣泄，积水成湖，使马八条、马七两寨被水淹灌。

为加强金积堡的防守，回军在堡的北面蔡家桥附近，跨秦渠绕堡筑长堤，并在堤外挖濠，引秦渠水和马连渠水入濠。清军则反其道而行之，进攻蔡家桥水口，然后填濠，越过

❶❷ 《平定关陇纪略》卷八。

❸❹ 《征西纪略》卷二《陕甘靖寇纪事·中》。

壕沟，并平毁长堤数十丈。七月初八，清军攻破小何家寨，马化隆为了阻止官军前进，“复于卡西筑堤，潴水旁溢，以阻官军”❶。七月十三日，清军又攻占长堤，在堤上修筑炮台，十四日，“垒成，决水反灌，贼复筑堤御之”。这一阶段的战斗，可以总结为，“北路军刘锦棠、金运昌破蔡家桥，桥跨秦渠，外障水，内筑卡，马化隆前所为阻遏官军者也。于是，我军决渠，反灌回营，回亦修堤堵之”❷。

8.3.4.4 制水权的争夺

回军既然依托秦、汉二渠为屏障，抵抗官军，对于渠道的控制就非常重要，在整个战役过程中，始终贯穿着对渠道控制权的争夺，争夺的焦点集中在峡口、永宁洞、石家庄和蔡家桥等几处。

金积堡西面的峡口，即黄河青铜峡的峡口，是秦、汉两渠引黄的渠口。《朔方道志·水利志》卷六载：“秦渠一曰秦家渠，开口于金积县属青铜峡口，旧为灵州地。”所以峡口是控制流经金积堡的秦渠和汉渠的进水口。控制峡口，意味着掌握了发动水攻的主动权。围攻金积堡的初期，清军多次被淹，可能与峡口被回军控制有关，为了抢占有利地形，刘松山派军占领了峡口，但并没有意识到它的重要性。刘松山阵亡后，同治九年（1870 年）二月，峡口又被回军攻占，使清军处于非常不利的地位。左宗棠为此请求朝廷惩处有关官员，但当时战事正紧张，只以象征性处理雷正绾了事：“雷正绾筑垒既迟，又不派队填扎，以致为贼所踞，实属咎无可辞，著革职留任。”❸ 由此也可以看出，金积堡战役的初期，清军对峡口的重视不够。

此后清军认识到峡口和永宁洞对战局的意义：“秦、汉两渠皆由大河分注，由永宁洞会流入河，是永宁洞者，渠之尾也；两渠皆导源于峡口，为渠之首。金积堡所恃以为险者，秦、汉两渠，永宁洞虽为湘军所扼，下流宣泄得以自由，不致为贼所困，而峡口一被贼踞，无以制贼，以速戎机。”❹ 清军一方面牢牢控制永宁洞，另一方面积极准备夺回峡口。

由于峡口被回军占领，三月、四月，回军连续决渠挖濠，水攻清军，给清军造成了很大的困扰。同年七月，清军黄鼎、雷正绾等部会攻峡口，打败了金积堡方面派出的援兵，重新夺回峡口。“峡口即得，秦、汉、马连三渠之首皆为官军所据”，回军赖以抵御清军的各种水攻战术难以实施。

更为重要的是，清军控制峡口后，切断了各条渠道的水源，回军一些堡寨的防守完全失去屏障，“凡渠皆涸，前此阻水之永宁洞，马家两寨，俗呼为双桅杆，又名油坊寨，非船不能来往者，至是已与陆通”❺。没有了大水阻挡，清军只用三天，即攻破该两寨。此后，金积堡周围的堡寨，陆续被攻克。

金积堡东面的永宁洞，是山水河通过秦渠涵洞的地方，是泄水的主要通道，大部分时间被清军控制，回军决渠淹灌清军时，清军则掘沟渠使洪水顺永宁洞排入黄河。同治八年

❶ 《平定关陇纪略》卷八。

❷ 《征西纪略·卷二·陕甘靖寇纪事中》。

❸ 《左宗棠全集卷·奏稿·卷三十五·军机大臣字寄》。

❹ 《左宗棠全集卷·奏稿·卷三十五·峡口失事各员请惩处片》。

❺ 《平定关陇纪略》卷九。

(1869 年）八月，刘松山军进攻至灵州附近，首先占据了该处水口，“先据下桥后五里之永宁洞，恃定池河水以为卫，故能制贼而不为贼所困也”❶。正是占据了永宁洞，清军才能化解了回军的多次决渠水进攻。同治九年（1870 年）正月，刘松山阵亡后，回军又攻占了峡口，并且图谋“抢永宁洞水口，阻叶升堡运道”，刘锦棠、黄万友会商后认为，“春天冰雪融化，下桥永宁洞水口尤形势所必争，移兵屯扎，加强了对永宁洞的防守。九年二月，回军筑坝决堤，以困官军，官军则疏浚沟渠，使泛滥的洪水注入永宁洞口，排入黄河，化解了回军的水攻。

此外，蔡家桥、石家庄等，也都与控制渠道有密切关系，成为两军争夺的焦点。“金积正北之蔡家桥，跨秦渠之东，贼设卡于桥西半里以西，而东而北为长堤，堤之外引秦渠马连渠之水，为濠环之，非夺蔡家桥水口不能薄金积也。”九年六月二十八日，清军集中精锐部队，攻占了蔡家桥水口。并乘胜越过壕沟，攻占了附近的枣园堡、小何家寨等一些堡寨。

8.3.4.5 白彦虎壅开都河以阻清军追兵

白彦虎，陕甘回民起义领袖之一，曾经被推举为十八大营元帅之一。西北回民起义失败后，他率领一部分回军退入新疆，继续与清军周旋，清军则以在金积堡战役中获胜的刘锦棠继续统率大军入疆追击。

光绪三年（1877 年）八月二十九日，刘锦棠军到达开都河西岸，遇到洪水阻挡。“白彦虎过开都西岸，即壅水以阻官军，漫流泛滥，阔可百余里，深者没顶。”❷

据《左宗棠奏稿》称：“刘锦棠率队由大路向开都河进发，开都河源于天山之麓，汇而南趋，横贯库尔勒喀喇沙尔之中，下流注于博斯腾淖尔，古所谓泑泽者也，白逆自喀喇沙尔过开都河西岸，即壅开都河水以阻官军，漫流泛滥，阔可百余里，刘锦棠师至，遣骑试探，深者灭顶，浅者亦及马背，次日舍淖路望碱地迤行六七十里，一溪前横深亦丈许，传令将士凫水径过，仍向碱地纡折而前约百二十里，方达开都河东岸。”

由此可以看出，这次壅水的规模不小，造成了洪水泛滥。可能是在下游的某处筑坝抬高水位，淹没了道路。致使刘锦棠的追兵绕行了一百多里，并且不得不“搭造浮桥，堵塞上流，就原来碱地掘修车道”。耽误了几天的时间，但并未能阻止清军进兵。九月一日，刘锦棠进入喀喇沙尔城（今焉耆回族自治县）。

这次壅水还造成了另外的水灾，据左宗棠奏称，刘锦棠巡视喀喇沙尔城时，“大城水深数尺，官署民舍荡然无存”❸。喀喇沙尔城被淹，因开都河横贯喀喇沙尔城，下游筑坝，自然殃及上游的城市，所以筑坝壅水的地点，应该在离喀喇沙尔城不远的开都河下游。水淹喀喇沙尔，是白彦虎打算放弃该城准备逃跑而采取的措施。

作为陕甘回民起义的一部分，白彦虎曾经在金积堡与马化隆一起战斗，共同抗击清军，对金积堡战役中使用的决渠战术应该十分了解。这次他率领的队伍撤退到新疆，已经是这次陕甘回民起义的强弩之末，男女老少，拖家带口，战斗力十分有限，壅水阻挡清

❶ 《平回志》卷四。

❷ 《平回志》卷七。

❸ 进规新疆南路连复喀喇沙尔库车两城见指阿克苏折，《左宗棠全集卷·奏稿》卷五十一。

军，是一种不得已的战术，可以看作是这次回民起义以水代兵作战的继续。

8.3.5 湘直战争：吴佩孚水淹湘军

吴佩孚，北洋军阀直系首领，民国时期著名的军事家，有“常胜将军”之名。在1921年的湘直战争中，不顾人民死活，两次决堤，水淹湘军。虽在军事上取得了一些优势，却造成了巨大的水灾，使人民生命财产遭受了惨重损失。

民国十年（1921年）8月，北洋直系军阀与湘军为争夺湖北爆发了湘直战争。起因是7月湘鄂战争爆发，直系鄂军王占元节节败退，湖北告急，王占元急电直系军阀曹锟、吴佩孚援鄂。曹、吴决定援鄂不援王，派靳云鹏第八混成旅、萧耀南第二十五师进驻汉口，名为援鄂，实际接管了鄂军防地。8月11日，湘鄂战争结束，直军接防鄂军阵地。于丁泗桥、咸宁、贺胜桥筑成三道防线，与湘军对峙。

直军一面积极备战，一面实施其决水以灌湘军的计划，“于八月十四日晚密令各军将金口上游小沙湖之磁矶堤决开。南军死者数百人，辎重损失尤巨，该处居民千八百余户，尽被淹没，溺毙三千余人，牲畜田庐，沉没殆尽，财产损失达数千万元”。❶ 这次水淹湘军，造成湘军死亡数百人，老百姓死亡达三千人，直接受灾人口则将近万人，这是第一次决堤。

直军的倒行逆施反而激起了湘军的斗志，愿意与其决一死战。8月17日，两军各下达总攻击令，开始激烈交战。中路战斗，湘军一部分进攻咸宁正面之汀泗桥，又派出两军抄击咸宁后面之官埠桥，攻势锐利，直军逐渐难以支持。吴佩孚闻咸宁方面形势不利，故技重演，再用水攻，“急令直军将蒲、咸间之拦江堤挖断，溃口至四百余丈。湘军防线被水势冲动，遂向后退”。进攻汀泗桥的湘军，眼看就要得手，忽然遭遇洪水，纷纷后退二十余里，攻势趋缓，直军因此获得了喘息时间，得以抽调兵力回防官埠桥。后双方在官埠桥和汀泗桥一带激战，湘军最终未能攻克汀泗桥。

关于这次决堤事件，《吴佩孚之真相》❷ 一文有详细记载，该文历数吴佩孚来鄂后之种种罪行，其决堤为第一条：“吴氏冒大不韪，为危害湘鄂两省平民之举动，因军事上利用，知以明战决难胜湘，乃用水淹七军办法，决江南江北之两岸之重要堤闸两处。8月17日，南军得沔阳、沙湖、簰州一带，吴命将湖堤决断，正值秋水泛滥之时，湖水破堤而出，监沔一带农民被淹者两千余，江北之南军因是而不得不退却。吴又拟将武昌望山门外之武泰闸决断……吴氏今已决破此闸，使湘军攻鄂之六万人尽藏鱼腹，借作军事上之胜利，不惜将鄂东湘北十余县（属）数千万之性命财产付诸东流，其手段可谓毒矣！以是自沙湖被决，而决武泰闸之议又起，人人对于吴子玉无不痛恨，未知吴氏之用此狠毒手腕究有人心否也。”该文共提到了几处决堤事件：沙湖、簰州和武泰闸，它们是在不同时间的决堤。另外，此处“湘军攻鄂之六万人尽藏鱼腹”之事，是否属实，尚待研究。

1921年8月28日《民国日报》载《吴佩孚决堤祸鄂之毒计》一文对决堤也有论述：“吴氏竟于前十七日进攻金口以上之湘军，一举而将下沙湖口之堤防决断，无如事为湘军

---

❶ 《湘鄂战争纪略》见《近代稗海》第七辑。

❷ 《吴佩孚之真相》载：中国史学会，中国近代史研究所编《北洋军阀（1912—1928）》第四册，第54页，武汉出版社。

窥测，早引退于高阜安全之地。徒以两千余家一万余口农民作牺牲供实验而已。吴一计不就，二计更毒，于十九日又将武昌望山门外之武泰闸决毁，使武昌、咸宁、蒲圻、通城一带湘鄂毗连十余县属二三百里之地方，尽成泽国。”其中也提到了决武泰闸事件。

又经过和议破裂。8 月 28 日直军占领湘北重镇岳州，并水陆夹攻蒲圻湘军。湘军全线动摇。9 月 1 日，经过英国驻汉口领事居间调停，吴佩孚、赵恒惕签订了岳州休战条约共九条，湘直战争结束。

综合各种资料，这次以水代兵，水淹湘军，造成了多处决口，第一，决沙湖堤，这次决堤，应当在总攻击发起之前，《湘鄂战争纪略》载是八月十四日，比较符合实际战况。而民国日报所说是“前十七日”。这次决堤，早有预谋，但为对方所探知，所以只逼退了部分湘军，作用不大。

第二，簰州决堤，“吴佩孚于十七日督同六旅杨旅乘楚振、楚同、楚有兵船及楚华六差轮，进攻簰州之湘军，血战六小时至夕阳西下，湘军为海军所击，不能抵御，退至四五里。吴氏亲上堤观阵，谓非将此堤决断，不能淹退湘军，遂令工程兵挖掘。附近居民以此堤为一邑所系，纷纷遥跪求免，吴氏不听，挖掘如故，堤身甚紧，仅凿二小沟，江水侵入约三小时，溃口由一丈至四百余丈”❶。这次挖决的是长江堤防，与《湘鄂战争纪略》所记“将蒲、咸间之拦江堤挖断”应当是一回事。

第三，决金口堤，金口距离簰州直线距离就有二十多公里，所以它与簰州决堤不是一回事，可能两处均有决口。

第四，决武泰闸，时间应当在 8 月 19 日，可能是直军为了扩大战果所为。武昌武泰闸，清末张之洞任湖广总督时以资百万筑成，兴建于清光绪二十五年至三十二年（1899—1906 年），北抵中山路，南接武金堤起点，初建时为浆砌麻石拱形结构，两墩三孔，木板闸门。该闸内可排南湖，汤逊湖和黄家湖等湖水入长江，外可以抵御江流倒灌，有一闸管七县加一洲之利，七县即鄂城、大冶、武昌、咸宁、嘉鱼、埔圻和崇阳。但开武泰闸，极易形成水灾。当时所说决毁武泰闸，可能是指开闸而言。

这次吴佩孚决堤，以水代兵，造成了广大的洪泛区，“计被水区域，北至武昌金口，南至蒲圻五岭镇，东至咸宁安然湖，纵横百余里，一片汪洋，为前清道光己酉年（道光二十九年，1849 年）以来未有之浩劫。当堤圩被决后，江水奔流甚急，居民扶老携幼，纷纷趋堤逃避”。更要命的是，由于时近黄昏，双方看不清对方情况，两军隔堤南北炮击，把到大堤附近避水的群众打死甚众，“因此误毙至二千余人，其未及防卫，被水冲去者又不下千余人。于是蒲圻、咸宁、武昌、沔阳、嘉鱼等属，皆同罹浩劫矣”❷。统计各种死亡、失踪群众和军人等，将近万人。吴佩孚决堤放水，使吴佩孚自己的驻扎在堤下三十里的一个团“徒避不及，尽行淹毙。居民闻之大喜，群感上天有眼，报应不爽云”。

单从军事方面分析，吴佩孚水淹湘军是一次成功的战例。当两军交战处于相持阶段时，利用洪水辅助进攻，对于扭转战局起到了重要作用。尤其是中路湘军进攻甚猛，直军形势不利，此时以水佐攻，其作用是显而易见的。

---

❶ 《吴佩孚之真相》载章伯锋主编《北洋军阀》第四册，武汉出版社，1990 年，第 54 页。

❷ 彭洪铸《湘鄂战争纪略》见《近代稗海》第七辑。

吴佩孚决堤，以水代兵的最大的失败是失去人心，遭到社会各界的强烈谴责。这也许是后来吴佩孚在国民革命北伐军面前速败的原因。

湖北水淹三邑难民声讨吴佩孚："吴贼佩孚……决堤淹灌，汎滥五邑，我黄村人民，适当其冲，骤遭池鱼之殃及，田园庐墓，悉付洪流，子女玉帛，均已巨浸。"❶

鄂全体公民十七团体讨吴佩孚电文："尤可诛者，决金口堤以淹湘军，泛滥数县，生灵何辜，遭此荼毒。似此穷凶极恶，奸诈无伦，不特鄂人所欲诛，抑天下所共弃。"❷

章太炎请讨吴佩孚电："吴、萧受伪命据鄂，禁言自治，兵争不已，迁怒人民，连决江堤，肆其荼毒。沙湖堤决，而沔阳、汉川、汉阳、京山、天门之民死；金口决堤，而嘉鱼、咸宁人民死，武泰闸决，而鄂城、大冶之民死。较冯国璋之纵火，王占元之兵变，害只及于城市者，其祸尤烈。"❸

该报在谈到决武泰闸时，对比了张之洞为造福人民而修武泰闸，而吴佩孚却为了争夺地盘将其破坏："今吴佩孚为争两湖之地盘，不惜金瓯而破碎之。人心之不同，竟如是耶！"❹

北洋政府内部，也把此事作为攻击直系的借口。1923年，直系曹锟以贿买手段收买议员，"选举"曹锟为总统。反对贿选的议员刘楚湘，在《癸亥政变纪略》中记载了一些史实，其中"彭养光宣告曹锟罪状"一文提到："鄂人愤王占元之暴虐，操戈逐王，义师烽起，锟以为有机可乘，长驱虎狼之师，冀收鹬蚌之利。而又惧功之不能速戚，掘毁金口堤防，使濒江二十余县生命财产，立时付诸洪涛。事起仓卒，无法逃避。生者哀号于枝头屋顶，死者浮沉于巨浪横流。灾民麇集数千，遥拜呼救。复以为自治军大队之集合，开炮轰击，靡有噍类。事实悲惨，不忍卒述。"

吴佩孚决长江堤防，是历史上第一次真正的决长江水发动水攻。

1926年夏，国民革命军开始北伐，势如破竹，8月底，兵临武汉城下，相继攻克汉口和汉阳。9月初，北伐军开始进攻武昌。据说吴佩孚幕客张子武（其锽）又有决武泰闸以阻止北伐军的建议，但是吴佩孚最终没有决武泰闸，其原因有不同说法。

一说为其时任吴佩孚秘书长的杨圻阻止："幕客张子武（其锽）有决江之谋，圻力阻而罢。先是佩孚军败，退守武昌。武昌武泰闸者，清末张之洞督两湖时以资百万筑成之，于是咸宁七邑得免水患。丙寅秋，水高于岸者二尺，行人没踝，某军踞洪山，瞰击城中。佩孚渡江至夏口，夕与圻坐室闲谈。其惶牵帘入，见圻欲有言而止，索纸书数行，示佩孚。佩孚曰：'是非予所欲为也。'圻率尔曰：'决江灌敌乎？'佩孚曰：'然。若何由知尔？'圻曰：'子武曾谋诸吾，吾期期以为不可。'至是其惶顾圻曰：'幸秘之，毋为它人语。'其惶退，圻乃正色对佩孚曰：'此闸倘决，咸宁七县皆淹没，七县之民近千万，敌卒只四千，以四千之敌而牺牲七县之人，毋乃不可乎？且敌高踞洪山，平线在武昌城上二三十丈，决水则仅与江平，窃恐敌不一毙，而居民尽死焉。两方树帜举兵，皆曰救民，我不救民，而反杀民何也？'佩孚动容，乃止。"❺ 这是一种说法，但是值得怀疑。作为军阀，很难说会被一二句话感动而取消军事行动，其根本原因可能是时机不成熟。

---

❶❷❸❹ 《北洋军阀》第四册，武汉出版社，1990：58-62.

❺ 《近代稗海》。

另一种说法是，当时何子述任武昌山后区特支书记，受武昌地委领导。武汉党组织得知情报，吴佩孚有决武泰闸的阴谋，即派何子述化装出城，向北伐军前敌总指挥唐生智报告。唐生智迅速派兵保住了武泰闸，使吴佩孚的阴谋落空。

8.3.6 第三次反围剿：国民党水淹湘鄂西苏区

湘鄂西革命根据地，位于湖南、湖北两省西部边界地区，由贺龙、周逸群、邓中夏、段德昌等创建，是第二次国内革命战争时期割据范围最大的红色根据地之一。1931 年夏，长江中下游发生罕见大水灾，湘鄂西苏区的不少县也深受其害。当年 7 月，国民党集中 33 个团的兵力，向湘鄂西苏区发动了第三次"围剿"。7 月 27 日，敌人乘江水泛滥之机，在监利县的上车湾、朱三弓等地掘开荆江大堤，实施以水代兵、水淹苏区的计划。江北苏区顿时成为一片汪洋泽国，瘟疫大作，死伤惨重。一时间，"监利，沔阳，江陵汉川苏区（江左全部苏区）百分之九十五被水淹没，一片汪洋，如围大海，灾民百万"[1]。外出逃荒者约占苏区人口的百分之七十。

据仙桃（沔阳）自然灾害大事记记载，沔阳 95%的地区被淹，近 3 万人被淹死，40 余万人分别蚁集在堤坡和墩台上，嗷嗷待哺，惨不可言。此次水灾，沔阳溺死、饿死达 10 万多人，出现了绝村绝户的惨景。[2]

为战胜水灾，粉碎敌人的围剿，苏维埃苏区政府领导干部赴灾区开展救灾工作，并采取一系列措施，战胜了水灾，粉碎了敌人的第三次围剿。

8.3.7 五原大捷：傅作义决水阻敌

五原大捷是抗日战争进入相持阶段后中国军民同日本帝国主义进行英勇斗争的一次重要战役，也是整个抗战期间我国军民取得重大胜利的著名战役，国民党正面战场第一次收复失地的战役。指挥这次战役的傅作义将军重视水利建设，把军事和水利放在同等重要的位置，他提出了一个口号，即"治水与治军并重"。

1939 年底，第八战区副司令长官傅作义率八师之众，自河套五原、临河，长距离奔袭包头，以牵制日军南下，激战三天四夜，给敌寇以重创。为挽回战局，日军于 1940 年 1 月底调动各部队二万多人，汽车八百多辆，火炮一百余门，在飞机坦克的掩护下，分三路大举入侵河套。日军于 2 月占据河套后，百姓逃入山里和黄河南岸避难。广大河套平原，成为空室荒野。日寇无法立足，加上爱国的河套人民的抗日斗争，到处伏击敌人，不时破坏敌后交通，使敌军昼夜不得安宁，难以长期据守，主力于 2 月中旬撤离河套东归，仅留日军一个联队，以及一部分伪蒙军，警备队等七八千人，留守内蒙古西部重镇五原。

在此情况下，傅作义决定重振旗鼓、整饬部队激励士气，重返河套，收复五原。当时，蒋介石曾电令傅作义退往宁夏作休整补充，并让傅作义到兰州代理第八战区司令长官。傅作义谢绝了任命，于 2 月 26 日在指挥部驻地亚马赖召开军事会议，确定作战方针。针对敌人机械化部队可能增援的情况，制定了以水淹路，全民放水浇地，使敌人陷入泥潭的作战方针，攻城和炸桥以及放水打援同时进行。反攻时机决定在黄河初解冻之时，特别

---

[1] 孙伟．湘鄂西革命根据地的反腐倡廉建设．党性党风党纪研究，2016（1）：50－57.

[2] 孙维彬．夏曦在湘鄂西"肃反"的前前后后．湖北文史资料，2004（1）.

是汽车、坦克、炮、骑兵等，更难活动。

进攻五原的时间确定在3月20日午夜，春分前一天。根据多年经验和历年资料，黄河在春分前后一两天内，一定开河解冻流凌，冰汛流凌期间，船只不通，人马难行，大约持续七八天。把黄河之水流入各干支渠，叫农民提前放水淌地，使河套地区成为泛滥区，使敌军寸步难行，利用这段时间，在五原东北的乌拉壕，挖渠放水，淹没南北两条大路，到时泥泞翻浆，敌军人马汽车均无法行进，机械化部队也将失去其快速反应的作用，这样，来自包头和固原方向的援兵，无法进入五原。而五原的守敌，则逃窜无路，可以将其彻底歼灭。会议认为，春分开河这一时机，是天时；我军对作战地区的地理环境，河流渠道和水利工程情况，都了如指掌，加上乌加河天堑，这是地利；全体军民士气高昂，同仇敌忾，这是人和。此三者皆占，这一仗必须打胜。❶

收复五原的战斗打响后，当我军猛烈围攻五原城时，企图增援之敌由汽车80余辆，装载2000余人，加上坦克大炮，于21日晨，在飞机掩护下，到达万和长。新六旅王子修部于21日凌晨，在老杨屹旦附近乌拉壕堤坝爆破放水，完成任务后，攻击万和长之敌，协助一〇一师阻援。21日下午，敌人援兵到达乌加河畔，但因桥被炸断，无法通行。别处增援的敌人欲渡过乌拉壕，但因乌拉壕被炸开，到处一片汪洋，公路被淹没，人车不能通行，只好“望洋兴叹”，为攻城部队全歼五原守军创造了条件。经过三昼夜激战，五原被完全攻克。

乌加河阻击战，是五原战役中最艰苦的一战。指挥一〇一师的是董其武将军，以一个师的兵力阻击了日军三个联队的进攻。以淞沪战役的经验来看，当时中国一个精锐师可以勉强抵敌日军一个联队。此战，董其武的一个师成功阻击了日军三个联队，并且不要增援，❷ 不能不说与当时决水阻敌，使敌人机械化部队战斗力下降有很大关系。

五原战役中，傅作义决水阻援，有力配合了攻城部队的作战，在我军装备处于劣势的情况下，因势利导，以水代兵，使敌人机械化部队的作战优势难以发挥，最后取得了战役的胜利，在军事史上，可以说是以水“佐攻”取得成功的一个典型战例。这与傅作义多年来一直重视河套地区的水利建设，重视水利在军事和民生上的作用是分不开的。

五原战役之前，傅作义就十分重视河套地区的水利建设，并且常常不惜动用军队，1931年8月，傅作义就任绥远省政府主席。当时民生渠正在施工过程，进度很慢，傅作义从军队抽调四千多名士兵，参加开挖民生渠，大大加快了工程进度，董其武在其日记中有如下记述：“自傅将军率军进驻绥远后，方开发水利，发展农业，全军投入4000余人，参加民生渠挖掘工程。经过几个月的艰苦劳动，共挖干渠50多公里，支渠200多公里，可灌溉田地200多万亩，使归绥、萨县、托县之耕地，变成旱涝保收的粮仓。”民生渠于1931年6月20日正式举行开闸放水典礼。1932年，傅作义率部到后套祥太魁开“百川渠”，为以后部队在河套地区屯垦奠定了基础。

1933年，绥远建设厅制定了《整顿包西各渠纲要》《改善包西各渠水利办法》等水利法规。至1937年止，河套一带已开干渠十一道，计大佘太设治局三道，五原县四道，临

---

❶ 王殿臣．五原大捷述略．实践，1995（9）．

❷ 萨苏．国破山河在——从日本史料揭秘中国抗战．济南：山东画报出版社，2007：217．

河县三道，均引用黄河水，可灌田 51400 顷。托可托、集宁、凉城各县也兴修有渠道。此外，各县所开渠道，有民生渠十七道，其中十道为引用黄河水，余七道为引用内河，共长六百里，可灌地万余顷。这些水利业的兴修，又为绥远的农业发展打下了坚实的基础。[1]

因敌我双方反复争夺，使大部分水利设施遭到破坏，如不对河套水利设施进行抢修，即使维持简单农业生产也是困难的 1939 年冬至 1940 年 3 月，傅作义对日本侵略军打完包头、绥西、五原三大战役之后，便着手发展农业生产，解决军需民食问题。当初，日伪军西犯河套后，对水利闸坝建筑有严重破坏，加之包头、绥西、五原三大战役，采取“引水阻援”的战斗，放了乌加河北支的乌拉壕、丰济、皂河、义和、通济渠的河水，淹没各主要公路，使敌人的汽车、坦克坠陷入泥。傅作义一方面屯垦戍边，成立军垦农场，一方面动员军工兴修水利。

1941 年，傅作义作为第八战区副司令长官和绥远省政府主席，提出“治军与治水并重”的口号，着手进行水利建设，恢复与发展农业生产。把“水”与“兵”，放到同等重要的地位，是近代以来的第一次。可见，当时的傅作义将军，已经把水利的治理和粮食的发展，看成与军队同样重要，是保证战争胜利的最基本物质条件。

傅作义在副司令长官部成立了水利指挥部。因抗战被遣散的原绥远省水利局恢复重建，暂名绥西水利局，水利技术人员王文景被傅作义从四川邀请回来担任水利局长。由作战军事长官担任总指挥，由绥西水利局长担任副总指挥。同时，在五原、临河、安北、米仓、狼山、晏江六个县，分别建立县水利局。对于跨县的大干渠，如黄济渠、永济渠，专门建立“大干渠管理局”，健全了“第八战区副司令长官部”和绥远省政府领导下的军事水利组织系统。王文景出面邀请黄河水利委员会派出查勘队和第 14 测量队到绥西，施测后套地形图，并写出《后套灌溉区查勘报告书》，以命令下达部队，到 1943 年全面完成。军队支援农民修渠大体上从 1941 年就开始了。从 1941 年至 1943 年，兵工完成挖渠土方占全年完成的大部分：1941 年 160 万立方米，其中兵工完成 85%；1942 年 162 万立方米，其中兵工完成 64%；1943 年 310 万立方米，其中兵工完成 80%。1943 年，兵工共承担 4 项重点工程，其中挖复长渠是一项关键性工程，合并 13 道干渠口，沿黄河横挖一条 48 公里长的大干渠，仅用 40 天完成。抽调部队 15000 人参加劳动，因劳动强度高，有少数士兵献出了生命。由于施工进度快、效益好，事后曾获国民政府水利部嘉奖。新挖干渠原名丰沙连环渠，因系兵工所挖，且在“五原战役”之后，带有医治战争创伤的意义，故更名为复兴渠，以资纪念[2]。

由于五原，晏江两县的水利工程，因战争破坏受损最为严重，河道大多被淤塞，傅作义决定，首先要开挖一条由黄河弯道，经过十多条干、支渠，到沙河渠的大干渠，即后来的复兴渠。此项工程得到了国民政府黄河水利委员会的批准。1942 年 4 月 20 日，河套复兴渠完工放水。该渠初叫丰沙连环渠，因在丰济渠口以东合并 13 道小渠口，下接沙河渠而得名。此渠系傅作义部 1.5 万名军工所开挖，又系在“五原战役”后完工，故更名为复兴渠。渠长 48 公里，挖土 130 万立方米，引水 30 立方米每秒，灌溉面积由原 10 万亩增

---

[1] 胡耀先，陈文胜．傅作义主政绥远的农业政策浅析。

[2] 王治国．河套水利开发溯源．河套大学学报，2007 (3).

灌到40万亩。技术设计于民国30年（1941年）由黄河水利委员会批准，该工程获国民政府奖章。与此同时，傅作义部还开挖了黄济渠与杨家河的接口工程，2500名官兵挖土方31万立方米，增灌十几万亩土地；整修乌拉河工程增灌土地近40万亩；整修杨家河工程，保证了米仓县全境的农业灌溉；加上前述复兴渠，共计四大军事水利工程。1941—1943年，河套灌区的军事水利工程土工总量是632万立方米，其中75%以上为军队建设完成。据李竭忠《略述傅作义将军的为人》一书记载："抗战期间在河套地区，10万部队，就是10万水利大军。军工所修渠道，宽15公尺以上干渠达1700里，3公尺以上支渠超过一万里。"傅作义的军事水利工程建设，对河套农业的恢复和发展，保障抗战军需，起了极其重要的作用。并流泽后世于今天的河套灌区。

1946年，国民党绥远省政府制订《后套灌溉区初步整理工程计划概要》，同时批准成立绥西水利建筑委员会（简称水建会），作为实施工程建设的领导机构。水建会吸收地方官绅为委员。王文景任主任委员。水建会在国民党政府行政院立案，直属省政府领导，办公地点设于陕坝。

8.3.8 丰满电站开闸放水

1947年2月21日，东北民主联军北满部队12个师为配合南满部队三保临江，发起二下江南作战，连克城街子、九台、农安等地，获歼敌大捷后，在德惠围攻新1军主力时受阻，久攻不克，国民党军乘机从长春调集4个师北上增援，同时，下令小丰满电站打开水闸，使松花江水大涨，以阻隔北满部队的退路。企图迫使民主联军在松花江南与国民党军进行决战。东北民主联军采取灵活机动的战术，冒死撤到松花江北。

据有关资料，1946年5月，国民党军队接管小丰满电站后，为配合其军事行动，曾两次开闸向下游排放积水。[1] 此次由国民党吉林省主席梁华盛亲自指挥的开闸放水，使本来已经冰冻三尺两三里宽的下游松花江，突然冰水暴涨江面，汹涌的洪水卷着冰块泄荡千里，给北满部队的后撤造成了极大的困难。幸而天寒地冻，所放之水昼流夜凝，未给下游人民群众造成灾害。

1947年5月至6月间，当东北民主联军夏季攻势直逼长春、吉林时，梁华盛再次亲临小丰满电站，布置放水，并随时准备炸毁大坝。

针对国民党当局两次放水冲冰行动和可能的破坏企图，中共展开了保卫丰满电站的行动。新华社1947年6月20日和11月10日，两次奉令发出严厉警告，指名点姓"通牒小丰满守敌六十军一八二师五四四团团长胡彦"，并警告：倘使蒋匪竟敢以此举世闻名之电源作其残酷的殉葬品，对其加以丝毫破坏，则我军纵使追至海角天涯，亦必将下令指使及直接毁闸之战犯匪首，逮交人民法庭，严厉惩办，决不宽贷。

中共东北局于10月专门召开了一次关于保卫吉林小丰满电站的专题会议。会议提出，在加强政治攻势的同时，要想尽一切办法做好守军将领的工作，不惜一切代价，也要全力保住电站。中共中央委员、中共东北局敌工部部长李立三还亲临吉林外围，直接指挥保护电站的政治攻势。在中共的努力下，这座当时亚洲最大的水电站得以保

---

[1] 高戈里．1948年阻止小丰满电站被炸的功臣．兰台内外，2015（5）：21－22．

存下来。

8.3.9 渡江战役期间保卫荆江大堤纪实

1949年4月20日，解放军发起渡江战役，一举突破长江防线，解放了南京、上海、武汉等大城市，地处长江中游的荆州防守也摇摇欲坠。1949年6月，国民党军队撤离荆沙前夕，为挽救其军事上彻底失败的命运，企图等待江水上涨时炸毁荆江大堤，以水淹荆沙方式阻止人民解放军继续南进。这一阴谋的目的是一方面阻止解放军的进攻，一方面实施其撤退前的大破坏计划。为此，国民党军特别组织了爆破组，到荆江大堤万城段待命，该爆破组受国民党军统特务机关掌握，共由七人组成，组长姓吴，为训练有素的特务。他们到万城后即在大堤上埋设烈性炸药，并带有电台直接与“绥署二处”（军统系统）保持联系。

荆江大堤危在旦夕，黄河花园口决堤事件眼看就要重演，当时驻防荆沙的是国民党军队湖北保安第六师师长周尚藩，在我党的政策感召下，决心弃暗投明，并在我党地下工作者的帮助下，积极准备起义，相机保护大堤。荆江大堤关系到江汉平原数百万生灵安危。为此，他忧心忡忡，昼夜难安。为了护堤，他特意将自兼师长的保六师布置在荆江大堤沿线，负责执行防险护堤任务。为了防备国民党当局的其他部门派人掘堤，他下了死命令：“没有我亲自签字的命令，任何人不得掘堤。所有任何高级指挥部的掘堤命令，即使我的总指挥部盖上了关防公章，而无我亲笔签字的掘堤命令，也一律拒不执行，违者处死。”6月底，国民党第二十兵团及湖北省所辖的暂编师、保安师（旅）共50万人，开始由沙市、宜昌向西逃窜。在国民党军逃窜时，周尚藩接到上级命令，要他在部队撤退完后“挖掘荆江大堤，阻止共军前进”。过了两天，周尚藩又接到边区绥靖公署准备炸堤的命令。而此时周尚藩已经在共产党政策的感召下弃暗投明，站到了人民一边，接到炸堤命令后，为了完成保护荆江大堤的任务，情急之下，周尚藩立刻下令将保六师所属最信任的第十六团，调往万城守备待命，同时召开团营级军官紧急会议，严密布防。

次日，周尚藩又召来十六团代理团长李国章面谈，并布置他挑选可靠精壮官兵二三十人，埋伏在团部内外，听候解放军打响荆沙战斗，即紧急通知爆破组来团部开会，就说师长来万城视察训话，检查爆破准备工作。等他们到了团部，出其不意，将其缴械，不要问话，就地处决。可能他们留家看守电台的还有一二人，也事先布置好，同时逮捕，绝不允许留下祸根。

潜伏在荆江大堤万城段的爆破组，表面上属周指挥，实际上却暗地里直接为军统特务系统所控制。绥靖公署告知周尚藩，“总部”早已将布置在长江中游的爆破组密调万城待命，待解放军向荆沙发起全面进攻后，将先用兵舰阻击南渡，再用水淹荆沙，使解放军既不能渡江，又不能后退，最后全面反击，一举歼灭，并命令周尚藩做好最后的准备。

7月中旬，解放军已将荆沙外围团团围住，时值汛期，江水猛涨，水位几与堤平，国民党“川湘鄂边区绥靖公署”已下达命令，单等解放军攻占荆沙即炸堤放水围困解放军，然后进行反攻。军统特务爆破组正要在万城堤上实施爆破炸堤时，在这千钧一发之际，十六团代理团长李国章来到爆破组，并将事先挑选的心腹精壮组成特别行动组，埋伏于指定地点，于7月14日上午7时，以师长来万城视察训话，将对爆破组作机密指示为名，通知爆破组全体人员到团部开会，等他们到达后，一声令下，预先埋伏的官兵一拥而出，将其全部缴械捆绑，留家看守电台的二人也同时予以逮捕，并全部处决；随后又派技术熟练的工兵取出埋设在万城堤段上的炸药。至此，国民党军队炸堤的阴谋被彻底粉碎。

7月15日上午8时，解放军已兵临城下。宋希濂在逃跑途中，不知爆破组已被瓦解，还从兵舰上拍电报急令爆破组炸堤，不料电讯不通。于是，又紧急密电，命令周尚藩"立即挖掘荆江大堤，阻敌进军"。当宋逃至巴东县后，又于下午3时和晚8时接连两次密电周尚藩，催促掘堤。周尚藩及时派人将此情况向解放军前线领导做了汇报。

周尚藩的起义打乱了宋希濂的军事部署，避免了一场生灵涂炭的惨剧，确保了解放军迅速渡江南进，加速全国解放和新中国的诞生的进程。荆州解放后，周尚藩摆脱宋希濂15军的挟持，率保6师和保7师在松滋起义。当年，湖北省主席李先念称赞周尚藩"保护荆江大堤，接洽起义，有功人民"。❶

这次破坏荆江大堤的计划虽然没有成功实施，但是，国民党炸开荆江大堤、以水代兵的计划还是很有威胁的，一旦实施，造成的破坏相当巨大，不可不引起重视。

8.3.10 其他以水代兵事件

8.3.10.1 文宗之爱民

据《近代稗海》记载："咸丰四年（1854年）粤贼据扬州，诸将帅围攻之，贼守坚不能下。乃奏请决湖水以灌之。文宗皇帝赫然批答曰：'不得扬州，无并伤吾百姓也'。圣祖爱民之深，真与天地同广大矣。"❷"粤贼"是指太平军而言，咸丰三年（1853年）四月，林凤祥、李开芳率领太平军从南京出发，于当月二十三日占领扬州。清军反攻扬州不下，奏请决湖水进攻，咸丰帝认为决湖水伤害百姓，予以否定。此事被清朝的各级官员吹嘘为咸丰帝爱民之心，与天地同广，实则很可能是决湖水进攻，未必有效。

8.3.10.2 李鸿章稻田可限敌马足议

天津教案发生后，法英炮舰入侵海河，实施武力威胁，朝廷命李鸿章率部从陕西驰赴畿疆。1870年8月受命直隶总督，接替曾国藩处理教案。11月，上谕李鸿章对海疆防务、洋务事宜、畿东水利及添设海关道等事宜，应筹议实施。李鸿章深知"皇都拱卫"是根本大计，随即命盛军统领周盛传（广西右江镇总兵衔）从驻地沧州来天津，勘察了大沽、北塘、新城及天津至通州沿河形势，议定重修海口炮台，少驻兵，增修新城炮台，驻重兵的布防策略。

1873年，盛军12000人进驻天津海口，担负修建新城炮台任务，春融开工，冬冻停作，至1875年11月新城炮台建成。这期间利用工暇，于1874年从新城开挖引河一道通海河，开垦稻田万亩"稍有收获"。1875年又挑咸水沽以下40余里引河接新城外河，顺城东闸口入海河，两岸疏沟开田大片。6月2日李鸿章上奏《防军试垦稻田片》❸称，"开

---

❶ 依据1989年版《荆江大堤志》，河海大学出版社。

❷ 《近代稗海（第十辑）》。

❸ 《李文忠公全书·奏稿》卷二十五。

办屯田，筹备军实，无事时藉余稻之利，有事时可限戎马之足”。1880年3—5月，盛军、铭军（刘铭传部）及练军共三十四营从静海靳官屯至兴农镇挖通引河一道，长60余里，称马厂减河。6月20日李鸿章上《开通南运减河折》[1]，奏折中再次指出这既利于农田，又“可限戎马之足”。李鸿章对小站地区开发稻田，也认为这对“畿东水利、海疆防务两有裨益”，符合朝廷要求。

李鸿章大概受英法联军攻打新河之战启示，认为稻田“可限戎马之足”。1860年8月12日，英法联军8000人从北塘进攻新河受沼泽地所阻，大部人马只好东奔军粮城再西折，从侧背攻下新河。大沽、北塘沿海多为浅水滩涂，加上小站开垦稻田，可限制敌军步骑行进，有天然屏障作用。但从1888年津唐铁路通车，稻田限马足意义不再。1900年八国联军就是靠铁路和海河运兵进入的。

8.3.10.3 日军掘西辽河堤防

1945年8月，日本侵略军为抵抗苏联红军的进攻，将开鲁县苏家堡处西辽河掘开，致使河水淹没了开鲁、通辽等地区10余万亩农田。

8.4 1938年黄河花园口决口：有史以来灾难最深重的以水代兵事件

1938年6月，国民党军队为阻止日本侵略军西进，在郑州北郊花园口决开黄河大堤，使黄河南泛，以水代兵，震惊了世界，造成了有史以来灾难最深重的人为水灾事件。关于这次决堤，学术界已经进行了广泛的研究，阐明了很多问题，例如，这次决堤事件前战场形势，以水代兵决策的形成，具体的决堤过程，军事意义和评价以及决堤后泛滥区域和灾情，善后赈灾，长期的生态环境和影响，还有关于这次决堤的史料和档案等一些课题都有广泛的研究，其基本史实已经比较清楚。但是也存在一些有争议的问题，有待研究。由于这次事件是中国现代史上的一件大事，影响深远，有必要对其进行更深入的探讨。

8.4.1 决堤的酝酿过程

8.4.1.1 决堤前的军事形势

花园口决堤前的基本形势是敌强我弱，当时日本是一个政治、经济、军事实力都很强大的帝国主义强国，中国虽然地大物博，人口众多，但积贫积弱，没有完全独立和统一，社会没有近代化和工业化，依然是一个贫弱的半封建半殖民地国家。这就决定了这场战争必然是一场旷日持久的战争，敌人在武器装备、战斗力方面占有明显优势，战场上暂时处于进攻状态。1937年7月“七·七卢沟桥事变”后不久，日军迅速占领了我国北方广大地区。7月末，日军占领了北平和天津，中国军队虽然进行了一些抵抗，但作用有限。10月，上海沦陷。11月，日军占领太原和河北、山西、山东的大部分地区。迫于军事上的强大压力，11月20日，国民政府发布迁都文告，迁都重庆。12月，国民党政府首都南京失陷。截至1938年2月，日军攻城略地，侵占了我国华北五省的大部分地区和南京、上

[1] 《李文忠公全书·奏稿》卷三十七。

海、杭州三角地区。1938年4月，徐州会战，中国军队为避免被日军包围，全线撤退，5月19日，徐州失陷，日军继续向豫东进攻，5月23日兰封失守，26日敌军第16师团攻占虞城，同时向商丘外围阵地进攻，守卫商丘的黄杰第8军无视上级命令，只留下一个师守备朱集车站和商丘城，自带两个师于28日向开封退去，29日日军占领商丘，然后继续西犯，一路沿陇海路向西，朝民权方向推进，连陷宁陵、睢县，6月1日攻至杞县，6月3日攻占杞县、通许、陈留，中国军队奉命向平汉路沿线及以西撤退，日军又相继占领开封、中牟、尉氏、扶沟等地，向郑州和平汉线推进，郑州危急。

尤其值得注意的是，中国军队的黄河防线在日军的强大攻势面前，几乎没有发挥什么作用。1937年冬，第五战区副司令长官兼第三集团军总司令韩复榘负责指挥山东军事，承担黄河防务，日军进攻山东时，韩复榘面对日军的咄咄逼近，为了给自己的嫡系部队保留实力，主动放弃了黄河天险，几日之内便弃守了原本预计可守数周的黄河防线。1938年2月17日，中国军队炸毁黄河大桥，实行焦土抗战。其用意十分明显，放弃黄河北岸，以黄河为天险，固守黄河南岸。但1938年5月中旬，日军第十四师团在鲁西濮县攻占董口、旧城等黄河渡口，强渡黄河，冲破中国军队的黄河防线，深入豫东，炸毁并切断了陇海铁路。

从以上战场形势可以看出，在日军的进攻面前，中国军队可以说是节节败退，黄河天险并未对日军进攻造成多大阻碍。日军攻城略地，不断向中国的纵深和腹地推进。中国军队虽然进行了一些抵抗，也取得一些局部战役的胜利，给日军以沉重打击，如台儿庄战役等，但是难以扭转整个战场敌强我弱的形势。花园口决堤不仅仅是因为豫东战场失利，而是国民党军队对整个抗日战场敌强我弱的形势的反应，所以决堤的建议也不仅仅是在郑州附近的花园口，而是在不同的时间和地点、不同的人物都有决黄河水，实施水攻的想法。

实施决堤水攻，在国民党军内部有一个较长时间的酝酿，经历了由防止日军决堤，到自我决堤的过程。无论是防日军决堤，还是中国军队决堤，在当时的战争形势下，决黄河水实施水攻成为一个重要手段。随着战争的进程，不同的战场形势决定了不同的决堤方案。这些建议大体上可以分为三个类型：一般的防御性建议，利用明清黄河故道阻敌的建议和在郑州、开封附近掘堤的建议。

8.4.1.2 利用黄河进行一般性防御建议

当抗日战争还没有全面爆发时，1935年5—7月，日本帝国主义制造了“河北事件”和“张北事件”，迫使国民政府与其达成了《秦土协定》和《何梅协定》，使河北、察哈尔两省主权大部分丧失，中日战事步步临近，中国军事领导机构开始准备对日作战。1935年8月20日，受聘于中国政府的德国军事顾问团总顾问法肯豪森向蒋介石提出了应付时局的建议，即《总顾问法肯豪森关于应付时局对策之建议》，筹划中国抗战的战略战术，其中就有决河阻敌的思想，该建议认为：“最后战线为黄河，宜做有计划之人工泛滥，增厚其防御力。”[1] 对此，蒋介石做了批注：“最后抵抗线。”显示了蒋介石对这一建议基本认可，可能对后来花园口决堤的最后决策，有一定影响。法肯豪森曾经担任德国驻日本使馆武官，广泛调研过日本的政治、经济和军事，对日本军界有比较深刻的认识和研究，后

---

[1] 中国第二历史档案馆．德国总顾问法肯豪森关于中国抗日战备之两份建议书．民国档案，1991（2）：24-28.

来担任中国的军事顾问，他的建议应当是有一定分量的。

但是，“有计划的人工泛滥”应该是指可控的洪水，其方法也不一定就是决堤，与后来花园口决堤后失控的水灾不完全一样。“最后战线为黄河”说明法肯豪森的想法是利用黄河天险，把日军阻挡在黄河以北，其水攻的想法应当是使黄河向北泛滥，而不是后来的向南泛滥。实际他高估了中国军队的抵抗力量，实战黄河防线被日军轻易突破。

1938 年 4 月 13 日，当台儿庄战役刚取得局部胜利，徐州会战展开之际。陈果夫又提出了要防范日军在黄河南岸决堤的想法，“台儿庄大捷，举国欢腾，抗战前途或可从此转入佳境。惟黄河南岸千里，颇不易守，大汛时且恐敌以决堤致我，我如能取得武陟等县死守，则随时可以水反攻制敌。盖沁河口附近，黄河北岸地势低下，敌在下游南岸任何地点决堤，只须将沁河口附近北堤决开，全部黄水即可北趋漳卫，则我之大危可解，而敌反居危地，敌人惨酷不仁，似宜预防其出此也”[1]。陈果夫的建议是用北岸的决堤以对付日军可能在南岸的决堤，蒋介石侍从室二处为此还专门绘制了草图，并作说明：“平汉路以西，多山无法盗决，故我易守，泛水虽有缺口，决堤不为大患。”蒋介石批语：“电程长官核办。”

当陈果夫提出此建议时，豫东一带还在中国军队控制之下，陈果夫所担心的是日军会在黄河南岸决堤，以淹没豫东地区，以水代兵，给中国军队制造麻烦。陈果夫所指，“黄河南岸千里，颇不易守”。实际这时候，山东境内的黄河，大部分已经在日军控制之下。中国军队所控制的主要是河南境内的黄河，所担心的是日军在郑州、开封一带炸堤，所以他提出要控制武陟，汛期将到，如果日军在黄河南岸炸开堤防，则我军可以在武陟决堤，把黄河水导向北岸沦陷区，这样无论敌人在南岸的任何地方炸开堤防，黄河都没有水。这是一个以其人之道，还治其人之身的办法。

4 月 30 日，武汉军官训练团办公厅副主任刘献捷也提出类似担忧，他向武汉卫戍总司令陈诚提出了“预防敌人破坏黄河南岸河堤造成大泛滥区之办法”，他分析当时的军事形势认为：“现在，敌人打通津浦路计划已受挫，与我相持于鲁南及津浦南段，不仅伤亡甚重，而且被牵制兵力甚多，如旷日持久，对其更为不利，因此敌人为缩小战场及节省兵力，恐将俟河水高涨时，以飞机轰炸，或集中炮火射击，或收买汉奸，或利用降落伞部队，破坏黄河南岸大堤。”[2] 而敌人破坏黄河大堤的地点，则可能在黄河自郑州、开封往东，一旦黄河决口，“豫东、鲁西、苏北、皖北等处，势必尽成泽国，交通、军事均要受到重大影响”。因此他建议要严加预防，采取监视敌人动向，组织、训练沿河民众昼夜巡察河堤，指令沿河各县地方官切实负起护堤重任，并预备人手、材料，以防不测；配备工兵部队，适时驰往救险；守河部队必须严守其职，即使遇到紧急情况，也不得全部离开职守等措施。陈诚把这一建议转交蒋介石，蒋介石对这一建议比较重视，批示道：“此事颇关重要，著交经济部、军令部、军政部、政部会同核议具程，再行核办。”

陈果夫和刘献捷的建议都是基于比较乐观的抗战形势得出的结论，认为抗战形势会渐入佳境。当时，台儿庄战役刚刚胜利，而徐州会战还没有结果，他们认为，日军可能会在

[1] 郑州市政协文史资料研究会编：《郑州文史资料》第二辑《黄河花园口掘堵专辑》。

[2] 《国民政府军事委员会办公厅函》中国第二历史档案馆 787 全宗 3489 卷。

作战中处于不利的地位，至少两军会处于比较长时间的相持状态，为缩小战场及节省兵力，日军有可能破坏黄河南岸大堤，以此来阻滞中国军队。但是，最后战场形势的发展与他们的预料完全不同，5月19日，徐州失陷，战场形势急转直下，中国军队节节败退，日军进入豫东地区，兰封会战失败，中国军队虽有小胜，夺回兰封，但难以扭转战局。归德、开封相继被占领，郑州危急。在这种情况下，国民党军队中由忧虑日军决堤，转而建议我军决堤。

军委会办公厅副主任姚宗建议："黄河旧险在考成以东者如河北省之刘庄，鲁省之朱口，倘即施以决口工作，更于旧河道下流多抛埋柳枝，则河必改道南向，一时造成泛滥区域，虽不能淹没敌军，至少可使其行动困难，全战局情势必将改观，而于我有利。"❶ 这一建议的决河地点刘庄，在今东明县境内，是1855年铜瓦厢决口后新河道上的一处险工，所以姚宗称其为"旧险"。当年新河道形成过程中，经常决口泛滥，其决口后的洪水一般泛滥郓城一带。❷ 刘庄和朱口都在铜瓦厢以东，所以决口后的洪水主要泛滥在山东境内。以此看来，这一建议提出时，日军应当还在河北、山东一带。这一建议的基本思路是在考城以东的河北或山东境内决开黄河大堤，使其改道南泛，阻滞日军的行动。

8.4.1.3 利用明清黄河故道阻敌的建议

随着战场向西、向南推进，又有一些人提出使黄河改道，恢复明清故道，作为阻止日军南下的屏障。如罗仁卿，他建议在铜瓦厢掘堤，使黄河入1855年黄河改道以前的明清故道，他给蒋介石的电文说："今谨有一策上陈，于抗战前途大有关系。方今敌人南北夹击，欲谋打通津浦，然若由河南铜瓦厢决黄河，使入咸丰五年以前故道，经徐州、淮阴城北入海，则敌南下之势，必为之一沮，敌之北上亦无多大意义。然后据河之南岸而守，并移大军以肃清长江以北之敌，则于抗战前途必大有进步也。"❸ 这份电文没有具体的时间，根据内容看，应当在徐州会战之前就提出了，当时日军正预谋打通津浦线，应当是在1937年底或1938年初。

徐州失陷后，用黄河水攻徐州的建议就更多了，国民党军将领李长江也有类似建议："徐州沦陷，豫东紧张，可否采用水攻战略，就兰仪下游铜瓦厢之间决黄河水，由旧黄河故道顺流而东，直攻徐州，截断津浦、陇海，阻寇西进，我方亦可从容布置，挽此颓势。"❹这一建议也是使黄河入明清故道，更加直接阐明了水攻的含义，因为明清故道流经徐州，明清时期，徐州经常遭受黄河的洪水灾害，所以李长江认为，恢复黄河故道，可以用黄河水直接攻击徐州，顺便还可以切断津浦铁路和陇海铁路，阻止日军西进，使抗战的局势有所改观，这一建议提出的时间也应当是在徐州刚刚沦陷，而日军还没有大规模向豫东进犯的时候。

陆军大学教官何成璞的类似建议："现黄河现届桃汛，倘施工决口，则黄水即循故道直奔徐州，不特大地泛滥使机械化部队失其效能，抑且足以摧毁其战力，使其打通津浦之企图仍归泡影，幸及早图之。"❺其建议的内容与李长江的建议大体相同，使黄河水入明清黄河故道，水攻徐州，破坏津浦线，阻止日军的机械化部队前进，建议的时间也应该和李

---

❶ "姚琮马电（建议在刘庄、朱口掘堤）"《郑州文史资料》第二辑（黄河花园口掘堵专辑）。

❷ 颜元亮．清代黄河铜瓦厢决口及新河道的演变．人民黄河，1986（2）.

❸❹❺ 《郑州文史资料》第二辑（黄河花园口掘堵专辑）。

长江的建议差不多。引黄河水入明清故道，其所泛滥的区域主要在鲁西和苏北，对于豫东的影响则有限，所以这些建议提出的时间，应当都在日军还没有大规模攻入豫东的时候。

决黄河水入明清故道的建议看起来很理想，实际很难实现，因为挽黄河回故道，相比简单掘开堤防要困难很多。当清咸丰五年（1855年）铜瓦厢决口后，清朝廷内部就是否恢复故道，曾经进行了长期的争论，最后放弃了恢复故道的努力，其原因主要是因为工程浩大，故道淤积严重，恢复非常困难。❶ 因为黄河故道本身是高于地面的悬河，恢复故道需要做相当于堵口的工程，至1938年，黄河新河道已经行洪八十多年，要把黄河挽回故道，就更加困难，况且是在抗战的战争状态下，只有很仓促的时间，实际是很难做到的。用黄河水攻击徐州也基本不现实，徐州历史上曾多次遭受水攻，但对徐州城都没有太大影响，水攻都以失败告终。所以这些水攻建议没有引起多大反响，但是可以看出来，在抵抗日本侵略者形势不利的情况下，中国军队内部很多人想到了掘开黄河堤防，认为用水攻或可挽回局势。

8.4.1.4 郑州和开封附近掘堤的建议

当日军深入豫东后，开封、郑州等重要城市形势危急，它们都在黄河边，历史上开封就曾经多次遭受水攻，掘堤的呼声再次高涨。

豫西师管区司令部刘仲元电文建议："徐州失陷，敌主力深入豫东、鲁西，若不破釜沉舟，中州将不守。生等拟掘黄河之水，陆沉敌主力。明知牺牲惨重，为急于救国起见，曷认（忍）痛为之。"这一建议虽然没有具体方案，但是认为用黄河水可以打败敌主力，为此，不惜付出牺牲惨重的代价。

6月1日，黄新吾曾建议决黄河黑岗口堤防，6月7日，开封已经被日军占领，郑州形势危急。黄新吾第二次上书建议在黑岗口掘堤："关于挖掘黄河提以歼寇军一层……查黑岗口地方，如尚为我方掌握，即由该处掘堤，则溃决之水，可冲至杞、睢、柘城、涡阳、蚌埠，而入洪泽湖。是水线经过之处，即敌人主力所在之地，其受创必无疑义，如我方再加以有计划之反攻，即可以致敌全军复灭，不惟陇海线之威胁可减，整个战局可望好转。虽此种办法不免有若干县罹于水灾，然为整个国家着想，亦不能有所顾全，与其失陷后受敌宰割，不若用此非常手段而歼敌寇。"❷ 这一建议研究了洪水泛滥可能经过的地区，认为可以对敌人的主力以重创，甚至可望因此扭转战局，高估了水攻战的力量。

6月11日，花园口已经决堤，陈诚仍向蒋介石转呈了炮兵十六团团长王若卿关于在黑岗口决堤的建议，其建议有以下几点：①顷闻我军决兰封口，引黄水淹日寇，其计诚佳，但水经黄河故道，鲁西、苏北受害最烈，豫东仅占一部，于豫省军事关系较小。②查黑岗口水位较开封高出三十丈，堤身两面皆水，历来称为险工，如在该处决口，其大溜直趋开封，经朱仙镇、尉氏直贯汴周公路，横断亳、柘、淮、周、漯河公路，于军事价值关系最巨，且该口近处不能取土，清季堤崩，常三年不治，其工程之难，可以想见。③开封为河南政治中心，首应破坏，免致资敌。④豫省名人及河务人员，财产多在开封，故讳言决黑岗口，请钧座毅然决然主持开决黑岗口，以利军事。

---

❶ 颜元亮．黄河铜瓦厢决口后改新道与复故道的争论．黄河史志资料，1988（3）：51.

❷《郑州文史资料》第二辑（黄河花园口掘堵专辑）。

陈诚认为，王若卿的建议很有道理，因此向蒋介石转达。但这一建议的前提有问题，花园口不在兰封，花园口决口后，洪水并没有经黄河故道，这是当时王若卿了解到的信息有误的缘故。黑岗口在花园口下游，花园口既已决口，再决黑岗口已经没有意义，这一建议只是参考而已。不过却说明，黑岗口确实是决河的理想地点，对开封的影响很大。最后为什么没有决黑岗口，是不是如王若卿所说，一些官员的财产在开封，所以讳言决黑岗口，还不好说，应该不是主要的原因。决口地点在哪里，是由战局决定的。

另外，提出决堤建议的还有国民政府立法委员、应程潜之邀担任第一战区司令长官部高级幕僚的何遂。根据有关资料，何遂曾经两次提出决堤建议，在徐州会战期间，何遂就曾经向第二十集团军总司令商震陈述过这一计划，并将决堤阻敌的意见写成《确保西北交通线，阻止日寇于平汉线以东》，请时任军事委员会委员长侍从室主任林蔚转交蒋介石，开封失守后，他又将此建议通过宋美龄转交蒋介石，但是具体在何处决堤，如何决堤，则没有记录。

冯玉祥、白崇禧等高级将领也有决堤建议。由以上诸多决堤阻敌的建议可以看出，在国民党内部早就有利用黄河以水代兵攻的想法，不过具体实施过程中，还是非常谨慎的。决堤是在的总体抗战形势敌强我弱以及豫东战场严重失利的情况下的做出的无奈选择。决口的地点，有山东朱口、河北刘庄、兰仪铜瓦厢、开封黑岗口等地，随着战局的发展，不断由东向西移动。最后决定在中牟赵口决堤，由于赵口决堤不成功，又往西移动到花园口。

8.4.1.5 决堤的决策

实际上，自5月中旬开始，在徐州会战不利的情况下，国民党当局已经把河防提到与国防同等重要的位置，河防与国防的关系日益密切。5月15日，军委会召集有关机关，讨论河防实施办法。参加的有军政部、军委会办公厅秘书处、军委会办公厅军事处、黄河水利委员会等机构，会议指出："自入抗战第二期，河防与国防更发生密切关系，因是讨论河防必兼顾国防。"[1] 这一会议根据第一战区司令程潜的建议，组建战区临时河防委员会，由黄河水利委员会负责办理，但是由第一战区司令长官指挥监督。当日，国民军事委员会又发电文："现值河防紧急，黄河水利委员会除受经济部直辖外，兼受第一战区司令长官指挥监督，务期河工与军事密切配合，以适应目前抗战需要。"把黄河河防问题提高到非常重要的位置，这里的河防，不仅仅是指防汛、防洪，而是指保护黄河安全，防止敌特破坏以及敌机轰炸等。河工与军事密切配合，就是决堤的前奏曲。在当时情况紧急的非常时期，已经把黄河水利委员会变成半军事机构，为以后决堤做好组织上的准备。

决堤的最后决策应当在5月底形成，5月29日，商丘（归德）失陷，豫东门户大开，中国军队继续往西败退，开封被围，郑州震动。郑州地处平汉、陇海两大铁路交通线要冲，同时扼守黄河天堑。是当时中国军队在北方唯一可以控制的交通要道，郑州如不保，洛阳、西安、武汉也岌岌可危。郑州对全国抗日形势具有重要影响。

面对越来越紧张的豫东战场形势，为防止被日益增多的日军包围分割，5月31日，蒋介石电令程潜对第一战区作战进行新的部署，全线停止进攻，将主力转移至平汉线以西地带。这一举动表明，决堤行动已经箭在弦上，在军事上无法战胜日军的情况下，蒋介石已经决定要决黄河水，以水代兵，阻止日军西进了。

---

[1] 《郑州文史资料》第二辑，第46页。

另外，据时任河南修防处主任陈慰儒回忆，“5 月 31 日夜间，日军逼近开封郊区，程潜忽以电话通知我撤退，并约定次日（6 月 1 日）到郑州第一战区长官司令部见面，我同朱镛（黄河水利委员会总务处长）等在 6 月 1 日上午，沿堤至郑州来同寨（河南修防处南一总段办公处），当日下午既往郑州长官部见程潜，程潜说：‘蒋委员长命令掘开黄河大堤，放出河水阻挡日寇。’”❶ 由此也可以看出，5 月底，决河的事情已经确定。

6 月 1 日，国民党在武汉召开最高军事会议，会议认为：“敌人不久即将继续西进，这是必然的。如果我军此后不能确保自黄河南岸起经郑州至许昌之线，不惟平汉铁路郑汉段的运输和联络线将被敌遮断，而且此后敌人南进可以威胁武汉，西来亦可进逼洛阳和西安，最后由西安略取汉中，进而窥伺我西南大后方似此对我此后整个抗战局势是极端不利的，这就是我们当时对敌情的判断。但如何应付，必须迅速有一个决策。”❷ 蒋介石主持了这次最高军事会议，经过讨论，“策定豫东大军向豫西山地作战略上之转进，同时决定黄河决口，企图作成大规模之泛滥，阻敌西进”❸。决堤的任务由第一战区司令长官负责组织实施，地段在中牟与郑州之间，4 日以前必须决开大堤放水。

值得注意的是，在关于决堤的文件或记载中，没有蒋介石直接命令决堤的文字。据亲自参加决口的黄铎五回忆，6 月 7 日，蒋介石密电令刘和鼎决堤，却是以冯玉祥的名义，电文说：“为了阻敌西进，确保武汉，依据冯副委员长（冯玉祥）建议，决于赵口和花园口两处施行黄河决口，构成平汉路东侧地区的对东泛滥。”❹ 黄河决口，虽然是军事行动，却会造成巨大的社会灾难，这一点，蒋介石其实是深知的，所以对决黄河水，以水代兵，一直都不反对，但是都没有其本人直接命令决堤的文字，最多是口头同意。

黄河水利委员会曾经提出不同看法，河南修防处主任陈慰儒回忆：“按照河工经验，五月晒河底，说明现在正是河南枯水季节，流量很小，就是决开黄河大堤，流量小，水流分散，也阻挡不了敌人，但是大堤决开后，口门逐渐扩大，难以既堵。汛期洪水到来，将给豫苏皖三省人民带来无穷灾难。”但是，水利部门的呼声难以阻止军事决策。

8.4.1.6 赵口决堤

决口的地点，首先要符合军事要求，把日军阻挡在黄泛区以东，最好能直接冲击敌人。经与黄河水利委员会及有关河防军政人员商议后，选定中牟县境赵口地方，因为赵口一带地形较低，而且只有一道堤防，决口比较容易；另一个原因是，赵口决堤，符合当时的军事形势，赵口在中牟的北边，当时，日军已犯开封，决口的洪水可以顺贾鲁河道，经过河南中牟、尉氏、扶沟、西华、太康、鹿邑，安徽太和、颍上、霍邱等县，日军大部盘踞在这一带，洪水可以直接威胁日军，或把日军滞留在这一地区。情况紧急，限 6 月 4 日夜 12 时决堤放水。第一战区长官把掘堤任务交给了第二十集团军总司令商震，并将长官部迁往洛阳，由商震留守郑州负责督工。

关于何时开挖赵口堤防，各种说法不同，最早的据苏冠军（时任黄河水利委员会河南

---

❶ 陈慰儒《黄河花园口掘堤经过》《河南文史资料》第 4 辑。

❷ 宴勋浦：《记豫东战役及黄河决堤》《中原抗战：原国民党将领抗日战争亲历记》第 147 页。

❸ 《第二十集团军参谋长魏汝霖呈报黄河决口经过》中国第二历史档案馆 787 全宗 3496 案卷。

❹ 邢军纪．黄河大决口．北京：中国广播电视出版社，1992.

修防处南一段总段长）回忆："5月底，派步兵一团，雨夜中赴中牟赵口（花园口东约26公里）挖掘大堤，又派郑州专员罗震到口门附近，对群众略施小惠，冀掩百姓耳目。经三昼夜挖掘，于6月2日土工完竣，临河护岸石工，又用黄色炸药炸出深约一公尺，水向外流。不一时，因沟坡壁陡，堤土震松，沟底经水冲刷，形成头重脚轻，上大下小之形势。又以当时河水较小，冲刷力量不大，因之堤土下座，壅滞断流。又经勒迫士兵在两端挖掘松土一昼夜，迄无效果，旋又在赵口下约一公里许，意图挖成隧洞，后以随挖随塌，也未能成事。"[1] 苏冠军于1952年5月以决口放水罪被判10年徒刑，这篇回忆写于1954年9月。这一回忆说明，赵口决堤早在5月底就开始进行。

第二种说法是6月3日黎明，驻在赵口附近的39军一部按草图开始挖掘，6月5日早晨，将大堤挖开，因决口太窄，加之当地以沙土为主，不久即被河水冲塌的泥沙堵住，经过清理，6日上午再被掘开。其主要根据是时任黄河水利委员会修防处主任陈慰儒的《黄河花园口掘堤经过》[2]。还有一种说法是6月4日，根据是第二十集团军司令部参谋处处长魏汝霖的回忆《黄河决口经过》[3]：6月4日，第五十三军一团，奉委座电令，在中牟县境赵口掘堤。于6月4日上午6时开始行动，经过一昼夜，6月5日下午八时许，用炸药炸开堤内斜面石基，开始放水，仅流丈余，"因决口两岸内斜面过于急峻，遂致倾颓，水道阻塞不通"。直到6月6日，经五十三军一团昼夜挖掘，迄未能将已塌陷之口掘通，水仍未能流出，时三十九军刘军长和鼎，以上峰交相责议，自觉第一次决口已告失败，乃在第一次决口以东30米处另派兵一团作第二道之决口，着五十三军一团仍继续修理第一道决口之工作。6月7日，第三十九军所作第二道决口工程于下午七时完成，虽较第一道工程稍为宽大，但因黄河主要流线北移，决口内面河身发现砂洲阻塞口门，决口仍告失败。

综合以上资料，赵口掘堤过程有两支部队参加，分别是第三十九军刘和鼎部第一零九师的一个团和第五十三军一团。决口过程蒋介石不断来电询问掘堤进展情况，并督促掘堤要抓紧进行，说明他对黄河决口的期望。

赵口决堤的过程与明末李自成决堤非常相似，掘堤过程并不是想象的那样容易。李自成掘堤是在6月14日，不在汛期。掘堤所用人工也是千余人，相当于后来一个团的兵力，也是开挖时，口太小，掘堤后只形成涓涓细流，企图掘堤引黄河水淹开封没有成功。

8.4.1.7 花园口决堤

花园口决堤的过程相比赵口决堤而言，顺利很多，一是已经有赵口掘堤的经验，二是战事越来越迫近，行动上没有犹豫。6月6日，当赵口决堤不顺利时，第三十八师师长蒋在珍提出在花园口决堤，被采纳。选择花园口的原因，也是因为决口后的洪水，可以沿索须河入京水镇以南之贾鲁河，然后东南行，经中牟、尉氏、扶沟、西华等县注入淮河。另外，花园口也是河流顶冲堤段，容易放水。

自6月7日，由新编第三十八师于7日开始在花园口挖掘[4]，口门加宽至30米，深至

---

[1] 苏冠军《黄河花园口扒口实情》。

[2] 《河南文史资料》第四辑。

[3] 《郑州文史资料》第二辑，第9页。

[4] 花园口决堤时间有不同说法，参看：王法星，宋书印．黄河花园口扒口资料辨析．兰台经纬，2005（4）.

20 米[1]，采用上宽下窄的方式，呈台阶状，以防塌陷，同时可容纳多人工作。掘堤前，先把花园口附近的群众都赶到 5 公里以外，然后密布岗哨，用士兵八百余人，分 5 个小队，昼夜施工，夜间以汽车灯照明。经两昼夜挖掘，9 日挖开口门，下宽仅 4 米，又用平射炮轰击，扩大口门，但因黄河水小，主流没有趋向口门，泛滥区域发展缓慢。至当晚 8 时，口门被水冲开“已达至四十尺，水深丈余，浪高三尺，京水镇一带已成泽国”[2]。正好第二天 6 月 10 日，天降大雨，11 日黄河涨水，口门扩大，同时赵口也被冲开，两股洪水汇流奔腾而下，泛区急速发展。12 日夜，尉氏、中牟被洪水围困。至 6 月 22 日，口门已冲宽至 100 米，7 月 9 日，口门扩大至 200 米，7 月 31 日，花园口决口已扩大至 676 米。

国民党当局对花园口决口非常重视，最高当局不时从武汉来电询问决口情况。三十八师师部还派来战地服务队到花园口慰劳工作官兵，放水成功后，又奖励掘堤官兵 2000 元。

8.4.2 决口后的洪水、灾情和影响

1938 年的黄河花园口决口，造成历时 9 年的黄河泛滥。泛区主要在豫东、皖北及苏北的一部分。由于黄河水挟带大量泥沙，使这次黄泛的灾害加剧。

8.4.2.1 泛区与灾情

决口之初，河南境内的洪水分东、西两股，汹涌奔腾。西股为主流，由中牟入贾鲁河，南泛尉氏、扶沟、西华等县，泛区特别宽阔，从西北到东南，长约 400 公里，宽 30～80 公里，泛区的西界自花园口西面李西河起，向东南流至新郑城东祭伯城，中牟城南的姚家，尉氏西南马村，鄢陵西南的张桥，直至沙河畔的逍遥镇。自此沿沙河北岸到周口，于周口东折入颍河，再沿颍河西岸，经阜阳城西的襄家阜，城南的李集，颍上西北的四十里铺，直至正阳关。然后分别注入茨河和沙河，再经安徽太和、阜阳、颍上及正阳关注入淮河。泛区的东界，自花园口东南的来同寨起，经朱仙镇、陈留又分两支，注入涡河。决口后一个多月，据《西京日报》1938 年 7 月 17 日报道，中央社洛阳十六日电：“黄水继续泛滥情形，黄水汇流至扶沟东南部，分两支入西华，一支向东南，经扶、西、淮、太四县边区，向南流入贾鲁河，一支沿贾鲁河西岸南流，至下游与东南流之水汇合，将入沙河时，经西华、淮阳交界之地，流入淮阳西部，及西华西南部，复经周家口北，向东南向华阳之瓦缸集冯村等处，流入鹿邑县境二、三两区南部，转向东南流。宽二十余里，深二三尺至五六尺，现仍继续增涨，又向南流入沈丘境第三区之杨集等处。最宽处约三四十里，最深处约八九尺。”据 1938 年 8 月黄河水利委员会致全国赈济委员会代电称，“各处被淹面积及泛水深度因地势关系互有不同。宽约十余里至数十里，深约二三尺至丈余不等。”[3]

关于泛滥的区域、面积以及受灾人口，一直有不同的说法。对于泛滥的区域，有 64 县，包括河南 20 县，安徽 24 县和江苏 20 县；36 县之说，25 县之说和 44 县之说。其中 44 县之说是目前较为普遍的说法，河南 20 县，安徽 18 县，江苏 6 县。其中河南计有 20 县：郑县、广武、中牟、尉氏、通许、扶沟、西华、鄢陵、洧川、商水、项城、沈丘、淮阳、开封、陈留、杞县、睢县、柘城、鹿邑和太康；安徽共计 18 县：太和、阜阳、颍上、

[1] 魏汝霖《黄河决口经过》，有说口门上宽 50 米，见：熊先煜《抗战日记》《郑州文史资料》第二辑。

[2] 程潜佳亥电（1938 年 6 月 9 日）《郑州文史资料》第二辑。

[3] 《郑州文史资料》第二辑，第 40 页。

临泉、亳县、涡阳、蒙城、怀远、凤台、寿县、霍邱、凤阳、灵璧、泗县、五河、盱眙、天长和蚌埠；江苏省 6 县：高邮、宝应、淮阴、淮安、泗阳和涟水县。对受灾最重的河南 20 县说法比较一致。因为泛区其实是有变化的，一些县可能只是短时间受灾或受灾较轻，最后的泛区应当是防泛东堤和防泛西堤所包含的范围比较合理。

泛区面积、受灾人口和死亡人口也都有不同说法，泛区面积有 7 万平方公里、6 万平方公里、5.4 万平方公里，2.9 万平方公里，1.5 万平方公里，1.3 万平方公里等说法；受灾人口有 1200 万人、1250 万人之说，死亡人口一般说为 89 万。据《1938 年黄河决口夺淮略考》[1] 一文考证，总的结论，泛区面积 1500 平方公里，受灾人口 500 万上下，死亡 40 万～50 万人。即使以最保守的数据估计，也是人类历史上最深重的一次灾难。

8.4.2.2 泛区内地表的淤积作用

凡黄水漫流经过的地方，普遍落淤，这种淤积范围广阔，厚度相当可观，因此破坏力极大，根据泛后的查勘及以后的调查，泥沙的堆积具有一定的规律。在西泛区，朱仙镇的南面，由于溜势集中，流速大，淤积不算最严重，2 米左右。中牟是泛区的咽喉，平均淤积厚度也在 2 米上下，情况类似。往南到尉氏、太康境内，由于泛流扩散，流速降低，大量泥沙落淤，淤积厚度明显增加。樊家寨泥沙已淤积到和屋檐相齐，至少 2.5～3 米，至太康县的崔桥，房屋完全淤没，厚度至少 3～4 米。尉氏县东关外有一座兴国寺塔，层高 3.5～4 米，底层被完全埋于泥沙之下，再往南到扶沟境内，淤积仍很严重，“凡主流经过之处，淤高三至四米”[2]。扶沟城南约 12 公里的丁庄，淤积深 2.3 米，城东南的王营寨，淤积厚达 5 米，城南约 20 公里处的晋桥、陈家等处淤积均大于 3 米。而在西华，城北淤积较轻，约 2 米，城南较厚，达 3 米。

安徽境内，由于泛流的泥沙已部分落淤，相对含沙量较小，淤积厚度明显小于河南。界首、太和以北，一般厚只 0.5～1 米，黄泛最严重的太和李兴区及界首光武区淤土深为 1.5～2 米，至颍上县境内，大面积落淤已不多见，受淤的主要是湖泊、洼地和河流。

在东泛区，根据 1988 年的调查资料，[3] 通许县境内一般淤积厚度 2～3 米，下至亳县、涡阳及蒙城一带，淤积深 1～2 米。至苏北，淤积很轻，高、宝湖畔之沉积一般 3～4 厘米厚，最多不过 30 厘米。大面积淤积使许多湖泊变为平地，如颍河下游，原有很多湖泊和洼地，颍上县境内有扬塘湖、长林湖、塔湖、方家湖等，江口集的北面有樊家湖，黄泛后，这些湖泊几乎全部淤为平地。阜阳境内的西湖，宋代时是一个很大的潮泊，后经历次黄泛逐渐缩小，花园口决口前仍有 2 公里长、1 公里宽，黄泛后完全淤平，现已变为耕地。在今阜阳地区颍河沿岸支沟如颍河处，原有许多湖洼滞蓄区，如颍北界首、太和交界处原有上、中、下蔡湖，颍南原有白扬湖，均经黄泛淤为平地，阜阳颍左的新沟，未沟、新河，乌江下游的一连串湖洼均淤积为平地、茨河上游的清油湖，黄泛后亦为平地。

另外，淮河中游两岸湖泊甚多，一般都受黄水倒灌影响，有所淤积，在黄泛期间扩大了面积，淹没很多农田。黄泛的泥沙，一方面淤平了许多湖泊洼地，另一方面使许多高地

---

[1] 王质彬：《1938 年黄河决口夺淮略考》，载《淮河水利史学术讨论会论文集》1985 年。

[2] 《扶沟县志》。

[3] 颜元亮．1938—1947 年黄泛的泥沙灾害．河南水利史料，1990（1）：26.

变为矮丘，有些矮丘则完全淤没。河南西华境内，原有所谓“十八岗”，黄泛后基本淤平。通许县东北有九女塚，原高于地面 10 多米，现只高于地面七八米。而在扶沟县西北部高岗岭地周围淤高后，降成矮岗土丘，遍布全县的小岗土岭、岗沟、坑池，多被淤积为平地，形成所谓“残岗地形”。黄泛使地表完全改观，泛后的土地杂草丛生，柳枝摇曳，一片荒凉景象。

8.4.2.3 泛区内河流水系的变迁

此次黄泛使豫东、皖北的河流水系遭到严重破坏，主要表现在：①泛流的水顺着河道沟渠而下，大量泥沙沉积在河道内，使河道淤塞。②支流汇入主流的入口地带，因受主流顶托，泄水不畅，使河口淤塞。或黄水直接倒灌，淤塞河道。③由于主流受黄泛淤积抬高，支流难以下泄，被迫改道。受泥沙影响较大的河流分述如下：

（1）贾鲁河，为泛流大溜经过的河道，有些地段被完全淤平。如老贾鲁河，原经朱仙镇南流至扶沟县白潭附近与贾鲁河主流汇，黄泛后自朱仙镇以下完全淤平，主流在南曹以下西移改道取直，原河道淤没。

（2）康沟河、丈八沟、杜公河、双洎河、清流河、大郎沟，均为贾鲁河右岸支流，黄泛后，由于贾鲁河河身及沿岸地面淤高，东流受阻，被迫改道。康沟河原在尉氏马庙附近入贾鲁河，黄泛后麦仁店以下淤平，1951 年治理，将其改道经鄢陵境孙庄、穆寨汇入双洎河。丈八沟原入口在尉氏县北部，黄泛后下游淤平，入口提至中牟、开封、尉氏交界处的胡新庄附近：杜公河原在尉氏县北曹入贾鲁河，黄泛后水台以下河道淤平，1951 年治理后，改道入康沟河。双洎河原在扶沟城北关外入贾鲁河，泛后入口上移至摆渡口，清流河白屯沟以下淤塞，中华人民共和国成立后重新整理，改道在李湾入颍河，大郎沟原为清流河支流，清流河下游后，入口上移至李树湾。

（3）东、西蔡河，东蔡河在胡桥以上全部淤塞，中华人民共和国成立后，在木赛下开新河接通跨马沟并加疏浚改称新蔡河，在新安集入颍河。西蔡河亦为蔡河的一支，单独在槐店入沙河，黄泛后在纪桥以上受黄泛影响另开新河。

（4）茨河，为泛水入颍的主要河道之一，本干淤积严重，从清泥浅至范渡口河床基本淤平，范渡口至关集断续淤塞，关集至茨河口也基本淤平。

（5）北八丈河、皇姑河、谷河，均为茨河支流，其中北八丈河与皇姑河淤平失去河形，谷河自吴孤堆至关集基本淤平。

（6）南洺河、大王沟、凤凰沟，均为茨河支流，黄泛期间在北洺河以南淤积严重。

（7）西华以西的颍阳河、二郎沟、淮阳南部的南洮河、西面的白马沟被完全淤没。

（8）受主流顶托淤积和倒灌淤积的河流也不少，其淤积情况如下表所示。

河名	淤浅地段	淤浅长度/千米	淤泥厚度/米
泉河	白庙至三里湾河口	10	3
汧河	横坝至河口	5	3
淮河	颍河口至垂冈集	30	一度不通
西淝河	王市集至河口	110	2.5
东淝河	瓦埠湖口至河口	15	3

续表

河名	淤浅地段	淤浅长度/千米	淤泥厚度/米
茨河	张刘集至河口	40	1.5
洺河	湖口至河口	10	1.5
天河	天湖口至河口	5	1
涡河	双涧集至河口	70	2
北淝河	万嘴至河口	8	1

注：该表转引自罗来兴“一九三八至一九四七年间的黄泛”（《治淮汇刊》第四辑）。

另外，颍河1945年在李湾和起口北上湾决口，黄水不走颍河，冯桥至枣口长约16公里淤浅或断流。九年黄泛，使豫东、皖北的水系发生了很大变化，大部分河道受淤，泄水不畅，造成内涝，一些河道则完全消失。新形成的水道杂乱无章，中华人民共和国成立后经过大规模治理，才逐渐减轻。

8.4.2.4 对城市及乡村的破坏

花园口决口，受其影响的县份豫、皖、苏共有40多个，一部分县城受黄泛影响较大，个别县城被冲毁。黄泛的作用主要表现在，洪水被城墙阻挡，泥沙在城墙外堆积，形成城外高，城内洼的地形，引起城内地下水位上升，淹毁房屋，并在以后很长一个时期内对城市防洪带来威胁。

尉氏县原来城内外地势基本相平，黄泛后，泥沙在城外四周堆积，厚达3米，城内形同洼地。地下水位上升，城内房屋受淹浸后倒塌。泛后城内大部分地方不得不垫高，但雨水及居民生活用水仍无法排除，形成积水坑塘，城内渍涝返潮，居民生活受到很大影响。

扶沟城的情况类似，黄泛期间，县城三面被水包围，地下水位上升，城内水深达1米，至20世纪80年代，城外地面仍高于城内。

西华县黄泛后域门被淤土埋没，城南门外淤土厚达3米，城门只剩一个洞，人进出必须爬行。城内地下水位上升，井水上2～3米，城内街道被水淹没，盐店，马道街等街道被淹后造成房屋倒塌。城西北角原有箕子读书台，衍寿书院等建筑，均被淹毁。

至于乡村，破坏更为修重。大量村庄被埋于泥土之下，兹摘录一些当时泛区的描述：“从朱仙镇往南走，黄泛区灾情的严重就逐渐奔入眼中……在这些黄泛严重的区域里，无不积土数尺，寨门洞因被泥沙淤积了一半以上，从前是进出寨子的必经之路，但现在是佝偻着身体也走不过去，除非爬过去。平常人们走路时，均已改由越寨墙而过。”

“在（尉氏）樊家寨以南数十里所见到的房子，有好些泥沙已淤积到和屋檐相齐，孰知在崔桥（太康县）附近情形有更甚于此者……逃亡出外之乡人返里了，回家发现他们的村庄全部埋没在泥沙下面去了，于是用各种方法估出他们村庄的所在地点，向下挖掘。大约须挖丈许，方能挖到他们原来房屋的基层。”

“崔桥南首有个村庄称为‘岗子上’，这个地方以南本来是河南省东南隅最肥美的棉区，但是自从二十七年决提以来，连年都被水淹着，淹了七八年的结果，泥土等淤了八尺至一丈高，什么房屋都看不见了。”[1]

[1] 《黄河泛滥区》，载1946年8月14日《大公报》。

从这些描述中可以看出，无论城市还是乡村，泥沙淤积都是非常严重的。

8.4.2.5 黄泛加重了洪涝旱碱灾害

由于黄泛造成的水系破坏、沟渠失节，河道淤塞，花园口堵合后，灾情仍不断发生。1947 年 7 月，淫雨连绵，积水难以排泄，皖北 18 县又发生严重水灾，据当时调查称，受灾人口达一千万，受灾田地达一千万亩，作物损失六成以上，牲畜损失三十多万头，其中受灾最重的均在黄泛区内。

1950 年，皖北再次发生大水灾，损失极为惨重。根据当时统计，受灾人口 998.37 万人，被淹土地 3162 万亩，淹死 439 人，淹倒房屋 89 万间。根据分析，黄泛加重了灾害，主要有三方面：①正阳关以上淤塞几十里，淮河本流顶托；②入淮各支流河口淤塞，内水不能宣泄；③洪泽湖及淮河两岸湖泊，由于泥沙淤积，蓄水量减少。

由于黄泛使沟渠淤塞，造成涝灾也是十分严重。1949 年，仅茨河流域即达 52 万亩，周口地区的低洼易涝地区也十分广阔。

黄泛区极易发生旱灾，尤其在河南境内，土壤的砂质重，保墒能力低，蒸发及渗漏量大，深层土壤很多是流沙，打井不易，抗旱困难。中华人民共和国成立初，中牟县北小麦产量每亩只有 50 斤，即最佳之两合土也不过 100 斤，主要因缺水所致。

盐碱地在低洼易涝地区也有产生。扶沟县境内次生的盐碱地就达 3.1 万亩。严重的有白源公社三所楼大队和城关公社谢村大队。秋冬之交，地表碱厚 5 厘米，庄稼绝收，又据 1954 年的勘查资料，颍河中下游一带低洼易涝地区，均有盐碱土产生。

8.4.3 花园口决口的军事意义

1939 年 7 月，中国军事领导机关提出“河防即是国防，治河即是卫国”的口号，在黄泛区实施了一系列工程，利用黄泛区阻敌，短期内，对日军形成了一定的阻滞和打击作用。

8.4.3.1 扩大口门，增强阻敌作用

自花园口决口后，造成广大的泛滥区域，除了部分洪水沿贾鲁河、颍河、涡河等河道行洪外，还有大量洪水漫流于广大平原，形成一些串沟和支流，日军被隔离在泛区以东。黄泛区成为中国军民抗击日本侵略者的新战场。中国军队继续贯彻以水代兵、以黄制敌的策略，为了增强阻敌效果，军方采取了一系列措施，在决口的最初几年，先是加宽决口口门，扩大泛区，破坏裹头，以后又明令维持泛区，不得束水归槽，致减少阻敌力量，阻止民间对洪水的治理。另外，在泛区以西筑堤，利用黄水给日军以威胁，并相机越过黄河打击敌人。日军则针锋相对，也在东岸修筑了防泛大堤。

在郑州京水镇一带，根据军事需要，计修有军工堤一道，长 6 公里、挑水坝 8 座及加修各种埽工数十段，在施工时，对岸日军常用炮击。还在中牟胡辛庄、开封田家、尉氏凹张、荣村、扶沟韩寺营、白潭等工段，修筑不少较长的挑水坝，用以挑溜阻敌。

8.4.3.2 维持和扩大泛区

1939 年 7 月，黄河水利委员会拟定了所谓军事河防机密对策 3 条：①不使溃水方面水流干涸，保留必要之相当水量以阻敌前进；②使分水一部分归入老河，破坏敌之企图；③保持溃口水流需要之深度，兼及导溜分散泥泞成滩，阻敌重兵器西进运输发

生困难。[1] 1941年2月24日，军事委员会致电黄河水利委员会，就关于处治黄泛之意见，提出维持现状的要求：①查黄泛所以阻敌西侵、屏蔽宛洛，而大河北岸数十万国军之后防补给及陪都外围翼侧之安全，胥赖此保障，故依军事第一，胜利第一之原则，不能以民生关系分疏黄泛归槽，减少阻敌力量；②且黄水泛滥就现有形势已将三载，沿泛居民或已迁徙，或已习于沿泛围筑堤垛保护田亩，无复当年痛苦，如使黄水再改流，反使人民重遇流苦……③、④、⑤，基于上述对豫、皖黄泛应维持现有形势。[2] 1941年11月，第三集团军总司令部，召集黄河水利委员会工程技术人员赴郑州商洽河防重要计划，拟定将小潘庄南现有串沟一道与主流挖通，以增加串沟流量，造成阻敌形势，至第二年1月，该计划实施。

1941年的泛流情况，涡河一带走水占全泛区水量的大部分，泛水主流由尉氏，经太康、淮阳、鹿邑，沿西肥河漫流入淮河。当时淮阳县城处于涡河以南沙河以北地势较高地带，一直未被泛水波及，是日军在泛区以南唯一的据点。若淮阳以南沙河以北泛区断流，淮阳的日军就可以无阻碍地长驱南犯。为了不使淮阳以南泛水断流，起到阻敌的作用。1941年初堵塞王盘一带口门二处，并复堤6公里，修筑柳坝十余道，使大溜移至王盘以上江村口门附近上下，减轻了入涡的流势。同时将沙河以北黄河入沙河的11道串沟，堵塞8道，保留3道。

8.4.3.3 新河筑堤

为了使新河成为稳定的军事边界，花园口决口后，中国军方开始有计划在西岸修筑一些堤防，把防泛西堤作为前线阵地，要求严加防守。为使黄河成为抗战时期的国防线，成立了“防泛新堤工赈委员会”，修筑了花园口以下到郑县唐庄的长24公里的堤段，这段新堤束水阻断了陇海铁路，使日军只能望河兴叹而无法沿陇海线向西推进。[3] 1939年5—7月，河南省政府会同黄河水利委员会及其他有关部门组成“河南省续修黄河防泛新堤工赈委员会”，继续修筑延伸郑县唐庄以南的新堤，一直到豫皖交界地段。“新堤沿泛区西涯经中牟、开封、尉氏、扶沟、西华、商水、淮阳、项城、沈丘到安徽界首为止，全长二百六十六公里，完成土方三百四十万立方米。新堤顶高四至五米，高出地面一米半至三米。”[4] 防泛西堤筑成后，移交黄河水利委员会河南黄河修防处接管，成立了三个修防段，常年驻工防守。后来，军事形势越来越紧张，河南省政府和黄委会向西迁移，黄河堤防的防守事宜由第一战区长官司令部及苏鲁豫皖边区总司令部部署，具体由第十五集团军总司令何柱国负责。

新修的堤防由于赶工抢修，堤身窄矮，又未行硪，有些是利用民埝，工程质量较差。1940年8月6日，卫立煌关于培修黄堤，增固国防，以利抗战，而维民生的提案称：“自黄河改道后，敌我隔河相持，成为国防上最重要防线…… 培修西岸新旧黄堤，实为目前最急要之工作。”[5] 当时认为，如不及时加培堤防，势必泛流改道，国防民生将两受其害，

---

[1] 《郑州文史资料》第二辑，第48页。

[2] 《郑州文史资料》第二辑，第50页。

[3] 《河南修防处民国二十八至民国三十五年度工赈委员会的成立章程及其工作情形和伪国民参政会的救灾建议》，转引自渠长根《筑堤阻敌，以黄制敌——论1938—1945年间国民党在黄泛区的抗战策略》。

[4] 渠长根《筑堤阻敌，以黄制敌——论1938—1945年间国民党在黄泛区的抗战策略》。

[5] 《郑州文史资料》第二辑，1986年，第48页。

把培修黄泛区新堤提到了巩固国防的高度。为保持原有泛区，巩固抗战国防，兼顾民生计，整修堤防是必要的。

1943年1月和6月，汤恩伯先后两次召开整修堤防会议。“议决四项：继续堵筑未堵塞的口门，修筑贾鲁河及鄢陵双洎河堤防工程，加修周口以西至逍遥镇的沙河北堤，重点加固周口以东沙河南堤，以防泛水越过沙河。7月又在临泉开会，决定由河南省政府、黄委会及边区驻军合组河南整修黄泛临时工程委员会。该会于11月初在周口成立，由汤恩伯、何柱国、张含英领衔电报军事委员会及行政院，要求拨发工款3000万元，以便进行堵口复堤和防汛。按照以上决议，于当年11月在许昌成立了整修豫境黄泛临时工程委员会，赶速进行尉氏荣村、西华道陵岗及淮阳沙河北堤宋双阁各口门堵门和各堤段的复堤工程。12月开工，到1944年麦收前基本完成。”防泛大堤的修筑，使隔河相对的中日两国军队获得了一条暂时稳定的军事分界线。

日军则针锋相对，1939年春，在开封成立“新黄河筑堤委员会”，先后在北京和开封召开会议，在泛区东岸筑堤，日伪工作人员请沿岸驻防日军派兵保护。河堤重点工程，大部在通许、太康两县境内，这一带也是新四军抗日武装活动的地区，伪政权头目因害怕遭到抗日武装的打击，同时沿岸居民，都殷切盼望早日施工，经他们通过当地群众和抗日武装部队领导人洽商，抗日武装从民众利益考虑，答应对筑堤工作不予干涉。这样，到1940年底，自中牟县杨桥西南小金庄起，经大吴、茶庵到郭厂村的堤防，方才修筑完毕。1941年开始修筑自开封以下的阶段，经通许、太康县境，至涡河分流口之间。其中，朱仙镇至李庄间54公里，巨岗以下惠济河右岸8050米，通许邸阁至李庄间第二道5718米，统称防泛东堤。

两岸堤防修成后，黄河就成为抗战时期的国防线，要求严加防守。在军事上由第一战区长官司令部及鲁苏皖豫边区总司令部指挥，沿堤布置部队，常年驻守防卫。

8.4.3.4 新河决口

东、西两岸的防泛大堤逐渐形成后，由于施工仓促，堤身质量欠佳，出现决口不断。双方军队都利用新河堤防，人为决口。据穆欣《北线凯歌》一书资料：“抗战当中，国民党反动派继续决堤，前后竟达十次之多。第二次决堤在1940年5月，国民党土匪部队‘泛东游击支队’阮勋阴谋水淹当时在敌后与日寇作战的八路军淮阳支队，在西华县郭屯挖开黄河堤，致使三四十个庄子陆沉水底。第三次和第四次在1943年8月，国民党睢县县长尹凯之、‘泛东挺进军’第三八支队同福喜部等再度以放水毒计冲淹当地坚持抗日斗争的人民武装，五天内先后在太康县芝麻洼、燕子河、通许县张伯虎等地两次挖开十八个决口，淹没了近千个村庄和近万的老百姓。第五次在1944年9月，‘泛东挺进军’耿明显、张公达部在太康青集附近决堤二处。以后又曾决堤四次，直到1945年9月23日，投降敌寇的国民党第一、二专署第四大队姜子侠部，第十次在杞县杨庄扒开河堤。”[1] 这些决堤行为，也有学者认为是逼使水流东泛，压迫日伪的占领区，或用以阻止泛区以东的日军过河[2]。

---

[1] 穆欣．北线凯歌．武汉：湖北人民出版社，1980：472.

[2] 渠长根《筑堤阻敌，以黄制敌——论1938—1945年间国民党在黄泛区的抗战策略》。

8.4.3.5 对日军作战的影响

黄河决口对正在疯狂进攻的日军造成了一定影响，6 月 12 日，花园口决口扩大，黄河水所到之处，战场暂时陷入沉寂。当泛滥的黄水席卷而来的时候，离花园口最近的中牟首当其冲，驻守中牟的是土肥原第十四师团一部，步、炮兵两个大队，共 800 余人，有大炮十余门，被洪水困在中牟。为了援助孤立在该地的这部分军队，6 月 13 日，日军第二军从第五、第十、第一一四师团、军兵站抽调工兵，组成一个中队及架桥材料中队，携带渡河船只救援土肥原师团，6 月 16 日又从第一军调来独立工兵第二联队主力及渡河材料一个中队。

趁中牟守敌被洪水围困之机，中国军队曾经发起袭击。6 月 19 日夜，第三十四师二零一团之一部一个连的兵力向中牟发起夜袭，登上城墙时被敌人发掘，双方经过激战后，夜袭失败。6 月 22 日拂晓，中国军队再次对中牟发起攻击，日军败退，中国军队占领中牟县城。❶ 6 月 23 日夜，日军第十四师团的大部已经回撤开封，集结在开封之东。由于地理关系，开封受淹情况不算严重，进水不多。❷

决口后的黄水很快扩大到尉氏附近，将正向南迂回的日军第十六师团围住。日军方面军急忙抽调工兵中队和两个架桥材料中队，折叠船 40 只，援救十六师团向泛区外撤退。并且命令临时航空兵团全力以赴救援该师，用运输机、轻重轰炸机进行持续一周的空投，支援第十六师团，共投下粮食、食品、卫生材料 61.5 吨。这时，国民党约两个师的兵力趁十六师团孤立无援，欲将其歼灭。6 月 14 日，薛岳命第二十第二十四师各派有力之一部，共同歼灭被黄水阻隔于尉氏附近之敌。双方在尉氏以西的冯村、大槐、大桥、南北曹等村落展开战斗。日军十六师团在 6 月 25 日夜渡过宽 600 米的大泛滥地带，6 月 27 日，中国军队占领尉氏县城，日军则于 7 月 7 日脱离洪水泛滥地带，在通许之东集结。

在这些战斗中，日军还是受到一些损失。据时任第一战区长官部参谋长宴勋甫回忆："当我们实行决堤时，敌十四师团所派骑兵团的一个支队，附有十五生的口径的榴弹炮四门，已进至新郑附近，将平汉路郑汉之间的交通一度截断。黄泛以后，这一支队因后路被遮断，全部被我消灭。计掳获四百余骑，榴弹炮四门和步骑兵若干名（大多数逃窜）。"美联社 6 月 13 日电中也披露：据闻白沙以西有土肥原部队七百名，因大水截断退路，接济宣告断绝，业已全部被华军一举歼灭。

日军对此并不讳言。16 日路透社报道：日当局昨日第一次对外表示：日军对于黄河决口事之忧虑，并承认日军曾受相当损失。日本人自己也承认："黄河决口的大影响——武汉攻略战，是意外的费了很多的时间。这是因为黄河决口的缘故……日军不得不从长江和淮河中间仅仅数十日里（按一日里等六华里）狭而又小的方口来指挥作战。好像从漏斗的口中爬出来一样，那种非常不自由的用兵，不知该怎样的不利呢！"❸

此后在黄泛区没有发生大规模的战争，以防泛西堤和防泛东堤为界，维持两军对峙局面。

8.4.3.6 花园口决口的军事意义

对于花园口决堤的军事意义，是研究花园口决堤最重要的内容。目前史学界对历史上

---

❶ 梅桑榆．花园口掘堤前后．北京：中国广播电视出版社，1992：232.

❷ "中国军队掘开河堤"《郑州文史资料》第二辑，1986 年，第 34 页。

❸ 《时与潮》三卷二期大场弥平著 1938 年 2 月 16 日出版，见：邢军纪．大决口．北京：解放军出版社，1996：188.

以水代兵战争的研究不多，所以没有历史经验可以借鉴，基本上是就事论事。由于参与决堤的人员很多仍健在，虽然对了解决堤过程有帮助，但也在在一定程度上会影响对决堤的评价。相对于大陆在较长时期内一直是以批判性研究为主，台湾地区对花园口事件的宣传和研究则更多地受着政坛变化的左右。大体上有两种不同的态度，一种是基本肯定花园口决堤的积极作用，认为花园口决堤在军事上具有重要意义，而造成的损失相对于军事作用是必须付出的代价。表现为：①阻止了日军西进，为保卫武汉赢得了准备时间，推迟了日军进攻武汉的时间表3个月、5个月或半年之久；②改变了日军进攻武汉的路线，改变了日军进攻武汉的"最佳接近路线——平汉线"；③造成了中日两军夹黄泛区对峙的局面。使新黄河以西地区在此后长达6年的时间里，得以未被日军侵入。还有人论证说，花园口决口保住了豫中、豫西及陕西等大片国土不被日军占领，如果没有及时决堤，装备精良的日军可能围歼中国军队主力。肯定论以台湾学者和一些台湾军界人物为代表，大陆和海外学者也有一部分持这种看法。

1962年出版的中国台湾国民党国防部史政编译局编著的《抗日战史》第12册，将花园口决堤阻敌作为战略上的"重大成就"之一，称花园口决堤后"我东凭汛区障碍，北连黄河天然地障，与敌对峙达六年之久。而通往武汉之最佳接近路线——平汉路，在嗣后之武汉会战中，遂未为敌所用，反而须绕越崎岖难行、道路稀少之大别山区……换得最珍贵之五个月时间……对稳定战局，挽救国家危亡，确具有至高之贡献"。1973年出版的《第二次中日战争史》，也称："黄河洪水泛滥，豫皖苏的若干地区不免遭受水灾，这种牺牲争取到了将近半年的保卫武汉的时间。"由原国民党宣传部长董显光主编的《蒋总统传》对花园口决堤的结论是："决堤纵然不能拯救汉口的命运，但已延缓其被占领之时日达三个月以上。"1938年花园口决堤时，任国民党军队第二十集团军总司令部参谋处处长的魏汝霖回忆，花园口决堤是在他的具体主持下完成的，曾写有个人日记，详细记载了决堤的过程，1979发表《抗战初期黄河决口真相》，他认为："抗战八年，黄汛阻敌西进，保障西北，功不可没。"代表了台湾一些军人的看法。

具代表性的国外学者费正清主编的《剑桥中华民国史》，该书对花园口决口的评价是："这一策略取得了辉煌的成功。入侵者暂时被阻滞，进攻武汉的战役，可能被推迟了三个月。"并且称赞：这是中国军队在抗战初期所表现出来的与淞沪战役、台儿庄大战一样的决心。国内一些学者也有持类似意见，对花园口决口表示谨慎的肯定。陈传海、丁福利《花园口掘堤事件再评价》[1]一文认为，花园口决堤是国民党军事当局为阻止日军进犯、保卫国土而采取的一个"非常手段"，一定程度上打击了日军的嚣张气焰，打乱了其向我腹地进犯的计划，迫使其暂停前进，对我方调整部署，坚持抗战是有益的。决堤前后，国民党方面采取一些相应措施，减少了我方损失，稳定了全民抗战的大局。《花园口掘堤真相及历史功过》一文也认为，花园口决堤确实阻滞了日军，"6月9日决堤之后，突入豫东地区的日军，有的来不及脱逃而被洪水淹没，有的为伤病所累而被丢弃，还有一部分为中国军队所歼灭，其他的只好停止追击，集解于黄泛区以东"[2]。也有一种意见认为，花

---

[1] 《商丘师专学报（社会科学版）》1987年第4期。

[2] 庾莉萍．花园口掘堤真相及功过．《陕西水利》档案时空（史料版），2005（11）．

园口决堤是我国处于经济、军事、工业、科学全面落后的情况下，面对强敌不得不采取的断臂图存之举，这些研究都在一定程度上肯定了花园口决堤的作用。

也有很大一部分学者，对花园口决口持基本否定意见。他们认为，第一，黄河泛区并未推迟日军进攻武汉的时间，日军决定进攻武汉的时间是在 6 月 15 日，恰恰是在花园口决口之后不久，所以不存在决口推迟日军进攻武汉时间的问题；[1] 第二，日军并没有从最佳路线进攻武汉的打算，日军早在花园口决堤之前，已经决定不从平汉线南下进攻武汉，而是计划以主力沿淮河，以一个军沿扬子江进攻武汉；第三，掘堤后，以新河为界，造成了两岸对峙的局面，长达 6 年，保住了豫中、豫西、陕西等大片国土。其主要原因是日本兵力不足，无力攻取，而不是决口泛滥造成。"这条对峙线仅仅是从武汉失陷后到 1944 年 4 月间，中日双方军队由华北到华中漫长的对峙线的一小段。这一小段对峙线，固然与黄泛区有关。但主要原因是由于日军兵力不足而改变战略进攻为保守占领区的方针而决定的。地形是选择对峙线的一个条件，但不一定是决定条件。中日军队夹黄泛区对峙，是服从于整个中日战争进入战略相持阶段的总形势的需要而决定的。"由此可以认为"决堤的军事价值仅在给日军造成了一些困难，使其主力沿淮河推进改为沿长江推进。与豫皖苏人民因黄水泛滥遭受的损失相比，这点军事价值不足称道"[2]。

以上两种不同的观点，都有一定道理。从以水代兵作战的角度看，初决堤时，花园口决口的作用有两方面：一方面是短期的目标，利用决堤的洪水对敌人直接形成淹浸、围困，暂时遏制敌人进攻的势头；另一方面是长期的目标，形成一条新的河道，以这条新的河道，阻止日军进攻，形成新的军事分界线。决口初期，这两方面都起到一些作用，但是，从长期来看，作用非常有限，对整个抗日战争的战局影响不大。对于新河是否能阻挡日军的进攻，只要看看原来的黄河天险到底对日军有多少作用就可以了。1937 年冬，日军进攻山东时，韩复榘为了保存实力，几乎是不战而退，主动放弃了黄河、泰山的天险，几日之内便弃守了原本预计可守数周的黄河防线。1941 年 10 月，日军也曾经强渡黄河攻陷郑州。所以黄河天险并未对日军构成多大威胁。1944 年 4 月，日军发动打通大陆交通线的战役，从河南中牟强渡黄河后进犯郑州，中国守军一触即溃，日军仅用 38 天占领河南全省。决口后的黄河并未对日军造成多大的阻碍。

历史往往惊人的相似，花园口决口与 1128 年杜充决黄河有许多相同之处：第一，同是在外族入侵，民族危机的情况下实施的非常措施。第二，都是在敌强我弱，军事上无法战胜敌人时，企图以水代兵，决开黄河阻止敌军西进。决口前的形势都是战场上节节败退，北宋末年的金兵拥有强大的铁骑，占据了山东、河北的大片土地，进而占据归德，开封危急，1938 年日军则是拥有现代化的机械化装备。第三，决河的地点和泛流的路线也大体相同。其结果也类似，短期内确实阻挡了敌人的进攻。1128 年黄河决口后，金兵停止了对泛区内和泛区外一些州县的进攻，宋、金以新河为界维持了大约 10 年的和平局面，此后，金人又越过黄河，攻占新河以南各地，黄河悉入金境，决河最终未能阻止金兵的入侵。花园口决口最后也未能阻止日军西进，在现代化的战争中，河流阻敌的作用越来

---

[1] 田照林．正面战场作战史料的选用——兼论花园口决堤对抗日战争的影响．军事历史研究，1998 (1)：99.

[2] 马仲廉．花园口决堤的军事意义．抗日战争研究，1999 (4)：211.

越小。

日军对黄河泛区的作用是如何看待的呢？日军似乎并不害怕黄河泛滥，反而也在扩大黄泛区，1939年7月，日军在花园口以东约100米处，另外再挖一口门，当时称东口门。东口门挖掘之前，黄河原河道尚有20%的水流，日军决口后，自1940年起，故道完全断流，到1944年8月大水，两个口门合二为一，使花园口口门宽达1460米。1944年8月16日，日军又在西华和商水两个县，掘开黄河大堤，宽度分别达到50米和80米，两个月后方才堵口。由此也可以看出，日军也在利用黄河水达到其军事目的。

8.5 花园口堵口前后国民党军的黄河战略及其破产

抗战胜利后，国民党当局打着帮助“黄泛区”人民解除灾难，救“黄泛区”人民于水火的旗号，决定堵复花园口决口，实施黄河归故计划。但实际上，国民党的这一堵口计划还另有其军事目的，就是再次实施以水代兵，水淹、分割解放区，为其军事上的全面进攻解放区做准备。

8.5.1 黄河堵口：国民党水淹分割解放区

1937年，抗战伊始，国民党军队就节节败退、华北沦于敌手，中国共产党领导人民群众，创建敌后根据地，利用花园口决口后下游河道干涸的有利条件，发展生产，积极抗日，武装力量在抗战期间得到很大发展，特别是在黄河下游地区，创立了晋冀豫、冀鲁豫、山东等解放区，横跨黄河故道两岸。已经断流8年的黄河故道，部分河床已被垦为农田，不少地方还建有新的村庄，农粮丰盛，居民已有40多万人。同时，故道堤防年久失修，有些地段堤防已经完全被破坏，失去防洪作用，更谈不上抵御黄河洪水了。一旦黄河回归故道，不仅危及故道中的40万生命，两岸附近的解放区700万民众也势必陷入新的“黄泛区”之中。

从军事方面考虑，国民党当局急于堵复花园口决口，使黄河回归故道，其阴谋就是利用黄河水淹并割裂黄河故道两岸的广大解放区，使解放区陷入水患。因为这些解放区基本连成一片，已形成雄踞华北、呼应华中和中原的态势。切断了南京与华北、东北等地的陆路联系，对国民党军队的战略展开构成严重威胁。蒋介石借堵口之名、行内战之实。为发动内战、分别为围攻分布于黄河两岸的中共解放区做准备。从内战爆发后国民党军队由南向北，先夺中原、苏皖，继而分击陕北、山东，压迫中共军队至华北而求决战的作战方针和作战步骤，也可看出此种意图。

蒋介石为尽快实施水淹解放区计划，在1946年2月特设“黄河堵口复堤工程局”，由黄河水利委员会领导，负责对黄河花园口的堵口工程。1946年3月1日，在事先未与中共协商的情况下，花园口黄河堵口工程正式动工，并计划在1946年6月底前堵上花园口决口，让黄河水重新流入故道。这一情况立即引起中共的高度关注，并遭到解放区民主政府、民众和全国人民的强烈抗议。

国民党军方积极参与堵口工程，说明了堵口与军事战略的关联。4月28日，国民党军队副总参谋长白崇禧及郑州绥靖区主任刘峙赴花园口工地视察，为加快堵口工程进度打气。显然，国民党当局是欲使堵口工程与其进攻解放区的步伐相一致。鉴于此，中共便开始公开揭露国民党借堵口之名、行内战之实的阴谋。5 月 5 日，新华社发表晋冀鲁豫边区负责人对记者的谈话，指出国民党急于在两月内堵口“显系包含军事企图，有意指挥黄委会放水”，水淹冀鲁两省沿河人民。5 月 13 日《冀鲁豫日报》发文就中共中央发言人指出：“现在国民党某些当局，却毫无理由地违犯先浚河复堤，后堵口放水的协议，对迁徙救济故道居民不负任何责任，并坚持两月内先在花园口实行合龙放水，那么中共不能不认为，这只是借治河为名，蓄意淹毙冀、鲁、豫三省解放区同胞，是与国民党的内战阴谋分不开的。”❶ 虽经再三谈判，国民党当局并没有放缓堵口的步伐，5 月 20 日，《冀鲁豫日报》再次发表社论：“国民党当局的堵口计划，丝毫没有改变的迹象，其蓄意淹毙黄河下游千百万人民的决心，也没有放弃的征兆，而在这个堵口计划的后面，紧紧结合着一个更大的阴谋，成为国民党当局进攻解放区计划的一个构成部分。”

鉴于国民党当局的堵口工程不断推进，6 月 21 日，晋冀鲁豫边区政府再次急电周恩来转行政院治黄当局，呼吁暂停堵口工程，立即停止挖引河，拆铁路，切实执行南京协议。❷ 6 月底，黄河堵口失败。我解放区军民抓紧时间进行复堤浚河工作。

国民党军还利用筑堤来水淹解放区，1946 年 7 月 8 日，周恩来就黄河计划问题致马歇尔备忘录：“7 月 3 日晋冀鲁豫边区政府来电，国民党已在花园口及东明之间黄河南岸建筑一堤，长 200 里，在国民党控制区内，而北岸之堤，此时尚未修复，显然意图水淹北岸解放区，倘花园口至东明间之堤不能完成，则黄河下游之工程将告无用。”❸ 春秋战国时期利用筑堤改变水流方向以攻击对方的战术再次重现。

10 月 5 日，花园口堵口工程再度开工，并欲在 50 日内急速完成。为了水淹解放区，配合内战，蒋介石亲自出马，多次过问并电促尽快完成。11 月 29 日，水利委员会致花园口堵复局密电：“奉蒋主席戌（11 月）梗（23 日）代电称：希饬所属昼夜赶工，并将实施情形具报。”第二年 3 月 15 日，终于堵口成功。

黄河复故后，解放区遭受了重大损失。10 月 30 日，冀鲁豫解放区对沿河 16 县（东明县为国民党军占领未统计）调查，花园口堵口后故道居民遭受损失为：受灾村庄 1014 个，74309 户，共 266283 人，土地 910583 亩，倒塌房屋 64972 间。渤海解放区淹没村庄 110 个，房屋 22908 间，耕地 263514 亩，损失粮食 66 万公斤。治河民工死伤于国民党飞机轰炸扫射者 894 人，炸毁房屋 30 余间，木船 57 只，坝埽 39 段，河堤 3000 米，被国民党军抢去公粮 10 余万公斤，麻袋 3 万条，秸料 80 万斤。❹

8.5.2 艰难谈判：共产党坚持合理主张

抗战胜利时，国共双方正处在军事调停阶段，全面内战尚未爆发。中共从大局出发，考虑到黄河泛滥已经 8 年，给黄泛区人民造成了深重的灾难，国内外民主人士积极奔走，希望早日解救黄泛区人民，联合国善后救济总署（以下简称“联总”）也极为重视堵口工

---

❶ 《黄河归故斗争资料选》第 170 页，济南：山东大学出版社，1987 年 6 月。

❷ 冀鲁豫日报，1946 年 6 月 27 日，《黄河归故斗争资料选》，济南：山东大学出版社，1987，第 201 页。

❸ 《郑州文史资料》第二辑（黄河花园口掘堵专辑）第 146 页。

❹ 黄河水利委员会黄河志总编室．《黄河志》卷一《黄河大事记》．郑州：河南人民出版社，1991：211.

程，提供了大量物力和财力，因此中共对黄河堵复花园口表示赞同，让黄河水回归故道。但同时提出必须先修复故道的黄河大堤，迁移河道内居民的合理主张。国民党也深恐黄河事态扩大会引起舆论抨击，对整个政治局势不利。于是，国共双方经过协商，决定通过谈判解决黄河归故问题。这样，国共两党和“联总”等有关方面，围绕黄河归故问题进行了一系列谈判。

谈判从 1946 年 3 月下旬正式开始，4 月 7 日和 15 日正式达成《开封协议》和《菏泽协议》。商定上游堵口和下游复堤同时进行，堵口合龙日期则视下游复堤情况而定。然而，签署协议的墨迹未干，国民党方面就违背协议，坚持在汛前完成堵口。他们在国民党《中央日报》上宣称“倘秋汛期不能完成堵复全部工程，政府方面不能负其全责”。同时，电令工程局务必在 7 月 1 日前完工。显然，国民党当局是想撕毁《菏泽协议》，在大汛前的 6 月底完成花园口堵口放水，配合其发动全面内战。为揭露国民党“以水代兵”阴谋。“解总”（中国解放区救济总会）上海办事处成立，在周恩来、董必武的率领下与“联总”“行总”（国民党行政院善后救济总署）及国民党水利委员会就黄河归故工程及赈灾问题进行了多次针锋相对的斗争。5 月 5 日，新华社发表晋冀鲁豫边区负责人对记者的谈话，指出国民党急于在两月内堵口“显系包含军事企图，有意指挥黄委会放水”，水淹冀鲁两省沿河人民。[1] 5 月 15 日，中共代表周恩来、赵明甫、王笑一等，同国民党水利委员会主任薛笃弼进行了商谈。5 月 18 日上午，中共、联总、行总、水利委员会、黄委会、堵复局的代表又进行了具体商谈，达成了《南京协议》。规定：下游复堤工程必须尽快完成，争取于 6 月 5 日开工。所需器材、工粮由“行总”“联总”优先供给，所需工款由水利委员会充分筹拨，所需动迁的河床居民救济费由国民党政府从速核定办理，不受任何军事政治影响。堵口工程进度须视下游复堤工程进行情形，经双方协商后决定，以不使下游发生水害为原则。

实际上国民党当局仍然没有遵守协议，企图在汛前堵口合龙，6 月下旬完成打桩工程，准备抛石堵口，由于河水猛涨，冲毁部分桥桩，堵口计划失败。此时全面内战爆发，6 月 26 日国民党军发起对中原解放区的进攻，国民党一边加紧再次堵口的准备工作，派出军队骚扰、破坏解放区军民的复堤。1946 年 7 月中旬，以周恩来为首的“解总”，为黄河归故工程问题来到上海，和“行总”“联总”三方于在上海又举行了两次谈判。周恩来、董必武严正驳斥了国民党当局立即堵口的论调，坚持在河堤修复、居民迁出以后，方可堵口放水的原则立场，重申上游堵口须与下游复堤救济工作同时进行，以及洪水期间不再堵口。其间，周恩来还前往河南开封视察了堵口工程情况。经过周恩来、董必武和“解总”的不懈努力，不仅为解放区争取到了赶修堤防工程的时间，而且争取到了大量的物资和费用——“行总”被迫同意签订《协定备忘录》，即《上海协议》。其条款有：解放区所支付的全部工程款项，由国民党当局支付；“行总”出面粉 8600 吨援助地处黄河下游的解放区河道修复工人；国民党当局拨 150 亿元救济受灾害影响的解放区人民等。12 月 27 日，国民党当局悍然放水引导黄河归入故道。12 月 29 日，冀鲁豫解放区代表段君毅、贾心斋、王化云，中共代表赵明甫，“联总”塔德、詹森以及国民党政府堵复局的齐寿安、阎振兴等在冀鲁豫解放区张秋镇为黄河归故问题又进行了一轮谈判，中共方提出，由于国民党政

---

[1] 《黄河归故资料选》。

府的阻挠和破坏，不如期交付工程款及迁移费，复堤工程被推迟 5 个月之久，因此提议，堵口工程也应当推迟 5 个月进行，以及工程款项等问题。❶

1947 年 1 月 3 日、1 月 11 日、1 月 17 日在上海的“行总”会议室，就黄河堵口复堤国共和联总三方又举行了多次会谈，就救济物质，河道内居民迁移的救济问题，引河放水，延迟堵口等问题进行了交涉。中共方坚持延迟堵口，停止挖引河放水，国民党一方则以各种理由推托搪塞。未达成任何协议。1947 年 1 月 8 日，董必武和“解总”成员重申堵口复堤必须同时进行，堵口工程应延至 5 个月后。

8.5.3 引黄归故：蒋介石构筑“黄河战略”

黄河河道宽阔，水流凶猛，黄河防线易守难攻，自古就是以水代兵的战场，历史上黄河就经常作为军事分界线。蒋介石在晋冀鲁豫战场的所谓“黄河战略”蓄谋已久。《上海协定》签订后，国民党并不准备真正履行其条款，一面拖欠工程及迁移救济款，一面催促加快堵口计划。1946 年 12 月 27 日，黄河故道已经分流放水，蒋介石下令：“宁停军运，让有关部门协助运石车辆。”❷ 堵口放水，构筑“黄河战略”，以水代兵，割断山东解放区与其他解放区的联系，已经成为与军事进攻密切相关的紧急任务。

至 1947 年，新年伊始，蒋介石对解放区的全面进攻屡屡受挫，对以水代兵有更多的想法。1 月 2 日，蒋介石再次限期完成堵口工程，水利委员会致电花园口堵复局：“奉主席谕：堵口工程务须按照原拟进度表所订元月 5 日完工，不可拖延，并派赵守钰临工督导。”❸ 1 月 8 日，周恩来在延安发表严正声明，揭露蒋介石的放水阴谋。呼吁全国人民一致行动起来，制止蒋介石的堵口放水行动。由于中共的坚决斗争，国民党方面为应对国际、国内舆论，被迫同意合龙日期需视下游复堤及堵口工程进度而定。但一面仍然日夜加紧堵口，同时对解放区复堤工程加紧扫射、轰炸破坏。1 月 16 日，国民党军队总参谋长陈诚及顾祝同等赶到工地视察，督导。27 日，陆军副总司令也抵达花园口视察。一项水利工程，却受到如此多的军方“关照”，其军事含义不言而喻。黄河花园口堵口归故已经不是简单的水利工程，而是和国民党军进攻解放区步调一致的军事工程。

就在国民党加紧推进黄河堵口归故工程的同时，对解放区的全面进攻频频受挫，至 1947 年 2 月，经过 8 个月的艰苦作战，人民解放军共歼灭国民党正规军 66 个旅（师），加上非正规军，共计 71 万余人。国民党军虽然占领了一些城市，但由于大量有生力量被歼灭，能用于一线作战的兵力，从高峰时的 1946 年 10 月 117 个旅，下降为 85 个师，而且战线延长。兵力缺乏，捉襟见肘。

蒋介石感到全面进攻不行了，从 1947 年 3 月起改为重点进攻。集中兵力，重点进攻解放区两翼的陕北和山东两个解放区。而由东至西，自风陵渡到济南约千余公里的正面防守问题，则必须依靠黄河天险，于是加快了黄河堵口复故的步伐。1947 年 3 月 15 日，国民党当局在解放区复堤工程尚有 37 处险工未完成、堤防 60 多公里未修复的情况下，单方面在花园口堵口合龙，放水归故，使滔滔黄河水流向解放区，犹如在几大解放区之间开掘

❶ 《上海协议会议纪要》《郑州文史资料》第二辑，第 111 页。

❷ 《黄河花园口合龙纪念册》。

❸ 黄河水利委员会黄河志总编室．《黄河志》卷一《黄河大事记》．郑州：河南人民出版社，1991：202.

的天堑，增加了解放区相互联系呼应的困难。后来，周恩来形象地把黄河比喻为蒋介石的“外壕”。

国民党政府的黄河堵口时间，与其军事上发动重点进攻的时间出奇同步，不得不说，黄河堵口，已经成为其军事战略的一部分。1946 年 7 月 1 日，我中共冀鲁豫边区党委机关报《冀鲁豫日报》指出：国方私自抛石堵口，并积极准备挖引河，“其目的不在治河，而在配合国民党反动派正准备之大规模内战。沿河居民闻听之下，异常愤慨，咸主自卫自救。倘花园口抛石堵口工程不立即停止，在众怒之下，前途实不堪设想”[1]。1946 年 11 月 19 日，《冀鲁豫日报》发表社论指出：“近几月来，国民党反动派得美帝国主义之援助，进行全面内战，大举向各解放区进攻，其欲利用黄水造成我区重大灾难之毒计，也就随着益形显著。”[2] 1947 年 3 月 25 日，董必武发表关于黄河堵口问题的声明，指出：“蒋介石于大举进攻延安的同时，为配合其在黄河故道南岸作战，竟不惜用黄河堵口办法，企图水淹黄河故道及两岸数百万居民，以遂其军事上隔断我解放区的目的，蒋介石政府这一滔天罪行，已彻底撕毁历次黄河协议。”[3] 黄河堵口，引黄归故，已经不仅仅是水利工程问题了。

8.5.4 强渡黄河：国民党以水代兵计破产

蒋介石精心设计的黄河战略，类似于“腰细腹空”的哑铃，暴露出其战略方面的两大弱点：其一，是他以水代兵，依靠回归故道后的黄河天险，认为黄河天险“抵得上 40 万大军”，调重兵于陕北、山东两端，对解放区实施重点进攻，而在千余公里的黄河防线上只部署了 24 个旅，防守薄弱；其二，是中原和江南纵深缺少机动兵力，十分空虚。这就给撤至黄河以北的刘邓大军留下了一个可乘之机。“在山东和陕西之间，蒋介石把自己的中路河南暴露出来，好像把长江流域自己的老巢大开门户，邀请共产党进去似的。”[4] 这是“黄河战略”的致命缺陷，中共军队抓住敌人的这一弱点，及时调整军力部署。引诱国民党兵力向陕西和山东两翼伸展，然后集中优势兵力，从中路黄河突破。

1947 年 6 月 30 日，刘邓率晋冀鲁豫野战军 4 个纵队 12 余万人在东起张秋镇、西至临濮 150 余公里的宽大正面多路出击，使用偷渡和强渡相结合的战术强渡黄河。渡河开始后，我军选定敌人防御薄弱的侧翼和接合部，从 8 个地段上发起了渡河作战。敌人虽然利用黄河水流湍急、河床宽阔等自然条件，依靠空军昼夜轰炸进行防御，但在我军炮火掩护和南岸部队有力的接应下，一举突破黄河防线。蒋介石苦心经营的、自吹能抵挡 40 万大军的黄河防线，一夜之间被撕开了一道大口子。这是蒋介石及其美国顾问没有料到的，一时间惊恐万分。美国驻华大使司徒雷登惊呼：中国发生了“六卅事件”，东方的“马奇诺防线”崩溃了。

刘邓大军突破黄河天险，严重地破坏了蒋介石的黄河防御体系，显现出十分有力的进攻态势。为了迅速堵上这一战略缺口，蒋介石也调整了战略部署，企图把刘邓大军消灭在

[1] 《黄河归故斗争资料选》第 213 页。

[2] 《黄河归故斗争资料选》第 221 页。

[3] 《黄河归故斗争资料选》第 129 页，转载《董必武选集》第 125 页。

[4] ［美］杰克·贝尔登．中国震撼世界．北京：北京出版社，1980：444.

鲁西南，或迫使其渡河北返。于是他命令刘汝明集团曹福林第五十五师主力死守郓城，作为一个钉子，安在我军前进的路上；整编第六十八师主力和刘汝明集团的整编五十五师以及一八一旅共守菏泽，调来六十五师的一五三旅守定陶。又从南面调来五十八师、豫北调来三十二师和六十六师，加上原在嘉祥的整七十师组成一个兵团，沿金乡至郓城公路北上增援，企迫使我晋冀鲁豫野战军主力背水作战。针对这一情况，刘邓大军发起鲁西南战役，打乱了敌人的战略部署，同时也标志着蒋介石精心设计的“黄河战略”的彻底破产。

刘邓大军突破黄河，是一个伟大的战略构想，至于千里跃进大别山，把战争引向蒋管区这一深层的趋势，蒋军统帅部中更是谁也没有敢想到，这件事犹如石破天惊，震惊了蒋军的统帅部。正如美国著名记者杰克·贝尔登在《中国震撼世界》一书所说：“这一军事行动把蒋介石在西北的四十万军队全部围困在潼关以西，切断了他们和中国其他地方一切铁路交通联系，使将失掉了一旦南京告急时，可以迅速调来的援兵。”突破敌军重点防御的黄河天险，这件事本身具有重大意义。

8.5.5 鲁西南战役：蒋介石再次企图以水代兵

黄河战略的实质是一种以水代兵的思想，它之所以失败是由于过分相信以水代兵在军事上的作用，蒋介石对以水代兵的战术情有独钟。鲁西南战役期间，在黄河上又上演了一出决堤与反决堤，水淹与反水淹的斗争。自刘邓大军南渡黄河后，带领黄河南岸人民加紧抢修黄河南岸大堤。1947 年 7 月 1 日后，汶上、郓城、寿张、鄄城、南华、东明等县先后有十万民工赶赴黄河南岸抢修大堤，各处险工也得到修复。刘邓大军驻扎在黄河边上。这时，黄河水位暴涨，汛期即将来临，蒋介石又酝酿了一出企图水淹刘邓大军的阴谋。

邓小平的女儿毛毛在《我的父亲邓小平》一书中写道：

“自从刘邓大军南渡黄河以来，阴云，一直像一个巨大的镬盖，笼罩在天空。雨，一直在淅淅沥沥地下个不断。接着，天河又像开了口，突然间暴雨如注，下个不停。黄河，开始涨水了。站在黄河堤上，一眼望去，只见浊流汹涌，波涛连天。天公不作美，人心则更歹毒。蒋介石，要由开封决开黄河大坝，用黄河水来把刘邓赶回黄河以北……这黄河，竟然变成了蒋介石的一件随意移挪的战争武器。今天，蒋介石又要阴谋挖掘黄河大堤了，要用这条万古江流来淹没刘邓大军。

一旦黄河再次决堤，这十几万大军，这河边数百万人民群众怎么办？在野战军指挥部的作战室里，刘伯承说出一句话：‘忧心如焚！’当时的情况的确万分危急，的确令人心急如焚！四十多年后，父亲曾对我们说过：‘我这一生，这一个时候最紧张。听到黄河的水要来，我自己都听得到自己的心脏在怦怦地跳。’”

这是当时军事形势的真实写照，蒋介石企图水淹刘邓大军的阴谋已经在酝酿之中。7 月 10 日，刘邓大军统帅部获得蒋介石给刘汝明的绝密“灰电”：**“汛期将至，将士临危。兵书有云：以火佐攻者明，以水佐攻者强。又云水可以绝，不可以夺。望吾弟视刘军主力麇聚之地，相机绝之。刘军主力元气挫伤，则戡乱大业指日垂成。民族是幸，党国是幸。”**[1]

蒋的密电，引用了《孙子兵法》中关于水攻战的经典论述，可见蒋介石对古代的水攻战

---

[1] 田浩存，田晓峰．黄河归故风云录（解放战争时期）．北京：中央党史出版社，2005：193.

曾做过一定的研究。所谓“相机绝之”，其用意十分明显，就是要相机决开黄河大堤，以水淹刘邓大军，企图以此挫伤刘邓大军主力的元气。而刘汝明对于蒋的密电，不置可否，回电如下：**“委座钧鉴：顷奉灰电，立即挥师北向，以精兵六十八师与骑一旅雨夜兼程赴命。而不意刘军待阵在先，重兵据扼。我军正伺机锐进，以报党国。汝明执戟待命。”**❶

刘汝明的回电，实际强调了决堤的困难。但是又不能不执行蒋的命令，便以占据的东明县城为依托，对黄河险工进行破坏活动。蒋介石又从郑州调来胡宗南部骑兵第一旅，归刘汝明指挥，公开宣称要“占领鄄城，扒开黄堤”。7 月 25 日，他们乘大雨奔袭江苏坝，被我人民地方武装击退。7 月 29 日，骑兵第一旅配合 68 师两个团再次扑向江苏坝，在飞机投弹扫射配合下，占领江苏坝，将江苏坝险工横木破坏 3 处，掘堤一丈余。随后江苏坝又被我军夺回，幸未酿成大灾。❷

1947 年 8 月 1 日，根据邓小平的指示，晋冀鲁豫边区政府严词声讨蒋介石狂轰滥炸河堤的决口阴谋：最近蒋介石指使其反动党徒，对黄河复堤问题大肆叫嚣，诬我军渡河为“背信弃义”“阻挠复堤”，极尽欺骗国人之能事。同时昼夜狂炸河堤，意在配合军事行动，趁大汛期间毁堤决口。我们希望国内外和平民主人士予以公道的截判和正义的同情！我们要求全国父老同胞给以有力支援，制止卖国贼水淹解放区阴谋，拯救沿河 700 万人民的滔天灾难！❸

同一天，刘伯承、邓小平通过野战司令部发言人，发出了巨大的声音：**“蒋贼迭次破坏河罪恶滔天……蒋贼在其卖国军事迭遭惨败无可挽救之后，竟出此丧心病狂之毒辣手段，决心毁灭沿河数百万人民之生命财产，而刘汝明亦竟忘记自己是华北人，不顾其祖宗坟墓及桑梓父老兄弟之生死，悍然执行蒋贼乱命，实令人发指。我们严重警告主犯蒋介石及刘汝明等，今后如因彼等继续破坏河堤，或阻碍修堤，而引起黄河决口之惨祸，不论主犯蒋介石及执行破堤负责军官，必将交给人民审判，严加惩办。即令逃至天涯海角，亦必通缉归案。即其本人死亡，其子孙亦须负责任。”**❹

8 月 4 日，刘伯承、邓小平再次向世人宣告：**“黄河大水正在飞涨，蒋军控制之东明到临濮共约 70 里黄河堤岸一段，特别是在江苏坝、朱口、刘屯（刘庄口）等险工，随时都有决口可能，情势至为危急……人民解放军今郑重声明，决不在该地进行军事行动。同时照会当地蒋军，准许当地人民自由抢险，我们特向全国全世界人士特别是联总作紧急呼吁：采取紧急有效办法，制止蒋军此种残暴行为，否则黄河万一决口，则应由国民党蒋介石和联总共负其责。”**❺

在刘伯承、邓小平的严正警告和人民群众强大的正义呼声震慑之下，刘汝明终于迷途知返，放弃了破坏黄河大堤。国民党军对黄河大堤的破坏并没有停止，8 月 18 日晚，国民党军“开封游击队”赵振庭部 20 余人，夜渡北岸，强迫前鹅湾、后辛庄正在修堵缺口的群众将贯台圈堤和贯孟堤扒开，圈堤口门宽 150 米，贯孟堤口门宽 50 米，黄水直冲大

---

❶ 田浩存，田晓峰．黄河归故风云录（解放战争时期）．北京：中央党史出版社，2005：193.

❷ 1947 年 8 月 3 日《冀鲁豫日报》载《黄河归故斗争资料选》第 280 页。

❸ 《人民日报》1947 年 8 月 1 日。

❹ 《人民日报》1947 年 8 月 4 日。

❺ 《人民日报》1947 年 8 月 7 日。

车集临黄堤，然后折向孟岗，受灾人口39000余，被淹土地1.6万亩。国民党兰封和封丘保安队把守口门不准群众抢堵，冀鲁豫四分区闻讯派出武装，赶跑把守口门的保安队，打退长垣来袭的蒋军，保障了堵口顺利进行。❶

参考文献

[1] (清)谷应泰撰. 明史纪事本末[M]. 北京：中华书局，1977.

[2] 张海鹏. 中国近代通史（1-10卷）[M]. 南京：江苏人民出版社，2013.

[3] 张伟兵，耿庆斋. 明朝军队在战争中对水的运用[J]. 军事历史研究，2017（1）：41-50.

[4] 朱黎明. 开封城墙防御体系研究[D]. 郑州：河南大学，2011.

[5] 王兴亚. 李自成起义史事研究[M]. 郑州：中州古籍出版社，1984.

[6] 孙月娥. 明崇祯十五年河决开封史实辨析[J]. 中州学刊，1986（6）：137-139.

[7] 方福仁. 明末河决开封原因辨析[J]. 史学月刊，1983（1）：36-39.

[8] 展鹏飞. 关于明末河决开封原因的辨论[J]. 史学月刊，1992（1）.

[9] (清)平黔纪略. 罗文彬，王秉恩编纂. 贵州大学历史系点校. 贵州：贵州人民出版社，1988.

[10] 沈云龙. 近代史料笔记丛刊 第十辑 吴佩孚正传[M]. 中国台湾：文海出版社，1967.

[11] 中国史学会. 中国近代史资料丛刊 捻军（二）、（三）、（四）、（五）[M]. 上海：上海人民出版社，1957.

[12] 李竹深. 清顺治九年漳州围城记[J]. 漳州职业大学学报，2002（1）.

[13] 王殿臣. 五原大捷述略[J]. 实践，1995（9）：25-29.

[14] 樊潇雅五原大捷. 纪念中国人民抗日战争胜利65周年特别报道[N]. 巴彦淖尔日报（汉），2010-09-03（3）.

[15] 王斌. 湘鄂战争述评[J]. 军事历史研究，2007（2）：94-102.

[16] 王贞勤. 抗战胜利后蒋介石"水兵计"破产始末[J]. 文史春秋，2013（5）：30-34.

[17] 杨明清. 围绕黄河的较量——解放战争时期中共打破国民党"黄河战略"的斗争及决策艺术[J]. 理论学刊，1996（5）：80-84.

[18] 李海英. 刘邓大军强渡黄河的战略意义[J]. 聊城师范学院学报（哲学社会科学版），1995（1）：83-84.

[19] 王如良. 刘邓大军挺进大别山的伟大意义[J]. 军事历史研究，1987（4）：46-51.

[20] 王春亮. 刘邓大军挺进大别山区的战略意义[J]. 学习论坛，2018（3）：35-40.

[21] 徐福龄. 抗战时期豫省黄河防洪[J]. 河南水利史料，1990（1）：3-6.

[22] 王质彬. 黄河花园口堵口与"国、共、联"谈判[J]. 河南水利史料，1990（1）：7-15.

[23] 颜元亮. 1938—1947年黄泛的泥沙灾害[J]. 河南水利史料，1990（1）：26-29.

❶ 黄河水利委员会黄河志总编室.《黄河志》卷一《黄河大事记》. 郑州：河南人民出版社，1991：210.

附录 1

中国历代以水代兵战大事记

序号	朝代	年代	事件描述	水战方式	备注
1	传说	前 3000 年	涿鹿之战，黄帝命应龙蓄水，遂杀蚩尤	淹军	
2	传说		共工氏“壅防百川，堕高堙庳，以害天下”	水淹国土	
3	传说		共工怒触不周山，其传说由水攻战情节演化而来	水淹国土	
4	传说		共工振滔洪水，以薄空桑	灌城	
5	商末周初		《逸周书》载周文王遗训，“障水以御寇”	理论	
6	商末周初		《逸周书》载最早的水攻“障水水下”“旁隧外权”	记载、理论	
7	春秋	前 685 年	鲁国浚洙水以备齐。浚之者何？深之也。曷为深之？畏齐也	水险守城	
8	春秋	前 657 年	齐、宋、江、黄阳谷之会，提出“无障谷”盟约	盟约	
9	春秋	前 659—前 656 年	楚国伐宋，“要宋田，夹塞两川，使水不得东流。东山之西，水深灭垝，四百里而后可田也”，修筑了古代最早的高坝	水淹国土	
10	春秋	前 656 年	齐、楚、宋、陈等国盟于召陵，“毋曲堤”盟约	盟约	
11	春秋	前 651 年	齐、宋、鲁、郑、许、陈、曹等国葵丘之会，提出“无曲防”盟约	盟约	
12	春秋	前 600 年	孙叔敖决期思之水，而灌雩娄之野	壅水阻敌	
13	春秋	前 559 年	晋国率诸侯国伐秦，秦人毒泾上流，师人多死	水中投毒	
14	春秋	前 512 年	吴国伐徐，防山以水之，灭徐	壅水灌城	成功
15	春秋	前 506 年	吴王阖闾在清发水击半渡楚军，大胜		
16	春秋	前 506 年	吴通漳水灌纪南，入赤湖，进灌郢城，破楚	灌城	成功
17	春秋	春秋末期	《孙子兵法》提出“以水佐攻者强”的著名论断	水攻理论	
18	春秋	春秋末期	伍子胥著《水战兵法》一书，其中很可能有关于水攻战的论述	水攻理论	
19	春秋	前 454 年	晋阳之战，智伯遏晋水以灌晋阳，城不浸者三版。城中悬釜而炊。赵襄子策反韩、魏，决堤反灌智伯军，智伯战败被杀	引水灌城	失败
20	战国	前 358（359）年	楚师出河水，以水长垣之外	决河水淹国土	人为决河

续表

序号	朝代	年代	事件描述	水战方式	备注
21	战国	前332年	中山国决槐水围鄗，赵肃侯被困于鄗邑，几于不守，赵武灵王视为耻辱，决定实行“胡服骑射”	引水围城	失败
22	战国	前332年	赵人决河水以灌齐、魏之师，齐、魏之师乃去	决河淹军	人为决河
23	战国	前281年	赵惠文王至东阳，决河水，伐魏氏	决河淹地	人为决河
24	战国	前279年	秦将白起攻楚，引西山长谷水灌鄢，水从城西，灌城东入，水溃城东北角	引水灌城	成功
25	战国		齐人作堤，去河二十五里，赵、魏亦为堤去河二十五里	水淹国土	
26	战国		《墨子·备水》提出如何防止水攻	理论	
27	战国	前225年	王贲伐魏，引河、沟水灌大梁。三月，城坏，魏王假降	决堤灌城（成功）	人为决河
28	秦	前208年	秦军守濮阳，引黄河水环之	引水守城	
29	西汉	前205年	汉王刘邦水灌废丘，废丘降，章邯自杀	引水灌城	成功
30	西汉	前203年	韩信堰潍水，淹龙且军。夜令人为万余囊，壅水上流。引诱龙且军渡水，决壅囊，龙且军大半不得渡，急击，杀龙且	半渡而淹	
31	西汉	前203年	汉王刘邦引诱楚将曹咎渡汜水，半渡而击	半渡而击	
32	西汉	前154年	栾布、郦寄引牛首、拘水灌邯郸，其水东入邯郸城，城坏，赵王遂自杀	引水灌城	成功
33	西汉	前102年	李广利第二次征大宛，断贰师城水源，遣水工徙其城下水，空以穴其城	切断水源	
34	西汉	前95年	齐人延年提出“河出胡中”，以防匈奴之策	改河阻敌	
35	西汉	前27年	陈立为牂柯太守，攻击翁指，时天大旱，立攻绝其水道，平定西夷	切断水源	
36	东汉	32年	隗嚣攻略阳（今甘肃秦安陇城镇），斩山筑堤，激水灌城	引水灌城	失败
37	东汉	32年	岑彭缣囊盛土为堤，壅西谷水灌西城，城未没丈余，水穿壅不行，地中数丈涌出	引水灌城	失败
38	东汉	75年	耿恭被困疏勒城，水源被匈奴人切断，向井再拜，为吏士祷。有顷，水泉奔出，解围	切断水源	
39	东汉	165年	荆州叛军朱盖激流灌城，零陵太守陈球反决水守零陵（今湖南永州）	引水灌城	失败
40	东汉	185年	董卓筑堰撤退，决堰阻敌	决水阻敌	
41	东汉	191年	公孙瓒击败退渡河的黄巾军	半渡而击	
42	东汉	193年	曹操追击袁术，术走襄邑，追到太寿，决渠水灌城	引水围城	失败
43	东汉	195年	袁绍水围臧洪东武阳城	引水围城	成功
44	东汉	198年	曹操决泗、沂水灌下邳，月余，城溃，上下离心，举城降，生擒布、宫，皆杀之	引水灌城	成功

续表

序号	朝代	年代	事件描述	水战方式	备注
45	东汉	202 年	钟繇攻击渡汾河的郭援	半渡而击	
46	东汉	204 年	曹操决漳水灌邺（今河北临漳西南），作围堑，周四十里，初令浅，示若可越，一夜掘之，广深二丈	引水围城	成功
47	东汉	219 年	关云长乘水攻于禁。秋，大霖雨，汉水溢，平地水数丈，禁等七军皆没。羽乘大船就攻禁等，禁遂降		
48	三国	221 年	治元多水灌显美	灌城（方法不详）	失败
49	三国	228 年	马谡守街亭，魏将张郃绝其汲道，马谡大败，失街亭诸葛亮被迫退回汉中	切断水源	
50	三国	230 年	孙权筑东兴堤“遏巢湖”	壅水阻敌	
51	三国	241 年	全琮略淮南，决芍陂，争夺水利工程		
52	三国	250 年	孙权遣军十万作堂邑涂塘，水淹北道	壅水阻敌	
53	三国	252 年	诸葛恪再次修筑东兴大堤，东兴之战	壅水阻敌	
54	西晋	268 年	石苞筑垒遏水以自固		
55	西晋	272 年	陆抗令江陵督张咸作大堰遏水，渐渍平中（土），以绝寇叛	壅水阻敌	
56	西晋	303 年	张方决千金堨，水碓皆涸	切断动力水源	
57	十六国	323 年	后赵大将石虎讨伐曹嶷于广固，塞五龙口，迫使曹嶷投降，第一次塞五龙口	壅水灌城	成功
58	十六国	328 年	刘曜攻石生于金墉，决千金堨以灌之，百日不克，战败被擒	引水灌城	失败
59	十六国	356 年	前燕慕容恪，攻段龛于广固，十旬不拔，塞口而龛降，第二次塞五龙口	壅水灌城	成功
60	十六国	384 年	后燕慕容垂攻前秦苻丕，引漳水灌邺，不没者尺余，负责工程的丁零人翟斌反叛，灌城失败	引水灌城	失败
61	十六国	384 年	前秦苻坚讨伐后秦姚苌军于赵氏坞（今陕西耀县），塞安公谷，堰同官水，断其水源，爆发夺堰战斗，时逢降雨，后秦军得以解除困境	争夺水源	
62	十六国	394 年	前秦苻登与后秦尹纬相持于废桥（今陕西兴平市西北），争夺水源失败，渴死者十二三，苻登兵败被擒	争夺水源	
63	十六国	398 年	后凉沮渠蒙逊攻西郡，引水灌城，城溃	引水灌城	成功
64	十六国	409 年	刘武帝伐慕容超于广固，塞五龙口，筑坝壅水，倒灌广固，慕容超出奔被擒。第三次塞五龙口	壅水灌城	成功
65	十六国	409 年	胡夏赫连勃勃攻后秦姚兴将领王奚于敕奇堡，筑堰，断其水源，王奚降	堰断水源	
66	十六国	421 年	北凉主沮渠蒙逊三面起堤，水灌敦煌城。守将宋承献城投降，李恂自杀，西凉国亡	引水灌城	成功
67	北魏	423 年	北魏司空奚斤围困虎牢关，采取绝其汲路，又穿地道，以夺其井的断水战术，俘获刘宋守将毛德祖	切断水源	

续表

序号	朝代	年代	事件描述	水战方式	备注
68	十六国	428年	北凉主沮渠蒙逊攻南凉乐都（青海海东市乐都区），绝其水道，城中饥渴，死者大半	断绝水源	
69	刘宋	453年	刘劭决破冈渎运道上的破岗埭、柏冈埭和方山埭以阻挡讨伐他的刘诞所部东军	破坏运道	
70	南齐	480年	萧齐将垣崇祖决小史埭，水淹攻寿春北魏军，北魏军漂坠堑中，人马溺死数千人，退走	决水淹军	
71	南梁	503年	萧衍频断东关，水淹淮南，且灌且掠	水淹国土	
72	南梁	506年	韦睿堰肥水灌合肥，“斗舰”直抵城下，四面临之，城溃，俘获万余	引水灌城	成功
73	南梁	507年	梁武帝截断淮水，始筑浮山堰	壅水灌城，水淹国土	失败
74	南梁	514年冬	大规模筑浮山堰，又筑荆山堰	壅水灌城	失败
75	南梁	516年4月	浮山堰合龙，截断淮水，修建中国古代最高大坝，以回水淹北魏寿阳及徐、扬一带	壅水灌城	
76	南梁	516年8月	浮山堰溃决，其声如雷，闻三百里，缘淮城、戍、村落十余万口皆漂入海		
77	南梁	525年	梁将曹敬宗水灌北魏荆州（今河南邓州），城不没者数板	引水灌城	失败
78	南梁	525年	梁武帝筑宿豫堰，灌宿豫城	壅水灌城	不详
79	南梁	525年	梁武帝再筑浮山堰，改名曹公堰，攻寿阳成功	壅水灌城	成功
80	南梁	527年	成景俊筑栅造堰，谋断泗水以灌彭城	壅水灌城	失败
81	南梁	528年	曹义宗再次水灌荆州（今河南邓州），不没者数版，被北魏援兵打败，被俘	引水灌城	失败
82	北魏	526年	葛荣长围遏水，灌魏信都（今河北冀县），自春及冬	引水灌城	成功
83	北魏	534年	宇文泰讨伐叛将曹泥，其将李虎引黄河水灌灵州（今宁夏青铜峡市北），曹泥降	引水灌城	成功
84	东魏	535年	东魏高欢将娄昭镇压樊子鹄割据，水灌瑕丘（今兖州北）	引水灌城	成功
85	西魏	536年	西魏灵州刺史曹泥降而复叛，宇文泰遣军围曹泥于灵州，再次引黄河水灌其城，不没者四尺，得高欢接应，曹泥脱归高欢	引水灌城	失败
86	南梁	547年	梁武帝密敕萧渊明，引清水（泗水）以灌东魏彭城。萧渊明于寒山筑堰，壅泗水灌彭城，被赶到的援军慕容绍宗“反决堰”，萧渊明战败被俘	壅水灌城	失败
87	南梁	548年	侯景决玄武湖水灌台城	引水灌城	成功
88	东魏	549年	东魏慕容绍宗、高澄堰洧水灌长社（今河南长葛），堰三决，城不没者三版	引水灌城	成功

续表

序号	朝代	年代	事件描述	水战方式	备注
89	南梁	562年	南陈将侯安都讨伐割据势力留异，在缙云桃枝岭筑坝化解天险	筑坝平险	
90	南陈	568年	南陈将吴明彻引水，灌西梁江陵城	决堤灌城	失败
91	南陈	570年	南陈司空章昭达率钱道戢、程文季攻西梁江陵，决龙川宁朔堤引水灌城	决堤灌城	失败
92	南陈	573年	南陈吴明彻遏肥水，灌北齐寿阳内城，城中苦湿，多腹疾	壅水灌城	成功
93	南陈	577年	南陈吴明彻作吕梁堰，水灌北周彭城（今徐州），环列舟舰于城下，被北周大将王轨切断归路，吴明彻自决堰撤退，战败被俘	壅水灌城	失败
94	北周	580年	北周行军元帅梁睿统军二十万讨伐王谦，堰嘉陵江水灌利州（今四川广元），未能攻克，王谦守军只有二千人	引水灌城	失败
95	隋	582年	贺娄子干阻水为营，抢占水源，贼军不得水，大破西夏军	抢占水源	
96	隋	600年	隋将长孙晟毒水上流，突厥达头部人畜饮之多死，夜遁	水中投毒	
97	隋	613年	宇文述征高丽回师途中渡萨水，遭高句丽军袭击	半渡而击	
98	隋	618年	薛万均击半渡窦建德	半渡而击	
99	唐	622年	洺水之战，李世民令人堰洺水上流，待刘黑闼军渡河时决堰，刘黑闼败退，李世民决堰阻止其逃跑	半渡而淹	
100	唐	758—759年	唐朝九节度使，号称六十万大军，水围安庆绪于相州（安阳），筑城穿壕各三重，城中井泉皆溢，构栈而居，被史思明率援军击败	引水围城引水灌城	失败
101	唐	759年	防河招讨使李铣于长清县界边家口决开黄河，阻挡史思明军	决河阻敌	人为决河
102	唐	759年	李光弼决丹水，灌史思明部将安太清于怀州（今河南沁阳）	灌城（不详）	失败
103	唐	782年	朱滔等决永济渠入王莽故河，断绝官军粮道及归路	决水阻敌	
104	唐	781年	李晟围硃滔将郑景济于清苑（今保定清苑区），决水灌之	灌城（不详）	失败
105	唐	784年	朱滔水围贝州（今河北清河县），引水环之，贝州刺史邢曹俊坚城拒守	引水围城	失败
106	唐	784年	官军进攻长安朱泚叛乱军，决龙首、永安渠，断绝城内水源	切断水源	
107	唐	783年	马燧守晋阳，引晋水架汾而注城之东，潴以为池，寇至，计省守陴者万人，又决汾水环城	引水守城	
108	唐	784年	淄青节度使李希烈反唐，引汴水灌宁陵城	壅水灌城	失败

续表

序号	朝代	年代	事件描述	水战方式	备注
109	唐	794—796年	军司马元谊据洺州叛，王虔休率兵讨伐，引洺水，水灌洺州	引水灌城	不详
110	唐	828年	王智兴水灌棣州（今山东省惠民县东南）火谯门（设有望楼的城门），引水灌城，凡七月，其将张叔连降	决水灌城	成功
111	唐	860年	裘甫决坝水淹唐军，官军追之，半涉，决壅，水大至，官军大败，三将皆死，官军几尽	半渡而淹	
112	唐	882年	黄巢军水灌兴平	灌城（不详）	失败
113	唐	891年	杨行密乘水破孙儒		
114	唐	891年	朱温将领丁会于州东筑堰，壅汴水灌宿州，割据徐州的时溥将张筠投降	壅水灌城	成功
115	唐	896年	清口之战，杨行密壅淮上流，水灌庞师古军营。流潦大至，汴军大乱。军在淖中，莫能战	水灌军营	
116	唐	898年	吴越将领顾全武水淹昆山，城坏，吴将秦裴被迫投降	引水灌城	成功
117	五代：梁	918年	后梁河阳节度使谢彦章于杨刘（今山东东阿县北）决开黄河，弥漫数里，以限晋军	决河阻敌	人为决河
118	五代：梁	921年	晋王李存勖军围镇州（河北正定），决漕渠以灌之，镇压成德将张文礼反叛	引水围城	失败
119	五代：梁	922年	李存勖将阎宝筑垒掘堑，决滹沱水环其城，内外断绝，第二次水灌镇州	引水围城	失败
120	五代：梁	923年	后梁于滑州和酸枣决河，以隔绝唐军，号“护驾水”	决河阻敌	人为决河
121	五代：周	955年	后周浚胡卢河以防御契丹兵	引水守边	
122	五代：周	955年	高保融始筑北海，自西山分江流，引沮、漳水，方五七里	引水守城	
123	北宋	969年	赵匡胤壅汾、晋二水，水灌太原（晋阳），水浸城者，仅余数版	引水灌城	失败
124	北宋	988年	何承矩首先提出建设河北塘泺的主张	引水守边	
125	北宋	1033年	河北塘泺基本形成，分九区，构筑防御辽军的水长城	引水守边	
126	北宋	1035年	青唐吐蕃唃厮啰将安子罗堰宗哥河，决水淹元昊军，元昊军大溃	半渡而淹	
127	北宋	1069年	堵塞黄河北流，全河东流，是以御辽为主导思想的黄河治理的体现		
128	北宋	1076年	茂州（今四川茂县北）吐蕃人筑堰，水淹宋将王庆军，王庆战没	半渡而淹	
129	北宋	1081年	灵州之役，西夏军决七级渠，引黄河水淹屯驻于灵州城外宋军营，宋军难以立足，大败而归	水灌军营	

续表

序号	朝代	年代	事件描述	水战方式	备注
130	北宋	1082 年	永乐城之战，西夏军切断永乐城水源，宋军渴死人数达到一万七千四百余	切断水源	
131	南宋	1128 年	东京留守杜充闻有金师，决黄河，自泗入淮，以阻金兵	决河阻敌	人为决河
132	南宋	1129 年	宋高宗“命江浙、淮南开畎潴水之地，以限戎马”		
133	南宋	1131 年	叛军邵青决太平州附近河水，淹没圩堤，水围太平州（安徽当涂），守将郭伟则决姑溪水灌其军营，邵青降	决水阻敌，灌军营	以水攻对水攻
134	南宋	1204 年	吴猎知荆州，引沮、漳之水注三海，绵延数百余里，弥漫相连，又为八柜		
135	南宋	1206 年	赵淳守襄阳，依靠襄江之险和宽阔的护城河，以守军一万多人击退金兵二十万军的进攻		
136	南宋	1206 年	德安保卫战，宋军利用修筑重濠战术，守 108 天，击退金兵进攻		
137	南宋	1206 年	宋军决巨胜、成公、雷塘渚积水以阻金兵	决水阻敌	
138	南宋	1206 年	毕再遇用稻草人巧破金人水柜战	决水淹敌	
139	南宋	1209 年	成吉思汗水灌中兴（今银川），河水久灌，城址将圮。外堤决，水势四溃，蒙古兵不能支，遂解围退	引水灌城	失败
140	南宋	约 1210 年	方信孺知真州，筑北山石堤蓄水，守将决水匮以退敌	决水淹军	
141	南宋	1215—1216 年	金人颜盏天泽、温撒可喜等建议黄河改道北流，阻挡蒙古军	改河阻敌	
142	南宋	1220 年	宋将李全袭击金东平府，守城金兵在汶水上游筑堰，决堰灌宋军营，宋军战败	筑堰灌营	
143	南宋	1231 年	元兵攻文州（甘肃文县），别浚江道，移向南山，城中水绝，人马渴死过半	切断水源	
144	金	1232 年	金兵开短堤，决河水在城北形成泛区，保卫京城汴梁	决河阻敌	未成功
145	金	1232 年	金人用反间计，唆使蒙古军决黄河水灌归德，归德反以水为固	决河灌城（失败）	人为决河
146	金	1234 年	蒙古军决黄河寸金淀灌宋军，宋军多溺死，遂皆引师南还	决河淹军	人为决河
147	南宋	1244 年	孟珙知荆州，扩建三海，形成“三百里间渺然巨浸”	引水守城	
148	南宋	1274 年	宋将夏贵水灌元朝正阳城（今安徽寿县），几陷	灌城（不详）	失败
149	南宋	1276 年	静江（今桂林）防守战，宋将马塈凭静江和护城河水险，抗击元军	水险守城	
150	元	1359 年	张士诚将吕珍，堰浦阳江水灌诸全（诸暨），胡大海夺堰反灌吕珍	引水灌城	失败

续表

序号	朝代	年代	事件描述	水战方式	备注
151	元	1361年	元军水灌红巾军益都（今山东青州），筑长围，遏南洋河以灌城中	引水灌城	失败
152	明	1372年	冯胜筑坝切断黑城水源		传说
153	明	1381年	梁王把匝剌瓦尔密（元世祖忽必烈第五子、云南王忽哥赤的后裔，封梁王）引水淹明军	淹军	失败
154	明	1400年	燕王朱棣攻济南，堤水灌城，筑长围	引水围城	失败
155	明	1449年	土木之变，瓦剌军先占水源，明军缺水，全军移营觅水，遭攻击大败	水源	
156	明	1462年	大坝之捷，鞑靼兵欲毁大坝，水灌宁夏，被明军打败	决坝灌城	未实施
157	明	1592年	明军水灌宁夏（银川），绕城筑堤，决黄河大坝水灌之，水浸北关，城崩，平定哱拜叛乱	引水灌城	成功
158	明	1619年	萨尔浒之战，后金军在苏子河上游筑坝，明朝将领杜松率军渡河时，决坝，明军淹死数千人	半渡而淹	
159	清	1650年	清军张胆引黄河荆隆口决口洪水，水灌榆园，破坏地道，榆园农民军被镇压	水灌军营	人为决河
160	清	1652年	郑成功围漳州，累攻不下，乃拥镇门之水灌之，堤坏不浸	引水灌城	失败
161	清	1642年	李自成和明朝官军先后决黄河大堤，造成水淹开封的大灾难	决河灌城（失败）	人为决河
162	清	1753年	清定边将军兆惠入疆平叛，安营于黑水河畔，霍集占决黑水灌清营，清军于下游掘沟泄之	灌营	
163	清	1854年	僧格林沁围剿太平天国北伐军，挑濠筑堤，水淹连镇，林凤翔等被俘	水灌军营	
164	清	1855年	僧格林沁围剿太平天国北伐军，挖引河，筑围堤，用水车戽水，淹灌冯官屯太平军营，李开芳被俘	水灌军营	
165	清	1864年	刘岳昭水灌绥阳，诸军日夜筑堤，高逾城，西南隅未没者三版	引水灌城	成功
166	清	1866年	曾国藩制定“聚兵防河”战术，围剿捻军		
167	清	1868年8月	捻军被围困于黄河、运河与徒骇河之间，最后失败。曾国藩、李鸿章的“河防”战术取得成功	河流阻敌	
168	清	1869年	回军在金积堡决渠水自固，利用秦汉二渠的灌溉系统抵御清军，清军也利用渠水反灌回营	决水阻敌水灌军营	
169	清	1877年	白彦虎壅开都河以阻清军追兵，漫流泛滥，阔可百余里，深者没顶	决水阻敌	
170	民国	1921年8月	湘直战争，吴佩孚决沙湖堤和簰州、金口长江堤防，水淹赵恒惕湘军	决水淹军	

续表

序号	朝代	年代	事件描述	水战方式	备注
171	民国	1931 年 7 月	国民党在监利县的上车湾、朱三弓等地掘开荆江大堤，实施以水代兵、水淹苏区	水淹土地	
172	民国	1938 年 6 月	花园口决口，国民党军事当局以水代兵，决黄河水阻止日军西进，造成亘古未有的大灾难	决河阻敌	人为决河
173	民国	1939 年 7 月	中国军事领导机关提出“河防即是国防，治河即是卫国”口号，在黄泛区实施一系列阻敌工程		
174	民国	1940 年 3 月	五原战役，傅作义决渠阻援，使敌军机械化部队失去其快速反应的作用，收复五原	决水阻敌	
175	民国	1947 年 1 月 8 日	周恩来发表严正声明，揭露蒋介石的堵口放水阴谋		
176	民国	1947 年 2 月	国民党打开丰满电站水闸以阻隔北满部队的退路	决水阻敌	
177	民国	1947 年 3 月 15 日	花园口堵口成功，蒋介石实施“黄河战略”，配合对解放区的重点进攻		
178	民国	1947 年 7 月 10 日	蒋介石给刘汝明绝密“灰电”，引孙子兵法，命其相机决黄河，水淹刘邓大军		
179	民国	1949 年 6 月	国民党临撤退前夕，拟炸毁荆江大堤	决水	未成功

附录 2

世界古代史上以水代兵战争

世界战争史上，也不乏以水代兵的战例。虽然由于不同的历史条件，表现形式略有差异，但是在可能的地方和条件下，用水来辅助作战，这种战术思想，古今中外都是一致的。中国古代有《孙子兵法》等兵书论及水攻战，以及水和战争的关系。古罗马军事家弗仑蒂努斯（Sextus Julius Frontinus，公元40—103年），著有兵书《谋略》（Strategemation），书中有不少内容涉及水与军事的关系，并有关于如何引水和污染水源的战例。他认为，一个好的罗马将军应当知道水在策划和进行军事行动中的重要性，尤其在围城战中是如此。他还是水利工程师，做过罗马大渡槽的监察官。领导了输水道的设计施工工作，并著有《罗马城的供水问题》一书，在治理水利方面声名卓著。

世界古代史上主要有以下一些以水代兵作战方式。

2.1 使河流改道攻城

使河流改道是一个古老的战术，公元前7世纪，亚述皇后塞米拉米斯（Semiramis）使用这种战术扩大它的版图。根据碑刻记载，她曾自夸说："我可以让河流流到我想去的任何地方，我让它流向最能发挥作用的地方。"塞米拉米斯用这种神奇的水战术占领了巴比伦。幼发拉底河流过巴比伦城，把城市一分为二，塞米拉米斯命令工程师把河流导向其他地方，她的军队则沿着干涸的河床开进了巴比伦城的中心地带，不战而占领了巴比伦。

同样的壮举发生在波斯国王居鲁士（Cyrus）和亚历山大大帝统治时期。公元前6世纪，据说居鲁士大帝只用一夜就夺取了巴比伦城，他把巴比伦城外的一个人工湖水导流到幼发拉底河，使他的军队可以在夜间爬上城墙。公元前4世纪，亚历山大大帝在攻打巴比伦城时，也使用了这一战术。他在巴比伦城外两边各开了一条渠道，又筑了一道堤坝。敌人以为亚历山大开沟是为了取土筑坝。可是亚历山大突然把河水引进渠道。原先的河床则干涸后成为出入巴比伦城的通道。

使河流改道从而开辟行军通道，或者引起洪水泛滥这种奇妙的战术是具有创造性的非传统的战争。一般不引起道德上的指责，除非这种策略引起洪水泛滥造成人口的大量死亡（像中世纪早期发生在伊斯兰之间的洪水攻击）。公元161年，波里亚努斯（Polyaenus），为罗马皇帝修改斯·维鲁斯于（Lucius Verus，161—169年在位）和马可·奥勒留（Marcus Aurelius）写了一本军事论著。在该书中他声称，为了打垮米尼亚人（Minyans），神化传说中的英雄大力神使得一条希腊的河流改道，因为他担心在公开的战斗中面对善于作战的骑兵。这一故事就是要告诉罗马皇帝，利用欺骗性的战术和谋略是正当的，而不一定要进行面对面的战斗，当时他们正在准备与来自中亚的帕提亚人（Parthians）进行一场残酷的战争。

2.2 污染和切断水源

在缺水的地方，污染水源的作用非常明显，所以这种战术多用于中东地区。公元前6世纪，亚述人使用一种叫麦角（ergot）的植物，饮用者在不知情的情况下，产生致幻作用和（hallucinogenic）胃肠道绞痛以降低战斗力。公元前5世纪，第一次圣战期间，德尔菲联盟在征服西拉城（Cirra）的战斗中，采用有毒的鹿食草（hellebore roots，helleborusniger）根，污染被包围城市的水源。这种成分能引起强烈的胃肠道反应。这种方法在古希腊的战斗中经常被使用。在水中或食物中偷偷下毒，即使在古代社会，这种方法也会引发道德伦理上的问题。

公元前595—前585年，西锡安的克利斯滕斯切断了流入克里萨伊人市镇的水道。正值当地居民备受干渴之苦时，他又把河水重新引了回来，但在水里面放进了藜芦，一种有毒植物。当居民们饮用这水后无不腹泻不止，因而人人都变得十分虚弱，克利斯滕斯乘机将他们征服。

公元前123年，罗马将军阿基留斯（Aquilius）在新建立的亚细亚省，镇压一伙叛乱分子时，为了达到让敌人投降的目的，使用了污染被包围城市水源的战术，在泉水中投毒，包括帕加马城（Pergamum），这一做法遭到史学家弗洛鲁斯（Florus，公元74—150年）的严厉谴责。

公元前51年，尤利乌斯·凯撒（Julius Caesar）在高卢（Gaul）用同样的方法攻打卡杜尔西城（Cadurci），因为该城依靠周围的一条河流以及泉水为水源，凯撒使河流改道，又在泉水周围挖掘地下渠道网，降低地下水位，使泉水枯竭。凯撒还安置弓箭手切断极度干渴的高卢人企图靠近河流的道路，这一战术取得了成功，卡杜尔西城最后投降。

公元前78—前74年，罗马在土耳其东部崎岖不平的伊索里亚（Isaura）的战斗陷于困难境地，伊索里亚人每一个都是勇猛的山民，罗马人称他们为“土匪和强盗”，普布利乌斯（Publius Servilius）最后攻克了像城堡一样的伊索里亚小镇，其办法是通过使一条山溪河流改道，切断伊索里亚人的水源，由于缺水导致极度干渴，伊索里亚人被迫投降。

2.3 决水淹敌

公元前143年，古罗马将军梅特路斯·努米地库斯（Quintus Caecilius Metellus Numidicus），在与凯尔特伊比利亚人（Celtiberians）的战斗中，在敌人军营的上游筑坝引水，形成水库，然后决水淹灌敌人军营，敌人驻扎在河谷低地，当敌人遭遇突然的洪水而惊慌失措时，梅特路斯命令预先埋伏的部队发动攻击，从而取得胜利。

另外一个战例是人为的洪水泛滥，阻止入侵的敌人。公元363年，波斯人在底格里斯河引水打败了罗马国王朱利安（Julian）的进攻。在距离比尔陶城（Birtha）（今伊拉克提克里特）不远的地方，波斯人利用底格里斯河的灌溉系统的闸门，制造了洪水。1253年，蒙古悍将旭烈兀（Hulegu）率主力军出发渡过阿姆河西征波斯。旭烈兀分三路大军进攻，攻陷了教主忽儿沙的城堡。接着攻打巴格达的阿拉伯阿拔斯王朝哈里发，旭烈兀用决堤放水淹没了哈里发的主力军和统帅。旭烈兀（Hulegu）还利用底格里斯河的洪水阻挡了城外哈里发（caliph）骑兵。

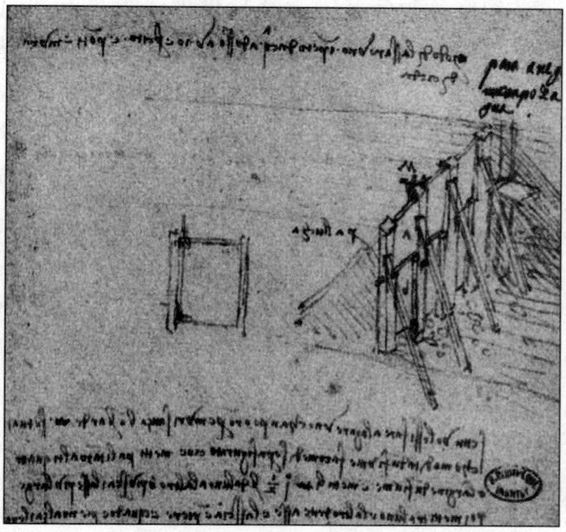
附图2-1 达芬奇水闸

决水淹敌也可以用于防守，《战争论》的作者克劳塞维茨（Carl von Clausewitz）曾经记载了这样一个故事，1672年法荷战争期间，路易十四的部队越过边界，荷兰人打开一座大坝的闸门，使边界遭到洪水泛滥，迫使侵略者撤退。

文艺复兴时期，达芬奇发明了一种水闸，可以储蓄大量的水，用于放水攻击敌人。虽然这种水闸的具体使用方法不是很清楚，是否实用也值得怀疑，但是，达芬奇设计一种用于攻击敌人的水闸，这件事情本身就说明，决水淹敌的战术在西方的古代战争中也非常普遍。

2.4 引 水 灌 城

公元前385年，斯巴达国王 Agesipolis 引奥菲斯河（River Ophis）水灌曼提尼亚（Mantinea 希腊南部城市），引河水冲向城墙，用绿砖修建的城墙开始坍塌，迫使城内的居民投降。公元430年，佛罗伦萨军队包围了卢卡（Lucca）城（意大利中部平原上的一座古城），佛罗伦萨建筑师菲利波·布鲁内莱斯基（Filippo Brunelleschi）设计了一个工程，引塞尔基奥河（River Serchio）淹灌卢卡城，但是由于一处引水渠堤岸溃决，导致洪水反淹了佛罗伦萨军队军营，几乎没有逃生的。这种情况类似于中国古代，引水围城时，围堤溃决，导致自己的军队被淹。

2.5 渡 槽 暗 渡

在敌人的城堡下挖掘隧道，使城墙倒塌，是常用的攻城方法。但是这种方法非常艰难，而利用渡槽作为通道，则容易得多。公元前219年，马其顿的菲利普五世和艾托里亚联邦之间的战争期间，一个由20人组成的艾托里亚突击队，通过渡槽进入赫吉拉城（Hegira），俘虏了入口处的守卫，打开了城门，让等在城外的人进入。但是，这最初的成功立刻遭到反击。因为艾托里亚进城后开始洗劫，没有巩固他们占领的地方，这让城内的居民有时间重新组织起来进行反击，把已经进入城内的艾托里亚人赶出城外。

另外一个战例是东罗马帝国和哥特人的战争，公元 536 年，那不勒斯城与哥特人结盟，被拜占庭帝国贝利萨留斯（Belisarius，约 505—565 年）将军围困，并且被征服。其方法就是秘密派出 400 名士兵通过一个地下涵洞进入城内，这一涵洞是古罗马-希腊人取水渡槽的一部分。在同一次水战中，贝利萨留斯作为被围困一方，挫败了一起哥特人企图通过韦戈（Vigor）渡槽进入城内的阴谋。当时其他渡槽都已经被哥特人切断，只有这一个渡槽仍在使用，哨兵发现有哥特人侦察兵正在试图进入渡槽，立即设置了渡槽障碍，哥特人经过这最后一次失败后，于 538 年 3 月解围而去。

有意思的是，到了 1442 年，阿拉贡（Aragon）王国的西班牙贵族阿方索（Alfonso），他根据拜占庭历史学家普罗柯比（Procopius，约 500—565 年）的记载，在简单研究了贝利萨留斯利用渡槽的战术后，也采用同样的方法从安茹王手中夺取了该城。

附录 3

古典小说和历史小说描写的水攻战

为什么要讨论历史演义小说中描写的水攻战，因为大多数人对于古代水攻战的认识，很大程度上来自历史演义小说，甚至一些研究人员也受其影响。例如“水淹七军”的故事，几乎成为水攻战的代名词，它来自小说《三国演义》中关羽的一次水攻战。而在真实的历史上，它只是一次普通的水攻战。由于小说，尤其是古典小说的影响力巨大，可以说是家喻户晓，其夸大甚至是虚构的艺术手法对人们认识水攻战具有很大的作用。另外，历史演义小说在一定程度上反映了历史事实，而在学术上对水攻战的研究又很少，对历史上水攻战的真实情况了解不多，故此小说对水攻战的描写，通过小说而渲染的水攻战情节就成为人们认识水攻的主要来源，甚至由此产生一些误解。

3.1　小说描写的水攻战的特点

一般来说，历史演义小说都取材于历史记载或传说，在故事情节上与历史事实大体一致或相似，但是会作一些艺术处理，对历史事件作一些艺术夸张或改写。历史演义小说大量概括了历史事实，但又不受史实的限制，敷衍出许多精彩的情节。例如对“半渡而淹”的水攻战，何时决坝，决坝信息如何传递是非常重要的。但是历史记载的几次“半渡而淹”战例，都没有这方面的资料，反而是小说中有一些描写，如《三国演义》写诸葛亮白河用水，就是关羽在听到下流“人喊马嘶”时，提起布袋放水。《英烈传》写徐达放水时，是听到连珠七声炮响，将闸边四下掘开。这些描写，可能是作者的想象，但是看起来并非荒诞，也有合理之处。正如钱彩所说“事事皆虚则过诞妄”，“事事皆实则失于平庸”，应该“实者虚之，虚者实之”，才能吸引读者。对水攻战的描写也大体如此。

概括而言，历史演义小说对水攻战的描写，有如下特点：

第一，水情夸张，小说描写的决水灌城，一般结果都出现大水灌入城内，洪水泛滥，房屋倒塌等等水灾景象，作为水源的河流也是水流湍急，白浪滔天。这是真实的水攻战很少见到的。第二，伴随雨情，小说描写的水攻战，一般都配以连日降雨的天气情节，加强水攻的气氛，这也是真实的水攻战不一定都有的。第三，工程情节比较简单，对于水攻的工程布置都采取略写的手法，大多是根据史料记载，或者凭想象。如水淹敌军都是在上游用布袋筑坝，然后提起布袋放水。第四，水攻战一般都以胜利告终，小说都把水攻战描写成战无不胜攻无不克、战斗力巨大的作战手段。

这些特点与历史上真实的水攻战有很大的区别，这是阅读小说时应当注意的。当然这种虚实结合的写作方法，也符合人们对水攻战的想象，而且更具吸引力，作为小说，并无不可。但客观上，也使人们对水攻战产生一些误解。认为水攻战都像小说描写的那样威力巨大，攻无不克。

“水攻”作为兵法的一部分，是古代将领和指挥作战人员必须了解的战术，也是军事家智慧的体现，这一点在历史演义小说中都有所表现，比较著名的军事家一般都有过水攻战的经历。如《三国演义》中的曹操、诸葛亮和关羽，都是这部小说刻意塑造的人物，曹操的水攻战是历史上确有其事，难以回避。而诸葛亮的白河水攻是杜撰的，关羽水淹七军是夸大的。其他如《水浒》中宋江水淹秦明，《说岳》中岳飞青龙山水淹金兵，《英烈传》徐达水淹张士诚军，《飞龙全传》中杨继业水淹周师，等等，基本都是根据塑造人物形象需要而设计的情节。这些水攻战的描写确实使得人物形象更加生动饱满，给读者留下了深刻印象。而像《东周列国志》《中国历代通俗演义》那样基本按照史实来写，反而影响不大。

非常巧合的是，这些人物的水攻情节大都发生在他们早期的领兵打仗生涯中，《三国演义》中的诸葛亮白河用水，发生在他初出茅庐时。《水浒》中的宋江水淹秦明发生在宋江第一次指挥战斗，《说岳全传》中的岳飞青龙山水淹金兵也是岳飞受命领兵抗金的第一次大战。这样的情节设计并非偶然，说明军事家善于水攻和火攻，都是古代善于用兵的象征，是军事智慧的体现。

3.2 《水浒》描写的水战

《水浒》描写的水泊梁山本身是一个水战成功的典范。梁山起义军是以梁山泊八百里湖险为根据地才得以生存发展起来。梁山四周被水环绕，梁山好汉以八百里水泊为战场，依靠水泊天险，一次又一次打败官军的进攻，尤其在梁山泊的初创阶段，水险显得更为重要。所以，水军是梁山泊的重要力量，每当骑兵或步兵作战不能取胜时，依靠水军都能出奇制胜。

值得注意的是，《水浒》直接对梁山水泊的描写并不多，第一次写到梁山泊，是在第十一回，林冲初上梁山：“林冲看时，见那八百里梁山水泊，果然是个陷人去处！但见：山排巨浪，水接遥天。乱芦攒万队刀枪，怪树列千层剑戟。濠边鹿角，俱将骸骨攒成；寨内碗瓢，尽使骷髅做就。剥下人皮蒙战鼓，截来头发做缰绳。阻挡官军，有无限断头港陌；遮拦盗贼，是许多绝径林峦。鹅卵石叠叠如山，苦竹枪森森似雨。断金亭上愁云起，聚义厅前杀气生。”第一次对梁山泊的描写，并没有写八百里水泊，如何烟波浩渺，风景如画。反而是很多恐怖的场景，重点强调它是一个险恶去处，强人出没的地方，是一个充满陷阱的水上战场。短短几句，把梁山水泊的水之险、水之恶，描写得淋漓尽致。无论是它的水、它的山，都充满了恐怖和杀气。正是这种险恶的环境，成就了梁山英雄的传奇故事。

梁山泊的水险体现在几方面：第一，水泊广大，号称八百里，茫茫荡荡，一望无际，水天相连，水军能够来无影，去无踪；第二，港汊众多，号称有千条港汊，水路错综复杂，不熟悉地形者，必定是有来无回；第三，四面环水，非船没有出路，易守难攻。朱贵水亭施号箭情节，就是这一情形的真实写照。

3.2.1 《水浒》的水战情节

依托梁山泊的有利地形和水险环境，梁山好汉以少胜多，以弱胜强，多次打败官军的进攻。《水浒》第十九回，晁盖等人打劫生辰纲事情暴败露后，逃往石碣村，何观察奉济州知府命令前往剿捕，与众人商议，众公人是这样说的："若说这个石碣村湖荡，紧靠着梁山泊，都是茫茫荡荡，芦苇水港。若不得大队官军，舟船人马，谁敢去那里捕捉贼人。"这里借公人之口，说出了梁山泊港汊众多的险恶地理。经商议后，何观察带领500人去石碣村捉拿晁盖、吴用、阮小二等人。

出动五百人到一个小渔村去捉拿几个人，应该说是出动大队人马了。晁盖等人这时还没有上梁山，就在石碣村附近的水泊港汊里与官军摆开了战场。晁盖这边只有打劫生辰纲的晁盖、吴用、公孙胜、刘唐、三阮七人和十多个打鱼的渔夫，双方力量对比悬殊，官军从人数上占有20倍以上的绝对优势。但是阮小二、阮小五、阮小七等人丝毫没有畏惧，利用熟悉河道的优势，与官军展开周旋，水战加火攻，彻底打败五百官军，并活捉何观察。

济州府第一次剿捕失败后，紧接着又派团练使黄安率一千多人，四五百船只征剿梁山泊。这时林冲已经火并王伦，晁盖刚刚夺取了梁山泊的领导权，做了山寨之主。官军来势凶猛，晁盖、吴用等人还是利用熟悉水道的优势，把敌人引诱至河道狭窄的港汊深处，加以消灭。活捉黄安，俘虏一二百人。这两次战斗都发生在梁山泊初创阶段，如果没有水泊优势，梁山好汉很难立足。

在此后梁山泊的多次战斗中，水军都发挥了重要作用，如活捉轰天雷凌振，活捉没羽箭张清，以及两赢童贯，三败高太尉等，水军都是不可或缺的力量。《水浒》还写了两场比较典型的水攻。为此，在梁山好汉一百零八位三教九流人才中，还特意安排了一位专门搞水利的人才。此人叫陶宗旺，绰号九尾龟，光州人氏，庄家田户出身。他的兵器就是挖土的铁锹，力猛如虎，也有些武艺。与摩云金翅欧鹏、神算子将敬、铁笛仙马麟在黄门山落草，后来和白龙庙小聚义后的众多好汉一起上了梁山。他的主要工作是负责"掘港汊，修水路，开河道，整理宛子城垣，修筑山前大路"（第四十四回）。排座次时为地理星，排地煞星第三十九位，属于掌管监造诸事头领。

3.2.2 宋江水淹秦明

《水浒》描写的第一次水攻战是清风山水淹秦明，这次战斗发生在第三十四回，花荣与宋江反上清风山，正在与燕顺、王英、郑天寿等人商议攻打清风寨，总管青州兵马的霹雳火秦明率100马军、400步军，共500军兵来攻。面对有万夫不当之勇的秦明，花荣和宋江定下计策，采用水攻。"先使小喽啰或在东，或在西，引诱得秦明人困马乏，策立不定。预先又把这土布袋，填住两溪的水，等候夜深，却把人马逼赶溪里，上面却放下水来。那激流的水都结果了军马。"结果是秦明带领的五百人马，一大半淹死在水中，秦明被生擒。

清风山之战，是一场并不大的战斗，也是宋江反叛朝廷后，参与指挥的第一场战斗，初步体现了宋江指挥战斗的能力。宋江本是一小吏出身，并没有多少战斗经验。后来得了九天玄女的三卷天书，才具备了指挥千军万马的能力。清风山之战是在宋江得天书之前，主要策划人还是花荣，不过为以后宋江成为山寨头领做了铺垫。

通过对古代类似水淹敌军的战例分析可知，这种水攻方式，其实有相当的难度，历史上成功的战例不多，一般发生在山区地形比较复杂的地方。而且需要具备几方面的条件，最重要的，是要对当地的水文、地形条件非常熟悉，有合适的水源和筑坝地点，掌握一定的筑坝和决坝技巧。这次宋江和花荣抵抗官军，由于战场是在燕顺占据的山寨地区，这些优势花荣和宋江基本具备，筑坝采用了土布袋。引诱敌军到河流下游洪水淹没的范围之内，宋江和花荣采取了把官军逼赶到溪里的办法，而且是在夜深的时候，敌人很难察觉水攻的企图。所以这一战术布置应该说是非常巧妙的，虽然实战中要做到相当困难，还是有一定的可行性。

历史上曾经发生过一次非常相似的战斗，既唐朝后期的裘甫农民起义，水淹官军的三溪之战（参看本书 6.2.11）。那次官军也是 500 人，战斗规模、战斗过程和结果都非常相似。但三溪之战不是在三条溪上筑坝，而是因为战斗发生在三溪村这个地方，实际是在一条溪上筑坝。《水浒》中写作“填住两条溪的水”，可能是小说家的发挥，对史实的改编，也可能是小说家对历史的误解。真实的水攻战，要同时在两条溪上筑坝、决坝，满足这样的地理条件，基本不可能，历史上也没有发生过。

3.2.3 李俊水灌太原

《水浒》描写的第二场水攻战发生在宋江受招安后，出征田虎的战斗过程中。小说第九十九回：“花和尚解脱缘缠井，混江龙水灌太原城。”卢俊义分兵攻打太原县，遇到大雨，进攻受阻。混江龙李俊向卢俊义献计水灌太原。关于水灌太原，《水浒》第九十九回有如下描写：“且说太原城中守城将士张雄，伪授殿帅之职，项忠、徐岳伪都统制之职，这三个人是贼中最好杀的……此时是四月上旬，张雄正欲分兵出四门，冲击宋兵，忽听得四面锣声振响。张雄忙上敌楼望城外时，只见宋军冒雨穿屐，俱登高阜山冈。张雄正在惊疑，又听得智伯渠边，及东西三处，喊声振天，如千军万马狂奔驰骤之声。霎时间，洪波怒涛飞至，却如秋中八月潮汹涌，天上黄河水泻倾；真个是功过智伯城三板，计胜淮阴沙几囊。”

作者把引水灌城的过程描写得洪水汹涌，惊心动魄，是一种十分夸张的写法，渲染了洪水战斗的气氛。最后还点出，智伯水灌晋阳，城不没者三板，淮阴侯韩信垒沙囊，堰潍水。这些历史上的水攻史实，经过作者加工和发挥，成为生动写作素材。

第一百回继续描写这次水攻：

话说太原县城池，被混江龙李俊，乘大雨后水势暴涨，同二张，三阮，统领水军，约定时刻，分头决引智伯渠及晋水，灌浸太原城池。顷刻间，水势汹涌，但见：

骤然飞急水，忽地起洪波。军卒乘木筏冲来，将士驾天潢飞至。神号鬼哭，昏昏日色无光；岳撼山崩，浩浩波声若怒。城垣尽倒，窝铺皆休。旗帜随波，不见青红交杂，兵戈汨浪，难排霜雪争叉。僵尸如鱼鳖沉浮，热血与波涛并沸。须臾树木连根起，顷刻榱题贴水飞。

当时城中鼎沸，军民将士，见水突至，都是水渌渌的爬墙上屋，攀木抱梁，老弱肥胖

的，只好上台上桌。转眼间，连桌凳也浮起来，房屋倾圮，都做了水中鱼鳖。城外李俊，二张，三阮，乘着飞江、天浮，逼近城来，恰与城垣高下相等。军士攀缘上城，各执利刃，砍杀守城士卒。又有军士乘木筏冲来，城垣被冲，无不倾倒。城中鸡犬不闻，尸骸山积。虽是张雄等恶贯满盈，李俊这条计策，也忒惨毒了。

晋阳历史上曾经两次遭受水攻，战国初期智伯水灌晋阳和北宋初年赵匡胤水灌太原（治晋阳），这两次水灌晋阳都以失败告终，两次水攻，大水都没有灌进晋阳城，晋阳城也没有被水攻破坏。但是这两次水灌晋阳的规模都比较大，动用的人力、物力和兵力也比较多，在水攻战的历史上有很大影响，尤其是智伯水灌晋阳，是经典的水攻战。小说水灌太原城显然是以这两次水攻战作为历史原型，经过文学加工而成。

小说描写的水灌太原，和真实的历史完全不同，小说家笔下的太原城内，波浪汹涌，洪水滔天，太原城完全被淹没于洪水之中。而历史事实是，洪水没有进城，只有地下水位上升，城墙也没有垮塌。由于《水浒》这部小说的巨大影响，小说对水攻战的夸张和渲染，加上优美激昂的文学语言，使得这样的水攻描写很容易被接受，成为很多人对水攻战的看法。甚至影响了一些专家学者对水攻战的认识。

3.3 《荡寇志》对水攻的描写

《荡寇志》又名《结水浒传》，清道光二十七年（1847 年），俞万春著，是描写官军如何剿灭梁山泊起义军的一部作品，其文学成就以及影响力都无法和《水浒》相提并论。其中也有关于水攻战的描写。宋公明攻克莱芜和官军夺回莱芜都采用了水攻的战法。

第一百四回，吴用与宋江定计，要取莱芜县：

不数日，将到莱芜县，离城一百二十里下寨。时值仲春之抄，宋江未下寨时，早已濛濛细雨，镇日不止；及至安寨，雨势渐大，接连三日，宋江营帐器械，粮米柴草，都淋漓透湿。宋江心焦，与吴用着了雨衣出营观看，只见四面山头云岚密罩，无数垂杨绿竹颠倒于烟雨之中。宋江道："看这雨势，兀自十日不得了，如何是好?"吴用看那山头飞瀑，穿落重林，新涨横流，猛然心生一计，便回营，教探子冒雨前去，往探莱芜城水窦开否。到了次日，探子回报，称："新涨水大，各城门水窦齐开。"吴用便请宋江传令，拔寨冒雨前进。行了一日，去莱芜城只得三十里，前面探报城内已知了风声，城门已闸。吴用道："我们屯兵三日，自然吃他得知。我们只顾进兵。"便派李俊、张横带领水军六百名，从水窦入城；派杨雄、石秀带领一千二百名人马，马蹄、人脚俱裹了草鞋，飞速前去攻城。

莱芜城上军士见贼兵到来，当心抵御……不提防李俊、张横六百名水军已由水窦杀入……宋江顷刻得了一县，喜不自胜。

水窦[1]是出入水口，在有些地方也称水门，可用于排泄城内的洪水。当时因为连续下雨，各城门的水窦都打开了，吴用派军兵从水窦偷偷潜入城内。这种战术拜占庭帝国贝利萨留斯（Belisarius）攻打那不勒斯城时曾经采用过，通过古罗马人修建的大渡槽进入城

[1] 关于水窦，《浮生六记》："引至园田成熟处，每一字号圈筑高堤，以防潮汛。堤中通有水窦，用闸启闭，旱则长潮时启闸灌之，潦则落潮时开闸泄之。"

内。但在中国历史上尚未见记载，其原因是中国的城市很少有这样高大的水道。

官军收复莱芜时，也采用了水攻。第一百二十八回写道，天彪大军在莱芜城下，战胜三阮水军后，开始进攻莱芜。莱芜由朱武、鲍旭、孟康、陶宗旺四位头领把守。天彪采用多种方法进攻，未能奏效。刘慧娘对天彪献计道："媳妇倒想得一破城之法。"天彪问何法，《荡寇志》对这次水攻有如下描写：

慧娘道："媳妇连日看得汶河形势，较莱芜高下悬殊，不如用决水灌城之法：只须将汶河下流壅住，又将通莱闸的闸眼尽行闭塞，这里便将汶河上流堤岸掘开，汶水下泻，此城顷刻变成巨浸矣。"天彪称善，传令各军先行预备小杉板船、蜈蚣梭船等一应船只。到了下昼，便传令下流筑堰闭闸，上流开堤放水。官军已先登船上，只听得汶河上流水声如雷转车鸣，从缺堤处汹汹而来，一夜水声不绝。比及黎明，水势浩大，漫山遍野，一望汪洋。那莱芜城已如碗子般浸在巨海之中，只留着城楼雉堞，尺余城墙，尚未浸没。官军驾着船只，摆齐行伍，飞掉竞渡，直抵城边，城上军心大乱。

莱芜城破，孟康、陶宗旺、鲍旭先后被杀，朱武被擒。汶水从莱芜的南边流过，作为灌城的水源也许是可以的，这是作者认为该地可能发生水攻的原因。该书对水灌莱芜的描写采用的是上游决堤，下游壅水，两头灌城的方法，想象力十分丰富。与水灌太原的结果一样，水攻产生的洪水力量十分强大，把城市淹没。

但历史上并没有水灌莱芜的事件发生，现实中也没有发生过这种水攻方式，基本属于作者想象，所以写得也比较空洞。

3.4 《三国演义》描写的以水代兵战争

《三国演义》这部小说描写了很多生动的战争场景。其中不乏对水战的描写，除了对大规模水军作战的描写外，对以水代兵的作战也有很多描写。

3.4.1 曹操水淹下邳

吕布被陈登设计，丢了徐州和小沛，逃到下邳，凭泗水之险，困守孤城。曹操引兵攻城，两月不下。当时军阀割据，相互混战，曹操因聚众将商议说："北有袁绍之忧，东有表、绣之患，下邳久围不克，吾欲舍布还都，暂且息战，何如?"曹操打算放弃下邳。谋士荀攸等都认为不可，认为吕布屡败，锐气已堕，军心不稳，作速进攻，可擒吕布。

《三国演义》第十九回，下邳城曹操鏖兵，白门楼吕布殒命：

郭嘉曰："某有一计，下邳城可立破，胜于二十万师。"荀彧曰："莫非决沂、泗之水乎?"嘉笑曰："正是此意。"操大喜，即令军士决两河之水。曹兵皆居高原。坐视水淹下邳。下邳一城，只剩得东门无水；其余各门，都被水淹。

这个故事源于《三国志》记载的历史事实（本书 4.2.3），小说有所改编和夸张，决水的过程变得非常轻松，描写也很简单。大部分小说对引水灌城的描写都是如此：洪水淹没城市，城内的人无处可逃。实际上，真正的决水灌城，比这要复杂得多。曹操水灌下邳，使外城溃决，而吕布仍然可以坚守内城。水灌下邳的真正作用，并不是对下邳城造成多大的破坏，而是对敌人造成巨大的心理压力。使其军心离散，内部分裂。而史实陈宫被宋宪、魏续和侯成出卖，也变成吕布被缚，确实使故事更加惊险刺激。

3.4.2 诸葛亮白河用水

《三国演义》第四十回　蔡夫人议献荆州，诸葛亮火烧新野：曹操将领曹仁和曹洪率十万大军进攻刘备，刘备屯驻新野，手下只有几千人。面对大军压境，诸葛亮设计，主动撤出新野，留下埋伏，等曹军进驻新野后，先用火攻，火烧新野，使曹军在新野难以立足，再由赵云、糜芳、刘封领军攻击，把曹军赶到白河边，然后用水攻，将曹军彻底打垮，水攻的过程："先教云长引一千军去白河上流头埋伏。各带布袋，多装沙土，遏住白河之水，至来日三更后，只听下流头人喊马嘶，急取起布袋，放水淹之，却顺水杀将下来接应。又唤张飞引一千军去博陵渡口埋伏。此处水势最慢，曹军被淹，必从此逃难，可便乘势杀来接应。"

按照诸葛亮的布置，曹仁果然在新野遭到火攻后，仓皇逃出新野，又遭到赵云等一路追杀。到四更时分，溃逃到白河边，人困马乏，军士大半焦头烂额。由于上游被关羽用布袋筑坝挡水，所以河水不深，曹仁的人马都下河饮水，"人相喧嚷，马尽嘶鸣"。这时开始用水攻："却说云长在上流用布袋遏住河水，黄昏时分，望见新野火起；至四更，忽听得下流头人喊马嘶，急令军士一齐掣起布袋，水势滔天，望下流冲去，曹军人马俱溺于水中，死者极多。"曹军大败逃走，水攻极为成功。水攻的过程，其中有一细节是非常重要的，就是信息的传递，何时放水，太早或太晚都不行，历史上决坝放水的水攻战，都没有记载这一细节。白河用水中却有所提到，就是听到下游人喊马嘶时，开始放水，可以说是很有意义的一个情节描写。

这一仗，诸葛亮以少胜多，设计巧妙，取得了自出山以来具有重要意义的一次胜利，说明他不仅善用火攻，而且也能用水攻，充分展现了诸葛亮足智多谋，善于用计的军事才能。

白河用水的故事，史料中未见记载，但是这一故事的增加，使诸葛亮这一人物形象更加生动丰满。后来诸葛亮出使东吴，舌战群儒，东吴大谋士张昭竭力贬低其军事才能，诸葛亮举这次战斗为例，他说："夫以甲兵不完，城郭不固，军不经练，粮不继日，然而博望烧屯，白河用水，使夏侯惇，曹仁辈心惊胆裂：窃谓管仲、乐毅之用兵，未必过此。"说得张昭无言以对。的确，火烧博望坡和白河水攻，是诸葛亮初期军事生涯的两次得意之作。诸葛亮依靠智慧，以少胜多，以弱胜强，辅佐刘备在诸侯林立的战争中，转危为安，逐渐强大，终于建立雄霸一方的蜀国。

3.4.3 曹操水围冀州

汉建安九年（204 年），曹操北征袁尚，围攻冀州。防守冀州的是袁尚的将领审配，审配治军甚严，坚守城池。曹操先筑土山攻城，后又掘地道进攻，都被审配挫败，还损失了三百壮士。这时袁尚正与兄弟袁谭开战，攻打平原，听说曹操围困冀州，于是回兵来救冀州，并与城内守军相互呼应。曹操首先击溃了城外袁尚的援兵，然后引水围城，断绝城内外联系。

《三国演义》第三十二回　夺冀州袁尚争锋，决漳河许攸献计：

操回军攻冀州。许攸献计曰："何不决漳河之水以淹之？"操然其计，先差军于城外掘

壕堑，周围四十里。审配在城上见操军在城外掘堑，却掘得甚浅。配暗笑曰："此欲决漳河之水以灌城耳。壕深可灌，如此之浅，有何用哉!"遂不为备。当夜曹操添十倍军士并力发掘，比及天明，广深二丈，引漳水灌之，城中水深数尺。更兼粮绝，军士皆饿死。

这一水攻故事，与历史记载基本一致，唯有"城中水深数尺"一说，是添油加醋，小说家的加工。曹操用的是引水围城，只是围困而已。曹操挖城濠四十里，围困冀州四个月，使城中粮绝，引起军心离散，不可能使城内"水深数尺"，经过小说家的加工改编后，让水入城，这样使战斗更加紧张激烈，扣人心弦。

引水围困的结果，使敌人内部分化。"审配之侄审荣，素与辛毗相厚，见辛毗家属被害，心中怀忿，乃密写献门之书，拴于箭上，射下城来。军士拾献辛毗，毗将书献操……审荣大开西门，放曹兵入。辛毗跃马先入，军将随后，杀入冀州。审配在东南城楼上，见操军已入城中，引数骑下城死战，正迎徐晃交马。徐晃生擒审配，绑出城来。"曹操成功夺取冀州。

曹操挖濠为什么要采用"初令浅"的欺骗战术呢？这主要是为了避免守城敌军的干扰。历史上的水攻战，在城外筑堤挖渠，并不担心敌军的干扰。那是因为施工的地点离城墙根较远。而这一次，曹操挖濠，利用了一些原有的渠道甚至护城河，疏浚后作为濠沟的一部分。挖掘的地点，离城墙根很近，容易受到城上守军的干扰，如弓弩，石块等攻击。才需要使用欺骗战术，在夜间开挖，而且一夜之间，挖掘成功长四十里，宽深两丈的巨大濠沟。

另外，根据历史事实，曹操水灌下邳之前，曾经水围襄邑，当时挖掘濠堑还没有完成，袁术开城逃跑了，水围襄邑失败。这次挖濠"初令浅"，是吸取了上次教训，结果成功将审配围困在冀州城内。

所谓兵以诈立，这一欺骗战术，凸显了曹操人格中诡计多端的一面，很符合《三国演义》中把曹操塑造为奸雄的文学要求。作为历史事实，则说明曹操不仅善用兵，而且善用水的智慧一面。

3.4.4 关羽水淹七军

这个脍炙人口的故事发生在汉建安二十四年（219 年）。这年，汉中王刘备命关羽袭取樊城，关羽先克襄阳，樊城危急，曹操命于禁前去救援。于禁领七支精兵驻扎在樊城北面。关羽登高察看了地形以后认为，于禁屯兵于"罾口川"（罾音 zēng，鱼网），"鱼入罾口，岂能久乎?""于禁七军不屯于广易之地，而聚于罾口川险隘之处，方今秋雨连绵，襄江之水必然泛涨，吾已差人堰住各处水口，待水发时，乘高就船，放水一淹，樊城罾口川之兵皆为鱼鳖矣。"于是关羽命人准备船只等水战用具。

连日骤雨，魏军屯于罾口川，督军成何来见于禁，说："大军屯于川口，地势甚低；虽有土山，离营稍远。即今秋雨连绵，军士艰辛。近有人报说荆州兵移于高阜处，又于汉水口预备战筏；倘江水泛涨，我军危矣，宜早为计。"成何对关羽的举动已经有所察觉。不过他的忠告被于禁斥为煽惑军心。

《三国演义》第七十四回　庞令明抬榇决死战，关云长放水淹七军：

是夜风雨大作。庞德坐于帐中，只听得万马争奔，征鼙震地。德大惊，急出帐上马看

时，四面八方，大水骤至；七军乱窜，随波逐浪者，不计其数。平地水深丈余，于禁、庞德与诸将各登小山避水。比及平明，关公及众将皆摇旗鼓噪，乘大船而来。于禁见四下无路，左右止有五六十人，料不能逃，口称愿降。

洪水已经把于禁和庞德军马基本摧垮，关羽乘着大船，带着军兵来，只要收拾残兵就可以了。关羽为三国时一代名将，此次成功地运用水攻战术，生擒于禁、庞德，由此威震华夏。使他的征战功绩达到顶峰。《三国演义》就此有诗赞道："夜半征鼙响震天，襄樊平地作深渊。关公神算谁能及，华夏威名万古传。"

关羽曾经在白河放过一次水，这是第二次水攻。根据史实，这一战的成功主要不是关羽的神算，而是由于于禁屯兵的位置不当所致。《三国志》记载这年秋天"大霖雨，汉水溢，平地水深数丈，禁等七军皆没"。并没有关羽"堰住各处水口"的说法。而事实上，这也是不可能的。所谓"堰住水口"，即筑坝抬高水位。关羽从观察地形，到水淹七军，中间不过"骤雨数日"，几天的时间，在当时的技术条件下，要在各"水口"都筑成挡水坝是很困难的。何况当时正是秋雨连绵，水深流急。《三国演义》的作者似乎也注意到这一点，在写了如何堰住各处水口后，却没有提到如何放水，洪水就淹了于禁的军营。

关羽水淹于禁七军一战，在历代诸多的水攻战中，是很普通的一次乘水进攻的战役，甚至很难说是一次水攻战（参看本书 4.2.5），多少有点侥幸成功的成分。这一情节经过小说家的加工，移花接木，就成了一个经典的水攻战役，一个著名的故事。《三国演义》的故事中，关羽两次参与水攻战，是为了把关羽塑造为一个有勇有谋的英雄形象。

3.4.5 泠苞决涪江

汉建安十八年（213 年），刘备侵益州，杀杨怀、高沛二将，袭取涪水关，刘璋遂令刘璝、泠苞、张任、邓贤四将，点五万大军，星夜往守雒县，以拒刘备。泠苞被黄忠击败，遭魏延的伏兵所擒，又假意投降，以招降其他将领为理由逃回雒县。

在敌强我弱，正面作战难以取胜的情况下，泠苞看到黄忠、魏延下寨在山脚下江边低地，想到水攻。《三国演义》第六十二回，取涪关杨高授首，攻雒城黄魏争功：泠苞对吴懿说："此间一带，正靠涪江，江水大急；前面寨占山脚，其形最低。某乞五千军，各带锹锄前去，决涪江之水，可尽淹死刘备之兵也。"吴懿从其计，即令泠苞前往决水，吴兰、雷铜引兵接应。泠苞领命，带兵去准备决水器械。

也可能是泠苞决江的计划遭到泄露，蜀中有一豪杰人士彭羕，早先因直言触忤刘璋，被刘璋髡钳为徒隶，因此怀恨，就把这一情况报告给刘备。他说："前寨紧靠涪江，若决动江水，前后以兵塞之，一人无可逃也。"刘备立即把这一情况向前方将领黄忠和魏延进行了通报，要他们谨防慎守，防止决江，黄忠和魏延在江边进行了布置。

泠苞做好了决江的准备，这天夜里，风雨大作，引了五千军，径循江边而进，安排决江。"只听得后面喊声乱起，泠苞知有准备，急急回军。前面魏延引军赶来，川兵自相践踏。泠苞正奔走间，撞着魏延，交马不数合，被魏延活捉去了。"这次水攻计划遂以失败告终。

这一故事在《三国志》中未见记载，应属《三国演义》虚构，但使刘备取西川的情节更加生动曲折，小说更具可读性。

3.4.6 马谡失街亭

蜀汉建兴五年（227年）春三月，诸葛亮因魏国曹丕去世，幼子曹睿即位，司马懿又中离间计遭贬，而且南方已经平定，于是上出师表，率大军号称三十万，出兵伐魏。初期进军顺利，生擒夏侯楙，招降了姜维，又打败曹真，蜀兵前锋已经到达渭水。魏国朝野震动，于是重新启用司马懿，司马懿受命后，以闪电般的速度，先斩了孟达，平定了叛军，然后军出街亭。

按照司马懿的说法，街亭是秦岭西的一条小路，旁边有一城，名列柳城。此二处均是汉中咽喉。诸葛亮大军深入，如果街亭有失，就断了蜀军的粮道，整个伐魏的战略部署均被打乱，蜀军将陷于十分被动的局面。而且街亭无城郭，无险阻，极难防守。所以必须由一可靠的人去。诸葛亮选择了熟读兵书，但缺少实战经验的马谡为主将防守街亭。马谡夸夸其谈，并立下军令状，诸葛亮对马谡去守街亭，终究有些不放心，又作了以下战术安排：①派上将王平辅佐马谡，并嘱咐下寨必当要道之处，凡事商议停当而行；②派高翔带一万精兵驻扎在列柳城，街亭危急时，可以相救；③派魏延屯兵于街亭之后，接应街亭，当阳平关冲要道路，总守汉中咽喉；④派赵云、邓芝各引一军出箕谷，以为疑兵。在作了详细部署后，诸葛亮自统大军出斜谷。

马谡守街亭最大的失误是没有当街下寨，而是把军队驻扎在山上。因为他缺少实战经验，不知道饮水对驻军的重要性，虽经王平提醒："若魏兵断我汲水之道，军士不战自乱矣。"马谡却认为，"孙子云，置之死地而后生。若魏兵绝我汲水之道，蜀兵岂不死战？"说明他对自己的士兵不了解，对断水的后果估计完全错误。兵书说"饥渴可击"，司马懿在得知街亭"当道并无寨栅，军皆屯于山上"的情况后，真是喜出望外，马上制定作战计划："命张郃引一军，当住王平来路。又令申耽、申仪引两路兵围山，先断了汲水道路；待蜀兵自乱，然后乘势击之。"诸葛亮在祁山大寨看到王平送来的驻军图本后，也拍案大惊道："吾观此图本，失却要路，占山为寨。倘魏兵大至，四面围合，断汲水道路，不须二日，军自乱矣。"实际情况与他想象的基本一致，不过还要严重一些。蜀兵被四面包围后，军中无水，当天就寨中大乱。到了晚上，一部分士兵打开寨门，下山降魏去了，马谡期望的"蜀兵死战"的情景并没有发生。司马懿又烧山，用火攻。后来虽经王平、魏延、高翔等竭力奋战，试图夺回街亭，但终究不是司马懿的对手，街亭和列柳城均丢失。诸葛亮不得不在西城冒险用空城计，方才得以安全退回汉中。

马谡失街亭，真实的历史事实是被张合击败（本书4.4.4）。《资治通鉴》：谡违亮节度，举措烦扰，舍水上山，不下据城。张绝其汲道，击，大破之，士卒离散。亮进无所据，乃拔西县千余家还汉中。小说却演变成司马懿与诸葛亮的斗智游戏，迫使诸葛亮冒险使用空城计，使战争过程更具悬念，也更加惊险。

3.4.7 郭淮断水源

嘉平元年（249年），姜维伐魏，以降将夏侯霸为向导。先差蜀将句安、李歆同引一万五千兵，往麴山前连筑二城：句安守东城，李歆守西城。魏雍州刺史郭淮与副将陈泰，来攻此两城。他们察看地形后认为，该城可围而取之，断绝水源，兵不血刃而拔其城。

《三国演义》第一百零七回　魏主政归司马氏，姜维兵败牛头山：

郭淮自引兵亦到，看了地势，忻然而喜。回到寨中，乃与陈泰计议曰："此城山势高阜，必然水少，须出城取水；若断其上流，蜀兵皆渴死矣。"遂令军士掘土堰断上流。城中果然无水。李歆引兵出城取水，雍州兵围困甚急。歆死战不能出，只得退入城去。句安城中亦无水，乃会了李歆，引兵出城，并在一处；大战良久，又败入城去。

幸好天降大雪，城内蜀兵得以化雪而食。在此困难条件下，李歆拼死突出重围，向姜维求救。姜维采用夏侯霸的围魏救赵之计，不直接去救麴山，而是移兵去攻雍州。不料这一计策被魏军识破，姜维进军至牛头山，遭到魏军陈泰、郭淮伏击，又被魏军取洮水，断了粮道，败退到阳平关。麴山城中蜀将句安，见援兵不至，只得开门降魏。

这一故事情节与历史事实基本相同。《三国志·魏书·陈泰传》：嘉平初，"蜀大将军姜维率众依麴山筑二城，使牙门将句安、李歆等守之，聚羌胡质任等寇偪诸郡。征西将军郭淮与泰谋所以御之，泰曰：'麴城虽固，去蜀险远，当须运粮。羌夷患维劳役，必未肯附。今围而取之，可不血刃以拔其城；虽其有救，山道阻险，非行兵之地也。'淮从泰计，使泰率讨蜀护军徐质、南安太守邓艾等进兵围之，断其运道及城外流水。安等挑战，不许，将士困窘，分粮聚雪以稽日月。"《资治通鉴》记载大体相同。麴山，今甘肃岷县东南。

3.5 《东周列国志》描写的以水代兵事件

明末小说家冯梦龙著《东周列国志》是一部长篇白话历史演义小说，写的是西周末年（前789年），至秦统一六国（前221年），包括春秋战国五百多年间的历史故事，内容多取材于历史记载，这一时期内发生的一些以水代兵的事件在书中有所反映。

3.5.1 隰朋找水

东周列国志第二十一回：管夷吾智辨俞儿，齐桓公兵定孤竹。齐桓公率管仲、隰朋等帮助燕国讨伐山戎。深入山戎领地三十里，驻扎于伏龙山，与山戎开战，大败山戎的军队。面对强敌，山戎将领速买献计说，伏龙山附近二十余里皆无水泉，只有一条濡水。如在上游筑坝，使濡水断流，齐军没有饮水，必将自乱，乱则必溃。然后乘乱攻击，没有不胜的道理。山戎令支子密卢大喜，依计而行。

管仲在伏龙山寨，见戎兵退去后，一连三日不见动静，心下疑惑。使人探听，方才知道，进兵的黄台山大路已被塞断，饮水水源也被切断，军中缺水。桓公传令，教军士凿山取水，但是找水相当困难。公孙隰朋根据蚂蚁的生活习性，以及蚂蚁和水相互依存的道理。认为蚂蚁冬天住在山的南面（阳面），所以必须到山的南面有蚁穴的地方找水，军兵按这一方法，果然在山腰掘得水泉，军中得水，欢呼相庆。齐桓公盛赞隰朋之圣明，伏龙山因此改名为龙泉山。密卢打听得齐军未尝乏水，以为齐军有神人相助，对山戎的士气是一个很大的打击。齐国最后帮助燕国打败了令支国和孤竹国，辟地五百里。

隰朋找水的故事在《韩非子·说林上》中有记载："管仲、隰朋从于桓公而伐孤竹，春往冬反，迷惑失道……行山中無水，隰朋曰：'蚁冬居山之阳，夏居山之阴，蚁壤一寸而仞有水。'乃掘地，遂得水。"说的是齐桓公讨伐孤竹，因迷路而找水的过程。

3.5.2 水灌郢都

东周列国志第七十六回：楚昭王弃西奔，伍子胥掘墓鞭尸。说的是吴王阖闾率领两位著名的军事家伍子胥和孙武，长途奔袭，以少胜多，攻破楚都郢，伍子胥复仇的故事。在这次战争中，攻破楚都郢，采用的是水攻：

话说孙武引兵过虎牙山，转入当阳阪，望见漳江在北，水势滔滔；纪南地势低下，西有赤湖，湖水通纪南及郢都城下。武看在肚里，心生一计。命军士屯于高阜之处，各备畚锸，限一夜之间，要掘开深壕一道，引漳江之水，通于赤湖。却筑起长堤，坝住江水。那水进无所泄，平地高起二三丈。又遇冬月，西风大发，即时灌入纪南城中。守将宋木，只道江涨，驱城中百姓奔郢都避水。那水势浩大，连郢都城下，一望如江湖了。孙武使人于山上砍竹造筏，吴军乘筏薄城。城中方知此水乃吴人决漳江所致，众心惶惧，各自逃生。楚王知郢都难守，急使箴尹固具舟西门，取其爱妹季芈，一同登舟。子期在城上，正欲督率军士捍水，闻楚王已行，只得同百官出城保驾，单单走出一身，不复顾其家室矣。郢都无主，不攻自破。

此一故事来源于刘宋盛宏之《荆州记》的记载："昭王十年，吴通漳水灌纪南，入赤湖，进灌郢城，遂破楚。"小说作者进行了充分想象和发挥，引申出挖长濠，筑长堤，坝住江水等一系列水利措施，以及造竹筏攻城的水攻情节。为了造势，描写成水势浩大，平地高起二三丈，灌入纪南城中，又漫于郢都城下，楚王弃城逃跑。其过程生动具体，但与史实有较大差距。发动水攻的是兵圣孙武，大概是因为孙武的名气大于伍子胥，实际上，伍子胥才是这次水攻的真正策划和指挥者。

3.5.3 水灌晋阳

水灌晋阳除了在《水浒》中有所反映外，在其他很多文学作品中也都有反映。在《东周列国志》中描写尤为详细具体。第八十四回：智伯决水灌晋阳，豫让击衣报襄子。写的就是晋阳之战这一具有历史意义的水攻战役的前前后后。它以史实为线索，对这一水攻战，进行了再创作。从智瑶的身世写起，其父应当是智宣子荀申，其祖父智文子荀跞。对他的才智和品德。晋阳之战的起因都做了详细交代，记述了智果对智伯的评价，从外表看，智瑶英武过人，而且善于骑射，有五大优点。但是他的最大弱点是贪残不仁。

为了实现智氏能够代晋的野心，智瑶的谋士絺疵向智瑶献"食果去皮"之计。谎称将兴兵与越国争霸，假传晋侯之命，令韩、赵、魏三家各献地百里，以其赋税作为军用。如果他们听命献地，则智氏坐收三百里地，智氏更加强大，韩、赵、魏三家则实力大为削弱。如果哪家不献地，则可以晋侯名义，加以剿灭。智瑶当时为晋国执政，具有挟天子以令诸侯的优势。结果是韩氏和魏氏顺利献出了土地，而赵氏则拒绝献地。由此展开了智氏联合韩氏和魏氏讨伐赵氏的战争。

对于水灌晋阳的过程，小说描写的比史料记载详细，说智伯因围城一年有余，不能取胜。正在无计可施，智伯乘小车周行城外，行至一山，见山下泉流万道，滚滚望东而逝。询问当地土人，知此山名曰龙山，又名悬瓮山，是晋水源头，离晋阳西门城十里。智伯对晋水周围地势进行了仔细考察，忽然想到可以用水攻。这些说法还是客观的。但下面描述的灌城方法，就含含糊糊，不知所云：

智瑶即时回寨，请韩、魏二家商议，欲引水灌城。韩虎曰：“晋水东流，安能决之使西乎？”智伯曰：“吾非引晋水也。晋水发源于龙山，其流如注。若于山北高阜处，掘成大渠，预为蓄水之地，然后将晋水上流坝断，使水不归于晋川，势必尽注新渠。方今春雨将降，山水必大发。俟水至之日，决堤灌城，城中之人，皆为鱼鳖矣。”韩魏齐声赞曰：“此计妙哉！”

智伯传下号令，多备锹锸，凿渠于晋水之北。次将各处泉流下泻之道，尽皆坝断。复于渠之左右，筑起高堤，凡山坳泄水之处，都有堤坝。那泉源泛溢，奔激无归，只得望北而走，尽注新渠。却将铁枋闸板，渐次增添，截住水口，其水便有留而无去，有增而无减了。今晋水北流一支，名智伯渠，即当日所凿也。一月之后，果然春雨大降，山水骤涨，渠高顿与堤平。智伯使人决开北面，其水从北溢出，竟灌入晋阳城来。有诗为证：

向闻洪水汨山陵，复见壅泉灌晋城。

能令阳侯添胆大，便教神禹也心惊。

既说不是引晋水，结果还是引晋水，在晋水上游筑坝。好像是要蓄水，又开渠，筑堤，又建闸门。从这些描述中可以看出，作者对水灌晋阳的理解大概是：在上游筑坝建闸拦截山水，泉水，再开渠引水到晋阳城外，在渠的两岸筑起高堤，然后决开所谓的北面，让洪水通过渠道灌入晋阳城内。先不说这种想象的水利措施是否可行，这种灌城方式，有两种结果，一是洪水把城市冲垮；二是如果洪水如果不能毁坏晋阳城，则洪水很快会退去，无论哪种结果，都不会有后来洪水长期围困晋阳的现象产生。对于水灌晋阳的结果，小说又进行了如下描述：

时城中虽被围困，百姓向来富庶，不苦冻馁，况城基筑得十分坚厚，虽经水浸，并无剥损。过数日，水势愈高，渐渐灌入城中，房屋不是倒塌，便是淹没。百姓无地可栖，无灶可爨，皆构巢而居，悬釜而炊。公宫虽有高台，无恤不敢安居，与张孟谈不时乘竹筏，周视城垣。但见城外水声淙淙，一望江湖，有排山倒峡之势，再加四五尺，便冒过城头了。

前面说洪水渐渐灌入城中，后面又说，洪水再加四五尺，才冒过城头。究竟洪水在城内还是城外，光看小说，实在很难搞清楚。《水浒》中对水灌太原的描写也大体类似。好在小说，并无须细究，历史上对引水灌城的误解，从古至今，比比皆是。甚至一些学术文献中，也不乏这种情况。

小说接下来对于赵氏如何联合韩、魏两家，共同灭智氏的过程，进行了绘声绘色的描述。赵无恤的谋士张孟谈，打扮成智伯军模样，缒城而出，深夜来见韩康子（韩虎），陈说唇亡则齿寒的道理。韩、魏两家也深感智伯的威胁，在平时的言谈举止中他们已经察觉到智伯的野心。同时，韩康子和魏桓子也痛恨智伯的为人，魏驹就说：“狂贼悖嫚，吾亦恨之！”于是韩、赵、魏三家达成协议，共同对付智伯，约定消灭智氏后，平分其土地。智伯虽然对韩、魏两家的一些异常举动有所察觉，但终究不相信他们会背叛自己，没有采取行动。

到了约定的日期，“韩虎、魏驹暗地使人袭杀守堤军士，于西面掘开水口，水从西决，反灌入智伯之寨。军中惊乱，一片声喊起，智伯从睡梦中惊醒起来，水已及于卧榻，衣被俱湿”。智伯回视本营，波涛滚滚，营垒俱陷，军粮器械，飘荡一空。营中军士，尽从水中浮沉挣命。韩、赵、魏三家的军队乘水势驾小舟杀入智伯军营。智伯见大势已去，乘乱从山后逃走，遇到在此埋伏的赵无恤，被生擒斩首。赵无恤还不解恨，将其头颅刷上油漆，作为夜壶使用。水灌晋阳以失败告终，智伯落得兵败身亡的结局。

3.5.4 水灌大梁

水灌大梁也是春秋战国时期一次比较重要的水攻战。《东周列国志》第一百七回对此也有描述："王贲连战皆胜，进围大梁。值天道多雨，王贲乘油幭车，访求水势，知黄河在城之西北，而汴河从荥阳发源来，亦经由城西而过。乃命军士于西北开渠，引二河之水，筑堤壅其下流。军士冒雨兴工，王贲亲自持盖催督。及渠成，雨一连十日不止，水势浩大。贲命决堤通沟，内外沟俱泛溢。城被浸三日，颓坏者数处，秦兵遂乘之而入。"

其灌城的方法是引黄河和汴河水，筑堤壅其下流，然后决堤。后世的一些研究可能受其影响。实际上，这样的方法是很难行得通的。

3.5.5 廉颇掘井

第九十八回："质平原秦王索魏齐，败长平白起坑赵卒。"秦大将王龁进兵围赵国上党，赵王拜廉颇为上将，率兵二十万来援。行至长平关，遇冯亭，方知上党已失，秦兵日近。于是派赵茄领军五千，哨探出长平关外，结果被秦兵所杀，廉颇知秦兵势大，难以取胜，于是采用坚壁防守的战术，而且在用水问题上考虑得非常周到。

廉颇闻前哨有失，传谕各垒用心把守，勿与秦战；且使军士掘地深数丈以注水，军中都不解其意。王龁大军已到，距金门山十里下寨。先分军攻二鄣城，盖负、盖同出战皆败没。王龁乘胜攻光狼城，司马梗奋勇先登，大军继之。冯亭复败走，奔金门山大营，廉颇纳之。秦兵又来攻垒，廉颇传令："出战者，虽胜亦斩！"王龁攻之不入，乃移营逼之，去赵营仅五里。挑战几次，赵兵终不出。王龁曰："廉颇老将，其行军持重，未可动也。"偏将王陵献计曰："金门山下有流涧，名曰杨谷，秦、赵之军，共取汲于此涧。赵垒在涧水之南，而秦垒踞其西，水势自西而流于东南，若绝断此涧，使水不东流，赵人无汲，不过数日军必乱，乱而击之，无不胜矣。"王龁以为然，使军士将涧水筑断。至今杨谷名为绝水，为此也。谁知廉颇预掘深坎，注水有余，日用不乏。秦赵相持四个月，王龁不得一战，无可奈何。

为了长期防守的需要，廉颇预先在营寨内挖掘蓄水池。预先储备了很丰富的饮用水。当敌人断绝水源时，营中并不缺水。这是由于他的实战经验极为丰富。在古代战争史上，也算是一个极有意义的创举。

3.5.6 水中投毒

第六十一回："晋悼公驾楚会萧鱼，孙林父因歌逐献公。"晋国联合各诸侯国伐秦：

使荀偃率三军之众，同鲁、宋、齐、卫、郑、曹、莒、邾、滕、薛、杞、小邾十二国大夫伐秦。晋悼公待于境上。秦景公闻晋师将至，使人以毒药数囊，沉于泾水之上流。鲁大夫叔孙豹，同莒师先济，军士饮水中毒，多有死者。各军遂不肯济。

此事发生在秦景公十八年（前 559 年）。荀偃率晋师，会同诸侯，起兵伐秦，以报栎之役战败之耻。

晋师先行抵达战场，而诸侯军队到了泾河却不肯渡河。鲁、莒两国率先找来船只，渡过泾河。郑国、卫国见此，就劝诸侯同渡。诸侯渡过泾河，扎营备战。结果秦国在泾河上游下毒，诸侯盟军饮水中毒。晋师统帅荀偃号令治军未久而未能服众 大部分诸侯国的军队未开战就班师回国了。历史上称为迁延之役。

3.6 《说岳全传》岳飞水攻败金兵

清代钱彩编次、金丰增订的《说岳全传》是一部以岳飞抗金故事为题材，带有某种历史演绎色彩的小说。书中的岳飞是一个智勇双全，忠孝节义，精忠报国的英雄形象。其中也有岳飞设计水攻这一情节。岳飞受了宋高宗封为总制之职，带领吉青以及八百军兵为前锋，刘豫为第二队，张所为大元帅，聚兵十万，抗击金兵。初次出兵，岳飞就在八盘山用伏兵计打了一个小胜仗。

岳飞认为，兵在精而不在多，他的前锋部队只有八百精兵。要对付金兵，只能用计取胜。所以第二仗，在青龙山，大败金兵，采用的是火攻加水攻。第二十三回，岳飞进军到青龙山，查看地形后，命人准备了口袋四百个、火药一百担、挠钩二百杆、火箭火炮等物，以备使用：

拨二百名人马在山前，将枯草铺在地上，洒上火药，暗暗传下号令："炮响为号，一齐发箭。"又拨一百兵在右边山涧水口，将口袋装满沙土，作坝阻水。待番兵到来，即将口袋扯起，放水淹他。若逃过山涧，自有石壁阻住去路。决往夹山道而走。遂拨兵一百名，于上边堆积乱石，打将下来，叫他无处逃生。又令吉青领二百人马，埋伏在山后，擒拿逃走番兵。

岳飞一骑马一条枪，独踹金营，引诱番兵攻山。番兵中计进入山里后，两边埋伏的军士，用火炮、火箭引火烧山，霎时间，火药发作，烈焰腾空，烟雾乱滚，番兵番将被烧得溃不成军，自相践踏，各自逃生。

铜先文郎和众平章保着粘罕，从小路逃生。却见一山涧阻路，粘罕叫小番探那溪水的深浅。小番探得明白，说："有三尺来深。"粘罕遂吩咐三军渡水过去。众军士依言，尽向溪水中走去，也有许多向溪边吃水。粘罕催动人马渡溪，但见满溪涧尽是番兵。忽听得一声响亮，犹如半天中塌了天河，那水势望下倒将下来，但见滴溜溜人随水滚，泼喇喇马逐波流。粘罕大惊，慌忙下令别寻路径，回兵要紧。那些番兵一个个魂飞胆丧，尽望谷口逃生。

青龙山一仗，岳飞只有八百精兵，用火攻加水攻，打败粘罕十万大军，活擒番将铜先文郎，使番国元帅粘罕几乎丧命。其战术与《三国演义》诸葛亮火烧新野加白河用水十分相似，那一仗，诸葛亮用几千人的兵力，打败曹操十万大军。其水攻情节，也是在山谷地形，用布袋筑坝，然后放水淹敌。火攻和水攻都是古代将领用兵智谋的体现，往往能够以少胜多、以弱胜强。

3.7 《飞龙全传》杨业决水淹周师

清代吴璿根据旧本《飞龙传》增补改编的长篇英雄传奇小说，主要描写赵匡胤当皇帝之前的人生经历。第四十九至五十一回：周世宗因北汉结连契丹，举兵入寇，御驾亲征，旗开得胜，先取天井关，降了怀州，又获高平大捷，遂席卷长驱，进兵晋阳，欲扫除北汉。

周世宗大兵来到河东，扎营城南，分遣诸将攻打晋陽，北汉主刘崇听得周兵攻城，两军交战，北汉军屡战屡败，不得不请出山后应州山王金刀杨令公杨继业，杨继业同八个儿子与王贵，一齐起行，抵敌周兵。周世宗得到报告后，当天夜里三更，做了一个“水”梦：

世宗宿于军中，梦见一个妇人，宽衣博带，走进帐中。后面随着许多女从，约有二十余人，手里多拿着一块木牌，牌上画着云霓，中间写个大大的“水”字，见了世宗，只把这牌儿来晃。那妇人走近前来，对世宗说道：“陛下军威已盛，远人莫不敬畏矣。车驾即宜速返，不然，恐数万兵马受苦也。我乃本城城隍，特来报知，望陛下留意。”言罢而退。

此梦预示周兵将有水灾。

杨业因冯益、杨怀亮二人叛逃到周营，正在无计可施时，带了数骑，上高阜处观看周兵，见旗幡严整，兵势浩大，列营于汾水之原。所谓汾水之原，是龙川汇入汾水的河口地带，地势低洼，时当八月初旬，秋雨连绵，河水泛滥，杨业看了，心生水攻一计：

杨业差拨军士，整备船只，检点水具，听令应用。延昭问道：“陆地行兵，何用船只?”杨业道：“兵家玄妙，岂尔所知也！兵法云：‘军入陷地，有犯天时；逆天行道，必败之道也。’方今秋雨连绵，汾水必然暴涨。吾故差人整顿船筏，备齐水具，往各处水口壅住。待等雨甚水发之时，放开闸坝，其水冲下，周兵尽为鱼鳖矣。”

周兵因连日秋雨不止，满营皆湿，赵匡胤感觉到屯军位置于大军甚为不利，来见世宗，说道：“今吾大兵列于汾水原，地势甚低，前望龙川，水势泛溢。近日秋雨淋漓，倘杨业效汉关公决水之计，吾兵何以当之?”周兵正准备移营：

只听得帐前一片的声响，如万马奔腾，似千军震鼓，澎澎湃湃，汹涌而来。世宗大惊，出帐上马。只见四面八方，水势滔天，风雨更甚。各营将帅要备船只，已来不及，顷刻之间，平地水长数尺。军士慌乱，无处躲逃，惟有追波逐浪，淹没漂流而已。

此一战，周兵大败而逃，世宗在众将保护下撤离，赵匡胤断后，差点丧命，幸有神人保佑，得以脱险。这次水攻战和《三国演义》里的水淹七军非常相似。

3.8 《英烈传》徐达决水连环计

《英烈传》是明代无名氏创作的章回体小说。系由明代民间流传故事改编而成，主要讲述元朝末年元顺帝失政，朱元璋举兵起义，率领文臣武将南征北讨，统一全国，最终推翻元朝统治、建立明政权的故事，大部分情节根据事实演化而成。

第五十三回“连环敌徐达用计”。徐达与张士诚大战于湖州城外，第一仗徐达这边常遇春用伏兵计，生擒张士诚的兄弟张世信。张士诚顷全军之力，率兵三十万，来救湖州。这一仗是统一东南的关键之战，徐达与诸将领兵十三万迎敌张士诚。张士诚先败一阵，打算晚上派纪世雄前去劫营。徐达料到张士诚会来劫营，做好了水攻准备：

将令箭一枝，唤俞通海、俞通源、俞通渊三将向前，着领水军三万，即刻抄小路到大

全港口，闸住上流，待吴兵半渡，只听连珠七声炮响，将闸边四下掘开，决水冲人，溺死吴军。

又令各将分头去埋伏，再派一支人马，假装西吴探子，径到张士诚营中报假信，说纪世雄前去劫营，被朱兵大败，现今徐达乘势追杀将来，引诱张士诚大队人马出动。徐达亲自带兵在大全港假装渡河，引诱张士诚军来攻击。各路人马，八方虎将，但听轰天雷八声炮响，应声齐起，开始进攻。其中水攻是打垮敌人的主要力量。

当天夜里，张士诚命纪世雄率兵三万为前队，张虬率兵三万为中队，吕珍率兵三万为后队，到徐达寨中来劫营。约莫二更，将至徐达寨边，并无军兵，估计是向西北逃窜，纪世雄大喜，便催兵追杀。

比及五更，只见大全港中，徐达带了甲兵，如蜂似蚁的，在港中争渡。世雄在马上把眼一看，那水极深处也不满二尺，便道："不杀徐达报仇，不是大丈夫！夺得头功者，即时奏闻，加官重赏。"催动后军，过河冲击。三万军士，个个争先。此时已是黎明，军士正在半港，猛听连珠炮响，徐达的军便从闸口掘开，河水骤涌起来，横冲三十里地面。世雄的兵进退无路，溺死者二万有余。世纪雄也做了膨膨气胀的水鬼。其余扒得上岸，被众军活捉的也约有八千有零。

张士诚军遭到水攻惨败后，挫动锐气，军心不稳，急忙向苏州撤退，一路遭到追杀，大败而归。

除了以上小说描写的水攻战外，蔡东藩著《中国历代通俗演义》对大部分历史上发生的水攻战也都有提及，但是描写比较简单，与史实出入不大，不再赘述。

Wars of Using Water as Weapon and Related Hydraulic Engineering in Chinese History

YAN Yuanliang

China Water & Power Press
• Beijing •

ABSTRACT

This book discusses the concept of using water as weapon and using water to substitute for soldier, as well as the theories and expounds of using water as weapon from the ancient books on the art of war. Based on a great deal of studying on literature and data of historical wars, the book deals with about two hundred important historical events relating to offensive wars using water as weapon, and defensive wars using water to substitute for soldier in Chinese history from legendary age, about 3, 000 B. C, to 1949. The background, process, result, engineering construction and significance in the history of each war were introduced as possible as detail. The book also introduces ten types of offensive battles by using water as weapon as following: inundating farmland, flooding city by diverting water, deliberate breaking dike or damming river to obstruct enemy, cut off water supply, poisoning in water, attacking enemy when crossing a river, flooding enemy crossing river by breaking dammed river, attacking enemy by seizing opportunity of flooding, flooding enemy's camp and breaking water to flash enemy.

In addition, the book focus on studying defensive measures by constructing hydraulic engineering to defend against enemy and using nature water to help defensing, their applications in the frontier guarding, city and national defense in Chinese history.

In the end of the book, chronicle events of using water to substitute for weapons and soldiers in Chinese history in English, and the stories of using water as weapon described in Chinese classical novels are attached. This is the first monograph to study using water as weapon in China. It can be used as references to researchers from the subjects of history, history of war, history of water and other related researchers.

Contents

Appendix 1

Chronicle Events Using Water Substitute for Weapon and Soldier in Chinese History

No.	Dynasty	Age	Description	Combating Mode by water	Note
1		3000 B. C.	Huangdi ordered Yinglong to store water to defeat Chiyou in the Battle of Zhuolu	To flood army	
2	Legendary Era		Gong Gong built dams and dikes in many rivers, excavated down high hill and heaped up earth to harm the land under heaven	To flood land	
3	Legendary Era		Gong Gong bumped against mountain Buzhou with fury. The historical fact of this legend is that Gong Gong made deliberate flood disasters by constructing dikes and then crashed them. Because the precondition of this story is the war between Zhuanxu and Gong Gong	To flood land	
4	Legendary Era		At the time when Shun was in power, Gong Gong-the God of water, evoked a flood to threaten the area of Kong Sang	Attacking city by means of water	
5	The end of Shang and beginning of Zhou		A teaching of King Wen of Zhou "to obstruct water to guard against enemy" from records of *Lost Book of Zhou*	Theory of Using Water as weapon	
6	The end of Shang, beginning of Zhou		*Lost Book of Zhou* records the earliest war of using water as weapon: To Block Water and Down on, to dig tunnel and inundate in the outer (of a city)	Records、theory	
7	spring and autumn	685 B. C.	State Lu dredged river Zhu for guarding against Qi, How to dredge the river? Deepened it, why to deepen the river, be afraid of state Qi	To guard city by means of water	
8	spring and autumn	657 B. C.	States Qi, Song, Jiang and Huang held a meeting in the Yanggu, making a covenant of no damming river valley	Treaty of alliance	

continued

No.	Dynasty	Age	Description	Combating Mode by water	Note
9	spring and autumn	659 B. C. - 656 B. C.	State Chu invaded state Song, and inundated farmlands there, constructing dams and dikes in the two rivers. These projects got the water could not flow towards east. As a result, flooding water submerged walls of the local houses in the west of the East Mountain. Farmland could not be cultivated for four hundred Li away from there. The earliest high dam was constructed	To flood land	
10	spring and autumn	656 B. C.	States Qi, Chu, Song, Chen and others held a meeting in Zhaoling, and signed a treaty of no constructing dike	Treaty of alliance	
11	spring and autumn	651 B. C	States Qi, Song, Lu, Zheng, Xu, Chen, Cao and others held a meeting in Kuiqiu, and signed a treaty of no constructing dike for defending	Treaty of alliance	
12	spring and autumn	600 B. C.	Sun Shu'ao blocked a river in Qisi（期思）to flood land of Yulou（雩娄）	Blocking the river to resist enemy	
13	spring and autumn	559 B. C	Allied States led by Jin（晋）attacked Qin（秦）. People of Qin poisoned the upper of the River Jin（泾）. Many soldiers of allied troop death of the contaminated water	Poisoning in water	
14	spring and autumn	512 B. C	State Wu（吴）aggressed state Xu（徐）, and vanquished it by blocking a mountain river to flood the city	To attack city by blocking river	Success
15	spring and autumn	506 B. C	The King Helv（阖闾）of state Wu attacked army of Chu（楚）when they were crossing Qingfa river, great victory	To attack enemy crossing river	
16	spring and autumn	506 B. C	State Wu invaded Chu, diverting water from Zhang（漳）river to attack Jinan（纪南）city, flowing into Red Lake, and then flooding city Yin（郢）, the capital of Chu	To attack city by means of water	Success
17	spring and autumn	The end of Spring and Autumn	*The Art of War* put forward a celebrated thesis: To use water as an aid to the attack gain an accession of strength	Theory of water attack	
18	spring and autumn	The end of Spring and Autumn	Wizi Xu（伍子胥）wrote a book Tactics of Water War. It may contain the theory of using water as weapon	Theory of using water as weapon	

continued

No.	Dynasty	Age	Description	Combating Mode by water	Note
19	the warring states	454 B. C	Zhibo (智伯) dammed Jin (晋) river, digging a channel, to divert water flooding Jinyang city in the battle of Jinyang (晋阳). The city wall did not submerged by three Ban. Citizens had to hang up theirs pots for cooking because of underground water level rising. Zhaoxiangzi instigated sovereigns of Han and Wei to abandon Zhibo, and then cracked the dike around city, flooding Zhibo's troop conversely. Zhibo was defeated and killed	Diverting water to flood city	Failure
20	the warring states	358 B. C	The army of State Chu (楚) diverted the Yellow River to flood outside of the city Chang Yuan (长垣)	Breaking the Yellow River to flood land	
21	the warring states	332 B. C	State Zhong Shan (中山) diverted river Huai (槐) to surround the city Hao (鄗) with water. The sovereign Shu (肃) of Zhao was sieged and almost lost control of the city. He was very angry with the event. King Wuling (武灵) of Zhao decided to wear dress of Hu people and Shooting on horse	Diverting water to surround city	Failure
22	the warring states	332 B. C	People of State Zhao (赵) released water from the Yellow River to flood the troop of Qi (齐) and Wei (魏). Then the troop of Qi and Wei withdrew from the area	Breaking river to flood army	
23	the warring states	281 B. C	King Huiwen (惠文) of Zhao (赵) went to Dong Yang to release water from the Yellow River, attacking state Wei (魏)	Breaking river to flood land	
24	the warring states	279 B. C	General Baiqi of State Qin (秦) launched an offensive on Chu (楚). He drew water from Changgu (长谷) river in West Mountain to flood city Yan (鄢). Flooding water flowed into the west city and out of east city, northeast city wall collapsed	Diverting water to flood city	Success
25	the warring states	Mid-term of the Warring States	People of Qi (齐) banked the Yellow River twenty five Li away from river bed. State Zhao (赵) and Wei (魏) also banked the river away from twenty five Li away from river bed	Building dikes to flood land	
26	the warring states	The Warring States	A section of book *MOZI* (《墨子》) Preparations Against Inundation deals with how to prevent against city attack by using water	Theory of using water as weapon	

continued

No.	Dynasty	Age	Description	Combating Mode by water	Note
27	the warring states	225 B. C	General Wangben of state Qin（秦）attacked state Wei（魏），diverting water from the Yellow River and Honggou canal to flood city Daliang（大梁）for three months，the city wall collapsed，Jia（假），the king of Wei surrendered	Diverting water to flood city	Success
28	Qin	208 B. C.	The troop of Qin（秦）diverted water from the Yellow River to surround the city Puyang for guarding		
29	Western Han	205 B. C	Liu Ban（刘邦），the King of Han（汉）drew water to flood city Feiqiu（废丘），Zhang Han（章邯）suicide	Diverting water to flood city	Success
30	Western Han	203 B. C	Han Xin（韩信）dammed River Wei（潍）to inundate Longqie's troops in the Battle of Weishui. He ordered to make more than ten thousand sand bags，and dammed the Wei river in the night. Then he lured Longqie's troop to cross the river in the next dawn，breaking the dam made by sand bag. Longqie' s soldiers were in chaos because of the sudden floods when Hanxin ordered to attack. Longqie was defeated and killed	To flood enemy crossing river by broken water	
31	Western Han	203 B. C	King Liu Ban of Han（汉）lured general Cao Jiu of Chu（楚）to cross the Si（汜）river when he launched an offensive	To attack enemy crossing river	
32	Western Han	154 B. C	Luanbu（栾布）and Liji（郦寄）drew water from Niushou and Jushui rivers to flood city Handan（邯郸）. The water destructed east corner of the city wall，King Liu Sui of the Zhao suicide	Diverting water to flood city	Success
33	Western Han	102 B. C	Li Guangli Cut off water supply of the city Er Shi（贰师）of state Da Yuan（大宛）when he went on an expedition to the west for the second time. He ordered hydraulic engineers to dig a cave and discharged underground water of the city	Cut off water supply	
34	Western Han	95 B. C.	A person Yan Nian from State Qi proposed a suggestion of changing course of the Yellow River through the land of Huns to defend its invading		
35	Western Han	27 B. C	Chen Li took up the chief of Zangke（牂柯）prefecture. He attacked Weng Zhi（翁指）when it was a prolonged drought. Chen Li cut off his water supply channel. Then he pacified western Yi nationality	Cut off water supply	

continued

No.	Dynasty	Age	Description	Combating Mode by water	Note
36		A. D. 32	Wei Xiao（隗嚣）attacked Lueyang（略阳）city (current Longcheng Town，Qin'an county，Gansu)，excavating mountain and lifting water level to flood the city	Diverting water to flood city	Failure
37	Eastern Han	A. D. 32	Cen Peng（岑彭）attacked city Xicheng（西城）by barraging Xigu（西谷）River，constructing dikes using textile bags that filled with earth. The city wall did not submerged by more than one Zhang（丈）. The water did not flow in the canal，bursting several Zhang from ground	Diverting water to flood city	Failure
38	Eastern Han	A. D. 75	Geng Gong（耿恭）was besieged in city Shure（疏勒）. Water supply was cut off by Xiongnu people. Geng Gong prayed to a well，then water gushed from the well	Cutting off water supply	
39	Eastern Han	A. D. 165	A rebel army led by Zhu Gai lift water level to flood city Lingling（零陵）. Chen Qiu（陈球），chief of the Lingling Prefecture，broke the outside dike conversely and defeated the rebel army	Diverting water to flood city	Failure
40	Eastern Han	A. D. 185	Dong Zhuo（董卓）built a dam and then broke it to resist pursuing troops		
41	Eastern Han	A. D. 191	Gongsun Zan（公孙瓒）attacked the Yellow Army crossing a river in retreating	To attack enemy crossing river	
42	Eastern Han	A. D. 193	Cao Cao（曹操）pursued Yuan Shu（袁术），who escaped to Xiangyi，followed to Taishou and broke a channel to flood the city	Diverting water to surround city	Failure
43	Eastern Han	A. D. 195	Yuan Shao surrounded the city East Wuyang（东武阳）that guarded by Zang Hong（臧洪）with water	Diverting water to surround city	Success
44	Eastern Han	A. D. 198	Cao Cao diverted Si（泗）and Yi（沂）rivers to flood city Xiapi（下邳）for more than one month. The city wall collapsed. The Troop in the city was disloyalty and surrendered，Lü Bu（吕布）and Chen Gong were captured and killed	Diverting water to flood city	Success
45	Eastern Han	A. D. 202	Zhong You（钟繇）attacked Guo Yuan when he was crossing the Fen（汾）River	To attack enemy crossing river	
46	Eastern Han	A. D. 204	Cao Cao diverted Zhang（漳）river to maroon the city Ye（邺），digging moats forty Li long to surround the city. It was shallow in begin，looks like could be stridden over easily，they all - out effort in the night，the moat became two Zhang in width and depth	Diverting water to surround city	Success

continued

No.	Dynasty	Age	Description	Combating Mode by water	Note
47	Eastern Han	A. D. 219	Guan Yu（关羽）attacked Yu Jin（于禁）by seizing opportunity of flooding. The Han（汉）River burst since the heavy rain in autumn. Water depth several Zhang on the ground. Seven troops of Yu Jing were inundated in water when Guan Yu launched an offensive by boats, Yu Jing surrendered		
48	Three Kingdoms	A. D. 221	Zhi YuanDuo（治元多）attacked city Xian Mei（显美）by water	Attacking city by means of water	Failure
49	Three Kingdoms	A. D. 228	Ma Su（马谡）was appointed to guard Jieting（街亭）, a strategical key location for state Shu（蜀）. General Zhang He of Wei（魏）cut off his water supply. Ma Su failed and Jieting lost. Zhuge Liang was forced to retreat to Hanzhong	Cutting off water supply	
50	Three Kingdoms	A. D. 230	Sun Quan constructed Dongxing（东兴）Dike to block lake Chao（巢）	Damming river to obstruct enemy	
51	Three Kingdoms	A. D. 241	Quan Zong invaded district South of Huai（淮）river, destroyed Quebei（芍陂）, an important irrigation project in the area		
52	Three Kingdoms	A. D. 250	Sun Quan dispatched one hundred thousand soldiers to construct a dam on Tu（涂）river in Tangyi（堂邑）to inundate northern road	Blocking water to obstruct enemy	
53	Three Kingdoms	A. D. 252	Zhuge Ke（诸葛恪）constructed Dongxing Dike again, which led to battle of Dongxing	Damming river to obstruct enemy	
54	Western Jin	A. D. 260	Shi Bao built forts and diverted water for defense		
55	Western Jin	A. D. 272	Lu Kang（陆抗）ordered Zhang Xian, chief of Jiangling（江陵）prefecture, to build a big weir for backing up water so that the even road inundated, rebels obstructed	Building a dam to obstruct enemy	
56	Western Jin	A. D. 303	Zhang Fang broke Qianjin Weir（千金堨）, cutting the power of all water hammers	Cutting off water power	
57	Sixteen Kingdoms	A. D. 323	General Shi Hu（石虎）of state Later Zhao attacked Cao Yi in Guanggu（广固）, damming Wulong（五龙）valley, Cao Yi surrendered. The first time to dam Wulong valley	Damming water to flood city	Success
58	Sixteen Kingdoms	A. D. 328	Liu Yao（刘曜）attacked city Jinyong（金墉）guarded by Shi Sheng, destructing Qianjin Weir（千金堨）to flood it for one hundred days, but unable to conquer it. Liu Yao was defeated by the reinforcements of Shi Sheng and was captured	Breaking dame to flood city	Failure

continued

No.	Dynasty	Age	Description	Combating Mode by water	Note
59	Sixteen Kingdoms	A. D. 356	Murong Ke (慕容恪), general of Former Yan, attacked Duan Kan (段龛) in Guang Gu for one hundred days unable to conquer it. Then he dammed the Wulong valley, Duan kan surrendered soon. This is the second time to dam the Wulong valley in history	Blocking water to flood city	Success
60	Sixteen Kingdoms	A. D. 384	Murong Chui (慕容垂) of Later Yan (后燕) attacked Fu Pi (苻丕) of Former Qin. He diverted Zhang (漳) river to flood city Ye (邺), the city wall did not submerged only more than one Chi, when Zhaibing who was in charge of the project rebelled. The action of flooding city failed	Diverting water to flood city	Failure
61	Sixteen Kingdoms	A. D. 384	King Fu Jian (苻坚) of Former Qin attacked Yao Chang's army of Later Qin at Zhaoshi fortress, blocking An Gong valley, damming Tong Guan river, cutting off his water supply, which led to a fight for the dam. It rained in the time, the army of Later Qin got rid of dilemma	Fighting for water supply	
62	Sixteen Kingdoms	A. D. 394	King Fu Deng (苻登) of Former Qin (前秦) fought for water with Yin Wei at Feiqiao, but failed. Two or three tenth of soldiers died of thirsty. Fu Deng was defeated and captured alive	Fighting for water supply	
63	Sixteen Kingdoms	A. D. 398	General Juqu Mengxun (沮渠蒙逊) of Later Liang flooded Xijun (西郡) city by diverting water, the city wall collapsed	Diverting water to flood city	Success
64	Sixteen Kingdoms	A. D. 409	Emperor Liu Wu attacked Murong Chao (慕容超) at Guanggu (广固) city, damming Wu Long (五龙) valley. Murong Chao was forced to escape from Guang Gu and captured. This is the third time to dam the Wu Long valley in history	Blocking water to flood city	Success
65	Sixteen Kingdoms	A. D. 409	King Helian Bobo (赫连勃勃) of State Xia attacked general Wang Xi (王奚) of Later Qin (后秦) at Chiqibao (敕奇堡), building a dam to cut off water supply, then Wang Xi surrendered	Cutting off water supply by damming	
66	Sixteen Kingdoms	A. D. 421	King Juqu Mengxun of Northern Liang (北凉) flooded city Dunhuang (敦煌) by building dike in three sides of the city. The garrison general Song Cheng surrendered. Li Xun suicide and state West Liang (西凉) perished	Diverting water to flood city	Success

continued

No.	Dynasty	Age	Description	Combating Mode by water	Note
67	Northern Wei	A. D. 423	Xi Jin, minister in charge of public works of Northern Wei, sieged Hulao (虎牢) pass, cutting off the water supply channel, digging a tunnel to release the well water. The garrison general Mao Dezu was captured alive	Cutting off water supply	
68	Sixteen Kingdoms	A. D. 428	King Juqu Mengxun of Northern Liang attacked Ledu (乐都), cutting off the water supply of the city, more than half of the people died of thirsty	Cutting off water supply	
69	Southern Dynasty: Song	A. D. 453	Liu Shao (刘劭) damaged dams Pogang, Bogang and Fangshan on the cannel Pogang (破冈渎) so that to resist the east army led by Liu Dan	Destructing canal to resist enemy	
70	Southern Dynasty: Qi	A. D. 480	General Yuan Chongzu (垣崇祖) of State Qi broke the dam Xiaoshi (小史埭) to flood the soldiers of Northern Wei, thousands of enemy were drown and had to retreated	Breaking dam to flood army	
71	Southern Dynasty: Liang	A. D. 503	Xiao Yan built a dam at East Pass (东关) to raise water level, flooding and plundering the areas of Southern Huai river	To flood land by damming	
72	Southern Dynasty: Liang	A. D. 506	Wei Rui (韦睿) dammed Fei (淝) river to flood city Hefei (合肥). Warships approached the wall around the city. The city wall collapsed, and more than ten thousand enemies captured	Diverting water to flood city	Success
73	Southern Dynasty: Liang	A. D. 507	Emperor Wu of state Liang began to construst Fushan Weir (浮山堰)	To attack city by damming a river, to flood land	Failure
74	Southern Dynasty: Liang	A. D. 514	Emperor Wu of state Liang ordered Kang Xun (康绚) to build Jingshan Weir (荆山堰)	To attack city by damming a river, to flood land	Not completed
75	Southern Dynasty: Liang	April A. D. 516	The Fushan Weir Work Completed, It was the highest dam in ancient China, inundating city Shouyang and the areas of Yangzhou and Xuzhou		
76	Southern Dynasty: Liang	August A. D. 516	Fushan Weir burst, the sound traveled three hundred Li like thundering. More than one hundred thousand people in the villages both sides of the Huai (淮) river were washed away to the sea		
77	Southern Dynasty: Liang	A. D. 525	General Cao Jingzong of state Liang attacked Jingzhou (荆州, current Dengzhou, Henan) by water, the city wall did not submerged for several ban (版)	Diverting water to flood city	Failure

continued

No.	Dynasty	Age	Description	Combating Mode by water	Note
78	Southern Dynasty: Liang	A. D. 525	Emperor Wu of state Liang build Suyu (宿豫) Weir, attacking city Suyu by water	To attack city by damming water	Details unknown
79	Southern Dynasty: Liang	A. D. 525	Emperor Wu of state Liang built Fushan Weir again, renamed it Cao Gong (曹公) Weir	To attack city by damming water	Success
80	Southern Dynasty: Liang	A. D. 527	Cheng Jingjun built fence and weir, planning to block the Si (泗) River to flood Pengcheng (彭城)	Blocking river to flood city	Failure
81	Southern Dynasty: Liang	A. D. 528	Cao Yizong attacked Jingzhou (Dengzhou, Henan) by water again, the city wall did not submerged for several ban. He was defeated by the reinforcements of Northern Wei and captured alive	Diverting water to flood city	Failure
82	Norther Dynasty: Northern Wei	A. D. 526	Ge Rong built a long dike around city Xindu (信都, current Ji county, Hebei) and dammed river to flood the city from spring to winter	Diverting water to flood city	Success
83	Norther Dynasty: Northern Wei	A. D. 534	Yuwen Tai (宇文泰) crusaded the rebel Cao Ni, a general under Lihu, diverted water from the Yellow River to flood Lingzhou (灵州), Cao Ni surrendered	Diverting water to flood city	Success
84	Norther Dynasty: Eastern Wei	A. D. 535	General Lou Zhao (娄昭) of East Wei attacked city Xiaqiu (瑕丘) using water in the battle of suppressing warlord Fang Zihu	Diverting water to flood city	Success
85	Norther Dynasty: Western Wei	A. D. 536	Governor Cao Ni of Lingzhou rebelled again, Yuwen Tai sent an army to siege the city, and flooded it by diverting water from the Yellow River. The city wall was above the water only four Chi. Cao Ni escaped since the support of Gao Huan (高欢)	Diverting water to flood city	Failure
86	Southern Dynasty: Liang	A. D. 547	Emperor Wu of Liang gave a secret edict to Xiao Yuanming to tell him that he should draw water from Si (泗) River to attack Pengcheng. Then Xiao Yuanming built a weir at Hanshan, blocking Si river to flood Pengcheng. Unfortunately he was defeated by reinforcements led by Murong Shaozong of East Wei, Xiao Yuanming was captured	Blocking water to flood city	Failure
87	Southern Dynasty: Liang	A. D. 548	Hou Jing (侯景) broke the dike of lake Xunwu to flood Taicheng	Breaking dike to flood city	Success
88	Norther Dynasty: Eastern Wei	A. D. 549	Murong Shaozong and Gao Cheng of East Wei dammed river Wei (洧) to flood Changshe (Chang Ge county, Henan) city. The dam burst three times, city wall did not submerged for three Ban	Diverting water to attack city	Success

continued

No.	Dynasty	Age	Description	Combating Mode by water	Note
89	Southern Dynasty: Liang	A. D. 562	General Hou Andu of Southern Chen crusaded separatist Liuyi (留异), building a dam at Taozhiling of Jinyun (缙云) county to defuse the perilous mountain terrain	To build a dame to defuse dangerous topography	
90	Southern Dynasty: Chen	A. D. 568	General Wu Mingche of Southern Chen attacked Jiangling (江陵) city of Western Liang (西梁) by diverting water	Breaking dike to flood city	Failure
91	Southern Dynasty: Chen	A. D. 570	Zhang Zhaoda, minister of public works of Southern Chen led Qian Daoji and Cheng Wenji to attack Jiangling city of Western Liang with water, damaging Ningshu (宁朔) dike of Longchuan (龙川) river	Breaking dike to flood city	Failure
92	Southern Dynasty: Chen	A. D. 573	General Wu Mingche of Southern Chen blocked Fei (肥) river to flood inner city of Shouyang (寿阳). People in the city suffered from moisture and illness	Blocking river to attack city	success
93	Southern Dynasty: Chen	A. D. 577	General Wu Mingche of Southern Chen attacked Peng Cheng (Xuzhou, Jiangsu) of Northern Zhou by building a dam at Lü Liang (吕梁) to block Si (泗) River. Warships sailed under the city wall. Because the way of returning home was cut off, Wu Mingche had to break the dam himself when retreating but failed and was captured lastly	Blocking river to attack city	Failure
94	Northern Dynasty: Northern Zhou	A. D. 580	Commander Liang Rui of Northern Zhou led two hundred thousands of troops to crusade Wang Qian by damming Jialing river to flood city Lizhou (利州) (Guangyuan, Sichuan), but failure to take it. There were only two thousand soldiers to guard the city	Diverting water to flood city	Failure
95	Sui	A. D. 582	Administrator of Liangzhou (凉州) Prefecture Helou Zigan occupied the source of water and encamped. Since the Turks lack of water, they was defeated soon	Occupying water sources	
96	Sui	A. D. 600	General Zhangsun Sheng (长孙晟) of Sui regime poisoned upper stream. Men and livestocks of Turkic Datou tribe died of drinking of the water, and escaped in the night	Poisoning in water	
97	Sui	A. D. 613	Yuwen Shu's troops were raided by Korean army when they were crossing the Sa (萨) river in the way of backing to China	To attack enemy crossing river	

continued

No.	Dynasty	Age	Description	Combating Mode by water	Note
98	Sui	A. D. 618	Xue Wanjun raided Dou Jiande when his army were crossing a river	To attack enemy crossing river	
99	Tang	A. D. 622	Li Shiming ordered to dam upper Ming (洺) river and broke it when Liu Heida's troop crossing the river in the battle of Ming river. A sudden flood produced by broking weir hit the retreating soldiers	To attack enemy crossing river	
100	Tang	A. D. 758 - 759	Nine provincial governors (节度使) of Tang dynasty commanded six hundred thousand army to besiege the city Xiangzhou (相州) (Anyang, Henan) guarded by An Qinxu (安庆绪), surrounding in triple moats and triple walls. Wells and springs in the city all spilled. People put up shelfs to live. Unfortunately the army of Tang dynasty was defeated by the reinforcements Shi Si Ming	Diverting water to surround city	Failure
101	Tang	A. D. 759	Li Xian, an officer responsible for defending the Yellow River, breaking the dike at Bianjiakou (边家口) of Changqing county in order to resist Shi Si Ming	Breaking the Yellow River to resist enemy	
102	Tang	A. D. 759	Li Guangbi diverted Dan (丹) River to flood Huaizhou (Qingyang, Henan) city that guarded by general An Taiqing (安太清) under Shi Siming	To flood city	Failure
103	Tang	A. D. 782	Zhu Tao diverted Yongji (永济) canal to Wang Mang old river to cut off official army's path for transporting foods and the way of returning home	Breaking canal to obstruct enemy	
104	Tang	A. D. 781	Li Sheng (李晟) attacked city Qingyuan (清苑) (Qingyuan district, Baoding) by water that guarded by general Zheng Jingji of Zhu Tao	To flood city	Failure
105	Tang	A. D. 784	Zhu Tao (朱滔) attacked Beizhou (贝州) city by water, drawing water to surround the city. The governor Xing Cao Jun managed to resist relying on the city wall	Diverting water surround city	Failure
106	Tang	A. D. 784	Government troops of Tang imperial assaulted on the city Chang'an (长安) controlled by rebels Zhu Ci (朱泚), destructing Longshou and Yong'an Canals to cut off water supply to the city	Cutting off water supply	

continued

No.	Dynasty	Age	Description	Combating Mode by water	Note
107	Tang	A. D. 783	Ma Sui diverted Jin（晋）river to the east of Jinyang（晋阳）city，storing water as a lake，drawing water from Fen river to surround the city. This water work may substitute for over ten thousand defending soldiers	Diverting water to guard city	
108	Tang	A. D. 784	The Zhi Qing provincial governor Li Xilie rebelled Tang imperial，and attacked Ningling（宁陵）city with water by diverting Bian（汴）River	Blocking water to flood city	Failure
109	Tang	A. D. 794 – 796	Governor of Mingzhou（洺州）prefecture Yuan Yi rebelled，holding the city Mingzhou. Wang Qinxiu attacked the city with water by diverting Ming（洺）River	Diverting water to flood city	unknown
110	Tang	A. D. 828	Wang Zhixing attacked Lizhou（棣州）city (Southeast of Huiming，Shandong) by water and fire for seven months，Zhang Shulian guarding the city surrendered	Diverting water to flood city	success
111	Tang	A. D. 860	Qiu Fu（裘甫）dammed the upper stream so that the river could be forded，and then feint to be failure when fought began. The government troop pursued to the river. Qiu Fu broke the dam when they were crossing the river. The surging flood hit government soldiers. They were total failure	To flood enemy crossing the river by breaking dam	
112	Tang	A. D. 882	The army of Huang Chao（黄巢）attacked Xingping city by water	To flood the city	Failure
113	Tang	A. D. 891	Yang Xingmi beat Sun Ru seizing the opportunity of rainy days and floods		
114	Tang	A. D. 891	General Ding Hui of Zhu Wen built a dam in the east of the Suzhou，blocking the Bian（汴）canal to flood the city. General Zhang Yun under separatist Shi Pu surrendered	Blocking water to flood city	success
115	Tang	A. D. 896	Yang Xingmi blocked upper Huai River to flood camps of Pang Shigu. A great quantity of water resulted in the troop falling in chaos soon. The soldiers in the muddy water were unable to fight	Diverting water to flood camp	
116	Tang	A. D. 898	General Gu Quanwu of state Wuyue attacked Kunshan city by water. The city wall was destructed，the guarding general Qin Pei had to be surrendered	Diverting water to flood city	success

continued

No.	Dynasty	Age	Description	Combating Mode by water	Note
117	Five Dynasties: Liang	A. D. 918	The Heyang area governor Xie Yanzhang of state Later Liang broke the dike of the Yellow River at Yangliu（杨刘）(North east of Dong'e county, Shangdong) to resist the army of state Jin（晋）	To break the river to resist enemy	
118	Five Dynasties: Liang	A. D. 921	King Li Cunxu of State Jin（晋）diverted water transport canal to flood Zhenzhou（镇州）city (Zhengding, Hebei), suppressing rebellious general Zhang Wenli led by Chengde governor	Diverting water to surround city	Failure
119	Five Dynasties: Liang	A. D. 922	General Yan Bao, subordinate of Li Cunxu, built forts and dug moats, diverted Hutuo（滹沱）river to the moats surrounding the city, any connection inside and outside city was cut off	Diverting water to surround city	Failure
120	Five Dynasties: Liang	A. D. 923	State Later Liang broke the dike of the Yellow river at Huazhou and Suanzao to separate the army of Later Liang, It was called the "Water Defending Emperor"	To break the river to resist enemy	
121	Five Dynasties: Zhou	A. D. 955	The Later Zhou dredged Hulu（胡卢）River to protect against Qidan's army	Defending border by water	
122	Five Dynasties: Zhou	A. D. 955	Gao Baorong diverted water from Ju（沮）and Zhang（漳）rivers to build Beihai Lake for the first time, It has a circumference of five or six Li	To guard city by diverting water	
123	Northern Song	A. D. 969	Zhao Kuangyin dammed Jin（晋）and Fen（汾）rivers to attack Taiyuan city by water. The city wall submerged only several Ban above the water	Diverting water to flood city	Failure
124	Northern Song	A. D. 988	He Chengju（何承矩）firstly suggested to construct Lakes and Ponds to defend border in Hebei	Defending border by water	
125	Northern Song	A. D. 1033	Hebei Lake system, a water wall to protect against Liao's army, was basically constructed. They were divided into nine districts	Defending border by water	
126	Northern Song	A. D. 1035	General An Ziluo（安子罗）under Qingtang Tibetan head Jiao Siluo（唃厮啰）dammed Zongge（宗哥）river to flood Yuanhao's army. The Yuanhao's army was beat and scattered	To flood enemy crossing river by broken water	
127	Northern Song	A. D. 1069	In order to protect against army of state Liao, the Yellow River flowing northwards was blocked and whole river water flowed eastwards	Defending border by water	The Second Year of Xi'ning reign of Northern Song dynasty
128	Northern Song	A. D. 1076	Tibetan in Maozhou (North of Mao county, Sichuan) built a weir to flood general Wang Qin of Song, Wang Qing was killed	To flood enemy crossing river by broken water	

continued

No.	Dynasty	Age	Description	Combating Mode by water	Note
129	Northern Song	A. D. 1081	Battle of Lingzhou, The army of West Xia diverted water from the Yellow River, and broke Qiji (七级) irrigation canal to flood troops of Song that camped in the outside of Lingzhou (灵州) city. The army of Song was difficulty to encamp there, had to retreat and failure	Diverting water to flood camp	The Fourth Year of Yuanfeng reign of Northern Song dynasty
130	Northern Song	A. D. 1082	Battle of Yongle (永乐) city. The army of West Xia cut off water supply of the city, about seventeen thousand and four hundred soldiers died of thirsty	Cutting off water supply	
131	Southern Song	A. D. 1128	Du Chong guarded East Capital of Song imperial, breaking the dike of the Yellow River to obstruct the army of state Jin (金) when he knew the army of Jin (金) made an incursion	Breaking the Yellow River to obstruct enemy	
132	Southern Song	A. D. 1129	Emperor Gaozong of Song ordered to dig trenches and store water to obstruct war horse in Jiangzhe (江浙) and South Huai river district	Defending border by water	
133	Southern Song	A. D. 1131	A rebel army led by Shao Qing broke the river adjacent to Taiping prefecture (Dangtu, Anhui), inundating embankment on the low - lying land, surrounding Taiping city with water. The guarding general Guo Wei diverted water from stream Guxi and flood Shao Qing's camp, Shao Qing surrended	Breaking water to obstruct enemy, flooding camp	
134	Southern Song	A. D. 1204	Wu Lie was appointed as the Chief of Jingzhou Prefecture, diverting Ju (沮) and Zhang (漳) rivers to the three linked lakes extending for hundreds Li, and built eight gates to regulate the water level	To guard city by water	
135	Southern Song	A. D. 1206	Zhao Chun of Song guarded Xiangyang (襄阳) city in ten thousand soldiers relying on the dangerous terrain of Xiang (襄) River and wide moats, foiling attacks by two hundred thousand of enemy Jin (金)	To guard city by water	
136	Southern Song	A. D. 1206	The army of Song took a tactic of building double moats in defending battle of De'an. Held the city on for one hundred eight days, defeated enemy lastly		
137	Southern Song	A. D. 1206	The army of Song broke Jusheng, Chenggong and Leitang lakes to protect against army of Jin (金)	Releasing water to obstruct enemy	

continued

No.	Dynasty	Age	Description	Combating Mode by water	Note
138	Southern Song	A. D. 1206	Bi Zaiyu repelled a water attack of breaking reservoir lunched by the army of state Jin (金) using scarecrow	Releasing water to flood enemy	
139	Southern Song	A. D. 1209	Genghis Khan attacked Zhongxing city (Yinchuan, Ningxia) of West Xia by diverting water from the Yellow River. The city wall was going to collapse since inundating for a long time when the dike surrounding the city burst unexpectedly The Mongolian soldiers suffered from flood themselves. They are difficulty to insist in attacking, and then relieved away	Diverting water to flood city	Failure
140	Southern Song	约 1210	Fang Xinru built a stone dike to store water during he was the chief of Zhenzhou (真州) prefecture. Then broke it to defeat the army of Jin (金)	Breaking dike to flood enemy	
141	Southern Song	A. D. 1215 – 1216	Yanzhan Tianze and Wensha Kexi of Jin (金) suggested to change the Yellow River course towards north to obstruct Mongolian army	To guard city by water	
142	Southern Song	A. D. 1220	General Li Quan of Song attacked Dongping prefecture, guarding soldiers of state Jin (金), and dammed upper river Wen (汶), then broke it to inundate camps of Song. The army of Song was defeated	Damming to flood camp	
143	Southern Song	A. D. 1231	The army of Yuan changed river course that used for water supply to South Mountain in the battle of attacking Wenzhou (Wen county, Gansu) city. Half of the men and horses died of thirsty since the drinking water shortage	Cut off water supply	
144	Jin	A. D. 1232	In order to strengthen the defense of capital Bian Liang, the army of state Jin (金) broke the Yellow River at Duandi to form a flooding area in north of the city	To guard city by breaking the dike of the Yellow River	Failure
145	Jin	A. D. 1232	State Jin sent a spy to persuade Mongolian to destruct the dike of the Yellow River to attack city Guide (归德), but the city defense was strengthened on the contrary	To burst the Yellow River to flood city	Failure
146	Jin	A. D. 1234	The army of Mongolian broke the dike of the Yellow River at Cunjindian (寸金淀) to flood army of Song imperial. Many soldiers of Song drowned and then retreat towards South	To burst water to flood army	

continued

No.	Dynasty	Age	Description	Combating Mode by water	Note
147	Southern Song	A. D. 1244	Meng Gong expended three lakes. A big reservoir Stretching three hundred Li was build up when he was the chief of Jingzhou prefecture	Diverting water to guard city	
148	Southern Song	A. D. 1274	General Xia Gui of Song attacked Zhengyang (Shou county, Anhui) by water, almost conquered	To flood city (details unknown)	Failure
149	Southern Song	A. D. 1276	General Ma Xi of Song guarded Jingjiang (the current Guilin, Guangxi) against army of Yuan relying on the dangerous terrain of Jing (静) River and moats surrounding the city	To guard city by water	
150	Yuan	A. D. 1359	General Lü Zhen under Zhang Shicheng dammed Puyang (浦阳) river to flood Zhuquan (the current Zhuji, Zhejiang). Hu Dahai captured the weir and conversely wash the camp of Lü Zhen	Diverting water to flood city	Failure
151	Yuan	A. D. 1361	The army of Yuan attacked city Yidu (益都) (the current Qingzhou, Shandong) with water by damming the Nanyang river and building a long dike surrounding the city	Diverting water to flood city	Failure
152	Ming	A. D. 1372	Feng Sheng cut off water supply of city Heicheng		Legend
153	Ming	A. D. 1381	King of Liang diverted water to flood army of Ming regime	To flood army	Failure
154	Ming	A. D. 1400	King Zhu Di of Yan attacked Ji Nan city by building a long dike around the city to store spring water	To store water to surround the city	Failure
155	Ming	A. D. 1449	The army of Wa La (瓦剌) seized water supply sources in the Tumu crisis, which resulted in the army of Ming moved to search water and was defeated	To Seize water supply	
156	Ming	A. D. 1462	The army of Tatar (鞑靼) wanted to damage great dam to flood Ningxia (Yinchuan, Ningxia). But they were defeated by Ming's army	Damage dam to flood city	Not carried out
157	Ming	A. D. 1592	The army of Ming imperial diverted water from the Yellow River to flood Ningxia city (the current Yinchuan, Ningxia) in the battle of pacifying rebels of Bo Bai (哱拜). Norther city was inundated by water and the city wall collapsed	Diverting water to flood city	Success
158	Ming	A. D. 1619	The army of Later Jin (后金) dammed upper Su Zi (苏子) river in the battle of Saer Hu, and then broke it when the army of Ming regime led by Du Song crossing the river	To flood enemy crossing river by broken water	

continued

No.	Dynasty	Age	Description	Combating Mode by water	Note
159	Qing	A. D. 1650	The army of Qing regime led by Zhang Dan drew water from the broken Yellow River at Jinglongkou to flood Yuyuan (榆园) area, destructing the underpass built by the peasant army	To flood camps	
160	Qing	A. D. 1652	Zheng Chenggong (郑成功) besieged Zhangzhou (漳州) for a long time, and wanted to build a dam at Zhenmen to flood the city, but not successful because of the flash river	Diverting water to flood city	Failure
161	Qing	A. D. 1642	Li Zicheng and government army of Ming regime successively destructed dikes of the Yellow River, which resulted in a big flood of submerging Kaifeng city. More than three hundred thousand persons died of this catastrophe	To destruct dike to flood city	
162	Qing	A. D. 1753	General Zhao Hui of Qing regime camped on the river side in the campaign of pacifying the rebels in Xinjiang. Huo Ji Zhang drew water from Black River to flood barracks of Qing, the soldiers of Qing dug ditches to release the water. Instead they were not shortage of drinking water	To flood camps	
163	Qing	A. D. 1854	Sengge Rinchen developed a project of digging moats and building dikes to inundate the town Lianzhen in the war of encircle and suppress northern expeditionary army of Taiping Heavenly Kingdom. One of the leader of northern expeditionary army Lin Fengxiang was captured	To flood camps	
164	Qing	A. D. 1855	Sengge Rinchen developed a project of digging canal and building encircle dike as well as drawing water using waterwheel to inundate camps of Taiping in Feng Guan Tun. Another leader of Taiping army Li Kaifang was captured	To flood camps	
165	Qing	A. D. 1864	Liu Yuezhao attacked Shuiyang city by water, building dikes day and night, higher than the city wall, southwest did not submerged by three Ban	Diverting water to flood city	Success
166	Qing	A. D. 1866	Zeng Guofan took the tactics of "assembling troops to defend river" to encircle and suppress Nian army	To obstruct enemy by river	
167	Qing	A. D. 1868. 8	Nian army was hemmed in the Yellow River, the grand canal and the Tuhai river, and was defeated lastly	To obstruct enemy by river	The Seventh Year of Tongzhi reign of Qing dynasty

continued

No.	Dynasty	Age	Description	Combating Mode by water	Note
168	Qing	A. D. 1869	Hui army broke the canal for self - defense at Jinji fortress, and resisted army of Qing regime using irrigation system of Qin (秦) and Han (汉) canals. The army of Qing also flood camp of Hui army using the canal water.	To stop enemy by water, To flood camps of enemy	
169	Qing	A. D. 1877	Bai Yanhu dammed Kaidu river to delay pursue and attack of the army of Qin. The flooding area reach width one hundred Li and depth over one man	Blocking river to stop enemy	
170	Republic of China	A. D. 1921. 8	In the battle between warlords Hunan and Zhili military faction, Wu Peifu damaged the dike of Sha Lake at Paizhou and dike of Yangtze at Jin Kou to flood the army of Hunan led by Zhao Hengti	To breaking dike to flood army	
171	Republic of China	A. D. 1931. 7	The Kuomintang destructed embankment of the Yangtze River at Shangchewang and Zhusangong to flood Soviet area	Breaking dike to flood land	
172	Republic of China	A. D. 1938. 6	The army of The Kuomintang destructed embankments of the Yellow River at Huayuankou to stop advance westwards of the Japanese army, which resulted in the most devastating Catastrophe in history	Breaking dike to obstruct enemy	
173	Republic of China	A. D. 1939. 7	The Chinese military Authorities put forward a strategic statement "River Prevention is to defend nation, flood control is to guard the country", and developed a series of projects to obstruct enemy in the flooding areas of the Yellow River		
174	Republic of China	A. D. 1940. 3	Fu Zuoyi destructed canal to stop the reinforce troop of Japanese in the battle of recovering Wuyuan. Japanese mechanized forces lost quick response ability	Blocking river to stop enemy	
175	Republic of China	A. D. 1947. 1. 8	Zhou Enlai made a solemn statement to expose that the purpose of closing the breach by Chiang Kaishek is to inundate liberated area		
176	Republic of China	A. D. 1947. 2	The Kuomintang opened the water lock of Fengman Power plant to obstruct the way of returning home of North Manchu troops	Releasing water to stop enemy	
177	Republic of China	A. D. 1947. 3. 15	The project of closing breach at Huayuankou was completed. Chiang Kaishek put "The Yellow River strategy" into effect in order to coordinate the attacks to liberated area	Releasing water to flood land	

continued

No.	Dynasty	Age	Description	Combating Mode by water	Note
178	Republic of China	A. D. 1947. 7. 10	Chiang Kaishek sent Liu Ruming a secret telegraph to order him burst the bank of the Yellow River to flood the army of Liu and Deng watching for an opportunity		
179	Republic of China	A. D. 1949. 6	The Kuomintang Authorities planned to blow up the dike of Yangtze River at Jingjiang before withdrawing to Taiwan	Breaking dike to flood land	Not carried out

图 2－4　安徽蒙城尉迟寺聚落环壕复原图

图 3－6　秦雍城堰复原图

（a）浮山堰遗址底宽

（b）浮山堰遗址坝体长度

图 5-8　浮山堰遗址底宽、坝体长度的谷歌测量图